Schleiereule
Sumpfohreule
Waldohreule
Bartkauz
Habichtskauz
Waldkauz

WOLFGANG SCHERZINGER
THEODOR MEBS

Die Eulen Europas

WOLFGANG SCHERZINGER
THEODOR MEBS

Die Eulen Europas

Biologie, Kennzeichen, Bestände

KOSMOS

INHALT

Vorwort
(1. Auflage)

Eulen brauchen Freunde, und – im Gegensatz zu Scheu und Argwohn gegenüber den „unheimlichen“ Nachtvögeln oder gar deren Verfolgung in vergangener Zeit – wachsen heute das Interesse an dieser faszinierenden Vogelgruppe und die Bereitschaft, sich für den Erhalt dieser spezialisierten Tierarten zu engagieren. Die neue Wertschätzung der *Striges* (= wörtlich „Hexen“) verdanken wir nicht nur einer grundlegend gewandelten Naturbetrachtung, sondern vor allem der hohen Bedeutung der Eulen in der Landschaftsbewertung, in Planungs- und Naturschutzpraxis, wo ihnen ein besonderer Stellenwert als Zeigerarten für wenig gestörte, artenreiche Lebensräume und als Leitarten für naturnahe und nachhaltig bewirtschaftete Areale zuerkannt wird! Entsprechend zahlreich sind neuere Veröffentlichungen zu Forschungs- und Artenschutzprojekten, Verbreitungskarten und Beringungsergebnissen, sodass eine übersichtliche Gesamtschau zum gegenwärtigen Wissensstand über die „Eulen Europas“ notwendig und sinnvoll erscheint.

▷ Schleiereule schlüpft durch Stallfenster ein (Foto Nill).

▷▷ Schleiereule schlüpft durch Stallfenster aus (Foto Nill).

Mit diesem Buch wollten wir eine Weiterentwicklung des seit Jahren bewährten Kosmos-Naturführers „Eulen und Käuze“, uns gleichzeitig jedoch nicht mit einer überarbeiteten Neuauflage begnügen, sondern ein modernes Kompendium zur Naturgeschichte der Eulenarten des europäischen Raumes gestalten. Um das Buch – bei allem Wunsch zur Vollständigkeit – dennoch handlich zu halten, wurden mit

- Verbreitung und ökologischen Ansprüchen,
- Bestandsschätzungen mit Folgerungen für die Artensicherung,
- Verhalten und Stimme zur Interpretation eigener Beobachtungen,
- vergleichender Betrachtung zu Lebensformen, Nischen und Lebensstrategien europäischer Eulen

vier Themenschwerpunkte bearbeitet, in die eine Fülle unveröffentlichter Dokumentationen sowie aktueller Angaben zu Siedlungsdichte und Bestandsentwicklung eingeflossen ist.

Wir strebten ein Eulenbuch an, das geeignet ist

- als Bestimmungshilfe (Artbeschreibung mit Stimmrepertoire und Abbildungen aller Altersstufen einschließlich Nestlinge/Ästlinge, Artenvergleich mit Bestimmungshilfe);
- für Hilfsmaßnahmen einschließlich der Bewertung lokaler Vorkommen (Risikofaktoren, Erfahrungen aus Schutzprojekten inklusive Nisthilfen oder Wiederansiedlung);
- zur Anregung für eigene Beobachtungen und Projekte (z. B. offene Fragen in jedem Artkapitel angesprochen);

- als griffiges Nachschlagewerk zur Naturgeschichte der Eulen (Evolutionsbiologie, Anpassungen und Einnischung, Gegenüberstellung ursprünglich-natürlicher und Menschen-gemachter Lebensräume, Lebensstrategien und Beuteerwerb).

Jedenfalls war es unser Anliegen, die wachsende Bereitschaft zur europaweiten Zusammenarbeit aufzugreifen und die Biologie der „Eulen Europas" zu beschreiben, wenn freilich die Detailgenauigkeit der eingeholten Daten mit der Entfernung vom deutschsprachigen Raum mitunter auch steil absinkt. Wir haben dieses Ungleichgewicht in Kauf genommen zugunsten einer großräumigen Übersichtlichkeit, aus der Bedeutung und Chancen von Eulenvorkommen in unserem Raum anschaulich abgelesen werden können.

In erfreulicher Kooperation mit dem Kosmos-Verlag konnte unser Wunsch nach reicher Illustration dieses Buches realisiert werden, wobei wir bei Fotos und Zeichnungen besonderen Wert auf ausdrucksvolle Verhaltensstudien, auf arttypische Haltungen und Situationen und aussagekräftige Bewegungsabläufe gelegt haben – unter streng selektierendem Verzicht auf alle vermenschlichend konstruierten „Kitschbilder" sowie auf Aufnahmen, bei denen die Vögel durch den Fotografen erkennbar verängstigt oder gestört worden waren. Dagegen konnten Protokolle, Tonbandaufzeichnungen und Fotobelege aus wissenschaftlich geführter Haltung und Zucht von Eulen ausgewertet werden, um ungestörtes Verhalten und Entwicklungsschritte der Nestlinge bzw. Jungeulen zu dokumentieren.

Wir wünschen den Eulen Europas viele neue Freunde durch dieses Buch!

Dr. Theo Mebs/Castell
Dr. Wolfgang Scherzinger/St. Oswald, 2000

Vorwort
(2., verbesserte Auflage)

Seit dem Erscheinen dieses Buches über „Die Eulen Europas" im Herbst 2000 sind mehr als sieben Jahre vergangen, in denen eine Vielfalt bedeutender Ergebnisse zur Eulenforschung in Europa erarbeitet wurde. Deshalb wollten wir uns, als Autoren, bei der Neuauflage nicht mit Korrekturen von Druckfehlern begnügen, sondern das „Eulenbuch" auf den neuesten Stand bringen. Wir haben uns deshalb bemüht, sowohl die aktuellen Bestandszahlen zu ermitteln, als auch die spezielle Literatur in den Artkapiteln nachzutragen. Hilfreich unterstützten uns dabei die zahlreichen Kollegen und Kolleginnen im In- und Ausland.

Natürlich freuen wir uns sehr, dass unser Buch so breiten Anklang gefunden hat, und verbinden auch mit der 2. Auflage die Hoffnung, dass sie zu besserem Verständnis unserer Eulen und zu ihrem nachhaltigen Schutz beitragen wird.

Dr. Theo Mebs/Castell
Dr. Wolfgang Scherzinger/
Bischofswiesen, 2008

Vorwort
(3., überarbeitete und aktualisierte Auflage)

Aus dem Schummer von Mythen und Märchen sind die Eulen in einem bisher nicht gekannten Maße ins Rampenlicht breiter Interessenskreise gerückt. Vom Kinderbuch bis zur Eulen-Show, von der Fachzeitschrift bis zur Welt-Eulen-Konferenz haben die Eulen ihr Außenseiter-Image abgestreift. Dank des wachsenden Engagements zum Schutz dieser ungewöhnlichen Vogelgruppe, dank langjähriger Beringung und neuer Telemetrie-Systeme, die jeden Ortswechsel selbst über Kontinente registrieren, mithilfe automatischer Kameras und Nachtsichtgeräte, die eine Beobachtung bei Dunkelheit ermöglichen, dank handlicher Aufnahmegeräte für bioakustische Feldarbeit und zunehmender Etablierung von Labors für genetische Analysen kam in wenigen Jahren eine Fülle wegweisender Forschungsergebnisse zur Veröffentlichung, die eine Überarbeitung und Aktualisierung der „Eulen Europas" jedenfalls gerechtfertigt und geraten machen. Von besonderer Aussagekraft sind dabei Langzeitprojekte, die zum Teil mehrere Jahrzehnte überspannen, wie ein kontinuierliches Monitoring regionaler Bestände, die systematische Beringung lokaler Brutpopulationen oder die Fortschreibung von Genealogie und Populationsaufbau samt den mitunter komplexen Fortpflanzungsstrategien. Dabei erwies sich die Zusammenführung unterschiedlicher Disziplinen als besonders fruchtbar, da somit Beutewahl, Paarungssysteme, Bruterfolg und selbst Migrationen in eine Zusammenschau mit Lebensraum und Prädationsrisiko sowie den großräumigen, zum Teil kontinentalen Fluktuationen von Beuteangebot und Witterung gestellt werden können. Gänzlich neu sind Kooperationen zwischen funktionaler Morphologie, Strömungstechnik- und Luftfahrtingenieuren, die in der Feinstruktur der Eulenfeder bis zum „lautlosen" Eulenflug ein Modell für geräuscharme Flugkörper, Windkrafträder und Turbinen erkennen.

Diesen unübersehbaren Fortschritten steht die wachsende Gefährdung der Eulen gegenüber, wobei oft landschaftsweiter Lebensraumverlust an erster Stelle steht. Am auffälligsten in der Agrarlandschaft, durch stete Erweiterung der Feldeinheiten – unter rasantem Wegfall kleinräumiger Vielfalt und lebensraumbestimmender Strukturen; durch zunehmenden Umbruch von Grünland und Aufgabe von Brachland. Wenn Wald-Lebensräume auch noch weniger massiv umgebaut erscheinen, so trifft die zunehmende Nutzung naturnaher Altbestände samt ihrer Vielfalt an Specht- und Baumhöhlen sowie deckungsreichen Einständen besonders die Höhlenbrüter. Völlig ungewiss sind die Folgen des Klimawandels für die künftige Entwicklung der Lebensräume und für die Verbreitung der Eulen, wie auch für Beuteangebot und Feinddruck. Im „Anthropozän" wachsen auch die Unfallrisiken für Eulen in der freien Landschaft, an erster Stelle durch den Verkehr, durch das dichte Netz an Stromleitungen und die trügerischen Glaswände der Hausfassaden.

Gleichzeitig beweist das erfreuliche Engagement für unsere Eulen in allen Gesellschaftsschichten, dass die Hilfsmaßnahmen greifen: wie der nachhaltige Effekt von Wiederansiedlungsprojekten bei Uhu, Habichtskauz und Steinkauz; die unübersehbaren Erfolge systematischer Nistkastenanbringung samt kontinuierlicher Betreuung, speziell für Steinkauz, Raufußkauz und Schleiereule; die Abschirmung sensibler Brutgebiete von Störungen wie Geocaching, Klettersport oder Baumfällung. Die Eulen selbst zeigen uns, dass auch ganz unerwartete Entwicklungen möglich sind, wie der

Als Merkmale des „Eulenschemas" summieren sich: große, vorgerichtete Augen, ein durch den Schleierkranz abgegrenztes „Gesicht", ein kugelig-runder Kopf und das lockere Gefieder, bei insgesamt gedrungenem Körper (Waldohreule Altvogel; Foto WOTHE).

Zuzug des Uhus aus „einsamen Waldschluchten" in die lärmende Großstadt! Eulen brauchen Freunde – und die haben sie gefunden!

Mein aufrichtiger Dank gilt allen Bildautoren und Wissenschaftlern, die mir aussagekräftige Abbildungen aus ihrer laufenden Arbeit zur Verfügung gestellt haben. Besonderen Dank schulde ich Frau Barbara Kiesewetter, die den Umbruch – trotz laufend anwachsender Textlänge – im nur leicht erweiterten Seitenumfang bewältigen konnte. Dazu war es erforderlich, das sehr umfangreiche Verzeichnis verwendeter Literatur aus dem Band zu nehmen. Dieses steht unter **kosmos.de/die-eulen-europas** in vollem Umfang online zur Verfügung.

Dr. Theo Mebs ist im Sommer 2017 verstorben. Die „Eulen Europas" gingen auf seine Initiative zurück und sind letztlich eine Art Fortschreibung des Kosmos-Bändchens „Eulen und Käuze". Auch wenn ich den schmerzlichen Wegfall des Co-Autors nicht in allen Punkten kompensieren kann, so ist es mein Anliegen, mit dieser 3. Auflage eine solide Zusammenschau der faszinierenden Ergebnisse aus Eulenschutz und Eulenforschung vorzulegen.

DR. WOLFGANG SCHERZINGER/
Bischofswiesen, 2020

Vielfalt an Formen und Arten

Eulen sind eine sehr einheitliche Vogelgruppe, deren Stammbaum bis zu 65 Millionen Jahre zurückreicht (ältester Fossilnachweis aus dem späten Paläozän). Die auffällige Übereinstimmung der für die Zuordnung wesentlichen Merkmale gilt als Hinweis auf eine gemeinsame (monophyletische) Abstammungslinie aller bekannten Eulen, das hieße, die Lebensform Eule wurde stammesgeschichtlich nur einmal entwickelt!

Auch ohne spezielle Vorkenntnisse lassen sich Eulen meist allein aufgrund ihrer ungewöhnlichen Gestalt, vor allem ihres markanten „Gesichtes" mit den in der Regel großen, nach vorne gerichteten Augen richtig zuordnen. Weiter zählen eine gedrungene Gestalt, ein lockeres Gefieder und ein kugelig-großer Kopf zu den ausschlaggebenden Merkmalen des „Eulenschemas". Optisch orientierte Tierarten, wie die Vögel, erkennen in dieser Merkmalskombination einen gefährlichen Fressfeind und schlagen entsprechend Alarm, attackieren eine entdeckte Eule mitunter sogar – auch unter dem Risiko, dabei selbst erbeutet zu werden. Vielen Arten – speziell den Singvögeln – ist das Erkennen dieses „Eulenschemas" angeboren oder es wird über inner- und zwischenartliche Tradition erworben. Die „Hassreaktion" der Vögel auf eine Eule (Mobbing) wird seit alters zum Anlocken für den Vogelfang (z. B. Drosselfang mit dem Steinkauz auf der Jule) und für die Hüttenjagd (z. B. Abschuss von Krähen und Greifvögeln vor dem angepflockten Uhu) ausgenutzt. Diese offensichtliche „Feindschaft" zwischen Tag- und Nachttieren fand symbolische Auslegung in der Mythologie, die den Eulen – seit der Steinzeit – eine vielschichtige Bedeutung zuordnete [55].

Artübergreifende Merkmale

Eulen sind gegenüber verwandten (z. B. Mausvögeln und Nashornvögeln) oder vergleichbar spezialisierten Vogelgruppen (z. B. „Tag-Greifvögel" – als Zusammenschau der Greifvögel und der nicht näher verwandten Falken) in folgenden Merkmalen unterschieden: Eulen sind in der Regel durch besonders große, kugelförmige Köpfe charakterisiert; in besonderem Maße trifft dies für dunkelaktive Waldbewohner zu. Ihr Schädel ist durch mehrschichtige Hohlkonstruktion der Knochen besonders

Die ungewöhnliche Beweglichkeit von Kopf und Hals bei den Eulen vermag die starre Lagerung der Augen auszugleichen (Waldohreule; nach Müller 1985).

leicht gebaut; das Gehirn ist relativ groß, doch ist die Hirnschädel-Kapazität zugunsten der isolierenden Sandwich-Struktur zum Teil um bis zu 20 % verringert [1047].

Auge

Die sehr großen, vorgerichteten Augen charakterisieren die Eulen in besonderem Maße. Die Färbung der Iris ist bei Schleiereule, Wald- und Habichtskauz von dunklem Schwarzbraun, bei den meisten heimischen Arten hellgelb (Steinkauz) bis kräftig gelb (Schnee-Eule), bei Waldohreule und Uhu auch orange – im Einzelfall sogar glutrot (bei Uhu auch schwarze Iris als Aberration). Nestlinge zeigen oft noch eine blassgraue Iris; bei sehr alten Vögeln zerfällt die Irispigmentierung mitunter marmorartig. Das Eulenauge kann von insgesamt drei Schutzmechanismen abgedeckt werden: einem oberen Lid, das dem Eulengesicht – oft durch kräftige Wimpern verstärkt – einen puppenhaft-menschlichen Ausdruck verleiht und als einprägsames Signal bei Erregung ruckartig bewegt wird („Augenklimpern"); einem unteren Lid, das beim Schlaf weit heraufgezogen wird; und der Nickhaut, die – typischerweise milchig-weiß bzw. trüb – von oben innen nach außen unten über die Hornhaut geschoben wird [155]. Im Vergleich zur Körpergröße ist der Augapfel der Eulen ungewöhnlich groß. Walzenförmig gestreckt überragt er den Schädel seitlich, sodass der Eulenkopf – noch maßgeblich verstärkt durch das plustrige Gefieder und den Schleierkranz – sehr viel größer wirkt, als es seinem Skelettumriss entspricht. Das Auge ist von einem Ring knöcherner Platten eingefasst (Sklerotikalring), der mit dem Schädel fest verbunden ist. Form und Verankerung des Eulenauges lassen somit praktisch keine adjustierende Beweglichkeit zu (maximal 1,5° beim Waldkauz, 2° bei Schleiereule [330, 1042]), was die Vögel durch eine ungewöhnliche Drehbarkeit der 14 Halswirbel kompensieren können. Den meisten Arten gelingt dabei ein Zurückdrehen des Kopfes über den Rücken, was im Einzelfall einer Wendung von mehr als 270° entspricht. Damit das Gehirn bei extremer Halsverdrehung von der Blutversorgung nicht abgeschnürt wird, ist das Lumen des Halswirbelkanals, durch den die Kopfarterie geführt wird, rund 10-fach weiter als der Querschnitt des Blutgefäßes. Diese lebenswichtige Versorgung wird zusätzlich durch eine reservoirartige Erweiterung des Blutgefäßsystems im Halsbereich abgesichert [548, 549, 723].

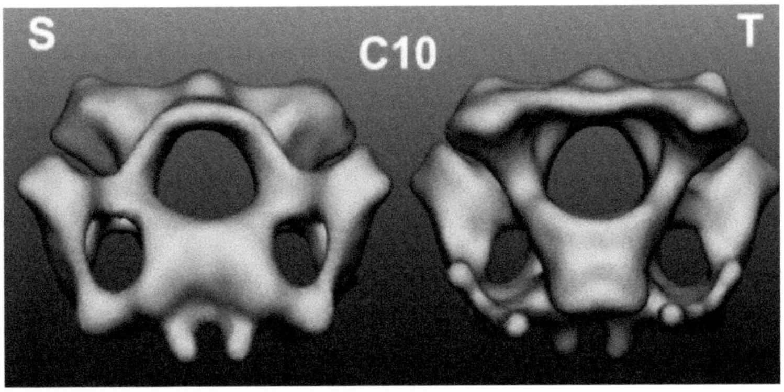

Ein besonders großes Lumen in den Halswirbeln sichert den Blutstrom der Kopfarterie zur Versorgung des Eulengehirns – selbst bei extremer Kopfdrehung (Beispiel 10. Halswirbel von *Tyto furcata*; aus Krings 2014).

Die mehr oder minder starr nach vorne gerichteten Augen ermöglichen ein breites Sehfeld (z. B. 200° beim Waldkauz). Im Überlappungsbereich der beiden Sehfelder von 70–150° (z. B. Schleiereule) gelingt binokulares Sehen, eine wesentliche Voraussetzung für exaktes Anpeilen von Beutetieren [330, 758, 1215]. Bei großen Eulenarten verbessert der große Abstand der Augen die dreidimensionale Tiefenschärfe; kleine Arten können einen ähnlichen Effekt durch seitlich pendelnde Kopfbewegungen erzielen (Fixierbewegungen). Zur Akkomodation kann die Krümmung der Hornhaut (Cornea) und zum Teil auch die Form der Linse aktiv angepasst werden, doch sind Eulenaugen im Allgemeinen auf „Weitsicht" eingestellt. D. h. auf sehr kurze Distanzen können sie nicht scharf sehen (Mindestdistanz für Kleineulen 25 cm, für Wald- und Bartkauz 58 bzw. 85 cm, für Uhu und Schnee-Eule 100 bzw. 166 cm [720]). Zur genauen Betrachtung eines Objektes müssen Eulen daher entweder zurücktrippeln bzw. den Kopf weit zurückbeugen oder das Objekt mit den langen Tastborsten an der Schnabelseite („Vibrissen") erfassen. Wegen etwaiger Verletzungsgefahr werden die Augen dabei typischerweise geschlossen.

Schnabel

Der Eulenschnabel ist stark gekrümmt und weist scharfe Schneidekanten auf (kein „Falkenzahn"). Seine Färbung reicht von schwarz

Der durchdringend-direkte Eulenblick wirkt auf den Betrachter nahezu „hypnotisch" (Uhu; Foto NILL).

Von den 4 Zehen kann die äußerste bei den Eulen vor- oder zurückgestellt werden („Wendezehe"; Fang des Uhus; Foto GROSS).

(Schnee-Eule, Waldohr- und Sumpfohreule) bis dunkelgrau (Uhu, Zwergohreule), gelblich (Habichtskauz, Steinkauz) und hornfarben (Raufußkauz), kann aber durch die Ernährung beeinflusst werden (z. B. hochgelb bis grell-orange durch Karotinoide; bei Nestlingen oft noch unausgefärbt bläulich grau). Erregte Eulen erzeugen mit dem Schnabel knackende bis prasselnde Abwehrlaute („Knappen"). Mit kraftvollem Biss sind selbst kleine Eulenarten in der Lage, Beute anzuschneiden, Gelenke zu durchtrennen und Knochen zu zerkleinern. Die Zunge ist fleischig (ohne Borsten, Widerhaken usw.), bei der Schleiereule jedoch mit horniger, gespaltener Spitze. Vergleichbar mit Papageien, Tauben und Greifvögeln, haben Eulen an der Schnabelbasis eine unbefiederte Region ausgebildet, die – als sogenannte „Wachshaut" – in der Regel auch die Nasenlöcher umschließt und einen meist matt-blaugrauen, hornfarbenen oder graurosa Farbton aufweist, mitunter von wachsartigem Fettglanz.

Von meist ähnlichem Aussehen ist die Bürzeldrüse, die in der Regel unbefiedert und birnenförmig-langgestreckt ist und durch das Bürzelgefieder nur leicht abgedeckt wird. Eulen haben keinen Kropf – wie z. B. Greifvögel – und deponieren Beuteüberschuss, da sie nicht „auf Vorrat" fressen können [275].

Zusätzlich zur meist milchig-trüben „Nickhaut" verfügen Eulen über ein oberes und ein unteres Lid zum Schutz der Augen (Waldkauz; Foto Pott).

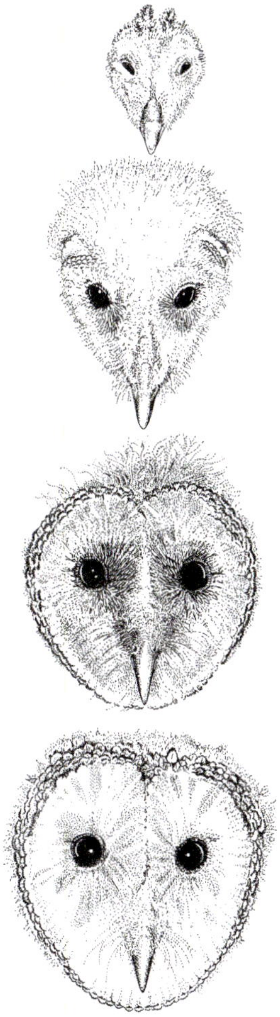

Formung des Gesichtsschleiers bei der Schleiereule während der Jugendentwicklung (nach Haresign & Moiseff 1988).

Schleier

Ganz wesentlich für den gesichtshaften Ausdruck der Eulen ist ihr „Schleier", eine kranzförmige Einfassung aus steifen, besonders geformten Federn, die – als Teil des hoch spezialisierten Gehörs – der Verstärkung und Lenkung von Schallwellen dienen: Direkt sichtbar ist der meist kreis- oder herzförmige „Innere Schleier", der das Gesichtsfeld zwischen Auge und Kopfseite artspezifisch bestimmt. Er bedeckt den Gehöreingang wie ein steifer Deckel aus gitterartig durchlässigen Federchen. Ein zweiter, größerer Kranz aus kurzen, dicht gepackten Federchen fasst den hinteren Rand des Gesichtsfeldes als „Äußerer Schleier" ein. Dieser ist elastisch verformbar und lässt die jeweilige Stimmung der Eule mimisch erkennen: Bei konzentriertem Horchen bildet er eine kreisrunde Scheibe, wodurch die Fläche des Schallaufpralls wesentlich vergrößert werden kann. In Ruhe- oder Tarnstellung hingegen legt sich der Äußere Schleier der Kopfform eng an. Schleier- und Kopfform spielen speziell im Sozial- und Feindverhalten eine signalhafte Rolle, weshalb diese äußere Umrahmung des Gesichtsfeldes bei zahlreichen Arten durch artspezifische Kontrastzeichnungen betont wird [925]. Eine Reihe von Eulenarten zeigt besondere Federstrukturen am Kopf, die – als „Stimmungsbarometer" – unterschiedlich aufgestellt, weggestreckt, angelegt oder zur

Waldkäuze treten in Europa in unterschiedlichen Farbmorphen auf (wie grau, braun und fuchsrot), mit wechselnden Anteilen in den geografischen Regionen (Foto Nill).

Seite geklappt werden können. Innerhalb der Eulenfamilie haben sich solche „Federohren" aus besonders verlängerten, mitunter auch abweichend gefärbten Kopffedern mehrfach entwickelt. Sie stehen in keinerlei Zusammenhang mit dem Gehör, werden vielmehr bei Balz und Aggressivverhalten signalhaft eingesetzt und kaschieren in der Tarnstellung die eulentypische Kopfform.

Mit ihrer ausgeprägten „Rindenzeichnung" optimiert die Zwergohreule den Tarneffekt des Gefieders (Foto Nill).

Das weiß-fleckige Gefieder der Schnee-Eule scheint eine Anpassung an die schneereiche Tundra; doch gilt diese Tarnwirkung nicht für die Brutzeit (junges Männchen; Foto Wothe).

Fuß

Der Fuß aller Eulenarten hat 4 Zehen, die nur im Fall der Schleiereulen mehr oder minder gleich lang sind und bei der die Innenseite der Mittelzehe eine feine Sägestruktur aufweist (Putzkralle); bei den „Echten Eulen" ist die Innenzehe etwas kürzer. Die 4. Zehe ist als „Wendezehe" ausgebildet, d. h. sie kann über eine gelenkige Fixierung sowohl vor- als auch zurückgedreht werden [509]. Wenn Jungeulen auch lange Zeit eine Zehenstellung mit 3 vor- und einer zurückgerichteten Zehe zeigen – speziell im Fersensitz –, so ist der Fuß adulter Eulen typischerweise zangenartig gebaut, mit je 2 Zehen vor und zurück (zygodactyl). Der gespreizte Fuß bildet sowohl eine trittsichere „Sohle" beim Gehen als auch einen treffsicheren Greifapparat beim Beutefang. Zusätzlich sichern warzenartige Papillen an der Zeheninnenseite ein sicheres Tasten und Greifen. An jeder der vier Zehen sitzt eine sehr scharfe und gekrümmte Kralle. Die Abbildung auf Seite 78 zeigt einen Vergleich der Krallenlängen bei drei Arten.

Gefieder

Das Eulengefieder ist typischerweise flauschiglocker, mit sehr breiter, auffallend leichter Fahne und hochelastischem Kiel. Es dominieren tarnende (kryptische), die Körperform kaschierende (somatolytische) Farbtöne und Musterungen in Rostbraun, Mattbraun, Ocker,

Beige, Grau und Schwarz. Bei der Zwergohreule ist eine solche „Rindenzeichnung" besonders ausgeprägt. Wüstenbewohner sind in der Regel sandfarben-„ausgebleicht"; allerdings sind solche Farbabstufungen nicht immer genetisch vererbt, was ihre taxonomische Verwendbarkeit erheblich einschränkt (z. B. Umfärben nach Umsiedlung in anderen Klimaraum [946]).

Da von einigen Eulenarten unterschiedliche Populationen in Mitteleuropa aufeinandertreffen, kann in Überlappungsgebieten eine erhebliche Variation sowohl der Grundfärbung als auch der Gefiedermusterung beobachtet werden. Im Fall der Schleiereule treffen z. B. weißbäuchige Formen aus West- und Südwesteuropa und gelbliche bis rostfarbene Formen aus dem

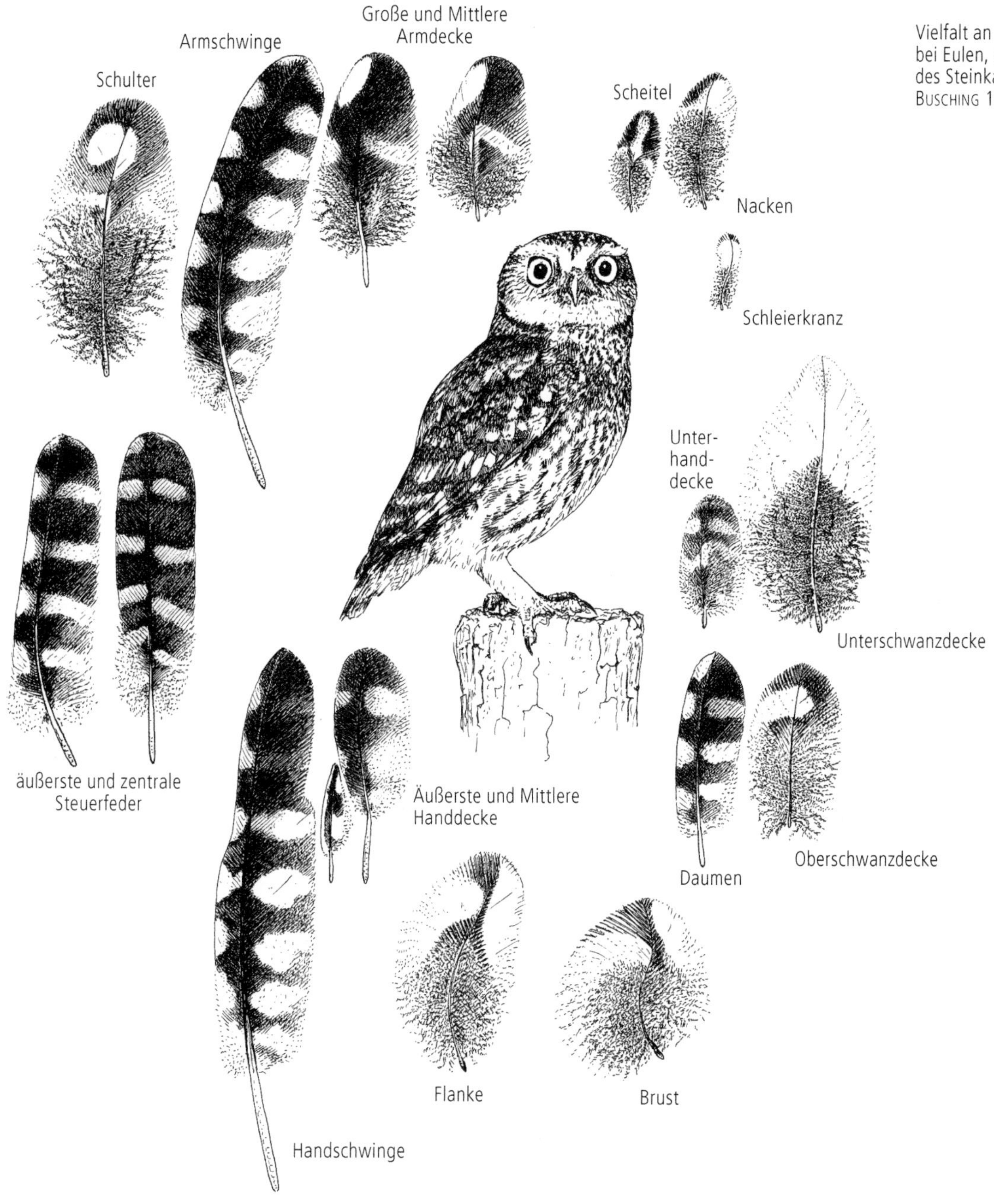

Vielfalt an Federtypen bei Eulen, am Beispiel des Steinkauzes (nach BUSCHING 1997).

Osten aufeinander. Partner mitteleuropäischer Brutpaare können somit auffällig verschiedenen Farbtypen angehören. Darüber hinaus treten auch dunkelbraune bis rußschwarze Individuen auf. Beim Uhu reicht die Farbpalette von hell sandfarben bis tiefocker oder rostrot, mit nur zarter Zeichnung oder auch tiefschwarzer Fleckung. Das Brust- und Bauchgefieder von Raufußkäuzen kann fein marmoriert, derb gefleckt, quer gebändert oder längs gestreift sein.

Manche Arten – wie der Waldkauz – treten in unterschiedlichen Farbmorphen auf, deren Anteile in den Populationen mit der geografischen Breite wechseln, bei einem allgemeinen Trend von mehr „roten“ Käuzen in südlicheren/feucht-wärmeren Gebieten zu mehr „grauen“ in nördlicheren/trocken-kälteren Gebieten. Da der Farbtyp des Gefieders durch Melanin bestimmt wird, das gleichzeitig an den Hormonhaushalt gekoppelt ist, unterscheiden sich graue, braune und rote Morphen auch hinsichtlich ihrer Physiologie (z. B. Kältetoleranz, Stressbewältigung), Lebenserwartung und Fortpflanzungsaktivität. Ein solcher Gradient vom dunkleren, zum Teil sattbraunen Eulengefieder im Süden Europas zum eher hellgrauen Typus bei nordischen Populationen lässt sich auch für Raufußkauz und Habichtskauz feststellen („Glogers Regel“ [746]). In osteuropäischen Vorkommen und auf dem Westbalkan treten bei letzterer Art neben grauen, mattbraunen und schokobraunen Individuen vermehrt auch melanistische auf (sogenannte „Mohren“). Innerhalb der europäischen Eulen treten Schwärzlinge bei wenigstens 5 Arten auf. Ein solcher Farb-Polymorphismus wird als Reaktion auf sehr vielseitig strukturierte Habitate interpretiert.

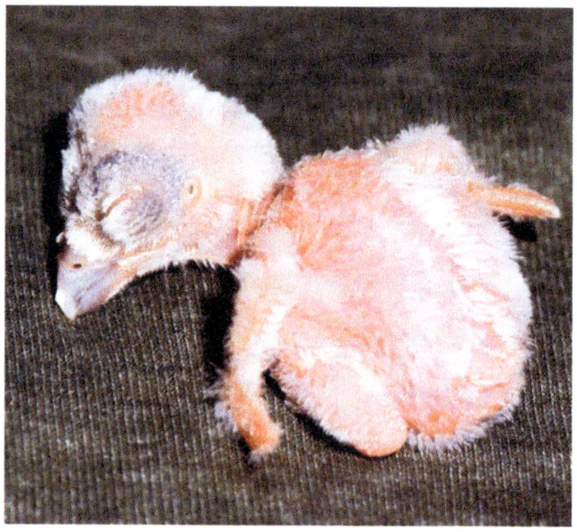

Die zarten, weißen Eidunen (Neoptil) frisch geschlüpfter Eulen bieten einen nur geringen Wärmeschutz (Sperbereule; Foto SCHERZINGER).

„Rupfungsblatt“ mit Uhu-Gefieder. Die Artzugehörigkeit von Mauserfedern oder in Rupfungen aufgefundener Federn lässt sich am besten über eine Vergleichssammlung bestimmen, in der das gesamte Großgefieder und charakteristische Typen des Körpergefieders übersichtlich aufgeklebt sind (Foto TYLL).

Bei wenigstens 6 heimischen Eulenarten wurden auch Individuen mit teilweise oder vollständig weißem Gefieder beobachtet (Leuzismus = Farbpigment fehlt nur im Gefieder; Albinismus = reinweißes Gefieder und rote Augen aufgrund völligen Pigmentausfalls).

Die Geschlechter unterscheiden sich im Allgemeinen weder in der Färbung noch in der Zeichnung. Eine markante Ausnahme ist die Schnee-Eule, deren Weibchen meist eine kräftige, schwarze Querbänderung zeigen, während Männchen mit zunehmendem Alter reinweiß werden können. Bei Waldohreulen dominieren rostbraune Farben bei Weibchen, Männchen

Die Gefiederfärbung kann innerhalb einer Art erheblich variieren (Extreme der Farbpalette bei Habichtskauz-Ästlingen: links heller „Nordlandtyp", rechts dunkler „Balkantyp"; Fotos SCHERZINGER).

sind meist heller ockergelb bis beige. Dasselbe gilt für Schleiereulen, bei denen sich die Geschlechter aber zuverlässiger an der Bänderung der Schwungfedern unterscheiden lassen [440, 638].

Federstrukturen

Körperfedern sind einzeln inseriert, d. h. ihnen fehlt der dunig ausgebildete „Afterschaft" (Zwillingsfedern, die z. B. bei Hühnervögeln das wollig-dunige Untergefieder bilden); ersatzweise dient den Eulen eine dunige Ausbildung des basalen Federabschnitts zur Thermoisolation. Das Großgefieder der Eulen umfasst 10 Handschwingen (und 1 verkümmertes Remicle), je nach Eulenart 15–20 Armschwingen und 10–12 Schwanzfedern (ausnahmsweise auch 10 oder 13; [144, 221]). Die Längenproportionen des Großgefieders entsprechen – funktional – den jeweiligen Lebensraumtypen, wobei in der Regel runde, kurze Flügel und lange Schwänze für mehr oder minder standorttreue Waldbewohner typisch sind, und schmale, lange Flügel in Kombination mit kurzen Schwänzen für Pirschjäger des Offenlandes, speziell für Arten, die zu Langstreckenwanderungen befähigt sind.

Bei Flug- und Wendemanövern vermindern die kleinen Federn des Daumenfittich (Alula)

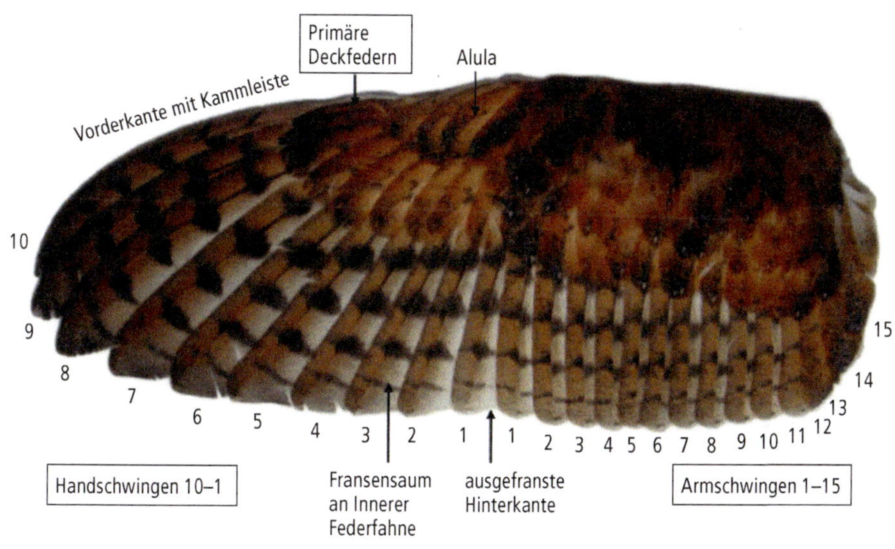

Schleiereulen-Schwinge mit Kennzeichnung schalldämpfender Strukturen (aus WAGNER et al. 2017).

Innerhalb der europäischen Eulen repräsentiert der Uhu den größten Vertreter; sein Gewicht beträgt etwa das 40-Fache eines Sperlingskauzes als kleinstem Vertreter (vgl. gegenüberliegende Seite; Foto REINHARD).

gefährliche Turbulenzen bzw. das Absturzrisiko. Dank großer Flügelfläche bleibt die Flügelbelastung bei dem relativ geringen Körpergewicht der Eulen generell sehr niedrig, was ihnen einen auffällig langsamen Flug ermöglicht und zur Vermeidung störender Fluggeräusche beiträgt. Darüber hinaus bewirken besondere Federstrukturen den „lautlos"-mottenhaften Eulenflug [35, 268, 269, 1140].

Die Befiederung der Beine (Tarsen) und Zehen variiert zwischen den einzelnen Eulenarten erheblich. Sie reicht von den langen, „nackten" Beinen der Fischeule zur borstenartig-schütteren Befiederung an den Zehen von Schleier- oder Zwergohreule, und von der zart abdeckenden Beinbefiederung beim Sperlingskauz bis zum dichten Feder-„Pelz" an den Beinen von Uhu oder Habichtskauz. Dieser reicht bei den nordischen Arten bis über die Zehen (z. B. Bartkauz, Sperbereule; namengebend beim Raufußkauz [rauh bzw. rauch = veraltete Bezeichnung für Pelz]). Durch buschig dichte Befiederung wird die Fußsohle bei der Schnee-Eule sogar schneeschuhartig verbreitert.

Gefieder der Jungeulen

Im Beispiel der Schleiereule deuten sich im Laufe der Embryonalentwicklung im 32. Stadium erste Federraine an Rücken und Schwanz an; die Federanlagen an Schultern, Brust und Flügel sind ab 35. bzw. 36./37 Stadium erkennbar. Bereits 2 Tage vor dem Schlüpfen ist der ganze Körper von zartem Dunenflaum bedeckt [522]. Frisch geschlüpfte Eulen tragen ein plüschartig-kurzes, bei den meisten Arten weißliches Dunenkleid (Eidunen oder Neoptil). Durch rasches Wachstum schiebt sich – an identischen Kielen – das halbdunig ausgebildete Nestlingskleid (Mesoptil) nach, das arttypisch von weißlich grau, beige bis schokoladenbraun gefärbt sein kann und die verbliebenen Eidunen noch an den Spitzen trägt. Nur die Schleiereulen-Nestlinge entfalten 2 aufeinanderfolgende Dunenkleider. Unter dem letzten bildet sich das Jugendkleid (Teleoptil), das fertig erscheint, sobald der weiße Dunenflaum abgefallen ist [474]. Das Großgefieder der Jungeulen entwickelt sich in der Regel erst nach dem Nestverlassen vollständig. Vor allem bei Höhlenbrütern bleibt das Wachstum der Schwanzfedern, die in einer engen Höhle eher hinderlich bzw. bruchgefährdet wären, gegenüber den Schwingen deutlich zurück. Nach dem Verlassen des Brutplatzes sind die meist noch flugunfähigen „Ästlinge" daher stark gefährdet. Bei den „echten Eulen" vervollständigt sich das Mesoptil zum Jugendkleid (Zwischenkleid) ohne Federwechsel.

Das Jugendgefieder mancher Eulenarten differiert zum Teil auffällig vom Adultgefieder, im Extrem z. B. bei den reinweißen Ästlingen des Brillenkauzes *(Pulsatrix perspicillata)*, die wie ein „Negativ"-Abbild zum tiefschwarzen Gefieder der Altvögel wirken! Innerhalb der europäischen Eulen fallen Raufußkauz, zum Teil auch Sperlingskauz und Sperbereule auf, deren Ästlinge ein nahezu einfarbig schokoladenbraunes Gefieder tragen, ohne die Tüpfel, Streifen oder Sperberung des Alterskleides.

Mit allmählichem Selbstständigwerden der Jungvögel schiebt sich das Erstjahres-Federkleid – mit „echten" Federn – über das flauschige Jugendkleid, dessen Halbdunen gleichzeitig abgestoßen werden. Dabei wird das Großgefieder nicht gewechselt, weshalb die Kondition während der Jugendentwicklung für die Überlebensfähigkeit im 1. Winter wichtig erscheint. Das Erstjahres-Kleid ist somit ein Mischtyp und ähnelt in Struktur, Färbung und Zeichnung bei den meisten Arten dem späteren Adultgefieder, ausgenommen bei der Schnee-Eule, deren Jährlinge durch eine deutliche bzw. dichtere Querbänderung erkennbar sind. Eulen, die bereits vor Abschluss ihres 1. Lebensjahres zur Fortpflanzung schreiten, tragen noch das Großgefieder des Jugendkleides und das Körpergefieder des Erstjahres-Kleides. Erst mit der Mauser im 2. Lebensjahr erhalten sie ihr „endgültiges" Alterskleid. Vor allem die kleinen Arten erneuern dabei auch Schwanz und Schwingen aus dem Jugendkleid. Uhus und Schnee-Eulen wechseln ihr Großgefieder hingegen im Laufe von 3–4 Jahren. Somit können Vögel hinsichtlich ihrer Fortpflanzung zwar reif (matur), hinsichtlich ihres Federkleides gleichzeitig aber noch unausgereift (subadult) sein, was die Benennung der Altersstadien und Gefiederausformungen bei den Eulen verkompliziert [144, 189, 275].

Der Mauserverlauf ist einerseits charakteristisch für die Eulen, gleichzeitig aber artspezifisch unterschiedlich: Die meisten Eulen aus unserer Fauna vermausern die Handschwingen vom Körper zur Flügelspitze fortschreitend (deszendent; Beginn mit HS. 1 bzw. HS. 2), nur bei Schleiereule, Uhu und Schnee-Eule geht die Schwingenmauser von verschiedenen Punkten aus (Beginn mit HS. 6 bzw. HS. 7) – jeweils nach innen wie außen fortschreitend (nicht-deszendent bzw. mehrere Foci). Die Schwanzfedern werden typischerweise von außen zur Mitte fortschreitend abgeworfen (zentripetal), sodass die Eule im Sommer nur noch über die Mittelfedern zur Steuerung verfügt. Umgekehrt ist der Verlauf bei Schleiereule, Uhu und Zwergohreule, die zuerst die Mittelfedern verlieren (zentrifugal). Kleineulen stoßen die Schwanzfedern nahezu gleichzeitig ab, was z. B. mausernde Sperlingskäuze beim Flug erheblich behindert.

Kleineulen, wie der Sperlingskauz, können noch beutearme Bergwälder besiedeln; gleichzeitig sind sie erhöhtem Feinddruck durch die größeren Eulen ausgesetzt (Foto SCHMIDT).

Vielfalt am Stammbaum

Als Flugjäger, die sich auf vorwiegend dunkelaktive Beute spezialisierten, konnten sich die Eulen sehr erfolgreich über nahezu alle Kontinente ausbreiten. In unterschiedlichen Größen und Anpassungstypen siedeln sie von tropischem Urwald und Halbwüsten bis zu Savannen, Sumpfgebieten, den europäischen Waldgebieten vom Tiefland bis zur alpinen Waldgrenze, auch im kalten Borealwald und den Tundren in Polnähe. Nicht erreicht wurden die Antarktis und einige ozeanische Inseln. Die höchste Artenvielfalt weist das landschaftlich reich gegliederte Asien auf, speziell die subtropischen und tropischen Waldgebiete, wobei die zahlreichen – oft endemischen – Inselformen Indonesiens und der Philippinen zur Gesamtvielfalt erheblich beitragen.

Ur-Eulen

Aufgrund der spektakulären Fossilfunde aus China in den letzten Jahren gibt es keinen Zweifel mehr, dass sich die Vögel von befiederten Sauriern ableiten [141, 224, 563]. Nach heutigem Kenntnisstand dürften alle Vertreter der Eulen einem gemeinsamen „Stammbaum" entspringen, der sich vor rund 65 Millionen Jah-

Tabelle 1. Die monophyletische Ordnung der Strigiformes differenzierte sich bereits zum Beginn der „Erd-Neuzeit" – vor rund 65 Mio. Jahren – und ist durch eine Fülle neuerer Fossilfunde belegt (nach RICH & BOHASKA 1981, FEDUCCIA 1999, JOHNSON 2003, KUROCHKIN & DYKE 2011, MAYR 2016, WINK 2009, 2016, 2018).

ÄRA	PERIODE	EPOCHE	ALTER (MIO. J.)	FOSSILNACHWEIS	REGION
ERD-NEUZEIT (KÄNOZOIKUM)	Neogen	Holozän	0,01	*Bubo, Nyctea*	England, Frankreich
		Pleistozän		*Otus scops; Glaucidium*	Ungarn, Frankreich; Brasilien
				Ornimegalonyx oteroi, Surnia	Kuba, Tennessee/USA
				Grallistrix, Bubo scandiacus	Hawaii, Südfrankreich
			2,6	*Tyto cravesae, Bubo ibericus*	Kuba, Spanien
		Pliozän		*Aegolius, Tyto alba*	Ungarn, Ostafrika
				Bubo lacteus	Ostafrika
			5,3	*Athene inexpectata*	Südafrika
		Miozän		*Tyto gigantea, Tyto balearica*	Italien
				Tyto ignota	Frankreich
				Miotyto montispetrosi	Süddeutschland
			23	*Basityto rummeli, Strigidae, Asio*	Bayern, Nordamerika, Frankreich
	Paläogen	Oligozän		*Prosybris antiqua*	Frankreich
				Oligostrix	Europa
				Heterostrix tatsinensis	Mongolei
			34	*Necrobyas harpax*	Frankreich
		Eozän		*Nocturnavis incerta*	Frankreich
				Aurorornis	Halbinsel Krim
				Protostrix, Sophiornis	Nordamerika, Frankreich
				Palaeoglaux artophoron	Grube Messel/Deutschland
			56	*Eostrix tsaganica, Eo. martinelli*	Mongolei, Nordamerika
		Paläozän	60	*Berruornis*	Frankreich, Deutschland
			65	*Ogygoptynx wetmori*	Colorado/USA
ERD-MITT.	Kreide		68		
				Differenzierung Lebensform Eule	(Annahme)
			135		

ren, zum Ende der Kreidezeit differenziert hat. Dafür sprechen zum einen ein Knochensteg am Skelett des Unterarms (Radius), der ausschließlich bei Eulen vorkommt, auch bei den von den Strigiden abweichenden Schleiereulen [84, 85]; des Weiteren die Möglichkeit zur Hybridisierung über die Gattungsgrenzen (z. B. Waldohreule × Waldkauz [951]).

Das Auftreten erster Eulen fällt zeitlich mit der Entfaltung der vorwiegend nachtaktiven Kleinsäuger zusammen [986]. Die ältesten Fossilreste von Eulen werden *Ogygoptynx wetmorei* aus Nordamerika (Wyoming bzw. Colorado) zugeordnet und sind etwa 60 Millionen Jahre alt (Mittleres Paläozän [1174, 1177]). Nachfolgende Prototypen wie *Berruornis* aus dem Oberen Paläozän, *Eostrix* aus dem Unteren Eozän oder *Heterostrix* aus dem Unteren Oligozän stehen noch an der Schwelle zur Auftrennung in *Tytonidae* und *Strigidae*. Während fossile Vertreter der *Tytonidae* schon früh eine radiative Artendifferenzierung erkennen lassen, sind Vertreter der *Strigidae* erst ab dem Unteren Miozän nachweisbar. Dabei dürften nach heutiger Kenntnis steinkauzartige Formen an der Basis der „Echten Eulen" stehen [398, 857]. Am längsten lässt sich die Ahnentafel der Schleiereulen zurückverfolgen, mit *Necrobyas* aus dem Oberen Eozän. Einige Vertreter erreichten sogar Riesenformen, wie *Tyto gigantea* und *Tyto robusta* aus dem Miozän Italiens oder *Tyto cravesae* aus dem Pleistozän auf Kuba. Daneben fanden sich in der Karibik der Riesenuhu *Bubo osvaldoi* sowie ein unvorstellbar großer Vertreter der *Strigini*, *Ornimegalonyx oteroi*, der mit rund 1 m Größe und wenigstes 9 kg Körpergewicht alle heute lebenden Eulenarten bei Weitem übertraf, allerdings nur noch bedingt flugfähig gewesen sein dürfte [224, 435, 1174].

Mit *Bubo incertus* lebte ein früher Uhu vor rund 40 Millionen Jahren (Frankreich [647]). Gehäufte Eulenfunde aus Europa reichen etwa bis 4 Millionen Jahre zurück und wurden den noch heute verbreiteten Gattungen *Bubo* (Uhus), *Strix* (Waldkäuze), *Otus* (Zwergohreulen), *Aegolius* (Raufußkäuze) und *Glaucidium* (Sperlingskäuze) zugeordnet [189].

Artenvielfalt

Weltweit leben gegenwärtig vermutlich mehr als 270 Eulenarten, doch differieren die Angaben im Schrifttum mit 141, 195, 205, 212, 225 oder 270 ganz erheblich [65, 189, 275, 509, 681, 793, 1146]. Diese überraschend große Differenz ist zum einen auf die unterschiedliche Bewertung des Artstatus einzelner Eulenformen bei den Systematikern zurückzuführen:

- Beispielsweise wurden verschiedene Uhutypen entweder jeweils als Unterart oder als getrennte Art eingestuft (Gattung *Bubo* = 11 Arten bei Wolters [1180]; 13 Arten bei Eck & Busse [189]; bzw. 21 Arten bei König, Weick & Becking [509] und 26 Arten bei Wink [1175] – Schnee-Eule und Fischuhus der bisherigen Gattungen *Ketupa* und *Scotopelia* einbezogen).
- Ähnlich werden bei Wink [1175] z. B. 23 Arten der Gattung *Strix* angegeben (die bisherige Gattung *Ciccaba* einbezogen), gegenüber 20 bei Wolters [1180], aber nur 14 Arten bei Eck & Busse [189].
- Besonders groß ist die Differenz bei den weitverbreiteten Kleineulen der Gattungen *Glaucidium* (mit 11 rezenten Arten bei Eck & Busse [189] bzw. 29–32 Arten bei König, Weick & Becking [634]) und *Otus* (mit 22 rezenten Arten bei Eck & Busse [189] bzw. 67–73 Arten bei König, Weick & Becking [509])! Entsprechend der neuen Systematik trennt Wink [1174] die 47 Arten der Alten Welt (Gattung *Otus*) von den 28 Arten der Neuen Welt ab (Gattungen *Megascops* und *Psiloscops*).

Zum anderen ist die Unsicherheit im geringen Kenntnisstand von Biologie, Ethologie und Ökologie mehrerer Arten begründet, speziell aus den schlecht erforschten Tropenwäldern. Zum Dritten handelt es sich um relativ junge Artabspaltungen, die eine Hybridisierung zum Teil noch zulassen (z. B. Mischlinge von Wald- und Habichtskauz oder Uhu und Schnee-Eule; [936, 951]), phänotypisch aber wie „gute" Arten unterscheidbar sind. Eine feintaxonomische Analyse wird auch durch den hohen Selektionsdruck erschwert, dem nachtaktive Beutegreifer ausgesetzt sind und der relativ einheitliche

EUROPÄISCHER BESTAND		WELTWEITER BESTAND AN EULENARTEN			
ARTENZAHL	GATTUNG (soweit in Europa)	del Hoyo et al. 1999	Weick 2006	Mikkola 2012	Wink 2017
1	*Tyto*	14	22	24	> 24–25
1	*Surnia*	1	1	1	1
1	*Aegolius*	4	4	4	4
1	*Athene*	4	4	7	6 (8)
2	*Asio*	7	7	8	8
3	*Strix*	19	21	24	23
2	*Bubo*	18	26	26	26
1	*Glaucidium*	31	32	25	32
1	*Otus*	63	73	48	47
	9 Gattungen	**weltweit insgesamt 28 (31) Gattungen**			
13 Arten in Europa		**205**	**232**	**> 250**	**> 270**

Tabelle 2. Anzahl an Eulenarten innerhalb der 9 in Europa und der 28 (31) weltweit verbreiteten Gattungen. Auf Basis von Stimmenvergleich und genetischer Analyse verfeinert sich die Differenzierung von Einzelarten laufend.

MERKMAL	EIGENSCHAFT	SPERLINGSKAUZ	ZWERGOHREULE	RAUFUSSKAUZ	STEINKAUZ	WALDOHREULE	SPERBEREULE	SCHLEIEREULE	SUMPFOHREULE	WALDKAUZ	HABICHTSKAUZ	BARTKAUZ	SCHNEE-EULE	UHU
GRÖSSENKLASSEN	bis Taube	■	■	■	■									
	bis Mäusebussard					■	■	■	■	■				
	bis Fasan										■	■	■	
	bis Adler													■
KOPF	klein/flach	■					■							
	klein/ohne „Hals“		■											
	groß/kugelig			■						■	■	■	■	■
	groß/flach				■									
	groß/ohne „Hals“					■		■	■					
FEDEROHREN	deutlich		■			■								■
	klein/spitz								■				■	
OCCIPITALGESICHT	markant	■												
	deutlich erkennbar		■	■	■		■							
SCHLEIER	markant							■						
	deutlich erkennbar			■		■			■		■	■		
	unauffällig	■	■		■		■			■			■	■
AUGENGRÖSSE	klein/rund	■					■					■		
	klein/mandelförmig							■			■			
	groß/rund		■	■	■	■			■	■				■
	groß/spaltförmig												■	
IRISFARBE	schwarzbraun							■		■	■			
	gelb	■	■	■	■		■		■			■	■	
	orange					■								■
BRUSTGEFIEDER	längs gestreift								■		■	■		
	längs gefleckt	■												■
	quer gebändert						■						■	
	quer- u. längs gezeichnet		■			■				■				
	marmor-fleckig			■	■									
	einfarbig							■						
SCHWANZFORM	lang rhombenförmig						■				■	■		
BEINE	beborstet							■						
	glatt befiedert	■	■		■	■			■					
	pelzig befiedert			■			■			■	■	■	■	■
ZEHEN	beborstet		■		■			■						
	glatt befiedert	■				■	■		■					■
	pelzig befiedert			■						■	■	■	■	
KRALLEN	glatt (innen)	■	■	■	■	■	■		■	■	■	■	■	■
	gesägt (innen)							■						

Tabelle 3. Bestimmungsschlüssel für die Eulen Europas (Merkmale von Altvögeln; Reihung der Arten nach Körpermasse).

Merkmalsausprägungen erzwingt. Nach Körper- und Gefiedermerkmalen sehr ähnliche Eulen, die nach Museumsbälgen als „Art" zusammengefasst waren, entpuppten sich bei Erweiterung der verglichenen Merkmale – z. B. Verhalten und Lautäußerungen – aber oft als Gruppe deutlich verschiedener Einzelarten (vgl. Gattungen *Athene* aus Europa, *Otus* und *Glaucidium* aus Südamerika, *Tyto* weltweit [513, 514, 862]).

Die Eulen im System der Vögel

Wenn auch die Eulen aufgrund ihrer übereinstimmenden Merkmale seit jeher als geschlossene Vogelfamilie aufgefasst wurden, so erfuhr deren Einordnung im System der Vögel in den letzten Jahren doch einen markanten Wandel. In der Antike oft noch mit den Fledermäusen vereint, wurden die Eulen den „Taggreifvögeln" bis in die Neuzeit als „Nachtgreifvögel" angegliedert. Als man meinte, die Merkmalsübereinstimmungen zwischen Greifvögeln und Eulen doch besser als Konvergenzen aufzufassen, wurden die Eulen zwischen Papageien und Falken gruppiert. Entsprechend findet man die Eulen in den Handbüchern des 20. Jhs. nach Kuckucken und Papageien bzw. vor den Nachtschwalben eingereiht.

Neben neuen Erkenntnissen aus dem Vergleich der Ontogenese von Skelett- und Sehnenmerkmalen bei Vogelnestlingen [547, 621] haben letztlich die modernen Analysemethoden genetischer Strukturen zu gänzlich neuen Modellen der stammesgeschichtlichen Verwandtschaft der Eulen *(Strigiformes)* innerhalb der Vögel *(Aves)* geführt. Nach ersten Annäherungen von Sibley & Ahlquist [991], den Stammbaum auf der Basis von DNA-Hybridisierung nachzuzeichnen, mit der die Ähnlichkeit bestimmter Eiweißstoffe einzelner Arten aufgezeigt werden kann, sollten die Eulen gemeinsame Vorfahren mit den Nachtschwalben haben. Das schien hinsichtlich der dunkelaktiven Lebensweise, der tarnenden Gefiedermerkmale und der carnivoren Ernährung zunächst durchaus plausibel. Dieses System festigte auch die traditionelle Trennung der „Tag-Greifvögel" (z. B. Adler, Habichte, Geier) von den Eulen – als „Nacht-Greifvögel". Übereinstimmende Merkmale zwischen diesen Vogelgruppen entsprachen demnach eher parallelen Anpassungen (Konvergenz, Analogie).

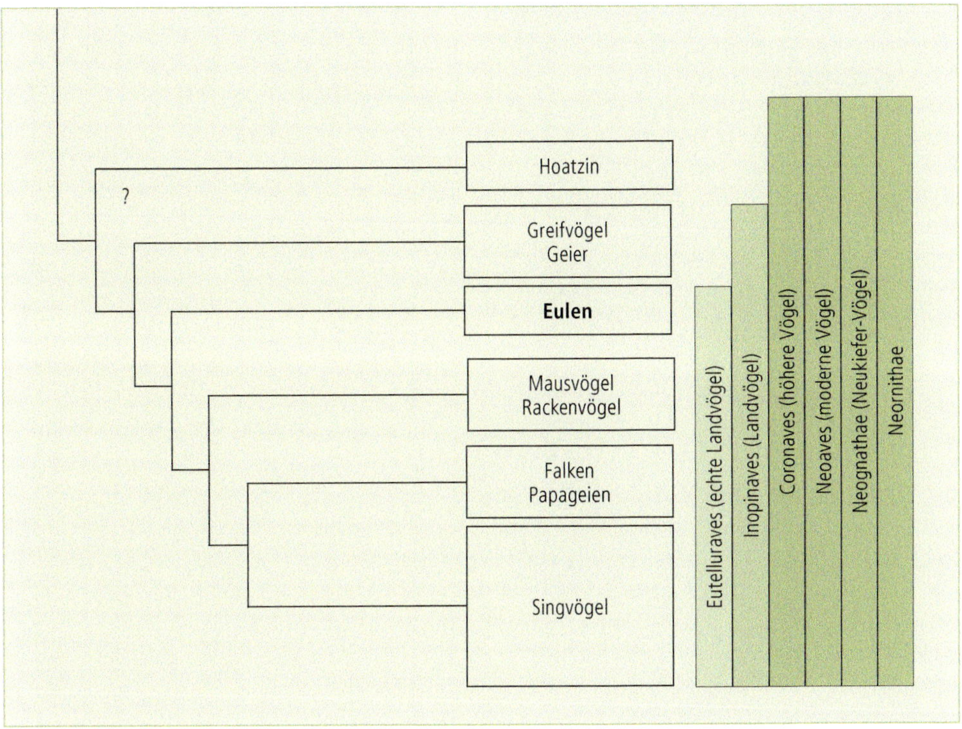

Position der Eulen *(Strigiformes)* im Stammbaum der Vögel, mit einer vermutlich gemeinsamen Wurzel mit den Greifvögeln und benachbart zu Maus- und Rackenvögeln (stark vereinfacht, nach Prum et al. 2015).

Zur weiteren Verwandtschaft der Eulen wurden in diesem Modell die Segler, Tauben und Kuckucke gerechnet; auch wurden die fruchtfressenden Turakos und Papageien mit ihnen in Beziehung gebracht.

Neuere Analysen vergleichen artspezifische Strukturen der Zelle, wie das Cytochrom-b der Mitochondrien, deren genetischer Code ausschließlich über die weibliche Linie weitergegeben wird, und die DNA des Zellkerns, die von beiden Elterntieren vererbt wird. Aktuell erlaubt die Sequenzierung kompletter Genome die Nachzeichnung der stammesgeschichtlichen Verwandtschaft zu „Stammbäumen", aus denen sowohl der zeitliche wie auch genetische Abstand einzelner Vogelgruppen abzulesen sind. Diese Darstellung der Abstammungslinien hat die „klassischen" Modelle der Taxonomie vielfach aufgehoben und eine völlig neue Anordnung im System der Vögel erstellt:

Bereits an der Basis des Stammbaums der modernen Vögel *(Neornithae)* haben sich die Straußenvögel und Tinamus (als *Palaeognathae* = Altkiefer-Vögel) von den moderneren *Neognathae* abgetrennt. Als offensichtlich sehr alter Zweig dieser „Neukiefer-Vögel" finden sich die Hühner- und Gänseartigen *(Galloanserae)* sozusagen am Fuß des Stammbaums. Der Hauptstamm trägt mit den *Neoaves* alle weiteren Vogelarten und verzweigt sich mit einer Astgabel, die jeweils Ziegenmelker, Segler und Kolibris *(Strisores)* trägt bzw. die Taubenartigen (*Columbaves*; Tauben inklusive Turakos und Kuckucke). Ein höherer Ast trägt die Kraniche *(Gruiformes)*, gefolgt von einem breiten Verzweigungsbündel, das die Vielfalt an Wasservögeln umfasst (*Aequorlitornithes*; mit Flamingos, Möwen, Limikolen, Pinguinen, Störchen, Reihern, Pelikanen etc.). Der Stammbaum gipfelt in den *Inopinaves*, die durch sehr ungleiche Bereiche repräsentiert sind: mit den Greifvögeln (*Accipitrinae*; Geier, Adler, Habichte u. a.), den Rackenvögeln (*Coracimporphae*; mit Mausvögeln, Hopfen, Tukanen, Eisvögeln und Spechten) sowie der hochdiversen Gruppe der Singvögel *(Passeriformes)*, an die noch die Papageien und Falken angegliedert wurden.

In diesem Modell sind die Eulen als Geschwistergruppe der Rackenvögel *(Coracimorphae)* platziert. Damit erscheinen sie einerseits als nächstverwandt mit den Mausvögeln, entstammen aber gleichzeitig einer gemeinsamen Wurzel mit den Greifvögeln. Als Alternative könnten die Eulen auch in die Nähe der Papageien gerückt werden [817]. Während also die Tag- und Nacht-Greifvögel in dieser Auffassung wieder als mehr oder minder zusammengehörig betrachtet werden könnten, gelten die Merkmalsübereinstimmungen mit Ziegenmelkern, Seglern und Kuckucken als klare Parallelanpassung, zumal die *Strisores* jetzt an völlig anderer Stelle im Stammbaum platziert wurden [94, 1178]. Wenn diese Konstruktion eines Stammbaums auch auf phylogenetischen Beziehungen erstellt wurde, so liegt es auf der Hand, dass mit jedem Fortschritt der Analysetechnik künftig mit weiteren Umstellungen zu rechnen ist.

Aus dieser Eingruppierung der Eulen in die Nachbarschaft einer frucht- und fleischfressenden Vogelgruppe ließe sich möglicherweise auch die Anatomie ihres Verdauungstraktes erklären. Die Eulen als hoch spezialisierte Carnivore besitzen nämlich zwei ausgeprägte, lange Blinddärme, wie das eher für herbivore Arten typisch ist. Möglicherweise handelt es sich hier um ein „atavistisches" Merkmal aus der frühen Ahnenreihe [991]! (Der Kot aus den Blinddärmen ist meist dunkel senfartig und übel riechend; verängstigte Nestlinge und Schleiereulen-Brutvögel können diese ekelerregende Masse als Abwehrmittel gegen Störer am Brutplatz einsetzen).

Eulen-Verwandtschaft

Wenn in der Antike auch eine enge Verwandtschaft zwischen Eulen und Fledermäusen vermutet wurde, so stellen die Nachtvögel mit der Ordnung *Strigiformes* (ältere Bezeichnung *Striges* = Eulenvögel) doch eine sehr einheitliche und in sich geschlossene Vogelgruppe dar. In der ersten systematischen Artenliste von LINNÉ (1758) galten die Eulen noch als Greifvögel *(Accipitres)* und die Arten wurden einheitlich mit dem Gattungsnamen *Strix* belegt. Doch folgten mehrere Ansätze zur Differenzierung der Formenvielfalt. So schied L'HERMENIER (1827) die Eulen als „Nacht-Greifvögel" von den „Tag-Greifvögeln" und SCHLEGEL (1862) meinte, in Ohreulen *(Oti)* und Käuzen *(Stri-*

ORDNUNG STRIGIFORMES			
FAMILIE	**UNTERFAMILIE**	**TRIBUS**	**GATTUNGEN**
TYTONIDAE	Tytoninae		*Tyto*
	Phodilinae		*Phodilus*
STRIGIDAE	Striginae	Bubonini	*Bubo* (inkl. *Nyctea, Ketupa, Scotopelia*)
		Strigini	*Strix* (inkl. *Ciccaba, Jubula*)
		Pulsatrigini	*Pulsatrix, Lophostrix*
		Megascopini	*Megascops, Psiloscops, Pyrroglaux, Gymnoglaux*
		Asionini	*Asio, Ptilopsis, Pseudoscops, Nesasio*
		Otini	*Otus, Mimizuku*
	Surniinae	Surniini	*Surnia, Glaucidium, Taenioglaux Xenoglaux, Micrathene*
		Athenini	*Athene* (inkl. *Speotyto*)
		Aegolini	*Aegolius*
	Ninoxinae	Ninoxini	*Ninox, Uroglaux, Sceloglaux*

Tabelle 4. Genetische Analysen bestätigen die klare Trennung der Familien Tytonidae (Schleiereulenartige) und Strigidae („Echte Eulen"). Innerhalb Letzterer kam es zur Zusammenfassung nahestehender Gattungen (z. B. *Bubo, Strix*) sowie Aufspaltungen ähnlich erscheinender Gattungen (z. B. *Otus, Megasops;* nach Wink 2016).

ges) eine naturgegebene Gliederung zu sehen. Nitsch (1840; in [1176]) separierte die auffällig verschiedenen Schleiereulen als Familie *Tytonidae* von den „Eigentlichen" oder „Echten Eulen" aus der Familie *Strigidae*. Diese Zweiteilung hat bis heute Gültigkeit.

Die *Tytonidae*, zu denen heute auch die „fratzenhaften" Maskeneulen aus Südasien (Gattung *Phodilus*) zählen, zeigen ein seidigglattes Gefieder, dunkle, relativ kleine Augen, einen schmalen, sehr langen Schnabel und einen besonders markanten – namengebenden – Schleier. Die 10. Handschwinge weist an ihrer Vorderkante eine kammartige „Zähnelung" auf; gattungstypisch ist eine innen gezähnelte Kralle an der 3. Zehe (Putzkralle). Ihr Gewölle ist durch einen lackschwarzen Schleimüberzug charakterisiert. Die Nestlinge tragen nacheinander 2 echte Dunenkleider. Die eigentlichen Schleiereulen zählen mit insgesamt 24 (25) Arten zur Unterfamilie *Tytoninae* [74]; von den Maskeneulen (Unterfamilie *Phodilinae*) sind nur 2 Arten bekannt.

Die wesentlich artenreichere Familie der *Strigidae* wirkt in sich sehr inhomogen, hat aber eine glatte Innenseite der Krallen (keine Zähnelung) und das halbdunige Mesoptil (Nestlingskleid älterer Nestlinge bzw. Ästlinge) gemeinsam [189]. Die weltweite Artenvielfalt verteilt sich auf 23–27 Gattungen. Hierzu zählen so unterschiedliche Formen wie Uhu und Bartkauz oder Schnee-Eule und Sperlingskauz. Die populäre Unterteilung in „Ohreulen" (mit Federohren) und Käuze (mit runden, katzenartigen Köpfen) ist wissenschaftlich nicht gerechtfertigt, da ohrenartige Federstrukturen sicher mehrfach – unabhängig voneinander bei wenigstens 8 Gattungen – entwickelt wurden und als Verwandtschaftshinweis somit ungeeignet sind. Außerdem zeigen manche rundköpfigen Käuze in Feindsituationen durchaus vergleichbare „Ohren" (z. B. Sperlingskauz, Raufußkauz, Schnee-Eule). Hingegen lässt sich eine Gruppierung nach der Ausformung der realen Hilfsstrukturen des Gehörs finden: d. h. in Gattungen mit einer häutigen Ohrklappe (Operculum) vor dem Gehöreingang (wie *Asio, Strix, Aegolius*) bzw. ohne solche Ohrklappe (wie *Otus, Bubo, [Nyctea], Athene, Glaucidium, Surnia*). Wolters [1180] versuchte eine feinsystematische Gruppierung innerhalb der *Strigidae* nach Merkmalen von Morphologie, Gefieder und Verhalten und schlug die Aufstellung neuer Unterfamilien vor, die die Ohreulen als *Asioninae*, die Waldkäuze zusam-

Rekonstruktion der Kuba-Rieseneule *Ornimegalonyx oteroi* aus dem späten Paläozan im Vergleich zur Maximalgröße eines Uhus. Die sehr langen Beine lassen auf einen Bodenvogel schließen, der mit schätzungsweise 9 kg Körpergewicht und über 1 m Größe nur bedingt flugfähig gewesen sein dürfte (Grafik STEFAN KNÖPFER).

men mit Uhu, Schnee-Eule und Zwergohreule als *Striginae* und die Kleineulen als *Surniinae* erfassen.

Der Vergleich genetischer Strukturen bestätigt diesen Vorschlag zum Teil, findet aber zu einer weitergehenden Differenzierung: So wurden die Arten im Tribus *Bubonini* als monophyletisch erkannt und entsprechend die Schnee-Eule *(Nyctea)* sowie die eurasischen und afrikanischen Fischeulen (*Ketupa* bzw. *Scotopelia*) in die Gattung *Bubo* übernommen. Dem Tribus *Bubonini* wurden die Arten des ebenfalls als monophyletisch erkannten Tribus *Strigini* zur Seite gestellt. Als monophyletisch werden auch die Arten aus dem Tribus *Asionini* gewertet, denen u. a. die afrikanischen Weißgesichtseulen *(Ptilopsis)* zugeordnet wurden. Keine Änderung ergab sich für die Raufußkäuze der Gattung *Aegolius*, die ebenfalls als monophyletisch erkannt und in der Nähe der Sperbereule (Gattung *Surnia*) platziert wurden. Im Tribus *Otini* sind hingegen 3 unterscheidbare Entwicklungslinien zu erkennen, weshalb die Neuweltarten (Nord- und Südamerika), mit den Gattungen *Megascops* und *Psiloscops*, von der Gattung *Otus* aus der Alten Welt (Eurasien und Afrika) separiert wurden. Vergleichbar wurden die Arten der Gattung *Glaucidium* in der Alten und Neuen Welt unterschiedlichen Clustern zugeordnet (für Letztere wurde die Gattung *Phalaenopsis* vorgeschlagen). Die großen Vertreter aus Afrika und Asien, die den Steinkäuzen deutlich näher stehen als den Sperlingskäuzen, wurden in der Gattung *Taenioptynx* zusammengefasst. Bei den Steinkäuzen der Gattung *Athene* scheinen mehrere geografisch getrennte Entwicklungslinien vereint, sodass die Gliederung nach Arten oder Unterarten noch sehr unausgewogen scheint.

Auch wenn die Rekonstruktion eines „Stammbaums" für die Eulenfamilie – entsprechend der phylogenetischen Radiation – noch keineswegs abgeschlossen ist, lässt sich die Artenvielfalt innerhalb der Eulen Europas bereits schlüssig gruppieren:

- **Schleiereule**
- **Uhu – Schnee-Eule**
- **Bartkauz – Habichtskauz – Waldkauz**
- **Waldohreule – Sumpfohreule**
- **Zwergohreule**
- **Sperbereule – Sperlingskauz**
- **Steinkauz**
- **Raufußkauz**

Im „Speziellen Teil" folgt die Reihung der einzelnen Eulenarten diesen Erkenntnissen.

In Europa kommen aktuell 13 Eulenarten aus 10 Gattungen vor, d. h. nur wenige Gattungen sind mit mehreren Arten vertreten (z. B. *Strix* und *Asio*). Keine dieser Arten ist auf Europa beschränkt, vielmehr treffen hier sehr unterschiedliche Faunenkreise aufeinander: So erstreckt sich der Lebensraum der Eulenarten der nordischen Taiga von Fennoskandien quer durch ganz Sibirien; einzelne Arten mit isolierten Reliktarealen kommen aber auch in den Alpen und Mittelgebirgen Europas vor (boreo-alpine Verbreitung bei Sperlings-, Raufuß- und zum Teil auch Habichtskauz) oder sind sogar zirkumpolar verbreitet (wie Bartkauz, Schnee- und Sumpfohreule). Hingegen sind Raufuß- und Sperlingskauz, Waldohreule und Uhu in Nordamerika jeweils durch Geschwisterarten vertreten. Daneben leben bei uns Arten aus dem mediterranen Klimaraum (Zwergohreule, Steinkauz), deren Brutgebiete bis in offene Baumsteppen und Halbwüsten reichen können. Schließlich sind Arten aus dem Waldgürtel gemäßigter Zonen (Waldkauz) zu nennen und „Allerweltsarten", die entweder – als „Anpasser" – fast überall zurechtkommen (Uhu) oder als Mittel- und Weitstreckenwanderer in Europa Station machen (Wald- und Sumpfohreule) [275, 1128]. Von diesen 13 Arten handelt dieses Buch, unter Aussparung des äußeren Grenzbereichs Europas im südlichen und östlichen Mittelmeerraum, weshalb der „Halbmond" von Nordafrika über Israel, Libanon und Kleinasien nur peripher gestreift werden kann.

Nach internationalen Nomenklatur-Regeln gelten primär die wissenschaftlichen Bezeichnungen für Art, Gattung, Familie oder Ordnung, da sie in aller Regel eine eindeutige Benennung ermöglichen. In der älteren Literatur findet sich vielfach aber eine heute ungebräuchliche, zum Teil geradezu irritierende Namensgebung, was genaue Recherchen – speziell bei der Literatursuche – notwendig macht: So wurde z. B. die Schleiereule von LINNÉ mit *Strix flammea* aus der Familie *Strigidae* benannt; keine dieser Bezeichnungen lässt sich heute mit *Tyto alba* assoziieren! Der Steinkauz hieß noch bis Anfang des 20. Jhs. *Glaucidium noctuum*, *Surnia noctua* oder *Athene passerinum* (bei GESNER [267] auch *Noctua saxatilis*), der Habichtskauz *Syrnium uralense* usw. Geradezu unglücklich ist die Namenskombination *Glaucidium passerinum*, die nicht nur für die kleinste Eulenart Europas, sondern gleichzeitig für eine Blütenpflanze in Asien gewählt wurde [943]!

Ähnlich verwirrend waren lange Zeit auch die deutschen Populär- und Trivialnamen, die oft gleich auf mehrere Eulenarten zutrafen (z. B. Nachteule, Totenvogel). Heute sind die deutschen Artnamen einheitlich anerkannt, allerdings nicht immer glücklich gewählt, speziell die vergleichenden Doppelnamen – wie „Sperber"-Eule, „Habichts"-Kauz, „Sperlings"-Kauz; aber auch die Bezeichnung „Zwerg"-Ohreule, zumal deren Körpergröße völlig natürlich ist und die Art keineswegs eine „verzwergte" Ohreule darstellt!

In der älteren Literatur findet sich – vor der normierten Festlegung wissenschaftlicher wie deutscher Artnamen – eine oft verwirrende Namengebung (Steinkauz, *Noctua saxatilis*; Steinkauz als „Wichtel" zum Vogelfang; nach GESNER 1669).

Lebensform Eule

Zum Verständnis der Eulen als „Lebensform" sind zwei wesentliche Anpassungswege herauszustellen: die gruppentypische Dunkelaktivität und der carnivore Beuteerwerb. Beides zusammen erschließt den Eulen vor allem das Beuteangebot der Kleinsäuger mit ihrer vorwiegend nächtlichen Lebensweise; gleichzeitig weichen sie dem Konkurrenzdruck durch die tagaktiven Greifvögel aus. Eine solche extravagante „Nische" prägt alle Facetten eines Eulenlebens und verlangt den Vögeln extreme Anpassungen ab, zum Teil bis an die Leistungsgrenze von Organismen, wie dies vor allem die hoch spezialisierten Sinnesorgane verdeutlichen.

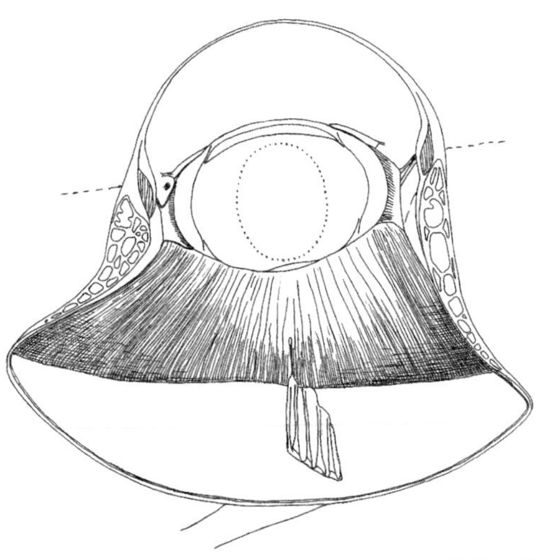

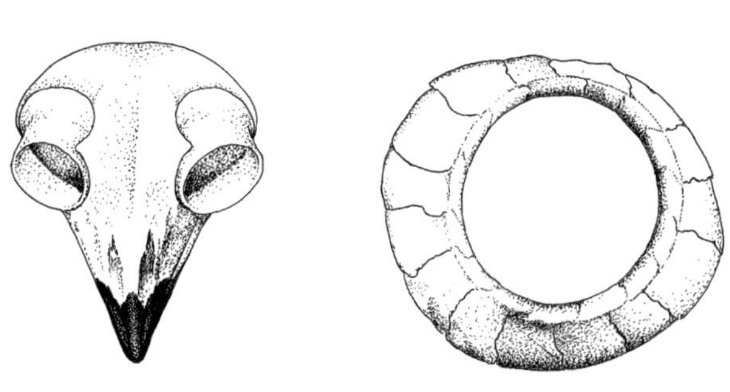

Der Bau des Eulenauges ist ganz auf die maximale Ausnutzung von Restlicht ausgerichtet: Am Beispiel eines Uhu-Auges zeigt der Querschnitt die Größe von Pupille und Linse im zylindrisch-langgestreckten Augapfel (oben; nach Franz 1909). Dieser ist im Schädel durch einen Ring aus Knochenplatten gefestigt (Sklerotikalring, unten; nach März & Piechocki 1976).

Hoch spezialisierte Sinnesorgane

Die für Vögel ungewöhnlich großen Augen sind auf maximale Ausnutzung von Restlicht ausgelegt. Dazu zählt die große Pupille, die sich bei Dunkelheit praktisch zur gesamten Augenöffnung ausweiten kann und damit möglichst viel Licht durchlässt (rund 2,7-facher Lichteinfall im Vergleich zum Menschen [398]). Folgerichtig gelingt den großen Eulenarten die Restlicht-Verwertung besser als den kleinen, was allein schon durch den absoluten Durchmesser ihrer Pupillen begründet ist. Der röhrenförmige Augapfel erlaubt – als „Teleskopauge" – einen sehr viel größeren Augendurchmesser, als es – bei kugeliger Ausformung – den Ausmaßen des Eulenschädels entspräche. Im Vergleich zum menschlichen Auge mit einer mittleren Achsenlänge von 24 mm, beträgt der Abstand zwischen Hornhaut und Netzhaut bei der Schleiereule 17,48 mm, beim Waldkauz 28,5 mm und beim Virginia-Uhu sogar 38,72 mm.

Restlicht-Verstärkung

Die lichtempfindliche Netzhaut bedeckt nur eine kleine Fläche des Augenhintergrundes, sodass das ohnehin schwache Nachtlicht nicht weiter gestreut wird. Sie weist des Weiteren vorwiegend Stäbchenzellen auf, mit denen Hell-dunkel-Kontraste wahrgenommen werden können. (Wenn auf Internetseiten auch mehrfach fälschlich behauptet, so fehlt den Eulen – im Gegensatz zu nachtaktiven Säugetieren – ein „Tapetum lucidum" als reflektierende Schicht auf der Netzhaut, sodass ihr Auge die Dämmerungsleistung z. B. einer Hauskatze nicht erreicht [398, 599].) Die Ausstattung an lichtempfindlichen Zellen variiert allerdings artspezifisch bzw. nach Lebensraum, Beutewahl und Aktivitätsmuster einzelner Arten. So wird den dunkelaktiven Waldbewohnern die höchste Leistungsfähigkeit abverlangt, da die Restlichtmenge im Waldesinneren – bzw. unter dem Kronendach der Waldbäume – um ein Vielfaches geringer ist als auf der Freifläche (Lichteinfall auf Waldboden = 0,000 0043 Lux; Beuteerkennen auch noch bei 0,000 0017–0,000 0027 Lux möglich [688]).

Das Eulenauge meistert diese Herausforderung durch die Dominanz an hell-dunkel-empfindlichen Stäbchenzellen (bei Schleiereule und Waldkauz z. B. 90 % der Rezeptoren), die auf der Retina 4- bis 8-mal dichter gepackt sind als bei tagaktiven Vögeln und im Schwarz-Weiß-Bereich auch bei sehr schwachem Licht noch eine räumliche Sehschärfe leisten. Der Bereich höchster Lichtempfindlichkeit liegt – anders als die zentrale Fovea bei Säugetieren – am schläfenseitigen Außenrand der Netzhaut. Er ist vorwiegend mt Stäbchenzellen bestückt (Verhältnis Stäbchen zu Zapfen bei der Schleiereule 19 : 1). Damit erreichen die Eulen eine maximale Lichtempfindlichkeit, bei allerdings eher geringer Sehschärfe. Das gilt im besonderen Maße für die Schleiereule, deren Lichtempfindlichkeit die von Waldkauz und Uhu um nahezu das Doppelte übertrifft. Dabei ist das Waldkauz-Auge wenigstens 2,5-mal lichtempfindlicher als das des Menschen. Nachtaktive Eulen erreichen eine 3- bis 10-fach bessere Dämmerungsleistung als der Mensch [330, 746, 758]. Der dämmerungs- und tagaktive Sperlingskauz allerdings sieht deutlich schlechter als ein Mensch, besitzt dafür aber in der Netzhaut ausreichend Zapfenzellen, um – als Vogeljäger – auch Farben sehen zu können. Dazu reichen offensichtlich die wenigen Zapfenzellen in der Netzhaut der Eulen aus, deren Sehpigmente für drei verschiedene Wellenlängen empfindlich sind (trichromatisch im Beispiel des Waldkauzes für 468, 530, 580 nm), bei einer Maximalleistung im Gelbbereich. Höchstens 1% der Zapfen können Rot erkennen. Solch ein beschränktes Farbensehen ist auch für Steinkauz und Zwergohreule belegt, für die Schnee-Eule wahrscheinlich. Infrarot ist für Eulen allerdings nicht wahrnehmbar [92, 345, 633, 1181], selbst bei hochgradig verstärkter Lichtenergie. Im Gegensatz zu vielen lichtaktiven Vogelarten fehlen den Eulen UV-Licht-empfindliche Rezeptoren, was experimentell selbst für den teilweise lichtaktiven Sperlingskauz bestätigt ist.

Irisblende

Eulen sind keineswegs tagblind, wie oft behauptet wird, wenn auch das Schärfesehen mit zunehmender Helligkeit abnehmen kann (Beispiel Schleiereule). Die Zylinderform des Augapfels erlaubt sogar Blicke gegen die Sonne. Allerdings müssen die Vögel ihre empfindlichen Sinnesorgane vor grellem Lichteinfall schützen, wozu sie einerseits die Pupille punktförmig verengen können (je nach der belichteten Kopfseite an beiden Augen unabhängig voneinander), zusätzlich auch die Augenlider zukneifen. Spaltförmig geöffnete Augen sind vor allem für die Schnee-Eule typisch, die – zum Teil ja tagaktiv – dem gleißenden Sonnenlicht über der verschneiten Tundra ausgesetzt sein kann. Darüber hinaus verfügen einige lichtaktive Arten über besonders hervortretende Augenbrauen (z. B. Sperbereule, Steinkauz), die als Sonnenschutz gedeutet werden können [746].

Für Nachtvögel ist eine kugelige Linsenform typisch. Die räumliche Sehschärfe, unerlässlich für einen punktgenauen Zugriff beim Beutefang, wird von der Brennweite der Linse bestimmt und ist bei der Schleiereule besonders ausgeprägt („hyperakute Stereo-Vision“). Diese Leistung wird durch eine Vergrößerung des „Seh-Wulstes“ im Vorderhirn ermöglicht. Dabei ist der Auflösungsgrad bei Helligkeit (photopisches Sehen) geringer als bei Dunkelheit (skotopisches Sehen). Die Qualität dreidimensionalen Sehens wird durch die nahezu parallele Stellung der nach vorne gerichteten Augen begünstigt. Je größer der Augenabstand, desto weiter ist das binokulare Sehfeld (150° z. B. bei der Schleiereule). Kleineulen sind diesbezüglich im Nachteil, können dies aber durch weit ausholendes Pendeln, Schlingern oder Kreisen mit ihrem Kopf kompensieren. Solche „Fixierbewegungen“ ermöglichen ihnen – zeitlich nacheinander –

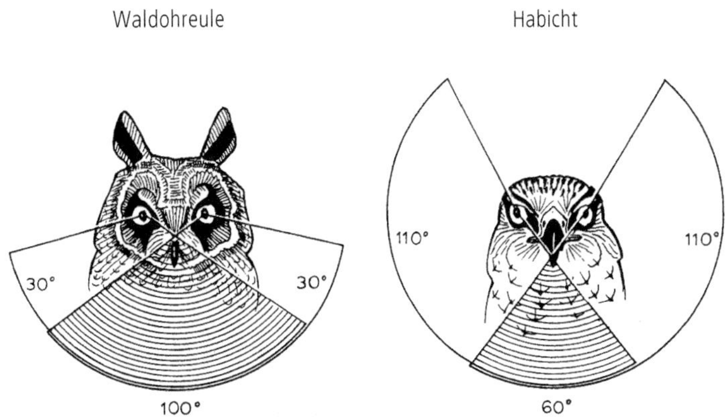

Den Eulen gelingt durch die Überlagerung der Blickwinkel ihrer vorgerichteten Augen ein binokular-dreidimensionales Sehen, Voraussetzung für die genaue Abschätzung der Entfernung zum „Opfer" (nach FESTETICS 1978).

Durch seitlich ausholende Fixierbewegungen des Kopfes verbessern z. B. Steinkäuze ihr räumliches Sehen (aus SCHÖNN et al. 1991).

unterschiedliche Blickwinkel. Ein solches Verhalten ist ganz besonders für Jungeulen typisch, die die Abschätzung von Entfernungen zu einem Sitzplatz oder zu einer Beute erst lernen müssen [594].

Blindflug und Horchpeilung

Bei völliger Finsternis sehen auch Eulenaugen nichts mehr. Auch fehlt den Eulen die Fähigkeit zur Echolotung, wie sie z. B. die höhlenbewohnenden Fettschwalme entwickelt haben. Sofern Hindernisse und Strukturen im Lebensraum auswendig gelernt wurden, können sich manche Arten dennoch rasch und sicher fortbewegen (z. B. Flugbahn der Schleiereule in völlig abgedunkelten Kirchtürmen). Das Entdecken und Anpeilen von Beutetieren gelingt aber mehreren Eulenarten auch in völliger Dunkelheit aufgrund der bewundernswerten Spezialisierung ihres Gehörs:

Durch kreisrundes Spreizen des Äußeren Schleiers wird der auftreffende Schall gebündelt und zum Gehöreingang gelenkt. Dieser liegt von den Federn des Inneren, schalldurchlässigen Schleiers verdeckt knapp hinter dem äußeren Augenrand. (Die „Federohren" stehen mit dem Gehör in keinem funktionalen Zusammenhang.) Der sehr breite Hörbereich der Eulen reicht zwar von 0,5–12 kHz, doch liegt die beste Hörleistung bei 5–10 kHz, entsprechend den Frequenzen von Rascheln oder Piepsen der Kleinsäuger. (Sinneszellen, die im 5-kHz-Frequenzbereich ansprechen, überwiegen in der Cochlea, wobei abgenutzte Haarzellen laufend regeneriert werden, sodass die Hörleistung lebenslang gleich bleibt.) Das Nervensystem kann dabei sowohl schwache Signale verstärken als auch Störgeräusche aus dem Umfeld wegfiltern. Die Richtung einer Schallquelle wird von der Eule mit einer Peilgenauigkeit von 1–2° sehr exakt bestimmt, sowohl durch Zeit- als auch durch Intensitätsunterschiede, mit denen z. B. ein Beutegeräusch jeweils von vorne, am rechten bzw. linken Ohr auftrifft. Dank extrem schneller Reizleitung der Gehörnerven kann das Mittelhirn einer Schleiereule z. B. Zeitdifferenzen von nur 5 ms verwerten, um die Richtung einer Schallquelle in horizontaler Ebene festzustellen [343, 415, 523, 762]! Für die Peilung in vertikaler Ebene vergleicht das Eulenohr einerseits Intensitätsunterschiede und analysiert andererseits das Frequenzspektrum des auftreffenden Schalls.

Die Fähigkeit zur Verrechnung derart kurzer Zeitunterschiede wird auch von der räumlichen Entfernung der beiden Gehöreingänge bestimmt. Um diese maximal zu erweitern, haben mehrere Eulenarten eine asymmetrische Verlagerung der Gehöröffnungen, mit einer jeweils einseitig abgesenkten bzw. angehobenen Position am Kopf, entwickelt. Eine solche Asymmetrie der Gehöreingänge wurde innerhalb der Eulenvögel wenigstens 4- bis 7-mal – unabhängig voneinander – entwickelt [746], allerdings auf jeweils unterschiedlichem Wege:

Zum Horchpeilen vergleicht die Eule den Zeitunterschied des an linkem und rechtem Ohr auftreffenden Schalles. Zur Verstärkung dieses Effekts vergrößern spezialisierte Arten den Abstand der Gehöröffnungen durch asymmetrische Verlagerung am Schädel (oben: symmetrischer Schädel eines Uhus, nach PORTENKO 1973; unten: asymmetrischer Schädel eines Raufußkauzes; nach NORBERG 1978).

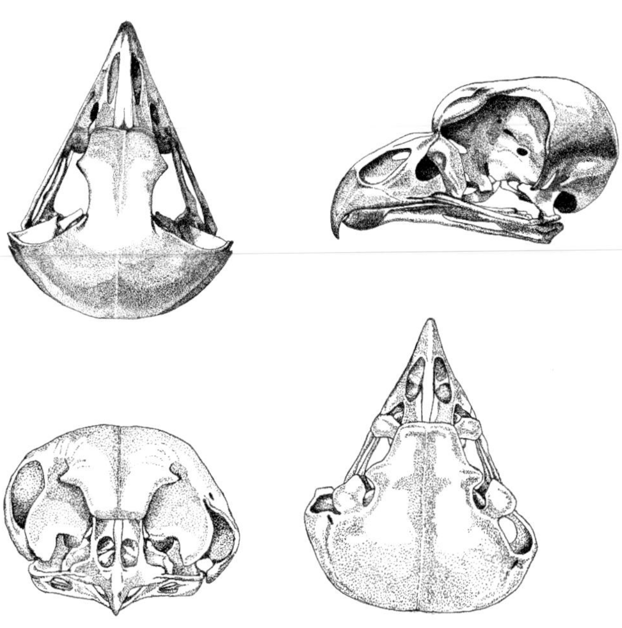

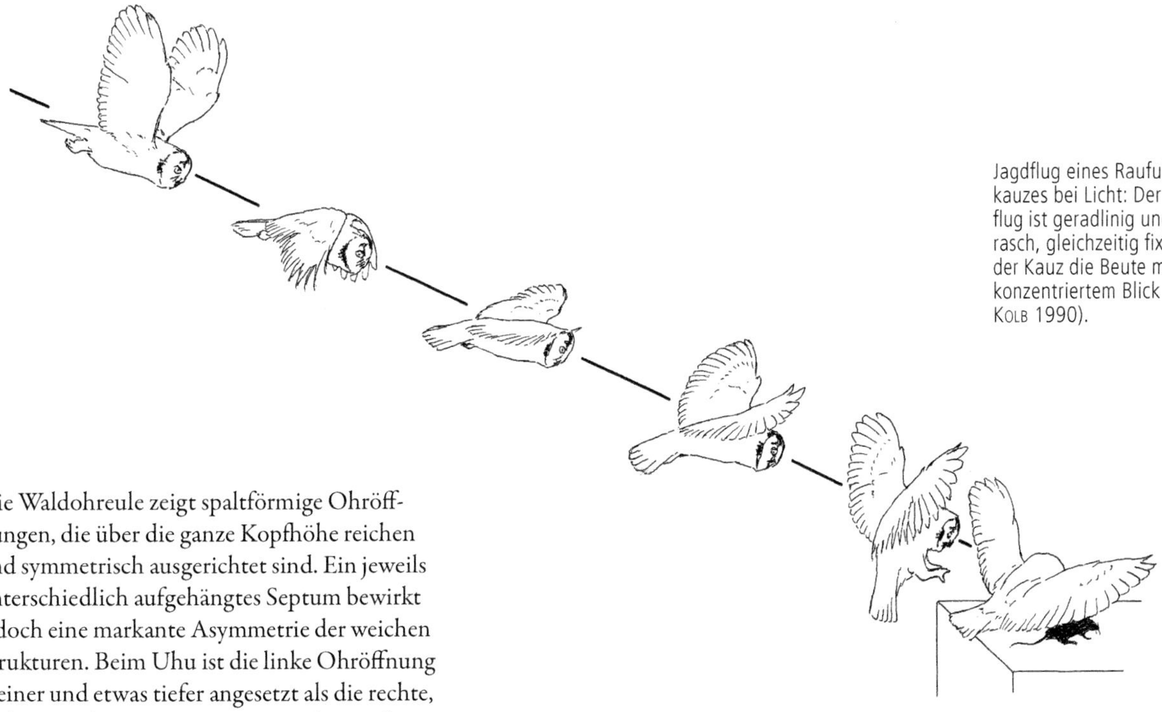

Jagdflug eines Raufußkauzes bei Licht: Der Zielflug ist geradlinig und rasch, gleichzeitig fixiert der Kauz die Beute mit konzentriertem Blick (nach Kolb 1990).

Die Waldohreule zeigt spaltförmige Ohröffnungen, die über die ganze Kopfhöhe reichen und symmetrisch ausgerichtet sind. Ein jeweils unterschiedlich aufgehängtes Septum bewirkt jedoch eine markante Asymmetrie der weichen Strukturen. Beim Uhu ist die linke Ohröffnung kleiner und etwas tiefer angesetzt als die rechte, wobei von dieser Asymmetrie nur die weichen und stark verformbaren Teile der Ohrenstruktur betroffen sind, nicht jedoch der Schädel. Bei der Schleiereule bildet eine Hautfalte zwischen innerem und äußerem Schleier eine röhrenförmige Verlängerung des Gehöreingangs mit links und rechts jeweils gegenläufiger Ausrichtung. Dadurch liegt das linke Ohr höher als das rechte, wobei auch nur die weichen, fleischigen Teile betroffen sind. Während der Schädel dieser Arten die ursprüngliche Symmetrie beibehalten hat, zeigt sich bei Bart- und Habichtskauz eine Asymmetrie der Schläfenregion (Schuppenbein) am Schädel. Als Extrem sind beim Raufußkauz die Gehöreingänge sogar am Schädelskelett verlagert, wobei das linke Ohr tief und das rechte Ohr hoch ansetzt. Mit dieser diagonalen Anordnung erreicht der Kauz eine maximale Entfernung der Gehöreingänge bzw. einen effektiv verwertbaren Zeitunterschied, trotz der relativ geringen Größe seines Schädels! Jungeulen, die die Verrechnung des Zeitunterschiedes des links und rechts auftreffenden

Jagdflug eines Raufußkauzes bei Dunkelheit: Beim Blindflug nähert sich der Kauz in flachem Bogen, mit langsam ausholenden Flügelschlägen und fortwährender Kurskorrektur nach dem Gehör (nach Kolb 1990).

Schalles erst lernen müssen, verdrehen den Kopf nur scheinbar verspielt; sie vergleichen den Empfang bei horizontaler und schräger Stellung der Ohrenachse [415, 746].

Da die Schleiereule für viele sinnesphysiologische Studien als Modell herangezogen wird, liegen für diese Art sogar Studien zur Embryonalentwicklung der Ohrenöffnungen vor: Demnach sind im Entwicklungsstadium 29 (entspricht etwa 10. Bebrütungstag) erstmals Ohrspalten in Höhe des Unterkiefers erkennbar. Bis zum Stadium 36 (= etwa 20. Bebrütungstag) sind diese noch symmetrisch angeordnet. Im Laufe der Verschiebung der Ohröffnungen in die Schläfenregion kommt das linke Ohr höher und weiter nach hinten. Dieser Prozess ist erst knapp vor dem Schlüpfen der Jungeule abgeschlossen (30. Bebrütungstag). Die volle Hörleistung erreicht der Nestling aber erst im Alter von 5 Wochen. Bemerkenswert ist, dass auch beim Steinkauz eine asymmetrische Anlage des Gehöreingangs im Laufe der Embryonalentwicklung festgestellt werden kann (Entwicklungsstadien 37–39), wiewohl Altvögel eine völlig symmetrische Anordnung zeigen. Die Autoren schließen daraus, dass die Asymmetrie als Anpassung an die Dunkelaktivität erster Eulenarten phylogenetisch ursprünglich ist, bei den dämmerungs- und lichtaktiven Arten aber verloren gegangen ist.

Lauschangriff

Bei rein akustisch orientiertem Beutefang, wie ihn z. B. Schleiereule, Raufußkauz und Bartkauz mit faszinierender Präzision beherrschen, müssen die Eulen nach wenigstens 2 Ebenen peilen: Für ein exaktes Richtungshören in der Horizontalen (Links-rechts-Korrektur) wird die Wahrnehmung des Zeitunterschieds des jeweils auftreffenden Schalles durch den Vergleich von Intensitätsunterschieden in den niederen Frequenzen (dunkle Töne) zwischen linkem und rechtem Ohr unterstützt. Je größer der Abstand zwischen den Gehöreingängen, desto besser können die tiefen Frequenzen wahrgenommen werden; großköpfige Arten sind hier im Vorteil, zumal dunkle Töne über größere Entfernungen reichen. Für das Richtungshören in der Vertikalen (Nah-fern- bzw. Unten-oben-Korrektur) nutzt die Eule hingegen Intensitätsunterschiede von hohen Frequenzen zwischen beiden Ohren. Sehr tiefe Töne sind allerdings genauso wie reine Töne (z. B. Mäusequieken) für das Eulenohr besonders schlecht zu orten; die größte Peilgenauigkeit gelingt bei Geräuschen mit breitem Frequenzband (z. B. Mäuserascheln [500, 518]).

Immer wieder ist es erstaunlich, wie wenig sich manche Eulen – bei der außerordentlichen Empfindlichkeit ihres Gehörs – selbst von intensivem Lärm stören lassen: seien es Schleiereulen, die ihre Jungen unmittelbar neben den dröhnenden Kirchenglocken aufziehen, oder Uhus, die trotz regelmäßiger Sprengungen mitten im Steinbruch brüten! Tatsächlich können Eulen selbst so gewaltige Störgeräusche wegfiltern.

Eine wichtige Rolle für die Gehörleistung spielt der „Schleier“, der über seine parabolspiegelartige Form den auftreffenden Schall durch Bündelung bis zu 10-fach verstärkt und zur Gehöröffnung leitet. Die beiden Schleierhälften arbeiten unabhängig, wobei eine senkrecht gestellte, bürstenartige Federzeile zwischen Schnabel und Stirn als Trennwall fungiert, der die beiden „Parabolspiegel“-Hälften gegen störende Schallwellen von der jeweils anderen Seite abschirmt. Dabei können Schleiereulen die Schleierform – je nach Funktion – gezielt verändern; bei konzentriertem Horchen wird er z. B. kreisrund gespreizt. Bei einem Durchmesser von maximal 7 cm erreicht der Eulenschleier eine Verstärkung um 10 db (getestet bei Frequenzen von 7 kHz [139, 491]).

Dank extremer Spezialisierung gelingt der Schleiereule der Beutefang selbst bei völliger Dunkelheit: Maßgeblich dafür sind die komplexen Federstrukturen des verformbaren Schleiers (A) und die durch häutige Strukturen verschobenen Gehöreingänge (B; aus BACHMANN & WINZEN 2014).

(A)

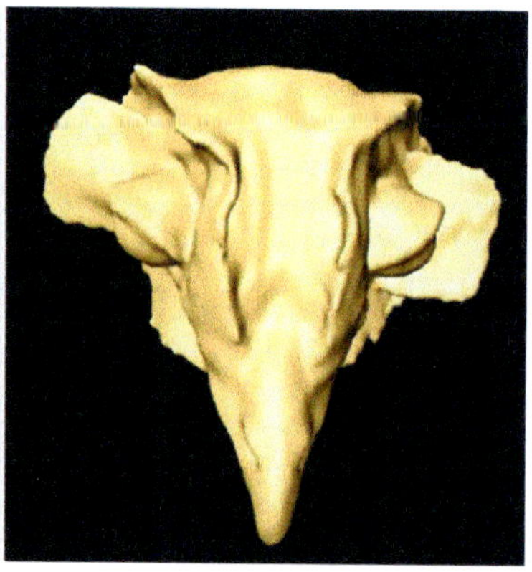

(B)

Lage der Gehöröffnung hinter dem Schleier (links), Hautfalten am Gehöreingang (Mitte) und Anordnung von vorderer und hinterer Hautklappe (im Querschnitt: an Vorderrand der Ohrmuschel bzw. am äußeren Schleierrand) am Beispiel der Waldohreule (nach Sparks & Soper 1972 und Johnsgard 1988).

Da die Gehörleistung junger Schleiereulen erst gegen Ende der Nestlingszeit voll entwickelt ist, wird auch das Schleiergefieder sehr spät entfaltet: So platzen die Kiele des Äußeren Schleiers erst im Alter von 30–35 Tagen. Im 40–45-Tage-Alter ist zwar die Parabolspiegelform der Gesichtshälfte erkennbar, die Ausformung des funktionell so wichtigen Federnkranzes ist jedoch erst mit 60 Tagen abgeschlossen.

In Summe sind Eulen in der Lage, je nach Belichtungs- und Umweltbedingungen, aus den optischen und akustischen Sinneseindrücken ein sehr genaues, dreidimensionales Bild ihrer Umgebung zu erstellen.

Flug mit Schalldämpfer

Wichtig ist für einen Beutegreifer, der im Dunkeln vorwiegend auf sein Gehör angewiesen ist, dass er möglichst wenig Eigengeräusche verursacht – einerseits, um ein akustisches Aufspüren und Orten von Beutetieren nicht zu erschweren, andererseits, um die Beute nicht zu alarmieren. So beträgt die Lautstärke beim Waldkauz-Flug nur 0,03 mbar (bei Frequenz von 200 Hz) [733]. Der „lautlos"-weiche Eulenflug vermeidet sogar Ultraschall, der von Nagetieren wahrgenommen werden könnte! Von den speziellen Federstrukturen, die in Summe die eulenspezifische Schalldämpfung ermöglichen, ist eine kammartige Leiste aus borstig verlängerten Federästchen an den äußersten Handschwingen (zumindest HS. 10) besonders auffällig. Durch diese Zähnelung wird der Luftstrom an der Vorderkante des Eulenflügels in kleinste Einheiten zerteilt und damit die Geräuschentwicklung vermindert.

Des Weiteren bildet eine fransenartige Verlängerung der feinen Ästchen (Pennuli) am Rand der inneren Federfahne eine weiche, elastische Verbindung aller Schwungfedern, sodass eine geschlossene Flügelfläche entsteht. Dabei bleibt der Flügel aufgrund der zarten Gitterstruktur dieser Federsäume luftdurchlässig. Gleichzeitig dämpft die samtartig aufgeraute Oberfläche der Federfahnen das Fluggeräusch. Damit nicht genug, zeichnen sich Eulenfedern durch locker ausgefranste Ränder aus, die den Luftstrom über Flügeloberfläche und -hinterkante sanft abgleiten lassen. Der „lautlose" Eulenflug wird in der Bionik zunehmend als Modell für lärmfreie Rotoren und Flugkörper analysiert. Dementsprechend sind feinste Verwirbelung an Flügelbug und Oberfläche für die Dämpfung des Fluggeräuschs wesentlich, doch wird der volle Wirkungsgrad nur im Zusammenwirken dieser speziellen Federstruktuen erreicht [269, 905, 1140].

Eine kammartige Zähnelung an der äußersten Flügelkante unterdrückt geräuschhafte Luftverwirbelungen, eine von mehreren Federstrukturen, die den „lautlosen" Eulenflug ermöglichen (10. Handschwinge einer Schleiereule in unterschiedlicher Vergrößerung; aus Bachmann & Wagner 2011).

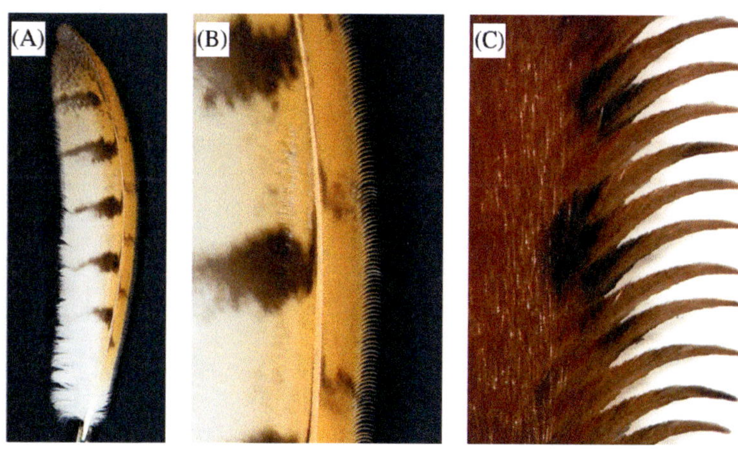

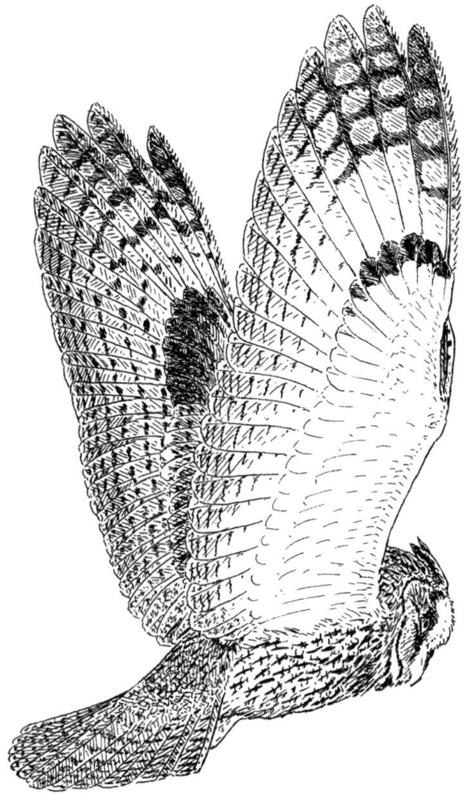

Im „Demonstrationsflug" wird die helle Flügelunterseite präsentiert, wie es vor allem für Eulen der Offenlandschaft typisch ist (Waldohreule; nach MÜLLER 1985).

Den höchsten Grad der Spezialisierung entwickelten dabei die streng dunkelaktiven Arten (z. B. Bartkauz, Raufußkauz, Schleiereule). Gleichzeitig gibt es auch Eulenarten, die bei noch guten Lichtverhältnissen zur Jagd fliegen, manche sogar am hellen Tag. Diese haben die Palette eulenspezifischer Anpassungen großenteils wieder fallen gelassen und verzichten z. B. auf große Augen, auf die Spezialanpassung asymmetrisch gelagerter Ohröffnungen, letztlich sogar auf das weiche Gefieder bzw. den geräuscharmen Flug, wie es ganz besonders auffällig bei Sperbereule, Stein- und Sperlingskauz zu beobachten ist. Zwischen diesen Extrempunkten wären die teilweise lichtaktiven Arten Sumpfohreule und Schnee-Eule einzureihen.

Kommunikationssignale

Eine dunkelaktive Lebensweise prägt natürlich auch die innerartliche Kommunikation der Eulen. Optisch wirksame Signale, wie sie für das Verhalten der meisten Vögel von besonderer Bedeutung sind, können ja nur in beschränktem Umfang eingesetzt werden, zumal das meist tarnfarbige Eulengefieder jede Auffälligkeit zu meiden trachtet. Wenn die Eulen demnach auch keine extravaganten Schmuckfedern, Schillerfarben, Farbmuster oder plakative Balzstellungen entwickelt haben, so verzichten sie dennoch keineswegs auf kommunikative Gefiedermerkmale: So verstärken die Männchen mehrerer Eulenarten die akustische Wirkung ihres Gesanges durch die Präsentation eines weißen Kehlflecks (z. B. Uhu). Da der Gesichtsausdruck und die Kopfform die jeweilige Stimmung einer Eule recht klar wiedergeben, sind

Im „Kindergesicht" zeigen Jungeulen meist deutlich kontrastierende Abzeichen um Augen und Schnabel (jeweils im Vergleich zum Adultgesicht; aus GLUTZ et al. 1980).

solche Merkmale im Nahfeld von Bedeutung, speziell in der aggressiv-getönten Anpaarungsphase.

Kontrastzeichnungen

Zur Unterstreichung ihrer Mimik zeigen mehrere Eulenarten daher bestimmte Federpartien in deutlichem Schwarz-Weiß-Kontrast, der bei Dämmerlicht auch dem menschlichen Betrachter ins Auge springt: Genannt seien der schwarze „Bartstreif" des Bartkauzes unter dem Schnabel, der als optische Trennlinie zwischen den 2 weißen Halbmondflecken wirkt, die bei Erregung am unteren Schleierrand hervorgeschoben werden können, oder die weißen „Augenbrauen" und der weiße, breite Kinnlatz z. B. beim Steinkauz, die den jeweiligen Erregungszustand durch unterschiedliche Breite signalisieren, sowie die nahezu einfarbig weißen Flügelinnenseiten, die beim Imponierflug von Wald- und Sumpfohreule durch auffälliges Hochheben der Flügel signalhaft demonstriert werden [145]. Hier seien auch die auffälligen Signalzeichnungen im Gesicht der Jungeulen erwähnt („Kindergesicht"), deren vorwiegend weiße Abzeichen vor allem die Schnabel- und Augenpartie betonen. Die hell-dunkel kontrastierenden Muster ändern sich bei manchen Arten sukzessive mit der Entwicklung des Jugendgefieders (z. B. Schnee-Eule). Zum

Bettelnder Steinkauz-Ästling, die auffällig weiße Kehle präsentierend (Foto SCHERZINGER).

Schnee-Eule

Sperbereule

Raufußkauz

Das „Kindergesicht" kann in seiner Ausprägung eine sukzessive Veränderung durchmachen (jeweils im Vergleich zum Adultgesicht; aus GLUTZ et al. 1980).

„Occipitalgesicht"; ein „falsches" Gesicht am Hinterkopf mit übertrieben großen Nachbildungen von Augen und Augenbrauen ist besonders für lichtaktive Kleineulen typisch (Sperlingskauz; Foto SCHERZINGER).

einen dürften diese hervorstechenden Kontrastzeichnungen die Orientierung des fütternden Altvogels in der meist eher düsteren Bruthöhle erleichtern (z. B. Raufußkauz [744]), zum anderen das Betteln der Ästlinge auch optisch unterstreichen, letztlich auch beschwichtigende Funktion haben, um der innerartlichen Intoleranz der meisten Eulenarten zu entgehen. Uhus können offenbar an der Leuchtkraft der weißen Gesichtspartie halbwüchsiger Junger deren Vitalität und Nahrungsbedarf ablesen [720].

Die Männchen mehrerer Eulenarten verstärken den akustischen Effekt ihres Gesanges durch kontrastierende Kehlzeichnung, besonders auffällig beim Uhu, der die breite weiße Kehle – wegen der optisch höheren Auffälligkeit – bevorzugt bei Dämmerung und Mondlicht präsentiert. Vergleichbare Effekte sind bei Steinkauz (breite weiße Kehlzeichnung) und Sperbereule (weiße Kehle mit schwarzem Fleck unter dem Schnabel) zu beobachten.

Vor allem kleinere Eulenarten zeigen am Hinterkopf eine verblüffende Gefiederzeichnung, die kräftige, helle Augenbrauen imitieren kann (z. B. Steinkauz), oder regelrechte Augenmuster (typischerweise bei Sperlingskauz, auch Sperbereule). Ein solches „Occipitalgesicht" dient vermutlich der Irritation von Greifvögeln und anderen Feinden, falls sie von hinten angreifen; eine Beweisführung dazu steht aber noch aus [509, 925, 966].

Rufe und Gesang

Die Stimme stellt bei Dunkelheit jedenfalls das wirkungsvollste Kommunikationssignal dar, weshalb die meisten Eulenarten über ein vergleichsweise reichhaltiges Repertoire an Lauten für den Distanz- und Nahbereich verfügen. Die Stimmbildung erfolgt bei den Eulen im unteren Kehlkopf (Syrinx), der nur von Bronchien gebildet wird und von einem Paar Muskeln geformt werden kann [509. 862]. Wenn auch in TV-Krimis regelmäßig die Stimmen vom Waldkauz (bzw. vom Virginia-Uhu) unterlegt werden, um eine schaurig-gruselige Stimmung zu vermitteln, so dominieren in dieser Vogel-

Kontrastzeichnungen als optisch verstärkendes Signal bei singenden Eulen (z. B. helle Federbasis beim Waldkauz, weißer Kehlfleck beim Uhu, schwarzer Kinnfleck bei der Sperbereule; nach SCHERZINGER 1988/89).

gruppe keineswegs die heulend-jaulenden Laute. Freilich verfügen Eulen nicht über den Stimmenreichtum von Singvögeln, doch produzieren einige Arten ausgesprochen melodische „Gesänge“, wobei *u*-Elemente deutlich vorherrschen:

- z. B. weiche, okarinaartige Flötentöne bei Zwergohreule, Raufußkauz;
- kräftiges, okarinaartiges Glissando beim Steinkauz;
- klare Pfeiftöne beim Sperlingskauz;
- weich tremolierender „Roller“ bei Sperbereule, Raufußkauz (auch „Kollern“ beim Waldkauz);
- hohl und dumpf-geblasene Silben bei Waldohreule, Bartkauz (auch beim Habichtskauz);
- kräftig geblasene Doppelsilben beim Uhu;
- heiser-hustendes Bellen bei der Schnee-Eule.

Wie auch in zahlreichen anderen Merkmalen weicht die Schleiereule mit ihren kräftig-kreischenden bis sirrenden Schnarchlauten völlig vom Lautcharakter der „echten“ Eulen ab.

Die Lautäußerungen der Eulen sind durchwegs „angeboren“ und eignen sich somit sehr gut zur taxonomischen Artabgrenzung, speziell bei äußerlich kaum unterscheidbaren Formen (z. B. Zwergohreulen, Sperlingskäuze). Eine geringe individuelle Variation innerhalb einer Population ermöglicht aber das Erkennen benachbarter, individuell bekannter Männchen bzw. Rivalen an ihrer Stimme, wie es bisher für Uhu, Waldkauz, Raufußkauz, Steinkauz und Zwergohreule belegt ist.

Die Evolution der Eulenrufe im Distanzfeld unterliegt im Wesentlichen 3 Selektionskriterien:

- Die Stimme muss weithin hörbar sein;
- die Stimmfrequenzen des Senders müssen dem Empfindlichkeitsbereich des Empfängers entsprechen;
- das Signal muss artspezifisch unverwechselbar sein;
- die Frequenz muss der Charakteristik des Habitats angepasst sein (z. B. Filterwirkung durch Waldvegetation oder Reverberation durch dichten Baumbestand).

(Aufgrund des beschränkten Stimmumfanges der Eulen und eines hohen Selektionsdrucks durch das Umfeld können getrennt verbreitete Arten – auch ohne näheren Verwandtschaftsgrad – in sehr ähnlicher Charakteristik singen [793])!

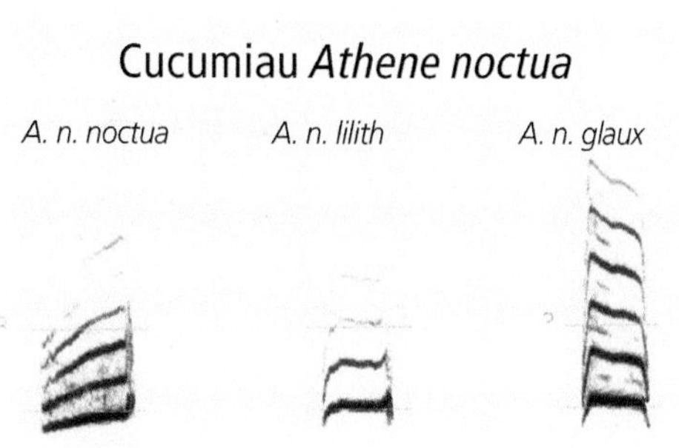

Der Vergleich der Gesangsstrukturen im Sonagramm erhärtet die Abtrennung des Lilith-Kauzes und des Nordafrikanischen Steinkauzes als eigenständige Arten (aus M. Robb 2015).

Reichweite unterschiedlicher Frequenzen

Nach den oben genannten Kriterien sollten dunkle, tiefe Töne für Distanzlaute eingesetzt werden, da tiefe Frequenzen in der Landschaft am weitesten reichen und selbst dichte Waldvegetation durchdringen können. Große Eulenarten wie Uhu und Schnee-Eule nutzen dieses physikalische Phänomen (Frequenzschwerpunkte beim Reviergesang 0,2–0,4 kHz bzw. 0,3–0,5 kHz); besonders eindrucksvoll ist der nahezu muhend-dumpfe Gesang des Bartkauzes (0,2–0,3 kHz). Kleineulen, die tiefe Laute weder produzieren noch besonders gut hören können, suchen einen anderen Weg, indem sie – meist frei sitzend – auf exponierten Warten singen, wie es für Sperlingskauz und Sperbereule besonders typisch ist (1,2–1,5 kHz bzw. 0,8 kHz; alle Frequenzangaben nach M. Robb [862]). Selbst der Uhu optimiert die Wirkung seiner kräftigen Stimme, indem er exponierte Singwarten aufsucht, möglichst im Sichtfeld benachbarter Rivalen. Bemerkenswert sind auch die Formen der Flugbalz, bei denen die Eule von höchster „Warte“ aus singt, wie z. B. die Sumpfohreule (0,25–0,35 kHz). Die grell-schnarchenden Kreischlaute der Schleiereule passen zur Gänze in den Optimalbereich der akustischen Leistungsfähigkeit des Eulengehörs (1,8–2,2 kHz).

Die Gesangsaktivität der Männchen kennt saisonale Schwerpunkte, wobei Reviergesänge in die Zeit der Anpaarung bis zur Eiablage fallen. Zur Jungenaufzucht bis zur sommerlichen Mauser verstummen die meisten Arten und reagieren dann nicht einmal auf Playback-Stimulation durch Rivalenrufe. Einige Eulenarten, speziell solche mit einem streng abgegrenzten Jahresrevier, äußern spezifische Laute zur Herbstbalz. Die Charakteristik solcher

Flügelklatschen in der Flugbalz der Waldohreule (nach Müller 1985).

„Herbstgesänge“ weicht bei mehreren Arten vom Balzgesang markant ab; sie klingen z. B. quiekend-gepresst (Sperlingskauz), bellend-gestoßen (Habichtskauz) bis kreischend-schrill (Waldkauz) und sind oft durchdringend-schaurig (Habichtskauz), dabei meist besonders weittragend.

Wenn auch das Stimmrepertoire der Eulenarten meist eine klare Gliederung nach Reviergesang, Alarmruf, Nestzeigelaut, Bettel- und Fütterungslaut erkennen lässt, so sind die aktuellen Äußerungen oftmals nur aus dem jeweiligen Kontext aus Verhalten und Umfeld zu interpretieren. Das gilt z. B. für Habichtskauz-Weibchen, deren sogenannte „Standort- und Bettellaute“ stufenlos zwischen Betteln und vehementem Fordern um Beute bis hin zu defensivem Alarm oder aggressiver Attacke übergehen können. Auch beim Reviergesang von Raufußkauz-Männchen sind gleitende Übergänge von monoton-gereihten Kurzstrophen zur Standortskundgabe zu weich-lullender Werbung und hart-bellender Rivalenabwehr zu beobachten.

In den meisten Fällen verfügen beide Geschlechter über ein identisches Repertoire, nur wenige Laute sind geschlechtsspezifisch. (In Konfliktsituationen versuchen Männchen z. B. durch Weibchen-typische Laute ihren körperlich überlegenen Partner zu beschwichtigen.) Die Rufe und Gesänge von Männchen und Weibchen lassen sich in der Regel nach Häufigkeit und Klangfarbe der Einzellaute sicher unterscheiden. Bei der Zwergohreule wurde eine Korrelation zwischen Körpermasse der Männchen und Stimmfrequenz festgestellt; entsprechend können Weibchen eine gute Kondition an der dunkleren Stimme des Männchens erkennen. Bei dem zum Teil erheblichen Größenunterschied der Geschlechter wären – theoretisch – tiefere Laute bei den größeren Weibchen und hellere bei den zierlicheren Männchen zu erwarten. Dies ist aber bei keiner heimischen Art der Fall: Sowohl die Gesänge als auch die Stimmfühlungs- bzw. Bettellaute der Weibchen liegen auf identischer oder höherer Frequenz, selbst beim massigen Uhu!

Mit besonders hohen, zum Teil schneidend-scharfen Zwitllauten betteln die Weibchen von

Schnabel-Knappen; der hart-knackende Instrumentallaut wird durch kräftiges Abrutschen des Unterschnabels von der Oberschnabelspitze erzeugt (Filmsequenz vom Habichtskauz; nach Scherzinger 1980).

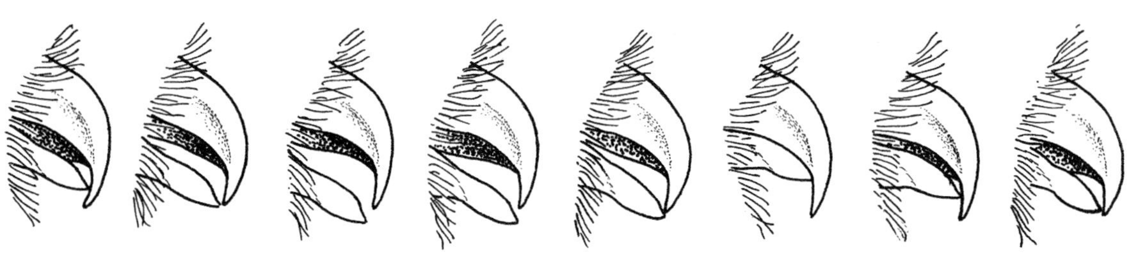

Sumpfohreule und Schnee-Eule (4,0–4,5 kHz bzw. 4,0–6,8 kHz) sowie des Sperlingskauzes, dessen gepresster *sssieh*-Laut hinsichtlich der Tonhöhe an den Gesang eines Haselhahns herankommt (4,3–6,0 kHz).

Die Stimmen im Nahbereich unterliegen völlig anderen Selektionskriterien und sind deshalb in ihrer Charakteristik weder durch die Dunkelaktivität noch durch akustische Effekte der Habitatstrukturen geprägt.

Familienübergreifende Gemeinsamkeiten

Zusätzlich zu stimmlichen Äußerungen setzen Eulen auch Instrumentallaute ein, die selbst bei unterschiedlichsten Arten eine recht einheitliche Form aufweisen: Z. B. „knappen" Eulen zur Abwehr mit dem Schnabel, ein auffällig knackendes bis rasselndes Geräusch, das bereits Nestlinge eindrucksvoll beherrschen. Ein imposantes Flügelklatschen wird vor allem bei Arten mit Flugbalz gebracht (typischerweise von Wald- und Sumpfohreule; vereinzelt auch bei Uhu, Schnee-Eule, Bartkauz und Raufußkauz beobachtet). Spezielle schallbildende Instrumentalfedern (wie z. B. bei der Bekassine) wurden in der Eulenfamilie aber nicht ausgebildet [398].

Zu den stimmlichen Universalien zählt ein reptilienhaftes Fauchen (fehlt möglicherweise bei Sperlings- und Steinkauz?), das z. B. bei Schleiereule und Bartkauz durch ein merkwürdiges „Züngeln" noch urtümlicher wirkt [115, 940]. Gemeinsam ist allen Arten ein bibbernd-schäkernder Stakkato-Laut (Unlustlaut), den bereits frisch geschlüpfte Nestlinge bei Unterkühlung, Hunger oder anderem Unwohlsein äußern. Daneben ist ein zirpend-gepresster Trillerlaut (Schirken) gemein, den Nestlinge zur Abwehr derber Stöße, Tritte oder Bisse von Nestgeschwistern, Eltern oder auch Beutegreifern äußern; Altvögel „schirken" bei aggressiven Auseinandersetzungen und Angst. In diese Auflistung passt auch ein Tuckern, Gackern, Glucken oder Trillern in stotterndem Stakkato, der als „Fütterungslaut" der Weibchen die Nestlinge zur Abnahme von Beutestücken stimuliert, bei Männchen mitunter zum Nestzeigen und zur Balz geäußert wird und selbst bei nicht näher verwandten Eulenarten eine sehr ähnliche Charakteristik aufweist.

„Züngeln" der Schleiereule; diese merkwürdige Verhaltensweise tritt bei Feindbegegnung meist zusammen mit Fauchen und Knappen auf (nach SCHERZINGER 1989).

Rhythmen

Die Gesänge europäischer Eulen sind fast durchwegs sehr einfach strukturiert und bauen sich im primitivsten Fall aus einer monotonen Serie identischer Silben – bei gleichbleibender Frequenz – auf („Pausenlied" [1038]; z. B. Sperlingskauz, Zwerg- und Waldohreule, auch Schnee-Eule). Vergleichbare Silben zu jeweils kurzen Strophen gegliedert hören wir vom Raufußkauz und von der Sumpfohreule, in anschwellend-kullernder Folge auch von der Sperbereule. Beim Gesang waldbewohnender Eulen können die Bäume ein vielfaches Echo zurückwerfen und dadurch den arttypischen Rhythmus verzerren (Re-Verberation; [554]); durch häufige Wiederholung und passende Pausen kann z. B. ein Raufußkauz diesem Störeffekt begegnen.

Komplexere Gesänge setzen entweder ein breiteres Frequenzspektrum ein, wie das über gut eine Oktave hochgezogene Glissando beim Steinkauz (0,5–1,0 kHz) oder der über eine vergleichbare Tonstufe abfallende *buho*-Ruf des Uhus (0,4–0,2 kHz). Als Alternative kann eine komplexere rhythmische Abfolge die Unverwechselbarkeit arttypischer Laute sicherstellen, wie die mehrgliedrigen Gesangsstrophen von Wald- und Habichtskauz, bei denen auf die heulend-gedehnten Eingangssilben trillerartige Lautgruppen folgen, durch charakteristische Pausen getrennt. Auf jeden Fall verstärkt regelmäßige Wiederholung die Signalfunktion (Redundanz). Eulenmännchen singen mitunter pausenlos – die ganze Nacht.

Verhaltensweisen der Eulen

Eulen galten als lichtscheue Einzelgänger, die nachts ihr spukhaftes Wesen trieben, dämonenhaft kreischten und heulten, mit übermenschlichen Sinnen ausgestattet waren und – bei ihrem für den Menschen der Vergangenheit unheimlichen Lebenswandel – entweder göttlicher oder höllischer Natur sein mussten. Realistische Einblicke in die Lebensweise der Eulen konnten erst in jüngerer Zeit dank aufwendiger Freilandarbeiten unter Einsatz von Telemetrie und konsequenter Beobachtungen an Eulen in Gehegehaltung gewonnen werden, oftmals erst mithilfe moderner Techniken wie Tonbandaufzeichnungen, Nachtsichtgeräten, fernbedienten Kameras, Fotofallen, Videofilmen im Infrarotbereich usw.

Ruhe, Körperpflege und Bewegungsweise

Hinsichtlich der allgemeinen Verhaltensweisen unterscheiden sich Eulen nur graduell von anderen Vögeln gleicher Größe: Alle Eulenarten kratzen sich „vorne herum" (d. h. das Bein wird an der Brustseite – bzw. vor dem Flügelansatz –

Kopfkratzen. Eulen kratzen sich „vorne herum", d. h. die Beine werden bauchseitig vor dem Flügel geführt (Habichtskauz-Nestling; Foto SCHERZINGER).

zum Kopf geführt). Sie strecken ihre Flügel sowohl senkrecht (jeweils ein Flügel gemeinsam mit dem Bein derselben Körperseite) als auch waagrecht (in vorgebeugter Haltung werden gleichzeitig beide Flügel über dem Kopf vorgezogen).

Gefiederpflege

Zur Gefiederpflege wird Schütteln, beknabberndes Putzen mit dem Schnabel und auch Baden eingesetzt. Verbreitet ist ein Regenbad, zu dem die meisten Eulen einen exponierten Sitzplatz aufsuchen und die Flügel ausbreiten, um sich – unter meist drehend-schaukelnden Bewegungen – berieseln zu lassen. Baden im Wasser – mit Antrinken, Kopfeintauchen und schaufelnden Flügelschlägen – ist verbreitet,

Zur Gefiederpflege zählen auch Kopfreiben (links) und Sonnenbaden (rechts, Beispiel Raufußkauz; nach SCHERZINGER).

Nestlinge investieren besonders viel Zeit ins Beknabbern, Putzen und Glätten des rasch sprießenden Gefieders (Habichtskauz; Foto SCHERZINGER).

Komfortverhalten. Zu Aktivitätsbeginn, nach Beutefang und Bad – auch zur Erregungsableitung – zeigen Eulen regelmäßig Körper- und Gefiederpflege: Putzen am Handgelenk (links), einseitiges Flügelstrecken – gemeinsam mit dem Bein der gegenüberliegenden Seite (rechts, Beispiel Sperlingskauz; Fotos Brossette, Partsch).

fehlt aber den Arten aus den Trockengebieten (z. B. Steinkauz, Schleiereule). Diese bevorzugen Staub- sowie Sandbäder – jeweils mit scharrendem Lockern des Substrats und schaufelnden Flügelbewegungen. Nordische Arten nutzen auch Lockerschnee zum Baden (z. B. Sperbereule). Ein „Einemsen" (Baden in Ameisenhaufen) wurde bislang nicht beobachtet.

Alle Eulen sind „sonnenhungrig" (weshalb eine Zoohaltung in finsteren Burgengewölben zwar unserem romantischen Vorurteil von den „Nachteulen", nicht aber den Anforderungen einer artgerechten Tierhaltung entspricht), selbst rein dunkelaktive Arten suchen exponierte Plätze zu ausgiebigem Sonnenbad auf. Dazu werden die Flügel meist schlaff geöffnet und das Gefieder rau gesträubt; vielfach dreht die Eule das Gesicht der Sonne direkt zu. Die Körpertemperatur der Eulen beträgt normalerweise 38–40 °C. Bei Überhitzung „hecheln" die Eulen – bzw. sie erreichen eine Abkühlung durch rasch-flatternde Bewegungen der Kehlregion (215–540 Bewegungen pro Minute) – bei weit geöffnetem Schnabel [398].

Zum Regenbad lässt ein Steinkauz die geöffneten Flügel in wiegenden Körperbewegungen ausgiebig berieseln (aus Schönn et al. 1991).

Während ruhende Eulen die Augen entspannt schließen, den Schleier im Schnabelbereich locker plustern, das Körpergefieder locker tragen und allfällige Federstrukturen zur Tarnung einsetzen (z. B. „Federohren"), legen aktive Eulen ihr Gefieder meist glatt an, spreizen den Schleier zur flachen Gesichtsscheibe, öffnen die Augen weit, spreizen die weißen Abzeichen im Gesicht und legen meist auch etwaige Federohren dem kugelig geplusterten Kopf an.

Flugkünstler

Nicht alle Eulen zeigen die „schwerelos"-weichen Bewegungen, wie sie uns z. B. an Schleiereule, Raufußkauz, Waldohreule oder Bartkauz so faszinieren. Die teilweise lichtaktiven Arten – wie Sperlingskauz, Steinkauz, Sperbereule – bewegen sich oft ruckartig; ihre „Hektik" wird oft noch unterstrichen durch jähes Schwanzstelzen

Komfortverhalten: beidseitiges Flügelstrecken in flach vorgebeugter Haltung (links), ausgiebiges Schütteln (rechts, Beispiel Sperlingskauz; Fotos GIEL, HORTIG).

oder „nervöses" Beintrippeln, Flügelprasseln usw., während die besonders kräftigen Jäger – wie Waldkauz, Habichtskauz, Uhu – bei Landung bzw. Aufprall ungestüm-kraftvoll, mitunter geradezu derb wirken.

Viele Eulen sind gut zu Fuß, speziell Arten, die Bodenjagd betreiben, wie z. B. der Steinkauz. Kraftvolles Laufen, Springen und Hoppeln wird vielfach zur Verfolgung entkommener Beute eingesetzt. Das Verhältnis von Flügelfläche und Flügelform zum Körpergewicht (relative Flügelbelastung) bestimmt die Charakteristik des Eulenfluges. Für die leichtgewichtigen Mäusejäger, die ihre Beute zum Teil rein akustisch orten müssen – wie Schleiereule, Raufußkauz, Bartkauz –, ist ein besonders „lautloser" Flug wichtig. Eher lichtaktiven Arten fehlt nicht nur das elastisch-weiche

Badender Waldkauz. Eulen baden ausgiebig in klarem, seichtem Wasser, oft bis zur völligen Durchnässung (Foto DIEDRICH).

Der Uhu ist ein kraftvoller, trotz seiner Größe wendiger Jäger (Foto VOLLMER).

Gefieder, ihr Flug kann durchaus geräuschhaft sein. Erstaunlich sind die Flugkünste, die selbst so schwerfällig-„plump" wirkende Arten wie z. B. Waldkauz oder Uhu beherrschen, sei es bei Querung dichter Baumbestände (bei der sie schmale Passagen mit ein- oder beidseitig angelegten Flügeln durchfliegen), sei es bei Verfolgung rasch fliegender Beute, wie z. B. Häher oder Tauben (die sie in wendigem Zickzackflug einzuholen vermögen). Auch zeigen mehrere Arten ein Rütteln am Ort, speziell bei der Jagd in offenem Gelände (z. B. Schleiereule, Wald- und Sumpfohreule, Schnee-Eule; seltener auch Steinkauz). Zur optischen Reviermarkierung zeigen die Männchen der in offenen Landschaften brütenden Arten einen auffälligen Demonstrationsflug mit besonders langsamen, weit ausholenden Flügelschlägen, oftmals in auf- und abschwingendem Wellenflug (z. B. Schnee-Eule, Sumpfohreule; bei Störungen am Nistplaz auch Waldohreule). Während der Großgefiedermauser ist die Flugtüchtigkeit oft erheblich eingeschränkt, zumal nach Verlust aller Schwanzfedern.

Beuteerwerb

Lauern oder Pirschen

Die jeweilig geübte Jagdtechnik ist sowohl artspezifisch als auch durch die bestimmenden Landschaftsstrukturen im Jagdgebiet vorgezeichnet: Waldbewohner üben vorwiegend Wartenjagd aus (z. B. Sperbereule, Raufußkauz), ihr Pirschflug reicht nur über kurze Strecken. Waldrandbewohner nutzen beide Jagdtechniken (z. B. Waldohreule). Schleiereulen bevorzugen den Pirschflug entlang Wald- und Wiesenrändern, greifen bei Schlechtwetter aber auf die energiesparende Ansitzjagd zurück.

Noch deutlicher ist die Präferenz der Flugjagd bei typischen Offenlandbewohnern (z. B. Sumpfohreule) ausgeprägt. In jedem Fall spiegelt sich die dominante Jagdweise in Körperschnitt und Flügelform wider: Waldbewohnende Wartenjäger sind typischerweise an ihren großen, kugelrunden Köpfen kenntlich, die sie für eine genaue optische wie akustische Lokalisierung der Beute benötigen; wegen der meist locker-weichen Federn wirkt ihr Körper füllig-rund; ihre Flügel sind rund geschnitten, der Schwanz meist lang. Flugjäger des Offenlandes haben kompaktere, schmalere Köpfe, schlankere Körper, festere Federn und langgestreckte Flügel [144, 746].

Ob von hoher Warte lauernd, im Rüttelflug über einem Mauseloch „stehend", im schaukelnden Pirschflug den Boden absuchend oder zu Fuß einer flüchtigen Beute nacheilend, die Beuteerwerbshandlungen der Eulen sind im Wesentlichen angeboren. Die einzelnen Schritte – wie Suchen, Fixieren bzw. Anpeilen, Angriffsflug, Zupacken, sicherndes Umschauen, Tötungsbiss, Durchknabbern und Walken mit den kräftigen Fängen, ausbalancierende Fangstellung und Abtransport – kommen während der Jugendentwicklung durch Reifung in die richtige Reihenfolge. Selbst das für den Fangerfolg wichtige Erkennen von Vorder- und Hinterende eines Beutetieres beherrschen die Eulen von Natur aus [275]. Gelernt werden muss neben den günstigen Jagdgebieten bzw. den Aufenthaltsorten von Beutetieren auch deren Erreichbarkeit und Eignung (Größe, Wehrhaftigkeit, abwehrende Stacheln oder Bitterstoffe). Der Jagderfolg adulter Eulen lag in Einzelstudien bei 45–54 % (z. B. Schnee-Eule), rund 36 % (Sperbereule), 33 % (Bartkauz), 27 % (Habichtskauz) bzw. nur 23 % (Sumpfohreule) [398]. Ein auf Fledermäuse spezialisierter Waldkauz erzielte bei 252 Angriffen am Einflugloch einer Wochenstube nur 31 Treffer. Wie eine experimentelle Beschallung mit Verkehrslärm zeigte, wird der Jagderfolg z. B. von Wald- und Sumpfohreule sowie Habichtskauz bereits durch relativ geringe Anhebung des Störungsniveaus vermindert. (Im Beispiel des amerikanischen Sägekauzes *[Aegolius acadicus]* sank die Chance zur Entdeckung von Beute um 11 % und der Jagderfolg um 8 % je Lärmanstieg um 1 Dezibel; ab einem Geräuschpegel von 61 db war Beutefang nicht mehr möglich.)

Beuteerwerbshandlung am Beispiel eines Raufußkauzes: konzentriertes Fixieren der Beute, Abbremsen vor dem Zustoßen, Fangstellung nach erfolgreichem Mäusefang (Fotos Schönn, Nill).

Sperlingskauz an Depothöhle; im Gegensatz zur Brutplatzwahl werden auch Schwarzspechthöhlen und andere Verstecke zur Vorratshaltung genutzt (Foto WIESNER).

Im Gegensatz zu einigen Falkenarten können Eulen UV-Reflexe von Mäuseurin oder -kot nicht zur Abschätzung geeigneter Jagdgebiete nutzen, da ihnen entsprechende Sinneszellen fehlen. Wenn die Jagd nach Wühlmäusen – als bevorzugter Beute der meisten Eulenarten – auch keine besonderen Techniken erfordert, so zeigen einige Arten unerwartetes Draufgängertum, Rasanz und komplexen Beuteerwerb, um – z. B. in Mäuse-Mangeljahren – ausreichend Alternativbeute zu erlangen, seien es Vögel, Fledermäuse, Frösche, Fische oder Schlangen bis hin zu Regenwürmern, Motten und Maikäfern! Besonders riskant wirkt der Beutefang von Bartkäuzen bei tiefer, geschlossener Schneedecke, in die sie mit dem Kopf, manchmal sogar bis zu den Schultern eintauchen. Im Extremfall knallt die Eule mit dem Gesicht auf hart gefrorenen Harsch. Ungeklärt ist die Frage, wie z. B. ein Uhu bei der Jagd nach Igeln der Verletzungsgefahr durch Igelstacheln entgeht, wo doch seine Zeheninnenseite mit einem hochsensiblen Tastsinn ausgestattet ist.

Vorratswirtschaft

Als Opportunisten machen die meisten Eulen auch Beute, wenn sie aktuell nicht hungrig sind. Im besonderen Maße trifft das natürlich für das Männchen während der Brutzeit zu, wenn es Weibchen und Junge am Nistplatz versorgen muss, zumal Eulenweibchen die Fitness ihres Partners an dessen Fangerfolg bemessen, zum Teil auch ihre Legeleistung darauf abstimmen. Überschussbeute wird meist an versteckten Plätzen aufbewahrt. Ganze Beutetiere werden in Baumhöhlen versteckt, in Astgabeln abgelegt, auf Simsen festgeklopft oder kunstvoll in Zweige eingeflochten, in Spalten gestopft oder eben am Nistplatz gestapelt – mitunter in sehr großer Stückzahl. Mit bewundernswertem Gedächtnis finden die Eulen ihre Verstecke wieder, selbst wenn sie zahlreiche Orte nacheinander beschicken, sogar nach völliger Veränderung der Umgebung (z. B. infolge von Schneefall; vgl. [927])! Nicht deponiert werden in der Regel leicht verderbliche Beute (z. B. Regenwürmer) und diverse Wirbellose.

Beutevorrat eines Sperlingskauzes aus dem Winterdepot; mit Waldbaumläufer, Wintergoldhähnchen, Gimpel, Waldspitzmäusen, Rötel- und Erdmäusen sowie einer Schermaus (Foto SCHERZINGER).

Besonders ausgeprägt ist solches „Deponieren“ bei borealen Arten, die ja Schlechtwetterperioden bzw. ungünstige Jagdbedingungen überbrücken müssen. Sperlingskäuze z. B. legen Depots schwerpunktmäßig zum Winterbeginn an und horten oft große Mengen an Singvögeln und Nagetieren. Die Käuze bevorzugen Verstecke, die von Konkurrenten nicht so leicht entdeckt und geplündert werden können. Um Beutestücke, die im Depot hart gefroren sind, verzehren zu können, muss sie der Kauz unter dem Bauchgefieder erst noch auftauen. Herbstliche Regenperioden und früher Schneefall mindern den Jagderfolg dieser Kleineule, sodass sie im Extremfall keinen ausreichenden Wintervorrat anlegen kann. Winterliche Beutedepots sind auch für die Sperbereule nachgewiesen, wobei die Eule markante Punkte wählt, die das Wiederauffinden der Beute erleichtern. Obwohl in ganz anderen Klimabereichen zu Hause, werden auch vom Steinkauz mitunter Wintervorräte angelegt.

Raufußkauz-Männchen demonstrieren ihr Jagdgeschick durch Eintrag möglichst großer Beutemengen in eine prospektive Bruthöhle. In Finnland fanden sich bereits zur Balzzeit bis zu 35 Wühlmäuse in einem Nistkasten. Bei allen Eulenarten wird während der mehrwöchigen Nestlingszeit ein entsprechender Beutevorrat in und am Brutplatz angelegt. In besonders günstigen Jahren können Junguhus in ihrer Brutnische z. B. von Ratten, Igeln, Hasen und Fasanen regelrecht „eingerahmt“ sein. Vergleichbar stapelt die Schnee-Eule einen Kranz von Lemmingen um die Brutmulde.

Anhaltendes „Gähnen“ tritt im Zusammenhang mit der Gewöllbildung auf (Raufußkauz-Männchen; Foto Scherzinger).

Beutevorrat in der Bruthöhle vom Raufußkauz; mit Haselmäusen und verschiedenen Wühlmäusen (Foto Hlasek).

▷ Inhalt eines Waldkauz-Gewölles; mit Schädelkapseln, Unterkiefern, Becken- und Schenkelknochen von Mäusen (Foto SCHREMPP).

▷▷ Uhu-Speiballen mit Igel-Stacheln (Foto SCHERZINGER).

„Mit Haut und Haar"

Eulen schlingen Beutestücke so groß wie möglich hinunter; entsprechend werden Beutetiere von Mäuse- bis Lemminggröße von großen Eulenarten unzerteilt abgeschluckt. Mittelgroße Arten schaffen noch Mäuse und Spitzmäuse, kleine Arten verschlingen nur Insekten, Re-

Tabelle 5. Gewölle der Eulen Europas im Vergleich. Formgebung, Färbung und Größenmaße von Eulengewöllen werden vom jeweiligen Inhalt mitbestimmt, weshalb die Variationsbreite groß sein kann, was eine artspezifische Zuordnung mitunter erschwert (Eulenarten nach Körpermasse gereiht).

EULENART	LÄNGE IN MM	QUERSCHNITT IN MM	MITTELWERT IN MM	BESTIMMUNGSMERKMALE
Sperlingskauz	16–45	9–16	28 × 12	Beutetierknochen stark zerbissen; Mäusehaare und Singvogelfedern
Zwergohreule	20–37	10–17	27 × 11	schlank, kurz; viele Chitinreste, daher meist „bröselig" zerfallend
Raufußkauz	18–35	11–16	32 × 15	weniger schlank als Steinkauz-Gewölle, ohne Insektenanteile
Steinkauz	15–52	9–18	33 × 13	schlank und langgestreckt; Käferanteile zahlreich während der Sommermonate
Waldohreule	37–65	16–27	46 × 21	schlank, gleichmäßig walzenförmig; unter Schlafplätzen in großer Menge
Sperbereule	30–76	17–35	41 × 22	Zuordnung schwierig; ähnlich Waldohreule oder Raufußkauz
Schleiereule	22–80	18–35	41 × 26	Enden abgerundet; typischerweise glatte, schwarze (glänzende) Oberfläche
Sumpfohreule	35–70	18–26	48 × 22	Zuordnung schwierig; ähnlich Waldohreule
Waldkauz	35–80	20–28	48 × 24	bauchig, unregelmäßige Form; meist einzeln verstreut
Habichtskauz	35–94	19–30	62 × 25	ähnlich Waldkauz-Gewöllen, meist jedoch größer
Bartkauz	35–110	18–44	63 × 29	Zuordnung schwierig; ähnlich Habichts- oder Waldkauz, auch Waldohreule
Schnee-Eule	52–113	19–40	71 × 27	vergleichbar Uhu-Gewöllen; ganze Kleinsäugerschädel
Uhu	43–129	19–44	71 × 27	auffällig groß; auch mit Igelstacheln, großen Knochen bzw. Skelettteilen

genwürmer usw. ganz; Mäuse oder Kleinvögel müssen zerteilt werden. Bei Vogelbeute wird meist nur das Großgefieder gerupft, ausgenommen zur Nestlingsfütterung, wo manche Eulen die Beute sorgfältig rupfen, mitunter sogar das Fell von Mäusen. Der tägliche Nahrungsbedarf schwankt saisonal ganz erheblich; für gefangen gehaltene Eulen betrug er im Mittel 14–18 % des Eigengewichtes, wobei kleine Arten den relativ höchsten Konsum haben [275, 398].

Den Eulen fehlt ein Kropf im Unterschied zu den Greifvögeln, weshalb sie nicht auf „Vorrat“ fressen können. Die Verdauung erfolgt in einem einfach konstruierten Drüsenmagen mit eher schwacher Muskulatur. Der Magensaft hat einen Säurewert von pH 2,35, das entspricht einer 6-fach geringeren Säurekonzentration im Vergleich zu den Greifvögeln, die auch Knochen verdauen können [984]; die verwertbaren Eiweiße werden mithilfe konzentrierter Peptide herausgelaugt. Die unverdaulichen Reste – wie Skelettteile, Chitinpanzer, Haare, Igelstacheln, Federn, Hornschnäbel, Krallen, die Innenwand von Muskelmägen sowie mitgeschluckte Fremdkörper – werden im Magen zu walzenförmigen Ballen gepresst und als „Gewölle“ wieder ausgewürgt. Das Zeitintervall zwischen Nahrungsaufnahme und Gewöllabgabe beträgt rund 12 Stunden, was in etwa dem Rhythmus der täglichen Beuteflüge entspricht. Zur effektiven Ausnutzung der Beute kann die Eule den Zeitpunkt der Gewöllabgabe an das Beuteangebot koppeln: Je rascher sie neue Beute erlegt, desto rascher werden die Reste ausgewürgt; bei Beutemangel wird umgekehrt die Verweildauer im Magen maximal verlängert (3–20 Stunden [848]).

Speiballen

Im Mittel wird ein Gewölle je Mahlzeit ausgewürgt. Da der Gewöllinhalt wichtige Rückschlüsse sowohl auf Ernährungsweise und Beutewahl der Eulenarten bzw. bestimmter Eulenindividuen zulässt als auch wichtige Hinweise zur Fauna nachtaktiver Beutetiere liefert, sind kritische Studien zur Repräsentativität der Beutereste in den Eulengewöllen angestellt worden. Sie zeigen, dass die Nestlinge mehrerer Eulenarten auch Knochen verdauen können (z. B. Steinkauz [876]; Waldkauz und Waldohreule [825]). Die Verdauung adulter Eulen verwertet vor allem die dünnen Knochen der Mäuseschädel (15–35 %), woraus sich bei der Quantifizierung von Eulenbeute nach Gewöllanalysen eine Differenz von 8 % (z. B. Schleiereule) bis über 20 % (z. B. Waldohreule) gegenüber der tatsächlich aufgenommenen Beuteanzahl ergeben kann! Diese Fehlerquelle tritt vorwiegend zur Reproduktionszeit der Kleinsäuger auf, wenn zahlreiche Jungtiere von den Eulen erbeutet werden [688]. Die täglich ausgewürgten Gewölle variieren in Größe

Der Tarneffekt des kryptischen Eulengefieders kann durch einen entsprechenden Hintergrund verstärkt werden (Waldohreule; Foto NILL).

„Federohren" des Uhus. Die beweglichen Kopffedern prägen – zusammen mit der Stellung des Schleiers – den Gesichtsausdruck der Eule: ruhig, leicht tarnend; ruhig dösend; aufmerksam, leicht erregt (nach VOOUS & CAMERON 1988).

und Stückzahl je nach Beutedichte, Beuteart, Hungerniveau und Jahreszeit. Beinhalten Gewölle lange Stacheln von Igel oder Stachelschwein, ganze Vogelbeine oder -flügel, können sie sehr ungewöhnliche Längen erreichen.

Für die Artbestimmung sind die Gewöllmaße daher nur innerhalb einer bestimmten, arttypischen Variationsbreite geeignet [688]. Darüber hinaus können Eulengewölle mit Speiballen von Greifvögeln, unter Umständen auch mit Fuchs- oder Marderlosung verwechselt werden. Während Gewölle der „echten" Eulen schon von außen das zusammengepresste Haar- und Federmaterial, meist auch feine Knochen, Zehen und Krallen, Zähne oder Schnäbel der Beutetiere erkennen lassen, sind Schleiereulen-Gewölle von einem schwarzen, lackartigen Überzug umgeben, der in aller Regel eine eindeutige Artzuordnung erlaubt.

Feindverhalten

Eulen meiden tagsüber typischerweise alles Aufsehen; je strikter ihre Nachtaktivität, desto besser ihr Tagesversteck. Das gilt vor allem für die größeren Arten, die – einmal entdeckt – einem heftigen „Mobbing" ausgesetzt sein können. Verallgemeinert sind die hassenden Vogelarten umso größer, je größer die Eule ist. Sperlingskäuze werden vor allem von Meisen und Finken bzw. Singvögeln bis Drosselgröße und Spechten „verpfiffen"; Steinkäuze können darüber hinaus kleine Krähenvögel (z. B. Elstern) anstacheln. Taucht tagsüber ein Waldkauz auf, zetern vorwiegend Amseln und Häher; gegen den Uhu schlagen Häher, Krähen und Greifvögel bis Mäusebussardgröße Alarm, häufig auch die durch ihn gefährdeten Waldkäuze.

Generell gilt wohl „Feindvermeidung vor Konfrontation", sei es durch rasches Abtauchen in ein nahes Versteck (z. B. Steinkauz), durch Hineinquetschen des Körpers in Nischen, Balkenverstrebungen usw. (z. B. Schleiereule), vor allem durch regloses Kauern im Vertrauen auf die tarnende Wirkung des Federkleides. Darüber hinaus nutzen faktisch alle Arten eine weitgehend übereinstimmende „Tarnstellung", die den konturenauflösenden Trick-Effekt maximiert: Durch Hochstrecken von Körper und Beinen macht sich der Vogel lang und schmal, typischerweise verstärkt durch Anpressen des Körpergefieders und Vordrehen eines Flügelbugs zur Schmalseite. Soweit vorhanden, verzerren „ohrenartige" Strukturen aus Federn die eulenhaft-runde Kopfform, sodass – zusammen mit dem seitlich schmal zusammengepressten Kopfgefieder und den meist spaltförmig zugekniffenen Augen – die eben noch rundlich-plustrige Eule einem trockenen Aststumpf oder einem Stück loser Borke gleicht [929, 1067].

Falsche „Ohren" zur Tarnung

Die funktionale Interpretation der Federstrukturen am Kopf zur Verstärkung der Tarnstellung

„Falsche Ohren" zeigt auch der Sperlingskauz, doch sind diese seitlichen Kopffedern starr angesetzt. Mimik bei leichtem Tarnen und bei Nahrungsaufnahme (oben), aufmerksam-ruhig und erregt drohend (unten; nach VOOUS & CAMERON 1988).

ist ein Ergebnis neuerer Verhaltensforschung. Früher ordnete man sie eher besonderer Imponier- und Drohgestik zu (z. B. als „Bocksgesicht“). Es wird auch diskutiert, wie weit die Federohren nicht sogar als Imitation abschreckender Raubtiergesichter zu verstehen seien [722]. So ließen sich jeweils Ähnlichkeiten zwischen den furchteinflößenden Gesichtern von Sumpfohreule und Rotfuchs, Waldohreule und Baummarder oder Uhu und Luchs erkennen, bis hin zu Augenstellung und Zeichnungsmuster. Wegen der Auffälligkeit von „Federohren“ wurden die Arten mit solchen Merkmalen in der ursprünglichen Systematik als Ohreulen *(Oti)* zusammengefasst. Dabei wurde dieses Merkmal sicher überbewertet: „Federohren“ wurden in der Familie der *Strigidae* mehrfach „erfunden“, weshalb Material, Ansatz, Form, Beweglichkeit und Farbmuster je nach Eulenart recht verschieden sein können: Die längsten „Ohren“ zeigen die eurasischen Fischuhus (früher Gattung *Ketupa*). Unter den europäischen Eulen sind die Federbüschel bei Uhu und Waldohreule besonders ausgeprägt und können aktiv aufgestellt werden. Diese beiden Arten verstärken den Tarneffekt steil aufgerichteter Federohren durch ein dunkles Streifenmuster, das von den Ohrfedern über den oberen Schleierrand bis über das zugekniffene Auge reicht. Dank dieser Längszeichnung im schmalen Gesicht wird der eulentypische Rundkopf unkenntlich. Beim Sperlingskauz treten steife Federchen als waagrecht abstehende „Ohren“ hervor, sobald das seitliche Kopfgefieder eng angepresst wird. „Falsche“ Ohren zeigt z. B. auch der Raufußkauz, dessen oberer Schleierrand zu 2 runden „Ohrzipfeln“ hochgezogen werden kann. In der Tarnstellung toleriert die Eule die Annäherung eines potenziellen Fressfeindes mitunter bis auf nur wenige Schritte, ehe sie flieht. Erwähnenswert sind die unauffällig kleinen Federohren bei Sumpfohreule und Schnee-Eule, die kaum eine effektive Tarnwirkung erzielen können – und wohl als reliktär einzustufen sind.

Drohen und Angriff

Die „Tarnstellung“ kann als Konflikt zwischen Verbleib und Flucht aufgefasst werden. Eulen, die infolge räumlicher Ausweglosigkeit oder Flugunfähigkeit nicht entfliehen können, wechseln bei zunehmender Bedrohung zu einem völlig konträren Verhalten, dem vermutlich ein Konflikt zwischen Flucht und Angriff zugrunde liegt: In scharfem Kontrast zur Tarnstellung, in der alle typischen Erkennungsmerkmale von Eulen verzerrt bzw. getilgt werden, kommt es in der „Drohstellung“ zu deren demonstrativer Überzeichnung, mit kugelig-rund geformtem Kopf- und gesträubtem Körpergefieder und weit hervorquellend aufgerissenen Augen. Der Körper ist entweder – wie starr – hochgestreckt (z. B. Sperlingskauz, Steinkauz), meist aber gegen den Feind vorgebeugt (z. B. Kopf langsam seitlich schwenkend und tief gesenkt bei der Schleiereule). Weiter kommt es bei zahlreichen Arten zur imposanten Vergrößerung des Körperumrisses, typischerweise durch breites Auffächern der Schwingen. Je nach Artzugehörigkeit werden die Flügel zu einem symmetrischen Rad gespreizt, mit wirkungsvoll nach vorne weisenden Oberflächen (z. B. Uhu, Waldohreule); oder es wird jeweils nur ein Flügel als einseitiger Schild in etwa körperparalleler Haltung aufgespreizt (Waldkauz, Raufußkauz: in Extremsituation auch Sperbereule [929]). In aufrechter Drohstellung präsentieren Sperbereule und Steinkauz die Innenseite der seitwärts geöffneten Flügel. Nach vorne „gebuckelt", hebt die Schnee-Eule ihre Flügel seitlich an, mit den Bügen zum Feind gerichtet. Manche Arten zeigen verschiedene Intensitätsstufen an Drohstellungen – je nach Grad ihrer Erregung bzw. „Angst" [946]. Da noch flugunfähige Jungvögel im Ästlingsstadium normalerweise nicht fliehen können, zeigen sie derartige Positionen gegenüber Feinden besonders ausgeprägt. Drohstellungen werden in der Regel von Schnabelknappen, Fauchen und Zischen begleitet; Schleiereulen können auch den übelriechenden Blinddarmkot zur Abwehr einsetzen.

In die Enge gedrängt können Eulen zum Angriff übergehen. Attacken adulter Eulen sind vor allem gegen Rivalen, Störer und Feinde (auch vermeintliche) am Nistplatz gerichtet. Eulen-Nestlinge drücken sich bei Störung bzw. Gefahr meist an den Nestgrund. Sperlingskäuze können sich gleichzeitig im Höhlenmulm eingraben. Größere Junge der Schnee-Eule hingegen werfen sich zur Abwehr auf den Rücken, um mit ihren kräftigen Krallen zuzuschlagen. Auch kleine Raufußkäuze setzen mitunter ihre nadelfeinen Krallen zur Abwehr ein.

Inner- und zwischenartliche Beziehungen

Eulen gelten als einzelgängerisch und meist hochaggressiv gegen Artgenossen; ihre Sozialkontakte beschränken sich auf Paarpartner und

Tabelle 6. Merkmalsvergleich typischer Drohstellungen europäischer Eulen In der Drohstellung vergrößern die Eulen ihren Körperumriss maximal, zumindest durch Gefiedersträuben, meist auch durch radartiges Auffächern der Schwingen, wobei die Positionen für die Einzelarten jeweils charakteristisch sind.

EULE				Beim Flügelöffnen			
	Gefiedersträuben	Flügelöffnen einseitig	Flügelöffnen beidseitig	Außenseite vorgedreht	Flügel körperparallel	Innenseite vorgedreht	Flügelbug vorgedreht
Raufußkauz	■	■		■			
Bartkauz		■		■			
Habichtskauz		■		■			
Waldkauz		■		■			
Uhu			■	■			
Sumpfohreule			■	■			
Waldohreule			■	■			
Zwergohreule			■	■			
Schleiereule			■	■			
Sperbereule			■		■		
Steinkauz			■			■	
Sperlingskauz	■		■			■	
Schnee-Eule	■		■				■

eigene Junge. Aber auch diese werden meist nur bis zur Familienauflösung im elterlichen Umfeld geduldet, speziell bei Arten, die ein Ganzjahresrevier besetzen. Begegnung bzw. Annäherung löst häufig Konflikte zwischen den Paarpartnern aus. So kann das Schleiereulen-Männchen von seiner Partnerin unsanft aus der Bruthöhle gedrängt werden, sobald es die eingetragene Beute abgelegt hat. Nach direkten Beuteübergaben an das Weibchen fliegen Sperlingskauz-Männchen rasch und in weitem Bogen aus dem „Gefahrenbereich". Mitunter fordern hungrige Habichtskauz-Weibchen den Partner mit aggressiven Lauten, auch drohendem Flügelschlagen zur Beuteübergabe auf. Um den Brutplatz werden fremde Artgenossen als Rivalen und Konkurrenten typischerweise heftig bekämpft.

Tatsächlich gibt es nur wenige Arten, die im Sozialverband leben, wie z. B. die – mitunter kolonienbildende – Kanincheneule (*Speotyto* bzw. *Athene cunicularia*). Bei besonders günstigen Umfeldbedingungen kann die Dichte an Brutrevieren auch bei der Zwergohreule den Charakter lockerer „Kolonien" annehmen. Der Riesen-Fischuhu *(Bubo/Ketupa blakistoni)* in den Auwäldern des äußersten Ostens Asiens soll ein „Helfersystem" eingerichtet haben, bei dem die Jungen des Vorjahres bei der Brutpflege mitwirken [819]. In einem Fall wurde ein „fremdes" Schleiereulen-Weibchen beobachtet, das sich – unter Duldung des Brutpaares – an der Beuteversorgung der Jungen beteiligte. Vermutlich hatte es zuvor die eigene Brut verloren. Solche „Helfer" wurden auch an Brutplätzen des Uhus (Weibchen), der Waldohreule (Männchen) und des Sperlingskauzes (Weibchen) bestätigt.

Sozialkontakte

Das beliebte Klischee vom „verschmusten" Käuzchen, das sich an den Partner kuschelt und mit sozialem Kraulen und gegenseitiger Gefiederpflege engsten Körperkontakt sucht, trifft nur für ganz wenige Eulenarten aus unserer Fauna zu. Vielmehr verhalten sich die meisten Arten distanziert bis aggressiv gegen Artgenossen. Am deutlichsten ist das bei Arten mit Ganzjahresrevieren. Beim Steinkauz z. B., der in monogamer Dauerehe lebt, gilt die soziale Zuwendung nur dem Paarpartner, weitere Artgenossen werden nicht geduldet [275]. (Unter Gehegebedingungen kann es zu Unterdrückung und zum Tod überzähliger Steinkäuze kommen.) Die Paarpartner von Wald- und Habichtskauz zeigen Körperkontakt und soziales Kraulen vor allem während der Anpaarungs- und Fortpflanzungszeit. Trotz ihrer Kleinheit sind Sperlingskäuze gegen Artgenossen überraschend aggressiv; sie meiden jegliche „Intimitäten" und zeigen erregtes Konfliktverhalten bei Annäherung an den Partner, was speziell auf das körperlich unterlegene Männchen bei der Kopula zutrifft!

Deutlich toleranter sind Arten mit Saison- oder Ortsehe – wie Waldohreule, Sumpf- und Zwergohreule oder Raufußkauz –, die zwar ebenfalls keinen engen Partnerkontakt suchen, aber nur kleine Reviere um den Nistplatz oder auch nur diesen selbst verteidigen. Unter günstigen Habitat- und Nahrungsbedingungen können dadurch sogar örtliche Konzentrationen zustande kommen. (Als äußerst ungewöhnlicher Fall wird von einer kolonieartigen Verdichtung der Steinkauzbruten in Moldawien berichtet, mit 42 Bruten auf 50 ha!)

Als Gegengewicht zum aggressiven Territorialverhalten kann sogar eine innerartliche, soziale Attraktion eine gewichtige Rolle bei der Brutplatzwahl spielen. So gruppieren sich z. B. Raufußkauz-Reviere zu Clustern, was Ersatz ausgefallener Partner sowie Partnerwechsel für Zweitbruten erleichtert. Wenn auch in wesentlich geringerer Siedlungsdichte, so erscheinen auch die Brutplätze der Schnee-Eule in Sibirien als Positionen eines schütteren landschaftsweiten Netzwerks. Ohnehin tendieren Arten, die außerhalb der Brutzeit weiträumig umherziehen, zur Gruppenbildung. So finden Schnee-Eulen auf dem Zug zu losen Gruppen zusammen, was letztlich zu gemeinsamen Überwinterungsgebieten führen kann (auch für Bartkauz bestätigt). Auffällig sind individuenreiche Sammel- und Schlafplätze, an denen sich mitunter große Stückzahlen von Wald- und Sumpfohreulen einfinden [892, 999]. (Größter bekannter Massenschlafplatz mit bis zu 750 Waldohreulen in der Ortschaft Kikinda/ Serbien.)

Winterliche Schlafgesellschaft der Waldohreule (Foto NILL).

„Hackordnung"

Das hier aufgezeigte Phänomen, dass einerseits nomadisierende Arten deutlich toleranter gegen Artgenossen sind und andererseits die Eulenarten eine umso höhere innerartliche Aggression zeigen, je größer und dauerhafter ihr abgegrenztes Revier ist, gilt im Wesentlichen auch für die zwischenartlichen Beziehungen innerhalb der Eulenfamilie: Im Extremfall werden andersartige Eulen ja nicht nur als Konkurrent, sondern auch als Beute behandelt:

Unter den revierbesitzenden Arten, die kleinere Eulen regelmäßig erbeuten, stehen innerhalb der europäischen Fauna Waldkauz, Habichtskauz und Uhu an erster Stelle. Beobachtungen aus Finnland stellen den Uhu als potentesten Eulenjäger heraus, der regelmäßig Waldohreulen und Waldkäuze schlägt [686]. Kleineulen sind in Waldkauz-Revieren durch Fraßdruck grundsätzlich gefährdet, das gilt vor allem für Sperlings-, Stein- und Raufußkauz. In Spanien kann auch die Zwergohreule betroffen sein [637]. Der Waldkauz selbst kann von Uhu und Habichtskauz sowohl erbeutet als auch von seinem Brutplatz verdrängt werden. Im Sinne der „Kaskaden-Theorie" gilt für slowenische Bergwälder eine Dominanzreihung Habichtskauz über Waldkauz und Waldkauz über Raufußkauz. Der Feinddruck hindert die unterlegenen Arten an der Besiedlung geeigneter Habitate *(landscape of fear)*. Vergleichbar ist die Schnee-Eule einem Prädationsrisiko im Uhu-Revier ausgesetzt [1158]. Gleichzeitig plündert sie gezielt die Bruten der Sumpfohreule in ihrem Brutareal [270]. Sobald die dominante Art ausfällt, können sich die schwächeren Arten großräumig ausbreiten [1134].

Unklar ist das Verhältnis zwischen Raufuß- und Sperlingskauz, da einerseits erfolgreiches Brüten in enger Nachbarschaft bestätigt ist (im Extremfall sogar im selben Höhlenbaum [1089]), andererseits unzweideutige Angriffe auf den „Eulenzwerg" beobachtet wurden. Ähnlich wechselhaft ist die Beziehung zwischen Schleiereule und Steinkauz, die zwar häufig in nächster Nähe brüten, dennoch die kleinere Art der größeren zur Beute werden kann [673].

Tabelle 7. Eulen als Eulenbeute. Aufgrund zum Teil beträchtlicher Größenunterschiede einzelner Eulenarten und einer oftmals konkurrierenden Beutewahl üben diese Beutegreifer einen erheblichen zwischenartlichen Fraßdruck aus. Als besonders „aggressiv" erweisen sich große Arten, die ihr Revier ganzjährig verteidigen (rechte Summe = Tötungen pro Jäger; untere Summe = Tötungen pro Opfer; Mengenangaben aus Mikkola 1983).

JÄGER \ BEUTE	Uhu	Bartkauz	Schnee-Eule	Habichtskauz	Zwergohreule	Sperlingskauz	Sperbereule	Sumpfohreule	Schleiereule	Raufußkauz	Steinkauz	Waldkauz	Waldohreule	SUMME ERBEUTUNG
Uhu		1	4	6	7	3	17	42	46	36	48	286	768	1264
Waldkauz					>2	3			1	6	23		3	38
Habichtskauz						2	1			12		2	1	18
Schleiereule											7			7
Waldohreule						1				1	2			4
Sperbereule										3				3
Raufußkauz						2								2
Bartkauz				1						1				2
Schnee-Eule								1						1
Sumpfohreule														0
Zwergohreule														0
Steinkauz														0
Sperlingskauz														0
SUMME OPFER JE EULENART	0	1	4	7	9	11	18	43	47	59	80	288	772	1339

„Die Eule ist der Eulen Feind". Den höchsten Fraßdruck erleiden kleinere Eulenarten durch den Uhu (Uhu mit geschlagener Waldohreule; Foto RUMMEL).

„Hackordnung" innerhalb der Eulenfamilie: Die kleinsten Arten sind jeweils dem höchsten Feinddruck ausgesetzt (ausgezogene Linien = ausgeprägte, gestrichelte Linie = fakultative Prädation; nach GÖRNER 1991, erweitert).

Speziell bei Höhlenbrütern gilt die Konkurrenz nicht nur der Beute, sondern auch geeigneten Bruthöhlen, weshalb die Intoleranz der Arten umso größer ist, je mehr sie einander in Größe und Brutplatzwahl ähneln [611, 1096]. Die nomadisierenden Arten gelten zwar als deutlich toleranter, doch verfolgten auch Waldohreulen den kleinen Sperlingskauz im Jagdflug. Bemerkenswert ist die geringe zwischenartliche Aggression beim großen und wehrhaften Bartkauz. Möglicherweise ist das Brutplatzangebot für diesen Waldbewohner nicht so eng limitiert (gebrochene Baumstümpfe, Ausweichmöglichkeit auf Greifvogelhorste); auch schreitet er nur in jeweils sehr beutereichen Gebieten zur Brut, sodass der Konkurrenzdruck durch andere Eulen vor Ort vielleicht nicht so wirksam ist.

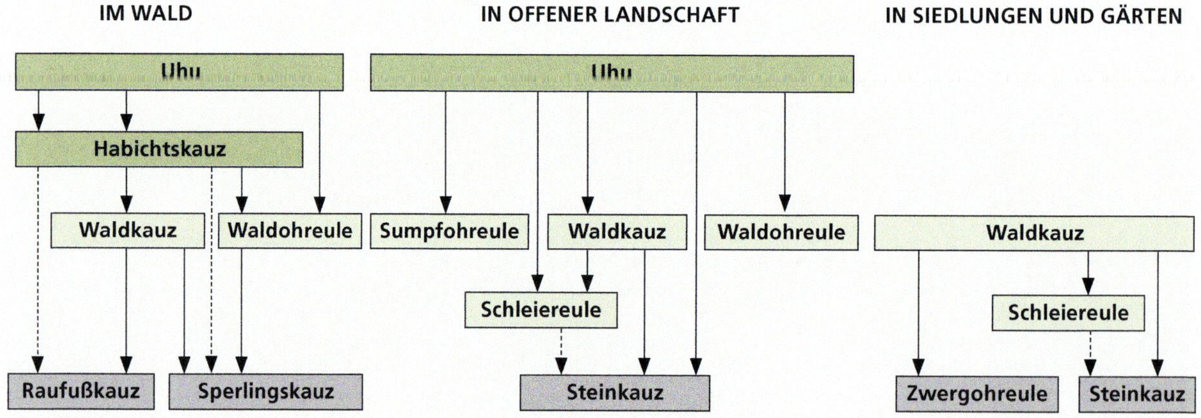

Flugkampf rivalisierender Schleiereulen-Männchen (nach SHAWYER 1989).

Werbung und Balzhandlungen

Die Balz der Eulen ist in vielfältiger Weise von den Anspannungen geprägt, die die schrittweise Überwindung der innerartlichen Aggression bzw. der Kontaktscheu gegenüber dem Partner begleiten – demnach nicht immer ganz so „romantisch“ –, allerdings gibt es hier zum Teil erhebliche Artunterschiede. Als „Balz“ werden alle Verhaltensweisen zusammengefasst, die zu einer erfolgreichen Fortpflanzung führen, wozu – im breitesten Ansatz – sowohl die Gründung eines geeigneten Brutreviers, die Wahl bzw. Besetzung eines spezifischen Nistplatzes als auch die Anwerbung eines Partners zählen. Zur Verdeutlichung der zum Teil sehr verschiedenen Motivationen von „Balz“ werden Rivalitäten und Gesänge zur Abgrenzung und Verteidigung eines Revieres der „territorialen Phase“ und werbendes Locken, Sozialkontakte bis zur Paarung der „sexuellen Phase“ der Balz zugeordnet. Dazwischen – bzw. mit beiden Phasen überlappend – steht die mitunter komplexe „Anpaarung“, die letztlich zur Paarbildung führt.

Wer wirbt, gewinnt

Eine besondere Rolle spielen jedenfalls die Lautäußerungen, die zur Standortkundgabe bzw. zur Reviermarkierung typischerweise weittragend, laut und hallend klingen, speziell zur Herbstbalz auch schneidend schrill, während „Intimlaute“ im Nahfeld der Paarpartner im Allgemeinen weich und leise, zum Teil heiser-fauchend bis „schnarchend“ klingen. Zur Gebietsmarkierung werden vor allem von Offenland-Arten auch optisch wirksame Signale eingesetzt, wie z. B. ein betont langsamer Imponierflug mit demonstrativ gehobenen Flügeln (z. B. Schnee-Eule, Sumpf- und Waldohreule, auch Schleiereule), bei mehreren Arten unterstützt durch Rufen und Flügelklatschen. Territoriale Uhu-Männchen suchen möglichst exponierte Singwarten auf, wo zusätzlich zum akustischen Effekt auch der weiße Kehlfleck – als optisch wirksames Signal – präsentiert werden kann. Um besondere Auffälligkeit sind auch die Männchen der Schnee-Eule bemüht, deren zum Teil reinweißes Federkleid vom erhöhten Sitzplatz aus über große Entfernungen zu sehen ist. Da die Männchen der meisten Eulenarten auf Rivalengesang, auch Flügelklatschen, sehr heftig reagieren, können Gesangsimitationen bei manchen Arten sehr effektiv für Bestandserhebungen eingesetzt werden (z. B. Waldohreule; Playback-Stimulation kann bei Kleineulen – wie z. B. dem Sperlingskauz – wegen deren gesteigerter Gesangsaktivität auf exponierter Warte das Erbeutungsrisiko durch größere Eulenarten merklich erhöhen; vgl. [962, 1057]). Die Gesangsintensität hängt nicht nur von der artspezifischen Aktivitätsrhythmik (Jahreszeit, Tageszeit) und dem Fortschritt der Paarbildung ab, sondern auch von der örtlichen Siedlungsdichte der betroffenen Eulenart. Ganz allgemein singen nämlich Männchen in isolierten Revieren deutlich weniger als bei regelmäßigem Rivalenkontakt. (Bei mehreren Arten kennen benachbarte Männchen einander „persönlich" an ihrer individuellen Stimme: z. B. Waldkauz, Raufußkauz, Steinkauz, Zwergohreule). Unverpaarte Männchen singen – naturgemäß – intensiver als verpaarte. Das gilt vor allem für Eulenarten, deren Weibchen „nomadisch" umherstreifen und auf entsprechend große Distanzen angelockt werden müssen (z. B. Waldohreule, Raufußkauz [968]). Bei solchen Arten bricht der laute Reviergesang mit erfolgter Verpaarung praktisch ab (z. B. Raufußkauz). Auch sind langjährig verpaarte Brutvögel monogamer und standorttreuer Eulenarten selbst zum Höhepunkt der Balz oft „schweigsam", da die Anpaarungszeit entfällt und die Gebietsansprüche mit den Nachbarn geklärt sind, vielleicht auch der Brutverlauf zur „Routine" geworden ist. Somit können selbst erfolgreich brütende Uhu-Paare völlig unauffällig bleiben!

Die Anpaarungszeit kann extrem verschieden lange dauern. Beim Raufußkauz z. B. versucht ein Männchen, das ein interessiertes Weibchen zur vorgesehenen Bruthöhle heranbalzen konnte, die Paarbindung durch Beuteübergaben zu festigen, während das Weibchen seinerseits mit Übernahme dieses „Geschenks" einer gemeinsamen „Saisonehe" praktisch bereits zustimmt. In diesem Fall ist die Paarbildung in wenigen Tagen abgeschlossen. Bei den Eulen mit Jahresrevier erfolgen erste Partnerkontakte meist schon zur Herbstbalz, wo vereinzelt bereits Nistplatzinspektionen, Nestzeigehandlungen, Beuteübergaben und sogar Kopulationen stattfinden (z. B. Sperlingskauz, Uhu). Die Anpaarung zieht sich dann – mit witterungsbedingten Unterbrechungen – bis zur Frühjahrsbalz hin (z. B. Wald- und Habichtskauz). Schnee-Eulen treffen im sibirischen Brutgebiet jeweils paarweise ein; ihre Paarbildung erfolgte vermutlich bereits im gemeinsamen Winterquartier [813].

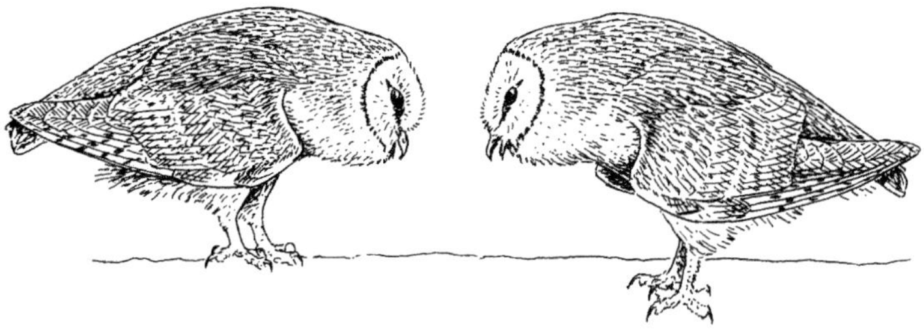

Rangordnungskampf während der Anpaarungsphase von Schleiereulen. Das größere Weibchen (jeweils rechts) spielt seine Überlegenheit gegenüber dem werbenden Männchen (jeweils links) mit Drohen, Beißen, Schnabel- und Fußgefechten aus (nach EPPLE 1985).

Schleiereulen-Männchen halten sich während der Anpaarungsphase täglich über viele Stunden am prospektiven Nistplatz auf, mit wiederholten Annäherungsversuchen an das hier anwesende Weibchen. In vielen Fällen verknüpft es seine Besuche mit Beuteeintrag. Bei Partnerverlust bzw. Partnerwechsel während der Brutzeit (z. B. für ein Ersatz- oder Zweitgelege) reduziert sich die Anpaarungszeit auf ein Minimum, wenn sie nicht ganz entfällt (z. B. Raufußkauz, Schleiereule).

Damenwahl

Die potenziellen Paarpartner begegnen einander unter extrem widersprüchlichen Stimmungslagen, wobei der für die meisten Eulen charakteristische Größenunterschied der Geschlechter das Konfliktpotenzial noch erhöht: Die meist deutlich größeren – und damit auch kräftigeren – Weibchen dominieren die zarteren Männchen und begegnen ihnen oft mit hoher Aggressivität, speziell während der Anpaarungsphase. Auch wenn die Männchen mit Lockrufen und Beutegeschenken beschwichtigen, kann es zu vehementen Raufereien kommen, wie sie z. B. für die Schleiereulen-Balz typisch sind [197]. (Unter Gefangenschaftsbedingungen kommt es – z. B. beim Sperlingskauz – regelmäßig zur Tötung unterlegener Männchen, wenn kein ausreichender Ausweichraum gegeben ist. Bei extremem Nahrungsmangel im sibirischen Brutgebiet fraß ein Schnee-Eulen-Weibchen seinen männlichen Partner einfach auf [813]).

Männchen, die meist deutlich früher als die Weibchen in Paarungsstimmung kommen, versuchen mitunter, Kopulationen zu „erzwingen". Abweisend drücken sich die Weibchen gegen den Boden (z. B. Schleiereulen am Nistplatz), zumindest verhindern sie eine Landung auf ihrem Rücken durch aufrechte Körperhaltung (z. B. Habichtskauz), falls sie das Männchen nicht durch Schnabelfechten etc. abwehren.

Der Wendepunkt zur sexuellen Balzphase kann abrupt eintreten. Beim Weibchen ist er deutlich am Wechsel der Lautäußerungen zu erkennen, vom mehr oder minder aggressiv getönten Reviergesang und hochgradigen Erregungs- und Alarmlauten zu „infantilem" Betteln. Zunehmend sind Toleranz oder auch Suche von Partnernähe und Körperkontakt zu beobachten, bis hin zur Aufforderungshaltung des Weibchens, mit der es dem Männchen seine Paarungswilligkeit signalisiert.

Nistplatz-Demonstration

Zur Stimulation und Einstimmung des Weibchens dient bei allen Eulenarten ein Nestzeigeverhalten des Männchens, das entweder im Flugloch der vorgesehenen Bruthöhle singt (z. B. Raufußkauz) bzw. mit Fütterungslaut oder spezifischem Nestzeigelaut lockt (z. B. Sperlings-, Wald- und Habichtskauz) oder auf einem geeigneten Platz unter lockendem Gackern eine Nistmulde in den Boden scharrt (z. B. Uhu, Schnee-Eule). Schleiereulen-Männchen stimulieren zur Besetzung eines Nistplatzes durch Scharren und Aufstampfen mit den Beinen. Der Brutplatz wird durch Nestinspektionen sowie Nestbauhandlungen des Weibchens auf seine Eignung getestet. Die

„Höhlenzeigen" bei der Schleiereule. Als Teil der Balz trägt das Männchen Beute ein (1), legt diese unter Locken am künftigen Brutplatz ab (2) und buckelt zur „Nistplatz-Demonstration" (3); das Weibchen inspiziert den Platz (in 4, hinter dem Männchen; nach EPPLE 1985).

Beuteübergabe am Brutplatz der Schleiereule. Das Männchen trägt Beute ein (1), das Weibchen nimmt diese ab (2), verteidigt aber gleichzeitig seinen Nistort gegen den Artgenossen (3), der eilig flieht (4); (nach EPPLE 1985).

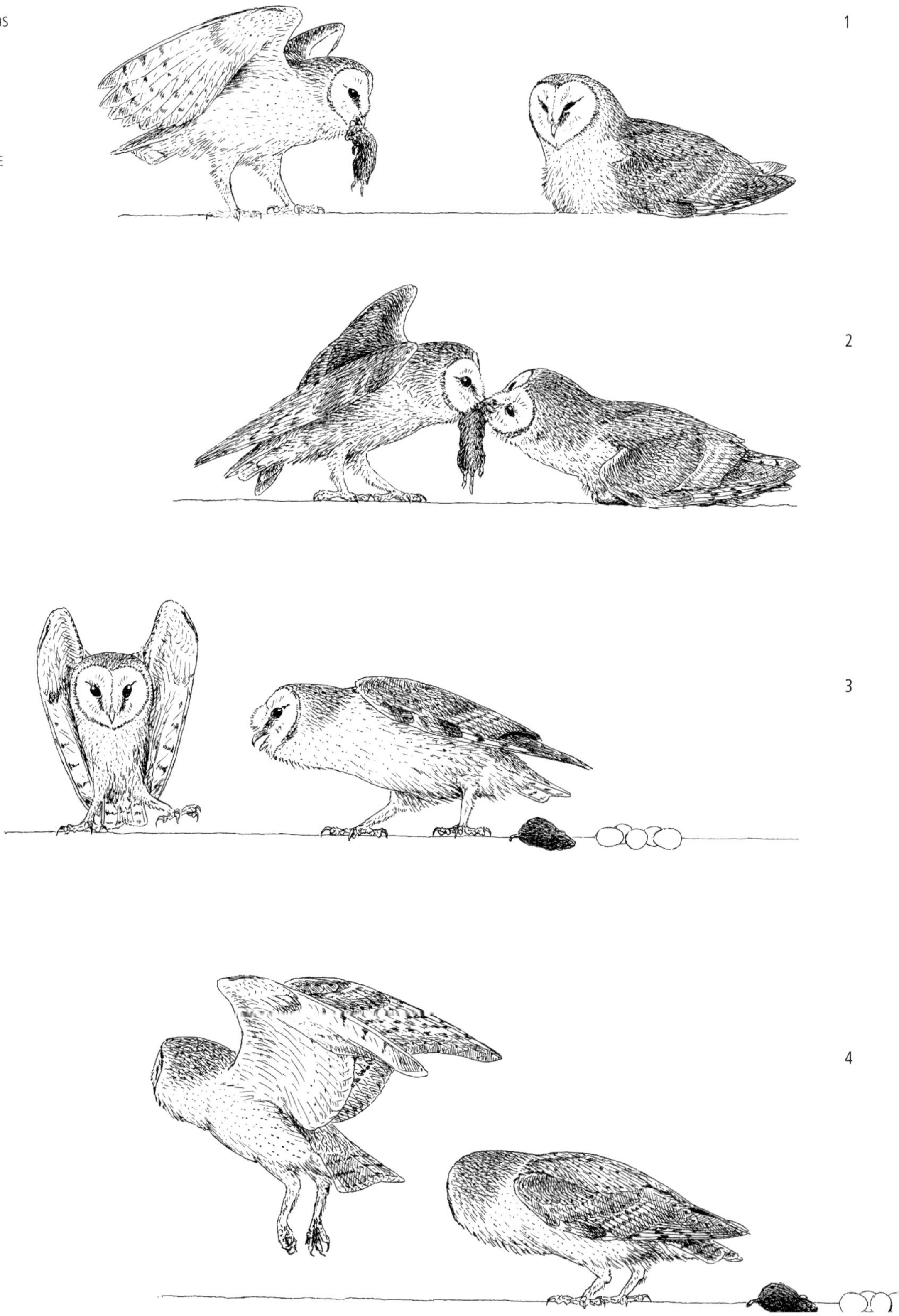

Männchen der meisten Arten beteiligen sich an solchen Nestbesuchen, manche markieren ihren Nistplatzanspruch auch durch demonstratives Umfliegen des Horstbaumes, unterstützt durch Flügelklatschen (z. B. „Girlandenflug" der Waldohreule; auch Bartkauz). Offenlandbrüter haben auch hierzu auffällige Demonstrationen entwickelt, seien es eindrucksvolle Sturzflüge über dem Nistplatz (z. B. Sumpfohreule) oder spektakuläre Posen, wie die „Engelstellung" des Schnee-Eulen-Männchens. Von Uhus in Spanien wird angenommen, dass sie als gut sichtbare Markierung ihres Brutgebiets gezielt Kot und Mauserfedern in Brutplatznähe deponieren sowie Rupfungen auf gut einsehbaren Kanzeln hinterlassen [775]. Auch wenn Eulenmännchen an mehreren Höhlen locken, dort auch Beute eintragen oder an alternativen Brutmulden scharren, so dürfte die definitive Brutplatzwahl jeweils durch das Weibchen getroffen werden [275].

Nistplatz-Präparation

Eulen bauen kein Nest; diese verbreitete Aussage ist nur so weit richtig, als darunter aktiver Eintrag von Nistmaterial zur Konstruktion komplexer Horste verstanden wird. Tatsächlich zeigen nämlich alle europäischen Arten bestimmte Verhaltensweisen zur Ausgestaltung der Nistmulde, im einfachsten Fall zumindest durch Scharren oder Strampeln mit den Beinen, Mulden durch Drehen des Körpers und Nagen mit dem Schnabel an Untergrund oder Seitenwand (z. B. Uhu, Steinkauz). Komplexere Nestgestaltungstätigkeiten zeigt die Schnee-Eule: Störende Pflanzen am Muldenrand werden abgebissen und ausgerissen, Steine werden sogar ausgegraben und weggetragen [931]. In Steppengebieten nutzen Steinkäuze zur Brut Erdbaue von Zieseln oder Murmeltieren, die sie – vergleichbar den Kanincheneulen – auch aktiv grabend erweitern können [740]. Wenn Schleiereulen auch so ziemlich jede zufällig vorhandene Unterlage zur Brut zu akzeptieren scheinen, so schaffen sie doch im Laufe von Brut- und Jungenaufzucht eine Nestunterlage aus zerknabberten Gewöllen, die durch Einwirkung von Pelzmotten allmählich zu einer trocken-staubigen „Matratze" verfilzen. Noch weiter geht die Sumpfohreule, von der einige Weibchen nicht nur die gegebene Vegetation am Nistplatz niedertreten, sondern sogar Halmstücke eintragen und zur Unterlage formen (wobei ungeklärt ist, wieso dieses Verhalten nicht von allen Weibchen innerhalb der Art geleistet wird). In wenigstens 2 Fällen wurden Uhu-Bruten auf Komposthaufen und Mülldeponien entdeckt, wobei nicht auszuschließen ist, dass die Vögel die Gärungswärme besonders attraktiv fanden.

Die Weibchen mancher Eulenarten säubern die Bruthöhle vor Eiablage und tragen z. B. das Moos alter Meisennester, Beutereste aus dem Winterdepot usw. heraus. Durch störungsfreie Videoaufzeichnung konnte verfolgt werden, wie ein Schleiereulen-Weibchen ein Taubenpärchen vom Brutplatz vertrieb, dessen bereits geschlüpfte Junge tötete und letztlich auch verzehrte! Habichtskäuze sind durchaus in der Lage, Waldkäuze aus ihren Bruthöhlen zu vertreiben; dabei übernahmen sie in einigen Fällen die fremden Eier in ihr eigenes Gelege und zogen die „Kuckuckskinder" mit den eigenen

Nistplatz-Präparation durch die Schleiereule. Im Rahmen der Balz krallt das Männchen altes Gewöllmaterial scharrend und tretend fest (links) und prüft knabbernd die Unterlage (Mitte). Das Weibchen stützt sich beim scharrenden Mulden auf beide Flügel (rechts; nach Epple 1985).

Waldkauz trägt Beute ans Flugloch der Bruthöhle (Foto LÖHR).

Jungen gemeinsam auf [488, 932]! Von baumbrütenden Uhus wurde bestätigt, dass sie nicht nur Graureiher oder Schwarzstörche aus dem Horst vertreiben, sondern sogar Seeadlern den Nistplatz streitig machen können.

Nach Beobachtungen aus Finnland säubern Raufußkauz-Weibchen die Bruthöhle während der ersten Nestlingswochen von Beuteresten. Der Sperlingskauz setzt solche Nestreinigungshandlungen während der gesamten Aufzuchtsphase fort, sodass sich Rupfungs- und Gewöllmaterial am Stammfuß des Höhlenbaumes als „Auswurf" ansammeln [927].

Beuteübergabe

Da die Eulenmännchen ihre ganze Familie während der Brut- und Aufzuchtszeit mehr oder weniger alleine mit Beute versorgen müssen, sind sowohl das Beuteangebot im Revier des Männchens als auch dessen jagdliche Leistungsfähigkeit von großer Bedeutung für den Reproduktionserfolg. Beuteübergaben spielen daher als universeller Bestandteil der Eulenbalz eine fundamentale Rolle. Neben der Funktion zu Beschwichtigung und Werbung demonstrieren sie dem Weibchen auch die Qualitäten ihres künftigen Partners. Anzahl, Intervall der Beuteübergaben sowie Nährwert und Beliebtheit der präsentierten Beutetiere wirken hierbei indikatorisch (vgl. [525, 1060, 1195]) und steuern letztlich auch die Gelegegröße. Während der Balzzeit schleppen die Männchen deshalb wesentlich mehr Beute heran, als aktuell benötigt wird. Zur Übergabe locken sie meist mit dem „Fütterungslaut", vergleichbar einer Fütterungssituation zwischen Weibchen und kleinen Nestlingen. Mit automatischen Kameras, Infrarot-Videoaufzeichnung und integrierter Waage können heute sowohl Intervalle der Beuteanlieferung als auch Beutegewicht und Artenspektrum kontinuierlich aufgezeichnet werden [1199]. Bei schlechter Beuteversorgung kann das Weibchen den Partner wechseln (z. B. bei Raufußkauz); bei in Dauerehe lebenden Arten fällt die Brut im Allgemeinen aus (z. B. Habichtskauz).

Paarung

Kopulationen erfolgen gehäuft mit Aktivitätsbeginn in der Dämmerung, meist in Kombination mit Beuteübergaben. Im Gegensatz zu den kräftigen – oft aggressiv gestimmten – Reviergesängen beider Partner während der Anpaarungsphase, äußern die Männchen zur Paarungseinleitung eher verhalten-weiche Elemente des Reviergesanges (z. B. Uhu, Habichtskauz), die Weibchen Stimmfühlungslaute bzw. kräftiges Betteln (z. B. Waldkauz, Sperlingskauz). Weibchen zeigen ihre Paarungsbereitschaft durch eine leicht vorgebeugte, oft auch geduckte Körperhaltung an, vereinzelt auch durch leichtes Anheben des Schwanzes. Die Eulen paaren sich im Allgemeinen außerhalb der Nistmulde, meist auf einem bevorzugten Ast, Felsvorsprung, erhöhtem Erdhügel oder Stein, der hindernisfrei angeflogen werden kann und ausreichend Raum bietet. Waldohreulen paaren sich auch auf offenem Waldboden. Im Gegensatz dazu kopulieren Schleiereulen typischerweise in der Bruthöhle, ja sogar auf dem Nistplatz bzw. über dem Gelege. Die Männchen der meisten Arten halten – auf dem Rücken des Weibchens stehend – durch Flügelschlagen Balance, während sie ihren Körper seitlich zurückkippen – bis zum Kloakenkontakt. Häufig verbeißen sich die Männchen am Höhepunkt mit dem Schnabel im Kopfgefieder des Weibchens (= Reptilienerbe?). Die Begattung dauert meist nur wenige Sekunden. Die Erregung äußert sich in grellem Schirken (z. B. Uhu) oder pfeifendem Zwielen (z. B. Schnee-Eule); ein solches Kopula-Zwitschern dürfte vorwiegend dem Männchen zuzuordnen sein. Je nach Eulenart folgt hektische Flucht (Sperlingskauz), zärtliches Kraulen (Steinkauz) oder einfach Putzen, Schütteln usw. zur Erregungsableitung (z. B. Uhu).

Paarungen festigen die Paarbindung, verhindern auch „Seitensprünge" und werden deutlich häufiger ausgeführt, als für die Befruchtung der Eier erforderlich. Nach Videoaufzeichnungen am Schleiereulen-Brutplatz fanden Kopulationen bereits 33 Tage vor dem Legebeginn statt, mit einer Steigerung auf durchschnittlich 12 Paarungen pro Tag in der Woche vor der Eiablage [187]. (Im Beispiel der Amerikanischen Schleiereule erfolgten Kopulationen in der Vor-Legephase im 5-Minuten-Intervall [862].) Dabei trug das Männchen nur bei 40 % der Nestbesuche auch Beute ein. Letzte Paarun-

gen erfolgten noch während der Bebrütung, wenigstens bis zur Vollendung des Geleges. Da Kopulationen auch zur Erregungsableitung bei Konflikten dienen oder als Übersprungshandlung z. B. nach Störungen am Nest ablaufen, können sie – unregelmäßig – noch während der Aufzucht der Nestlinge erfolgen.

Fortpflanzung und Brutpflege

Die meisten Eulenarten erreichen noch vor Vollendung ihres 1. Lebensjahres die Geschlechtsreife, bei guter Ernährung bzw. Kondition auch die Fortpflanzungsreife, was für Uhus genauso gilt wie für den Sperlingskauz. (Schleiereulen aus Herbstbruten können im Folgejahr bereits im Alter von nur 5–6 Monaten zur Brut schreiten!) In der Praxis gelingt die erste erfolgreiche Brut aber oft erst mit Eroberung eines geeigneten Revieres (z. B. Erstbruten finnischer Habichtskauz-Weibchen mit 2–4 Jahren, je nach Beutedichte [109, 912]).

Hinsichtlich Brutbereitschaft und Anzahl zu legender Eier entscheiden sich Schleiereulen-Weibchen sehr kurzfristig, oft nur wenige Tage vor Legebeginn, entsprechend ihrer aktuellen körperlichen Verfassung (diese hängt wiederum von der Beuteversorgung am gewählten Brutplatz durch das Männchen ab [187]). Bei Habichtskäuzen, die zum Beginn der Brutzeit noch mit hoher Schneedecke – bzw. erschwertem Beutefang – rechnen müssen, dürfte hingegen die Beuteverfügbarkeit im vorausgegangenen Herbst für Brut und Eiablage entscheidend sein.

Eier und Gelege

Alle Eulen legen reinweiße Eier mit stark gerundeten Polen, somit nahezu kugeliger Form. Da selbst die Eier obligatorischer Bodenbrüter – wie Schnee-Eule und Sumpfohreule – pigmentfrei bzw. ohne jede Tarnfärbung und Fleckung sind, dürfte sich die Ordnung der *Strigiformes* von typischen Höhlenbrütern ableiten. (Die theoretisch nächstverwandten Hopfe, Nashornvögel, Bienenfresser und Eisvögel sind durchwegs Höhlenbrüter, mit vorwiegend weißen Eiern [333].)

Die Größe der Euleneier bzw. deren Gewicht sind nicht proportional zu Größe und Gewicht der jeweiligen Eulenart, vielmehr legen die klei-

Tabelle 8. Lebenstafel der europäischen Eulen. Zur optimalen Ausnutzung eines jährlich – unvorhersehbar – schwankenden Beuteangebots für die Jungenaufzucht können manche Eulenarten die Anzahl sowohl gelegter Eier als auch jährlicher Bruten anpassen, und sei es, dass sie bei Beutemangel mit der Brut ganz aussetzen. (Arten nach Körpermasse gereiht, seltene bzw. extreme Werte in Klammern, Δ = Durchschnittswert).

REPRODUKTIONS-LEISTUNG	SPERLINGS-KAUZ	ZWERG-OHREULE	RAUFUSS-KAUZ	STEINKAUZ	WALD-OHREULE
Geschlechtsreife (Monate)	(4) 5	(8) 10	5 (8)	5 (8)	(8) 10
Brutreife (Monate)	9–10	10	9–10	10 (12)	10–12
Weibchen-Gewicht (Gramm) Mittelwert	69–99 Δ = 73	90–119 Δ = 98	126–194 Δ = 167	170–250 Δ = 200	250–370 Δ = 300
Eigewicht (Gramm)	8–9	13	12	15	23
Schalengewicht (Gramm)	0,57	0,9	0,88	1,16	1,63
mittlere Eimaße (mm)	28,5 × 23,2	31,3 × 27,0	32,7 × 26,6	34,4 × 29,6	40,2 × 32,4
Eizahl (ohne Extremwerte)	5 (4) –7 (9)	3 (2) –5 (6)	3 –6 (8)	3 –5 (7)	4 –6 (8)
Legeabstand (Tage)	2	1–3	2	2 (3)	2
Brutdauer (Tage)	28–29	20–31	26–27	22–30	27–28
Bebrütung typischerweise ab welchem Ei?	vor- oder letztes	ab 3.	ab 1.–2.	vor- oder letztes	ab 1.
Jahresbruten normal (Mangel-/Gradationsjahr)	1 (0/1)	1 (0/1)	1 (0/1–3)	1 (1/1)	1 (1/2)
Sterblichkeit bis 1. Jahr			75	65–70	52
Altvogel in %			30–36	30–35	ca. 31
Lebenserwartung mittel	4	1–2?	2–4?		1,4–3,3
maximal (Jahre) Freiland	6 (8)	ca. 9	7–15	15–16	28

Eulen-Eier sind durchwegs weißschalig mit stark gerundeten Polen (Gelege der Waldohreule im Rabenkrähen-Horst; Foto LIMBRUNNER).

nen Arten relativ größere Eier als die großen Eulen (z. B. Sperlingskauz: Eigewicht = 11,6 % des Weibchen-Gewichtes, beim Uhu = 3,2 %). In mäusereichen Jahren legen z. B. Habichtskauz-Weibchen überdurchschnittlich große Eier – bei vorverlegtem Legebeginn [455]. Da kleinere Arten nicht nur relativ schwerere, sondern auch mehr Eier legen als große, ist deren Gesamtlegeleistung mitunter beachtlich: Zum Beispiel wiegt ein Sperlingskauz-Gelege mit 5 Eiern mehr als die Hälfte des Gewichtes des Weibchens, während es beim Uhu weniger als ein Zehntel wiegt (vgl. [348])!

Der Legebeginn ist zwar arttypisch, variiert aber sowohl nach Höhenlage bzw. nördlicher Breite als auch dem aktuellen Beuteangebot. Uhus beginnen z. B. in Spanien bereits Mitte Januar, in Deutschland aber eher Februar bis März mit der Brut. Hohe Mäusedichten stimulieren z. B. Raufußkauz, Uhu und Habichtskauz zu besonders frühen Bruten (bis zu 4 Wochen Differenz im Vergleich zu Mangeljahren [112, 525]). Die Zwergohreule ist mit Legebeginn im Mai relativ spät dran. Junge Schleiereulen legen in der Regel früher als alte, da sich der Legebeginn mit dem Älterwerden kontinuierlich verschiebt [482]. Da diese Art in „guten Jahren“ vermehrt Zweitbruten macht, kann die Eiablage sogar in die Herbstmonate fallen. Als Reaktion auf den „Klimawandel“ beginnen manche Eulenarten von Jahr zu Jahr früher mit der Brut (z. B. 10-Tages-Differenz seit den 1980er-Jahren beim Uhu in Baden-Württemberg [868]).

Die Eier werden bei den meisten Eulenarten in 1½- bis 2-tägigem, seltener 3-tägigem Intervall gelegt, unabhängig von der Körpergröße der Weibchen. Die arttypische Gelegegröße ist nur in grobem Rahmen festgelegt. Saisonal frü-

SPERBER-EULE	SCHLEIER-EULE	SUMPF-OHREULE	WALDKAUZ	HABICHTS-KAUZ	BARTKAUZ	SCHNEE-EULE	UHU
(8) 10	(5) 7	10	(8) 10	8–10	10	10	10
10–12	7–12	10–12	10–12	10–12	(11) 36	(12) 24	(12) 36
270–380 Δ = 320	340–415 Δ = 380	350–505 Δ = 420	400–630 Δ = 560	720–1200 Δ = 960	875–1450 Δ = 1200	1820–2950 Δ = 2100	2200–3200 Δ = 2600
22	21	21	39	50	50	60	80
1,53	1,65	1,45	2,69	3,71	4,48	3,8–7,1	7,2
39,7 × 31,1	39,2 × 30,9	40,4 × 31,3	47,5 × 38,8	49,9 × 41,7	53,2 × 42,4	56,4 × 44,7	59,8 × 49,5
5 (3) – 8 (13)	4 –7 (15)	7 (5) –10 (13)	2 (1) –4 (7)	3 (1) –4 (6)	4 (3) –5 (6)	3 –9 (11)	2 –4 (5)
2	2	2	2–3	2–3	(1) 3	2	2–3 (4)
25–30	30–34	24–28	28–30	28	28–30	32–33	31–37
ab 1.	ab 1.	ab 1. (2–3)	ab (1) 2.–3.	ab 1.	ab 1.	ab 1.	ab 1.
1 (0/1)	1 (0/1–3)	1 (0/2)	1 (0/1)	1 (0/1)	1 (0/1)	1 (0/1)	1 (0/1)
	50–100	ca. 50	50	40			40–70
	43–60	ca. 30	ca. 25	20–30			20–37
	1,5–2		3–4				6–10?
16	29	21–22	22–23	23–24	17	20	33

her Legebeginn erzielt bei Schleiereule, Raufußkauz, Wald- und Habichtskauz meist größere Gelege, oft auch größere Eier. Ältere Weibchen legen meist weniger Eier, können das aber durch Erfahrung bei der Jungenaufzucht wettmachen [316]. Die Eizahl wird vor allem von der Kondition der Weibchen und der Quantität sowie Qualität der vom Männchen überbrachten Beute gesteuert. Hohe Mäusedichten beantworten manche Arten mit ungewöhnlich großen Gelegen, zum Teil sogar mit Zweit-, selten auch Drittbruten. In solchen Spitzenjahren produzieren die Weibchen z. B. vom Raufußkauz bis zu 12 (15) Eier (2 Bruten = 94 % des Eigengewichtes), von der Schleiereule bis zu 20 Eier und mehr (2–3 Bruten = 105 %), bei der Sumpfohreule bis zu 17 (20) Eier (2 Bruten = 123 % [908])!

Die Siedlungsdichte der Mäuse unterliegt allerdings erheblichen Schwankungen: In Wäldern der gemäßigten Zone folgt sie weitgehend dem Samenangebot der Buchen-, Eichen- und Fichtenmast. Im Borealwald schwankt das Beuteangebot in einem etwa 3- bis 4-jährigen Zyklus zwischen Mangeljahren und Massenjahren um den Faktor 100. In der arktischen Tundra kann die Nagerdichte im Laufe eines rund 7-jährigen Zyklus sogar auf das 1000-Fache ansteigen [813]! Dieser Massenwechsel ist für die Eulen jedenfalls eine große Herausforderung, auch bei der „Kalkulation" der jeweils bestmöglichen Reproduktionsrate. Während die Weibchen einiger Arten jeweils maximal mögliche Gelegegrößen produzieren und dann die Zahl der Nestlinge zur Angleichung an das aktuelle Beuteangebot reduzieren müssen (z. B. Raufußkauz, Schleiereule), scheinen andere Arten bereits beim Legebeginn das künftige Beuteangebot zur Zeit der Jungenaufzucht nach bestimmten Indikatoren prognostizieren zu können (z. B. Habichtskauz). Die r-Strategen unter den Eulen verzichten in Mangeljahren auf das Brüten oder sie wandern kurzfristig in Gebiete mit günstigerem Beuteangebot ab (z. B. Schnee-, Wald- und Sumpfohreule).

Bebrütung

Bei allen Eulen brüten nur die Weibchen, die einen dementsprechend großen „Brutfleck" (federfreie Hautpartie mit verstärkter Durchblutung) im oberen Bauchbereich ausbilden, doch bedecken auch die Männchen mancher Arten das Gelege während der Brutpausen ihrer Partnerin, was speziell bei den hochnordischen Klimabedingungen zweckmäßig erscheint (z. B. Habichtskauz [935]).

Die Bebrütungsdauer ist innerhalb der Eulen – trotz der erheblichen Größenunterschiede einzelner Arten – recht einheitlich, kann aber je nach Abkühlungsgrad der Eier während der Brutpausen des Weibchens und der Eizahl variieren. Die meisten Arten kommen mit 28 Tagen aus, nur Zwergohreule, Steinkauz, zum Teil auch Sperbereule und Sumpfohreule liegen darunter; große Arten brüten bis zu 34 (37) Tage lang. Innerhalb eines Geleges kommen später gelegte Eier meist früher zum Schlüpfen als die erstgelegten, da sie eine kontiuierliche Bebrütung erfahren.

Brutbeginn und Schlupffolge

Bemerkenswerterweise ist der Bebrütungsbeginn nicht einheitlich, was ganz entscheidende Folgen für die Aufzuchtsperiode nach sich zieht: Die bodenbrütenden Arten (Schnee-Eule, Sumpfohreule) inklusive Uhu bleiben meist schon einige Zeit vor der Ablage des 1. Eies auf dem Nistplatz; sie könnten das ungetarnt-weiße Ei nicht unbeaufsichtigt lassen. Bebrütungsbeginn ab dem 1. Ei ist auch für alle Horstbrüter (Bartkauz, Waldohreule) und die großen Höhlenbrüter (Wald- und Habichtskauz, Sperber- und Schleiereule) typisch. Entsprechend einem Legeintervall von durchschnittlich 2 (1–3) Tagen schlüpfen die Jungen dann jeweils nacheinander. Wenn das Schlupfintervall in der Regel auch kleiner als das Legeintervall ist, so sind die Nestgeschwister doch grundsätzlich verschieden alt. Bei großen Gelegen, wie bei Schleiereulen, kann der Altersunterschied innerhalb einer Brut immerhin 2–3 Wochen betragen, bei Maximalgelegen der Sperbereule nahezu 4 Wochen! Eine solche Altersstaffelung bedeutet einen außerordentlich hohen Konkurrenzdruck für die Letztgeborenen, speziell wenn das Weibchen kaum noch hudert und nur noch wenig Zeit in die Fütterung in kleinen Portionen investiert, sobald die Erstgeborenen z. B. ganze Mäuse hinunterschlingen können. Da die Weibchen den Zeitpunkt des Nestverlassens nach der Entwicklung des Erstgeborenen richten, können sich Spätgeborene nur noch an den Geschwistern wärmen. Uhu-Weibchen verlassen die Nestlinge zunächst nur stundenweise, vorwiegend des Nachts, ab einem Alter von etwa 3 Wochen aber ganztägig [784]. Bei Stein- und Raufußkauz bleibt das Weibchen höchstens bis zum Ende der 3. Nestlingswoche bei den Jungen in der Höhle [525]. Schleiereulen-Weibchen lassen ihre Jungen allein, wenn das älteste Junge gerade einmal 15–16 Tage alt ist, da sind die kleinsten höchstens 8–10 Tage alt, lange bevor sie selbst die Körpertemperatur konstant halten können (Homöothermie [40, 185]). Falls die Weibchen kurz darauf ein neues Gelege zeitigen, werden die Nestlinge allein durch das Männchen versorgt („Schachtelbrut"). Speziell bei großen Jungenzahlen fallen die „Nesthäkchen" in ihrer Entwicklung rasch zurück, falls die Beuteversorgung einbricht, und können von älteren Geschwistern getötet oder sogar vom Weibchen an die Geschwister verfüttert werden (Kronismus, Syngenophagie). Umgekehrt sind spätgeborene Schleiereulen in der Lage, ihre körperliche Entwicklung – trotz Mangelversorgung – so weit zu beschleunigen, dass sie Beutestücke am Nistplatz selbstständig aufnehmen und sogar in relativ jüngerem Alter das Nest verlassen können [185]. Je größer die Altersspanne innerhalb einer Brut ist, desto länger zieht sich die Nestlingsperiode inklusive dem Nestverlassen hin, sodass die Altvögel nebeneinander flügge Junge, Ästlinge und Nestlinge zu versorgen haben, mitunter an verschiedenen Orten [197]!

Merkwürdigerweise verfolgen die kleinen Eulenarten einen anderen Weg: Als obligatorische Höhlenbrüter liegen ihre Eier nicht frei, sie können im Schutz der Bruthöhle unbeaufsichtigt bleiben. Raufußkauz- und Steinkauz-Weibchen beginnen mit der Bebrütung ab dem 2.–3. Ei, die Zwergohreule ab dem 3. Ei, der Sperlingskauz – als kleinster Vertreter – im Allgemeinen erst mit dem vorletzten oder letzten Ei. Dies hat zur Folge, dass die Jungen in kürzeren Abständen schlüpfen bzw. – wie beim Sperlingskauz – nahezu gleichaltrig sind. Die Entwicklungschancen der Nestlinge sind daher nicht so unmittelbar von der Geburtenfolge abhängig, die Gesamtdauer der Nestlingszeit ist nicht länger als die individueller Jungeulen, und diese verlassen annähernd zur selben Zeit die Höhle [927].

Fütterung am Schnee-Eulen-Nest; das Weibchen reicht kleinste Bissen an die Nestlinge unter seinem Brustgefieder (Foto Wothe).

Arbeitsteilung

Die elterliche Brutfürsorge ist bei den Eulen nach Geschlechterrollen relativ klar verteilt: Die Männchen sind für die Beuteversorgung von Balzbeginn bis zur Familienauflösung „zuständig", zumal bei den Arten, deren Weibchen keinen Beitrag zur Nahrungsbeschaffung leisten. Die Weibchen brüten, hudern und füttern die kleinen Nestlinge; bei einigen Arten beteiligen sie sich dann an der Beuteversorgung, sobald die Jungen keine intensive Betreuung mehr benötigen. Typischerweise ziehen sich die Weibchen von der Jungenaufzucht zurück, wenn der Nachwuchs gut flügge ist. Beim Sperlingskauz z. B. bewältigt das Männchen allein die Führungszeit der Ästlinge, bereits knapp ab dem Ausfliegen der Jungen [878]. Besonders hoch investieren Eulenmännchen, deren Partnerin noch vor dem Ausfliegen der ersten Brut eine zweite Brut beginnen (z. B. Raufußkauz, Schleiereule). Eine noch größere Belastung kommt auf bigyne Väter zu, die die Jungen gleich zweier Bruten gleichzeitig versorgen müssen [191]!

Die Rollenverteilung steht in engem Zusammenhang mit dem geschlechtsspezifischen Größenunterschied bei den meisten Eulenarten. Mit relativ kleinen Männchen und relativ großen Weibchen ist dieser Sexualdimorphismus der Eulen genau umgekehrt zu den meisten Vogelarten, deren Männchen im Allgemeinen größer, stärker, meist auch farbenprächtiger sind (Extreme: Hühnervögel, Trappen), entspricht aber den Verhältnissen bei den – weitschichtig verwandten – Greifvögeln. Die Gewichts- und Größenunterschiede sind – bei generalisierender Betrachtung – nicht an die Realgröße der Eulenarten gebunden. Ein nur wenig ausgeprägter Dimorphismus findet sich bei so unterschiedlichen Arten wie Zwerg- und Sumpfohreule sowie Steinkauz. Eine merkliche Gewichtsdifferenz weisen die Geschlechter bei Schnee- und Waldohreule (6–10 %) und Habichtskauz auf (15–19 %), darüber liegen Schleiereule, Sperlingskauz, Sperbereule und Waldkauz (20–24 %) sowie Uhu (27 %); am auffälligsten ist der Gewichtsunterschied bei Bartkauz und Raufußkauz (32–50 %; zumindest zum Beginn der Brutzeit. Gewichtsangaben in [69]). Da die Körpergewichte je nach Ernährungszustand und Jahreszeit erheblichen Schwankungen unterliegen, sind die Angaben nur als Richtwerte zu vergleichen. So erreichen z. B. Schleiereulen-Weibchen ihr saisonales Höchstgewicht vor der Eiablage (425 g [40]); Zwergohreulen sind am schwersten vor dem Wegzug ins Winterquartier (♂ 105 g bzw. ♀ 119 g [810]), Steinkäuze können infolge der Mauser deutlich an Gewicht verlieren (170–180 g [1113]). Die größten „Hungerkünstler" scheinen die Schnee-Eulen, die bei anhaltendem Beutemangel sowohl Brustmuskel sowie Eingeweidetrakt weitgehend abbauen können [813]!

In der Ästlingsphase erhalten junge Waldohreulen ganze Beutestücke vom Altvogel (Foto Fürst).

Größenunterschied der Geschlechter

Zur biologischen Funktion des umgekehrten Größenverhältnisses gibt es eine Fülle an Interpretationen, nach denen sehr große Weibchen für die Produktion zahlreicher und großer Eier begünstigt wären, vor allem die Wärmeproduktion während der einmonatigen Brutdauer ohne großen Gewichtsverlust bewältigen und auch bei der Verteidigung der Brut effektiver sein könnten. Bei den Männchen hingegen, die einen Hauptteil der Nahrung erbeuten müssen, wären leichtere, agilere Vögel im Vorteil, und darüber hinaus hätten sie selbst einen geringeren Nahrungsbedarf [708, 534, 1157]. Eine weitere Ansicht, die Partner eines Paares könnten aufgrund ihrer verschiedenen Körpergröße auch unterschiedliche Beute erjagen – und damit eine gegenseitige Konkurrenz vermeiden –, entspricht meist nicht der Realität, da die Beutepräferenzen der Geschlechter (nach Beutetierart, Optimalgröße, Erreichbarkeit, Wehrhaftigkeit) vielfach identisch sind [658]! Neuere Interpretationen vermuten, dass die Eulen-Weibchen kleinere Partner bevorzugten, die ihnen nicht gefährlich werden könnten [398].

Brutpflege

Eulen-Weibchen brüten im Regelfall sehr konstant und verlassen ihr Gelege nur für relativ kurze Brutpausen, die der Kotabgabe, Körperpflege – inklusive Sich-Flügeln, Strecken und Gefiederschütteln – sowie der Beuteübergabe dienen, während der Legeperiode auch der Begattung. In Brutstellung hocken die Weibchen auf den Fersen und dösen mit geschlossenen Augen, die Eier nahe um den Brutfleck gruppiert. Durch seitlich ruckende Körperbewegungen, zum Teil auch mithilfe von Schnabel und Zehen werden die Eier gelegentlich „gerollt", dabei gewendet bzw. umgelagert. Mit dieser regelmäßigen Umgruppierung stellt das Weibchen sicher, dass alle Eier gleichmäßig gewärmt werden, zumal ja bei sehr großen Gelegen jeweils nur die zentral liegenden Eier voll abgedeckt werden können. Zur Isolierung gegen den kalten Untergrund schieben die Weibchen mancher Arten auch das lange Bauchgefieder unter die Eier. Mit fortschreitender Bebrütung erhalten die Eier einen matten Marmorglanz, mitunter verfärben sie sich auch braunfleckig infolge Verschmutzung, z. B. durch eine feucht gewordene Unterlage.

Schlupfhilfe

Wiewohl das Gehör der Embryonen nur rudimentär entwickelt ist, treten die Jungeulen wenigstens 1–2 Tage vor dem Schlupf mit den Eltern in Stimmkontakt. Manche Eulen-Weibchen helfen beim Schlupfakt aktiv mit, indem sie mit ihrem Schnabel Schalenstücke sehr vorsichtig ablösen und zerknabbern (z. B. Schleiereule [116]). Der Schlupfvorgang dauert zwischen ½ und 2 Tagen. Nach erstem Anpicken schlägt das Küken mit dem Eizahn einen halbringförmigen Spalt längs dem „Äquator" des Eies und stemmt zuletzt die beiden Schalenhälften strampelnd auseinander. Die frisch geschlüpften Eulen sind noch nass mit verklebten Eidunen; Augen und Ohren sind typischerweise geschlossen (aber nicht verwachsen). Die Nabelschnur ist abgetrocknet, ein erster Kotballen bleibt in der Schalenhälfte zurück. Schon nach 1–2 Stunden unter dem mütterlichen Gefieder ist das Dunenkleid flauschig und trocken.

Fütterung am Nest

Durch Stapeln eines Beutevorrats am Nestrand macht das Weibchen seine Fütterungszeiten vom aktuellen Jagderfolg und den Zeiten der Beuteübergaben unabhängig. Kleine Nestlinge füttert typischerweise nur das Weibchen: Im Fersensitz hält es ein Beutestück im Fang und reißt – den Kopf tief unter das Brustgefieder gebeugt – kleine Fleischstückchen heraus. Auch bei großen Arten erhalten die Nestlinge zunächst nur zarte, knochenfreie Bissen ohne Gewöllmaterial. Einige Arten dürften auch Speichel verfüttern (z. B. Bartkauz). Die Nestlinge reagieren auf den gackernd-stotternden Fütterungslaut der Mutter und auf Berührung am Kopf mit Betteln bzw. mit tastend-suchenden Kopfbewegungen. Bei den meisten Arten besitzen die Nestlinge tastempfindliche Hautwülste im Schnabelwinkel oder an den Schnabelkanten, deren Berührung ein Zuschnappen auslöst. Nur beim Steinkauz gieren bereits kleine Junge mit geöffnetem Schnabel gegen das Weibchen, sobald es lockt [928]. Bei der ungleichen Größe des elterlichen Schnabels und des meist zarten Kopfes neugeborener Eulen müssen das gegenseitige Tasten, Locken bzw. Betteln, Vorhalten der Bissen und zuschnappende Abnehmen gut aufeinander abgestimmt sein, da die Jungen schon nach wenigen Fehlschlägen den Kopf erschöpft zu Boden sinken lassen! Größere Nestlinge können schon derbe Brocken mit Fell und Knochen verschlingen; später erhalten sie meist ganze Beutetiere – ausgenommen beim Sperlingskauz, dessen Junge noch lange nach dem Flüggewerden klein zerteilte Beute vorgehalten bekommen. Bei älteren Nestlingen der größeren Eulenarten legen die Eltern ganze Beutestücke am Nistplatz ab, die von den Jungen selbstständig gesucht und auch verschlungen werden.

Nesthygiene

Die Weibchen der meisten Arten zerknabbern und verschlucken die Eischalen; Sperlingskäuze hingegen tragen die leeren Schalenhälften im Schnabel aus der Bruthöhle. Auch verzehren die Eulenmütter in den meisten Fällen die Kotballen kleiner Jungen. Diese trippeln später rückwärts an den Nest- bzw. Höhlenrand und setzen ihren Kot peripher ab, wo er regelrecht zu Klumpen antrocknet. Dennoch sammeln sich im Eulennest verschiedenste Abfälle an: Gewölle, Rupfungsmaterial, verdorbene Beutereste, Mauserfedern bzw. Schuppen von den nachwachsenden Kielen und Kotballen. Kleineulen – wie der Sperlingskauz – müssen dieses

Angriffsflug eines Schnee-Eulen-Männchens zur Brutverteidigung (Foto Clemens).

Material aus Sicherheitsgründen entfernen, um die Mindestdistanz zwischen Höhlenboden und Flugloch zu erhalten – und so ein Herausangeln der Nestlinge z. B. durch Marderpfoten zu verhindern (vgl. [1160])! Die Weibchen dieser Art erscheinen daher zur Nestlingszeit regelmäßig im Flugloch, um den „Auswurf" aus dem Schnabel zu schütteln. Raufuß- und Steinkauz hingegen riskieren ein „Kloaken-Milieu", das sich in schlecht belüfteten bzw. feuchten Höhlen bilden und – als schmierig-stinkender Brei – das Jungenwachstum hemmen kann (zur Problematik bei Nistkästen vgl. S. 407).

Verteidigung der Brut

Zur elterlichen Investition zählt auch die Verteidigung von Brut und Jungeulen, wobei die Eulen mitunter erstaunliche Vehemenz und Risikobereitschaft zeigen – völlig unabhängig von ihrer Körpergröße! So griffen Uhus in Thüringen Katzen, Marder, Füchse in Horstnähe an, einmal sogar ein Wildschwein; in Baden-Württemberg auch einen Dachs [281, 331]. Bei einer Gebäudebrut tolerierte ein Uhu-Weibchen zwar die Passanten unterhalb des Nistplatzes, attackierte aber regelmäßig deren Hunde [431]. Trotz ihrer Kraft scheuen sie sich aber meist vor Angriffen gegen Menschen, die – wie z. B. Kletterer, Wanderer – ihrer Brut zu nahe kommen. Nur in seltenen Einzelfällen richten sich die Attacken frei lebender Uhu-Weibchen auch gegen Personen. (Bei Haltung vertrauter Vögel in Volieren kommen aber Angriffe brütender Uhus vor, die für Personen vor allem wegen der gezielten Attacken gegen Augen bzw. Gesicht gefährlich werden können.) Mit heftigen Angriffsflügen gegen Greifvögel, Skuas und Eisfüchse halten auch Schnee-Eulen Prädatoren vom Brutplatz fern. Personen in Nestnähe müssen mit heftigen Schlägen gegen Kopf und Schultern rechnen, was auch für „harmlose" Schneegänse, Kraniche, Rentiere oder Moschusochsen gilt.

Durchaus vergleichbar tauchen auch Sumpfohreulen in steilem Angriffsflug gegen den Kopf von Störern im Brutrevier. Waldohreulen verteidigen ihre Brut zwar gegen Nesträuber, wie Elstern, Krähen oder Eichhörnchen, gegenüber Menschen äußern sie meist nur Alarmlaute, den „Feind" in auffälligem Demonstrationsflug umkreisend. Besonders vehement sind Angriffe von Bart- und Habichtskäuzen, die nahezu vor jeder Annäherung an den Nestbereich mit Angriffsflügen gegen Hinterkopf und Schultern, aber auch gegen die Augenpartie abzuschrecken versuchen. Nicht immer warnen die Käuze den Störer, ehe sie in lautlos segelnder Bahn angreifen. Derartige Brutverteidigung ist dabei nicht nur gegen Menschen gerichtet, sondern auch gegen zufällig vorbeikommende Rehe, Elche usw. Wegen der Wucht und Zielgenauigkeit der Angriffe können sie bei Menschen zu erheblichen Verletzungen führen [395]! Bartkäuze sollen in Nordamerika sogar einen Schwarzbären aus dem Nestbereich verjagt haben [398]! Aber auch der deutlich kleinere Waldkauz kann Brutstörer durch Überraschungsangriffe (meist von hinten) abschrecken, wenn nicht sogar verletzen. Raufußkäuze vertreiben etwaige Brutstörer nur bei Dunkelheit; tagsüber bleibt ihre Bruthöhle meist unbeaufsichtigt. Der winzige Sperlingskauz hingegen fliegt ganz ungehemmt gegen Störer am Brutbaum, krallt im Vorbeifliegen auch gegen Hände oder Gesicht von Personen [927].

Bei den Elternvögeln nimmt die Bereitschaft zur Brutverteidigung mit dem Alter der Nestlinge deutlich zu und erreicht einen Höhepunkt zum Zeitpunkt des Nestverlassens, wenn die meist flugunfähigen Ästlinge noch völlig schutzlos wirken. Bei den meisten Arten investieren und riskieren die Weibchen bei der Brutverteidigung deutlich mehr als die Männchen, die oft in Sichtweite abwarten.

„Verleiten"

Falls alle Angriffe nicht wirken, schalten vor allem die Eulenarten des Offenlandes auf „Verleiten" um, damit die Aufmerksamkeit des Prädators vom Nest oder Jungvogel abgelenkt wird: Unter zwitschernd-zwielenden Angstlauten führt die Eule scheinbar ungelenke Flug- und Flatterbewegungen aus und lässt den Feind – taumelnd, rudernd, flatternd oder hinkend – jeweils nahe herankommen. Dieses Verhalten wird auch von der Waldohreule, obwohl Horstbrüter, in ähnlicher Weise ausgeführt, ansonsten fehlt ein „Verleiten" den Waldbewohnern im Allgemeinen. Die geringsten Investitionen zur Brutverteidigung setzen Raufußkauz, Steinkauz und Zwergohreule. Schleiereulen beschränken sich auf abschreckendes „Drohrauschen", eine ungewöhnliche Lautäußerung, die eher an Wasserrauschen, Dampfzischen oder ein Maschinengeräusch erinnert als an Vogelstimmen! Auch setzen sie den klebrig-übelriechenden Blinddarmkot zur Feindabwehr am Nest ein.

Nestlingszeit und Jugendentwicklung

Ebenso wie die Brutdauer ist auch die Nestlingsdauer der meisten Eulenarten vergleichsweise lang. Beide Abschnitte zusammen nehmen 6–10 Wochen in Anspruch – vermutlich ein Primitivmerkmal. Bei der Breite an unterschiedlichen Biotoptypen und Klimaräumen unterliegt die Jugendentwicklung aber sehr verschiedenen Anpassungsanforderungen. Dabei spielt der arttypische Brutplatz – entsprechend Deckung, Wetterschutz, Feindsicherheit usw. eine ganz entscheidende Rolle. Ohne Zweifel bieten z. B. offene Bodenbruten jeweils völlig andere Umfeldbedingungen als Spechthöhlen in hohen, starkwandigen Bäumen: Da die Weibchen zum Zeitpunkt des Schlüpfens sehr konstant hudern, müssen die Eidunen frisch geschlüpfter Jungen keinen nennenswerten Kälteschutz bieten; entsprechend sind diese ersten Federstrukturen der Nestlinge über alle ökologischen Nischen hinweg recht ähnlich ausgebildet. Größere Nestlinge werden hingegen vom Elter längerfristig allein gelassen; bei breiter Altersstaffelung müssen Nestgeschwister einander oft gegenseitig wärmen.

Sperlingskauz-Nestling. In der geschützten Spechthöhle reicht ihm ein schütteres Nestlingskleid mit eher schlichten Federn (Foto Scherzinger).

Jugendkleider im Ästlingsstadium. Die Jungen obligatorischer Höhlenbrüter tragen ein schlichteres Gefieder ohne Dunencharakter (z. B. Raufußkauz, links), im Vergleich zu Eulen, die in großen Höhlen oder offenen Horsten aufwachsen und wollig-dicht befiedert sind (Waldkauz, rechts; Fotos Höfer, Rummel).

Anpassungen im Nestlingsgefieder

Deshalb spiegelt die Differenzierung des Mesoptils der Nestlinge die kleinklimatischen Verhältnisse am Nistplatz deutlich wider: Vor Witterungseinflüssen am besten geschützt sind Sperlingskauz-Junge, die in einer rundum geschlossenen Spechthöhle aufwachsen. Die dickwandige Spechthöhle ist gut isoliert und – in ihrer Beengtheit – relativ leicht warm zu halten, selbst wenn es zur Aufzuchtsperiode im Bergwald frieren und schneien sollte oder umgekehrt der Höhlenstamm in direkter Besonnung aufgeheizt wird. Das Nestlingskleid der Sperlingskäuze ist entsprechend dünn und schlicht, es lässt sogar größere Partien an Bauch, Achsel und Schenkeln unbedeckt. Erst gegen Ende der Nestlingszeit schließt sich das Federkleid, das selbst beim Ästling nur wenig flauschiger ist als das spätere Jugendkleid.

In den deutlich größeren Schwarzspechthöhlen, die dem Raufußkauz typischerweise als Brutplatz dienen, benötigen die Eulenjungen flauschig-wärmende Nestdunen, zumal bei Schachtel- und Zweitbruten, wenn das Weibchen die Jungen der Erstbrut nicht mehr betreut. Raufußkauz-Junge sind mit einem lockeren, aber nicht sehr dichten Mesoptil ausgestattet. Im Vergleich zu diesen relativ wenig anpassungsfähigen Waldbewohnern, die ein nur sehr enges Spektrum an Höhlentypen zur Brut nutzen, würden größere Eulenarten – bei derart festgelegten Ansprüchen an den Nistplatz – ein äußerst beschränktes Lebensraumpotenzial vorfinden. Da Baumhöhlen mit zunehmender Größe immer seltener werden, müssen größere Eulenarten auch mit einem suboptimalen Angebot zurechtkommen können.

Auffälligerweise orientieren sich die entsprechenden Anpassungsleistungen der Jungeulen jeweils am schlechtesten Fall – keineswegs an einem Mittelwert möglicher Brutplatzqualitäten. Ein Höhlenbrüter, der z. B. wie ein Steinkauz trockene, gut belüftete Baumhöhlen von etwa 1 m Tiefe bevorzugt, muss seinen Jungen sicherheitshalber die Ausrüstung für eine kalte, zugige Felskluft oder einen feuchtkühlen Erdgang mitgeben, notfalls auch für eine Aufzucht ohne jeden Wetterschutz, falls z. B. der Höhlenbaum auseinanderbricht. Tatsächlich können Steinkäuze – natürlicherweise – in sehr unterschiedlichen Hohlräumen aus sehr verschiedenen Materialien brüten, und ihre Jungen entwickeln ein locker-pelziges Mesoptil, das ihnen z. B. in voll besonnten Nistkästen durchaus zu warm werden kann. Das Gleiche gilt für Zwergohreulen, obwohl deren Ursprungsgebiet im mediterranen Klimaraum eher Wärmeanpassungen erwarten ließe.

Dass der Selektionsdruck weder an der optimalen noch an der durchschnittlichen Ausstattung eines Eulenbrutplatzes ansetzt, sondern am gerade noch tauglichen Aufzuchtsort, zeigt sich besonders deutlich bei Wald- und Habichtskauz. Nur in Gebieten mit Höhlenmangel weichen sie zur Brut auf offene Horste oder gar Bodenmulden aus; ihre Jungen sind aber voll an den unbeliebteren Standort adaptiert: Sie besitzen ein wolliges und langes Mesoptil, das Wind und Regen zu trotzen vermag [935]. Ein solches Nestlingskleid ist ebenso typisch für die obligatorischen Horstbrüter Waldohreule und Bartkauz, wobei die Jungen der hochnordischen Eulenart einen geradezu dunig-dichten „Pelzmantel" tragen. Im Felsenhorst benötigt ein Uhu-Junges ähnlichen Wind- und Wetterschutz wie die Bodenbrüter Sumpfohr- und Schnee-Eule, deren Halbdunen besonders lang ausgebildet sind. Wenn die dunigen Enden des grau melierten Mesoptils der Schnee-Eulen nass werden, verkleben sie zu einer dünnen Schutzschicht, die das Regenwasser weitgehend abperlen lässt [931]. Das ungewöhnlich dunenweiche Nestlingskleid der Schleiereulen entspricht am ehesten einem Felsbrüter-Typ; in den oft glutheißen Turmhauben der Kirchen und unter einem sonnenaufgeheizten Scheunendach wirkt das Jugendgefieder an die anthropogenen Brutgelegenheiten oftmals fehlangepasst.

Leistungsspektrum der Jungeulen

Ganz entsprechend den Gefiederanpassungen an die diversen Neststandorte lässt sich auch das auffallend verschiedene Entwicklungstempo der Eulennestlinge interpretieren: Je enger die Höhle, je exponierter der Horst, je absturzgefährdender die Felsnische, desto später reifen Gehen und Laufen, speziell im Vergleich zu den Bodenbrütern. Allerdings beherrschen die Jungen aus bruchgefährdeten Baumhöhlen und exponierten Baumhorsten ein komplexes Verhaltensmuster, um sich im Falle eines Abstürzens möglichst rasch vom gefährlichen Waldboden ins sichere Geäst zu retten: Kraftvoll klettern sie mithilfe der Krallen an Baumborke oder Gezweig hoch, häufig helfen Schnabel und Flügel mit. Das Kletterverhalten lässt sich meist schon bei 10–14 Tage alten Jungeulen auslösen. Sobald sie aus der Balance kippen oder den Halt unter Bauch und Beinen verlieren, ziehen sie das Kinn kräftig brustwärts und krallen sich an jeder greifbaren Struktur fest. In diesem Alter fehlt aber noch die Kraft, auch den plumpen Körper nachzuziehen. Dies gelingt bei den betroffenen Arten meist erst mit 3, spätestens

Habichtskauz im Ästlingskleid. Das halbdunige Gefieder ist bei den fakultativen Offenbrütern der nordischen Taiga besonders dicht ausgebildet (Foto SCHERZINGER).

4 Wochen. Junge Waldohreulen z. B. laufen in diesem Alter gezielt über den Boden zur nächsten senkrechten Struktur, springen daran beidbeinig hoch und versuchen gleichzeitig, sich an einer Ritze oder Rippe mit dem Schnabel einzuhaken. Bei grobrissiger Borke vermögen sie unter heftigem Flattern rasch hinaufzusteigen, die Flügel hängen dann oft schlaff-erschöpft. Beim Klettern im Gezweig hängt sich die Eule mit dem Unterkiefer in Querästen ein und zieht den Körper nach. Im Gegensatz zu Papageien, die beim Klettern mit dem Schnabel in den Zweig beißen, öffnen die Eulen den Schnabel nicht, sie hängen sich lediglich mit der Schnabelspitze (Einhaken in Kletterpausen) oder mit dem Kinn ein (Einhängen zum Hochziehen in Kletterphasen). Stützt sich der kletternde Ästling noch mit den Flügeln im Geäst ab, so erlaubt ihm dieses 5-Punkt-System ein geschicktes und rasches Durchschlüpfen auch in dichtesten Baumkronen. Ein vergleichbares Klettern zeigen auch die Jungen der Sumpfohreule, obwohl es im offenen Gelände normalerweise gar nicht benötigt wird (= sekundärer Bodenbrüter?); in seltenen Fällen sogar Schleiereulen.

Gefahrvolle Ästlingszeit

Von den europäischen Eulen sind außerdem Steinkauz, Sperbereule, Wald-, Habichts- und Bartkauz gute Kletterer; junge Uhus steigen unter Flügelschlagen über Felsbrocken, benutzen dabei im Allgemeinen aber nicht den Schnabel. Alle diese Arten verlassen den Brutplatz vor ihrer Flugfähigkeit, sodass das Kletterverhalten für diese so risikoreiche „Ästlingszeit“ überlebenswichtig ist! Den „echten“ Baumhöhlenbrütern Sperlings- und Raufußkauz fehlt bemerkenswerterweise diese Anpassung; sie krallen sich bei Absturzgefahr wohl fest, suchen auch flatternd Balance, zeigen aber keine Einhängereaktion mit dem Schnabel und vermögen auch nicht, größere Strecken hochzuklettern. Offensichtlich ist für sie das Risiko, vor dem Flüggewerden vom Brutplatz abzustürzen, unbedeutend. Auch bei der Schnee-Eule – als obligatorischem Bodenbrüter – konnten keine Anhaltspunkte für ein Kletterverhalten gefunden werden.

Nestverlassen

Je sicherer ein Brutplatz vor Fressfeinden ist, desto länger bleiben die Jungeulen im Allgemeinen dort. Diese Erwartung trifft jedenfalls für Sperlingskäuze zu, die im Alter von 4 Wochen die Spechthöhle nahezu flügge verlassen. Nicht ganz so weit entwickelt sind junge Raufußkäuze, wenn sie aus der Höhle kommen, doch gelingt ihnen ein ungelenker Flatterflug in die schützenden Baumkronen. Von den Höhlenbrütern verlassen Stein-, Wald- und Habichtskauz den Brutplatz zwar ebenfalls im Alter von etwa 1 Monat, jedoch benötigen sie wenigstens noch 1 Woche bis zu erster Flugfähigkeit; ähnliche Zeiten gelten für die Horstbrüter Waldohreule und Bartkauz. Selbst ein kräftiges Uhu-Junges wandert mit

Kletterverhalten der Ästlinge. Nach der Landung an einem Baumstamm klettert ein junger Habichtskauz flatternd hoch (Filmsequenz; nach SCHERZINGER 1980).

Schnabelgebrauch beim Klettern. Durch Einhängen der Schnabelspitze vermag ein junger Bartkauz sich festzuhalten und sich auch kraftvoll hochzuziehen (Foto SCHERZINGER).

4–5 Wochen vom Horstplatz zu Fuß ab; mit großen Schritten klettert es über Steine, Wurzeln und durch dichtes Gebüsch – lange ehe es fliegen kann. Nur bei exponierten Brutnischen in unzugänglichen Felswänden muss es bis zur Flugfähigkeit im Alter von etwa 9–10 Wochen ausharren; ein vorzeitiger Absprung könnte tödlich enden [244]! Es gibt keine plausible Erklärung für diesen genetisch festgelegten Zeitplan, zumal das frühe Abspringen vom Brutbaum – und erst recht das Laufen auf dem Boden – mit hohem Risiko verbunden ist und die Altvögel diese äußerst heikle Phase mit besonderer Verteidigungsbereitschaft überwachen müssen! Tatsächlich können die Ausfälle durch Fuchs, Wildschwein, Katzen usw. gravierend sein, dabei erschiene ein Zuwarten im Nest bis zum Flüggewerden als das geringere Übel. Vermutlich ist aber die Beengtheit der Höhlen und Horste für das Großgefiederwachstum abträglich, sodass dieses ein rechtzeitiges Nestverlassen voraussetzt. Einmal ausgeflogen, kehren Jungeulen in der Regel nicht mehr in Horst oder Höhle zurück. Anders ist es beim Steinkauz, dessen Nestlinge zunächst nur kurze Ausflüge unternehmen. (Bei der Verwendung von Blechmanschetten – als Marderschutz – um den Brutbaum wird die Rückkehr der Jungen verhindert, was ihren Tod bedeuten kann!)

Ganz anders sind die Probleme für die typischen Bodenbrüter gelagert. Ihre Jungen sollten jedenfalls so früh wie möglich aus dem gefährdeten Bodennest abwandern: Von kraftvollen Eltern beschützt, verlassen junge Schnee-Eulen die Niststätte bereits im Alter von 17 Tagen; sie verteilen sich in der weiteren Umgebung und machen rufend und „winkend" auf sich aufmerksam, wenn die Altvögel mit Beute zurückkehren. Noch eiliger haben es die zarteren Sumpfohreulen, deren Junge – kaum befiedert und noch unsicher auf den Beinen – sich schon mit (12) 15 Tagen im Wiesental verstreuen. Auch sie müssen ein auffälliges Bettelverhalten zeigen, damit sie von den Eltern wiedergefunden werden können. Wie immer gehen Schleiereulen einen eigenen Weg: Ihre Jungen bleiben mit 6–8 Wochen extrem lange am Brutplatz, wandern dann in die nähere Brutplatzumgebung ab, bis sie im Alter von gut 3 Monaten ihre Selbstständigkeit erreichen [40, 123]. Da die Eltern die mitunter große Jungenzahl gar nicht aktiv verteidigen können, setzt diese – sicher „altmodische" – Strategie relativ feindarme Brutgebiete voraus.

Lebensstrategien der Eulen

Wenn die 13 europäischen Eulenarten auch zum Teil recht unterschiedliche Lebensraumansprüche und Verbreitungsgebiete haben, so lebt doch eine ganze Reihe sympatrisch, d. h. im selben Areal. Die größte Artenzahl ist in Nordeuropa mit 9 (10) verschiedenen Eulen für Baltikum, Fennoskandien und Russland festzustellen, bei deutlicher Abnahme gegen Mitteleuropa (7 (10) Arten) und stark eingeschränkter Vielfalt in den Mittelmeerländern Südeuropas (5 (6) Arten [275, 356]). Der Uhu ist als besonders anpassungsfähige Art über alle Breiten zu finden, gefolgt von immerhin 6 Arten, die in wenigstens 2 der genannten Regionen als Brutvögel vorkommen. Grundsätzlich wäre eine konkurrenzmindernde Trennung der jeweiligen „Nischen“ bei Arten mit überlappenden Verbreitungsarealen zu erwarten. Eine solche „Abnischung“ kann z. B. das Aktivitätsmuster, die Nahrungswahl oder eine Biotopspezialisierung betreffen.

Aktivitätsmuster

Tatsächlich verteilen die einzelnen Eulenarten ihre Aktivitätsschwerpunkte sehr unterschiedlich: Als rein nachtaktiv gelten Schleier- und Zwergohreule, Raufuß- und Waldkauz, die alle sehr ähnliche Aktivitätsmuster zeigen. Eine zusätzliche Ausweitung in den Dämmerungsbereich ist für Stein- und Habichtskauz typisch, ähnlich dem Muster bei der Waldohreule. Eulen scheuen aber keineswegs das Tageslicht, vielmehr können Sumpfohreule und Bartkauz zu allen Tageszeiten – d. h. in Dämmerung, bei Nacht und bei Tag – aktiv sein (vgl. [145, 729]). Stärker in die Hellphase verschoben leben Sperbereule und Sperlingskauz, deren Aktivitätsmaxima in der Dämmerung liegen, zur Brutzeit aber eine Ausweitung gegen den Tag erleben. Bemerkenswert ist für die kleinste europäische Eulenart, dass sie bei Eintreten der Dunkelheit ihre Aktivität beendet, noch dazu über gar keine „eulentypischen“ Anpassungen für ein ausgeprägtes Nachtleben verfügt.

Artenvielfalt der Eulen in Abhängigkeit vom Breitengrad. Bei Reihung der Artenzahl repräsentativer Eulenvorkommen in Europa zeigt die Regressionsgerade einen deutlichen Schwerpunkt im Borealwald, ein Minimum im trockenheißen Mittelmeerraum (Nord-Süd-Gradient; nach MIKKOLA 1983).

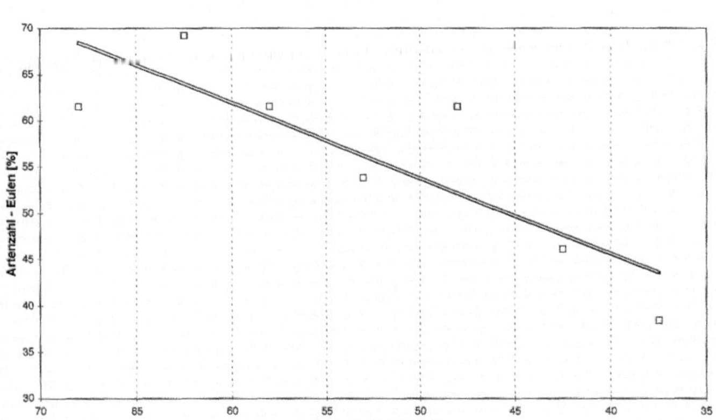

Nord-Süd-Gefälle

Diese artspezifische Staffelung ist nicht absolut zu sehen, da zum einen markante saisonale Verschiebungen erfolgen, zum anderen der Tag-Nacht-Rhythmus je nach Breitengrad sehr verschieden ist: Während zur Brutzeit in südlichen Breiten ein deutlicher Hell-Dunkel-Wechsel – mit einer mehrstündigen Dunkelphase – abläuft, nimmt die Länge der Dunkelphase gegen Norden ab, gleichzeitig die Nachthelligkeit zu. In Konsequenz meiden Eulen im Süden die dunkelsten Stunden zur Jagd wegen der unzureichenden Sichtverhältnisse; im nördlichen Brutareal hingegen müssen z. B. Uhus ihre Jagd auf die wenigen Stunden um Mitternacht konzentrieren, weil bei Helligkeit das Prädationsrisiko zu groß wird, z. B. durch den Seeadler [201]. Im Land der „Mitternachtssonne“ schließlich fehlen in den Monaten der Jungenaufzucht dunkle Nachtstunden völlig! Nordische Eulenarten – wie Schnee- und Sperbereule, Bartkauz – und solche, deren Verbreitungsgebiete sich bis in den hohen Norden erstrecken – wie Sperlings-, Raufuß- und Habichtskauz, Sumpfohreule und Uhu –, müssen daher zum Beutefang auch in der Hellphase befähigt sein, zumindest in den Morgenstunden. Damit verwischt sich die zwischenartliche Staffelung der Aktivitätsbereiche in Nordeuropa – zumindest während der Sommermonate.

Einen ähnlichen Effekt kann – wenn auch nur zeitweise – das Mondlicht in Mittel- und Südeuropa haben, das die Eulen meist zur Verlängerung ihrer Aktivitätsphasen in die Nachtstunden hinein stimuliert, was sogar für den Sperlingskauz – als „Nachtmuffel" unter den Eulen – gilt (vgl. [146, 877]). In Spanien nutzen Uhus das Mondlicht für verstärkte Territorialabgrenzung, zumal sie sich auffälliger präsentieren können. (Gleichzeitig vermindert Mondschein ihr Jagdglück, weil die Kaninchen – als regionale Hauptbeute – in Deckung bleiben [780].)

Die Aktivitätsschwerpunkte der Eulen sind natürlich primär nach denen ihrer Hauptbeutetierarten ausgerichtet. Speziell Wühlmäuse, die ja einen wesentlichen Anteil an der Ernährung der meisten Eulen haben, leben nach einem zweigipfeligen Aktivitätsrhythmus, mit Schwerpunkt in der Dämmerung. Die betroffenen Eulenarten können einander – über eine „gleitende Arbeitszeit" – praktisch nur innerhalb dieser Beutetier-Aktivitätszeiten ausweichen, was den Spielraum erheblich einengt. Gleichzeitig kann das Beutespektrum innerhalb derselben Eulenart eine Nord-Süd-Verschiebung zeigen, die sich – wie beim Steinkauz – unmittelbar auf das Aktivitätsmuster auswirkt: So spielen Mäuse und Regenwürmer – als vorwiegend dunkelaktive Beutetiere – eine wesent-

Sperbereule auf „Wachposten". Abweichend vom eulentypischen Rhythmus tritt Tagaktivität speziell bei den hochnordischen Arten auf (Foto HAUTALA).

liche Rolle in Mitteleuropa; entsprechend gilt hier der Steinkauz typischerweise als dunkelaktiv. In der Mittelmeerregion zwingt ihn das Hauptbeutespektrum aus Käfern, Ohrwürmern, Eidechsen und Heuschrecken zu einer deutlich lichtaktiven Rhythmik – zumindest zur Aufzuchtszeit. Ein vergleichbarer Effekt trifft die im Bergwald überwinternden Eulen, wenn sie bei hoher Schneelage auf Vogelbeute ausweichen müssen und diese – entsprechend ihrer Tagesaktivität – am ehesten bei Tageslicht erjagen können.

Beutewahl

Die Eulen Europas umspannen extrem verschiedene Größenklassen, vom rund 70 g leichten Sperlingskauz bis zum 2,5 oder gar 4 kg schweren Uhu (Gewichtsverhältnis im Mittel 1 : 40; [398, 688]). Dazwischen liegen 2 mittelgroße Artengruppen mit rund 300–500 g bzw. rund 1000 g Körpermasse. Diese Größenunterschiede erlauben die Nutzung unterschiedlicher Biotoptypen oder -strukturen; sehr viel schwächer wirken sie sich – überraschenderweise – auf die Beutewahl aus. So gilt z. B. die Zwergohreule als typischer Jäger von Großinsekten (Nachtschmetterlingen, Heuschrecken, Grillen etc.), doch bei ungünstiger Witterung kann sie auf Siebenschläfer, Mäuse und Singvögel ausweichen, wie das eher der Beuteliste des Steinkauzes entspricht [626, 1048]. Raufußkäuze erbeuten in Finnland Nagetiere und Vögel mit einem Durchschnittsgewicht von 20 g; sie sind aber durchaus in der Lage, auch Junghasen oder Eichhörnchen zu schlagen [525]. Vergleichbar bevorzugen Steinkäuze in Holland Beute mit 10–30 g Gewicht; im Einzelfall können sie aber auch Ratten bis 180 g, sogar Kaninchen bis 200 g erbeuten [740]. Wald-, Habichts- und Bartkauz präferieren Beute von Mäusegröße (Durchschnittsgewicht 30–50 g); sie sind aber durchaus in der Lage, große (bis 500 g) oder auch sehr große (bis 1000 g) Alternativbeute zu schlagen (wie Tauben, Eichelhäher, Krähen, Junghase, Kaninchen, Birk- und Auerhuhn etc.), wie das eher der Beutewahl eines Uhus entspricht [931, 1015]. Uhus und Schnee-Eulen sind auch eher „bequeme" Jäger, die kleine bis mittelgroße Beute bevorzugen (bis 300–500 g), doch scheuen sie sich nicht, Schneehasen, Schneegänse, Jungfüchse, Waschbären bis 4 kg Gewicht zu schlagen. Bei unzureichender oder schlecht erreichbarer Nagetierbeute kann die Erbeutung von Fledermäusen, Amphibien, Eidechsen, Fischen, Krebsen und Käfern – sogar Regenwürmern – ein weiterer Ausweg sein. Im Extremfall nehmen Eulen auch Aas auf,

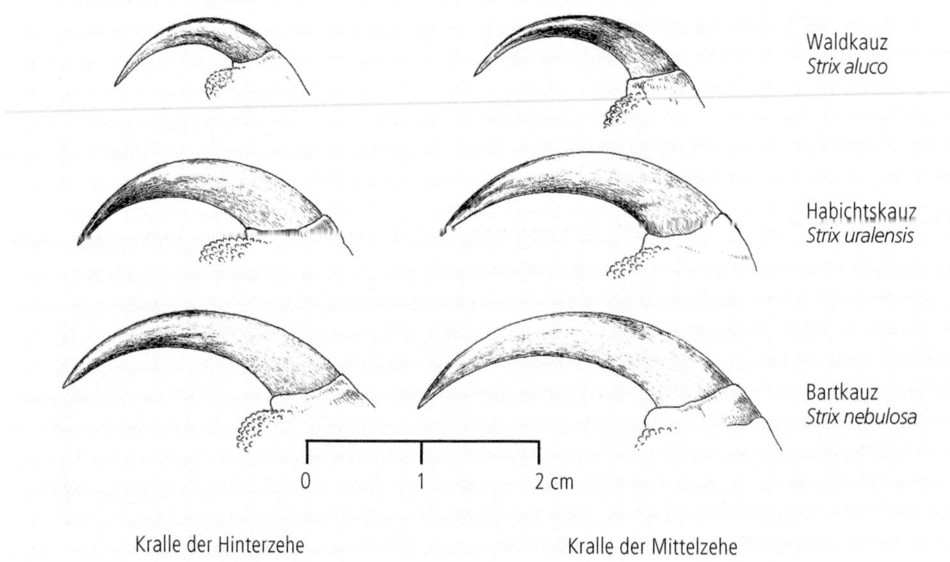

Vergleich der Krallenlänge bei den 3 europäischen Arten der Gattung *Strix*, als Beispiel zwischenartlicher Nischendifferenzierung (nach Höglund & Lansgren 1968).

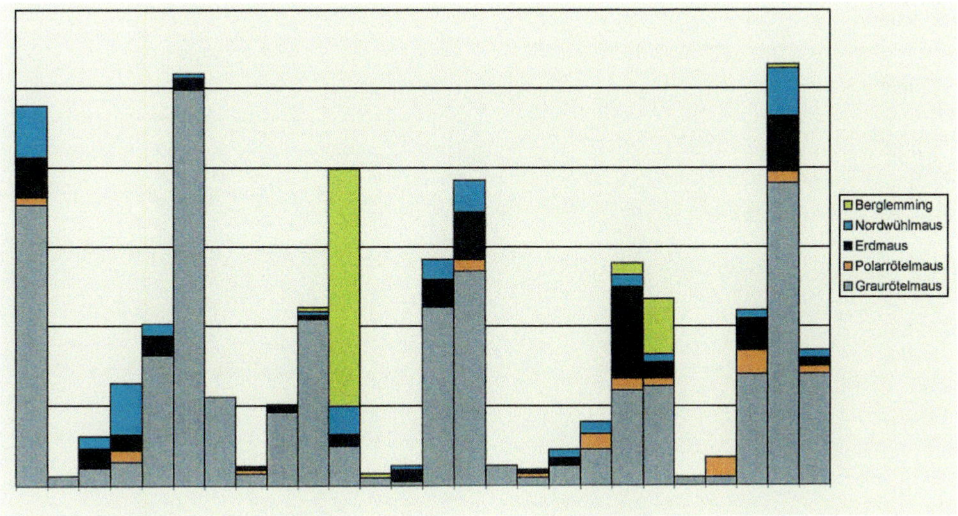

Populationszyklen von Kleinsäugern in Nordfinnland. Aus dem schubartigen Wechsel von Massenvermehrung und Bestandszusammenbruch erwachsen den Mäusejägern Probleme bei der „Familienplanung" (nach REMMERT 1992).

was schon des Öfteren zu Fehlinterpretationen zur jagdlichen Potenz der Eulen geführt hat, wenn etwa Reste von Füchsen und Stachelschweinen im Gewölle von Waldohreulen oder Knochen vom Reh im Uhuhorst gefunden werden [12].

Vorteil von Kleinheit

Die Vorteile körperlicher Kleinheit liegen auf der Hand: Im Beispiel des Sperlingskauzes erlaubt sie dem agilen und wendigen Beutegreifer nicht nur die Jagd in engständigem Baumbestand (z. B. auf Mäuse), sondern auch im relativ dichten Kronendach (z. B. auf Singvögel). Dieser draufgängerische Eulenzwerg schlägt unter Umständen Beutetiere bis zum eigenen Körpergewicht (Ringamsel, Buntspecht). Darüber hinaus ist das Angebot an kleinen Spechthöhlen im Bergwald sehr viel breiter als an großen Fäulnishöhlen. Ausschlaggebend für die ökologische Nische dieser Kleineule dürfte aber der geringere Beuteverbrauch sein, da bei hochwinterlichen Bedingungen im Gebirgs- bzw. Borealwald nur noch wenige Meisen und Goldhähnchen zur Verfügung stehen. Die Kleinheit hat aber auch ihren Preis, nämlich das hohe Feindrisiko durch andere Eulenarten! Dem versucht der Sperlingskauz durch Aktivitätsverlagerung in die Dämmerungs- und Hellphase sowie den Rückzug in beutearme – und damit konkurrenzarme – Waldgebiete auszuweichen [353].

Diese Strategie ist durch den Nachteil geringer Körpermasse begrenzt, die keine ausreichende Energie bzw. Körperwärme speichern kann, um den Extrembedingungen in den langen Nächten des hochnordischen Winters zu trotzen. Hier sind kompaktere Arten mit der Fähigkeit zum Beutefang bei völliger Dunkelheit bzw. einer extremen Spezialisierung ihres Gehörs, das selbst leiseste Beutegeräusche unter der Schneedecke zu erfassen vermag, in klarem Vorteil. Raufußkauz und Bartkauz z. B. zeigen die erforderliche Kombination von pelzig-dichtem Gefieder, Ohrenasymmetrie, großem Schleier und kompakt-gedrungenem Körperbau, die sie in die Lage versetzt, in derart unwirtlichen Lebensräumen zu überwintern [746]!

Die Kraft der Großen

Auch für sehr große Eulen gibt es klare Vorteile, ihnen steht ein wesentlich breiteres Beutespektrum zur Verfügung. Der Uhu beispielsweise kann vom Mistkäfer bis zum Grasfrosch, vom Igel bis zum Birkhahn alles überwältigen. Die Beutelisten dieser größten Eulenart zeigen aber, dass es auch für diesen potenten Jäger deutlich präferierte Beutegrößen gibt, bei denen Jagdaufwand und Verletzungsgefahr, Transportprobleme und Nährwert in profitablem Verhältnis stehen: Das trifft z. B. für Wanderratte, Igel, Rebhuhn und Kaninchen bzw. Junghase zu. Dabei ist auffällig, dass Uhus sich auf eine einzige Beutetierart konzentrieren (meist fälschlich als „Spezialisierung" interpretiert), wenn diese leicht und in großer Menge erreichbar ist (z. B. Wanderratten an Mülldeponie). Schleiereulen erbeuten z. B. gehäuft die Männchen der Erdmaus, wenn diese durch ihr aggressives Revierverhalten besonders auffällig sind [1076]). Bunte Beutelisten – von Krähen bis Bussarden, Mäusen und Fischen usw. – spiegeln jedenfalls schwierige Jagdverhältnisse wider, bei denen dem Uhu zahlreiche Arten in jeweils geringer Dichte zur Verfügung stehen [298]. Außerdem sind Uhus – wie fast alle großen Beutegreifer – eher bequeme Opportunisten und jagen lieber auf leichte Beute wie ungeschickte Jungtiere, verletzte Vögel, auch angeschossenes Wild, wie sich aus der hohen Anzahl von Knochenfrakturen aus Gewöllmaterial ablesen lässt [244].

Mäuse für das Mittelmaß

Bei den mittelgroßen Eulen gibt es überraschend breite Übereinstimmung hinsichtlich der Beutepräferenz, da vom Raufußkauz (rund 150 g) bis zum Bartkauz (rund 1000 g) Wühlmäuse den entscheidenden Anteil stellen. Diese zwischenartliche Konkurrenz um die Nagerbeute zeigt sich ganz besonders in Fennoskandien, wo der Wühlmausanteil an der Gesamtbeute aller Eulenarten 85 % ausmacht [688]. (Wegen der wachsenden Bedeutung von Insekten und anderen Wirbellosen liegt der Wühlmausanteil in Südeuropa knapp unter 50 %.) Aus Langzeitbeobachtungen zur Beutewahl geht hervor, dass diese Eulen in guten Mäusejahren auf eine Nischenaufteilung verzichten und die Konkurrenz aufgrund überlappender Beutewahl in Kauf nehmen. Bei hohem Angebot frisst eben alles Wühlmäuse!

Die Nagetierpopulationen machen aber zum Teil extreme Dichteschwankungen durch, besonders ausgeprägt sind die „Mäusezyklen“ in Nordeuropa, wie dies am Beispiel der Massenvermehrung der Graurötelmaus *(Clethrionomys rufocanus)* rund alle 5–7 Jahre oder der Lemminge etwa alle 4–5 Jahre beobachtet werden und zu spektakulären Ansammlungen von Eulen, Greifvögeln, Raubmöwen, Eisfüchsen usw. führen kann (vgl. [854]). Auch wenn solche Fluktuationen in Mitteleuropa weniger regelmäßig auftreten, da sie in erster Linie im Zusammenhang mit der unregelmäßigen Samenproduktion der Waldbäume stehen, wurden ihre Effekte für den Bruterfolg von Waldohreule und Waldkauz besonders anschaulich ausgewertet [427, 1155]. Aufgrund einer höheren Baumartenvielfalt bzw. eines breiter gestreuten Nahrungsangebots sind die jährlichen Bestandsschwankungen in mitteleuropäischen Landschaften weniger auffällig, ausgenommen seltene Extremjahre, in denen mehrere Baumarten gleichzeitig eine Vollmast produzieren.

Hungerjahre

Im Zusammenspiel von Übernutzung der Nahrungsbasis, Dichtestress bei hohen Beständen, Verschiebung der genetischen Verhaltensprogramme oder auch ungewöhnlichen Klimaereignissen brechen solche Massenvermehrungen ziemlich abrupt wieder zusammen. Das bringt die eben erst auf ein Maximalniveau aufgestockten Eulenbestände in arge Bedrängnis, denn plötzlich konkurrieren alle „Mäusefresser“ untereinander um die verbliebenen Beutetiere! In solchen Mangeljahren entscheidet das Geschick, Alternativbeute aufzuspüren, über den Fortbestand der Beutegreifer. Die mittelgroßen Eulen teilen sich jetzt in 2 Gruppen, je nachdem ob sie auf kleinere oder größere Beute ausweichen können: Zeigen z. B. die Geschwisterarten Wald- und Habichtskauz bei guter Beuteversorgung eine nahezu vollständige Überlappung ihrer Beutewahl, so greift der kleinere Waldkauz in Mangeljahren auf Singvögel, vor allem aber Wirbellose (Käfer, Regenwürmer) zurück, der größere Habichtskauz kann auch Häher, Spechte und andere Beute bis Haselhuhngröße schlagen. Zwischenartliche Beutekonkurrenz kann sogar zu Attacken bis hin zur Tötung andersartiger Eulen führen (vgl. [686])! Paradoxerweise unterliegen gerade jene Jungvögel, die in Mäusemassenjahren großgezogen wurden, einer erhöhten Sterblichkeit nach Selbstständigwerden, da ihnen bei Zusammenbruch des Mäuseangebots die Kenntnis von Ausweichbeute fehlt [525].

Dieser einschneidende Selektionsdruck trifft vor allem Eulenarten mit ganzjährig besetzten Revieren. Arten mit Brutzeitrevieren und/oder Saisonehen versuchen, dem Zusammenbruch des Beuteangebots entsprechend auszuweichen. In Extremsituationen kommt es zur Massenabwanderung aus den nördlichen Brutgebieten bzw. – aus umgekehrtem Blickwinkel – zu

Invasionen (Irruptionen) in Mitteleuropa, bei denen mitunter auch Eulen aus Taiga und Tundra bei uns auftauchen (z. B. Sperbereule und Schnee-Eule [556]).

Paarungssysteme und Fortpflanzungsstrategien

In jedem Fall formte die Unvorhersagbarkeit des jährlichen Beuteangebots – hinsichtlich Artenausstattung, Biomasse, Erreichbarkeit sowie räumlicher und zeitlicher Verteilung – innerhalb der Eulenfamilie unterschiedlichste Lebens- und Fortpflanzungsstrategien, die Ökologie und Verhalten der Eulen artspezifisch prägen: Generalisierend lassen sich die Lebensform-Typen in „Grundbesitzer" und „Landstreicher" trennen. Für waldbewohnende und für sehr große Eulenarten lohnt es sich z. B., ganzjährig im selben Gebiet zu wohnen. Sie erwerben eine sehr detaillierte Ortskenntnis von ihren Jagdgebieten, die es ihnen erlaubt, auch bei Schlechtwetter und in Mangeljahren ausreichend Beute zu machen, letztlich ihren Jungen ein „Suchbild" für günstige Jagdplätze zu vermitteln – und sich gleichzeitig einen günstigen Brutplatz zu reservieren. Letzter Gesichtspunkt ist speziell für Höhlenbrüter mit relativ hohen Ansprüchen an den Brutplatz relevant, vor allem in klimatisch rauer Lage [611].

Ortsfeste Arten müssen durchhalten

Solche „Grundbesitzer" leben in der Regel in mehr oder minder monogamen Paaren, meist in Dauerehe; sie zeichnen sich im Allgemeinen durch hohe inner- und zwischenartliche Aggression aus, die auch die eigenen Jungen zwingt, nach Familienauflösung das elterliche Revier zu verlassen (vgl. „Herbstbalz"). Zu dieser Gilde zählen Arten wie Sperlings- und Steinkauz, Wald- und Habichtskauz sowie Uhu, die aufgrund arttypischer Unterschiede hinsichtlich der Lebenserwartung und der Körpergröße bzw. des Beutebedarfs auf die Fluktuationen der Hauptbeutetiere wiederum ganz verschieden reagieren: Da die kleinen Arten im Durchschnitt nur 4–6 (maximal 12–15) Jahre alt werden, sind sie zu früher Fortpflanzungsreife (ab dem 1. Lebensjahr) und möglichst jährlicher Brut gezwungen. Mäusemangel wirkt sich auf die Gelegegröße und Aufzuchtrate negativ aus, auch wenn er teilweise durch Vogel-

Tabelle 9. Lebensstrategien europäischer Eulen.
Stark vereinfachend lassen sich die europäischen Eulenarten 2 kontrastierenden Strategietypen zuordnen, die sich jeweils hinsichtlich Revier- und Partnertreue, inner- und zwischenartlicher Aggression und Flexibilität in Fortpflanzung und Beutewahl deutlich unterscheiden.

STRATEGIETYP 1	Habichtskauz	Waldkauz	Sperlingskauz	Steinkauz	Uhu	Raufußkauz	Schleiereule	Bartkauz	Zwergohreule	Schnee-Eule	Waldohreule	Sumpfohreule	Sperbereule	STRATEGIETYP 2
Standvogel	blau	blau	blau	blau	blau	grün	gelb	gelb		gelb	gelb		gelb	Strichvogel
Ortstreue	blau	blau	blau	blau	blau	grün	gelb	gelb	gelb			gelb	gelb	Invasions-, Zugvogel
monogam	blau	blau	blau	blau	blau	grün	grün	blau	gelb	gelb		blau	gelb	polygam
Partnertreue	blau	blau	blau	blau	blau	gelb	gelb	gelb	gelb	gelb	gelb	gelb	gelb	Saisonehe
Jagdrevier verteidigt	blau	blau	blau	blau										
innerartlich-aggressiv	blau	blau	blau	blau							gelb	gelb		Rastgemeinschaft
Brutreife spät	blau	gelb	gelb	gelb	blau	gelb	gelb	blau	gelb	blau	gelb	gelb	gelb	Brutreife früh
Gelege klein	blau	blau	blau	blau	blau	grün	gelb	blau	blau	grün	gelb	gelb	gelb	Gelege groß
Beute-Generalist	blau	blau	blau	blau	blau	gelb	gelb	gelb	gelb	gelb	gelb	gelb	gelb	Beute-Spezialist

(Blaue Felder = Typ 1, gelbe Felder = Typ 2, grüne Felder = wechselweise Typ 1 oder 2; weiße Felder = weder Typ 1 noch 2 klar zuzuordnen; nach Mikkola 1983)

Zeitliche Staffelung der Brutzeiten einiger europäischer Eulen: Am frühesten beginnt der Waldkauz im Jahreslauf, am spätesten die Schleiereule (nach WIJNANDTS 1984).

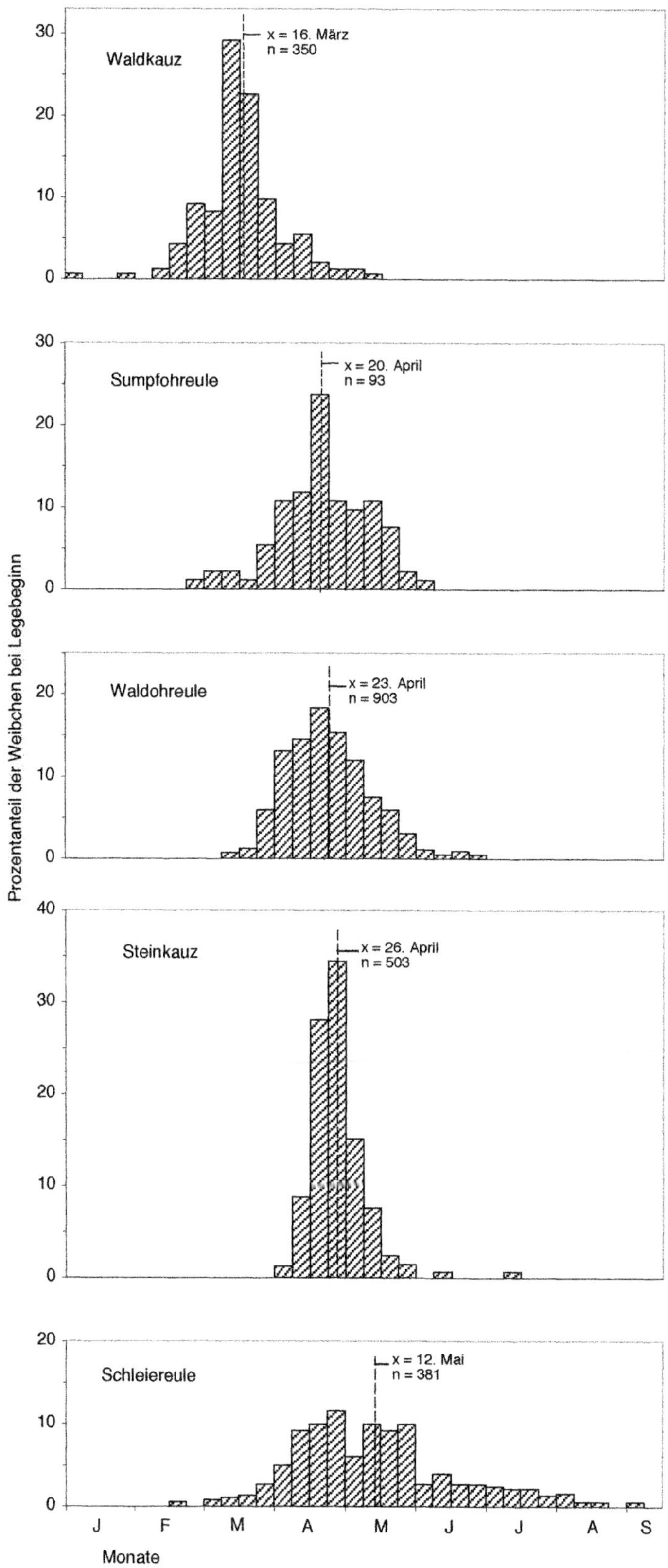

fang, Regenwürmer und Insekten kompensiert werden kann. Auf jeden Fall schlägt sich Mäusereichtum in maximalen Ei- und Jungenzahlen nieder. Große Arten leben mit 22, zum Teil sogar 30–40 Jahren erheblich länger. Wenn sie – bei guter Versorgung – auch bereits mit Vollendung des 1. Lebensjahres brüten können, schreiten sie meist erst mit 2–4 Jahren zur Fortpflanzung. Für den Habichtskauz ist eine enge Abhängigkeit seiner Brutaktivität von der Mäusegradation belegt, auch etablierte und bruterfahrene Paare setzen in Mangeljahren mit der Brut völlig aus, ziehen dafür in „guten" Jahren umso mehr Junge groß [455]. Beim Uhu spiegelt sich das Beuteangebot in der Gelegegröße wider, in „schlechten" Jahren legt er nur 1 Ei oder verzichtet ganz auf die Brut – doch kann sich diese Eule vom Mäuseangebot weitgehend unabhängig machen.

Geschlechtsspezifische Wege

Eine „Zwitterstrategie" hat der Raufußkauz entwickelt: Während das kleinere Männchen sein Revier um eine Bruthöhle begründet – und dort auch ganzjährig verbleibt –, streifen die Weibchen oft weit umher auf der Suche nach hohen Mäusedichten – und geeigneten Männchen. Somit bleiben in Mangeljahren die Männchen – als Standvögel – in ihren Revieren allein. Gleichzeitig wird gewährleistet, dass die Weibchen das jeweils bestmögliche Beuteangebot für die Reproduktion nutzen können, da ja verfügbare Bruthöhlen in allen potenziellen Brutbiotopen bebalzt werden. Dieser geschlechtsspezifische Unterschied hinsichtlich Ortsbindung und Paarungsstrategie ist in mitteleuropäischen Brutgebieten nicht immer erkennbar, zeigt aber eine zunehmende Ausprägung gegen die nördliche Nadelwaldregion. Die Partner leben in der Regel in monogamer Saisonehe; bei außergewöhnlich günstigem Beuteangebot kann jedoch das Weibchen ein 2. Gelege zeitigen, dabei – innerhalb einer Brutsaison – sowohl den Partner als auch das Areal wechseln (serielle Polygamie)! Eine alternative Möglichkeit sind polygame Verbindungen, bei denen ein Männchen bis zu 3 brütende Weibchen gleichzeitig versorgt (simultane Polygamie [528, 1008]). Im Allgemeinen bleibt der Bruterfolg von Zweitweibchen und Zweitbruten aber deutlich hinter dem von Erstbruten mit Unterstützung beider Eltern zurück [535].

Fütterung kleiner Waldkauz-Nestlinge im Nistkasten. Bei unzureichender Beuteversorgung kann das Weibchen verhungerte Junge an die größeren Geschwister verfüttern (Foto Hopf).

Sumpfohreulen-Familie am Nest. Die Ei- bzw. Jungenzahl wird bestmöglich an die aktuellen Beuteverhältnisse angepasst (Foto HAUTALA).

Altersspanne innerhalb einer Sperbereulen-Brut. In Wühlmaus-Massenjahren setzen Sperbereulen – als sogenannte r-Strategen – alles auf eine Karte und produzieren so viele Junge wie möglich (Foto SCHERZINGER).

Nomaden auf Suche

Zur Gilde der nomadisierenden „Landstreicher" zählen sowohl Offenland- als auch Waldbewohner, soweit sie keine besonderen Ansprüche an ihren Nistplatz stellen. Die Strich- und Wanderbewegungen, die z. B. Wald- und Sumpfohreulen in mäusereiche Brutgebiete führen, können mehrere 100-km-Distanzen betragen. Besonders ausgeprägt sind sie bei der Schnee-Eule, die potenzielle Brutbiotope oft für Jahre verwaisen lässt, solange anderswo günstigere Bedingungen herrschen. Einen ähnlichen Ortsopportunismus zeigen Bartkauz und Sperbereule, die praktisch den gesamten Nadelwaldgürtel der nördlichen Paläarktis abstreifen können! Die Arten dieser Gilde zeichnen sich durch besondere Variabilität ihrer Gelegegröße aus: Sobald sie ein potenzielles Brutareal mit

Mäusegradation entdeckt haben, produzieren sie maximale Eizahlen, oft noch eine Folgebrut innerhalb weniger Monate (z. B. 10–14 Eier pro Gelege bei Bodenbrütern wie Sumpfohreule oder Schnee-Eule bzw. 9–13 Eier bei Horst- und Höhlenbrütern wie Bartkauz und Sperbereule!).

Vorausschauende Planung

Für alle Mäuse-abhängigen Eulenarten ist eine „Prognose" über das voraussichtliche Beuteangebot für die Zeit der Jungenaufzucht wichtig. Schließlich ist die Brutphänologie der Eulen – mit ihrem oft frühen Brutbeginn bei noch nahezu winterlichen Verhältnissen – auf die Vermehrungsphänologie der Mäuse so weit abgestimmt, dass das höchste Beuteangebot im Spätsommer bestmöglich mit dem Zeitpunkt erster Beutefangversuche und allmählichen Selbstständigwerdens der Jungen zusammenfällt. Die Weibchen einiger Arten schließen – indikatorisch – z. B. aus Anzahl und Dichte der Beuteübergaben durch das Männchen während der Balzzeit auf Dichte und Verfügbarkeit der Beute in der bevorstehenden Brutsaison (z. B. Raufußkauz, Schleiereule [187]). Bei mangelhafter Versorgung wechseln sie Partner bzw. Revier oder verzichten ganz auf eine Brut. Da speziell in rauen Gebirgslagen die Winterpopulation der Kleinsäuger massiv reduziert wird und sich der Mäusebestand nicht vor Juni, zum Teil erst im August wieder aufbaut, kann der Legetermin der Eulen in eine Zeit ungünstiger Beuteversorgung fallen. Habichtskäuze legen vorsorglich schon im Herbst Energiereserven an, wenn das Kleinsäugerangebot maximal ist, und können nach ihrer Frühjahrskondition über Brutbeginn und Gelegegröße entscheiden [112]. Anderen Eulenarten bleibt eine „Absicherung" durch die Produktion von verhältnismäßig großen Gelegen, sodass die Entscheidung über die Jungenzahl, die jeweils ernährt werden kann, in die Aufzuchtszeit verschoben wird. Überzählige Junge sterben bzw. werden von den Geschwistern verzehrt (z. B. Wald- und Raufußkauz [1117, 1120]).

Um das Mäuseangebot trotz hoher Dichteschwankungen bestmöglich zu nutzen, manipulieren Raufußkäuze das Geschlechterverhältnis ihrer Jungen: Männliche Nachkommen, die bei Beutemangel eher sterben, werden daher vor allem in „guten Jahren" produziert, wo ihre Nahrungsversorgung sicher ist. In Mangeljahren dominieren Töchter unter den Nestlingen, die zum einen gegenüber Schwankungen in der Nahrungsversorgung toleranter sind und zum anderen für die Reproduktion in den nachfolgenden „Mäusejahren" wichtiger sein können [363]. Es ist bemerkenswert, dass Habichtskäuze genau umgekehrt „kalkulieren" und in Mangel-

PAARUNGSSYSTEME EUROPÄISCHER EULEN

MONOGAM	BI-GYN	BI-ANDRISCH
Steinkauz	?	
Sperlingskauz	?	
Uhu	?	
Bartkauz	(Bartkauz)	
Sumpfohreule	(Sumpfohreule)	
Habichtskauz	(Habichtskauz)	(Habichtskauz)
Sperbereule	Sperbereule	
Waldkauz	Waldkauz	
Zwergohreule	Zwergohreule	(Zwergohreule)
Schnee-Eule	Schnee-Eule	(Schnee-Eule)
Schleiereule	Schleiereule	(Schleiereule)
Waldohreule	Waldohreule	Waldohreule
Raufußkauz	Raufußkauz	Raufußkauz

= überwiegend
= mitunter
= vereinzelt
= möglich, aber sehr selten

Tabelle 10. **Paarungssysteme europäischer Eulen.** Zur optimalen Ausnutzung eines von Jahr zu Jahr schwankenden Beuteangebots für die Jungenaufzucht können manche Eulen auch ungewöhnliche Formen der Paarbindung wählen, wenn z. B. ein Männchen mehrere Weibchen versorgt (Polygynie) oder – umgekehrt – ein Weibchen mehrere Männchen zur Versorgung benötigt (Polyandrie). Der Großteil der Eulen wählt die Einehe, die nur selten lebenslang (Dauerehe), häufiger nur für eine Brutsaison hält (Saisonehe).

Tabelle 11. Als Antwort auf die extremen Schwankungen des Beuteangebots im Zuge 3- bis 4-jähriger „Mäusezyklen" haben Raufußkäuze z. B. sehr komplexe Fortpflanzungsstrategien entwickelt (vereinfachtes Schema nach Daten aus Korpimäki & Hakkarainen 2012).

SAISON	BEUTEANGEBOT UND -ERREICHBARKEIT	MANGELJAHR	ANSTIEGSJAHR	MASSENJAHR	ZUSAMMENBRUCH
Winter	Subadulte Mortalität	mehrfach	vereinzelt	sehr hoch	
Herbst	Weibchen Abwanderung	vereinzelt		überwiegend	
	Subadulte Abwanderung			überwiegend	
Sommer	mit 2. Partner in entfernter Population			vereinzelt	
	mit 2. Partner im Gebiet		vereinzelt	mehrfach	
	Weibchen Zweitbrut mit 1. Partner		möglich	überwiegend	
	Männchen polygyn			vereinzelt	
Frühsommer	Nestlingsanzahl	Reduktion			
	Nestlingstöchter	überwiegend	50 %		
	Konditionstyp Söhne	leicht langflügelig		schwer kurzflügelig	
	Nestlingssöhne		50 %	überwiegend	
Frühjahr	Gelegegröße (max.)	gering (3–4)	mittel (5–6)	groß (7–8)	
	Legebeginn	sehr spät	spät	sehr früh	
	Weibchen Altersklasse	2. Jahr u. älter	2. Lebensjahr	1. Lebensjahr	
Spätwinter	Brutstimmung Weibchen	vereinzelt	mehrfach	überwiegend	
	Beutedepot in Höhle	vereinzelt	mehrfach	überwiegend	
	Balz Männchen	vereinzelt	mehrfach	überwiegend	
	Jährlinge Rekrutierung		möglich	mehrfach	
	Brutvogel Mortalität	mehrfach	vereinzelt		hoch

jahren eher Söhne aufziehen, die weniger Nahrungsbedarf haben als Töchter [108].

Da Feldmäuse in der Agrarlandschaft extreme Bestandsdichten erreichen können, verfügt die Schleiereule über ein sehr variables Paarungssystem – zur jeweils bestmöglichen Ausnutzung der Situation: Normalerweise monogam, können sich in Mäusejahren die Männchen mit 2 Weibchen zusammentun (Polygynie), oder Weibchen verpaaren sich für aufeinanderfolgende Bruten mit jeweils neuen Männchen (serielle Polyandrie), um eine größtmögliche Jungenzahl aufzuziehen. Eine solche Struktur ermöglicht bis zu 2, in Extremfällen sogar 3 zeitlich ineinander-„geschachtelte" Bruten – trotz der langen Nestlingszeit bzw. einer wenigstens 3-monatigen Versorgungszeit der Jungen bis zum Selbstständigwerden [482, 809, 1074]!

Auf der Suche nach „idealen" Vorbildern in der Natur wurde im Schrifttum regelmäßig auf die monogame Dauerehe der Eulen verwiesen, wie sie traditionell auch für die menschliche Gesellschaft wünschenswert – und „natürlich" – erschien. Die moderne Soziobiologie lehrt uns aber, dass die jeweiligen ökonomischen Verhältnisse entscheiden, welches Paarungssystem die jeweils beste Fortpflanzungsrate ermöglicht. Polygamie ist daher nicht als „Ausrutscher" ansonsten monogamer Vögel zu sehen, sondern als Reaktion auf besondere Bedingungen hinsichtlich der Beuteversorgung. Bei den europäischen Eulen sind jedenfalls alle Varianten möglich, am unwahrscheinlichsten ist Polygamie bei den standortfesten „Grundbesitzern", am häufigsten bei den „Landstreichern" und eben bei der Schleiereule, die eine Zwischenposition einnimmt [482].

Lebenserwartung

Neben Legebeginn, Gelegegröße, Eiqualität und Anzahl jährlicher Bruten sind natürlich auch die Entwicklungschancen und Überlebensraten junger Eulen in hohem Maße von der Habitatqualität, dem Beuteangebot, der Witterung, dem Konkurrenz- und Feinddruck sowie der räumlichen Position in der Populationsstruktur abhängig. Derart komplexe Zusammenhänge sind am ehesten über Langzeitbeobachtung an zahlreichen Brutpaaren zu entschlüsseln. Im Beispiel finnischer Raufußkäuze unterliegen bereits die Nestlinge einer harten Selektion, wenn die Zahl der Jungen an ein unzureichendes Beuteangebot angepasst werden muss. Je später die Brut, desto wahrscheinlicher werden solche Ausfälle. Mangelernährung produziert leichtere Männchen mit längeren Schwanzfedern, die mit einem geringen Beuteangebot besser zurechtkommen. Männliche Nachkommen aus „guten Jahren" werden kräftiger und kompakter, mit kurzen Schwanzfedern. Sie können am ehesten im Folgejahr ein eigenes Revier – als „Rekruten" – besetzen.

Um die „Mäusejahre" bestmöglich auszunutzen, verpaaren sich Raufußkauz-Männchen auch mit einem Zweitweibchen. Polygyne Männchen können damit deutlich mehr Nachkommen haben (extrem = 26 Junge als Lebensleistung eines Männchens). Da die Männchen die Jungen der Erstbrut versorgen müssen, können sie sich aber um die Jungen aus der Zweitbrut nicht weiter kümmern. Diese sind in ihrer Entwicklung deutlich benachteiligt. Die Zweitweibchen können nämlich ihrer Doppelbelastung mit Hudern und Beuteversorgung der Nestlinge nur bei reichlicher Nahrungsverfügbarkeit nachkommen.

Besser kommen Weibchen weg, die eine Zweitbrut mit einem 2. Männchen beginnen (serielle Polyandrie). Ein entsprechendes Beuteangebot vorausgesetzt, überlassen die Weibchen die 1. Brut dem 1. Männchen, sobald die Nestlinge etwa 20 Tage alt sind, und suchen sich ein neues Brutgebiet. Dabei legen sie Entfernungen von durchschnittlich 4,5 km zurück (extrem = 196 km). Diese Strategie lohnt sich für Weibchen, da sie eine Anhebung der Jungenzahlen pro Brutsaison um 70 % ermöglicht.

Scheinbar paradox, haben gerade die bestgenährten Jungen aus den Mäuse-Massenjahren relativ schlechte Überlebenschancen, da die Beutetierpopulation meist in den ersten Wintermonaten wieder zusammenbricht. Aufgrund des abrupten Beutemangels steigt die Mortalität bei jungen Raufußkäuzen auf bis zu 80 %, soweit sie nicht rechtzeitig abwandern. Am höchsten ist die Überlebensrate der Jungkäuze in den „Anstiegsjahren" des Mäusezyklus, da sich das Beuteangebot mit dem Älter- und Selbstständigwerden der Eulen, bis über ihren ersten Winter hinaus, verbessert [525].

Durchaus vergleichbare Ergebnisse brachte eine Langzeitstudie zur Überlebensrate finnischer Habichtskäuze, die in „Mäusejahren" besonders viele Junge aufziehen, welche aber im folgenden Winter einer Mortalität von bis zu 80 % unterliegen, sobald die Nagerpopulation zusammenbricht [912]. Solche Pessimalbedingungen fordern selbst bei den Altvögeln Verluste von rund 30 % [916].

Unerfahrene Jungeulen aller Arten erleiden nach Familienauflösung, Dispersion in unbekannte Gebiete und bei strengen Winterbedingungen meist hohe Verluste. Im Fall dänischer Waldkäuze starben im Mittel 36 % der Ästlinge noch vor dem Selbstständigwerden. In Finnland erreichte die Sterblichkeit einjähriger Waldkäuze 60 % [681]. In einem Schleiereulenbestand in Norddeutschland gingen innerhalb der ersten

EULENART	FREILAND	GEHEGE
Sperlingskauz	6 (8) J	11 J
Zwergohreule	8 J + 11 M	24 J + 5 M
Steinkauz	15 J + 7 M	18 J
Raufußkauz	15 J + 9 M	8 J
Sperbereule	16 J + 2 M	?
Bartkauz	> 17 J	29 J
Schnee-Eule	> 20 J	43 J + 8 M
Sumpfohreule	21 J + 8 M	20 J + 10 M
Waldkauz	22 J + 5 M	28 J
Habichtskauz	23 J + 10 M	30 (43?) J
Waldohreule	27 J + 9 M	27 J
Schleiereule	29 J + 2 M	34 J
Uhu	33 J	40 (53) J

Tabelle 12. Höchstalter europäischer Eulen (nach Beringungsdaten aus Freiland und Gehegehaltung (nach Mikkola 2001, 2012, Euring 2017 u. a., Grummt & Strehlow 2014).

STRATEGIEN DER EULEN BEI REGIONALEM MÄUSEMANGEL

- **Warten auf künftige Mäusegradation**
  z. B. Habichtskauz, Schleiereule
- **Ausweichen auf Alternativbeute**
  (z. B. Regenwürmer, Frösche, Igel, Vögel)
  z. B. Uhu, Waldkauz, Sperlingskauz
- **großräumige Suche**
  nach anderen, beutereichen Jagdgebieten
  z. B. Schnee-Eule, Sumpfohreule, Sperbereule, Bartkauz, Raufußkauz (Weibchen)

Die Eulenarten begegnen der kurzfristig und in großem Umfang wechselnden Bestandsdichte der Wühl- und Waldmäuse mit unterschiedlichen Strategien, wobei in Mangeljahren nur wenige Arten abzuwarten oder auf Alternativbeute auszuweichen vermögen.

3 Lebensjahre fast 70 % der Nachkommen zugrunde [485]. Die Überlebenschancen steigen aber mit zunehmendem Alter schrittweise an und betragen z. B. bei adulten Raufußkäuzen 67–70 %; ähnlich bei schottischen Schleiereulen mit 71–77 % [1075], bei Waldkäuzen in Finnland mit 73 % [240]. Diese Entwicklung kehrt sich in sehr hohen Altersklassen allmählich wieder um.

Als Beutegreifer sind Eulen weitgehend resistent gegen Krankheiten, speziell wenn in guter körperlicher Verfassung. Am Brutplatz können sich aber diverse Ektoparasiten einnisten, wie Milben, Federlinge, Vogelflöhe und Hirschlausfliegen, von denen die blutsaugenden Arten kleine Nestlinge durchaus lebensgefährlich schwächen können. Offensichtlich zur Meidung solchen Befalls wechseln Raufußkäuze z. B. möglichst jährlich die Bruthöhle (auch bereits mehrfach benutzte Nistkästen [1023]). Parasiten und Infektionen können auch durch bestimmte Beutetiere übertragen werden, wie Trichomonaden („Gelber Knopf") und der Eulen-Herpesvirus *(Hepatosplenitis infectiosa strigum)*, z. B. über Haus- und Wildtauben. Solche Infektionen können zu Leberentzündung bzw. Nervenschädigung führen, beides mehrfach bestätigte Todesursachen z. B. beim Uhu [Burtscher 1965, Hänel 2012].

Völlig überraschend traf das aus dem tropischen Afrika stammende West-Nile-Virus auf unsere Eulenfauna, das über blutsaugende Stechmücken übertragen wird. Während die Siedlungsfolger unter den Eulen – wie z. B. die Schleiereule – genügend Zeit hatten, Antikörper gegen eingeschleppte Viren zu bilden, und somit weniger Verluste erlitten, sind die Arten der borealen Wälder (Bartkauz, Raufußkauz) und Tundren (Schnee-Eule) diesem Krankheitserreger bisher hilflos ausgeliefert, sodass dieses Virus ganz erhebliche Verluste unter den Eulen der nördlichen Hemisphäre verursachen konnte [1005].

Weitverbreitet, aber weniger auffällig ist ein Befall mit Blutparasiten, wie die Erreger der Vogelmalaria, die ebenfalls über Mückenstiche übertragen werden und Vögel als Zwischenwirt nutzen. Dazu zählt der Einzeller *Leucocytozoon*, der bei Raufußkauz, Waldkauz und Virginia-Uhu z. B. als Ursache für eine erhöhte Jungensterblichkeit bestätigt wurde, speziell wenn die Nestlinge aufgrund unzureichender Nahrungsversorgung bereits geschwächt waren [1072]. Am gründlichsten ist in dieser Hinsicht die finnische Raufußkauz-Population untersucht: Je nach Ernährungszustand sind 30–70 % (gute Mäusejahre) oder über 80 % der Brutvögel (Mangeljahre) durch Vogelmalaria infiziert [525]. Neben *Leucocytozoon* dringen auch *Haemoproteus* und *Plasmodium* in die roten Blutkörperchen ein (intrazellulärer Befall), wodurch die Eulen erheblich geschwächt werden können, speziell bei Mangelernährung. In Blutplasma und Lymphflüssigkeit kann sich auch *Trypanosoma* (Geißeltierchen oder Flagellaten; extrazellulärer Befall) breitmachen. Bei infizierten Weibchen verzögert sich z. B. der Legebeginn, und erkrankte Männchen investieren weniger in die Verteidigung ihrer Brut [537].

Wenn in der populären Literatur den Eulen auch oft ein „biblisches Alter" zugeschrieben wird, so liegt die maximale Lebenserwartung in dieser Vogelgruppe bei etwa 20–30 Jahren, wobei ungewöhnliche Höchstalter am ehesten von Vögeln in menschlicher Obhut erreicht werden: Nach einer Zusammenstellung von Mikkola [690] erreichen die Kleineulen maximal 6–10 Jahre (in Gefangenschaft 7–18), die mittelgroßen Arten 20–27 Jahre (27–34) und die großen Arten 23–27 Jahre (40); die Schleiereule steht mit 29 Jahren (34) außerhalb dieser Reihe.

Populationsvernetzung durch Dispersion und Migration

Während revierbesitzende Raufußkauz-Männchen soweit möglich ortstreu bleiben, neigen die Weibchen auf der Suche nach beutereichen Gebieten und günstigen Brutplätzen zum „Nomadentum". Sie dispergieren auch über erstaunlich große Distanzen (finnische

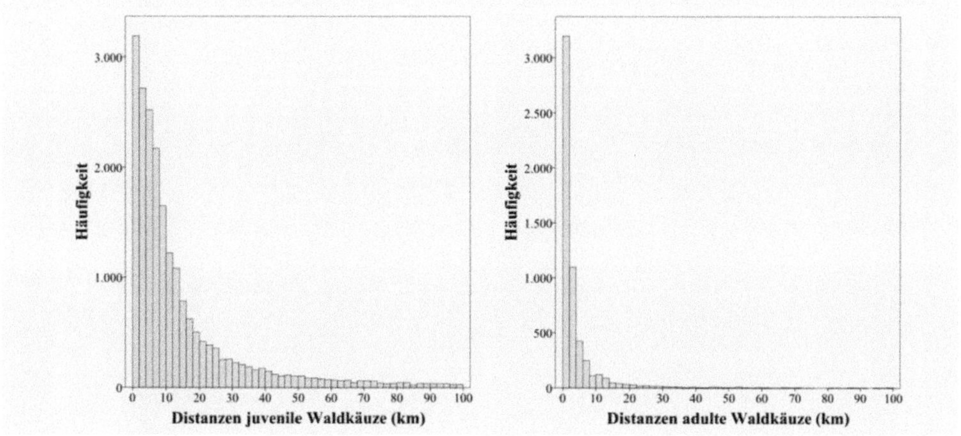

Waldkäuze gelten i. A. als ortstreue Standvögel. Entsprechend gering sind die Distanzen bei der Dispersion juveniler und dem Ortswechsel adulter Waldkäuze (aus STUDLER 2017, Schweiz).

Ringvögel im Mittel = 110 km): größte Distanzen bewältigen weibliche Jungvögel, speziell wenn sie nach Zusammenbruch des Beuteangebots zur Abwanderung gezwungen sind (extrem = 1099 km). Damit sichern die Weibchen den inner-eurasischen Populationsverbund [520].

Zur Vermeidung von Beutekonkurrenz und Inzucht wandern Jungeulen in aller Regel vom Geburtsort ab, sobald sie selbstständig sind. Das Ausmaß dieser „Jugend-Dispersion" ist zwar artspezifisch, doch entscheidet auch das umliegende Angebot an geeigneten Jagd- und Brutgebieten über die zurückgelegten Entfernungen. Die geringste Mobilität ist bei den im Allgemeinen sehr gebietstreuen Waldkäuzen zu erwarten. Jungvögel von der Schwäbischen Alb verstrichen tatsächlich nur 1–3 km weit, doch legten Einzelvögel auch Distanzen bis 45 km zurück [861]. Ähnliche Werte erbrachte die Beringung von Waldkäuzen in Schleswig-Holstein: mittlere Dispersion = 7,8 km (in Einzelfällen 35 km [339]). Etwas weiter verstrichen Schweizer Waldkäuze, deren Junge sich innerhalb eines Radius von 20 km Entfernung ansiedelten (70 % davon in 10 km). Allerdings können einzelne „Pioniere" 740–917 km zurücklegen, sodass auch abgelegene Waldgebiete besiedelt werden [1052]. Beim Steinkauz – als weitgehend gebietstreuer Art – sind ähnliche Werte zu erwarten: Während der herbstlichen Dispersion bleibt der Großteil der Jungen im Umkreis von 20 km, höchstens 10 % wandern 100 km weit ab. In einer 2. Wanderphase im folgenden Frühjahr können einzelne Vögel aber auch 400 und sogar 600 km schaffen, dabei nicht nur geschlossene Waldgebiete und Mittelgebirge querend, im Einzelfall sogar Meeresflächen [208, 296, 339]!

Einen eigenen Weg gehen die Schleiereulen, die bei guten Bedingungen gebietstreu wirken, in Mangeljahren aber über große Strecken abwandern können: In „Normaljahren" siedelten sich junge Schleiereulen in England in nur 5–50 km Distanz an (Mittelwert 10 km). In „Wanderjahren" können aber bis zu 50 % der Jungeulen über 100 km weit abziehen. Von den Jungen einer Population in Schleswig-Holstein blieben die meisten nach der herbstlichen Dispersion in einem Umkreis von 50–100 km Radius; im Zuge einer 2. Wanderphase im Hochwinter legten sie dann wenigstens 100 km zurück (Extremwerte 500–1000 km [483]). Von jungen Schleiereulen aus Niedersachsen legten 21,3 % – als Fernwanderer – mehr als 100 km zurück; einzelne Eulen wurden in 1000 und sogar 2000 km Entfernung wiedergefunden [479].

Wenn junge Uhus das elterliche Revier verlassen, streifen sie oft weit umher, queren selbst hohe Alpenpässe und wählen ein Winterquartier in Distanzen von rund 40 km (Thüringen [281]), 100 km (Schweiz [3]) oder über 1000 km (Spanien [773]). Überraschenderweise kehrten einige Schweizer Uhus – in einer 2. Wanderphase im kommenden Frühjahr – in die Nähe ihres Geburtsortes zurück [3].

Ganz anders das Bild bei den „nomadisierenden" Eulenarten, wie z. B. den Bartkäuzen, deren Junge bis zu 650 km weit abwandern [577, 729], bei der Sperbereule bis 3200 km [334] und bei der Sumpfohreule bis zu 4000 km [736].

Lebensraum-ansprüche

Trotz des auffällig übereinstimmenden Erscheinungsbildes ist es den Eulen – weltweit – nicht nur gelungen, nahezu alle Kontinente in unterschiedlichsten Klimazonen zu besiedeln, sondern auch, sehr diverse Lebensräume zu nutzen. Die Artenvielfalt kann sich dabei zum Teil sogar innerhalb jeweiliger Landschaftstypen noch auf unterschiedliche Strukturen, Ökotone oder Entwicklungsstadien der Vegetation verteilen. Voraussetzung ist eine breite Palette von Anpassungsmerkmalen innerhalb der Eulenfamilie, wie sie sich in der Artenaufspaltung am deutlichsten ausdrückt.

Waldkauz im Tagesversteck; ein sicherer Ruheplatz gehört zu den entscheidenden „Requisiten" im Eulenbiotop (Foto ZEININGER).

Die „Lebensform Eule" wurde in enger Abhängigkeit von den jeweiligen Erfordernissen des Lebensraumes – bzw. den Ansprüchen der Eule an den Lebensraum – abgewandelt. Diese Wechselwirkungen zwingen zur Abstimmung aller Anpassungsmerkmale – von der Leistung der Sinnesorgane bis zur Feindvermeidung. Die einzelnen systematischen Gruppen gingen jeweils sehr verschiedene Wege. Dabei kommt die Besetzung unterschiedlicher ökologischer Nischen sowohl durch Aufspaltung einer Gattung in mehrere Arten (z. B. Gattung *Strix*) als auch durch Zusammenleben sehr verschiedener Gattungen innerhalb desselben Biotoptyps vor, wohl auch in Abhängigkeit vom Ausbreitungsvermögen und dem örtlichen Angebot an potenziellen „Nischen" bzw. dem zwischenartlichen Konkurrenzdruck.

Wichtige Lebensraumparameter

Eine ausreichende Kenntnis der Lebensräume europäischer Eulen – bzw. deren Ansprüche an ihren Lebensraum – ist wesentlicher Ansatzpunkt sowohl für die Feldbeobachtung und faunistische Gebietsbewertung als auch für ökoethologische Analysen von Anpassungsmerkmalen oder für Schutzkonzepte zur Sicherung der Einzelarten.

Biotopbewertung

Die Beschreibung arttypischer Lebensräume umfasst mehrere Annäherungsschritte mit zunehmender Spezifizierung jener Umweltfaktoren, die für das Vorkommen bestimmter Arten von Bedeutung erscheinen. Der gröbste Ansatz erfasst nur die Landschaftscharakteristik des Verbreitungsgebiets einer Eulenart (z. B. Sperlingskauz in der Waldlandschaft der Mittelgebirge). Der zweite Schritt fragt nach abiotischen und biotischen Merkmalen des betreffenden Landschaftsausschnitts (z. B. Seehöhe, Exposition, Klimasituation mit Temperaturverlauf und Niederschlag inklusive Schneelage; Verteilung und Zusammensetzung der Vegetation – am Beispiel des Waldes nach Baumarten, Altersklassen, Strukturmerkmalen). Dabei ist zu beachten, dass Eulenbiotope weder mit Landschafts- noch Vegetationstypen einfach gleich-

HABITAT		BEUTE	
Klimazone	Landschaftstyp Vegetationstyp Höhe Bodenvegetation	Körpergröße	Gewicht Wehrhaftigkeit
Witterung	Schneedecke Regen, Sturm	Geschlecht	Territorialität Lautäußerungen Aktivitätsmuster
Strukturen	Ansitzwarte Deckung Saumbiotope	Fortpflanzungsaktivität	Kondition Altersklasse
		Verhalten	Reaktionszeit Fluchtreaktion
		arttypischer Geruch	

Tabelle 13. Die Beutewahl wird sowohl von Habitatkriterien als auch Merkmalen der Beutetiere beeinflusst (nach BIRRER 2009, verändert).

zusetzen sind, vielmehr eine ganz bestimmte Kombination essenzieller „Habitatbausteine" über die jeweilige Gebietseignung entscheidet. So gelten z. B. Habichtskäuze in Nordeuropa als typische Arten der Nadelwälder, in Mitteleuropa als Leitarten für alte Buchenwälder, dabei sind sie selbst in Wäldern nahe der Mittelmeerküste anzutreffen. Vergleichbar können Sperlingskäuze in der Slowakei in nahezu allen Höhenstufen angetroffen werden: vom flussbegleitenden Auenwald in der Niederung bis zum kollinen Eichen-Hainbuchen-Wald, von den Tannen-Buchen- und Fichten-Tannen-Buchen-Gesellschaften in den Mittelgebirgen bis zu den natürlichen Hochlagen-Fichtenwäldern im Gebirge – bei jeweils sehr unterschiedlicher Siedlungsdichte [761].

Da die Eulen im Allgemeinen die erfasste Biotopfläche weder vollständig noch gleichmäßig nutzen, werden im dritten Schritt alle Strukturelemente und Schwerpunktgebiete registriert, die – je nach Jahreszeit – für Tageseinstand, Sonnen-, Staub- und Wasserbad, für den Beuteerwerb und -verzehr, für Revierabgrenzung und Balz, für Brut und Jungenaufzucht usw. benötigt werden. Dabei kann aus dem Vergleich unterschiedlich ausgestatteter Areale sowohl auf die Variationsbreite nutzbarer Biotopelemente (z. B. Baumhöhlen, Nistkästen, Greifvogelhorste, Gebäude oder Bodenmulde als Brutplatz-Alternativen für den Waldkauz) als auch auf artspezifische Präferenzen geschlossen werden (z. B. deutliche Bevorzugung geschlossener Baumhöhlen gegenüber offenen Horsten durch den Waldkauz).

Beuteangebot

Wenn Strukturen der Landschaft (von der Ebene bis zum Hochgebirge) und der Vegetation (von der Wüste bis zum Urwald) – zusammen mit dem gebietstypischen Klima – auch die wesentliche Grundlage des Lebensraumes stellen, so müssen Qualität und Quantität des Beuteangebots selbstverständlich ebenso betrachtet werden. Für diesen vierten Schritt sind die Entdeckungswahrscheinlichkeit und die Erreichbarkeit der Beute (z. B. Versteckmöglichkeiten durch hohen oder dichten Bewuchs, kompakte Schneedecke, Größe bzw. Wehrhaftigkeit oder Fluchtgeschwindigkeit möglicher Beutetiere) ein wichtiges Zusatzkriterium. Dabei sind auch saisonale Veränderungen zu berücksichtigen, z. B. verminderter Jagderfolg aufgrund hoher Vegetation im Sommer oder tiefer Schneedecke im Winter. Aufgrund jährlicher Fluktuationen des Beuteangebots ist bei standorttreuen Eulen auf ausreichende Ausweichnahrung in Mangeljahren zu achten.

Nur wenige Eulenarten nutzen flächenhafte Jagdgebiete, vielmehr patrouillieren sie entlang Waldrändern, Heckensäumen oder Feldrainen, lauern auf Jagdwarten an Waldlichtungen, Obstgärten oder Viehweiden oder rütteln über Brachland oder Sumpfland. Uhus suchen ergiebige Nahrungsquellen gezielt auf, wie Mülldeponien oder Scheunen, um dort Ratten mit geringem Aufwand zu erbeuten [300, 615]. Vergleichbar konzentrieren sich Zwergohreulen-Reviere entlang beleuchteter Dorfstraßen, wo sie Insektenbeute in ungewöhnlicher Dichte erwarten können [1131].

Das Angebot an großen Baumhöhlen ist auch im Naturwald stark limitiert, weshalb die Männchen anspruchsvoller Höhlenbrüter diese wertvolle Ressource meist ganzjährig bewachen, wenn nicht verteidigen (junge Habichtskäuze an einer hohlen Buche; Foto Leditznig).

Die räumliche Beziehung zwischen Jagdgebiet und Brutplatz kann dabei qualitätsentscheidend für ein Bruthabitat sein, da ein Beutetransport nur bei kurzen Strecken effektiv und risikoarm für die Eulenmännchen ist (Uhus in Spanien wählen Brutplätze in enger Nachbarschaft zum Jagdgebiet [786], Schleiereulen in England jagen z. B. in einem Umkreis von rund 1 km um den Brutplatz [1074], Raufußkäuze in Finnland sogar in bis zu 2–3 km Entfernung [525]). Die Eulen teilen ihren Lebensraum mit zahlreichen anderen Tierarten, die direkt (Fressfeind) oder indirekt (Beutekonkurrent) einen bedeutenden Einfluss auf die Lebensqualität im Eulenrevier haben können. Als fünfter Schritt sind daher die Wechselbeziehungen zwischen den Eulen und ihren Mitbewohnern im Biotop zu beleuchten, wobei zu beachten ist, dass viele Eulen – trotz ihrer einzelgängerisch wirkenden Lebensweise – Gebiete mit Artgenossen in der Nachbarschaft bevorzugen (z. B. lockere Vernetzung der Brutreviere in „Rivalen-Hörweite“ bei Schnee-Eule und Raufußkauz [813, 968]). Im Rahmen zwischenartlicher Beziehungen können artfremde Eulen als Fressfeind (z. B. Uhu) oder als Beute (z. B. Steinkauz) fungieren.

Brutplatzangebot

Je nach artspezifischem Anspruch an den Brutplatz ist das natürliche Angebot in der Landschaft sehr uneinheitlich verteilt. Trotz seiner Größe tut sich da der Uhu relativ leicht, da er neben Klüften in frei ragenden Felswänden auch am Fuße großer Felsbrocken oder starker

Tabelle 14. Konkurrenzsituation innerhalb der Eulen Europas bei Biotop- und Brutplatzwahl. (Überlappungsgrad in 3 Intensitätsstufen symbolisiert: ■ = Biotopkonkurrenz, ● = Brutplatzkonkurrenz (Arten nach Körpermasse gereiht)

Überlappung der Brutplatzansprüche europäischer Eulen

	Sperlingskauz	Zwergohreule	Steinkauz	Raufußkauz	Sperbereule	Schleiereule	Waldohreule	Sumpfohreule	Waldkauz	Habichtskauz	Bartkauz	Schnee-Eule	Uhu
Sperlingskauz		■	■	■■■	■■■		■■		■■■	■■■	■■■		■■
Zwergohreule			■■■	■		■	■■	■	■				■
Steinkauz		●●●		■		■■■	■■	■	■■				■■
Raufußkauz	●●				■■■		■■		■■■	■■■	■■■		■■
Sperbereule				●●●				■		■■■	■■■	■	■
Schleiereule			●				■■	■	■■				■■
Waldohreule					●			■■	■■				■■■
Sumpfohreule									■			■■■	■
Waldkauz		●	●●	●●		●●●	●●			■■■	■■		■■■
Habichtskauz					●		●		●●		■■■		■■
Bartkauz					●		●		●	●●			■
Schnee-Eule								●●					■
Uhu											●●		

Bäume nisten kann. Ebenso nutzt diese ubiquitäre Eulenart Reisighorste von Greifen und anderen Großvögeln, begnügt sich im Extrem aber auch mit einer Bodenmulde am Waldhang oder in der Heidelandschaft. Sehr viel anspruchsvoller sind da die großen Höhlenbrüter, die auf Uraltwälder oder hohle Allee- und Parkbäume angewiesen sind. Weiter ist für diese Betrachtung die Abhängigkeit vieler Eulenarten von passenden Nestbauern zu erwähnen (z. B. Spechte für kleine Höhlenbrüter, wie Sperlings- und Raufußkauz, Krähenvögel für mittelgroße Horstbrüter, wie die Waldohreule, und Greifvögel für große Horstbrüter, wie Habichtskauz, Bartkauz und Uhu; sogar Kaninchen als Urheber von Erdgängen, die von Stein- und Waldkauz genutzt werden können [516, 740]). Wenn die meisten Eulen bei der Brutplatzwahl auch eine gewisse Plastizität zeigen, so kann diese durch Prägungsphänomene durchaus eingeschränkt werden. So ließ sich am Beispiel der Schleiereule experimentell belegen, dass Brutvögel solche Nistplatzstrukturen bevorzugen, die denen der eigenen Nestlingszeit entsprechen [919]. Möglicherweise wird auch beim Raufußkauz die Wahl zwischen Schwarzspechthöhle und Nistkasten durch eine solche infantile Prägung beeinflusst.

Ein gutes Beuteangebot verleitet Eulen oft zur Brut trotz Fehlen günstiger Brutplätze. Dann können Uhu, Habichts- und Waldkauz sowie die Waldohreule zwar auf Brutplätze auf offenem Boden ausweichen, doch sind dort Eier wie Nestlinge einem hohen Prädationsrisiko ausgesetzt. Bei akutem Höhlenmangel weichen Raufußkäuze und Zwergohreulen mitunter auf Elsternester oder Eichhörnchenkobel aus.

Nicht minder wichtig ist für die „lichtscheuen" Eulen ein adäquater Tageseinstand mit guter Deckung – bei gutem Rundumblick (z. B. immergrüne Efeuranken, dichtes Nadelholz, ausreichend großes Astloch, geschützte Felsnische oder Mauerloch, tarnendes Gebüsch in der Felswand, hohes Dürrgras oder Schilf).

Letztlich gilt es, Faktoren aufzuzeigen, die die individuelle Sicherheit, den Bruterfolg und die Möglichkeiten zu Aufbau und Vernetzung überlebensfähiger Populationen beeinflussen können (z. B. Prädationsrisiko für Gelege, Jung- und Altvögel; Gefährdung durch Hochwasser, Parasiten; Störungen im Nistplatzbereich durch Freizeitsport, Gefährdung durch Bewirtschaftung in Forst- und Landwirtschaft – inklusive Einsatz von Pflanzenschutz und Begiftungsaktionen, durch Straßenbau und Verkehr, durch Lichtleitungen und Verdrahtung, neuerdings auch Windkraftanlagen; Abschuss, Fang, Aushorstung; räumliche Isolation durch unüberwindbare Barrieren).

Aus den Artkapiteln geht jeweils hervor, ob die Eulenbiotope für Ganzjahresreviere beider

◁◁ Bartkauz-Brut in großem Greifvogelhorst. Da Eulen selbst keine Nester herstellen können, entscheidet das örtliche Brutplatzangebot über die Lebensraumqualität mit (Foto Wothe).

△ Schnee-Eulen-Paar am Brutplatz. Das Bodennest wird entsprechend guter Geländeübersicht gewählt; die endgültige Entscheidung trifft das Weibchen (Foto Wothe).

Geschlechter (z. B. Steinkauz) oder saisonal nach Geschlechtern (z. B. Raufußkauz) bzw. auch nach Jung- und Altvögeln (z. B. Schnee-Eule) getrennt erfasst werden sollen, ob im Laufe der Jahreszeiten unterschiedliche Lebensraumansprüche bestehen (z. B. Sumpfohreule) oder diese sogar völlig verschiedene Klimaräume betreffen können (z. B. Zwergohreule als Zugvogel).

Standortwahl

Grob gerafft eignen sich von Natur aus 3 sehr verschiedene Strukturtypen der Vegetation als Lebensraum für die Eulen:

1. weitläufige Waldgebiete mit ihrem reichen Struktur- und Deckungsangebot;
2. halboffene, baumbestandene Gebiete in starker Durchbrechung durch Freiflächen; und
3. großräumige Offenlandschaften mit niedriger Vegetation und weitem Blickfeld.

Diese Gliederung wird durch unterschiedlichste Klimate und Landschaftsreliefs überlagert: Wir finden Eulen im tropischen Regenwald genauso wie im Bambus-Dschungel oder in der borealen Taiga, in den weiten Graslandschaften von Sümpfen, in Steppe, Pampa, Prärie oder Savanne bis in vegetationsarme Moore, Tundren und Halbwüsten. Sie leben sowohl in der Vielfalt mosaikartig gegliederter Landschaften, an Uferbänken großer Flüsse, auf Waldbrand- oder Sturmflächen als auch in stark verlichteter Parklandschaft. Felswände, Steilhänge, Flusseinschnitte und Grenzlinien zwischen deutlich verschiedenen Strukturtypen (Ökotone – wie Waldränder, Flussufer und Baumgruppen) spielen wegen ihrer strategischen Bedeutung als Jagdwarte, Tagesversteck, Brutplatz oder Orientierungsmarke im Eulenrevier eine meist große Rolle. Entsprechend lässt sich die Formenvielfalt der Eulen in typische Waldbewohner (z. B. Raufußkauz), Offenlandarten (z. B. Sumpfohreule) und Nutzer gegliederter Landschaftsmosaike (z. B. Habichtskauz) einordnen. Dabei muss aber betont werden, dass zusätzlich für die meisten Arten eine kleinräumige Differenzierung innerhalb der Landschaftseinheiten unerlässlich ist (z. B. Höhlenbäume, Waldlichtungen, Saumbiotope an Wald- und Wiesenrändern, Flugschneisen bzw. Felsabsätze

Schnee-Eulen-Männchen beim Landeanflug. Die Lebensraum-bestimmenden Kenngrößen sind artspezifisch und nur in ihrem Zusammenwirken interpretierbar (Foto Clemens).

Taiga-Vogel Bartkauz. Die waldbewohnenden Eulen zählen zur naturgegebenen Artenausstattung Europas (Foto HAFNER).

und Felsnischen, Wasserstellen, Tagesversteck). Vor allem gilt, dass die einzelne Eulenart nicht immer nur einem einzigen Struktur- bzw. Vegetationstyp zugeordnet werden kann:

- Zum Ersten gibt es saisonal wechselnde Ansprüche an den Lebensraum (z. B. Brutgebiete der Schnee-Eule in baumfreier Tundra, Überwinterungsgebiete in offener Agrarlandschaft, mitunter auch in schütterem Wald).
- Zum Zweiten können einige Arten aufgrund besonderer Anpassungsfähigkeit selbst sehr verschiedene Landschaftstypen gleichermaßen erfolgreich besiedeln (z. B. Uhu als Bewohner lückiger Wälder, offener Parklandschaft, bewaldeter Gebirgsschluchten bis Felssteppen und Halbwüsten).
- Zum Dritten formen sich Biotope anspruchsvoller Eulenarten aus der Kombination äußerst verschiedener Landschaftselemente in enger Verschneidung. So ist der Biotop des Habichtskauzes charakterisiert durch alten, lockeren Waldbestand mit großen Baumhöhlen oder entsprechenden Greifvogelhorsten, in dessen Nähe größere Lichtungen, Waldwiesen oder auch baumfreie Katastrophenflächen gute Jagdmöglichkeiten bieten [944].

Die Größe der Jagdreviere bzw. Streifgebiete *(home range)* steht in der Regel in direktem Zusammenhang mit dem nutzbaren Beuteangebot. Dabei wechseln die Raumansprüche saisonal erheblich. Dank neuer Techniken telemetrischer Besenderung liegen dazu bereits sehr anschauliche Beispiele vor: So beträgt das ganzjährige Streifgebiet des kleinen Sperlingskauzes in Thüringen bis zu 416 ha beim Männchen, die es mehr oder minder regelmäßig gegen Rivalen abzugrenzen versucht. Innerhalb dieser unerwartet großen Fläche nutzt der Kauz zur Brutzeit im Mittel 201 ha (maximal 312 ha), in den Wintermonaten durchschnitlich noch 180 ha (maximal 306 ha [879]). Trotz unterschiedlicher Habitat- und Klimabedingungen messen die Streifgebiete des Sperlingskauzes auch in Norwegen im Mittel 204 ha (minimal 50 ha – maxmal 602 ha [1050]). Ähnlich große Streifgebiete wurden für Raufußkauz-Männchen in Finnland ermittelt, mit durchschnittlich 225 ha (Extreme zwischen 54 und 499 ha; n = 24 Männchen [525]). Neben der Beutedichte spielte hier auch die räumliche Distanz zwischen Bruthöhle und Jagdgebiet eine Rolle. Der nur wenig größere Steinkauz erscheint da deutlich „bescheidener", mit Aktionsräumen von nur 9,4 ha (Führungszeit) bis 18,0 ha (Brutzeit) bzw. 27,5 ha (Nestlingszeit; n = 10 Männchen + 1 Weibchen; Polen [302]).

In beutereichen Jahren genügen holländischen Schleiereulen zur Brutzeit 60 ha (Männchen) bis 76 ha (Weibchen); doch kann das Streifgebiet eines Brutpaares bei mageren Jagdbedingungen auf 364 bis über 1000 ha ausgeweitet werden [441]. In Abhängigkeit zur Lemming-Dichte jagen Schnee-Eulen in Sibirien auf durchschnittlich 2,3 km^2 (Lemmingjahr) bis 3,6 km^2 Fläche (Normaljahr), in suboptimalen Jahren bis zu 8 km^2 ([813]). Vergleichbare Daten liegen mit 1,57–3,77 km^2 aus Norwegen vor (n = 2 Altvögel, 3 Jungvögel im Sommer [1017]). Uhus können zur Jagd noch deutlich größere Areale nutzen: So ergab die telemetrische Ortung von 4 Uhus in einem Agrargebiet Schleswig-Holsteins Flächen von 14, 19 bis maximal 21 km^2 (außerhalb der Brutzeit [300]). Im Allgemeinen ortstreu, verlassen Habichtskäuze bei strengen Winterbedingungen ihr Brutrevier, dabei zum Teil über weite Strecken umherziehend. So wurden für norwegische Verhältnisse winterliche Streifgebiete von 20–37 km^2 ermittelt. Addiert mit der sommerlichen Reviergröße, können Habichtskäuze im Jahreslauf demnach über 100 km^2 in diesem Gebiet nutzen [1019]!

Die Eulenarten Europas lassen sich hinsichtlich ihrer Lebensraumpräferenz grob 5 Strukturtypen zuordnen. Dabei ist die vom Menschen gestaltete Offenlandschaft (Grün- und Weideland, Feldflur und Heckengebiete, Streuobstwiesen, Gärten und Dörfer) für die Artenvielfalt der Eulen nahezu gleichbedeutend wie die ursprünglichere Waldlandschaft. (Dunkler Raster = typisch, heller Raster = möglich. Untere Zeile = Artenzahl je Strukturtyp; Maximalwert in Klammern).

EULENART	TUNDREN UND WIESEN	BÜSCHE UND HECKEN	WALDSTEPPE UND PARK	WALDRAND UND -LÜCKE	NATURNAHER ALTWALD
Uhu	●	●	●	●	○
Schnee-Eule	●	○			
Sumpfohreule	●	●			
Steinkauz	●	●	○		
Schleiereule	●	●	●	○	
Waldohreule	○	●	●	○	
Zwergohreule		○	●		
Waldkauz		○	●	●	●
Sperbereule			●	●	○
Habichtskauz			○	●	●
Sperlingskauz			○	●	●
Raufußkauz			○	●	●
Bartkauz				●	●
ARTENZAHL	5 (6)	5 (8)	6 (10)	7 (9)	5 (7)

Kompromiss im relativen Optimum

Die „Kalkulation" einer örtlich jeweils bestmöglichen Kombination von Lebensraumfaktoren wurde am Beispiel des Uhus im inneren Bayerischen Wald ausgearbeitet [939]: In Abwägung der Einzelfaktoren muss sich ein Uhu entscheiden,

- ob ihm das gute Beuteangebot der Talwiesen bei suboptimalen Brutmöglichkeiten wichtiger ist als ein optimaler Brutplatz unter dem Gipfelfelsen trotz mangelhafter Beutedichte;
- ob das Deckungsangebot weitläufiger Wälder – trotz schwieriger Jagdverhältnisse – eine höhere Bedeutung hat als die Übersichtlichkeit der Feldflur – ohne sicheres Tagesversteck;
- ob die Überwinterung in schneereichen Lagen durch das Beuteangebot eisfrei bleibender Bergbäche erleichtert werden kann;
- ob das Störungspotenzial in Dorfnähe die Vorteile klimatischer Gunstlage aufheben kann.

Konkret ergaben sich Steinbrüche in Waldgebieten nahe zu offenem Gelände in schneearmer Tallage als relativ günstigster Brutbiotop für diese Region. In eben dieser freien Kombinierbarkeit biotopbildender Vegetationstypen und zur Deckung der Lebensraumansprüche maßgeblicher „Requisiten" liegt die überraschende Fähigkeit mancher Eulenarten begründet, sich in zum Teil unterschiedlichsten Landschaften zurechtzufinden. Das gilt insbesondere für die vom Menschen überformten Landschaften – vom Wirtschaftswald bis zum Stadtpark, von der Hecke bis zur Feuchtwiese – und die rein anthropogenen Strukturen – wie Siedlungen, Gebäude, Industrieanlagen und Straßennetze, wo Eulen sich als „Kulturfolger" mehr oder minder vorteilhaft einzunischen verstanden.

Schlüsselfaktoren

In diesem Zusammenhang ist es wichtig, die begrenzenden Faktoren herauszustellen, die – als „schwächstes Glied" – letztlich die Gesamtqualität eines Biotops bzw. Revieres entscheiden: Das kann z. B. die Wintersituation mit einer lang anhaltenden Schneedecke betreffen, die eine dauerhafte Ansiedlung von Steinkauz und Schleiereule im ansonsten günstigen Lebensraum unterbindet. Auch bleibt ein „sauberer" Altersklassen-Forst mit mäusereichen Kahlschlägen für Sperlings- und Raufußkauz unbewohnbar, falls dort die Biotopansprüche für Spechte nicht erfüllt werden und somit auch kein geeignetes Höhlenangebot gegeben ist. Ebenso kann ein ansonsten naturnahes Feuchtgebiet die Biotopqualität für Sumpfohreulen verlieren, wenn der Brutplatz regelmäßig ausgemäht wird... usw.

Raufußkauz am Tagesrastplatz. In kühlen Nadelwaldgebieten des Berglandes blieben in Mitteleuropa isolierte Vorkommen borealer Eulenarten als „Eiszeitrelikte" erhalten (Foto WOTHE).

Für eine qualitative Beurteilung von „Habitaten" müsste daher grundsätzlich der Zusammenklang aller biotopbestimmenden Einzelfaktoren herangezogen werden, da die Eignung einzelner Strukturen (wie Brutplatz, Schlafbaum) für sich noch nichts über die Angebote, Anforderungen, Risiken oder Störungen im Areal aussagt. Weiterhin müssen Eulen, die ganzjährig in ihrem Revier leben (z. B. Habichtskauz), sehr viel höhere Ansprüche an ihren Lebensraum stellen als Arten, die sich nur für eine Brutsaison (z. B. Sumpfohreule) oder nur zur Überwinterung (z. B. Waldohreule) in einem Gebiet aufhalten. Die Biotopqualität lässt sich sicherer – indirekt – aus dem Fortpflanzungserfolg, der Überlebensrate der Jungtiere und der Konstanz der Revierbesetzung über mehrere Jahre ablesen. Areale, die Überschuss an Nachwuchs produzieren, sind Ausgangspunkt für die Besiedlung freier oder ungünstiger Räume (*source* = englisch für „Quelle"). Verbreitungsgebiete, deren Eulenbestände sich trotz vereinzelter Bruterfolge nur mithilfe solcher Zuwanderer erhalten können, fungieren als „Verschleißzonen" (*sink* = englisch für „Abfluss") und sind in besonderem Maße von einer funktionierenden Biotopvernetzung abhängig. Eine solche Analyse kann z. B. für die Entscheidung zum Artenschutz durch Biotopgestaltung oder Wiederansiedlung ausschlaggebend sein!

Verteilung der Artenvielfalt

Eulen sind im Allgemeinen keine Biotopspezialisten. Wollte man die Lebensraumansprüche europäischer Eulen längs einem Gradienten von vegetationsarmer Offenlandschaft bis zum dichten „Urwald" einordnen, so fällt die höchste Artenzahl auf das Wald-Lückensystem im stark aufgelockerten Altbestand in Waldrandnähe mit 7 landschaftstypischen Eulenarten (= 54 % der europäischen Eulenvielfalt) und 2 randlich eindringenden Arten (= rund 70 %); gefolgt von der mosaikartigen Parklandschaft mit Großbäumen sowie Lichtungen mit Wiesen und Gebüsch (z. B. Waldsteppe, Moorwald, Überschwemmungsbereich großer Flüsse) mit 6 typischen und 4 randlichen Eulenarten (6 + 4 = 46–77 %). Die Artendichte im geschlossenen Wald (5 + 2 = 38–54 %), in gebüschdurchsetzter Heckenlandschaft (5+3 = 38–61 %) und in der weitgehend baumfreien Offenlandschaft der Tundren, Schilf- und Sumpfgebiete, Alpinrasen und Trockengebiete (5+1) ist jeweils recht ähnlich (38–46 % der Gesamtartenzahl in Europa).

Vergleicht man die Arten hinsichtlich der Vielfalt bewohnbarer Landschaftstypen, so ist der Uhu zweifellos der „Anpasser" (Euryökie), der lediglich dichte Wälder meidet. Eine auffallend breite Palette von Strukturtypen der Vegetation vermag auch der „plastische" Waldkauz zu besiedeln – von diversen Waldbeständen bis zu Baumgruppen, Alleen oder Einzelbäumen in der halboffenen Landschaft. Nicht ganz so plastisch ist die Schleiereule, selbst wenn man zur typischen Offen- und Heckenlandschaft auch die recht ungewöhnlichen „Waldbiotope" in Westeuropa hinzuzieht. Zunehmend weniger anpassungsfähig sind Habichtskauz, Waldohreule und Steinkauz; gefolgt von den typischen Arten des nordischen Nadelwaldes, von denen vor allem der Sperlingskauz relativ starr auf bestimmte Waldformationen festgelegt ist, insbesondere was seine Beschränkung auf mittelgroße Spechthöhlen als Brutplatz betrifft (Stenökie). Sumpfohreule und zum Teil auch Schnee-Eule suchen – zumindest im Winter – gelegentlich schütteren Baumbestand auf, doch sind sie klar als spezialisierte Offenlandbewohner einzustufen. Die geringsten Ausweichmöglichkeiten findet die Zwergohreule, die sehr eng auf stark durchbrochene Savannen- bis waldsteppenartige Baumbestände bei mildem Brutzeitklima angewiesen ist.

Uhu-Brutplatz in Kiesgrube. Anpassungsfähige Eulenarten vermögen das Angebot der Kulturlandschaft zu nutzen – und nehmen dabei auch Maschinenlärm, Baggerbetrieb oder gar Sprengungen in Kauf (Foto SCHERZINGER).

Natur- und Kulturlandschaften als Eulenbiotope

Europa ist weder landschaftlich noch klimatisch eine Einheit, schon gar nicht im Hinblick auf die Herkunftsgebiete seiner Tierwelt. Entsprechend reihen sich an seiner Nord-Süd-Achse – zwischen Eismeer und Mittelmeer – von Natur aus äußerst verschiedene Eulenbiotope: subarktische Tundra und Gebirgsstöcke, Birken-geprägte Taiga, borealer Nadelwald, Moore, Marschen und Küsten, kontinental geprägte Nadel- und Laubmischwälder, von Buchen dominierte Waldgebiete der unteren Bergstufe, die Vielfalt subalpiner und alpiner Lebensräume und die trockenwarmen Karstlandschaften bis in den immergrünen Hartlaubwald im Mediterraneum.

Von nicht minderer Bedeutung sind die vor allem klimatisch bedingten Effekte längs der West-Ost-Achse, von den regenfeuchten Küsten an der Nordsee mit relativ ausgeglichenen Jahrestemperaturen bis zu den betont kontinentalen, niederschlagsarmen Waldflächen, steppenartigen Trockenwäldern und Gebirgszügen bis zum Ural, mit sehr ausgeprägten Temperaturunterschieden im Jahresgang. Vor allem die riesigen, vom Menschen bis heute noch nicht so stark manipulierten und oftmals nur schütter besiedelten Areale Osteuropas werden – aus dem Blickwinkel Mitteleuropas – hinsichtlich ihrer faunengeschichtlichen Bedeutung meist gewaltig unterschätzt: Zum einen waren diese Naturräume das Einfallstor für die Rückwanderung unserer Tierwelt nach jahrtausendelanger Abdrängung durch die Eiszeiten; zum anderen sind hier großräumige Urwälder erhalten. Nicht zuletzt finden sich hier die halboffenen und offenen Vegetationsstrukturen in großflächigen Dimensionen, wie sie in der Naturausstattung Mitteleuropas vermutlich eher kurzlebig und mit vergleichsweise untergeordneter Flächengröße angeboten waren. Entsprechend liegen hier die wichtigsten Ausweichräume für die nomadisierenden Wühlmausjäger, speziell Wald- und Sumpfohreule, und die großräumigen Brutareale für die wenig anpassungsfähigen Arten wie Zwergohreule und Steinkauz. Schließlich fand hier die europäische Großtierfauna einen wesentlichen Stützpunkt, sodass durch die Einwirkung von Wisent und Auerochse, Waldpferd und Rothirsch, Biber und Elch usw. weidewaldartige Strukturen geformt worden sein dürften, die – nicht nur für Eulen – besonders artenreiche Lebensräume boten [943].

Nachklang der Eiszeit

Die nacheiszeitliche Faunengeschichte wirkt bis heute fort, und in den kühlen Gebirgslagen Mittel- und Osteuropas finden sich z. B. Eulenarten, die ihren Ursprung in der borealen Taiga haben. Sperlings-, Raufuß- und Habichtskauz gelten als „Eiszeitrelikte“ (richtiger wäre = Relikte aus der nacheiszeitlichen Phase der Wiederbewaldung) mit inselartigen Vorkommen in den Alpen und Hochlagen der Mittelgebirge.

Schleiereule im Glockenturm. Als typische „Kulturfolger“ jagen und brüten manche Eulen ausschließlich in anthropogenen Lebensräumen (Foto Reinhard).

Die Eulenarten dieses „boreo-alpinen“ Verbreitungstyps haben sich mittlerweile so weit an die heutigen Biotopverhältnisse in Mitteleuropa angepasst, dass sie eigene Unterarten gebildet haben (z. B. *Strix uralensis macrura* am Westbalkan und in den Karpaten) oder ihre Verbreitungs-„Inseln“ verlassen und sich in Mischwäldern tieferer bzw. wärmerer Lagen ausbreiten konnten (z. B. Raufußkauz), soweit dies Feind- und Konkurrenzdruck zulassen (Faunentypen nach Voous [1128]).

Durch den langjährigen Wechsel zwischen Warm- und Eiszeiten wurden sowohl Vegetationseinheiten wie die dazugehörigen Tierarten zu großräumigen Arealverschiebungen veranlasst. Mit heutigen Methoden der Genetik lassen sich nicht nur die Refugialgebiete rekonstruieren, wo unsere Eulenarten die Eiszeiten überdauern konnten, man kann sogar feststellen, aus welchen Quellgebieten das nacheiszeitliche Mitteleuropa wieder besiedelt wurde: Der Habichtskauz kam offenbar aus einem weit östlich gelegenen Gebiet zurück und dürfte sich in relativ kurzer Zeit über Europa ausgebreitet haben. Wenn heute für diesen Raum 3 Unterarten benannt werden, die sich nach Farbtyp, Größe und Gewicht taxonomisch unterscheiden lassen, so findet diese Abgrenzung (noch) keine Entsprechung in der genetischen Analyse [340, 950].

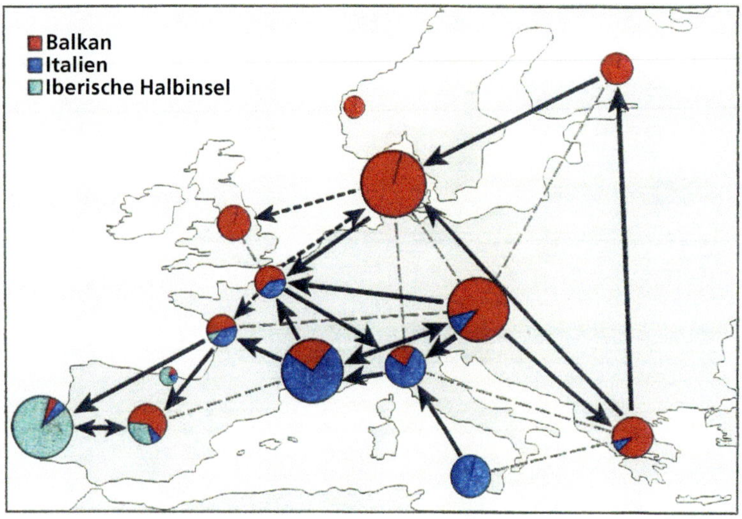

Aus dem europaweiten Vergleich der genetischen Struktur von Waldkäuzen konnten die Iberische Halbinsel, der italienische „Stiefel" und der östliche Balkan als eiszeitliche Refugialgebiete rekonstruiert werden. Von hier aus gelang dem Waldkauz die nacheiszeitliche Wiederbesiedlung in sehr unterschiedlichem Maße (aus Brito 2005, 2007).

Ganz anders beim Waldkauz, der in 3 voneinander weitgehend isolierten Populationen einen Rückzug in den nach Süden abgedrängten Laubwäldern fand. Am Höhepunkt der letzten Vereisung – vor rund 18 000 Jahren – fand sich diese Eulenart im Südosten der Iberischen Habinsel (heute Portugal), dem Südteil des italienischen „Stiefels" samt Sizilien und den südöstlichen Ausläufern des Balkans (heute Rumänien, Bulgarien, Griechenland). Aufgrund der langen Isolation formten sich genetisch unterscheidbare Regionaltypen, die mit den Waldkäuzen im heutigen Europa verglichen werden können. Demnach gelang den Käuzen von der Iberischen Halbinsel die Wiederbesiedlung Spaniens, doch konnten sie die Pyrenäen nur vereinzelt überwinden. Waldkäuze italienischer Herkunft erreichten die Südabdachung der Alpen, wo sie dem Gebirgsstock gegen West auswichen (Südostfrankreich). Auf diesem Ausbreitungsweg erreichten die Waldkäuze auch das westliche Frankreich und Belgien. Nur ein kleiner Ast streckte sich Richtung Osten (Ungarn). Der größte Landgewinn gelang dem Balkantyp, der nicht nur über Mitteleuropa bis Skandinavien und Nordeuropa vordringen konnte, sondern auch Westeuropa samt Großbritannien besiedelte, zuletzt sich auch noch mit den portugiesisch-spanischen Herkünften vermischte (alle Angaben aus [105])! Eine Beteiligung am Genpool der europäischen Waldkäuze lässt sich weder für die Unterart aus Nordafrika *(Strix aluco mauretanica)* noch die aus dem Kaukasus *(Strix aluco wilkonskii)* nachweisen.

In mancher Hinsicht vergleichbar lässt sich auch die Geschichte der Besiedlung Mittel- und Nordeuropas durch den Steinkauz aus genetischen Analysen nachzeichnen. Da der Meeresspiegel aufgrund der massiven Eisbildung im Pleistozän mehr als 100 m tiefer lag als heute, konnte der Steinkauz eine zusammenhängende Population rund um das Mittelmeer bilden. Mit Abschmelzen der Gletscher trennte das ansteigende Wasser allerdings das mediterrane Steinkauz-Vorkommen in die bereits beim Waldkauz genannten Bereiche (Iberische Halbinsel, Süditalien, Balkan) auf. Den Steinkäuzen aus dem iberischen Rückzugsgebiet gelang es – im Gegensatz zum Waldkauz –, nach Spanien, über die Pyrenäen und bis an die westeuropäische Küste vorzudringen. Letztlich entsprechen alle heutigen Steinkauzvorkommen in Holland, Dänemark, Deutschland bis zu Tschechien, Slowakei und Ungarn genetisch dem Typus iberischer Herkunft. Erfolgreich war auch der „Balkantyp", der gegen Ost bis ans Schwarze Meer und gegen West ins italienische Verbreitungsgebiet vordrang. Die Ausbreitung der Steinkäuze aus Süditalien kam hingegen am Südrand der Alpen zum Stehen, wo sie eine Mischzone mit Herkünften aus Iberien und dem Balkan bilden (die bis in die Schweiz hineinreicht).

In groben Zügen stimmt die Verteilung der genetisch erfassten Herkunftstypen mit der Verbreitung der taxonomisch definierten Unterarten *Athene noctua vidalii* (West- bis Nordwesteuropa), *Athene noctua indigena* (Balkan, Ukraine, Kaukasus, Türkei) und *Athene noctua noctua* (Sizilien, Süditalien, südliches Mitteleuropa) überein. Auf Sardinien blieb als Inselform *Athene noctua sarda* zurück (alle Angaben nach [771]).

Primärbiotope in Mitteleuropa

Die Frage nach der ursprünglichen, d. h. vom Menschen noch nicht beeinflussten Verbreitung der Eulen bzw. ihrer Lebensräume in den Naturlandschaften Europas lässt sich heute nur sehr spekulativ beantworten. Europa ist von Natur aus jedenfalls ein Waldland. Wohl kann die Waldgeschichte Europas aus Geologie und Klimaverlauf, vor allem aus der Analyse fossil aufgefundener Pflanzenpollen und Holzreste im Torfmoor und aus der Rekonstruktion der Säugetierfauna nach Skelettfunden sehr klar nachgezeichnet werden [194, 564], doch ist dieser Maßstab zum einen zu grob, um auch die biotopbestimmende Mosaikstruktur der natürlichen Vegetation zu erfassen; zum anderen kennen wir die Steuerfaktoren natürlicher Walddynamik nur bruchstückhaft (z. B. Waldbrand, Sturmereignisse, Einfluss der großen Pflanzenfresser [943]); letztlich hat der Mensch den Prozess der Waldentwicklung in Europa – zumindest seit der letzten Eiszeit – von Anfang an mitbestimmt (z. B. Brandlegung zur Wildhege, auch Holznutzung, Rodung und Vieheintrieb [853]).

Ohne Zweifel sind alle waldbewohnenden Eulen primäre „Europäer", wie die Arten der nordischen Taiga und des Gebirgswaldes (Sperlings-, Raufuß-, Bart- und Habichtskauz, Sperbereule) und daneben die Arten der Mischwälder in den gemäßigten Breiten (Waldkauz, zum Teil Uhu). Für die Waldohreule (die besser Waldrand-Ohreule heißen sollte) standen jedenfalls ausreichend Waldlücken und Waldrandsituationen zur Verfügung (Moore, Sumpfgebiete, Flussauen usw., auch Heiden?). Dieses Angebot konnte, zusammen mit Küstenstreifen, Seggensümpfen, Überschwemmungsgebieten usw., ebenso durch die Sumpfohreule genutzt werden. Ausreichend Jagdgebiete lassen sich auch für die „Allerweltsart" Uhu annehmen; an den Grenzgebieten des Waldwachstums standen für die Schnee-Eule Tundren in alpinen und subarktischen Lagen jederzeit zur Verfügung. Die größte Unsicherheit betrifft die Einschätzung des naturgegebenen Biotopangebots für die Eulenarten aus dem kontinental-mediterranen Verbreitungsgebiet (Schleiereule, Steinkauz, Zwergohreule), die geschlossene Wälder bzw. von Bäumen dominierte Areale im Allgemeinen meiden, an klimatisch raue Lagen nicht angepasst sind und in den nährstoffreichen Laubwaldgebieten Mitteleuropas einem sehr hohen Feinddruck ausgesetzt sind. Aus heutiger Sicht ist davon auszugehen, dass die breit mäandrierenden Flusssysteme ausreichend Offenlandschaften (mit Seggenwiesen, Schilfflächen und Kiesbänken) in ihrem Überschwemmungsbereich gestaltet haben, um ein Vordringen der Schleiereule selbst in sonst weiträumig bewaldete Landschaften zu ermöglichen. Dass diese Art durchaus Waldsäume und lückige Waldrandbereiche besiedeln, sogar in hohlen Bäumen brüten kann, zeigt die Biotopwahl z. B. in Schottland noch heute [986]! Für den deutlich weniger anpassungsfähigen Steinkauz ist es unwahrscheinlich, dass er – über die osteuropäischen Trockenwälder und Waldsteppen hinaus – die zentralen Waldlandschaften Europas besiedeln konnte; erst recht gilt das für die Zwergohreule. Diese Arten würden in Mitteleuropa ohne die wiederholten, massiven Landschaftseingriffe des wirtschaftenden Menschen vermutlich keine Lebensräume antreffen und gelten mit Recht als typische „Kulturfolger".

„Kulturfolger" in der Kulturlandschaft

Auch zahlreiche andere Eulenarten können – zumindest als Nutznießer der Landbewirtschaftung – von der Kultur- und Siedlungslandschaft massiv profitieren, was grundsätzlich erfolgversprechende Schutzkonzepte für diese Vogelgruppe erwarten lässt: Als wesentliche Effekte der mehrtausendjährigen Landnutzung in Europa sind – aus dem Blickwinkel der Eulenbiotope – die Verdrängung der Wälder aus den fruchtbaren Tiefebenen, aus dem wüchsigen Hügelland und den nährstoffreichen Schwemm- und Lössböden hier zu nennen; desgleichen wurde die obere Waldgrenze in den Mittelgebirgen und Alpen durch langjährige Übernutzung um wenigstens 100 Höhenmeter abgesenkt. Großflächige Wälder finden sich in klimatisch rauer Lage (z. B. Gebirgswald), in siedlungsfernen Mittelgebirgen (z. B. Slowakei, Slowenien, Rumänien) und in schwer zugänglichen Steillagen, auf armen Magerstandorten oder anderen Gebieten mit ungünstigen Bodenverhältnissen. Ob Viehweide, Mahd oder Ackerbau, die vom Menschen geschaffenen Freiflächen begünstigen ein artenreiches Insektenleben, auch hohe Wühlmausdichten: durchsonnte Feldfluren statt abschattender, kühler Wälder! Der permanente Nährstoffaustrag, eine großräumige Eindämmung der Raubtiere und Greifvögel und ein örtlich durch Rodung deutlich begünstigtes Klima schufen künstliche Offenlandschaften mit hoher Attraktivität

Steinkauz auf Strommast. Fast könnte man diese Sitzplatzwahl für eine „Isolatoren-Mimikry" halten (Foto SCHERZINGER).

z. B. für Wald- und Sumpfohreule, ließen die Einwanderung der Wärme liebenden Steinkäuze und Schleiereulen zu, örtlich sogar der Zwergohreule, und verbesserten Angebot und Erreichbarkeit der Beutetiere für den Uhu ganz erheblich! Die zunehmend massive Ausplünderung der Wälder konnte recht unterschiedliche Auswirkungen haben: Da jede Auflichtung des Kronendachs die Mäusefauna begünstigt, können Brandrodung, Kahlschlag oder Vieheintrieb die Nahrungsbedingungen für Eulen deutlich verbessern. Da aber gleichzeitig das Angebot an Specht- bzw. Baumhöhlen und Horsten die Qualität eines Brutrevieres bestimmt, profitieren die Eulen von der anthropogenen Lebensraumgestaltung in der Regel nur dann, wenn ausreichend Waldränder, Uraltbäume, Totholz und – vor allem – die notwendigen Höhlen- und Horstbauer (Spechte, Krähen- und Greifvögel) erhalten bleiben [1090]. Derartige Zusammenhänge lassen sich aktuell an den Sekundärbiotopen des Habichtskauzes in Großkahlschlagsgebieten Skandinaviens beobachten. Auch in Mitteleuropa haben der massive Forstwegebau und eine Holznutzung in bisher unerschlossenen Bergtälern während der letzten Jahrzehnte die Ausbreitung des Waldkauzes in für ihn bisher suboptimale Waldgebiete begünstigt – sogar in Rückzugsgebiete der konkurrenzschwachen Kleineulen. Die gleichzeitige Ausbreitung der boreo-alpinen Kleineulen aus dem naturnahen, ursprünglichen Nadelwald der Gebirgslagen in die künstlich begründeten Nadelforste tieferer Lagen veranschaulicht, wie sehr der wirtschaftende Mensch letztlich die Artareale von Organismen mitbestimmt. Das gilt – leider – in noch viel größerem Umfang für die biotopzerstörenden Änderungen in der Landbewirtschaftung, die die Eulen – als an sich willige Kulturfolger – gegenwärtig zu „Kulturflüchtern" machen, bis hin zur akuten Bestandsgefährdung, wie die Roten Listen zahlreicher Länder belegen [295].

„Kunstbiotop" in der Siedlungslandschaft

Gleichzeitig mit Agrarlandschaft und Wirtschaftswald hat der Mensch mit dem Haus- und Siedlungsbau völlig neue Strukturen geschaffen, die – im Gegensatz zu Feuchtwiese, Waldweide oder Hiebsflächen im Forst – keine direkt vergleichbaren Ebenbilder in der Naturlandschaft haben. Die Eulen haben jedoch in erstaunlichem Maße gelernt, Gebäude als Ersatz für hohle Bäume bzw. geräumige Felshöhlen zu nutzen – und Bezeichnungen wie *Kerkuil* (= „Kircheneule", holländisch für Schleiereule) oder *Barn Owl* (= „Scheuneneule", englisch für Schleiereule) zeigen, dass wir solche anthropogenen Sekundärzustände für arttypisch halten – und die ursprünglichen, naturgegebenen Brutbiotope oftmals gar nicht mehr kennen [170]!

Der Weg vom Primärbiotop in der europäischen Urlandschaft zum Sekundärbiotop in der europäischen Kultur- und Siedlungslandschaft verlief in einem wenigstens 6000-jährigen Prozess, in dessen Verlauf die Landnutzung die Proportionen zwischen geschlossenem Wald, halboffenen und offenen Vegetationstypen schrittweise veränderte. Mit jeder Nutzungsänderung, jeder technischen Neuerung und der Veränderung des Wasser- und Nährstoffhaushalts, mit jeder Flächenzerschneidung durch Rodung oder Straßenbau, mit architektonischen Veränderungen an Gebäuden (z. B. Schließung der Eulenluke) bzw. dem Wechsel in der Materialverwendung für den Hausbau (z. B. Stahlrohrkonstruktionen), letztlich Änderungen in der Energieversorgung (z. B. Ersatz von Brennholz durch fossile Brennstoffe) ändert sich automatisch die Biotopqualität in den Wirtschaftsräumen für die gesamte Pflanzen- und Tierwelt. Eine grob vereinfachende Gegenüberstellung von „früher“ und „heute“ ist dabei nicht möglich, da jedes Wirtschaftssystem andere Zufallseffekte für die Lebensräume hinterlässt.

Die Eulen jedenfalls reagieren empfindlich auf alle Landschaftsveränderungen, die sich auf Beutedichte und -erreichbarkeit, Brutplatzangebot, Vernetzung von Teilpopulationen sowie auf Dichte und Wirksamkeit ihrer Fressfeinde und Konkurrenten auswirken. Vorkommen und Reproduktionsgröße der Eulen werden deshalb als aussagekräftige Indikatoren bei der Lebensraumbewertung herangezogen.

Dank wirksamer Schutzmaßnahmen konnte der Uhu in die Kulturlandschaft zurückkehren, dabei sogar die Innenstädte besiedeln (Jung-Uhu am Marburger Dom; Foto WELLINGHOFF).

Lebensraumbereicherung durch Landnutzung

Von den vom Menschen gestalteten Lebensräumen sind Wiesen, Weiden und Feldflur für die europäischen Eulen besonders relevant. Sie bieten den Offenlandarten Ersatz und Ausweitung vergleichbarer Strukturen des Primärbiotops, wie Sumpfwiesen, Moore und Heiden. Wegen der besseren Erreichbarkeit der Beute und höheren Dichte an Großinsekten sind Magerstandorte bzw. nährstoffarme, schlechtwüchsige und ausgehagerte Böden besonders günstig (z. B. für Steinkauz, Schleier- und Sumpfohreule), wie sie die meist ausbeuterische, vorindustrielle Landwirtschaft typischerweise hinterließ (heute oft fälschlich als „extensiv“ und als „im Einklang mit der Natur“ verklärt!). Zu den Offenbiotopen zählen auch Kahlschläge im Wald (nutzbar z. B. für Habichtskauz, Waldohreule, Uhu), wie sie z. B. im Zusammenhang mit Köhlerei, Holzdrift usw. die Regel waren, solange Holz der wichtigste Energielieferant blieb [564]. Gebüsch- und Heckenlandschaften entstanden durch den Verbiss von Weidevieh oder durch Anlage von Lesesteinwällen, Knicks, lebenden Zäunen usw. entlang den Grundstücksgrenzen (genutzt von Wald- und Zwergohreule, Schleiereule und Steinkauz). Wegen der langen Grenzlinien zwischen Feld oder Grünland und den Busch- oder Baumhecken sind sie struktur- und deckungsreich, womit meist ein gutes Beuteangebot gesichert ist. Die in Mitteleuropa von Natur aus sicher nur marginal verbreiteten halboffenen Vegetationstypen erfuhren durch die Kultivierung eine sehr attraktive Ausweitung: Baumbestandene Viehweiden und Streuobstwiesen, oft auch Parks und Gärten oder Friedhöfe können strukturell den Waldsteppen kontinentaler Trockengebiete ähneln. Entsprechend siedeln hier bevorzugt Steinkäuze, regional auch Zwergohreulen. In besonderem Maß entsprechen durch regelmäßigen Schnitt verwuchernde Kopfbäume (aus Weiden, Eschen, Edelkastanien, vor allem Ölbäumen) den Brutplatzansprüchen dieser wenig anpassungsfähigen Eulenarten, zumal solche Bäume sehr alt – und damit reich an Fäulnishöhlen – werden können.

Der Wirtschaftswald – als gedeckter Vegetationstyp – unterscheidet sich sehr viel weniger vom europäischen Primärbiotop als die genannten, geöffneten anthropogenen Lebensräume. Deshalb gibt es im Forst auch keine wesentlich andere Artenausstattung unter den Eulen, doch können einzelne Arten von einer nutzungsbedingten Öffnung des Kronendachs profitieren (z. B. Habichts-, Wald- und Sperlingskauz, auch Waldohreule und Uhu). Von den historisch-traditionellen Nutzungsformen sind der „Weidewald" mit den oft uralten und bereits hohlen Hutebäumen sowie der „Mittelwald" mit der breiten Altersspanne zwischen dem in kurzen Abständen genutzten Unterholz und den langlebigen Hauptbäumen für die Eulen (wie Wald- und Habichtskauz, auch Uhu) mitunter attraktiver als ein naturbelassener Wald. Realistischer ist aber ein nutzungsbedingter Artenverlust im Forst infolge einer Reduktion des Höhlenangebots durch Absenkung der Umtriebszeit und der Minderung der Erreichbarkeit der Beute durch Dichtstand der Bäume [947].

Der Siedlungsraum wurde als eigenständiges Biotopelement bereits hervorgehoben. Von den Gebäuden sind große Scheunen und Kirchtürme besonders attraktiv, da sie gute An- und Abflugmöglichkeiten bieten, ein meist begünstigtes Mikroklima entwickeln und im Allgemeinen auch frei von Feinddruck und Störungen sind. Darüber hinaus ziehen Getreidespeicher, Heuböden und Viehställe sowie Misthaufen, Kompostanlagen und Mülldeponien Kleinsäuger und Kleinvögel an, die das Beutespektrum bereichern, vor allem eine Beutereserve in strengen Wintern stellen können. Zunehmend nutzt z. B. der Uhu zur Brut Gebäude, Silotürme und Industrieanlagen als künstliche „Felswände". Die „Verstädterung" einer ehemals so heimlich zurückgezogenen Eulenart ist ein unerwartetes Phänomen der letzten Jahre. Als Extremfälle wurden Uhu-Bruten in einer Fensternische in 25 m Höhe, einer Öffnung im Kirchturm in 65 m Höhe und sogar auf dem Turm einer Müllverbrennungsanlage in 100 m Höhe beobachtet [246, 596, 608, 652]. Nicht jeder Junguhu übersteht den Absprung aus solchen Höhen unbeschadet! Interessant ist, dass in deckungsfreier Offenlandschaft unterirdische Bauwerke ebenso attraktiv sein können (z. B. tiefe Ziehbrunnen als Schleiereulen-Brutplatz in der ungarischen Puszta oder Uhu-Bruten im Kohle-Tagebau – bis zu 60 m unter Bodenniveau [1034])! Darüber hinaus können Abbaustellen, wie kluftreiche Steinbrüche, Kiesgruben und künstliche Steilböschungen, besonders günstige Nistplätze für Uhu und Steinkauz, örtlich auch für Waldkauz und Schleiereule bereitstellen. Stein- und Waldkäuze nutzen als Tageseinstand oder Brutplatz sogar die Erdbauten von Wildkaninchen, die ja selbst als Kulturfolger eingestuft werden müssen, zumindest in Mitteleuropa.

Naturfremde Risikofaktoren

Der hohen Attraktivität mancher Sekundärbiotope steht häufig ein erhebliches Risikopotenzial gegenüber, was die Kulturlandschaft zur „Zwickmühle" für Eulen machen kann: Auf der einen Seite das bequeme Beuteangebot für den Uhu durch Ratten auf Müllhalden, auf der anderen Seite ein Hindernis-Parcours durch Stacheldrähte, Leitungstrassen, Glasscheiben und Gitterzäune, die jährlich hohe Verluste unter den Eulen der freien Landschaft verursachen. Auf der einen Seite kurz gemähte Wiesen als attraktiver Neststandort für die Sumpfohreule, auf der anderen Seite die Gleichgültigkeit großer Mähbalken, die Gelege oder Junge ungerührt zerhäckseln. Auf der einen Seite günstige Brutgebiete für den Steinkauz in den frei stehenden Alleebäumen, auf der anderen Seite ein Verkehrsaufkommen mittendurch, das jede Jungeule niederwalzt, sobald sie die Baumhöhle verlässt. Neu ist die Gefährdung der großen Eulen durch Windkraftanlagen, wenn sich deren Rotoren in Flugschneisen oder über günstigen Jagdgebieten drehen [103]. Wenn z. B. Pirschflüge des Uhus auch häufig unterhalb der Rotorenhöhe erfolgen, so bleibt das Mortalitätsrisiko bei Migration und Talquerungen in größeren Höhen, beim Abflug von hohen Felswänden oder Gebäuden sowie bei besonderen Wetterlagen (wie Föhnsturm, gute Thermik [300, 595]). Bestürzende Meldungen kommen aus Spanien, wo 72 % aller im Windpark verunglückten Vögel auf Greifvögel und Eulen fallen [425]. Aus den Bundesländern Deutschlands wurden 17 Uhus, 9 Schleiereulen, 8 Waldohreulen, 3 Waldkäuze und 2 Sumpfohreulen an

Verlusten durch Windkraftanlagen gemeldet (Stand März 2018 [573]). Wenigstens 5 Uhus wurden als Opfer von Windturbinen aus Schweden bekannt [425]. Wenn für große Teile Mitteleuropas auch noch aussagekräftige Zahlen fehlen, kann man sich am Beispiel Kaliforniens orientieren, wo im Windpark auf dem Altamont-Pass wenigstens 440 Kaninchen-eulen, 50 Schleiereulen und 18 Virginia-Uhus durch die Rotoren getötet wurden (Zeitraum 1998–2003 [1003].

Indirekte Bedrohung – meist unbemerkt und ungewollt

Jedenfalls können die Risikofaktoren der Zivilisationslandschaft gravierende Einbußen in den Beständen verursachen, da Eulen keine Chance haben, entsprechende Anpassungen an ein wachsendes Verkehrsaufkommen, an eine Verdrahtung der Landschaft, an Stromschlag auf Hochspannungsmasten, an steilwandige Wasserbehälter oder Rattengift-Aktionen auf der Mülldeponie zu entwickeln. Nicht minder gefährdend sind Maßnahmen, die das Brutplatzangebot schmälern, auch wenn sie oft indirekt wirken – und der Zusammenhang daher nicht immer augenfällig ist: So wirken sich Konzepte zur „sauberen Waldwirtschaft", die Totholz nach Möglichkeit beseitigt und ein Altern oder Kränkeln von Waldbäumen unterbindet, direkt auf die Siedlungsdichte von Spechten aus – und indirekt auf das Höhlenangebot für waldbewohnende Kleineulen. Auf die gleiche Weise reduziert die Modernisierung des Obstbaus das Höhlenangebot für Steinkäuze ganz drastisch, wenn statt alter Hochstamm-Apfelbäume auf „Streuobstwiesen" schnelllebiges Spalierobst in dichten Plantagen gezogen wird. Eine an sich erfreuliche Renovierung alter Kirchtürme kann die Schleiereulen verdrängen, wenn die Schallläden im Turm gegen unerwünschten Taubeneinflug vergittert werden. Die scharfe Bejagung von Elstern und Krähen zur Hege der Feldhühner kann die wichtigsten Horstbauer der offenen Heckenlandschaft beseitigen, womit Waldohreulen ihre Brutplätze verlieren, bestenfalls auf unsichere Bodennester ausweichen können. Durch massiven Düngereinsatz zur Ertragssteigerung im Grünland können sowohl Angebot als auch Erreichbarkeit von

Im Stacheldraht verunglückte Schleiereule. Bei aller Attraktivität ist die Kulturlandschaft voller Risiken, an die keine Eule angepasst sein kann (Foto Schendel).

Beutetieren für Steinkauz, Schleiereule oder Sumpfohreule derart verschlechtert werden, dass auch sonst günstige Brutgebiete rasch verwaisen ... usw. [898]!

Sehr kritisch zu bewerten ist der Gifteinsatz in der freien Landschaft, sei es zur Sicherung von Pflanzungen in Forst und Baumschulen vor Mäusefraß, sei es zur Bekämpfung von Wühlmäusen auf Feldern, Wiesen und Weiden sowie von Ratten in Lagerhallen. In der Regel werden Wirkstoffe eingesetzt, die die Blutgerinnung bei den Nagetieren unterbinden (Antikoagulantien wie Chlorphacinon, Zinkphosphid [752]). Da zum einen die Mäusezyklen, bei denen Rodentizide auch großflächig ausgebracht werden, mehr oder minder synchron mit der Brutintensität der Eulen verlaufen – und zum anderen vergiftete Mäuse für Eulen eine leichte Beute darstellen –, ist eine Aufnahme der Giftstoffe durch die Eulen hochwahrscheinlich, zumal das Mäusegift in geschwächten und verstorbenen Mäusen noch über Wochen wirksam bleibt. Dazu kommt, dass derart kontaminierte Beute an die Jungen weitergegeben wird. (In einer Schadstoffanalyse bei Schleiereulen aus Kolumbien wiesen 33 % der Nestlinge Vergiftungs-

Tabelle 15. Gefährdungsursachen für Eulen in Europa.
(Arten nach Gefährdungsfaktoren gereiht; dunkles Feld = ausschlaggebender Faktor, graues Feld = fallweise wirksamer Faktor)

NATÜRLICHE GEFAHREN	ANTHROPOGENE GEFAHREN	Sperbereule	Schnee-Eule	Bartkauz	Sperlingskauz	Habichtskauz	Raufußkauz	Zwergohreule	Schleiereule	Uhu	Waldkauz	Sumpfohreule	Waldohreule	Steinkauz
Große Eulen		□			■		■	■	□		■	■	■	■
Greifvögel					■		□				■	■	■	□
Krähenvögel								□		□		■	■	■
Spechte					□		■	□						
Hohltaube/Dohle							■		□		□			■
Wildschwein						■				■	□	■		
Fuchs	Hunde		■	□		□				■	□	■	□	
Marder	Waschbär	□		■	□	■	■	■		□	■	■	□	■
Hermelin												□		
Eichhörnchen					□		□	□			□		□	
Rossameisen					■									
Ektoparasiten				□		□			□	□	□		□	
Sturm		□		■	□	□	□	□			□		■	□
Schneedecke									■			□	□	■
Hochwasser			□									■		
Waldbrand		■		■	■	■	■						□	
	Verfolgung		□						□	■			■	■
	Jagd/Abschuss		□							■		□	■	
	Aushorstung				□			■		■				□
	Störungen/Sport								■	■	□	■	■	■
	Rodentizide								■	■	■		■	□
	Insektizide							■						■
	Brutbaum-Fällung	■		■	■	■	■	■			■		■	■
	Einfluggitter								■					
	Verkehr/Bahn		□						■	■	■		■	■
	Verdrahtung		■			■			□	■	■	■	■	
	Strommasten		■	□		■				■	■			
	Schornsteine								■		■			■
	Glasscheiben							□	□	□	□			■
	Wasserbecken		□				□	□	■	□	■		□	■
	Krähenabschuss												■	
	Weidevieh		□									■		
	Heckenrodung							□	□				■	■
	frühe Mahd											■		
	Gülledüngung							■	□	□		■		■
	Trockenlegung								□			■		
	Straßenbau		■					□		□		□	□	■
	Fragmentierung			■	□	■	□					□		
	Windkraft		□						□	■		■	□	

effekte auf [400].) Nach Studien aus England sind Schleiereulen, die im Farmgelände und in Siedlungsnähe leben, besonders betroffen. In 28 % aller Totfunde (n = 836) wurden hier Rodentizide in der Leber nachgewiesen [735], bei einer jüngeren Studie sogar in 60 % [735]. Dabei sind nicht nur die letal vergifteten Eulen zu zählen, denn auch niedrige Dosen schwächen die Konstitution und Vitalität [40]. Eine neuere Stichprobe von 100 Schleiereulen ergab Rückstände von Rodentiziden in der Leber bei 78 % (bei 69 Eulen davon > 100 mg pro Gramm Leber-Frischgewicht [114]).

Deutlich unterschätzt werden meist Spritzmittel der Agrarchemie, wenn sie über die Nahrungskette an die Eulen weitergegeben werden. In Blutproben spanischer Uhus fanden sich neben diversen Schwermetallen (Blei, Quecksilber, Kupfer, Zink) auch Hinweise auf Insektizide und Rodentizide [605]. Infolge des Zusammenwirkens von Stickstoffdünger und diversen Bioziden wurde z. B. bei frei lebenden Mäusen in Holland ein um 56 % reduzierter Anteil an bestimmten Eiweißgrundstoffen festgestellt, die bei Eulen und Greifvögeln für die Produktion vitaler Eier essenziell wären. Waldkäuze können diesen Qualitätsmangel der Beutetiere durch Bildung körpereigenen Cysteins in den Blinddärmen teilweise kompensieren. Durch indirekte Aufnahme eines solchen Schadstoffmixes kann aber auch die Schalenstruktur von Schleiereulen-Eiern so weit verändert werden, dass der Gasaustausch gestört, wenn nicht blockiert wird. (In nicht geschlüpften Eiern wurden auf Sizilien Hexachlorbenzene, PCB 138, 153, 170, 180,187 sowie DDT bzw. DDE regelmäßig nachgewiesen [128].)

Darüber hinaus sind speziell die Siedlungsfolger unter den Eulen dem jeweiligen Naturverständnis der Bevölkerung völlig ausgeliefert, ob sie ein Opfer abergläubischer Dämonenfurcht werden, bloß als „Schmutzfinken" aus Dachböden und Kirchen verdrängt werden, als Gefahr für die Fasanenhege verfolgt – oder umgekehrt als Nützlinge beschützt werden, die den Hof von Mäuseplagen befreien. In unserer auf Freizeit orientierten Gesellschaft kommt ein hohes Störungspotenzial durch Kletterer am Uhu-Felsen, durch Fotografen an der Spechthöhle mit der hungrigen Raufußkauz-Brut oder

Aufruf gegen unbedachtes Ausbringen von Rodentiziden (Raptors are the Solution/Jackie Nott; California-USA).

durch frei laufende Hunde z. B. im Brutgebiet der Sumpfohreule hinzu. Da heimische Eulen wegen ihrer hohen Schauwirkung für Zoo- und Liebhaberhaltung attraktiv sind und manche Arten auch – nach wie vor – als Lockvögel für die Hüttenjagd eingesetzt werden, sind einige auch durch Aushorstung für Gefangenschaftshaltung und Tierhandel gefährdet, was regional speziell Zwergohreule, Steinkauz oder Uhu betreffen kann. Das Sammeln von Eiern, Federn oder auch Augen von Eulen für Magie und Volksmedizin sowie die Verwendung getöteter Eulen zur Abwehr von Unheil und Dämonen kann in Afrika und Asien bis heute ein bestandsbedrohendes Ausmaß erreichen, dürfte in den Ländern Europas aber kaum noch praktiziert werden.

Die Aufzählung möglicher Gefährdungsursachen soll nicht einer Schuldzuweisung dienen, sondern über stichwortartige Beispielnennung die Notwendigkeit von möglichst umfassenden Artenschutzkonzepten unterstreichen, da die Behebung einzelner Mangelfaktoren (z. B. Anbringen von Kunstnestern oder Nistkästen) oder die Entschärfung jeweils einzelner Risikofaktoren (z. B. Sicherheitsisolatoren auf Strommasten) alleine noch keinen Erfolg zeigen können, wenn daneben bedrohliche Negativfaktoren (z. B. Verfolgung, Verkehrsopfer, Vergiftung von Beutetieren) weiterhin wirksam bleiben!

Eulen brauchen Hilfe

Naturkatastrophen – wie Vulkanausbruch im Tropenwald, Sturmflut im Watt oder Jahrhundertwinter in der Taiga – können zu Bestandseinbrüchen, lokal möglicherweise auch zum Erlöschen eines Vorkommens führen. Die allermeisten Probleme des Artenrückgangs, des Lebensraumverlustes, der Verarmung der Biodiversität und der Nivellierung der natürlichen Vielfalt auf anpassungsfreudige „Allerweltsarten" sind jedoch vom Menschen gemacht.

Holzschnitt mit Uhu-Darstellung (aus GESNER 1669).

Von der großflächigen Umgestaltung der Landschaft durch den Menschen sind die Eulen in ihren Lebensraumansprüchen unmittelbar betroffen. Unser Umgang mit Umwelt, Landschaft, Wald und Böden – letztlich mit Leben und Lebewesen – lässt sich daher an der Entwicklung dieser Vogelfamilie indirekt ablesen, wie in einem „Eulen-Spiegel".

In steter Abhängigkeit vom Beutetierangebot folgt die Bestandsentwicklung der Eulen – als Beutegreifer im Spitzenfeld der Nahrungspyramide – gleichzeitig auch der Qualitätsentwicklung weiterer biotopbestimmender Faktoren. Während einige Arten von der anthropogenen „Kultursteppe" oder dem stark verlichteten Forst profitieren, ist der überwiegende Teil der europäischen Eulenfauna auf unsere besondere Rücksichtnahme angewiesen, einzelne Arten wurden sogar in die Existenzgefährdung gedrängt. Die „Roten Listen" dokumentieren diese Entwicklung flächenscharf und ungeschminkt: Eulen benötigen unsere Hilfe. Die Bedürfnisse und Nöte der Eulen sind innerhalb Europas äußerst verschieden, weshalb auch keine allgemeingültigen „Rezepte" zur Sicherung der Eulenarten und ihrer Lebensräume zusammengefasst werden sollen, vielmehr ist der Vielfalt der Zielsetzungen jeweils eine Vielfalt an Stützungsmaßnahmen gegenüberzustellen. Die Diskussion um Hilfsprogramme für die Eulen – stellvertretend für die jeweiligen Tierarten unterschiedlichster Ökosysteme – muss jedenfalls beim Menschen und seinen Motiven ansetzen!

Eulen – Opfer des Aberglaubens

Ausgerechnet Eulen zu unterstützen ist keine Selbstverständlichkeit. Wenn uns diese faszinierenden Geschöpfe mit dem starren „Puppenblick" heute auch vielerorts als Maskottchen aus Plüsch oder Keramik, aus Wurzelholz oder als kunstvolle Plastik begegnen, so ist das Image als „Sympathieträger" eine recht junge Erscheinung – auch in Europa. Es sind genau die typischen Eigenschaften dunkelaktiver Jäger, die die Eulen seit alters – und über alle Völker und Kulturen hinweg – als unheimliche Geisterwesen erscheinen ließen: der starre und

Die eulengesichtigen Steinstelen der Megalithkultur verkörpern die Schattenseite einer Leben gebärenden Erdmutter (aus von Reden 1989).

„durchdringende“ Blick aus den großen Augen, das mitunter „fratzenhafte“ Gesicht, der spukhaft-leise Flug und das plötzliche Auftauchen aus der für den Tagmenschen undurchschaubaren Düsternis. Das Gleiche gilt ebenso für das plötzliche Verschwinden durch „Verwandlung“ der Eule in einen Flechten-überkrusteten Ast, in ein Büschel dürres Gras oder einen abgeschürften Stein – durch die Tarnstellung. Die auffällig vorgerichteten Augen waren für die Griechen des Altertums namengebend für die Eulenfamilie (*glaux* = hell, glänzend, blaugrau); in Süditalien fürchteten die Leute deren „bösen Blick“, der geradezu töten konnte [371]. Nicht zuletzt dürfte die kreischend-zischende Stimme für die gesamte Ordnung namengebend gewesen sein (Ableitung *Strix* von lateinisch *stridere* = heiser zischen [392]).

Totenvögel

Die *Striges* galten jedenfalls als dämonische Hexen, die Unglück verheißen, wenn nicht sogar veranlassen (der Wüstenkauz *Strix hadorami* heißt in Israel heute noch *Lilith* [= Hexe], benannt nach der Todesgöttin der alten Sumerer). Als mythologische Darstellung gewinnt die Eule – mit ihrem maskenhaften Gesichtsausdruck – bereits in den Darstellungen der Megalithkultur die negative Bedeutung des Totenvogels; das Eulengesicht bildet die Kehrseite der Leben spendenden, großen Erdmutter, die die Feldfrucht wachsen lässt und den Herden Fruchtbarkeit schenkt [853]. Mit hässlichem Hakenschnabel verschlingt die Eule die Erdenbürger, um deren Leben dem ewigen Kreislauf aus Geburt und Tod bzw. Vergehen und Erstehen wieder zuzuführen. Nur so ist zu verstehen, weshalb ein klagender Eulenschrei den Tod, ein lachender aber eine Geburt ankündigen sollte [371]! In besonders augenfälliger Weise veranschaulichen diesen Zusammenhang die großen, kistenförmigen Tonsarkophage aus dem vorgeschichtlichen Palästina, deren Einfüllöffnung als Eulengesicht mit weit aufgerissenem Schnabel gestaltet ist [978]. In phönizischen Gräbern fand man Hinweise auf Eulen, die dem Toten als „Seelenbegleiter“ mitgegeben worden waren. Die Funktion eines „Begleiters in die Anderswelt“ wird z. B. der Schnee-Eule noch heute bei arktischen Völkern zugeschrieben:

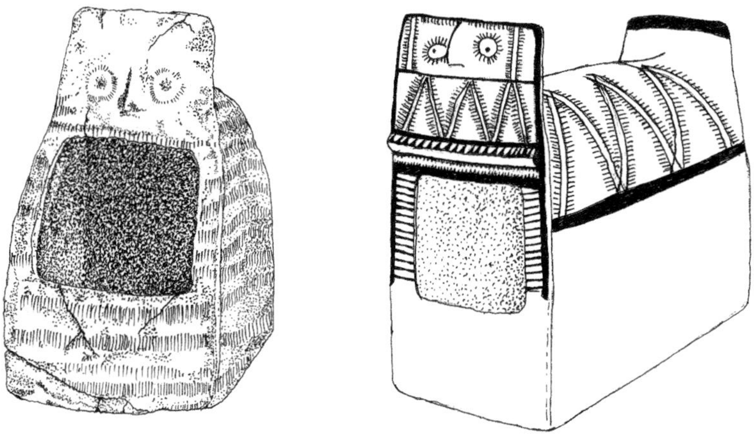

Tonsarkophage mit Einfüllöffnung als Eulengesicht gestaltet, aus dem vorgeschichtlichen Palästina (nach Seipel 1998).

Eulen-Stelen dienen entsprechend als Grabmal bei nordamerikanischen Indianerstämmen [813]. Die Eule teilt hier die Rolle der chthonischen Urkräfte, wie sie als Schlange, Kröte oder Salamander Gestalt annehmen können und als Schicksalslenker in unseren Märchen fortleben bzw. als Symbol für heidnische Unbelehrbarkeit im Glauben sogar in den Darstellungen heutiger Weltreligionen aufscheinen.

Schwarze Magie

Wenn Papageien auch deutlich „hässlicher" schreien, Bären um vieles gefährlicher sind und die Fleckenzeichnung des Jaguars eine wenigstens ähnlich perfekte Tarnwirkung zeigt, so tragen diese Tierarten durchwegs ein positives Image im Gegensatz zu den Eulen. Die Kombination ihrer Spezialisierungsmerkmale bündelt alle Facetten des Unheimlichen, Unvorhersehbaren, Undurchschaubaren – alles Attribute einer vom Menschen nicht beeinflussbaren Welt außerhalb von Ordnung, Planung und Zivilisation, wie wir sie heute in den Begriff der „Wildnis" projizieren –, die unsere Ahnen aber mit Bedrohung, ja Tod gleichsetzten. So wurde die Herbstbalz mancher Eulenarten als „infernalisches" Getöse des dahinstürmenden Geisterheeres in der „Wilden Jagd" gedeutet, ihr Geheule als Wehklage unerlöster Seelen bzw. verwunschener, verfluchter, zur Strafe verwandelter oder ungesühnt ermordeter Menschen aufgefasst. Insofern schien es ratsam, Eulen wegen ihrer Verbindung zur Unterwelt nicht zu töten, zu schrecklich könnte ihre Rache sein, es sei denn, es gelingt ein Schuss mit geweihten Nägeln [371]. Entsprechend skurril erscheinen uns heute die traditionellen Gegenmaßnahmen zur Abwehr der Eulen als Unheilskünder bzw. zur Bannung ihrer Prophetie: Durch Abreißen oder Verbrennen der Gebäude oder durch Einsatz von scharfen Mitteln zur Reinigung der Dachbalken, auf die sich eine Eule niederließ, hofften manche Kulturen die unheilvolle Erscheinung ungeschehen machen zu können; durch Pfählung der Eule wollte man den Dämon in ihr bezwingen. Noch bis vor wenigen Jahrzehnten wurden Eulen ans Scheunentor genagelt – zur Abschreckung böswilliger Kräfte, vor allem als Schutz vor Blitzschlag und Feuersbrunst. So erwartete man, die an sich schadbringenden Eigenschaften der Eulen durch List zum Nutzen des Menschen einsetzen zu können, vor allem für die Herstellung von Heil- und Zaubermitteln, seien es die Federn, die – unters Kopfkissen gelegt – zu tiefem Schlaf verhelfen, seien es Eulenaugen zur Unterstützung der eigenen Sehkraft, das Eulenherz als Liebeszauber, ihr Fett gegen Fieber oder die Krallen für die Kräftigung der menschlichen Hand. Uhu-Eier gelten in Asien und Afrika noch heute als besonders wirksam für die Hexerei [344]. Nach schamanistisch geprägten Vorstellungen konnte man die Eulen auch als Mittel auf dem Weg in die Geisterwelt nutzen, weshalb die Schmückung mit Eulenfedern magische Kräfte vermitteln oder die Tötung einer Eule Glück bringen konnte. Solche Assoziationsmagie folgt keiner Logik und keiner Erfolgskontrolle – und hält sich dennoch unverbraucht über die Jahrhunderte! Wenn die Intensität abergläubischer Vorstellungen, die in die harmlosen Mäusefresser hineininterpretiert wurden, und die Heftigkeit der Abwehrmaßnahmen auch regional sehr verschieden ausfielen, so gilt doch für ganz Europa, dass ein Eulenschutz erst

Tarotkarte mit Eulenmotiv – zum wahrsagerischen Kartenlegen.

über eine naturkundliche Aufklärung greifen konnte.

Symbole der Weisheit

Als Gegenströmung zu diesem archaischen Bild von der Eule als todbringendem Würgengel wirkte zunehmende Ehrfurcht vor der außermenschlichen „Weisheit", die sich im unbewegt-stoischen Gesichtsausdruck der Eule zu spiegeln schien. Weder das hassende Kreischen der Krähen noch die Scheinattacken diverser Singvögel scheinen den Hüttenuhu auf der Sitzkrücke aus der Fassung bringen zu können, als trüge er sein „Leiden" mit überlegener Gelassenheit und verzeihender Duldsamkeit [55]. Symbolhaft wurde dieses Bild sogar auf das Christentum übertragen. Eine solche positive Assoziation gelang am ehesten im sonnigen Mittelmeerraum, wo z. B. der Steinkauz durch seine auffällige Tagaktivität viel vom Spukhaften eines Nachtvogels abstreifen konnte, doch symbolisiert diese Art – auch als Attribut der göttlichen Athene – noch die düstere Vorahnung des Sehers bzw. kommenden Missgeschicks.

Aus heutiger Sicht nicht mehr nachvollziehbar, hörte man im Mittelalter im Eulenruf ein hemmungsloses Lustgeschrei – und so kam sie in den Ruf frivoler Begierde und sündhafter Ausschweifung. Die großen Maler dieser Zeit haben unterschiedlichste Eulen als Allegorie der Lasterhaftigkeit in ihre Gemälde projiziert [55].

In völligem Kontrast zur eher scheuen Begegnung mit dem unergründlichen Eulenblick schätzen manche Kulturen die Eule als erdverbundene Schöpferkraft, die Wachstum und Fruchtbarkeit sichert. So gilt die Eule in Japan bis heute als Glückssymbol, was eine kulturelle Fülle an Eulendarstellungen bis zu Dekorartikeln und Maskottchen hervorgebracht hat. Dem Wunsch, diese seltenen Vögel zu sehen, wenn möglich auch zu berühren, kommen aktuell sogenannte *Owl Cafés* nach, wo neben der Bewirtung auch lebende Eulen zum Streicheln und Kosen angeboten werden. Da werden die „Glücksbringer" – ohne Rücksicht auf die hohe Stressempfindlichkeit dieser Nachtvögel – als kurzlebige Konsumartikel vermarktet!

Eine Rehabilitation ihres schlechten Rufes gelang der Eule zum Dritten als nützlicher Mäusefänger in der Landwirtschaft. Zwar hat sie nie eine so starke Zuneigung erfahren wie die ganz ähnlich wirkende Hauskatze (die sich – dunkelaktiv, lautstark und mit übermenschlichen Sinnen ausgestattet – ja ebenfalls vom Scheu einflößenden Hexenwesen, das mit teuflischer Falschheit Unglück verursachen kann, zum verwöhnten Hausgenossen und Spielgefährten gemausert hat), doch war die Wirkung der Eule als Schädlingsbekämpfer in Scheune und Speicher ganz offensichtlich, was speziell für die Schleiereule gilt. Als weiteres Motiv ist die Auseinandersetzung der Kunst

Auf der Jule angeketteter Uhu zur „Hüttenjagd". Die vor der drohenden Eule „hassenden" Vögel konnten aus einem nahen Versteck (der „Hütte") leichter geschossen werden (nach Weinstein 1985).

mit der Eule zu nennen, die – bei aller Symbolhaftigkeit dieser Nachtgespenster – die Faszination, die der Mensch in der Begegnung mit diesen Fabelwesen erlebt, noch verstärken kann, ob in Malerei, Plastik, Mosaikfußböden oder in den neuzeitlichen Sammelobjekten der Souvenirläden. Der Eulenblick lässt uns nicht los!

Anthropozentrischer Eulenschutz

Der überwiegende Teil der Europäer betrachtet die Familie der Eulen heute vorurteilsfrei, häufig auch mit biologisch-ökologischem Hintergrundwissen, was eine sachliche Diskussion zum Eulenschutz begünstigt. Gleichwohl sind die Motive zur Beschäftigung mit Eulen sehr unterschiedlich: Nach wie vor zählt das bereits angesprochene Nützlichkeitsdenken (Utilitarismus), das die Eule als willkommenen „Hilfsgeist“ einstuft. In älteren Schul- und Lehrbüchern finden sich regelmäßig Hochrechnungen, wie viele Ratten und Wühlmäuse – als Schädlinge – von den Eulen vertilgt werden (vergleichbar den „Arbeitsvögeln“ unter den Meisen und Fliegenschnäppern, von denen sich speziell der forstliche Vogelschutz einen wesentlichen Beitrag zur Bekämpfung forstschädlicher Insekten erhoffte). Um die Effektivität der Mäusejäger zu forcieren, werden Sitzkruken auf Kahlhiebsflächen aufgestellt, Nisthöhlen und Kunsthorste in Wald- und Heckengebieten geboten oder den Eulen der Zugang zu Dachböden und Scheunen erleichtert (z. B. „Eulenluken“ [170]).

Eulen als „nützliche“ Mäusevertilger: Der Mäusekonsum einer Waldohreulen-Familie entspricht in seinem Jahreslauf der wechselhaften Wühlmausdichte (nach WIJNANDTS 1984).

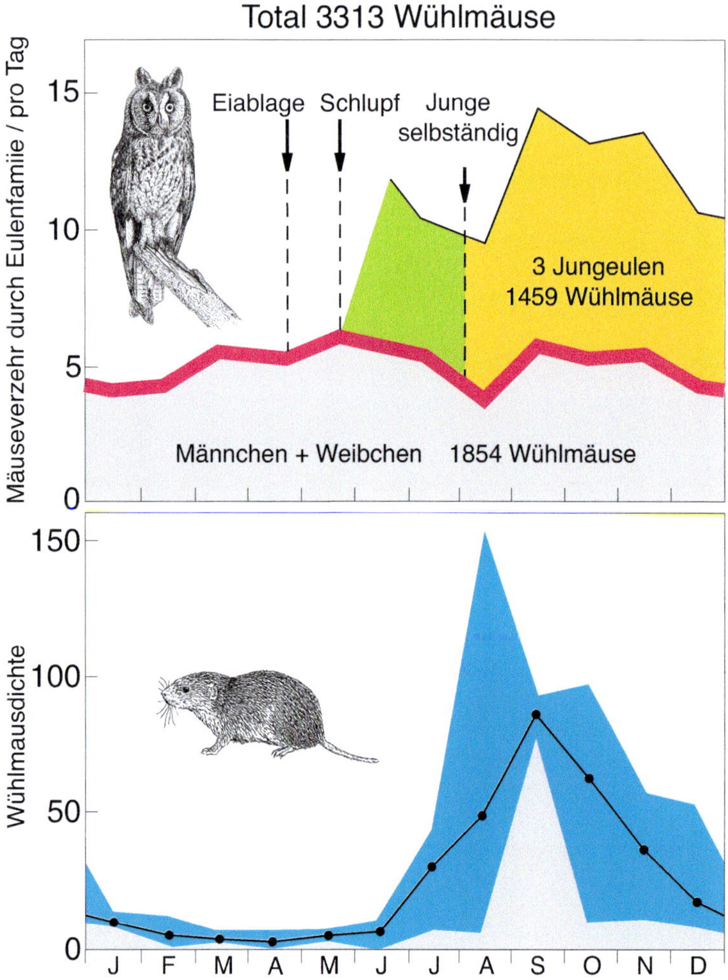

Nützliche Schädlingsvertilger

Tatsache ist, dass Eulen ein hohes Beuteangebot reaktionsschnell zu nutzen verstehen, indem sie ihre Fortpflanzungsleistung der jeweiligen Bestandsschwankung von Mäusepopulationen angleichen. In Spitzenjahren, in denen ein Massenangebot an Kleinsäugern einem Massenaufgebot an Jägern gegenübersteht, bleibt die Effektivität der Eulen aber nahezu unbedeutend. Bei wieder abklingender Mäusedichte hingegen schlägt die hochgepuschte Eulenpopulation voll zu und kann dadurch den Zusammenbruch der Nagerdichte beschleunigen. Mithilfe eines systematisch angelegten Netzes von Nistkästen wurden z. B. Schleiereulen in Großplantagen erfolgreich angesiedelt, um die Ernteverluste durch Ratten einzudämmen [414].

Die anthropozentrische Zweiteilung der frei lebenden Tierwelt in „nützlich“ und „schädlich“ folgt einer Logik, die von der Zweckbestimmung der Schöpfung ausgeht, den Interessen des Menschen zu dienen. Gestützt wurde dieser Ansatz durch eine deterministische Naturauffassung der frühen Ökosystemlehre, derzufolge jeder Organismus einen arttypischen Beitrag zur Entfaltung eines ökologischen Gleichgewichts zu leisten habe, damit sich stabile, langlebige und gegen Störung robuste Systeme einstellen können. Aus evolutionsbiologischer Sicht erfährt ein solches Idealbild keine direkte Unterstützung, wenn auch außer Zweifel steht,

Schleiereule mit junger Ratte; zur „biologischen Schädlingsbekämpfung" wurden Eulen mehrfach mit Erfolg angesiedelt (Foto POLLIN).

dass besonders artenreiche Ökosysteme mit sehr komplexen Wechselwirkungen der Arten – bzw. deren Individuen – weniger leicht zu Extremschwankungen einzelner Populationen neigen (z. B. Schädlingskalamität). Doch verfolgt die Natur keine vorgegebenen Zielsetzungen, vielmehr probiert sie stets neue Wege aus, worauf letztlich ihre Vielgestaltigkeit beruht!

Jagdliche Konkurrenz

Das Nützlichkeitsdenken stößt überall dort an seine Grenzen, wo Tierarten – wie z. B. große Eulen – uns sowohl „nützlich" als auch „schädlich" erscheinen: So gibt es tatsächlich Gegenüberstellungen, ob ein Uhu z. B. nicht insgesamt doch eher schädlich ist, wenn er neben den Müllratten, Krähen und verwilderten Haustauben, deren Vertilgung wir als „nützlich" einstufen, auch Feldhasen, teuer aufgezogene Fasane oder gar herzige Igel erbeutet – erst recht, sobald er den hochgradig gefährdeten Wanderfalken schlägt! Zur Korrektur dieses Bildes gab es in den Anfangsjahren des Uhu-Schutzes reale Bemühungen, den teuren Schützling als Nützling zu trainieren, indem man Junguhus das Schlagen von verwilderten Hauskatzen und unerwünschten Waschbären andressieren wollte! Diese Strategie konnte nicht aufgehen, da sich die Qualität des Beuteangebots im Uhu-Revier nicht an derart großen und relativ seltenen Beutetypen entscheidet, sondern stets an der häufigsten und bequemsten Beute! Die Ernüchterung hat in manchen Gebieten zum Wiederaufleben der Verfolgung „jagdschädlicher" Eulen geführt, wobei neben dem Uhu auch Waldohreulen, sogar Steinkäuze ins Visier kamen, denen man teilweise die Erfolglosigkeit aufwendiger Einbürgerungsversuche mit Fasanen, Chukarhühnern und Hochbrut-Flugenten oder importierten Feldhasen anlastete!

Zeigerarten

Für zeitgemäße Fragestellungen ist die „Nützlichkeit“ von Eulen als Bio-Indikatoren wichtig. In ihrer Funktion als Spitzenkonsumenten nehmen die Eulen – über die Nahrungskette – ganz automatisch Stoffe auf, die sich in Fettgewebe, Knochen, Federn und Eischalen einlagern und dort entsprechend nachgewiesen werden können. Die zunehmende Schadstoffbelastung der Luft durch Auspuffgase der Kraftfahrzeuge ließ sich für manche Regionen Mitteleuropas z. B. im Bleigehalt des Uhu-Gefieders nachweisen. Allein beim Überfliegen belasteter Gebiete filtert ein Uhu die Schwermetalle mit seinem Gefieder direkt aus der Luft [309]! Wenn die Belastung durch das Breitband-Insektizid DDT, das bis Mitte des 20. Jhs. bei Eulen und Greifvögeln zu dünnschaligen – und somit bruchgefährdeten – Eiern geführt hatte, in der europäischen Landwirtschaft auch nicht mehr zum Einsatz kommt, so nehmen die Eulen über ihre Beute heute immer noch gefährliche Agrargifte auf, die den Organismus schwächen, das Verhalten beeinträchtigen und auch zum Tode führen können [752].

Aus der Sicht der Naturschutzplanung erhielten die Eulen einen praxisorientierten Stellenwert als Zeigerarten für vielfältige Lebensräume: Über ein langlebiges Vorkommen höhlenbrütender Kleineulen kann z. B. auf ein funktionsfähiges Zusammenwirken von naturnaher Waldstruktur, Altbäumen und Totholz, Insektenreichtum und Spechtbestand geschlossen werden. Entsprechend wurden unter den Eulen „Leitarten“ für die Gestaltung artenreicher und schützenswerter Kulturlandschaften herausgestellt: z. B. der Steinkauz für Streuobstwiese, Knickhecke mit Weideland und für dörfliche Struktur, die Schleiereule für „extensives“ Grünland, Ackerrandstreifen und Buschhecken im dörflichen Umfeld, die Sumpfohreule für ausgedehnte Watt- und Feuchtwiesen sowie Niedermoore.

Artenschutz – eine weltweite Verpflichtung

Spätestens seit der Internationalen Naturschutzkonferenz von Rio de Janeiro 1992 sollte aber klar sein, dass es im Grunde keiner Rechtfertigungsargumente für den Schutz bedrohter Arten bedarf, wenn es gilt, die „Biodiversität“ – in ihrer weltweiten Vielfalt an Arten und deren Anpassungen – möglichst vollständig zu erhalten. Abgesehen davon, dass Pflanzen- oder Tierarten, die uns heute nutzlos, unnütz oder gar lästig erscheinen, sich möglicherweise in Zukunft als kostbare Lieferanten nutzbringender Produkte (z. B. Enzyme, Heilmittel, Farbstoffe) oder als biologische Modelle für industrielle Fertigung (z. B. leichte und flexible Stützstrukturen, schalldämpfende Beläge, auch Oberflächenbeschichtung) herausstellen könnten, trägt die Menschheit eine ethisch-moralische Verpflichtung zum schonenden Umgang mit den Mitgeschöpfen – zur Bewahrung der Schöpfung (vgl. Päpstliche Enzyklika *Laudato si’* 2015)! Die Eulen machen uns diese Entscheidung leicht, denn kaum jemand könnte sich dem Bann ihres unergründlichen Blickes, der Faszination ihres zarten Gefieders und der Präzision ihrer Sinnesorgane entziehen. Neben ihrer bezaubernden ästhetischen Ausstrahlung versinnbildlichen die Eulen gleichzeitig ein Stück ungezähmter Natur, als Boten letzter Wildnis.

Entsprechend gibt es heute eine Reihe sehr vitaler Arbeitskreise, Organisationen und Veranstaltungen, die sich intensiv mit Schutz, Biologie und Stammesgeschichte der Eulen befassen – vom lokalen Treffen der Nistkastenbetreuer und Beringer am „Eulenstammtisch“ bis zum internationalen Kongress der Wissenschaftler *(World Owl Conference)* – je nach gesellschaftlichem Wirkungskreis. Das Engagement dieser meist ehrenamtlichen „Strigologen“ spiegelt sich in zahlreichen Tagungsberichten, Ausstellungen und Veröffentlichungen wider und hat in nahezu allen Ländern Europas großartige Anerkennung in Medien und Öffentlichkeit gefunden. Im Vergleich zu den Aktionen in Nordamerika fehlen uns allerdings spezialisierte „Eulenstationen“, wo sich Interessenten über aktuelle Schutzprogramme und Forschungsfragen informieren können und die ihre Besucher für den Eulenschutz regelrecht begeistern können – und sei es durch eine gelungene „Eulen-Show“ (z. B. Owl Festival Houston/Minnesota, Nine Pipes Owl Research/Montana)!

Fachgerechte Nachweismethoden

Richtiges Helfen muss auf richtige Informationen bauen, weshalb feldbiologische Arbeiten zur Erstellung von Verbreitungskarten, für Bestandserfassung und Analyse des Gefährdungspotenzials hier den eigentlichen Schutzmaßnahmen vorangestellt werden: An Nachweismethoden kann so ziemlich alles herangezogen werden, wodurch Eulen auffällig werden, seien es „hassende" Vögel, die einen Kauz im Tagesversteck entdeckt haben, oder die breiten, weißen Kotflecken, die den Uhu im Steinbruch verraten, seien es die typischen Gewölle der Schleiereule im Kirchturm, Mauserfedern unter dem Schlafplatz einer Waldohreule oder eine Nestlingsgruppe von Raufußkäuzen im Nistkasten. Für den Sperlingskauz sind sowohl Beutedepots in Baumhöhlen als auch der „Auswurf" unter dem Flugloch seiner Bruthöhle ein guter Hinweis. Ohne Zweifel liefern die Eulenstimmen die besten Nachweise, zumal die Gesänge und Rufe artspezifisch zugeordnet werden können. Die Artkapitel weisen auf die jeweiligen Aktivitätsschwerpunkte hin, die die günstigsten Voraussetzungen – in puncto Jahres- und Tageszeit – zum „Verhören" von Eulen bieten. Die Nachweiswahrscheinlichkeit lässt sich bei einigen Arten durch ein Angebot attraktiver Kunstnester erhöhen (z. B. Steinkauz), in Einzelfällen kann auch Futter-

Tabelle 16. Nachweismöglichkeiten von Eulenvorkommen im Gelände (Kriterien nach Bestimmungssicherheit differenziert: dunkles Feld = sicher, helles Feld = möglich, aber unsicher).

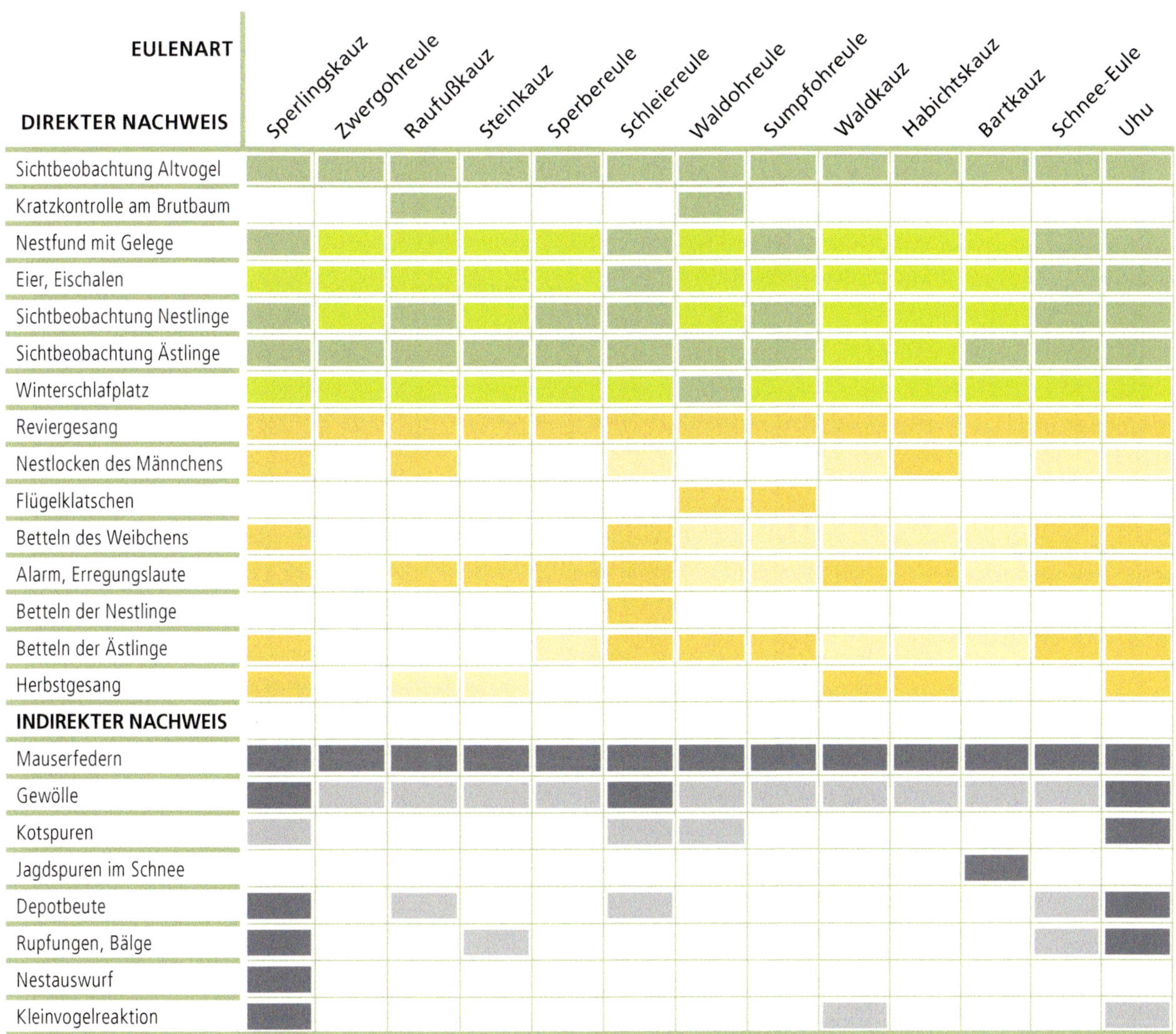

▷ Kotspuren von Schleiereulen am Fenstersims. Eulenvorkommen können auch über indirekte Merkmale effektiv nachgewiesen werden (Foto LIMBRUNNER).

▷▷ Brutplatzkontrollen liefern eine Vielzahl wichtiger Daten (attackierendes Habichtskauz-Weibchen bei Nistkastenkontrolle, Wienerwald; Foto SCHERZINGER).

angebot hilfreich sein (z. B. durch Anlage einer „Mäuseburg“); des Weiteren sind Optiken mit Restlichtverstärker, automatische Wildkameras oder fernbediente Infrarot-Videos moderne Hilfsmittel, die die Beobachtungschancen verbessern können [1057].

Die Methoden zur Eulenerhebung müssen in jedem Fall nicht nur von der fachlichen Seite, sondern auch hinsichtlich der Berücksichtigung von Tier- und Artenschutz korrekt sein. Dazu zählt äußerste Zurückhaltung beim Anlocken von Eulen mit Eulenstimmen vom Tonband, da es sowohl unmittelbaren Stress als auch konkretes Feindrisiko verursachen kann, speziell bei den kleinen Eulenarten! Auch kann das Aufsuchen von Niststätten zur Brutzeit eine unzulässige Störung bedeuten, wenn dadurch z. B. die Uhu-Mutter zum Verlassen noch kleiner Nestlinge veranlasst wird oder die Waldohreule – durch Klopfkontrolle am Brutbaum – aus dem Horst gescheucht wird. Hier darf kein falscher Ehrgeiz antreiben, denn zahlreiche Verluste gehen auf scheinbar harmlose Beunruhigung zurück, zumal schlaue Beutegreifer die Störungssituation sofort für sich zu nutzen wissen! Da indirekte Nachweiskriterien grundsätzlich störungsärmer erhoben werden können als direkte Sichtbeobachtung oder Anlocken durch Stimm-Imitation, sollte diesen der Vorzug gegeben werden, speziell bei großflächigen Geländekontrollen, bei denen der Kartierer ohnehin keine intimen Kenntnisse individueller Eulenreviere erwerben kann.

Bestandserfassung

Die Zusammenfassung großräumig erhobener Eulenbeobachtungen z. B. in Regionalfaunen und Vogelatlanten lässt bereits wertvolle Übersichtsdarstellungen zu, aus denen lokale Schwerpunktgebiete, räumliche Ausdehnung und auch Verinselungsprobleme ablesbar sind. Über reine Verbreitungskarten hinaus lohnt die Feststellung der örtlichen Siedlungsdichte, die erste Hinweise zu Vitalität bzw. Gefährdungsgrad liefern kann. Regional, national und länderübergreifend werden bedrohliche Bestandstrends aller heimischen Wirbeltierarten in den „Roten Listen“ aufgeführt; sie bieten eine gute Orientierung und zeigen die Risikogebiete deutlich auf. Mit den Schutzgebietskategorien Natura 2000 und den EU-Vogelschutzgebieten wurde die Sicherung eines „guten Erhaltungszustands“ für Populationen gefährdeter Arten zum Maßstab, was auch den Eulen zugute kommt. Als Beutegreifer am Ende der Nahrungskette sind Eulen von Natur aus relativ selten (zumindest im Vergleich zu ihren Beutetieren), wobei die relative Siedlungsdichte je Flächeneinheit (Abundanz) mit der Größe der Eulenart typischerweise abnimmt (z. B. beim

RANDVERBREITUNG	SPEZIALISIERUNG		BEUTEGREIFER IN SPITZENSTELLUNG	BIOTOP-AUSFORMUNG		BIOTOP-VERLUST
Schleiereule Steinkauz Zwergohreule Schnee-Eule Bartkauz Sperbereule (Habichtskauz)	Beute	Zwergohreule Steinkauz	Uhu Schnee-Eule Habichtskauz	vorwiegend naturnah	Sperlingskauz Raufußkauz Habichtskauz Sperbereule Bartkauz Schnee-Eule	durch abnehmende Naturnähe im Biotop
	Biotop	Sumpfohreule Zwergohreule Steinkauz		vorwiegend anthropogen	Zwergohreule Steinkauz Schleiereule	durch zunehmende Naturnähe im Biotop
	Brutplatz	Sperlingskauz Raufußkauz		sowohl als auch	Waldkauz Waldohreule Sumpfohreule Uhu	durch anthropogene Lebensraumveränderung

Tabelle 17. Gründe für die Seltenheit der Eulenarten in Mitteleuropa
Eulenarten sind von Natur aus selten: wenn nur der äußerste Rand ihres Hauptverbreitungsgebiets bis zu uns reicht; wenn sie auf selten gegebene Beute, Lebensräume bzw. Brutplätze spezialisiert sind; wenn sie als Spitzenprädatoren relativ große Beutemengen benötigen. In der vom Menschen gestalteten Landschaft werden Eulenarten selten: wenn die Bewirtschaftung das Angebot natürlicher Biotope verringert, aber auch, wenn vom Menschen geschaffene Biotope in der offenen Landschaft durch Nutzungsänderung verloren gehen.

Steinkauz = mittlere Reviergröße 25–40 ha, beim Uhu = rund 2000 ha). Seltenheit für sich muss noch kein Hinweis auf Gefährdung sein. Ein alarmierendes Ergebnis liegt vor, wenn:

- ein Eulenvorkommen aus nur ganz wenigen Individuen und noch dazu in auffälliger Isolation besteht;
- trotz Vernetzung solcher Splittergruppen die Gesamtindividuenzahl zu niedrig ist, um Bestandsschwankungen, Brutpaarverluste, schlechte Fortpflanzungsjahre usw. ausgleichen bzw. abpuffern zu können (die minimale, überlebensfähige Populationsgröße [= *MVP*] wird im Schrifttum allgemein mit 50 Paaren bis 500 Individuen eingeschätzt, doch fehlen Erfahrungswerte für Eulen dazu);
- der Eulenbestand anthropogenen Verlustfaktoren ausgesetzt ist, die zu übermäßigen Ausfällen führen (die jährliche Reproduktionsrate kann die Verlustrate auch längerfristig nicht mehr ausgleichen; z. B. bei direkter Verfolgung, regelmäßiger Brutstörung, Stromschlag-Opfern, Verkehrsverlusten).

Die hier vorgestellten Möglichkeiten zur Stützung der Eulen bzw. zur Sicherung ihrer Vorkommen werden – je nach Einzelzielstellung – dem Tierschutz, Arten- oder Biotopschutz zugeordnet, die jeweils für sich eine sehr verschiedene Breitenwirkung erzielen, in einem synergistischen Konzept aber zur maximalen Entfaltung kommen können. Allen Konzepten ist die Notwendigkeit gemeinsam, durch Aufklärung der Bevölkerung für mehr Toleranz gegenüber den Eulen zu werben, auch wenn sie durch nächtlichen Lärm, durch Schmutz am Scheunenboden oder Beuteerwerb im Hühnerstall unangenehm auffielen!

Entschärfung von Unfallrisiken

Unsere technisierte Welt bereitet den Eulen vielfältige Unfallrisiken, an die diese Vögel – bei aller Spezialisierung ihrer Sinne – von Natur aus nicht angepasst sein können. So verunglücken zahlreiche Uhus in Stacheldrähten, Lichtleitungen, durch Stromschlag auf Hochspannungsmasten und durch Verkehr (besonders gefährlich scheinen Eisenbahntrassen zu sein, die Felsgebiete durchschneiden). Windparks könnten für Uhus und mittelgroße Eulenarten zur neuen Gefahrenquelle werden [573]. Wartenjäger wie Schleiereule, Waldohreule, Waldkauz und auch Schnee-Eule werden häufig von Kraftfahrzeugen erfasst, wenn sie die Begrenzungspfosten am Straßenrand zum Beutefang nutzen. (Ein besonderes Risiko besteht bei Schneelage, da die Eulen in der schneefreien Straße ein günstiges Jagdgebiet vermuten. Jedenfalls bewirkte die massive Erschließung des hohen Nordens von Kanada für den Fernverkehr erhebliche Verluste unter den Schnee-Eulen [1147].) Steinkäuze sind durch

Verkehr gefährdet, wenn sie alte Bäume an Straßen als Brutplatz nutzen. Frühe Mahd mit Großmaschinen kann die Sumpfohreulen-Brut gefährden, und wie für alle Vogelarten sind große Glasscheiben, steilwandige Wassergefäße, Zäune usw. ein Unfallrisiko. Auf der Suche nach tiefgründigen Bruthöhlen stürzen immer wieder Waldkäuze in glattwandige Kamine, auch verfangen sich Steinkäuze oder Schleiereulen in Abzugs- und Belüftungsschächten. Die kursorische Aufzählung macht deutlich, dass es ausgerechnet die „Kulturfolger" unter den Eulen sind, die unter der Technisierung der Zivilisationslandschaft am meisten leiden. Waldbewohnende Eulen sind weniger stark von Verkehrsverlusten betroffen, mehr jedoch durch Fällung ihrer Höhlen- und Horstbäume.

Pflegestationen

Eine Reihe – meist privater – Auffang- und Pflegestationen kümmert sich in den meisten Ländern Europas um solche Unglücksvögel, die meistens mit Knochenbrüchen, Verbrennungen, abgetrennten Extremitäten oder auch inneren Verletzungen (z. B. Bluterguss am Rücken, Lungenquetschung, Hirnblutung nach Aufprall gegen ein Auto) angeliefert werden. Ungewollt werden Eulen auch Opfer von Vergiftungsaktionen gegen Wühlmause und Ratten in Forst- und Landwirtschaft. Darüber hinaus werden noch immer Eulen mit Schussverletzungen überbracht, was für das Pflegepersonal besonders deprimierend ist! Dazu kommen vor allem Jungeulen, die z. B. nach Gewitterböen aus dem Nest gestürzt sind, oft auch nur im „Wanderstadium" vom Waldboden aufgelesen wurden – in Unkenntnis der Eulenbiologie.

Vertreter des wissenschaftlichen Naturschutzes stehen den Pflegestationen meist distanziert und skeptisch gegenüber, da der hohe Aufwand und das Artenschutzinteresse besser den frei lebenden Eulen gewidmet werden sollte, zumal ohnehin nur ein Bruchteil der verunglückten Vögel wieder als geheilt in die Natur zurückgebracht werden könne. Diese Kritik übersieht, dass gut geführte und öffentlichkeitswirksame Pflegestationen eine bedeutende Leistung im Hinblick auf Sensibilisierung, Aufklärung und emotionale Begeisterung für den Eulenschutz erbringen können, gerade durch die unmittelbare Anschauung von schuldlosem Leiden, von flugunfähig gewordenen Meisterfliegern, von Beutegreifern mit starren Gelenken, von lebenslang verkrüppelten Wesen. Spezialisierte Stationen haben sich zum Ziel gesetzt, solche „Krüppel" zur Nachzucht zu bringen, damit wenigstens deren Nachkommen dem Freiland zurückgegeben werden können, was eines ungewöhnlichen tiergärtnerischen Geschicks bedarf (z. B. The Owl Foundation/CND, Eulen- und Greifvogelstation/Haringsee, Österreich, Rehabilitationsstationen des NABU und LBV in Deutschland [945])!

Noch flugunfähige Jungeulen und verunglückte Altvögel werden jährlich in großer Zahl bei Pflegestationen abgegeben. Hier bemüht man sich, möglichst viele der Fundtiere wieder auszuwildern oder wenigstens für Zucht- und Bildungsprogramme zu nutzen (Waldkäuze in der Eulen- und Greifvogel-Station Haringsee; Foto Scherzinger).

Zuchtprogramme

Neben speziellen Zuchtstationen gehen manche Vogelparks, Tiergärten und Liebhaberorganisationen einen anderen Weg im Eulenschutz. Sie haben sich die Arterhaltung durch Gefangenschaftszucht zum Ziel gesetzt, speziell bei Eulenarten, deren Fortbestand im Freiland durch rasanten Lebensraumschwund bedroht erscheint (vgl. S. C. R.O. = *Society for Conservation and Research of Owls*). Mit dieser sehr aufwendigen Maßnahme erhofft man sich sowohl die Bewahrung der genetischen Einzigartigkeit als auch eine breite Werbewirksamkeit für das Anliegen des Arten- und Biotopschutzes zugunsten der betroffenen Arten. Es steht außer Zweifel, dass die Liste endgültig ausgestorbener Tierarten ohne ein vergleichbares Engagement früherer Generationen heute um vieles länger wäre, wie die Erhaltung von Wisent, Przewalskipferd, Europäischem Nerz, Bartgeier oder Waldrapp verdeutlicht, um nur einige Erfolgsprojekte aus der europäischen Fauna zu nennen. Umgekehrt steht außer Zweifel, dass eine unsachgemäße Gefangenschaftshaltung bei Jungeulen zur Verhaltensdeprivation (mangelhafte Entwicklung) infolge unzureichender Ernährung und/oder Unterbringung in reizarmer Umgebung führen kann. Gerade bei Liebhaberzuchten, aber auch an Falkenhöfen werden solche Verhaltensabweichungen meist nicht erkannt, solange das körperliche Wachstum und die Gefiederausbildung arttypisch erscheinen! Noch gravierender wirkt sich die oftmals praktizierte Handaufzucht aus, da sie in der Regel zu irreversibler Fehlprägung der Jungeulen führt. Im Pessimalfall bleiben solch verhaltensgestörte Eulen zeitlebens infantil, erkennen ihre Artgenossen nicht, attackieren dafür Personen – als vermeintliche Rivalen – und entwickeln mitunter auch keine Fortpflanzungsreife. Werden Nestlinge gemeinsam mit artfremden Eulen aufgezogen, kann sogar eine spätere Hybridisierung infolge von Fehlprägung begünstigt werden [951]. Bei Nachzuchten mit nur wenigen Gründerindividuen über mehrere Generationen kann es sogar zu genetischer Verarmung kommen (z. B. Inzucht-Depression, Gendrift), was die Überlebensrate ausgewilderter Vögel im Freiland erheblich mindert. Derartige Risiken können durch großzügige, biotopgerecht gestaltete Gehege, durch Vermeidung von Handaufzuchten bzw. Fehlprägung, durch artgerechte Ernährung und Zuchtbuchführung deutlich gemildert werden, wobei auf eine möglichst große Individuenzahl untereinander nicht näher verwandter „Gründertiere" im Zuchtstamm zu achten wäre [61, 941]!

Die Gefangenschaftshaltung von Eulen ist entsprechend der Landesgesetze geregelt, unterliegt somit bestimmten Richtlinien (für Deutschland: „Mindestanforderungen an die Haltung von Greifvögeln und Eulen", Ref. Tierschutz im BM. Ernährung u. Landwirtschaft (Dez. 2024) und bedarf in der Regel einer behördlichen Genehmigung. Aus Tierschutzgründen untersagt ist die Hüttenjagd mit dem lebenden Uhu, zumindest in Deutschland. Anzustreben ist auch ein Verbot der falknerischen Haltung von Eulen und deren Präsentation in kommerziellen Flugschauen, die speziell für dunkelaktive Arten eine hohe Stressbelastung bedeuten [952].

Wiederansiedlungsprojekte

Die Vermehrung seltener Eulen in menschlicher Obhut hat ihre praktische Bedeutung vor allem als Grundlage von Wiederansiedlungsprogrammen, da diese dann auf die Entnahme von Wildvögeln verzichten können. Zur Aufstockung oder künstlichen Wiederbegründung frei lebender Eulenbestände wurden z. B. im deutschsprachigen Raum umfangreiche Zuchtprogramme mit dem Uhu eingerichtet, regional auch mit Habichtskauz, Schleiereule und Steinkauz, im Einzelfall sogar mit Zwergohreule und Sperlingskauz. Die größten Stückzahlen wurden vom Uhu freigesetzt, der unter den günstigen Ernährungsbedingungen der Gehegehaltung eine maximale Reproduktionsleistung erbringt. Mithilfe einer „Population unter Draht" konnten in Deutschland z. B. die Uhu-Bestände im Harz, in Baden-Württemberg und der Eifel, zuletzt auch in Schleswig-Holstein wiederbegründet sowie individuenarme Randvorkommen – wie z. B. im Bayerischen Wald – aufgestockt werden [62, 852, 939].

Als Methode eignet sich besonders die „Adoption", bei der Eier oder Junge aus Freilandbruten oder aus der Gehegehaltung am Brutplatz eines Wild-Uhus untergeschoben werden. Die Junguhus wachsen dann bei ihren Zieheltern unter völlig natürlichen Bedingungen heran. Die Adoption kommt praktisch ohne direkte Manipulation der Eulen aus und meidet dadurch das Risiko von Verhaltensstörungen; sie ist allerdings auf noch vorhandene Restvorkommen beschränkt. Bei Wiederbesiedlung bereits verwaister Brutgebiete gilt es, entsprechende Eulen entweder aus noch vitalen Populationen umzusiedeln oder die Nachzucht aus der Gehegehaltung bestmöglich in den vorgesehenen Lebensraum zu integrieren. Eine solche „Auswilderung" kann über ein Zuchtgehege direkt im künftigen Lebensraum erfolgen, wo die Jungeulen von arteigenen Eltern erbrütet werden und bis zur Familienauflösung heranwachsen. Im Idealfall bleibt bei dieser Methode der menschliche Betreuer für die Eulen unerkannt (kein Risiko von zu großer Vertrautheit). Im Alter von rund 3 Monaten, wenn die Junguhus z. B. nahezu ausgewachsen und zu eigenständigem Beutefang in der Lage sind, können sie direkt aus dem Zuchtgehege freigelassen werden. Eine Alternative ist die Übersiedlung halbwüchsiger Jungeulen aus einer Zuchtstation in eine Auswilderungsvoliere vor Ort, wo sie entsprechend versorgt werden, wenn möglich auch die Chance haben, Lebendbeute kennenzulernen. In entsprechendem Alter dürfen die Eulen das Gehege selbstständig verlassen (kein Stress durch Einfangen, Transport etc.). Eine dritte Methode wäre das *hacking*, bei dem Jungeulen an einem gesicherten, aber nicht abgeschlossenen Standort im Ansiedlungsgebiet mit Futter versorgt werden und bis zum Selbstständigwerden die Möglichkeit zu schrittweiser Erkundung des künftigen Lebensraumes haben. Bei all diesen Methoden müssen die freigelassenen Vögel bis zur Erreichung völliger Selbstständigkeit bzw. Abwanderung vom Freilassungsort an einen Futterplatz gewöhnt werden, um die fehlende „Führungszeit“ im Kontakt mit den Euleneltern bestmöglich zu kompensieren.

Sogleich nach Freisetzung erkunden die Jungeulen nicht nur die Umgebung, sie trainieren auch den Beuteerwerb aus eigenem Antrieb; ein „Vorbild“ durch die Eltern ist dabei nicht erforderlich.

Als Beispiel eines besonders erfolgreichen Projekts sei die Wiederansiedlung des Uhus in Schleswig-Holstein genannt, wo die Art landesweit als ausgestorben galt und nach ersten Freilassungen 1980 innerhalb von nur 30 Jahren ein Brutbestand von rund 200 Paaren etabliert werden konnte. Trotz Einstellung weiterer Freilassungen von Gehege-Uhus 2002 festigte sich der Uhu-Bestand infolge guter Reproduktion im Freiland. Im „Mäusejahr“ 2015 kamen 271 Junguhus zum Ausfliegen [852]! Aktuell dürfte mit einem Gesamtbestand von rund 400 Revieren in diesem Bundesland die Gebietssättigung erreicht sein. Entsprechend drängen Uhus bereits in die holländische und dänische Nachbarschaft [70].

Unter dem Aspekt der Komplettierung der natürlichen Artenausstattung starteten 1975 erste Versuche zur Wiederansiedlung des Habichtskauzes im Nationalpark Bayerischer Wald. Bis zum Beginn des 20. Jhs. galt der Bayerische Wald bzw. Böhmerwald als reliktäres Habichtskauz-Brutvorkommen – mitten in Europa. Seit dem Abschuss eines offenbar letzten Individuums um 1925 schien die Art örtlich ausgestorben. Dank der Zusammenarbeit von zoologischen Gärten, Zuchtstationen und privaten Züchtern gelang der Aufbau eines Zuchtstammes, aus dem 3–17 Jungkäuze pro Jahr freigelassen wurden (im Mittel 7 Individuen; Auswilderung von Nachzuchten aus Zuchtvolieren vor Ort oder Umsiedlung aus Zuchtstationen in Auswilderungsvolieren

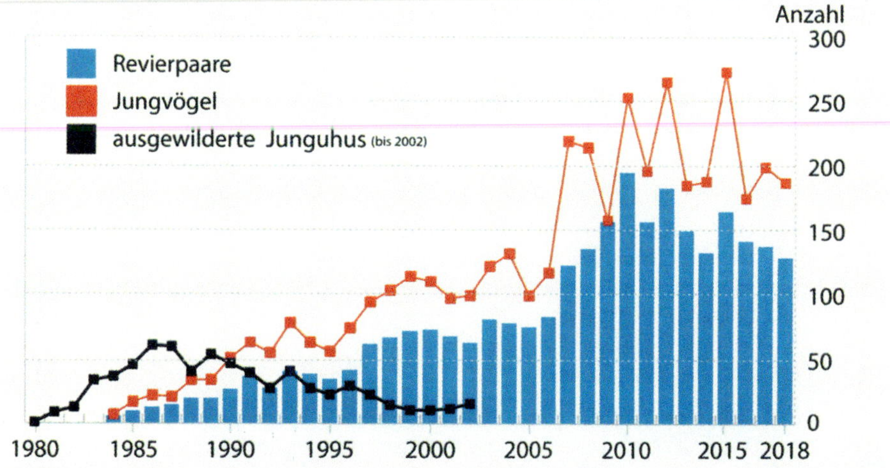

Dank systematischer Freilassung von Uhus aus der Gefangenschaftsnachzucht gelang es, z. B. in Schleswig-Holstein einen frei lebenden Bestand von rund 400 Brutpaaren zu entwickeln (an die 150 Brutkontrollen jährlich; Reiser 2019).

Im Rahmen eines Wiederansiedlungsprojekts in Österreich wurden Spezialringe mit integriertem Chip eingesetzt, der eine automatische Ablesung des anfliegenden Vogels ermöglicht (Habichtskauz-Weibchen bringt Beute zur Brut im Nistkasten; Foto LEDITZNIG).

im Gelände und Freilassung ebenda). Trotz der geringen Individuenzahl gelang es nach 14-jährigem Bemühen, die Art hier wieder als Brutvogel zu etablieren. Dank entsprechender Zusammenarbeit mit dem Nationalpark Šumava kann der heutige Habichtskauz-Bestand im Böhmerwald auf wenigstens 30 Reviere geschätzt werden. Ein Anschlussprojekt im nördlich gelegenen Oberpfälzerwald/Steinwald zeigt erste Bruterfolge 2024 [96, 948].

Zur Absicherung dieses Erfolges schien es erforderlich, dieses Inselvorkommen mit den vitalen Populationen der Slowakei im Osten und Sloweniens im Süden zu vernetzen. Entsprechend starteten 2009 Zucht- und Auswilderungsprojekte in Österreich, durch die eine Art Trittstein im Verbundsystem entwickelt werden sollte. Die Ansiedlung verläuft bisher sowohl im Buchen-betonten Projektgebiet „Wienerwald" als auch im Gebirgswald am „Wildnisgebiet Dürrenstein" überraschend erfolgreich [1213]. Ortsveränderungen und Dispersion werden mit modernster Telemetrie-Technik begleitet; dank Farbberingung mit integriertem Chip können Ansiedlung und Paarbildung individuell nachgewiesen werden [581].

Die Erfolgsquote solcher durchaus kostspieligen Versuche hängt im Wesentlichen von der Eignung der Lebensräume und der Eignung der freigelassenen Eulen, letztlich der gewählten Auswilderungsmethode ab (inklusive etwaigen Jagdtrainings auf lebende Beute). Entsprechend wichtig ist eine großräumige Vorbereitung des potenziellen Ansiedlungsgebiets, speziell die Bereitstellung geeigneter Brutstätten (Kunsthorste, Nistkästen). Dazu bedarf es einer Absprache mit Grund- bzw. Waldbesitzern, damit die Biotopqualität gesichert bzw. angehoben werden kann (z. B. Belassen von Höhlen- und Uraltbäumen sowie Brachland, extensive Wiesenbewirtschaftung oder Beweidung, Anlage von Ackerrandstreifen). Erfolgsentscheidend sind jedenfalls Dauer und Umfang der Maßnahme (Anzahl und räumliche Verteilung der Freilassungsorte, Laufzeit an Freilassungsjahren, Aufbau eines ausreichend großen Zuchtstammes entsprechender genetischer Eignung, Anzahl jährlich freizulassender Jungeulen), des Weiteren ein geeignetes Monitoring der ausgewilderten Eulen im Freiland sowie eine effektive Öffentlichkeitsarbeit. Professionelle Vorbereitung und fachliche Begleitung sind daher unerlässlich [941, 942].

Experimente in der Kritik

Es sei nicht verschwiegen, dass einige Natur- und Artenschutzverbände die Wiederansiedlung mit gezüchteten Tieren rundweg ablehnen, was zum einen rein ideologische Gründe haben kann (Wunsch nach nicht manipulierter Natur), zum anderen in der Befürchtung von Missbrauch (Alibifunktion anstelle der Biotopsicherung) und einer missverständlichen Interpretation in der Öffentlichkeit begründet ist (Verschleierung der Gefährdungsursachen, wenn die „Machbarkeit" der Arterhaltung durch Zucht und Freilassung vorgetäuscht wird). Freilich wurden z. B. in den Anfangsjahren der Uhu-Ansiedlung auch ungeeignete Vögel freigesetzt, wie z. B. halbzahme Handaufzuchten, Freiland-untaugliche Käfigvögel oder ungeeignete Herkünfte (z. B. asiatische Unterarten des Uhus oder deren Mischlinge mit europäischen Uhus), was völlig zu Recht kritisiert wurde. Auch reichten bei lokalen „Privataktionen" weder Stückzahl noch Laufzeit der Freisetzung aus; nicht zuletzt fehlte mehrfach eine entsprechende Vorbereitung, wie z. B. die Beseitigung von Unfallrisiken, die Einbindung der Grundeigentümer und der Jägerschaft.

Umgekehrt wäre ein grundsätzlicher Verzicht auf dieses Artenschutzinstrument weder gerechtfertigt noch zu verantworten, zumal es in begründeten und seriös gestalteten Programmen die einzige verbleibende Hilfe für existenzbedrohte Eulen sein kann. Zur Vorbeugung gegen Fehlprojekte wurden national und international Kriterienlisten für die formelle und praktische Gestaltung von Wiederansiedlungsprojekten aufgestellt, zuletzt von der Internationalen Union für Naturschutz (IUCN 2013). Nach diesen Richtlinien ist vorab zu prüfen:

Tabelle 18. Möglichkeiten artspezifischer Stützungs- und Schutzmaßnahmen für die Eulen Europas. (Arten nach bevorzugtem Biotop-Strukturtyp gruppiert; dunkles Feld = vorrangig empfohlen, graues Feld = fallweise hilfreich)

BIOTOP-STRUKTURTYP	Schnee-Eule	Sumpfohreule	Schleiereule	Steinkauz	Zwergohreule	Uhu	Waldohreule	Sperbereule	Habichtskauz	Waldkauz	Bartkauz	Raufußkauz	Sperlingskauz
	Offenlandschaft			Parklandschaft, Felsen				Wälder, Taiga					
„Artenschutz"													
künstlicher Brutplatz			■	■	■	□	■	■	■	■	■	■	□
Horstbewachung	■					■							
Abschirmung gegen Fressfeinde			■	■	■	□		□				■	□
Notzeitfütterung			■				□						
Anlage einer „Mäuseburg"			□	□			□		■	■	□	□	□
Bestandsstützung durch Adoption			□	□		■			□				
Bestandsstützung durch Auswilderung			■	■		■							□
Wiederansiedlung			■	□		■			■				
„Biotopschutz"													
Gestaltung Steinbruch			□	■		■							
Gestaltung Gebäude			■	■	□	□							
Gestaltung Streuobstwiesen/Gärten			□	■	■		□			□			
Gestaltung Heckenlandschaft/Alleen		□	□	■	□		■			□			
naturnaher/naturgemäßer Waldbau								□	□	■	□	■	■
Gestaltung Waldlichtungen						□	□	■	■	■	■	■	■
Kahlschlag	□	■	■			□	■	□	■	□		□	□
Beweidung im Grünland	□	■	□	■	□	■	□		□				
Mähwiesen		■	□			□	□						
Vernässung Feuchtgebiete		■											

- aus welchem Grund der ursprüngliche Eulenbestand erloschen ist bzw. ob diese Negativursachen rechtzeitig ausgeräumt werden können;
- wieweit der projektierte Lebensraum qualitativ und quantitativ ausreicht, um eine überlebensfähige Teilpopulation zu etablieren;
- welche Unterarten/Ökotypen am geeignetsten erscheinen – und ob dieses „Tiermaterial" aus noch vitalen Freilandbeständen oder aus der Nachzucht in Gefangenschaft gewonnen werden kann;
- über welche Zeiträume wie viele Individuen und mit welcher Methode freigelassen werden sollten – inklusive der erforderlichen Finanzierung;
- ob sich durch die Freisetzung der Zielart Konflikte für andere bedrohte Arten ergeben können; ob Probleme mit Jagd oder Landwirtschaft zu erwarten sind oder auch eine Gefährdung von Personen;
- wie das Ansiedlungsexperiment durch Öffentlichkeitsarbeit vorzubereiten ist, die laufende Entwicklung wissenschaftlich begleitet und protokolliert werden kann und das Resultat zur Erfolgskontrolle letztlich zu interpretieren ist [415]!

Hilfsmaßnahmen

Der klassische Artenschutz bemüht sich um Sicherung und Förderung bedrohter Einzelarten, vor allem durch Steigerung der Lebenserwartung bzw. Senkung der Verlustrate. Als erster Schritt stehen – neben den erwähnten Bemühungen um Akzeptanz, Toleranz und Wertschätzung der Arten als Naturerscheinungen – die Artenschutzgesetze, die auf nationaler und Landesebene das Stören, Verfolgen, Fangen oder Bejagen der Eulen gesetzlich zu unterbinden versuchen (in Mitteleuropa sehr uneinheitliche Zuordnung der Eulen in Naturschutz- oder Jagdgesetzgebung, zum Teil sogar innerhalb eines Staates). International geregelt sind der Handel inklusive Gefangenschaftshaltung im Rahmen des Washingtoner Artenschutzabkommens (WA, Eulen im Anhang II), wonach Wildfänge bzw. ausgehorstete Freilandtiere praktisch nicht mehr angeboten, verkauft, gehalten oder nachgezüchtet werden dürfen (Ausnahmen können verunglückte bzw. gesund gepflegte Freilandvögel betreffen). Als Zweites seien Bemühungen zur Minderung von direkten Verlusten durch Krankheiten, Parasiten und Fressfeinde genannt. Eine Behandlung von Eulennestlingen gegen Zecken, Hirschlausfliegen oder Milben wurde zwar im Einzelfall propagiert [967], ist im Allgemeinen aber weder notwendig noch gerechtfertigt. Effektiveren Schutz vor Ektoparasiten bewirkt eine regelmäßige Erneuerung der Brutkästen. Verbreitet sind Empfehlungen zur Feindabwehr am Brutplatz (z. B. Blechmanschetten am Raufußkauz-Brutbaum gegen kletternde Feinde wie Baummarder oder Katzen; besondere Einrichtungen am Flugloch von Steinkauz-Nistkästen gegen das Eindringen von Steinmardern; auch Absicherung von Uhu-Bruten auf Felsbändern gegen Füchse). Oft genügt auch das Anbringen der Nisthilfen auf glattrindigen Stämmen in großer Höhe. Allein das Umhängen älterer Kunsthöhlen, damit z. B. Marder die Standorte nicht auswendig lernen, kann den Prädationsdruck absenken [1024]. Zum Dritten zählt die künstliche Versorgung mit Beute zu den klassischen Ansätzen des Artenschutzes. Allein schon wegen der hohen Kosten und der aufwendigen Projektgestaltung müssen solch intensive Hilfsmaßnahmen in der Praxis beschränkt bleiben, wie auf die Versorgung ausgewilderter Eulen, auf eine Zufütterung bei Wildbruten, deren Jungenzahl künstlich aufgestockt wurde (z. B. durch „Adoption" zugesetzter Jungeulen) bzw. auf besondere Notfälle (z. B. massiver Wintereinbruch). So kann ein Angebot lebender Labormäuse während anhaltender Schneebedeckung tatsächlich für das Überleben örtlicher Schleiereulen-Bestände ausschlaggebend sein. Daneben gab es Versuche, durch Angebot unbedenklicher Schlachtkörper große Greifvögel von der Aufnahme kontaminierter Wildtiere abzuhalten (z. B. in Gebieten mit hoher Belastung an DDT, Schwermetallen, Radio-Cäsium), wovon Uhu und Waldkauz profitieren können. Das Auslegen von „Aufbruch" aus der Jagd ist nur zu empfehlen, wenn das Wildtier mit bleifreier Munition erlegt wurde, da herkömmliche Munition zu lebensbedrohlicher Bleivergiftung führen kann.

Nicht zuletzt braucht es eine Unterstützung der NGOs und Behörden gegen illegale Abschüsse, Aushorstung und Eiersammler. Der Britische „Barn Owl Trust“ hat ein umfangreiches Handbuch zu Schutzmaßnahmen für die Schleiereule herausgegeben; vergleichbar liegt auch ein Handbuch aus Holland für den Schutz von Steinkäuzen vor [40, 337].

Ideeller Eulenschutz ist unverzichtbar, ideologische Einseitigkeit jedoch schädlich! Bei aller Effektivität solcher Maßnahmen stellen sie ja massive Eingriffe in das Gefüge der Ökosysteme dar. Einseitige Proklamationen zum Artenschutz sind deshalb zunehmend in die Kritik geraten, vor allem wenn sie die Wildtiere in enge Abhängigkeit vom Menschen und seinen Schutzbemühungen bringen. Das kann im Extrem sogar der Zielsetzung der Sicherung von Arten – in ihrer naturgegebenen Charakteristik – widersprechen. Als Leitmotiv des Artenschutzes durch direktes Eingreifen muss daher gelten: „So wenig wie möglich – so viel wie nötig“.

Sicherung der Biotopqualität

Darüber hinaus muss das Management immer im Zusammenhang mit den Verhältnissen im Lebensraum gesehen werden, da noch so strikter Schutz einer einzelnen Eulenart nichts fruchten kann, wenn das Biotopangebot weder qualitativ noch quantitativ den Bedürfnissen entspricht! Aus dieser Folgerung leitet sich die Zielsetzung „Artensicherung durch Biotopschutz“ ab, ein sehr breiter Ansatz, der vom Angebot künstlicher Niststätten bis zur Einrichtung spezifischer Reservate reicht. Beispielhaft seien hier zunächst Sofortmaßnahmen zur Behebung akuter Mängel und weitere Zielvorstellungen zur langfristigen Entwicklung einer geeigneten Lebensraumausstattung vorgestellt.

Ein vorrangiger Ansatz ist die Ausschaltung erkannter Gefährdungs- und Verlustursachen im Gelände, wie sie speziell in unserer Kultur- und Siedlungslandschaft die jährliche Mortalität der Eulen bestimmen. Dazu zählen die Horstbewachung im Uhu-Brutgebiet, um Störungen durch Felskletterer, Tierfotografen und Hobbyforscher abzuhalten, die terminliche Absicherung der Brutplätze felsbewohnender Eulen gegen Sprengungen im Steinbruch bzw. waldbewohnender Eulen gegen Forstarbeiten zur Brutzeit, eine Planung des Mähtermins unter Rücksichtnahme auf die bodenbrütende Sumpfohreule oder eine Abstimmung bei Gebäude- bzw. Kirchenrenovierungen auf die Belange der Schleiereulen und Steinkäuze. Eulenschützer sollten auch bei geplanten Forstschutzmaßnahmen und der Sanierung von Müllkippen herangezogen werden, da z. B. Giftaktionen zur Wühlmaus- oder Rattenbekämpfung die Eulen direkt treffen können. Gute Erfahrungen gibt es beim Abbau von Risikofaktoren in der freien Landschaft, wie die Umgestaltung von ungesicherten Hochspannungsmasten bzw. deren Isolatoren zur Vermeidung von Stromschlägen (betrifft alle großen Arten von Waldkauz- bis Uhu-Größe) oder die Positionierung geeigneter Ansitzplätze außerhalb des Gefahrenbereiches von Autobahnen (zum Schutz aller mittelgroßen Arten von Schleiereule bis Waldkauz). Präventiv sollte unfallträchtiger Stacheldraht an Viehweiden gegen optisch besser erkennbare und flexible Litzen ausgetauscht werden. Auch das Vergittern von verlockenden Schornsteinen, Schächten und Wasserbecken, die ungesichert wie Lebendfallen wirken können, gehört dazu. Zur Unfallverhütung an Windkrafträdern fehlen noch praktikable Vorschläge; die in manchen Ländern empfohlene Abstandsregelung z. B. zu Uhu-Horsten kann wegen der enormen Größe der Jagdgebiete nur sehr beschränkte Wirkung haben.

Künstliches Brutplatzangebot

Ein zweiter wichtiger Ansatz ist die Beseitigung offensichtlicher Mängel an Biotop-entscheidenden Requisiten, gemäß der bereits angeführten Feststellung, dass einzelne, limitierende Faktoren die Qualität des gesamten Biotops bestimmen können. Hier sind die verbreiteten Bemühungen zur Anhebung des Brutplatzangebotes anzuführen, von denen nahezu alle europäischen Eulenarten profitieren können: Erprobte Nistkastenmodelle gibt es heute für alle Höhlen- und Nischenbrüter. Da manche Eulen die gebotenen Kunsthöhlen den Naturhöhlen vorziehen, ist hier besondere Sorgfalt auf artgemäße Materialien, Größendimensionen, richtigen Bodenbelag, gutes Mikroklima und effektive Absicherung gegen Beutegreifer – auch menschliche Störer – anzuwenden. Dazu ist auch die richtige Montage zu zählen. Nicht adäquate Kästen können zur Falle werden – und letztlich mehr schaden als nützen:

- z. B. Verluste an Eiern und Jungeulen durch „Kloaken-Milieu“ in ungelüfteten Steinkauz-Röhren;
- vermehrte Brutpaarverluste durch den lernfähigen Steinmarder bei „bequemer“ Erreichbarkeit der Kleineulen-Nistkästen;
- vermehrt unbefruchtete Eier bei der Schleiereule, wenn die Paarung über der Brutmulde durch zu geringe Nistkastenhöhe behindert ist;
- vermehrt nicht geschlüpfte Eier, wenn durch zu harten bzw. zu glatten Höhlenboden die Eier während der Bebrütung „verrollen“.

Dank der Ausbringung von Hunderten, zum Teil auch Tausenden von Nistkästen für Schleiereule und Steinkauz z. B. in Großbritannien, Holland, Deutschland und Tschechien, für Raufußkäuze in Finnland und Deutschland, für Habichtskäuze in Finnland, Deutschland, Österreich und Ungarn, liegen heute vielseitige Erfahrungen über Effektivität und Zweckmäßigkeit unterschiedlichster Konstruktionen vor. Daneben gibt es lokale Nistkastenaktionen für Sperbereulen (z. B. Finnland) und Zwergohreulen (z. B. Österreich [619]). Sperlingskäuze nehmen Nistkästen regelmäßig als Beutedepot an, aber nur ausnahmsweise auch zur Brut. Das Brutplatzangebot lässt sich aber durch Anbringen ausreichend langer Stammstücke mit natürlichen Spechthöhlen anheben. In den USA wurden flexible Bohrgeräte eigens zur Anlage von künstlichen Spechthöhlen für den Eulenschutz entwickelt. Abgesehen davon, dass eine solche Beschädigung lebender Bäume hierorts nicht erwünscht ist, scheint der Schutz unserer frei lebenden Spechtarten langfristig der günstigere Weg. Bewährt haben sich auch künstliche Horste aus Zweigmaterial, Körben oder kleinen Plattformen für Waldohreule und Bartkauz, wobei auf ein nahes Versteck für das Wache haltende Männchen zu achten ist [122]. Im nordischen Nadelwald akzeptieren Bartkäuze sogar abgesägte Hochstubben als Nistplatz. Künstliche Brutplätze werden auch vom Uhu gerne angenommen, wobei meist schon die Räumung überdachter Felsbänder

Waldkauz-Junges am Flugloch einer geretteten Naturhöhle. Bei Baumfällungen können Stammstücke mit noch brauchbaren Höhlen abgetrennt und für weitere Bruten angeboten werden (Foto Nill).

von Grobgeröll oder dichtem Buschwerk ausreicht. In aufgelassenen Steinbrüchen lassen sich regelrechte Brutnischen in den Fels hauen, die ganz auf das Bedürfnis nach guter Übersichtlichkeit bei gleichzeitiger Deckung und für Feinde unzugänglich gestaltet werden können [246]. Es stehen auch umfassende Anleitungen zur Förderung der Schleiereule in Kirchtürmen zur Verfügung, unter Berücksichtigung des Problems verwilderter – bzw. lästiger – Haustauben, z. B. durch geschickte Anbringung der Nistkästen hinter den Turmjalousien [40, 170].

Sicherung der Nahrungsbasis

In schneereichen Wintern kann das Beuteangebot für Eulen unerreichbar werden. In besonderem Maße ist die Schleiereule betroffen, die von Natur aus keine Anpassungen an winterliche Notzeiten mitbringt. Zur Überbrückung solch kritischer Phasen empfiehlt sich die Öffnung von Zugängen in Scheunen und Speicher (wenn auch moderne Lagerhaltung für Nagetiere weniger attraktiv ist). Insgesamt ist eine direkte Lenkung des Angebots an Lebensraumstrukturen und -requisiten deutlich leichter als eine Bereitstellung von Beute!

Eulenschutz muss jedenfalls langfristig angelegt werden, sollen die Hilfsmaßnahmen zukunftsfähig sein. Hinsichtlich eines reichhaltigen Beuteangebots ist hier vornehmlich die Lenkung der Landbewirtschaftung zu nennen, beispielsweise durch Förderung von „Unkraut"-Fluren brachgefallener Äcker, der „Extensivierung" im Grünland durch Reduktion des Düngereinsatzes (speziell Feucht- und Magerwiesen), der Wiederaufnahme von Beweidungsprogrammen zur Entwicklung leicht erreichbarer Regenwurmpopulationen und der Begünstigung von Großinsekten (Grillen, Heuschrecken, Schmetterlinge) und der heimischen Feldhühner und Hasen. In Waldgebieten lässt sich das Beuteangebot durch „naturnahen" Bestandsaufbau mit samentragenden Altbäumen und reichem Lückensystem stützen. Als zweites lässt sich die Strukturierung der Lebensräume optimieren, sei es durch Anlage und Pflege von Hecken, Kopfbäumen und Alleen. Besondere Effekte erhofft man sich – zumindest in Mitteleuropa – von der Gestaltung hochstämmiger Streuobstwiesen, die die Singvogel-, Reptilien- und Insektenvielfalt der traditionellen Kulturlandschaft wiederbringen könnte. Als Drittes sollte ein naturnahes – da kostenfreies – Brutplatzangebot entwickelt werden, das sich einerseits auf die Förderung der Spechte (als Höhlenbauer), Krähen- und Greifvögel (als Horstbauer) stützen kann, andererseits ein entsprechendes Angebot an höhlenbildenden Uraltbäumen und an brüchigen Dürrbäumen, an ungestörten Steilhängen mit Felsabbrüchen oder Erdkuhlen, auch Steilböschungen mit Kaninchenbauten nachhaltig sichern müsste.

Schutzgebiete

Nicht alle Eulenarten „danken" unser Hilfsangebot im selben Maße; besonders leicht fällt die Unterstützung bei Schleiereule, Waldkauz und Raufußkauz, besonders schwer bei der Sumpfohreule. Der Biotopschutz muss hier – je nach Eulenart – zum Teil sehr verschiedene Wege gehen: Die Wald-, Moor-, Tundren- und Felsbewohner aus der ursprünglichen Fauna Europas profitieren von einer naturnahen Entfaltung ihrer Lebensräume. Die Einrichtung von nutzungsfreien Großschutzgebieten – als konsequentester Weg des Biotopschutzes – kommt diesen Eulenarten besonders entgegen (z. B. Naturwaldreservate, Wildnisgebiete, Nationalparks in Küsten-, Flussauen-, Wald- und Gebirgslandschaften). Genau umgekehrt sind die Eulenarten, die erst durch Waldrodung und Siedlungsbau heimisch geworden sind, auf eine anthropogene Lebensraumgestaltung dauerhaft angewiesen. Das gilt speziell für die klassischen „Kulturfolger" Schleiereule, Steinkauz und Zwergohreule, die einer gezielten Biotopgestaltung und -pflege bedürfen, in einer „naturnah" gehaltenen Landschaft hingegen kaum artgerechten Lebensraum finden können.

Für alle Faunentypen unter den Eulen gilt es, die artspezifischen Lebensraumansprüche so weit wie möglich in Konzepte der Landnutzung und Landespflege zu integrieren, da speziell in Mitteleuropa sämtliche Landschaften anthropogen überformt sind – die „naturnahen" wie die „naturfernen" –, die Eulen aber nur ganz bestimmte Konstellationen an Lebensraumstrukturen und -requisiten wirklich nutzen können. Der Eulenschutz – als spezifischer Baustein eines umfassenden Natur- und Artenschutzes in unserer Landschaft – könnte einen wichtigen Anstoß zu langfristiger Planung geben, die Feldflur, Gärten und Siedlungen genauso wie den Wald als Lebensraum einbezieht und entwickelt – zum Schutze der Eulen und zum Nutzen des Menschen.

Unwägbarkeiten durch „Klimawandel"

Seit es Leben auf der Erde gibt, mussten sich die Organismen mit dem permanenten Wechsel der Umweltbedingungen auseinandersetzen. Aus heutigem Rückblick waren neben Hitzeperioden und Kaltzeiten allein die Schwankungen im Verhältnis von Sauerstoff und Kohlendioxid eine enorme Herausforderung, an die sich manche Lebewesen rechtzeitig anpassen konnten, der die globale Biodiversität jedoch immer wieder mit einschneidendem Massensterben unterlag! Das wissenschaftliche Monitoring der Klimaentwicklung der letzten 100 Jahre weist unzweideutig auf einen ungewöhnlich raschen CO_2-Anstieg in der Atmosphäre hin, Auslöser für einen bedrohlichen Treibhauseffekt. Bei aller Unsicherheit der Prognosen sind sich Klimaforscher einig, dass ein durchschnittlicher Temperaturanstieg von 1,5–2,5 °C zu verheerenden Folgen für die Ökosysteme – und ihre Nutzbarkeit für den Menschen – führt. Real ist dieser kritische Schwellenwert in den Gebirgen, im Borealwald und in der arktischen Tundra bereits erreicht – wenn nicht überschritten!

Wenn die Langzeitfolgen für die Tierwelt des hohen Nordens auch nur vage abzuschätzen sind, so lässt sich bereits heute erkennen, dass z. B. eine Reduktion der Schneedecke bzw. der Dauer der Schneebedeckung in der Tundra zu merklicher Schwächung der Lemmingpopulation führt. Ohne diesen „Schutzschild" mindert sich die Fortpflanzungsrate der Nagetiere; die Massenvermehrung innerhalb eines 4-jährigen „Lemmingzyklus" bleibt aus. Eine mittlere Siedlungsdichte ihrer Hauptbeute im Frühjahr reicht aber z. B. den Schnee-Eulen nicht aus, um in Brutstimmung zu kommen.

Auch im Borealwald ist eine Schwächung der zyklisch auftretenden „Mäusejahre" zu erkennen. Bei mittlerem Beuteangebot können sich aber nur die älteren, erfahrenen Eulen mit besonders günstigen Revieren und Brutplätzen fortpflanzen. Außerdem fallen die Chancen für Zweitbruten weg, die das Beuteangebot in „Massenjahren" bestmöglich ausnutzen und damit einen bedeutenden Jungvogel-Überschuss produzieren. Bei „mittlerem" Bruterfolg fehlt es letztlich den Populationen von Raufußkauz, Habichtskauz & Co. sowohl an Rekruten – als künftige Brutvögel – als auch an Möglichkeiten zur großräumigen Vernetzung durch abwandernde Jungvögel. Gleichzeitig wächst die zwischenartliche Konkurrenz um Beute, da sich so ziemlich alle Eulen, Greifvögel und carnivoren Säugetiere zu einem Großteil von den Nagetieren der Taiga ernähren.

Für die Verhältnisse in Mitteleuropa ist wohl eine Verdrängung der Nadelwälder bzw. eine Zunahme des Laubholzanteils zu erwarten. Damit könnte der Prädationsdruck für Sperlings- und Raufußkauz durch die Begünstigung des Waldkauzes ansteigen. Gleichzeitig ergeben sich für die Wärme liebenden Arten Steinkauz und Zwergohreule neue Chancen, soweit deren Lebensraumstrukturen erhalten werden können. Trockenwarme Sommer dürften einerseits das Beuteangebot für die Zwergohreule begünstigen (z. B. Heuschrecken, Grillen), doch schwächen andererseits lange Trockenperioden das Regenwurmangebot für den Steinkauz. Die Schleiereule würde jedenfalls von milderen Wintern ohne lang anhaltende Schneebedeckung profitieren.

Alle diese Spekulationen können immer nur Detailaspekte beleuchten. Die Reaktionen der Ökosysteme auf höhere Temperaturen, vermehrte Sturmereignisse, abrupten Wechsel von Hochwasser und Dürre – mit Waldbrand und Insektenkalamitäten in Folge – sind in ihrer Komplexität und Tragweite heute nur grob abzuschätzen.

Die Angebotsvielfalt an Baumhöhlen eines Naturwaldes kann im Wirtschaftswald nur mangelhaft durch Kunsthöhlen erreicht werden, weshalb der beste „Biotopschutz" für Eulen in der Einrichtung großer Waldschutzgebiete liegt (nach Ahlen & Larsson 1972).

Die Arten

Sumpfohreule. Altvogel auf Wachposten im Brutgebiet (Litauen, Foto PALTANAVICIUS).

SCHLEIEREULE
Tyto alba

ALLGEMEINES

Ihren deutschen Namen hat die Schleiereule wegen des sehr auffallenden, herzförmigen Gesichtsschleiers.

Im ursprünglichen Mitteleuropa fand diese im Offenland lebende Eulenart nur marginale Lebensmöglichkeiten. Doch infolge der mittelalterlichen Rodungen der Wälder und einer Entwicklung zur vielfältigen Kulturlandschaft konnte diese eher Wärme liebende Eule weit nach Norden vordringen. Auf großer Fläche fand sie bis vor wenigen Jahrzehnten noch sehr gute Lebensbedingungen dank einer „traditionellen" bäuerlichen Landwirtschaft [124, 174, 442]:

Fang der Schleiereule. Die Zehen sind schmal und lang, mit nur borstenartiger Befiederung (Foto Hortig).

- Die offene, reich strukturierte Kulturlandschaft mit Dörfern und Gehöften bot mit ihrer hohen Kleinsäugerdichte ein ausreichendes Nahrungsangebot.
- In landwirtschaftlichen Gebäuden wie auch in Kirchtürmen fanden sich zahlreiche Tagesruhe- und Brutplätze.
- Darüber hinaus ermöglichten die vielen Mäuse in Scheunen und Getreidespeichern ein Überleben auch in Wintern mit hoher Schneelage.

Federtypen der Schleiereule: 1 Handschwinge links, 2 Armschwinge links, 3 Armschwinge links, 4 Schwanz links, 5 Schwanz Mitte (Foto Schatter).

Mit der Intensivierung und Industrialisierung einer großflächig wirtschaftenden Landwirtschaft, die kaum noch Brachen oder ungenutzte Randstreifen übrig lässt, ist der Bestand der Schleiereule vielerorts drastisch zurückgegangen [466]. Auch bleibt ihre Beute auf hoch gedüngten Wiesen und dicht geschlossenen Maisfeldern weitgehend unerreichbar. Das Ausmaß solcher Einschränkungen des Lebensraumes und des Nahrungsangebotes nehmen heute eher noch zu.

Als „Kulturfolger" brüten Schleiereulen – wo es möglich ist – in Kirchtürmen (daher der niederländische Name *Kerkuil*) oder im Gebälk von Scheunen (daher der englische Name *Barn Owl*). Aber viele Kirchtürme sind in den letzten Jahrzehnten durch Vergitterung der Einflugöffnungen – gegen verwilderte Haustauben und Dohlen – auch für Schleiereulen unzugänglich geworden. Dank engagierter Eulenschützer, die an geeigneten Orten artgerechte Nistkästen in zum Teil großer Zahl angebracht haben, konnte dieser Mangel effektiv kompensiert werden, sodass die Schleiereulen heute nicht mehr unter „Wohnungsnot" leiden.

KENNZEICHEN

Diese mittelgroße Eulenart wirkt geschmeidig und elegant – vor allem im Flug – und ist im Vergleich zu etwa gleich großen Arten auffallend hell, mitunter cremig-weiß.

Größe: etwa 34 cm; Männchen und Weibchen sind im Gelände nicht zu unterscheiden, wiewohl die Männchen häufig heller und auch zarter getupft sind. Auf der Vermessungsgrundlage von 240 Individuen aus Holland konnte die Breite des äußersten Bandes an der 8. und 10. Handschwinge als geschlechtsspezifisches Merkmal bestätigt werden (schmäler bei Männchen als bei Weibchen [440, 638]).

Flügelspannweite: 90–98 cm.

Gewicht: Männchen 290–340 g (Ø 315 g); Weibchen normalerweise 310–370 g (Ø 340 g), während der Eiablage und Brut jedoch deutlich schwerer, bis 425 g [40].

Besonders kennzeichnend für diese Art ist der ausgeprägte, herzförmige Gesichtsschleier,

Porträt der Schleiereule. Der namengebende Gesichts-„Schleier" ist typischerweise herzförmig-rund (Foto DANEGGER).

Das Großgefieder der Schleiereule wirkt seidenartig-glatt, mit nur zarter Bänderung (Foto NILL).

durch dessen Form und Farbe sie von allen anderen Eulen leicht zu unterscheiden ist. Stimmungsbedingt kann der Schleier als kreisrunde Scheibe gespreizt oder aber schmal hochgezogen werden. Das meist hellere Gesichtsfeld (innerer Schleier) wird durch die kräftiger gefärbte Einrahmung (äußerer Schleier) noch hervorgehoben. Je nach Unterart ist das Eulengesicht seiden-glänzend weißgrau bis ockergelb; um die relativ kleinen, schwarzen Augen herum und zum langgestreckten Schnabel hin mehr oder weniger rostbraun.

Die Färbung des seidenweich wirkenden Gefieders ist vergleichsweise hell, speziell Bauch und Brust, dabei die Unterseite gelbbraun mit kleinen dunkelbraunen Flecken oder – bei der in Süd- und Westeuropa vorkommenden Unterart – reinweiß ohne jede

Die dunkle Form der Schleiereule zeigt ein Gefieder mit gold- bis zart rostbraunem Unterton und deutlicher Sprenkelung (Foto SCHMIDT).

Die Nominatform ist blass bis reinweiß gefärbt, bei zarter bis fehlender Tüpfelung (Foto DANEGGER).

Fleckung. Rücken, Schultern und Hinterkopf sind meist grau mit feinen schwarz-weißen Tropfen-Fleckchen. Vereinzelt kommen auch unterschiedlich ausgeprägte Schwärzlinge oder Albinos vor.

Die Flügel sind ziemlich lang und schlank; bei der sitzenden Eule überragen die Flügelspitzen den Schwanz um etwa 3 cm. Im Unterschied zu den „Echten Eulen“ ist die mittlere Schwanzfeder bei der Schleiereule am kürzesten [144]. Die Großgefiedermauser beginnt mit HS.6 und AS.12 und erstreckt sich über 2 Jahre. Schwanzfedern werden von außen nach innen gewechselt.

Die langen, etwas X-förmig stehenden Beine sind im unteren Teil wenig befiedert, die Zehen nur mit borstenartigen Federn bedeckt. Die Kralle der Mittelzehe ist auf der Innenseite gezähnelt und wird als Putzkralle eingesetzt.

Unterarten

Die Familie der *Tytonidae* ist vermutlich im australasiatischen Raum entstanden; ihre Ahnen finden sich unter den ältesten bisher nachgewiesenen Fossilfunden. Weltweit werden aktuell 24–25 Arten der Gattung *Tyto* anerkannt [1177]. Nach Europa sind die Schleiereulen einerseits über Nordafrika bzw. die Iberische Halbinsel eingewandert; dieser Linie entstammt die nahezu weiße Unterart *Tyto alba alba* (*alba* = weiß), von der ein genetisch differenzierter Zweig Großbritannien und Irland besiedelte [1175]. Eine zweite Linie kam andererseits aus Fernost und konnte sich über Rumänien, Polen, Ungarn und Deutschland bis nach Dänemark (Schweden) ausbreiten; diese meist ocker- bis rostbraunen Schleiereulen werden der Unterart *Tyto alba guttata* (= getropft) zugeordnet. In Mitteleuropa kommt es zur Überlappung, mit Mischformen unterschiedlichster Farbabstufungen [645]. Wenn genetisch auch kaum zu trennen, so werden heute einige Inselformen als weitere Unterarten anerkannt: *Tyto a. schmitzi* auf Madeira, *Tyto a. gracilirostris* auf den Kanaren und *Tyto a. ernesti* auf Korsika bzw. Sardinien. Davon gut unterscheidbar kommt *Tyto a. erlangeri* im östlichen Mittelmeerraum vor (Naher Osten, Ägypten

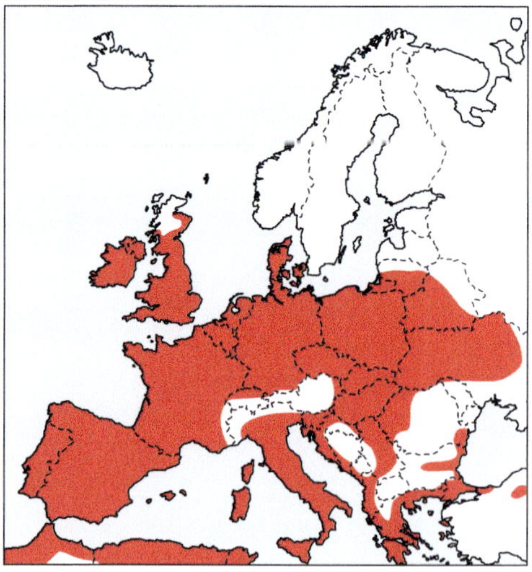

Verbreitung der Schleiereule in Europa. Als „Kulturfolger“ konnte sich die Art nahezu flächendeckend ausbreiten, doch meidet sie die rauen Lagen größerer Seehöhen und nördlicher Breiten.

[1146]). Die Schleiereulen Nordamerikas werden heute als eigene Art *Tyto furcata* eingestuft.

VERBREITUNG

Die Gattung *Tyto* kommt hauptsächlich in tropischen und subtropischen Breiten vor, wo sich viele Inselformen entwickelt haben. Lediglich in Europa, wo Schleiereulen nordwärts bis nach Dänemark und Schottland vorkommen, konnte *Tyto alba* ihre Verbreitung bis in die gemäßigten Klimazonen ausdehnen. Allerdings erleidet sie hier in strengen, schneereichen Wintern sehr starke Verluste.

LEBENSRAUM

In Mitteleuropa lebt die Schleiereule vorwiegend im Tiefland, denn in höheren Lagen sind die klimatischen Verhältnisse im Winter für sie oft sehr ungünstig. Da sie wenig Fett speichern kann, erleidet sie in strengen, schneereichen Wintern sehr hohe Verluste mit Bestandseinbußen bis zu 90 %. Nur ganz selten brütet sie in waldarmen Mittelgebirgsgegenden über 600 m, wie sie auch die Alpenregion bestenfalls in wenigen klimabegünstigten Tälern besiedeln kann.

Während die Schleiereule in Süd- und Südosteuropa sowie in Schottland häufig in Felsspalten und -höhlen brütet, in England vereinzelt auch in Baumhöhlen, hat sie sich in Mitteleuropa sehr eng an den Menschen angeschlossen und wohnt in dessen unmittelbarer Nachbarschaft in Gebäuden (z. B. Kirchtürme, alte Scheunen, Dachböden). Dort benutzt sie ungestörte Schlupfwinkel als Tagesruhesitz und als Brutplatz. Auf freien An- und Abflug legt sie dabei offensichtlich großen Wert. Sie nimmt regelmäßig Nistkästen an, sogar auf völlig frei stehenden Masten [43]. Als Sonderpositionen sind Brutnischen im Brunnenschacht – unter Bodenniveau – und Betonbrücken – hoch über Bodenniveau – zu nennen [809]. Als Tageseinstand nutzen Schleiereulen in England nicht nur Gebäude, sondern auch Felsklüfte, Baumhöhlen und sogar starkastige Baumkronen und dichte Hecken [40].

Zum Jagen benötigt die Schleiereule offene oder halboffene Bereiche der Kulturlandschaft, in denen es viele Kleinsäuger gibt. Besonders wichtig sind dabei Dauergrünlandflächen, auf denen sich Feldmausgradationen entwickeln können. Ausnahmsweise bejagt sie auch Kahlschläge im Waldbereich, besonders wenn auf Aufforstungsflächen ein großes Beuteangebot gegeben ist. In Schottland werden Waldsäume bevorzugt (hier 87 % aller Fangerfolge), in Holland stellen reich gegliederte Landschaften, speziell Heiden auf Sandböden die ergiebigsten Jagdgebiete [442, 1075].

SIEDLUNGSDICHTE UND STREIFGEBIET

Die Siedlungsdichte der Schleiereule zeigt allgemein beträchtliche Schwankungen in Abhängigkeit vom erreichbaren Nahrungsangebot und – im Zusammenhang damit – unter dem Einfluss verlustreicher Winterbedingungen. Sie wird auch mitbestimmt vom Angebot störungsfreier Brutplätze und Tageseinstände; vielerorts konnten die Bestände durch ein enges Netz an Nistkästen gehoben und gefestigt werden. In Optimalbereichen kann die Dichte 10–30 Paare pro 100 km^2 betragen, liegt aber in weiten Teilen Mitteleuropas bei unter 5 Paaren pro 100 km^2. Im holländischen Friesland erwiesen Brutvorkommen auf Sandböden die höchste Dichte mit 25,2 Brutpaare/100 km^2, auf Torfböden abgestuft noch 20,1 Brutpaare/100 km^2 und auf den schweren Tonböden nur 10,9 Brut-

Abgesehen von der unterschiedlichen Grundfärbung der Unterarten treten vereinzelt auch Aberrationen auf, wie nahezu schwarze, rußgraue oder rostrote Schleiereulen (rostrote Phase; Foto Landesbund für Vogelschutz in Bayern).

paare/100 km² [439]. Weit darunter liegen die Werte für Südschottland, wo auf 22 Probeflächen von jeweils 100 km² Größe – je nach Nahrungsangebot – durchschnittliche Siedlungsdichten von 2,5–5,1 Brutpaare/100 km² und maximal 12 Brutpaare/100 km² ermittelt wurden [1075]. Die sehr geringe Dichte von 0,66 Brutpaare/100 km² konnte in Tschechien über ein entsprechendes Nistkastenangebot auf 2,64 Brutpaare/100 km² angehoben werden (Zeitraum 1998–2007 [809]).

Benachbarte Brutplätze liegen oft in nur geringem Abstand; in einem Fall 160 m, in einem anderen sogar nur 50 m. Sofern es sich hierbei nicht um ein Männchen mit zwei Weibchen gehandelt hat (= polygyne Verpaarung), wäre zu folgern, dass das gegenüber Artgenossen verteidigte Revier ziemlich klein ist. Telemetrische Untersuchungen zur Raumnutzung an insgesamt 8 sendermarkierten Schleiereulen im Weserbergland (Niedersachsen) ergaben eine jahreszeitliche Variation der Größe der Aktionsräume:

- zwischen 90 und 369 ha (im Mittel 188 ha) während der Brutzeit;
- zwischen 363 und 465 ha (im Mittel 393 ha) nach der Jungenaufzucht bis Ende November.

Bei 2 Weibchen wurden Gesamtaktionsräume von 462 und 693 ha ermittelt [98].

Schottische Eulen nutzten zur Jagd Flächen von durchschnittlich 310 ha (Männchen 318,5 ha; Weibchen 308,2 ha). Große Jagdgebiete überlappen mit denen benachbarter Eulenpaare [734].

Tabelle 19. Schätzwerte für Schleiereulen-Brutbestände in Verbreitungsschwerpunkten Europas (nach BirdLife International 2015, BfU 2019).

LAND	FLÄCHE (TAUSEND KM²)	BRUTPAARE/ REVIERE	BEZUGSJAHR
Spanien	505,9	50 000–90 000	1995
Deutschland	356,5	14 500–26 000	2015
Frankreich	643,8	10 000–50 000	2012
Italien	301,3	6000–13 000	2006
Portugal	92,2	5700–7900	2012
Serbien	88,3	3100–4600	2012
Griechenland	131,9	3000–6000	2012
Vereinigtes Königreich (UK)	242,5	3000–5000	1997
Niederlande	41,5	1750–3200	2011
Belgien	30,6	1800–2300	2012
Kroatien	56,6	1500–2500	2010
Schweiz	41,2	1000–2500	2009
Polen	312,6	1000–1500	2012
Gesamt-Europa	**10 180,0**	**111 000–230 000**	

Die Zahlen für Gesamt-Europa enthalten auch die Angaben von hier nicht aufgeführten Ländern.

BESTANDSVERHÄLTNISSE

Der Schleiereulen-Brutbestand in Europa wird aktuell auf 110 000–220 000 Paare geschätzt (ADEBAR-Atlas 2014; nach BirdLife International 2015 sogar 230 000). Die Schwerpunkte liegen in den Mittelmeerländern Kroatien (1500–2500 Paare), Italien (6000–13 000 Paare), Portugal (5700–7900 Paare) und Spanien (50 000–90 000 Paare); aber auch im Westen und Südwesten – wo die Winter mild sind (z. B. Frankreich 10 000–50 000).

Trotz regional erheblicher Bestandsschwankungen lässt sich für Deutschland eine schrittweise Bestandszunahme seit Ende des 20. Jhs. beobachten, mit einem aktuellen Bestand von 14 500–26 000 Schleiereulen-Revieren (BfU 2019). Über die Bestandsverhältnisse in den einzelnen Ländern der Bundesrepublik Deutschland informiert die Tabelle 20. In Österreich gilt die Art als sehr lokaler und eher seltener Brutvogel, wiewohl viele Lebensräume nach wie vor günstig wirken. Ehemals typisch für die pannonischen Ebenen, die Becken an der Donau, das Rheintal und für weiträumige Niederungsgebiete, beschränkt sich ihr Vorkommen heute auf die außer- bzw. randalpinen Tal- und Beckenlagen, mit Schwerpunkt in Niederösterreich und im Burgenland [174]. Durch Öffnen vergitterter Kirchtürme und Betreuung von Nistkastensystemen konnte der Rückgang regional gestoppt werden.

Weitere Bestandsangaben betreffen das Vereinigte Königreich (UK; langjähriger Durchschnitt = 5480 Bp); Schätzwert für 2014 = 9000 Paare (Barn Owl Trust [41]) und die Republik Irland mit bis zu 600 Paaren. Im friesischen Holland konnte der Bestand mithilfe eines gewaltigen Nistkastenangebots von 8 Paaren (1976) auf 573 Paare angehoben werden (= 2007; [439]). In Dänemark ging der Bestand nach einem harten Schneewinter von rund 500 Paaren auf 130–140 Paare zurück (2016;

nach BirdLife International aktuell nur noch 50–60 Paare [70]).

Aus Tschechien werden noch 130–500 Bp, aus Slowenien 80–130 Bp und aus Bulgarien 500–700 Bp gemeldet (mit Beschränkung ebenda auf tiefere Lagen [70]).

VERHALTEN UND STIMME

Ruhe und Körperpflege

Schleiereulen leben sehr zurückgezogen und stets auf gute Deckung bzw. störungsfreie Abschirmung bedacht; daneben dürften auch Abdunkelung und Schutz vor Wind und Regen die Qualität des Tageseinstandes ausmachen [40]. (Entsprechend werden immergrüne Bäume, Stechpalme, Efeuranken bzw. Dachgebälk, Fehlböden in Gebäuden sowie überdachende Böschungen bevorzugt; seltener liegt der Rastplatz in Schilf oder hohem Gras.) Tagsüber ruhende Eulen verharren in stundenlanger Reglosigkeit; in der Regel stehen sie steil aufrecht, ein Bein angezogen, den Schleier herzförmig oder eng zusammengefaltet, die Lider schlaff geschlossen. Bevorzugt stehen sie auf Balken, in Stammgabelungen, Wandnischen oder Höhlungen, wo sie sich eng anlehnen können; dabei erstaunlich präzise Ortskonstanz. Zur Balz- und Brutzeit – oft schon Wochen vor der Eiablage – übertagen die Altvögel am Nistplatz, wo sie auch eine kauernde bzw. liegende Haltung in gegenseitigem Körperkontakt einnehmen können [959]. Mit Vollendung des Geleges gehen die Männchen häufig wieder auf Distanz bzw. wechseln auf ihren Tageseinstand. Großen Jungeulen, die die Eltern dauernd nach Beute anzubetteln versuchen, weichen selbst die Weibchen aus und suchen einen eigenen Einstand. Altvögel bevorzugen getrennte Einstände, Jungeulen schlafen hingegen meist in engem Körperkontakt.

Komfortverhalten schwerpunktmäßig zum abendlichen Aktivitätsbeginn mit Strecken, Putzen und Schütteln; Kratzen vorne herum, bei deutlichem Einsatz der gezähnelten Mittelkralle („Putzkralle“), die auch selbst ausgiebig beknabbert wird [275]. Soziale Gefiederpflege vor allem zur Anpaarungszeit, wobei speziell Schleier-, Nacken-und Kopfgefieder gekrault werden, die für den eigenen Schnabel uner-

Tabelle 20. Schätzwerte für Schleiereulen-Brutbestände in den Bundesländern Deutschlands.

BUNDESLAND	FLÄCHE (TAUSEND KM^2)	BRUTPAARE BZW. REVIERE	BEZUGSJAHR	QUELLE
Baden-Württemberg	35,7	500–2000	2013	Rote Liste Baden-Württemberg (2016)
Bayern	70,5	1300–1700	2009	Brutvögel in Bayern (2012)
Brandenburg und Berlin	29,8	700–1100	2007	Brutvögel Brandenburg und Berlin (2011)
Hessen	21,1	600–2000		Vögel in Hessen (2010)
Mecklenburg-Vorpommern	25,6	650–1100		2. Brutvogelatlas (2014)
Niedersachsen und Bremen	47,8	4600–8500	2008	Atlas der Brutvögel (2014)
Nordrhein-Westfalen	34,0	3400–5500		Brutvögel Nordrhein-Westfalen (2013)
Rheinland-Pfalz	19,8	> 1000	2007	Vogelwelt Rheinland-Pfalz (2014)
Saarland	2,6	300–400	2000	Atlas der Brutvögel (2005)
Sachsen	17,7	350–450		Brutvögel in Sachsen (2013)
Sachsen-Anhalt	20,3	1000–2000		Vogelwelt Sachsen-Anhalt (2014)
Schleswig-Holstein und Hamburg	16,4	500–1000	2009	2. Brutvogelatlas (2014)
Thüringen	15,2	500–8000	2007	Brutvogelatlas Thüringen (2020)
	Insgesamt rund	**14500–26000**	2015	Quelle: Bundesamt f. Umwelt 2019

Aufgrund zum Teil unterschiedlicher Bezugsjahre kann die Summe für Deutschland aus dem ADEBAR-Atlas von der Summierung der Zahlen aus den Bundesländern abweichen.

reichbar sind. Einfetten des Gefieders mit dem an der Bürzeldrüse benetzten Schnabel. Gefiederschütteln beteiligt regelmäßig auch die Flügel, speziell nach dem Baden, wo heftiges Sich-Flügeln das Trocknen unterstützt. Zumindest bei gefangen gehaltenen Eulen regelmäßiges Baden in Wasser. In leichtem Sprühregen lässt sich der Vogel mit schräg angehobenen Flügeln berieseln, unter trippelnd-drehenden Körperbewegungen. Sonnenbaden wurde in Einzelfällen während der frühen Morgenstunden beobachtet; auch im Liegen auf dem Boden mit zur Oberflächenvergrößerung gefächertem Flügel [442, 477].

Aktivitätsmuster

Streng nachtaktiv; tagsüber typischerweise reglos dösend. Aktivitätsbeginn mit Einbruch der Dunkelheit (im Mittel eine Stunde nach Sonnenuntergang). In Aktivität öffnet die Schleiereule den Gesichtsschleier – je nach Aufmerksamkeitsgrad – bis zur kreisrunden Scheibe. Ihr Gefieder ist locker, liegt dem Körper eher schlank an. Die Flugintensität ist abhängig von der Restlichtstärke, bei Maxima um 0,4–0,2 Lux (Verlangsamung der Fluggeschwindigkeit von normal 7 m/sec bei Hell-zu-Dunkel-Wechsel auf etwa 2,5m/sec – und umgekehrt). Die Eulen können in gewohnter Umgebung aber auch bei völliger Dunkelheit fliegen, klettern oder schreiten, soweit sie diese Wegstrecken über ihr außerordentliches Ortsgedächtnis auswendig kennen [275]. In besonderem Maße ist dies beim Durchfliegen abgeschlossener Kirchtürme (mit Gebälk, Uhrwerk und meist engen Jalousien) von Vorteil. Doch auch bei Jagdflügen in großer Dunkelheit und beim eiligen Heimflug mit Beute werden „auswendig gelernte" Flugrouten bevorzugt [959]. Schlechtwetter kann den abendlichen Aktivitätsgipfel gänzlich ausfallen lassen und reduziert die Aktivitätsdauer, speziell wenn geräuschhafter Wind, Regen oder Schneelage die Erreichbarkeit der Beute verschlechtern. Beobachtungen zur Tagesaktivität, wie Zug an der Küste, Wechsel des Tagesverstecks oder Beutefang, sind meist auf Sondersituationen oder Störungen zurückzuführen. (Die Vorführung von Schleiereulen in publikumswirksamen Flugschauen am hellen Tag verstößt zweifellos gegen den Tierschutzgedanken [952].) Die strenge Tag-Nacht-Rhythmik gilt noch nicht für Jungeulen, die kürzere Aktivitätsphasen sowohl nachts als auch tagsüber mitmachen [487].

Der gesteigerte Beutefang zur Aufzuchtszeit verlegt den Aktivitätsbeginn in die frühe Abenddämmerung, gefolgt von einem Maximum bis Mitternacht. Das Minimum der zweigipfligen Aktivitätsverteilung dauert bis 2 Uhr früh, gefolgt von einem zweiten Maximum bis zur Morgendämmerung.

Schleiereule im Tagesversteck. An die Wand gedrückt und mit schmal gefaltetem Schleier, versucht die Eule unentdeckt zu bleiben (Foto RUMMEL).

Bewegungsweise und Flug

In allen Bewegungen behände, kraftvoll und dennoch grazil. Gehen und Laufen in fast waagrecht vorgeneigter Haltung und mit langbeinig-ausholendem Stechschritt. Auch beidbeiniges Springen (kraftvoll bis 60 cm ohne Flügelgebrauch). Klettert mit Schnabelgebrauch, zwängt sich selbst durch enge Spalten und Durchschlüpfe. Flug weich und „gespenstisch-lautlos". Im zügigen Ruderflug etwa 5,6 Flügelschläge pro Sekunde sehr effektiv raumgreifend. Zur Ablenkung von Eindringlingen am Brutplatz sowie bei Angriffen gegen Brutstörer ausdauerndes Rütteln, auch rasantes Umkreisen mit hoher Flügelschlagfrequenz [275]. Durch wendigen Wechsel von Sturz- und Gleitflug, Rütteln und Sich-Fallenlassen mit geschlossenen Flügeln quert die Eule selbst komplizierte Balkenkonstruktionen sicher. Die hohe Wendigkeit setzt die Schleiereule auch

Schleiereule im Flug. Typischerweise nachtaktiv, fliegt die Eule bei Beutemangel und bei Wanderungen auch tagsüber (Foto Wothe).

bei Demonstrationsflügen um den Brutplatz, bei Verfolgungsflügen der Paarpartner und Rivalen sowie bei zum Teil heftig ausgeführten Luftkämpfen ein [986]. Beim Jagdflug betont langsam, mit zum Teil tief ausholendem Flügelschlag, jederzeit bereit zum Abbremsen, zu seitlich-gleitendem Abkippen oder blitzartigem Wendemanöver (bis 180 Grad) in der Luft. Zur Jagd typischerweise Pirschflug in geringer Höhe, auch ausdauerndes Rütteln.

Flugrouten nach gelernten Landmarken, bei hoher Präzision und Ortskonstanz, sodass kurzfristig aufgetretene Hindernisse mitunter nicht rechtzeitig erkannt werden.

Sozialverhalten und Konflikte

Vorwiegend einzelgängerisch, mit individuellen Einstandsplätzen. Die innerartliche Kontaktmeidung ist zwischen Paarpartnern zumindest in der Anpaarungs- und Legeperiode aufgehoben. Annäherungen mit gegenseitigem Gefiederkraulen, Schnäbeln und Kontaktliegen, dabei das Weibchen der aktivere Teil. Vor allem Nestlinge kuscheln sich an Geschwister, wobei die kleinsten versuchen, unter die größeren zu kriechen („Wärmepyramide"). In Portugal fanden sich subadulte Eulen während der herbstlichen Dispersionsphase immer wieder an gemeinsamen Schlafplätzen ein [886]. Lockere Gruppenbildung wurde auch bei ziehenden Schleiereulen beobachtet, jedoch kein sozial organisierter Beutefang [831]. Bei Brutplatzmangel kann es sogar zu eng benachbarten Gelegen kommen. Vereinzelt wurden fremde Individuen als „Helfer" am Brutplatz beobachtet [476]. In der Regel wehrt das brütende Weibchen aber fremde Artgenossen ab, die zum Brutplatz vorzudringen versuchen [123]. Außerhalb der Brutzeit treffen im Einstand oder auch am Brutplatz mitunter mehrere Eulen aufeinander, indem sich zum revierbesitzenden Paar sowohl selbstständige Jungtiere früherer Bruten als auch ortsfremde Eulen gesellen können. Das territoriale Männchen duldet im Winter sogar fremde Männchen in seinem Einstand [476]!

Typischerweise lebt die Art aber territorial, bei Abgrenzung zumindest der Brutplatzumgebung; dabei auch Verfolgungsflüge mit Kreischgesang, vereinzelt sogar Luftkämpfe. Nach Beobachtungen aus England fliegen Rivalen unter Kreischen aufeinander los, flattern aneinander hoch – Brust an Brust – und taumeln ineinander verkrallt herab, bis ein Vogel aufgibt und flieht [986].

Feindverhalten

Entsprechend den ausgeprägten Feindvermeidungsstrategien sind Schleiereulen Meister der Tarnung. In Nischen, Verschneidungen, unter Dachvorsprünge oder in dicht belaubtes Buschwerk gedrängt, sind sie kaum zu entdecken. Bei Störungen auf Distanz nehmen sie darüber hinaus die Tarnstellung ein (Körper schmalhoch, Beine gestreckt, Schmalseite mit einem Flügelbug zum Feind gedreht), bei der der Gesichtsschleier ganz schmal gefaltet werden kann, bis selbst die Augenschlitze kaum noch erkennbar sind. Federohren oder vergleichbare Strukturen am Kopf fehlen. Verängstigte Eulen laufen auch rasch in ein Versteck, schlüpfen in den Nistkasten oder zwängen sich unter Balken usw. Soweit möglich, fliehen die Eulen aber; mitunter spritzen sie dabei einen dünnflüssig-übelriechenden Kot gegen den Feind ab. Fluchtunfähige Nestlinge und Altvögel in auswegloser Situation drohen in horizontal vorgebeugter Haltung, die Flügel angehoben und seitwärts vom Körper gestreckt. Bei hoher Intensität wird die Außenfläche der Flügel noch schildförmig vorgekippt. Die Drohwirkung wird verstärkt durch das lautstarke „untierliche" Drohrauschen sowie durch ausholend schlingerndes Seitwärtspendeln von Kopf und Körper. Bei kreisrund gespreiztem Schleier und aufgerissenen Augen streckt die Eule verblüffenderweise die Zunge vor, sodass diese jeweils links oder rechts seitlich aus dem Schnabel ragt. Dabei ist Zischen, zartes Fauchen und Knappen zu hören (manche Autoren vermuten auch ein Zungenschnalzen [940]). Das Drohverhalten kann zu Scheinangriffen überleiten.

Regelrechte Angriffsflüge zur Verteidigung des Schlaf- oder Brutplatzes sind die Ausnahme, können aber mit vehementen Sturzflügen, mit kreischendem Umkreisen und Flatterflügen gegen Gesicht bzw. Kopf selbst Personen erschrecken und vertreiben [40, 959].

Gegriffene Eulen wehren sich in Rückenlage, unter blitzschnellem Zuschlagen ihrer nadelfeinen Krallen; gelegentlich beißen sie auch. Auf den Rücken gelegt, erschlaffen sie wehrlos (Akinese, Totstell-Reaktion?) bei geschlossenen Augen.

Drohstellungen der Schleiereule. Unter Knappen, Fauchen und Züngeln droht die Eule gegen Störer bzw. Feinde, den Körperumriss durch Flügelspreizen eindrucksvoll vergrößernd (oben). Ältere Nestlinge wehren sich in Rückenlage durch schmerzhaftes Zukrallen (unten; nach Bunn et al. 1982).

Stimme

Die Stimme ist schrill kreischend bis rauschend-schnarchend (teilweise eher an technische Geräusche als an Vogelstimmen erinnernd); völlig abweichend von Stimmen der „echten" Eulen. Das Stimminventar ist mit rund 17 abgrenzbaren Lauten reichhaltig, bei einer Vielzahl von Kombinationen und Übergängen. Zur Reviermarkierung wird ein „Gesang" aus langgezogenen Kreischrufen eingesetzt, in der Lautstärke typischerweise schrill anschwellend (*chrüüühiii*, Frequenz 1,0–3,0 kHz [862], Silbendauer im Mittel 2 sec; zum Teil heiser oder verzittert). Die Kreischsilben werden in 1–20-Sekunden-Intervallen zu Strophen gereiht. Typischerweise singt das Männchen beim Abfliegen vom Tageseinstand, während demonstrativer Revierflüge und gelegentlich auch bei Jagdflügen. Die höchste Gesangsintensität fällt in die Zeit der Anpaarung, wobei unverpaarte Männchen intensiver und länger singen (auch verwitwete Weibchen können „singen"). Gegen Rivalen wird ein extrem lauter, gellender Revierschrei eingesetzt (peitschend „explosiv" [115]). Ein sehr ähnlicher Laut wurde in Paniksituationen beobachtet (katzenhaft-gellender „Angstschrei").

Zur Festigung der Paarbindung singen Männchen und Weibchen heiser „schnarrende" bis kehlig-schnurrende Silben von weittragendem Klang, die sich zum schrillen Schwirren steigern können. Dieses „Schnurren" tritt bei Beuteübergaben, nach Begattungen, vermutlich auch beim „Nestzeigen" auf und wird meist im Duett geäußert. Daneben verfügen beide Geschlechter über einen eigenständigen „Paarungslaut", der während der Kopulation geäußert wird. Er klingt beim Männchen wie ein im Stakkato verstärkter Fütterungslaut und ist beim Weibchen als zart-fiependes „Summen" zu hören. Weibchen „betteln" um Beute mit fauchend-zischendem „Schnarchen", vergleichbar dem „Bettelschnarchen" der Jungeulen. Diese Laute werden kurz gestoßen (im Mittel 0,4–0,6 sec). Zur Fütterung der Nestlinge stimuliert das Weibchen mit einer raschen Serie weich-gluckender Silben (Fütterungslaut), die an das Glucken von Haushennen erinnert.

Zu den bekanntesten Äußerungen der Schleiereule zählt das „Abwehr-Rauschen" in bedrohlichen Situationen (häufig fälschlicherweise mit dem „Schnarchen" gleichgesetzt): Dieser dunkel-zischende, langgezogene und breitbandig-geräuschhafte Laut lässt sich mit dem Austritt von Dampf oder Wasser unter hohem Druck vergleichen, aber verbal nur unzureichend beschreiben. Besonders Nestlinge reagieren auf alle möglichen Geräusche, Begegnungen bzw. Störungen mit dem typischen Droh-Rauschen, das sie bereits im Alter von einer Woche ansatzweise, mit zunehmendem Alter aber in immer kräftigeren und längeren Silben äußern (Silbenlänge 3. Woche = 2,2 sec, in der 9. Woche = 3,5 sec, Altvogel = 4,9 sec). Da das Rauschen von Geschwistern am Nistplatz jeweils verschieden einsetzt, erklingt letztlich ein auf- und abschwellendes, immer wieder aufflammendes Rauschen unterschiedlicher Intensität von bis zu mehrminütiger Dauer!

Bei stimmlos-leisem Fauchen wird der Schnabel abwehrend geöffnet und die Zunge seitlich herausgestreckt. Schirken und Knappen als universale Abwehrsignale. Das Männchen unterstreicht ein „mottenhaftes" Rütteln vor dem Weibchen mit gelegentlichem Flügelflappen oder gar -klatschen (über dem Rücken? [197]).

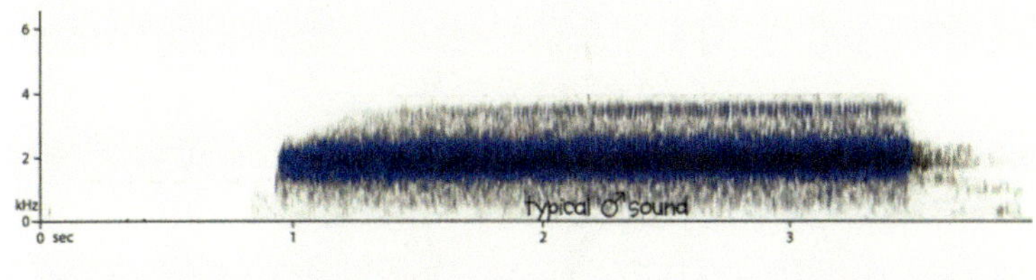

Im Sonagramm ist der schnurrend-sirrende Reviergesang der Schleiereule durch ein sehr breites Frequenzband charakterisiert (aus Robb 2015).

Schleiereule kreischend bei geöffnetem Schnabel – im Gegensatz zum Singen (Foto Rummel).

ERNÄHRUNG

Beutetiere

Die Schleiereule jagt vorwiegend nach kleinen, leicht zu erbeutenden Kleinsäugern. Als opportunistischer Jäger ergreift sie dabei regional

Tabelle 21. Typische Laute der Schleiereule.

LAUTÄUSSERUNG	MÄNNCHEN	WEIBCHEN	NESTLING/ÄSTLING
Reviermarkierung Balzzeit	Kreischrufe *chrüüüühüüü*	trocken-heiser *chrüüüüh*	
Reviermarkierung Herbst			
Alarm intensiver Alarm	Abwehrrauschen gellender Schrei	Abwehrrauschen gellender Schrei	Abwehrrauschen
Nestzeigen	schwirrendes Schnurren		
Fütterungslaut	Gluckern	gluckend *gü.gü. gü.gü*	
Standortlaut/Betteln		Schnarchen	Schnarchen

sehr verschiedene Beutetierarten: Hauptbeute bildet in Mitteleuropa meist die Feldmaus *(Microtus arvalis)*, die bei Gradationen bis zu 95 % der Gesamtnahrung ausmachen kann. Anhand von Gewöllen, die an Brut- und Ruheplätzen der Schleiereule während des ganzen Jahres in verschiedenen Gebieten Deutschlands aufgesammelt worden sind, konnten insgesamt 136 000 Beutetiere nachgewiesen werden; davon entfallen im Mittel 48 % auf Wühlmäuse, 30 % auf Spitzmäuse, 18 % auf Echte Mäuse und nur 3 % auf Vögel sowie 1 % auf Lurche. Bei einer Gewöllaufsammlung im Kreis Kleve/ Deutschland betrug das Verhältnis Wühlmäuse zu Spitzmäuse 74,1 % zu 20,9 % der Biomasse [839]). Einen ganz anderen Schwerpunkt weist eine Beuteliste aus Tschechien auf, in der die Erdmaus *(Microtus agrestis)* mit 70,5 % dominiert, gefolgt von 10,1 % Spitzmäusen (jeweils Individuen); nur gelegentlich wurden Kleinvögel, auch Amphibien, Maikäfer und Aaskäfer aufgenommen, im Einzelfall sogar eine Forelle [809]. In Großbritannien, wo die Feldmaus nicht vorkommt, stellt die Erdmaus das wichtigste Beutetier. Ihr Anteil betrug in einer schottischen Studie 60 % (Biomasse), die restlichen 40 % waren durch Wald- und Spitzmäuse gegeben. Dabei konnte belegt werden, dass die Eulenmännchen zur Brutzeit selektiv männliche Erdmäuse schlagen, die sowohl größer sind (23,4 g) als auch – durch ihr aggressives Territorialverhalten – deutlich auffälliger [1076].

Auffällig ist der hohe Spitzmausanteil in der Schleiereulen-Beute, da die meisten anderen Eulenarten diese Insektenfresser aufgrund ihres starken Eigengeruchs verschmähen, bestenfalls als „ungeliebte" Ausweichnahrung aufnehmen.

Bei den als Beutetiere nachgewiesenen Kleinvögeln handelt es sich vorwiegend um Sperlinge, Schwalben und Stare, die an ihren Schlafplätzen erbeutet werden. Dazu scheuchen die Schleiereulen schlafende Singvögel durch Flügelschläge aus Efeubewuchs und Gebüsch heraus. Einzelne Eulen „spezialisieren" sich auch auf die Fledermausjagd. So sollen Fledermäuse 88,23 % (Individuen) bzw. 58,4 % (Biomasse) einer Beuteliste von der Insel Kreta ausgemacht haben [800].

Je nach Vorkommen und Häufigkeit potenzieller Beutetierarten können deren Anteile in der Schleiereulen-Beute regional sehr unterschiedlich sein: So gelten z. B. Ratten *(Rattus norvegicus)* in Südostspanien als typische Beutetiere [634]. Vergleichbare Beobachtungen kommen aus Griechenland, wo Wanderratte und Hausratte *(Rattus rattus)* zusammen 27,4 % der Biomasse ausmachen [90]. Nur gelegentlich schlägt die Schleiereule auch junge Feldhasen, Wiesel, Hamster, Maulwurf oder Reptilien.

Gewölle sind an Tagesruhesitzen und Brutplätzen oft in Menge zu finden. Sie unterscheiden sich von den Gewöllen aller anderen Eulenarten durch einen Speichelüberzug, der frischen Gewöllen ein lackiertes Aussehen, glatte Oberfläche und schwärzliche Färbung verleiht. Die Gewölle sind verhältnismäßig groß, bauchig und an den Enden abgerundet, im Mittel 41 mm lang und 26 mm dick (Variationsbreite: Länge = 22–80 mm, Dicke = 18–35 mm).

Bei einer Aufsammlung von Schleiereulen-Gewöllen aus Deutschland enthielten diese im Schnitt jeweils 3,8 Beutetiere (n = 99 [839]).

Schleiereule in „Fangstellung". Die Eule mantelt mit weit geöffneten Schwingen über ihrer Beute (Foto NILL).

Jagdweise und Beuteerwerb

Die hohe Spezialisierung des Gehörs erlaubt der Schleiereule einen Beutefang sogar bei völliger Finsternis [517, 823]. Der Beuteanflug unterscheidet sich bei optisch orientiertem und akustisch orientiertem Richtungspeilen. Mit einer Frequenz von nur 1 kHz maskiert das Eigenfluggeräusch die Beutegeräusche nicht.

Dank sehr langer Beine und langer, dünner Krallen ist die Schleiereule auf rasches und zielsicheres Greifen kleiner Wirbeltiere spezialisiert [418]. Pirschflug bevorzugt gegen den Wind, langsam rudernd mit Segelstrecken

Beuteerwerbshandlung der Schleiereule. Bildsequenz vom Fixieren der Beute auf der Ansitzwarte bis zum Abtransport (nach BRANDT & SEEBASS 1994).

1–4 m über dem Boden, meist im Wechsel mit Ansitzjagd. Jagdflüge bevorzugt entlang Waldrändern, Hecken, Zaunlinien und Gräben, aber auch über der Feldflur.

Der elegant und schwerelos wirkende Jagdflug erhält durch Abwechseln von Ruderflug in größerer Höhe, Absenken im Rütteln über einer möglichen Beute, zum Teil auch plötzlichem Abkippen zur Seite, Sturzflug kopfvoran in die Vegetation oder hasenartigem „Hakenschlagen" eine unruhige, unrhythmisch wellenförmige Flugbahn [124]. Mitunter auch systematisches Absuchen eines Jagdgebiets in engen, parallelen Schleifen.

Der deutlich mehr Energie zehrende Pirschflug wird bei Schlechtwetter, im Winter und bei Beutemangel zugunsten der Wartenjagd aufgegeben. Ansitz z. B. auf Zaunpfosten, Brunnen, Mauern, Strohhaufen etc. Entsprechend der besten Entdeckungswahrscheinlichkeit von Beutetieren bei einer Entfernung von 3–4 m wählen die Eulen Sitzplätze in 0,5–5 m Höhe, mustern das Gelände nur kurz (im Mittel 1 min) und wechseln dann den Platz (entspricht bei regelmäßig errichteten Weidezäunen einem „Pfosten-Hüpfen" [886, 1074]).

Entdeckte Mäuse werden in kurzem Rüttelflug lokalisiert, in direktem Anfliegen oder in „draufgängerischem" Sturz in die Bodenvegetation gegriffen. Durch kurzes Beschleunigen des Anflugs prallt die Eule mit hoher Kraft auf; nicht selten dreht sie sich im letzten Augenblick um 180 Grad, sodass sie die Beute in Längsrichtung zur Körperachse greift. Wenn auch allein das Zudrücken der lang bekrallten Zehen ausreichen könnte, eine Maus zu töten, wird in der Regel ein blitzschneller Tötungsbiss gesetzt (Nacken, Schädeldach, Schnauze), speziell bei wehrhafter Beute (z. B. Wanderratte). Die Fangstellung mit abgespreizten Flügeln verhindert einerseits ein Einsinken bei hohem Graswuchs, schirmt andererseits die Jagdbeute vor Konkurrenten ab. Wird die Beute verfehlt, rennt die Eule in überraschend zügigem Tempo hinterher, um sie in kräftigem Sprung zu greifen.

An alternativen Jagdtechniken sticht besonders der Vogelfang hervor, durch Plündern von Nestern (wobei selbst Schwalbennester von der Wand gerissen werden) oder durch Aufjagen von Singvögeln aus ihrem Schlafplatz (größte Vogelbeute = Türkentaube [278]). Darüber hinaus lauern manche Eulen sogar Fledermäusen an den Ausflugöffnungen ihrer Quartiere auf. Gelegentlich erbeuten Schleiereulen auch Insekten (z. B. Aaskäfer, Nachtschmetterlinge); auch sollen sie Wespen aus der Wabe picken, in Einzelfällen sogar frische Salatblätter aufnehmen [1041].

Aufgrund der relativ großen Flügelfläche ist auch Transport von schweren Beutestücken möglich. Dieser erfolgt über größere Strecken typischerweise mit einem Fang, in Nestnähe und vor der Beuteübergabe in der Regel mit dem Schnabel. Beuteüberschuss wird ganzjährig deponiert, zur Brutzeit meist auch am Nistplatz gestapelt (bis zu 80 Mäuse [459]!). Wasser wird unregelmäßig aufgenommen.

Vor dem Verzehr werden Vögel – zumindest grob – gerupft, meist auch geköpft und bissenweise zerteilt, Kleinsäuger hingegen meist im Ganzen verschlungen, mit dem Kopf voran. Dies gelingt Jungeulen bereits ab dem 16. Lebenstag. Schnabelreiben nach dem Fressen am Untergrund. Die Beuteausnutzung kann durch längere Verweildauer der Beute im Verdauungstrakt angehoben werden; bei Beutemangel werden sogar Knochen teilweise verdaut, was für diese Eulenart sonst untypisch ist [986]. Nach Beobachtungen aus England sollen Altvögel ihre flüggen Jungen ab der 10. Lebenswoche im Beutefang „trainieren", indem sie – nach Art des Wanderfalken – Beute im Fliegen abwerfen, die von den Jungen dann spielerisch geschlagen wird [986].

Schleiereulen-Gewölle unter dem Ruheplatz (Foto Limbrunner).

Bei Jagdflügen im Tageslicht wurde „Piraterie" durch Turmfalken beobachtet, die der Eule ihre Beute im Flug zu entreißen vermögen!

FORTPFLANZUNG

Männchen und Weibchen sind schon vor Ende des 1. Lebensjahres geschlechtsreif (Legebeginn im Extrem im Alter von 7–9 Monaten [486]). Schleiereulen sind im Wesentlichen monogam und partnertreu. Aufgrund hoher Sterblichkeit kommt es aber immer wieder zu Partnerwechsel. Die Fortpflanzungsaktivität steht in enger Abhängigkeit zum erreichbaren Nahrungsangebot, in Mitteleuropa speziell vom Massenwechsel der Feldmaus. Zur bestmöglichen Ausnutzung der „guten Jahre" kann es zu Zweitbruten kommen, in sehr seltenen Fällen sogar zu Drittbruten (in einer tschechischen Population zwischen 1998 und 2015 z. B. 3581 Erst-, 1110 Zweit- und 9 Drittgelege [810]). Dabei können die Paarpartner beisammenbleiben, oder aber das Weibchen sucht sich ein neues Männchen („serielle Monogamie"). Ein solcher Männchenwechsel erfolgt auch bei sogenannten „Schachtelbruten", wo das Weibchen das Erstmännchen mit den Jungen der ersten Brut noch vor deren Selbstständigkeit zurücklässt, um ein neues Gelege mit einem Zweitmännchen zu zeitigen. Während Zweitbruten „treuer" Paare sowie von „geschiedenen" Männchen (mit neuen Weibchen) meist im selben Brutrevier stattfinden, suchen die Weibchen nach der „Scheidung" ein neues Gebiet für ihre Zweitbrut [480]. (In einer norddeutschen Population erfolgten 40,5 % der Zweitbruten mit denselben Paarpartnern, in 35,1 % kam es zum Partnerwechsel [476].)

Bigynie, d. h. ein Dreierverhältnis, bei dem ein Männchen gleichzeitig zwei Weibchen mit ihren Bruten versorgt, ist eine seltene Ausnahme. Z. B. kann eine „Schachtelbrut" vom Männchen initiiert werden, das dann die Jungen aus der ersten Brut gleichzeitig mit der Brut des zweiten Weibchens versorgen muss („verschachtelte Polygynie" [482]). Noch ungewöhnlicher ist Biandrie, bei der ein Weibchen von zwei Männchen gleichzeitig versorgt wird [354].

Aufgrund großer Gelege und Mehrfachbruten in Gradationsjahren der Wühlmäuse kann das Vermehrungspotenzial außerordentlich ansteigen und ein Weibchen in einem einzigen Jahr bis zu 19 Junge aufziehen. Somit können die in „Polarwintern" auftretenden hohen Verluste schon in wenigen Jahren wieder ausgeglichen werden. Umgekehrt kann Mäusemangel völligen Brutausfall zur Folge haben.

Die Brutplätze befinden sich in Mitteleuropa überwiegend in Gebäuden (z. B. Kirchtürme, Scheunen, Dachböden) an störungsfreien, möglichst dunklen und geräumigen Stellen. Daneben auch in Viehställen, Lüftungsschächten, Silotürmen, frei stehenden Transformatorenhäuschen, aber auch Brückenkonstruktionen oder Brunnenschächten [809]. Naturnähere Brutplätze, wie Felsklüfte oder Baumhöhlen, werden von Schleiereulen sowohl in Westeuropa (z. B. Großbritannien [40]) als auch Osteuropa (z. B. Bulgarien) genutzt [697].

Günstigen Brutplätzen bleiben die Eulen über Jahre treu (bei einer schottischen Studie z. B. innerhalb 15 Jahren 99,3 % der Männchen und 98,2 % der Weibchen [1075]). Mit einem sehr dichten Nistkastenangebot steigt die Wahrscheinlichkeit eines Brutplatzwechsels, meist aber nur über kurze Distanzen.

Balz und Paarbildung

Die Balz verläuft zum Teil sehr lautstark, mit auffällig aggressiven Auseinandersetzungen; Kämpfe auch zwischen den Paarpartnern. Die Phasen der Balz umfassen territoriale Aktivitäten (Rivalenabwehr), Weibchen-Anwerbung sowie „intime" Handlungen zwischen den Partnern (Beuteversorgung, Kopulation). Die Männchen markieren meist nur die unmittelbare Nistplatzumgebung als Revier, wobei sie demonstrative Rundflüge, den durchdringend kreischenden Reviergesang, mitunter auch Verfolgungsflüge und Attacken gegen Rivalen einsetzen. Wiederholt fliegt das Männchen den künftigen Brutplatz an und singt im Einflugloch; auch trägt es Beute ein, um Weibchen bei ihren Nestbesuchen zu „beeindrucken". Die Anpaarung selbst ist von erheblichen Konflikten zwischen dem kräftigen Weibchen und dem zunächst noch kontaktscheuen Männchen geprägt: Solange nicht beide Partner in Paarungsstimmung sind, verfolgt das Weibchen das werbende Männchen; auch kommt es zu Raufereien mit Schnabelfechten, Zuschlagen mit vorgestreckten Fängen und wechselseitigem Verfolgen [197]. Mit fortschreitender Anpaarung gibt sich das – zunächst hochaggressive – Weibchen unterwürfig und nimmt die Beutetiere ab, die ihm vom Männchen „beschwichtigend" angeboten werden.

Schleiereule kehrt zum Gelege zurück. Das Weibchen brütet sehr konstant und verlässt das Gelege nur für kurze Brutpausen (Foto Limbrunner).

Die Männchen besetzen einen Nistplatz frühzeitig, „testen" dessen Eignung durch Knabbern, Graben und flügelschlagendes Hüpfen, schließlich legen sie Beutestücke ab. Zur „Nistplatzdemonstration" beugt sich die Eule in steifer Haltung vornüber und trippelt mit ruckartigen Stampfbewegungen – gut hörbar – auf der Nistunterlage. Dazu äußert sie eine Folge von Knappen, Fauchen und schwirrend-sirrenden Lauten („Schnurren"). Das angelockte Weibchen wird zu gemeinsamen Nestbauhandlungen stimuliert. Kopulationen nahezu ausnahmslos auf dem Nest: Zur Einleitung „girrt" das Männchen (Zärtlichkeitslaut), das Weibchen duckt sich zur Paarungsaufforderung bei gleichzeitig geäußertem Summen (Paarungslaut des Weibchens); unter Rufen eines stotternden Stakkatos (Paarungslaut des Männchens) steigt das Männchen auf, kauert sich wie im Fersensitz auf den Rücken des Weibchens, unter Flügelschla-

In Mitteleuropa besiedelt die Schleiereule vorwiegend Kultur- und Siedlungslandschaften, wo sie vor allem Kirchtürme und Scheunen als Einstand und als Brutplatz nutzt, bei Schlechtwetter auch zur Mäusejagd (Foto DANEGGER).

gen Balance haltend. Zur Paarung stützt sich das Männchen mit den Flügeln vom Boden ab, beißt sich im Kopfgefieder des Weibchens fest und ruft in auf- und abschwellender Intensität den Paarungslaut. Kopulationen dauern 15–60 sec. Zuletzt springt das Männchen ab und krault sein Weibchen im Gefieder [187, 197].

Beuteversorgung durch das Männchen in manchen Gebieten bereits während der Wintermonate. Die Beuteübergaben während der Balz gehen nahtlos in die Versorgung des brütenden Weibchens bzw. der Nestlinge über.

Brut und Brutpflege

Schleiereulen sind mit 1 Jahr brutreif; im Extrem können Jungvögel aus späten Herbstbruten schon im Alter von 5–7 Monaten im Folgejahr brüten [484]. Junge Weibchen legen nicht nur früher, sie zeitigen auch größere Gelege. Aufgrund der engen Abhängigkeit zur Entwicklung der Beutetierpopulation ist der Legebeginn bei der Schleiereule relativ flexibel: Lag der Schwerpunkt bei einer tschechischen Population zwischen Anfang April und Mitte Mai, so kann in „Mäusejahren" der früheste Termin schon Ende Februar/Mitte März liegen. Zweitbruten schlossen sich hier meist ab Mitte Juli bis Anfang August an (frühestens Mitte Mai, [475]). Für britische Schleiereulen wurden für die Jahre 2011–2016 mit 10. April bis 18. Mai vergleichbare Mittelwerte errechnet [114].

Bleiben Erstgelege erfolglos („taube" Eier, Beschädigung oder Prädation der Eier oder auch kleiner Nestlinge), können die Eulen dies über ein Ersatzgelege kompensieren. Bleibt das Paar beisammen, so kann die Eiablage schon nach 20 Tagen erfolgen (im Mittel 36 Tage); verpaart sich das Weibchen neu, so kommt es frühestens 30 Tage nach dem Brutverlust zu neuerlicher Eiablage (im Mittel 62 Tage; Angaben für Norddeutschland, [475]).

Der Anteil an Zweitbruten schwankte in einer tschechischen Population jährlich von 4,2–49,3 % (im Mittel 26,8 % [810]); in einem holländischen Brutgebiet betrug er 28,3 % [442]. In Norddeutschland folgten in „guten Jahren" auf rund 21 % aller Erstbruten auch Zweitbruten; davon etwa die Hälfte als „Schachtelbruten". Für letzteren Fall betrug das kürzeste Intervall der neuerlichen Eiablage seit Legebeginn des Erstgeleges nur 70 Tage (Mittelwert 92 Tage). Bei „echten" Zweitbruten, d. h. nach erfolgreicher Aufzucht der Jungen aus dem Erstgelege, legt das Weibchen frühestens 100 Tage nach der Erstablage [475].

Nach einer Studie aus der Schweiz spiegelt der Farbtyp des Eulengefieders die reproduktive Leistungsfähigkeit individueller Schleiereulen wider. Da das Phäomelanin, das für die braune bis rostrote Färbung verantwortlich ist, an das Geschlechtshormon Testosteron gekoppelt ist, unterscheiden sich die Farbmorphen hinsichtlich Vitalität, Aggressivität und auch hinsichtlich der Investition in Eiproduktion und Brutpflege. Das Potenzial zur Eiproduktion und Brutfürsorge soll sich sogar an der Intensität des Tropfenmusters im Brustgefieder ablesen lassen, wobei kräftig gefärbte Weibchen früher und größere Eier legen [880, 882, 883].

Im langjährigen Durchschnitt zählten Gelege einer tschechischen Population 5–7 Eier im Erstgelege (maximal 14), 6–8 Eier im Zweitgelege (maximal 15) und 4–5 Eier in Drittge-

Gelege der Schleiereule. Als Nestunterlage dienen typischerweise zerbissene bzw. verwitterte Gewölle (Foto LIMBRUNNER).

legen (maximal 8 [809]). Aus diesem Gebiet wurden sogar Gelege mit 18 Eiern beschrieben. Vergleichbar waren auch in Deutschland die Zweitgelege größer als die Erstgelege (im Mittel 5,78 zu 6,03 Eier [287].

Mit Einsetzen der Hochbalz rund 10 Tage vor Legebeginn hält sich das Paar vorwiegend im Bereich des künftigen Nistplatzes auf [187]. Brutreife Schleiereulen bevorzugen Brutplatztypen – bzw. unterschiedliche Materialien daselbst – entsprechend ihrer „Prägung“ auf den eigenen Aufzuchtsort (z. B. Ziegel, Holzbretter, Strohunterlage [919]). Bei erstmalig aufgesuchten Brutplätzen werden die Eier auf jedes zufällig vorhandene Material abgelegt (z. B. Sand, Mörtel, Stroh), und erst im Laufe der Bebrütung sammelt sich Gewöllmaterial als Unterlage bzw. Einfassung der Brutmulde [959]. Dieses Verhalten ermöglicht den Schleiereulen das Brüten auf unterschiedlichsten Unterlagen, selbst kaltem Gemäuer, grobspitzigem Felsgrus oder auf glatten Bretterböden. Traditionell benutzte Brutplätze zeichnen sich in der Regel durch eine verfilzte Unterlage aus zerfallenen Gewöllen, Beute- und Kotresten aus. Knabbernd, tretelnd und auch aufstampfend bearbeitet das Männchen diese Unterlage beim „Nestzeigen“. Beide Brutvögel scharren eine flache Mulde als Nestbauhandlung. (Bei intensivem Graben werden die Beine durch Aufstützen auf die seitlich abgestellten Flügel entlastet [197].)

Bereits 1–2 Tage vor der Eiablage besetzt das Weibchen die Nestmulde. Eiablage im 2-Tages-Intervall (die Produktion großer Gelege kann entsprechend nahezu 3 Wochen dauern). Nur das Weibchen brütet, verlässt dabei den Brutplatz kaum noch. Während der kurzen Brutpausen erfolgen in der Regel Kotabgabe, Gefiederpflege und Ausgleichsbewegungen, mitunter auch Beuteübergaben und Kopulationen [187]. Bei einer norddeutschen Schleiereulen-Gruppe kamen 16 % der Eier nicht zum Schlupf [485], im Beispiel aus Holland 21 %, wiewohl befruchtet. Umgekehrt schlüpften alle Eier erfolgreich, wiewohl im Astwerk eines Dohlennests fixiert und vertikal aufgestellt (Kniprath 2025).

Nach rund 30 Bebrütungstagen kontaktieren die Jungen ihre Eltern durch Rufe im Ei – bereits 2 Tage vor dem Schlüpfen. Sobald die Eischale mit ersten Öffnungen durchbrochen

Beuteübergabe am Schleiereulen-Brutplatz. Das halberwachsene Junge erwartet den Altvogel bereits am Flugloch (Fotos POLLIN).

ist, beginnt das Weibchen, das Junge aktiv zu befreien, indem es kleine Schalenstücke ausbeißt („Schlupfhilfe" [116]). Schalenreste werden zum Teil gefressen oder beiseitegelegt, seltener vom Nest getragen. Den Nestlingen fällt der Eizahn erst in der 3. Woche ab. Das Weibchen trocknet frisch geschlüpfte Eulen durch Beknabbern und Einhudern. Es verfüttert zunächst sehr kleine Bissen, die – in Huderstellung – aus Beutestücken gezupft werden. Die Futterübernahme wird akustisch (Weibchen Fütterungslaut, Junge Bettelschnarchen) und taktil (Berühren der Schnabelwinkel beim Jungen) orientiert [117]. Ganze Beutetiere werden bereits von 2-wöchigen Jungen verschlungen. Da der Altersabstand zwischen Geschwistern derselben Brut bis zu 3 Wochen beträgt, können ältere Junge sogar ihre kleineren Geschwister füttern. Das Männchen übergibt herangeschleppte Beute an das Weibchen oder direkt an die Nestlinge; Überschuss wird am Nestrand gestapelt, wo sich die Jungen etwa ab der 4. Woche selbst bedienen. Von den Nestlingen abgesetzte Kotbatzen werden in den ersten 2 Wochen vom Weibchen gefressen. Kannibalismus ist nicht selten und betrifft vor allem benachteiligte „Nesthäkchen" (Kronismus, Kainismus). Das Weibchen hudert die ersten 3 Wochen intensiv. Ab etwa dem 40. Tag geben die Altvögel die „Horstwache" auf. Gegen Ende der Huderphase beteiligt sich auch das Weibchen an der Nahrungsbeschaffung, zieht sich aber allmählich aus der Brutpflege zurück. Mit Selbstständigwerden der Jungen erwächst dem Weibchen eine geradezu aggressive Grundstimmung, die zu Drohen, sogar zu Attacken gegen die Jungeulen führen kann und deren Abwanderung aus dem Brutrevier beschleunigt. Ganz besonders tritt solches Trennungsverhalten bei Zweitbruten am selben Brutplatz auf, wenn sich die Jungen der Erstbrut noch im Umfeld aufhalten [57, 476]. Für britische Schleiereulen wurde die Dauer des gesamten Brutzyklus (Balz bis Familienauflösung) mit 139 Tagen berechnet [40].

Legebeginn: gewöhnlich im April, aber auch später, bei Zweit- oder Spätbruten sogar noch im September.

Gelegegröße: meist 4–7, oft auch mehr (9–12), ausnahmsweise bis 15 Eier. Diese sind nicht so rundlich wie bei anderen Eulenarten, sondern länglich-oval mit glanzloser Oberfläche.

Ei-Maße: 39,2 × 30,9 mm; 18,6–21 g; Schalengewicht 1,7 g [128].

Legeabstand: 2 Tage.

Bebrütungsbeginn: mit dem 1. Ei.

Brutdauer: 30–34 Tage.

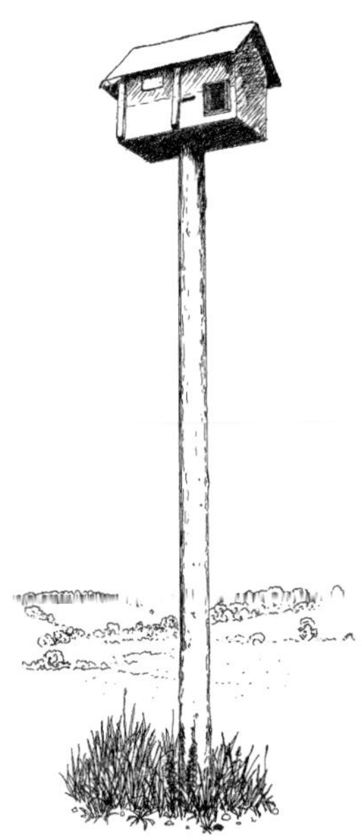

Frei stehender Nistkasten für Schleiereulen (britisches Modell; zwar mardersicher, jedoch riskant für Jungeulen, die nach ersten Ausflügen nicht mehr zurückfinden.

Entwicklung der Jungeulen

Der Verlauf der Embryonalentwicklung im Schleiereulen-Ei wurde erst jüngst beschrieben [524]: Nach Bildung der Keimscheibe sind ab 6. Tag Augenpunkte erkennbar, ab 7. Tag auch Blutgefäße und ein erster Herzschlag. Die Differenzierung von Kopf und Extremitätenknospen fällt auf den 8.–9. Tag. In Folge werden Finger und Zehen erkennbar und erste Federanlagen. Bis zum Schlupf ist der Jungvogel vollständig bedunt.

Frisch geschlüpfte Junge wiegen etwa 14 g. Im Gegensatz zu anderen Eulenjungen tragen Schleiereulen-Nestlinge richtige Dunenkleider: frisch geschlüpft bedeckt sie ein weißliches 1. Dunenkleid (Neoptil); dessen Dunenflaum ist relativ kurz und überraschend schütter, größere Körperpartien bleiben nahezu nackt. Das 2. Dunenkleid (Mesoptil), das sich zwischen dem 10. und 18. Lebenstag entwickelt, ist oberseits weißlich grau, unterseits gelblich weiß und wollig dicht. Solange die erstgeborenen Jungen nicht durch ihr Dunenenkleid gewärmt werden, muss die Mutter intensiv hudern. Während der Brutpausen drängen sich die Jungen eng zur „Wärmepyramide". Das Hudern ebbt allmählich ab, wenn die Erstgeborenen ihre Körperwärme selbstständig erhalten können (etwa 15–20-Tage-Alter [185]). Verlässt das Weibchen längerfristig den Brutplatz, müssen sich kleinere Nestlinge an den Geschwistern wärmen. Die Entwicklung des Jugendkleides verläuft unauffällig, da völlig vom dichtpelzigen, dunig-weißen Nestlingskleid (Mesoptil) überdeckt. Das Großgefieder sprießt erst im Alter von 4 Wochen, im Vergleich zu den „echten" Eulen auffällig spät. Das Gefiederwachstum löst intensives Putzen, Knabbern und gegenseitiges Gefiederkraulen aus.

Die Entwicklung der Nestlinge verläuft vergleichsweise langsam und konzentriert sich in den ersten Lebenswochen vor allem auf Wachstum und Gewichtszunahme. Die Augen begin-

◁ Schleiereulen-Ästling. Mit 6 Wochen trägt das Junge noch das dunigweiße Zwischenkleid, der Schleier ist jedoch schon weit entwickelt (Foto SCHERZINGER).

◁◁ Schleiereulen-Nestlinge. Allein gelassen, kauern sich die rund 3–4 Wochen alten Jungeulen eng aneinander (Foto ZEININGER).

nen sich um den 10. Tag spaltförmig zu öffnen, sie sind mit 2 Wochen ganz geöffnet. Die typischen Fixierbewegungen mit ausholendem Kopfpendeln und -verdrehen setzen in der 3. Woche ein und halten bis zum ersten sicheren Beutefang mit 3 Monaten an. Nach der Geburt eben fähig, auf dem überdimensionierten Bauch zu liegen, auf den Fersen rutschend die Position zu ändern und den Kopf zur Futterabnahme kurzfristig anzuheben, erlaubt die körperliche Reifung aufrechten Fersensitz mit 10 (9) Tagen, Stehen und Gehen auf den Sohlen mit etwa 3 Wochen. Flaches Liegen auf dem Boden bleibt bevorzugte Ruhestellung bis zum Nestverlassen [275, 524, 644].

Bei großen Jungenzahlen herrscht erhebliche Konkurrenz bei der Fütterung durch das Weibchen. Die Nestlinge versuchen deshalb möglichst früh, Beutereste selbstständig aufzunehmen und zu verschlingen. Das gelingt mit adulten Mäusen erst ab 20. Tag. Letztgeborene Junge können ihre Benachteiligung bei der Futterversorgung durch Beschleunigung der motorischen Entwicklung so weit kompensieren, dass sie letztlich mit älteren Geschwistern gleichziehen, beispielsweise um Beute vom Vater am Nesteingang zu übernehmen [185]. Dennoch kann die Sterblichkeit unter den Nestlingen hoch sein, speziell in Jahren mit großen Gelegen und Mehrfachbruten. Im Beispiel aus Norddeutschland starben im Durchschnitt 23 % der Jungen noch vor dem Nestverlassen [485].

Im Alter von 40–45 Tagen wandern die Jungen vom Nestplatz ab. Zwar noch gänzlich flugunfähig, können sie kraftvoll-weite Sprünge machen; sie hocken auf Balken, Mauersimsen usw. Zur Fütterung laufen sie grell „schnarchend" dem Elter entgegen, stellen die Schwingen – ähnlich der Drohgestik – seitwärts ab, spreizen den Schleier scheibenförmig und entreißen dem Altvogel gierig die Beute. In dieser Zeit erreichen die Jungeulen ihr Maximalgewicht und vervollständigt sich ihr Gefieder, das unter dem abfallenden Mesoptil – Stück für

Erstjahres-Kleid der Schleiereule. Im Gegensatz zu den „echten" Eulen entwickelt sich dieses 3. Kleid unter dem wolligen Mesoptil (Jungvogel ca. 9 Wochen alt; Foto LÖHR).

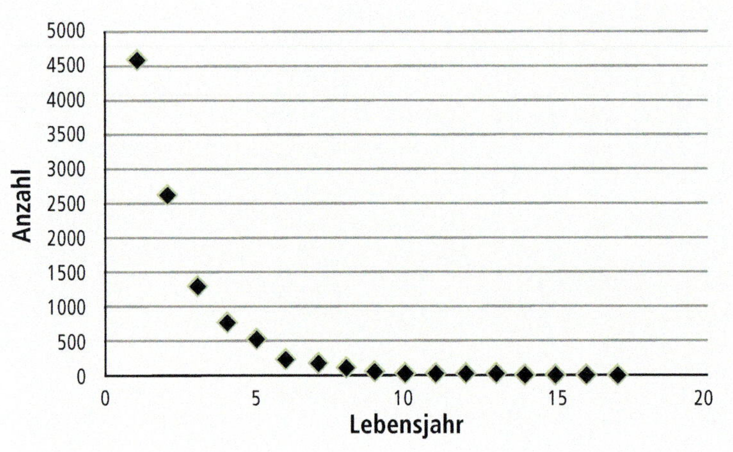

Überlebensrate von Schleiereulen aus Deutschland nach 4950 Ringfunden der Vogelwarte Helgoland (aus KNIPRATH 2016).

Stück – freigelegt wird. Mit 2 Monaten ist die obere „Hälfte“ mit Schleier, Kopfgefieder und Brust bereits fertig, die untere „Hälfte“ steckt noch im Dunenflaum. Solange Schleiereulen noch von den Eltern versorgt werden, nutzen sie die „Muße“ zu ausgiebigem Spielen: mit spielerischem Verfolgen, Beutefang und Beutebearbeitung. Die Schwungfedern sind mit rund 67 Tagen ausgewachsen [524]. Mit 3 Monaten proben die Jungeulen die ersten, noch unsicheren Flüge; gleichzeitig setzt die Abwanderung ein [98, 886, 961].

Die Fortpflanzungsziffer schwankt zwischen 2,4 Jungen/Brut (in Feldmaus-Mangeljahren) und 7,4 Jungen/Brut (in Feldmaus-Gradationsjahren).

Sterblichkeit: durchwegs hohe Verlustraten nach Selbstständigwerden der Subadulten (z. B. in Tschechien: 38 % Mortalität innerhalb der ersten 4–5 Monate der Selbstständigkeit [810]), wobei Junge aus Zweitbruten deutlich schlechtere Überlebenschancen haben, falls die Mäusepopulation nach dem Kulminationsjahr zusammenbricht. Von Schleiereulen aus dem Hohenlohekreis/Deutschland kamen 73 % innerhalb ihres 1. Lebensjahres ums Leben [277]; vergleichbare Angaben aus Schottland mit 71,4–76,7 % (je nach Habitatqualität [1075]) sowie aus der Schweiz mit bis zu 80 % [15]. Nach Auswertung Helgoländer Ringfunde verhungern oder verunglücken die meisten Eulen zwischen August und Februar des Folgejahres [481].

Ein hoher Prozentsatz der Mortalität ist durch anthropogene Strukturen und den Verkehr verursacht. In einer tschechischen Studie kamen 30 % aller beringten Eulen im Straßenverkehr zu Tode [809], in Südwestengland waren es sogar 72 % der beringten Jungeulen [832]! Vielfach unterschätzt werden subletale und letale Schädigungen durch Ratten- und Agrargifte [735].

Die Überlebenswahrscheinlichkeit steigt mit zunehmendem Alter merklich an und beträgt im Mittel 45 % im 2. Lebensjahr und etwa 55 % in späteren Lebensjahren [485]. Es wird also nur ein sehr kleiner Prozentsatz der Schleiereulen älter als 4 Jahre. Trotzdem kann ein Höchstalter von 29 Jahren in freier Natur erreicht werden.

ORTSWECHSEL

Schleiereulen sind keine Zugvögel. Bei Altvögeln ist in der Regel eine starke Bindung an den Brutplatz zu beobachten, doch können Einzeltiere nach Partner- oder Brutverlust noch im Herbst oder vor der Balzzeit im Frühjahr über größere Distanzen abwandern (meist 10–50 km, extrem = 500 km [489]). Die Dispersion der Jungvögel aus Erstbruten setzt schon Ende August ein, aus Spätbruten erst im Herbst. Die Eulen entfernen sich zunächst schrittweise über relativ kurze Strecken, queren dabei auch Barrieren – wie höhere Waldberge – und verbleiben bis zum Winteranfang in einem Umkreis von 10–50 km (rund 20 % bis 100 km). In einer zweiten Wanderphase legen sie während des Hochwinters mitunter unerwartet große Distanzen zurück: 500–1000 km, im Extrem 2000 km und mehr [362]. Die weiteste bisher nachgewiesene Strecke betrug 2272 km.

GEFÄHRDUNG UND SCHUTZMASSNAHMEN

Bekanntlich zeigen Schleiereulen-Bestände sehr große Schwankungen, weil sie in ihrer Ernährung und Fortpflanzung stark vom Feldmaus-Massenwechsel abhängig sind. In schneereichen Wintern, wenn ihre Beutetiere unter der Schneedecke nicht erreichbar sind, erleiden sie große Verluste durch Verhungern. Andererseits kann diese Eulenart solche Bestandslücken ziemlich schnell durch höhere Nachwuchsraten in Feldmaus-Gradationsjahren wieder auffüllen.

Trotz eines allgemein positiven Bestandstrends in den Verbreitungszentren Mitteleuropas hält regional ein Rückgang der Schleiereule seit der Mitte des 20. Jhs. an. Dafür gibt es folgende Gründe:

- Hauptgefährdungsursache ist die Intensivierung der Landwirtschaft. Denn überall dort, wo die bisher extensiv genutzten Grünlandflächen, auf denen sich Feldmausgradationen entwickeln konnten, in Ackerland umgebrochen und z. B. in Maisfelder umgewandelt wurden, sind diese Flächen den Schleiereulen für den Nahrungserwerb verloren gegangen. Gleiches gilt für die Saumbiotope wie Hecken, natürliche Bachläufe, Wegraine und Baumreihen, die vielerorts im Rahmen von „Flurbereinigungen" vernichtet worden sind.
- In den strengen Wintern stehen in den Scheunen keine Mäuse mehr als Nahrung zur Verfügung, eine Folge der Lagerung von Getreide und Mais in Silos.
- Pestizidvergiftung hat in den 50er- und 60er-Jahren eine Rolle gespielt [737]. Auch Sekundärvergiftungen bei Rattenbekämpfungsaktionen kamen vor.
- Es gibt sehr viele Verkehrsopfer an Straßen – und zwar mit zunehmender Tendenz –, zumal die Schleiereulen oft an Straßengräben und -böschungen jagen, weil es dort in der Regel mehr Mäuse gibt als auf den anschließenden Feldflächen [809. 832].

Der Naturschutzbund Deutschland verleiht diese Plakette an Haus- und Grundbesitzer, die eine Sicherung und Förderung von Eulenbrutplätzen aktiv mittragen – als eine Art „Qualitätssiegel".

Als Schutzmaßnahmen muss zunächst dafür gesorgt werden, dass gegenwärtig besetzte Brutplätze erhalten und langfristig gesichert werden können. Brutplätze in Kirchtürmen sind langfristig gesehen die besten, weil sie störungsfrei und auch vor Mardern oder Katzen sicher sind. Soweit solche bevorzugten Plätze durch Vergitterung der Einflugöffnungen (zum

Montage eines Schleiereulen-Nistkastens hinter der Turmjalousie (Foto Diehl).

Abhalten verwilderter Haustauben und Dohlen) für Schleiereulen unzugänglich wurden, lassen sich durch kleine bauliche Veränderungen wieder Brutmöglichkeiten schaffen (z. B. kann man entsprechende Nistkästen direkt hinter die Schallläden montieren). Auch lassen sich Einflugöffnungen direkt in den Turmhelm schaffen. (Sofern sich der Boden über der Glockenstube abschließen lässt, bleiben Glocken und Uhrwerk vom Kot der Vögel verschont.) Daneben können auch Dachstühle in Wohn- und Stallgebäuden sehr günstige Brutplätze bieten, des Weiteren Scheunen sowie alte Taubenschläge oder frei stehende Transformatorenhäuschen – sofern den Eulen ein Einflug jeweils ermöglicht wird. Hierzu haben örtliche Naturschutzorganisationen bereits Vorbildliches geleistet und nicht nur Hunderte Nistkästen in großräumigen Netzwerken angeboten, sondern auch deren regelmäßige Betreuung sowie ein kontinuierliches Monitoring der Brutaktivität durch Freiwillige sichergestellt.

Erfahrungsgemäß ist neben der Platzierung vor allem eine ausreichende Größe solcher Nisthilfen für Ansiedlung und Bruterfolg entscheidend. (Bewährt haben sich Maße von mindestens 100 cm Länge × 60 cm Breite und 50 cm Höhe, wobei die Einflugöffnung leicht anzufliegen sein soll und am besten direkt ins Freie gerichtet ist, um sowohl Verschmutzungen im Dachgestühl als auch die Erreichbarkeit von Katzen und Mardern zu unterbinden.)

Der Erhaltung des Lebensraumes mit ausreichendem Nahrungsangebot ist natürlich ein ebensolches Gewicht beizumessen. Landwirte, die für Natur- und Artenschutz zu gewinnen sind, sollten über Fördermöglichkeiten zu Erhalt und Entwicklung von Dauergrünland, Ackerrandstreifen, Heckenzeilen oder auch Brachflächen beraten werden (z. B. im Rahmen der Extensivierungs- und Stilllegungsprogramme der EU).

Wo immer möglich, sollten Maßnahmen zur Minderung der Verlustrate durch den Straßenverkehr gesetzt werden (keine Anreize zur Jagd an stark befahrenen Verkehrswegen; Angebot von Ansitzwarten abseits der Straßenbegrenzung). Das neue Unfallrisiko durch Windkrafträder ist kritisch zu beobachten. Schließlich sind auch weitere Kontrollen des Einsatzes von Rodentiziden, speziell bei Rattenbekämpfungsaktionen, erforderlich, um Sekundärvergiftungen bei Schleiereulen zu verhindern.

In extremen Wintern kann den Eulen die Jagd in Scheunen ermöglicht werden, indem Mäuse durch Futter angelockt bzw. in entsprechenden Behältnissen angeboten werden (z. B. in großen Wannen mit Wärme- und Schutzvorrichtungen für die Mäuse).

Schaffung eines Brutplatzangebots für Schleiereulen in Kirchtürmen hinter der Turmjalousie (nach Wolle 1994).

OFFENE FRAGEN

- Wie könnte der Primärbiotop in Mitteleuropa ausgesehen haben?
- Welcher Dynamik unterliegt der Polymorphismus von hellbäuchigen und rostbraunen Schleiereulen im Überlappungsgebiet der Unterarten *Tyto alba alba* und *Tyto alba guttata*?
- Gibt es eine überregionale Vernetzung der europäischen Brutgebiete?
- Wie werden die Schleiereulen-Bestände durch Wetterfaktoren beeinflusst (und zwar unabhängig vom Nahrungsangebot)?
- Wieweit veranlasst der Klimawandel eine Ausdehnung des Verbreitungsareals nach Nordeuropa?

UHU
Bubo bubo

ALLGEMEINES

Sowohl der deutsche als auch der wissenschaftliche Name des Uhus sind von seinem Ruf herzuleiten, während der englische Name *Eagle Owl* (= „Adlereule") darauf hinweist, dass es sich um eine dem Adler ebenbürtige, große und kräftige Eule handelt. (Für den Virginia-Uhu in Amerika waren hingegen die langen Federohren namengebend: *Great Horned Owl*).

In Mitteleuropa – wie auch in anderen Regionen Europas – war der Uhu noch vor wenigen Jahrzehnten ein sehr seltener Brutvogel, in vielen Gebieten sogar bereits ausgestorben. Hauptursachen dafür waren die intensive Verfolgung durch Jäger, die ihn als „Feind des Niederwildes" betrachteten, sowie das Aushorsten der Junguhus für die Hüttenjagd.

Erst seit den 1960er-Jahren kam es durch Freisetzungsaktionen und entsprechende Schutzmaßnahmen an vielen Orten wieder zu Ansiedlungen und erfolgreichen Bruten. Dabei hat sich auch günstig ausgewirkt, dass der Uhu heute stellenweise bessere Ernährungsbedingungen vorfindet als früher, z. B. Ratten auf Müllplätzen oder winterliche Wasservogelansammlungen auf Stauseen.

Die letzten Rückzugsgebiete lagen vorwiegend in Mittelgebirgen und am Alpenrand, wo es Felsen oder Steinbrüche gibt, die der Uhu als Brutplätze bevorzugt. Daraus hatte sich das Vorurteil abgeleitet, der Uhu sei ein Bewohner einsamer Schluchten und unzugänglicher Gebirgstäler. Tatsächlich ist diese Eulenart jedoch sehr flexibel – sowohl in ihrer Nahrungsbeschaffung als auch in der Wahl des Brutplatzes. Sowie der Verfolgungsdruck nachließ, breitete sie sich auch wieder in die Kulturlandschaft aus, selbst in Industrie- und Siedlungsgebiete. Neben den „klassischen" Brutgebieten in Felsabbrüchen brütet der Uhu zunehmend auch wieder in großen Greifvogelhorsten auf Bäumen, notfalls auch am Erdboden oder an hohen Gebäuden, selbst mitten in einer menschlichen Siedlung. Neuerdings breitet sich die Art auch erfolgreich ins Tiefland aus, fernab aller Berg- und Felslandschaften.

Dank vielseitiger Schutzbemühungen hat der Bestand des Uhus in den letzten Jahrzehnten in weiten Teilen Mittel-, West- und Nordeuropas deutlich zugenommen. Wenn Verluste durch direkte Verfolgung in den meisten Gebieten keine Rolle mehr spielen, so gibt es vielfältige Unfallrisiken in der Zivilisationslandschaft. Besonders hohe Verluste

Adulter Uhu. Mit seinem kräftigen Körperbau ist der Uhu die größte Eulenart weltweit (Foto Reinhard).

Flugbild des Uhus. Kennzeichnend sind der breite Kopf, der massige Körper und die geradezu adlerartig breiten Flügel (nach MÜLLER 2000).

gibt es an elektrischen Freileitungen (speziell an Mittelspannungsmasten mit stehenden Isolatoren) und Seilbahndrähten sowie in ganz erheblichem Umfang durch Auto- und Bahnverkehr. Neu ist die Gefährdung durch Windkraftanlagen. Außerdem führt zunehmender Freizeitsport, wie Klettern oder Geocaching, zu Störung oder gar Verlusten von Bruten [102].

KENNZEICHEN

Der Uhu stellt weltweit die größte Eulenart, mit den größten Unterarten in borealen und subarktischen Habitaten.

Aufgrund seiner Größe, des massigen Körpers und des dicken Kopfes mit den meist auffälligen Federohren und den großen orangegelben Augen ist der Uhu mit keinem anderen Vogel zu verwechseln.

Federtypen vom Uhu: 1 Handschwinge links, 2 Armschwinge links, 3 Schwanz links, 4 Schwanz Mitte (Foto SCHATTER).

Die Weibchen haben einen deutlich breiteren Kopf und Körperbau und sind entsprechend schwerer als die Männchen.
<u>Größe</u>: Männchen Ø 61 cm; Weibchen Ø 67 cm.
<u>Flügelspannweite</u>: Männchen Ø 157 cm; Weibchen Ø 168 cm (Extrem: Weibchen aus Finnland mit 215 cm [694]).
<u>Gewicht</u> (in Mitteleuropa): Männchen 1600–2100 g (Ø 1900 g); Weibchen 2200–3200 g (Ø 2600 g) (Extrem: 2 Weibchen aus Finnland mit 4800 und 5300 g [694]).

Kennzeichnend für das Flugbild sind neben dem dicken Kopf die langen, ziemlich breiten Flügel.

Die Geschlechter sind in ihrem Gefieder nicht unterschieden, jedoch gibt es eine sehr breite Variabilität der Grundfärbung, von sandfarben-ockergelb bis schwarz-fleckigem Dunkelbraun. Typischerweise oberseits rostbraun mit dunkler Fleckung und Bänderung, unterseits heller rostfarben mit dunkelbraunen Längsflecken und feiner dunkler Querzeichnung. Die etwa 8 cm langen Federohren sind dunkel längs gestreift; abhängig von der jeweiligen Stimmung sind sie dem Kopfgefieder angelegt, schräg abgestellt oder steil aufgerichtet (z. B. in Erregung bei Balz).

Beim Rufen bleibt der Schnabel völlig geschlossen und durch Aufblähen der Kehle wird ein weißer Fleck präsentiert, der in der Dämmerung als optisches Signal wirkt.

Das Großgefieder des Uhus umfasst 10 Hand- und 15–16 Armschwingen. Dessen Mauser setzt erst im 2. Lebensjahr ein und zieht sich zum Teil über mehrere Jahre hin. Der Federwechsel beginnt mit HS.6 und HS.7 – in beide Richtungen, betrifft aber stets nur kurze Federserien, sodass ein Teil des Jugendgefieders bei 4- bis 5-jährigen Vögeln noch erhalten ist und ein vollständiger Wechsel der Schwingen bis zu 9 Jahre dauern kann [144, 1013].

Unterarten

Die artenreiche Verwandtschaft der Uhus geht auf einen gemeinsamen Vorfahren zurück (monophyletisch). In die Gattung *Bubo* werden heute neben der Schnee-Eule (bisher *Nyctea*) auch die Fischeulen aus Asien (bisher *Ketupa*) und Afrika (bisher *Scotopelia*) eingegliedert. Dadurch umfasst die Gattung weltweit an die 26 Arten. Die Art *Bubo bubo* ist in etwa 13 regionale Unterarten differenziert, die in Größe und Färbung stark variieren. Ihre Verbreitung reicht von Algerien und Marokko über Spanien, Mittel- und Nordeuropa ostwärts bis nach Ostsibirien und Sachalin, außerdem südostwärts bis nach Arabien, Indien und Südchina.

Von den 4 europäischen Unterarten ist *Bubo bubo hispanus* auf der Iberischen Halbinsel die kleinste. Uhus aus Süd-, West-, Nord- und Mitteleuropa werden der Nominatform *Bubo bubo bubo* zugerechnet. In Osteuropa schließt das Verbreitungsgebiet von *Bubo bubo interpositus* an, vom europäischen Russland bis über den Ural kommt *Bubo bubo ruthenus* vor. Vor Kurzem erst wiederentdeckt, erhielt der Fischuhu in Kleinasien (bisher *Ketupa zeylonensis*) Artstatus unter dem Namen *Bubo semenowi* [59].

VERBREITUNG UND BESTANDSVERHÄLTNISSE

Schwerpunkte der Verbreitung im Norden und Osten Europas, bei großflächiger Bestandszunahme. Regional ungewöhnlich hohe Dichte in Südspanien. Der Uhu fehlt allerdings im Südwesten sowie in der nördlichen Hälfte Frankreichs und auf Island, ebenso auf den Britischen Inseln und den meisten Inseln im Mittelmeer. Zunehmende Ausbreitung nach Holland (6–8 Reviere) und Dänemark (Bestand ca. 39 Reviere; BirdLife International 2015). Vereinzelte Vorkommen in Schottland und im Norden Englands sollen auf Freisetzungen

Verbreitung des Uhus in Europa. Die äußerst anpassungsfähige Großeule nutzt ein Lebensraumspektrum von Halbwüsten bis zum Gebirgswald. Ihre Verbreitung wird vor allem durch beutearme Winterbedingungen beschränkt.

Die Federohren des Uhus unterstreichen die Stimmungslage mimisch (adultes Männchen; Foto HECKER).

Kleingefieder vom Uhu:
1 Handdecke,
2 Armdecke,
3 Bauch,
4 Flanke,
5 Brust,
6 obere Brust (Halsansatz)
(Foto SCHATTER).

Lebensraum des Uhus. Der Optimalbiotop findet sich an der Verschneidung von Felsen (Brutplatz), Wäldern (Einstand), Freiflächen und Gewässern (Jagdgebiet; Foto HLASEK).

zurückgehen (wenigstens 12 Paare; der Uhu gilt hier als Neozoon und genießt entsprechend keinen Schutzstatus).

Der Gesamtbestand des Uhus wird für Europa auf 19 000–30 000 Paare geschätzt (BirdLife International 2015; nach ADEBAR-Atlas sogar 38 000 Paare, Stand 2009; Tabelle 22). Aufgrund regional erheblicher Bestandszunahme, die nur zum Teil auf erfolgreiche Wiederansiedlung zurückgeht, ist der Bestand in Deutschland von rund 50 Paaren Mitte des 20. Jhs. auf heute 2100–2500 Brutpaare angewachsen [70, 263]. Die Zuwachskurven lassen

Brutgebiet im Alpenraum. Bei günstigen Jagdmöglichkeiten sogar bis in Höhen über der Waldgrenze (Hohe Tauern; Foto SCHERZINGER).

erkennen, dass der Uhu-Bestand in einigen Bundesländern einen Sättigungsgrad erreicht haben dürfte. Tabelle 23 enthält Schätzwerte der Uhu-Brutbestände in den einzelnen Ländern der Bundesrepublik Deutschland (Angaben nach aktueller Umfrage bei Spezialisten und ADEBAR-Atlas 2014).

Strenge Schutzmaßnahmen hoben den Uhu-Bestand auch in Nordböhmen von rund 40 Paaren (um 1900) auf heute 1500 [Andreska, pers. Mitt.]. Aus den Ländern Fennoskandiens wird hingegen ein deutlicher Bestandsrückgang gemeldet, der auf die Schließung großer Mülldeponien – mit bequem erreichbaren Wanderratten – zurückgeführt wird [916].

LEBENSRAUM

Der Uhu ist kein Lebensraumspezialist, sondern bewohnt extrem verschiedene Habitate, von borealen Nadelwäldern bis zu mediterranen Hartlaubgehölz-Strauchformationen (Macchien), Wald- und Grassteppen sowie Fels- und Sandwüsten. Ebenso besiedelt er Steilhänge an offenen Wasserflächen, Seen oder Meeresküsten.

In Mitteleuropa lebt er in möglichst reich gegliederten Landschaften, die auch im Winter genug Nahrung bieten. Die Jagd betreibt er vorwiegend auf offenen oder nur locker bewaldeten Flächen. Für den Süden Spaniens gilt eine negative Korrelation zwischen Waldanteil und Revierqualität; positiv wirken sich vielmehr Vielfalt und Dichte an Grenzlinien und Randstrukturen (Ökotone) aus [603, 783]. Die Nähe von stehenden oder fließenden Gewässern wird wegen des hohen Nahrungsangebots bevorzugt, wo auch bei geschlossener Schneedecke Schermäuse, Ratten und Wasservögel erjagt werden können. Außerdem nutzt der Uhu Wasser zum Trinken und Baden.

Zum Brüten bevorzugt der Uhu felsiges Gelände bzw. Steinbrüche mit Höhlungen oder Nischen, die vor Regen geschützt sind und freie Anflugmöglichkeiten aufweisen. Seit Uhus vor Nachstellungen und direkter Verfolgung geschützt werden, haben sie ihre Ansprüche an den Brutplatz so weit reduziert, dass sie so ziemlich jeden ungestörten Platz nutzen können, und sei es mitten im Siedlungsgebiet.

In den Alpen brütet die Art in Höhenlagen bis 1900 m (Schweizer Engadin [318]) oder gar 2100 m und jagt auch noch über der Baumgrenze bis in Lagen von 2800 m.

SIEDLUNGSDICHTE UND STREIFGEBIET

In optimalen Bereichen kann die Siedlungsdichte verhältnismäßig hoch sein.

So sind im Fränkischen Jura 9 Brutpaare auf etwa 100 km² festgestellt worden, mit Brutplatz-Abständen von nur 1,8–2,8 km. Am bayerischen Lech konzentrierten sich 13 [1127] und an der niederösterreichischen Donau 14 Reviere auf 100 km² [579]. In der Provence (Südfrankreich) lebten auf einer Untersuchungsfläche von 140 km² sogar 28 Brutpaare (= 20 Bp/100 km²), mit minimalen Brutplatz-Abständen von 1,2–1,6 km. Extremwerte von 22 Brutgebieten je 100 km² wurden aus Südostspanien gemeldet, von sogar 40/100 km² aus Südwestspanien. Benachbarte Brutgebiete lagen hier im Mittel nur 0,98 km auseinander (Extremwerte 0,1–2,7 km [136, 593, 772]). Auf kleinen Mittelmeerinseln Kroatiens drängen sich bis zu 26 Brutpaare je 100 km². Am Rande des Wiener

Tabelle 22. Schätzwerte für Uhu-Brutbestände in Verbreitungsschwerpunkten Europas (nach BirdLife International 2015).

LAND	FLÄCHE (TAUSEND KM²)	BRUTPAARE	BEZUGSJAHR
Europäisches Russland	3952,5	2500–5000	2010
Frankreich	643,8	2000–4000	2012
Deutschland	357,3	2900–3300	2015
Griechenland	131,9	1000–2000	2012
Finnland	338,4	1300–1400	2012
Tschechien	78,8	600–900	2003
Österreich	83,8	500–700	2012
Rumänien	238,3	200–700	2013
Norwegen	385,2	450–685	2013
Portugal	92,2	380–580	2012
Schweden	450,2	350–560	2012
Bulgarien	110,9	450–550	2012
Bosnien und Herzegowina	51,1	400–500	2014
Serbien	88,3	330–450	2012
Slowakei	49	300–400	2002
Gesamt-Europa	**10 180,0**	**18 500–30 300**	

Die Zahlen für Gesamt-Europa enthalten auch die Angaben von hier nicht aufgeführten Ländern.

Beckens maß der Mindestabstand benachbarter Brutplätze 400 m [244], in Thüringen 800 m [280]. In den Schweizer Alpen sind die Brutplätze in den Optimalbiotopen dagegen im Mittel 6–7 km voneinander entfernt.

Zur Fortpflanzungszeit wird nur ein Bereich von etwa 50 ha um den Brutplatz als Revier gegen Artgenossen verteidigt. Die Jagdgebiete benachbarter Paare überschneiden einander um bis zu 50 % der Fläche.

In der Agrarlandschaft maß das Streifgebiet *(home range)* besenderter Uhus 14–21 km² (Schleswig-Holstein [300]). Aus Ringfunden errechnete sich das Streifgebiet eines Weibchens mit 32,2 km² (Thüringen [281]). Uhus in Niederösterreich nutzten Streifgebiete von 26–128 km², wobei das tägliche Jagdgebiet der Männchen zur Brutzeit nur 9–12 km² betrug [580]. In den ungewöhnlich dicht besiedelten Uhu-Vorkommen Südspaniens beschränken sich die Aktionsräume auf wenige km² (z. B. Projektgebiet in Südwestspanien: im Mittel 1,9 km² [136]; in Südostspanien: 0,96–23,9 km², im Mittel 8,6 km²). Bei reicher Habitatgliederung und extensiver Bewirtschaftung genügten Uhus ebenda nur 4 km² als Streifgebiet [593]. Dank der hohen Dichte an Wildkaninchen reichen den Uhus hier nur 40 ha zur täglichen Jagd [136].

VERHALTEN UND STIMME

Ruhe und Körperpflege

Uhus wählen ihren Tageseinstand bevorzugt in Sichtweite zum Brutplatz oder in Verbindung mit günstigen Jagdgebieten. Tagsüber ruhen Uhus im Sichtschutz von Baumkronen, Felsnischen oder Buschwerk; in ungestörten Gebieten auch frei sitzend auf Felsbändern. Je nach Standort steht die Eule dabei aufrecht auf einem starken Ast oder legt sich – mit Brustbein oder Flügelbug abgestützt – schräg darauf. Auf dem Boden sitzt sie auch auf den Fersen, seltener liegt sie ganz flach (im Extremfall Seitenlage mit einem Flügel unter dem Körper). In Ruhe ist das Körpergefieder leicht plustrig, die Federohren sind aufgerichtet, die Augen halb oder ganz geschlossen. Trotz seiner Größe ist ein reglos kauernder Uhu kaum zu entdecken; am ehesten verraten angesammelte Kotflecken seinen Standort.

Tabelle 23. Schätzwerte für Uhu-Brutbestände in den Bundesländern Deutschlands.

BUNDESLAND	FLÄCHE (TAUSEND KM²)	BRUTPAARE BZW. REVIERE	BEZUGSJAHR	QUELLE
Baden-Württemberg	35,7	188–275	2019	F. Rau (pers. Mitt.)
Bayern	70,5	500	2009	Brutvögel in Bayern (2012)
Brandenburg und Berlin	29,8	16	2009	Brutvögel Brandenburg und Berlin (2011)
Hessen	21,1	180–220	2009	Vögel in Hessen (2010)
Mecklenburg-Vorpommern	25,6	6		2. Brutvogelatlas (2014)
Niedersachsen und Bremen	47,8	160–190	2008	Atlas der Brutvögel (2014)
Nordrhein-Westfalen	34,0	600	2015	M. Joebges (pers. Mitt.)
Rheinland-Pfalz	19,8	200	2007	Vogelwelt Rheinland-Pfalz (2014)
Saarland	2,6	18	2005	Atlas der Brutvögel (2005)
Sachsen	17,7	70–100		Brutvögel in Sachsen (2013)
Sachsen-Anhalt	20,3	35–50	2013	Vogelwelt Sachsen-Anhalt (2014)
Schleswig-Holstein und Hamburg	16,4	400	2009	2. Brutvogelatlas (2014)
Thüringen	15,2	80–90	2012	Brutvogelatlas Thüringen (2020)
	Insgesamt rund **2900–3300**		2015	ADEBAR (2014), BfU (2019)

Aufgrund zum Teil unterschiedlicher Bezugsjahre kann die Summe für Deutschland aus dem ADEBAR-Atlas von der Summierung der Zahlen aus den Bundesländern abweichen.

Das sehr vielgestaltige Komfortverhalten kommt vor allem beim abendlichen Aktivitätsbeginn zum Ausdruck: Die langen, schmalen und dunig aufgefächerten Körperfedern werden einzeln beknabbert und durch den Schnabel gezogen. Besonders ausgiebig wird das Gefieder an Bauch, Brust und Hals geputzt, wobei der Schnabel auch die hinteren Federpartien durch Vordrehen der Halshaut erreichen kann. Das – für den Schnabel unerreichbare – Kopfgefieder wird durch reibend-kreisende Bewegungen an Schulter bzw. Handgelenk gepflegt, mitunter auch an der Bürzeldrüse eingerieben. Kratzen „vorne herum", wiederholtes Hochstrecken des Kopfes mit ausgiebigem „Gähnen" offensichtlich im Zusammenhang mit der Gewöllbildung. Flügelstrecken einseitig im Stand und in vorgebeugter Stellung beidseitig über dem Rücken. Beim Schütteln werden der Körper mit den Flügeln und der Kopf meist nacheinander bewegt. Uhus sind „sonnenhungrig" und breiten sich beim Sonnenbad flach auf den Boden, die Flügel halb geöffnet und seitwärts aufgelegt. Sie baden ausgiebig im Regen (Großgefieder gefächert, Kleingefieder gesträubt), mit seitlich schaukelnd-schlingernden Bewegungen, und regelmäßig im Wasser – oft bis zur völligen Durchnässung. Die Bewegungen beim Staub- bzw. Sandbad ähneln denen des Badens im Wasser (abwechselndes Materialschaufeln mit den Flügeln auf Rücken und Nacken).

Aktivitätsmuster

Abendlicher Aktivitätsbeginn in der Regel zu später Dämmerung bzw. mit Einbruch der Dunkelheit. Aktiv in Dämmerung und Nacht, mit einem Aktivitätsminimum nach Mitternacht. In störungsfreien Gebieten, bei Hunger und im Horstbereich zur Jungenaufzucht mitunter auch tagsüber rege. Aktivitäten wie Balz, Revierverteidigung und Angriff bzw. Flucht stehen im Zusammenhang mit Verpaarung, Rivalennähe und Störungen im Revier. Aktive Eulen legen das Gefieder locker an; bei Aufmerksamkeit maximal geformter „Kugelkopf", was durch die teilweise oder ganz gesenkten Federohren noch verstärkt wird. Flug- und Gesangsaktivität werden sowohl von der Witterung als auch von den Mondphasen beeinflusst. Bei hellem Mondlicht kann die Jagd aufwendiger werden,

Uhu-Weibchen im Tageseinstand. Reglos dösend, lässt sich die Eule auch „einschneien" (Foto SCHERZINGER).

weil die Beute in Deckung bleibt. Hingegen kann bei Mondlicht der helle Kehlfleck singender Männchen gezielt zur Geltung gebracht werden [779]. Unverpaarte Eulen singen meist ausdauernd, altbewährte und von Artgenossen isoliert lebende Paare können hingegen selbst zur Balzzeit nahezu stumm bleiben! Bei Störungen im Brutrevier singen Uhus mitunter auch bei Tage. Noch unselbstständige Junguhus sind durchaus lichtaktiv, zur Zeit der herbstlichen Dispersion aber vorwiegend nachtaktiv [772].

Bewegungsweise und Flug

Im Tageseinstand oder am Brutplatz bewegen sich Uhus „bedächtig" langsam. Ortswechsel auf kurze Distanz in kraftvollem Sprung mit gewichtig-derbem Aufprall bei der Landung. Auf dem Boden trippelndes Rutschen auf den Fersen oder Gehen mit weit gespreizten „Sohlen" in leichter Körpervorlage; auch Laufen mit weit ausholenden Schritten. Flug mit ruhig ausholendem Schlag der großen Flügel, in größerer Höhe Segelflug mit adlerartig steif-gespreizten Schwingen; auch pfeilschneller Jagdflug mit angewinkelten Flügeln.

Bei der Jagd zeigt der Uhu große Wendigkeit und überraschende Rasanz. So kann er – trotz

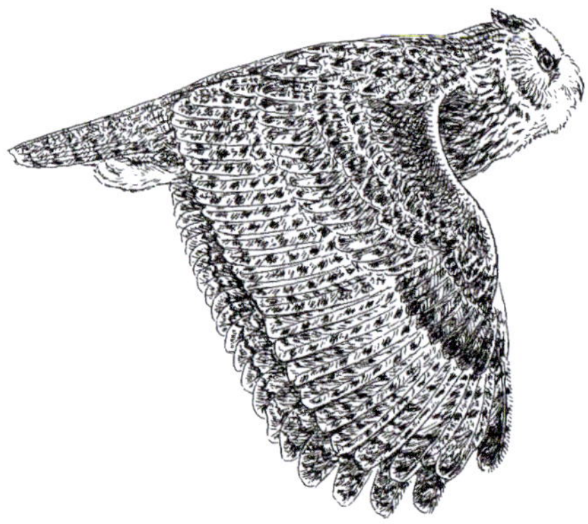

Uhu im Ruderflug. Die mächtig ausholenden Schwingen kommen zur Geltung (nach GLUTZ et al. 1980).

seiner Körpergröße und Spannweite – selbst zwischen relativ dichtem Baumstand sicher fliegen und bei der Jagd Haken schlagend und trudelnd die Beute in eleganter Gewandtheit verfolgen, dabei selbst rasche Vögel einholen! Auch Rütteln wurde beobachtet. In freiem Gelände fliegt er typischerweise knapp über dem Boden, kann breite Taleinschnitte jedoch auch in großer Höhe überqueren. Steil aufsteigende Flugbahn bei Brutplätzen in hohen Felswänden oder Gebäuden.

Sozialverhalten und Konflikte

Im Vergleich zu deutlich kleineren Eulenarten sind Uhus gegenüber Artgenossen erstaunlich verträglich, auch gilt die territoriale Markierung durch Gesang, Alarmrufe und Demonstrationsflug im Wesentlichen nur dem engeren Horstbereich, sodass benachbarte Brutplätze mitunter in Distanzen von nur wenigen Hundert Metern liegen können. (Bei Gefangenschaftshaltung kommt es trotz beengtem Raum bzw. hoher Dichte im Allgemeinen zu keinen aggressiven Auseinandersetzungen – und nur ausnahmsweise zur Tötung eines Artgenossen. Im Extremfall brüten mehrere Weibchen im selben Gehege.) Über telemetrisches Monitoring wurden sowohl gegenseitige Horstbesuche einzelner Weibchen als auch fremde Uhus als „Helfer" am Brutplatz bestätigt, die vom Brutpaar jeweils ohne Abwehrverhalten ge-

Uhu im Segelflug. Mit der gewaltigen Spannweite erinnert das Flugbild an den Seeadler (Foto NILL).

Uhu-Weibchen in der Brutnische. Vertrauend auf die Tarnzeichnung, drückt sich die Eule in die Mulde, die Augen sind spaltförmig verkniffen (Foto BENDER).

duldet wurden [159, 640]. Aus Spanien wurde bekannt, dass sich Junguhus im Wanderstadium fremden Paaren anschließen, was von den „Zieheltern" vollauf akzeptiert wird [774]. Umgekehrt suchen verpaarte Uhus keinen engen Körperkontakt mit ihrem Partner, vielmehr sind getrennte Tageseinstände und getrennte Jagdflüge die Regel.

Typischerweise monogam, wurde für Uhus lange Zeit auch Dauerehe bzw. Partnertreue angenommen. Ergebnisse aus Beringung und Besenderung bestätigten aber eine hohe Fluktuationsrate, mit zum Teil jährlichem Partnerwechsel, im Extrem sogar innerhalb einer Brutsaison. Insbesondere gilt dies für die Brutpopulation in Südspanien, wo Partnerverluste durch „Floater" kurzfristig aufgefüllt werden [163]. Wiewohl verpaarte Uhu-Männchen fremde Weibchen anbalzen können, wurde bisher kein Fall von Bigynie bekannt.

Begegnungen zwischen Weibchen bleiben meist konfliktfrei, Männchen meiden hingegen den Kontakt mit Rivalen [135]. Rivalisierende Eulen singen in vorgebeugter Drohhaltung und zeigen ein „Bocksgesicht" mit steil aufgerichteten „Federohren" [275]. Uhus verhalten sich auffällig aggressiv gegen Greifvögel und andere Eulenarten, wobei sie speziell Waldkäuze und Waldohreulen in großer Zahl erbeuten [686, 1056], was – über den Beuteerwerb hinausgehend – auch als Konkurrenzminderung interpretiert wird (Superprädation).

Feindverhalten

Aufgrund seiner Körpergröße kennt ein ausgewachsener Uhu nur wenige natürliche Feinde, doch meidet er tagsüber jedes Aufsehen, mit dem er ein „Hassen" durch Krähen- oder Greifvögel provozieren könnte. In den lichten nordischen Wäldern suchen Uhus Deckung vor Angriffen durch Seeadler [201]. Durch die hochgestreckte Tarnstellung mit maximal aufgerichteten „Federohren", schmal zugekniffenen Augen, eng angepresstem Körpergefieder und – im Extremfall – auch nach vorne gedrehter Schulter gelingt es selbst dieser großen Eule bei Annäherung von Störern oder Personen meist, unentdeckt zu bleiben. Am Schlaf- oder Brutplatz

Drohender Uhu-Nestling. Trotz seiner Wehrlosigkeit gelingt es dem Junguhu, Fressfeinde einzuschüchtern (ausgeschälter Igelbalg im Vordergrund der Brutnische; Foto LIMBRUNNER).

überraschte Uhus fliehen meistens, stets bemüht, die Deckung nicht zu verlassen. Ist der Fluchtweg versperrt, so wehrt der Uhu in imposanter Drohhaltung den Störer ab: Unter Fauchen und kräftigem Schnabelknappen wird das Gefieder gesträubt. Die Augen weit aufgerissen und die „Ohren“ flachgelegt, beugt sich die Eule vor, hebt beide Flügel seitwärts an, bis – in maximaler Ausformung – ein imposantes, symmetrisches Flügelrad entsteht. Dieses einschüchternde Verhalten kann durch seitliches Körperwiegen und Zittern des Gefieders noch verstärkt werden. In solch „ausweglose“ Situationen kann ein Uhu bei Verteidigung des Brutplatzes kommen, wenn er in einer Felsnische überrascht wurde oder infolge eines intensiven Bades oder einer entsprechenden Verletzung flugunfähig geworden ist. Videoaufnahmen belegen, dass derart drohende Uhu-Weibchen Marder, Katzen, Dachse oder Füchse, mitunter sogar Wildschweine vom Brutplatz fernhalten können [281, 331]. Typisch ist ein abwehrendes Drohen jedenfalls für Jungvögel vor Erreichen der Flugfähigkeit im „Wanderstadium“, desgleichen für gefangen gehaltene Uhus im beengenden Gehege.

Zumindest seit der Antike nutzte man dieses auffällige Abwehrverhalten bei der sogenannten „Hüttenjagd“, bei der ein – weithin sichtbar – angepflockter Uhu ein „Mobbing“ vor allem durch Krähen- und Greifvögel auslöst, was die Jagd auf diese sonst so vorsichtigen Tiere erleichtert. Diese antiquierte Jagdtechnik setzt die Eule einem hohen Stress aus und ist daher aus Tierschutzsicht abzulehnen.

Zur Verteidigung ihrer Brut setzen beide Altvögel mitunter ihre ganze Körperkraft ein, streifen im Stoßflug über den Kopf des Feindes, schlagen dabei auch mit den Flügeln zu und sind durchaus in der Lage, beide Fänge im Kopf des Gegners einzukrallen (ein ins Gehege eingedrungener Fuchs wurde vom Uhu mit sicherem Griff getötet [235]). Bei Annäherung von Personen an den Brutplatz flieht das Weibchen in der Regel (Fluchtdistanz 80–100 m), doch kann es in Einzelfällen auch zu abwehrenden Angriffen kommen (Thüringen [281]). Vereinzelt wurde in Horstnähe auch ein „Verleiten“ gegenüber Personen beobachtet. (Die Vorstellung, dass Uhus ihre Nestlinge bei Gefahr an einen sicheren Ort trügen, beruht auf Fehlinterpretation; [BEUCHAT 2008]).

Bei Annäherung von Störern fallen Nestlinge typischerweise in eine wächserne Starre (Akinese): Sie legen sich flach auf Bauch oder Seite, den Kopf in eine Felsnische gedrückt, und lassen sich – unter knappend-fauchendem Protest – im Allgemeinen wehrlos greifen. Seltener wenden sie sich in schwach ausgeprägter Drohstellung gegen den Eindringling oder schlagen gar in Rückenlage mit den Fängen nach ihm. Auch können sie in Panik aus dem Horst springen!

Stimme

Die Silben des namengebenden Reviergesanges des Männchens klingen zweisilbig wie *buho*, *uuh-hoo* oder *uujo*, kräftig-voll, aber weich, bei rasch fallender Tonlage (Frequenzabfall von 0,4 nach 0,2 kHz [862]). Die Gesänge sind im Sonagramm individuell unterscheidbar [292]. Der weit hallende Gesang ist bei Windstille mehr als 1,7 km zu hören [1127]. Er wirkt auf größere Distanz einsilbig, wobei – je nach Filterwirkung der Umgebung – nur die hohe 1. Silbe (z. B. in freier Landschaft = *uuh*) oder nur die dunkle 2. Silbe (z. B. im Wald = *hoo*) zu hören ist. Durch monotone Reihung in 3–10-

Drohstellung eines Uhus. Unter Fauchen, Knappen und mit weit aufgerissenen Augen fächert die Eule ein imposantes Flügelrad (Foto SCHERZINGER).

Sekunden-Intervallen bilden sich die typischen Gesangsstrophen, die – abgesehen von Mauserzeit und bei hochwinterlichem Schlechtwetter – nahezu ganzjährig gehört werden können. Intensivster Reviergesang in den späten Herbstmonaten und zur Zeit der Anpaarung im Spätwinter bis zur Eiablage. Zur Hochbalz kurze Intervalle, sogar „pausenlose" Reihung der Strophen (bis zu 600 Rufe pro Nacht registriert). Der Gesang der Uhu-Männchen im bayerischen Alpenvorland setzte deutlich vor Sonnenuntergang ein [1127], was auch für spanische Uhus gilt (Beginn 29 Minuten vor Sonnenuntergang, Ende der Gesangsaktivität rund 1 Stunde vor Sonnenaufgang [162]). Hier soll der Gesangsbeginn benachbarter Uhus einer „Rangordnung" unter den Männchen entsprechen [785].

Uhus singen meist frei sitzend von exponierten Warten (Felsschulter, starkastige Baumkrone) in leicht vorgeneigter Haltung, stellen die Federohren schmal auf und demonstrieren die geblähte Kehlregion als weißes Signal. Solche Singwarten liegen meist im jeweiligen Aktivitätszentrum bzw. zum Nachbarrevier ausgerichtet [772, 776, 777].

Der Gesang des Weibchens ist höher, mehr nasal-gepresst bis knautschend; klingt wie *uhju* und überspannt keine so großen Tonhöhen. Weibchen singen vorwiegend in der Anpaarungsphase bzw. Vorbrutzeit, oft in Kombination mit Erregungs- und Alarmrufen. Paarpartner singen auch im Duett, speziell zum abendlichen Beginn der Gesangsaktivität, doch ist die Gesangsintensität einzelner Paare sehr unterschiedlich (je nach Dauer der Paarbindung und Rivalennähe bzw. Siedlungsdichte). Über Gesangsimitation lassen sich sowohl Männchen als auch Weibchen zur Antwort stimulieren.

Mit weich im Glissando verschmelzenden Silben *buhju* oder *ujo* lockt das Männchen beim „Nestzeigen" und zur Beuteübergabe. Diese „eindringlich" gedehnten Laute werden sowohl in rascher Folge gereiht als auch einzeln mit anderen Lautäußerungen kombiniert (z. B. Fütterungslaut). Eine verhalten-leise Serie glucksend-gackernder Silben wird vom Männchen zur Demonstration einer prospektiven Nistmulde in rascher Reihung eingesetzt (weiches *gu.dugg-gu.dugg-gu.dugg*, mit Betonung der jeweils 2. Silbe). Dieser Laut entspricht im

Singendes Uhu-Männchen. Zur Signalverstärkung wird ein weißer Kehlfleck freigelegt (Foto NILL).

Charakter dem Fütterungslaut *(dugge-dugge* bzw. *glugg-glugg)*, mit dem das Weibchen die Nestlinge zur Abnahme von Beutestücken anregt [930].

Solange das Männchen die Brut mit Beute versorgt, „bettelt" das Weibchen mit heiser-nasalem *chriä* bzw. stimmlos-trockenem *chwait*. Der „Bettellaut" der Nestlinge entwickelt sich vom feinen, einsilbigen *djchü* zunehmend zu kräftig-zischendem *ttchschatt* (zweisilbig, Crescendo mit Betonung der Endsilbe). Nach Abwanderung vom Nistplatz betteln Junguhus – im Gelände verstreut – ausdauernd und in kurzen Intervallen, oft über Stunden lang und weithin hörbar.

Auffällige Erregungsrufe sind meist im Zusammenhang mit der Kopula zu hören, wobei sich das Duett der Partner zu rasch gereihtem *hohoho* (Männchen) bzw. *huhuhu* (Weibchen) steigern kann, um in „lachendem" Stakkato und kreischend-zwitscherndem Schirken zu kulminieren. Erregungslaute mit Warnfunktion sind meist gellend, oft krächzend (z. B. reiherartiges *gräck*) oder kurz bellend *(quä.quä.quä* bzw. *wä.wä.wä)*. Solche Alarmrufe werden von beiden Geschlechtern sowohl gegen Fressfeinde bzw. Störer als auch gegen eindringende Rivalen geäußert.

ERNÄHRUNG

Beutetiere

Zur Frage der Ernährung des Uhus liegen umfangreiche Beuteanalysen aus vielen Gebieten Europas vor. Diese zeigen, dass die Nahrungswahl allgemein sehr vielseitig, in der Regel aber opportunistisch ist, d. h. dass diejenigen Beutetierarten, die im jeweiligen Untersuchungsgebiet besonders häufig vorkommen, einen entsprechend hohen Anteil bilden (meist fälschlich als „Spezialisierung" interpretiert): so z. B. Igel in Thüringen, Nordbayern und auch in Bulgarien, Schermäuse in Südostschweden, hingegen Wildkaninchen in Südspanien und der Provence/Frankreich, Hamster, Feldhasen (meist junge) und Rebhühner in Niederösterreich (zu Zeiten, als diese in der Agrarlandschaft noch häufig waren), Großmöwen auf den Mittelmeerinseln, Meeresvögel und Fische an den Küsten Norwegens oder Grasfrösche in alpinen Lagen.

Im Allgemeinen ernährt sich der Uhu zu einem wesentlichen Anteil von Mäusen, Ratten

Tabelle 24. Typische Laute vom Uhu.

Lautäußerung	Männchen	Weibchen	Nestling/Ästling
Reviermarkierung	weittragend		
Balzzeit	fallend zweisilbig *buho*	heller *uhjo*	
Reviermarkierung Herbst	Gesang *buho*	Gesang *uhjo*	
Alarm intensiver Alarm	*kwäk, gräck* *ho.ho.ho.* „Lachen"	*kwäk* *quä.quä.quäk*-Serie	
Nestzeigen	*buhju-dugge.dugge*		
Fütterungslaut	*dugge.dugge*	*gode.gode.gode*	
Standortlaut/Betteln		*chwait, chriää*	*dchjü/ttchschatt*

Uhu beim Beutestoß. Die kräftigen Fänge werden vor dem Aufprall in Blickhöhe gehoben (Foto NILL).

und anderen Nagetieren (z. B. 23 % in Niederösterreich [240], 58 % in Baden-Württemberg [868]). Nach Analysen des Mageninhalts finnischer Uhus dominieren Schneehasen in der Beuteliste mit 56 % [693]. Im Süden Spaniens und in Portugal stellen hingegen Kaninchen bis zu 90 % der Biomasse in der Beute [603, 787]. Mit rund 10 % Beuteanteil kommt in waldnahen Gebieten dem Igel eine größere Bedeutung zu [868]. Als Alternativbeute schlagen Uhus größere Vögel, davon vorwiegend Krähen, Tauben sowie Greifvögel und Eulen, an Gewässern auch Enten und Blässhühner (Vogelanteil in der Beuteliste aus Baden-Württemberg 28,4 % [868], im europaweiten Durchschnitt 15,7 % [78]). Aus Uhu-Gewöllen wurden bisher 11 Eulen-, 20 Greifvogel- und 11 Krähenvogelarten nachgewiesen, des Weiteren 11 Arten an kleinen Raubtieren (Marder, Wiesel, Katzen [281, 332]). Jungfüchse scheinen in der Uhu-Beute mehrfach auf [158, 606, 1127].

Als „bequeme" Jäger bevorzugen Uhus mittelgroße Beutetiere von etwa 111–340 g Gewicht (Thüringen [279]). Kaninchen in der Beute spanischer Uhus wogen im Mittel 468 g (maximal 900 g), wobei zum Brutbeginn Jungtiere (mit 100–250 g) bevorzugt werden [603]. Das mittlere Beutegewicht finnischer Uhus betrug bei Weibchen 828 g, bei Männchen 575 g, wobei als größte Beute Birk- und Auerhühner sowie ein Schneehase mit 4 kg nachgewiesen wurden [693]. In einem Ausnahmefall erbeutete ein sehbehinderter Uhu sogar einen Altstorch am Horst [Stuttgarter Nachrichten 2018].

Bei Uhu-Paaren in der Nordeifel wurden saisonale Unterschiede festgestellt: Zur Jungenaufzucht in Frühling und Sommer werden vor allem Igel, aber auch Hasenartige und Greifvögel erbeutet, während Mäuse (insbesondere Wühlmäuse) als Winternahrung bedeutsam sind (n = 2302 Beutetiere). Vergleichbar weist die Beuteliste von Uhus aus dem nordöstlichen Harzvorland (mit insgesamt 6255 Beutetieren in 71 Arten) hauptsächlich Feldmäuse, Feldhasen (meist junge) und Igel auf [1139]. Die Analyse von 41 527 Beutetieren aus Thüringen belegt, dass mit dem großräumigen Rückgang der Feldhühner, Hasen, Kaninchen und Feldhamster in der Feldflur Wanderratten (speziell auf Mülldeponien) und „Straßentauben" als Alternativbeute zunehmend in den Vordergrund rücken [281].

Abgesehen von alpinen Brutgebieten des Uhus, spielen Amphibien, Eidechsen oder Fische eine meist untergeordnete Rolle als Uhu-Beute.

Prozentanteile typischer Beutetiere des Uhus in Thüringen (nach GÖRNER 1977).

Jagdweise und Beuteerwerb

So vielseitig wie die Beuteliste ist auch die Jagdtechnik des Uhus: Wartenjagd aus unterschiedlicher Sitzhöhe jeweils z. B. auf Mäuse, Igel oder Fische; in niedrigem Pirschflug oder hart entlang von Felswänden überrascht er z. B. Hasen, Feldhühner, Tauben oder Enten; in raschem Lauf holt er z. B. Eidechsen, Hamster oder Frösche ein; bei der Bodenjagd durchstöbert die Eule auch die Gezeitenzone nach Krebsen oder den Uferbereich nach Fischen, nicht zuletzt liest sie Wirbellose – wie Mistkäfer oder Regenwürmer – mit dem Schnabel direkt vom Boden auf. Trotz seiner Körpergröße ist der Uhu ein geschickter Flugjäger, der mit hohem Reaktionsvermögen auch Fledermäuse, Segler oder Tauben in der Luft greifen kann. Die Mehrzahl der Vögel dürfte aber auf ihrem Schlafplatz erbeutet werden.

Der kräftige Uhu ist imstande, selbst Kolkraben, Auerhühner oder ausgewachsene Schneehasen zu überwältigen. Als klarer Opportunist nutzt er aber – selektiv – geschwächte oder sonst wie behinderte Wirbeltiere, wie aus dem markanten Anteil von mehr oder minder gut verheilten Knochenfrakturen aus Beuteresten abgeleitet werden kann [244]. Der kräftige Vogel schleppt im Fang Beutestücke bis wenigstens 3 kg Gewicht an den Horst. Da auch Fleischreste von Deponien oder Luderplätzen sowie diverse Kadaver angenommen werden, finden sich im Beutespektrum mitunter Reste von Re-

Uhu-Gewölle mit Skelettresten einer Ratte (Foto LIMBRUNNER).

hen, Gämsen oder sogar Hirschen, was immer wieder zu Fehlschlüssen hinsichtlich der jagdlichen „Schädlichkeit“ geführt hat. Tatsächlich erhöht eine Aufnahme von Aas das Risiko für den Uhu, scharfkantige Abfälle zu verschlucken oder gar in Fuchseisen und anderen entsprechend beköderten Fallen zu Tode zu kommen!

Als ortstreue Vogelart nutzt der Uhu meist bestimmte Fraßplätze und Rupfkanzeln. Da auch ein Uhu nur kleinere Beute unzerteilt abschlingen kann, werden größere Vögel vor dem Fressen gründlich gerupft (zumindest Großgefieder) und Säugetiere – vom Kopf bzw. Halsanschnitt beginnend – stückweise angeschnitten. Grobe Knochen können dabei zerbissen oder durchgebrochen werden. Unklar ist, wie es der Eule gelingt, Krabben zu knacken oder – bei ihrer hohen Tastempfindlichkeit – Igelbälge auszuschälen. Beuteüberschuss wird meist in Nestnähe deponiert.

Bei Angebot von frischem Wasser trinken Uhus regelmäßig.

Gewölle: im Mittel 72 mm lang und 34 mm dick (Variationsbreite: Länge = 40–143 mm, Dicke = 16–49 mm). Trockengewicht bis zu 23 g [281].

Uhu-Gewölle sind meist schon an ihrer Größe zu erkennen, wobei neben großen Knochen (z. B. Beine und Flügel von Vögeln) vor allem eingeschlossene Igelstacheln typisch sind.

FORTPFLANZUNG

Geschlechts- und Brutreife in beiden Geschlechtern bereits mit einem Jahr. Aufgrund hoher Verlustraten unter den Brutvögeln erhalten in südspanischen Uhu-Populationen bereits einjährige „Floater“ die Chance zur Fortpflanzung [163]. In der Regel sind jedoch erst 3-jährige Uhus imstande, sich im Freiland erfolgreich fortzupflanzen [772, 798]. Nach harten Wintern Brutausfall bei rund 60 % der Paare im Alpenvorland [583].

Revierabgrenzung und Paarbildung finden meist schon während der Herbstbalz ab Oktober statt (territoriale Phase); die reproduktive Phase der Balz in Mitteleuropa ab (Dezember) Januar/Februar bis März, in Südeuropa bereits in November und Dezember [136]. Balz und Legebeginn werden infolge des Klimawandels anscheinend von Jahr zu Jahr vorverlegt, sodass auch in Mitteleuropa Bruten ab Dezember/Januar möglich werden [584]. Bei derart frühen Bruten riskieren die Weibchen, völlig eingeschneit zu werden (völliges Einschneien eines brütenden Weibchens im bayerischen Alpenvorland und in Skandinavien beobachtet [821, 1127]).

Gut geeignete Brutplätze werden oft viele Jahre benutzt, mitunter sogar über Generationen. Traditionell dienen im Bergland meist Felswände mit Höhlungen oder Felsbändern unter überhängendem Gestein als Brutplatz, ebenso Steinbrüche oder schütter bewachsene Steilhänge mit geeigneten Nischen. Im Flachland kann die Brut auf einem alten Horst von Kolkraben, Greifvögeln, Graureihern oder Schwarzstörchen stattfinden, notfalls auch auf starken Astgabeln massiger Bäume, zwischen großen Baumwurzeln oder auf dem blanken Waldboden.

Seit dem Wiedererstarken der mitteleuropäischen Uhu-Bestände gegen Ende des 20. Jhs. kam es zu auffälliger Ausweitung des Spektrums, und neben Horst- und Gebäudebruten nutzen Uhus heute auch Mauersimse auf Ruinen, Kunsthorste auf Bäumen oder Hochspannungsmasten, hohe Türme von Kirchen (z. B. 65 m) sowie Industrie- und Müllverbrennungsanlagen (z. B. 100 m). Als ungewöhnliche Brutplätze wurden ein hoher Sendeturm (z. B. 25 m), frei stehende Brückenkonstruktionen über offener

„Rupfkanzel“ eines Uhus in Horstnähe. Igelbälge usw. bleiben bei der Präparation der Beutestücke zurück (Foto ZEININGER).

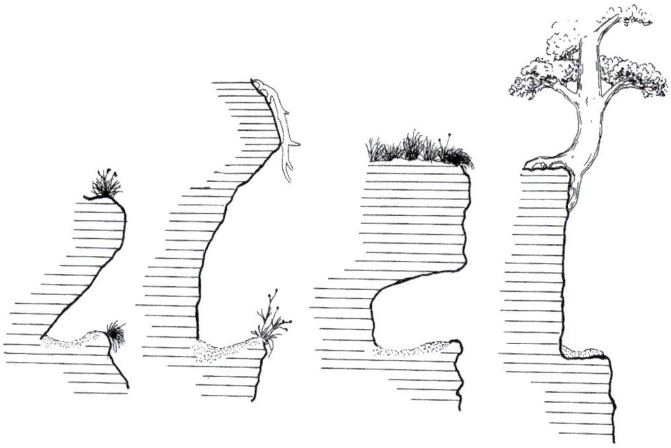

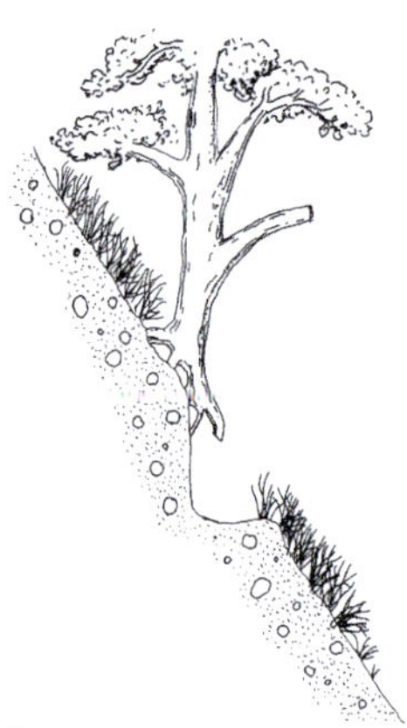

Brutplatz-Typen im Felsgelände (oben, Niederösterreich; nach Frey 1973) bzw. an Muschelkalkhängen (unten, Thüringen; nach GÖRNER 1977).

Wasserfläche oder ein Siloturm in baumloser Agrarlandschaft entdeckt. Noch ungewöhnlicher erscheinen Bruten in Kompostwerken, auf Mülldeponien oder in Sand- oder Schottergruben und – noch extremer – im Kohle-Tagebau, gut 60 m unter Bodenniveau [431, 615, 616, 1034].

Ehemals ein zurückgezogener Nachtvogel, scheut der Uhu heute weder städtischen Lärm und Kunstlicht noch regelmäßige Begegnung mit Menschen. In jedem Fall scheinen ein freier Anflug und – relative – Störungsfreiheit wichtige Voraussetzungen zu sein. Denn während ein brütender Uhu Maschinenlärm in der Kiesgrube, Baggerarbeiten auf der Mülldeponie und Sprengungen im Steinbruch zu tolerieren vermag, können ihn Annäherungen fremder Personen, speziell von Kletterern im Fels, stressen und zur Flucht veranlassen.

Balz und Paarbildung

Monogam, jedoch keine lebenslange Partner- und Reviertreue; je nach Qualität von Revier und/oder Partner wiederholter Partnerwechsel oder dauerhafte Paarbindung; Bigamie möglich, aber bisher nicht bestätigt [159]. Markierung des Brutgebiets mit Gesang, bei verpaarten Vögeln auch im Duett. Nach Beobachtungen aus Südspanien dürften Uhus ihr Brutgebiet mit Rupfungsmaterial und weißen Kotflecken auch optisch markieren [775]. Unverpaarte Männchen singen besonders intensiv, auffälligerweise gilt das auch für verwitwete Weibchen, die im Brutgebiet bleiben und über ihren Gesang einen neuen Partner anlocken können [29]. Daneben demonstrative Revierflüge, bei denen wiederholt auch Flügelklatschen beobachtet wurde. Zur Anpaarungsphase fliegt das Männchen zum gewählten Nistbereich und muldet dort zur Stimulierung des Partners mögliche Brutplätze; es scharrt und nagt in tief gebeugter Haltung unter Einsatz von Schnabel und Beinen. Die Brutstimmung wird betont durch Lockrufe (*ujo* – als verhalten-leise und weiche Gesangselemente) und Fütterungslaute (*gu. dugg-gu.dugg*); mitunter wird zum „Nestlocken" auch Beute eingetragen.

Die Beuteversorgung des Weibchens durch das Männchen setzt bereits mehrere Wochen vor Legebeginn ein. Meist fliegt das Weibchen dem Männchen, das sein Kommen mit verhaltenen Silben des Reviergesanges ankündigt, bettelnd entgegen. Zur Beuteübergabe werden meist bestimmte Fixpunkte in Horstnähe aufgesucht. Ebenso finden Kopulationen meist auf bestimmten Felsvorsprüngen, Baumwipfeln oder frei ragenden Wurzeln statt. Nach einleitendem Duett und Steigerung zu „lachenden" Erregungsrufen zeigt das Weibchen seine Paarungsbereitschaft durch waagrechtes Vorbeugen (Kopf vom Partner abgewandt); das Männchen

Balzendes Uhu-Männchen. In vorgelehnter Haltung und mit geblähter Kehle richtet die Eule die Federohren zum „Bocksgesicht“ auf (Foto Nill).

landet auf dem Rücken des Weibchens und vollzieht unter ausholendem Flügelschlagen und mit schrillem Kopula-Zwitschern die Paarung. Durch Aufstellen der „Federohren“ und Sträuben der Kehlfedern lässt das Männchen gleichzeitig eine aggressive Komponente der Balz erkennen [590, 772].

Brut und Brutpflege

Wegen der sehr langen Dauer von Bebrütung, Nestlings- und Führungszeit braucht es wenigstens 5 Monate vom Legebeginn bis zum Selbstständigwerden der Jungen. Bruten sind dabei umso erfolgreicher, je besser der Zeitpunkt der Familienauflösung mit dem günstigsten Beuteangebot im Spätsommer zusammenfällt. Innerhalb der heimischen Eulen beginnen Uhus deshalb besonders früh mit der Brut, bei oft noch winterlichen Bedingungen. In Mitteleuropa typischerweise Mitte März bis Anfang April, konnten hier früheste Eiablagen bereits am 26.01. (Thüringen, Baden-Württemberg), 31.01. (Bayern) bzw. 14.02. (Österreich) festgestellt werden. In Südeuropa sind so frühe Termine eher die Regel (mittlere Termine für Südspanien 29.01., 30.01., 02.02.), zumal hier auch Dezemberbruten vorkommen: früheste Termine für Lege- bzw. Brutbeginn z. B. 19.12. und 24.12. [603, 635, 1127].

Eine derart frühe Eiablage können Weibchen nur bei reichem Beuteangebot bzw. sehr guter Kondition leisten. Nach einer spanischen Studie schlüpfen aus solch frühen Gelegen vorwiegend Töchter, während Weibchen, die bei suboptimaler Beuteversorgung später legen, vorwiegend „billigere“ Söhne aufziehen [709].

Da der Legebeginn von Witterungsverlauf und körperlicher Kondition der Brutvögel abhängt, kann sich derselbe innerhalb eines Brutgebiets über mehrere Wochen hinziehen: z. B. Februar bis April in Niederösterreich (= 43 Tage), Januar bis April in Südbayern bzw. Februar bis April in der Schweiz (jeweils 62 Tage), Dezember bis März in Südostspanien bzw. Januar bis April in Baden-Württemberg (jeweils 91 Tage), Dezember bis April in Südwestspanien (= 105 Tage), Januar bis April in Thüringen (= 128 Tage; [3, 279, 318, 868]).

Rund 2 Wochen nach Verlust von Erstgelege oder kleinen Nestlingen sind Nachgelege möglich (im Einzelfall noch ein 2. Nachgelege [772, 868]). Bei extrem hoher Beutedichte wurde in Spanien sogar noch ein späteres Zweitgelege beobachtet, bei dem die Jungen der Erstbrut bereits gut 2 Monate alt waren [635].

Anhand einer Brutpopulation in Niederösterreich konnte innerhalb eines 20-jährigen

Bei unzureichendem Angebot sicherer Brutplätze weicht der Uhu mitunter auf gefahrvolle Bodenhorste aus. Junguhus müssen sich hier gegen diverse Prädatoren behaupten (Foto Leditznig).

Uhu-Weibchen am Brutplatz. Der Altvogel betreut die Jungen, selbst wenn sie keiner Wärmung mehr bedürfen (Foto SCHERZINGER).

Beobachtungszeitraums eine Vorverlegung des Brutbeginns um bis zu 15 Tage festgestellt werden, vermutlich ein Effekt des Klimawandels [584].

Nur das Weibchen brütet; es sitzt 1–2 Tage vor Ablage des 1. Eies bereits fest in der Boden- oder Horstmulde. Ungestört, brüten die Weibchen sehr ausdauernd. Wegen des gebietsweise sehr frühen Legebeginns, zu dem durchaus noch winterliche Verhältnisse herrschen können, verlassen die Weibchen das Gelege zu Anfang nur für höchstens 2 kurze Brutpausen pro Nacht. Da das Weibchen während der Brutpause stets dieselben Orte zur Kotabgabe aufsucht, fallen solche Stellen durch entsprechende Verfärbung auf.

Das dösig-brütende Weibchen tastet mit dem Schnabel wiederholt nach den Eiern, lagert diese auch um („Ei-Rollen") und vertieft immer wieder die Nestmulde durch Graben und Ausklauben von Steinchen, Wurzeln usw. Frisch geschlüpfte Junge werden intensiv gehudert und – bei tief gesenktem Kopf – unter dem Brustgefieder gefüttert. Dazu hält das Weibchen – auf den Fersen hockend – ein Beutestück im Fang fest, rupft kleinste Bissen heraus und bietet diese den Nestlingen unter stimulierenden Fütterungslauten. Mit einem Alter von etwa 10 Tagen schauen die Jungen unter dem Brustgefieder hervor, stemmen ihre Körper im Sitzen hoch und strecken den Schnabel bereits zielsicher dem fütternden Elter entgegen. Das Weibchen schützt die Nestlinge am Brutplatz bis zum Alter von 3–4 Wochen. Typischerweise wählt es dann seinen Einstand im näheren Horst-

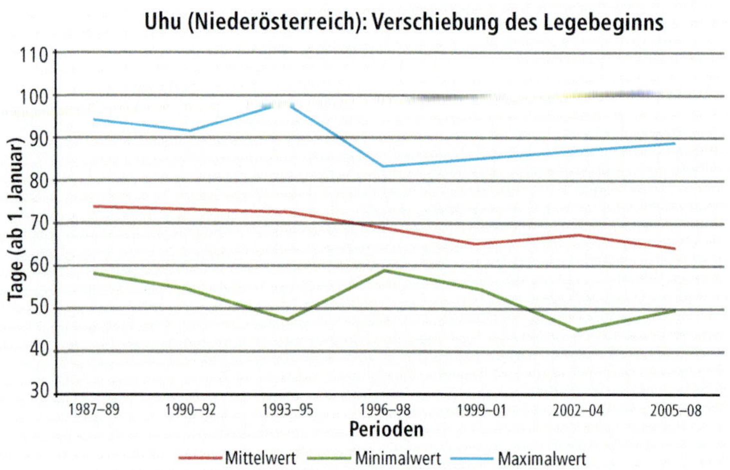

Vermuteter Effekt des Klimawandels: sukzessive Vorverlegung des Legebeginns um etwa 10 Tage innerhalb von rund 20 Jahren (nach LEDITZNIG 2010).

Uhu-Gelege unter einem Felsüberhang (Foto HLASEK).

bereich und bleibt meist bis zum Abwandern der Jungen [784]. Über Telemetrie wurden einzelne Weibchen aber auch viele Kilometer fern vom Brutplatz geortet [159].
Legebeginn: in Mitteleuropa meist im März.
Gelegegröße: meist 2–3, gelegentlich 4, ausnahmsweise 5–6 Eier.
Ei-Maße: Ø 59,8 × 49,5 mm, Gewicht 80 g.
Legeabstand: 2–3 (4) Tage.
Bebrütungsbeginn: ab dem 1. Ei.
Brutdauer: 34 Tage.

Entwicklung der Jungeulen

Frisch geschlüpfte Junge wiegen etwa 60 g; das Dunenkleid (Neoptil) ist weißlich; ab dem 10.–12. Tag wird es vom bräunlich gelben Zwischenkleid (Mesoptil) mit feiner dunkler Querzeichnung abgelöst. Schleier und Federohren sind ab dem 30. Lebenstag erkennbar; die Schulter- und Deckfedern des Jugendkleides ab dem 45. Tag [784].

Bereits ab ihrer Geburt wirken Nestlinge kompakt und kräftig-derb. Sie schlafen zunächst in kauerndem Fersensitz, den Kopf auf dem Boden abgestützt, häufig auch flach liegend mit zurückgestreckten Beinen. Sie vermögen schon ab Schlupf den relativ schweren Kopf zur Futterabnahme zu heben, sitzen mit 6 Tagen bereits frei auf den Fersen (ohne den Bauch aufzulegen) und versuchen mit 16 Tagen auf der Sohle zu stehen, was erst mit 4 Wochen sicher gelingt. Zur Kotabgabe trippeln Nestlinge rückwärts bis zum Wandkontakt (Muldenrand, Stein, Wurzel usw.), sodass die Nistmulde sauber bleibt. Das wacklige Trippeln auf den Fersen wird erst in der 4. Lebenswoche durch Gehen auf der Sohle abgelöst (Fersen zunächst abgewinkelt). Dieses Alter ist durch massive Gewichtszunahme gekennzeichnet, die bis etwa zur 6. Woche anhält [784]. Auffällig ist ein kräftiges Aufstampfen mit den Beinen vor dem Ortswechsel, offenbar eine testende Absicherung des Jungvogels gegen das Abstürzen aus steilem Fels [1127].

Uhu-Ei beim Schlüpfen. Bis zu 24 Stunden vor dem Schlupf pickt das Junge bereits die Schale mit dem Eizahn auf (Foto SCHERZINGER).

Sicheres Gehen, Springen und Klettern unter Flügelschlagen gelingen im Alter von 4–5 Wochen, wenn Uhu-Junge im Regelfall den Horstbereich verlassen. Dieser Zeitpunkt steht in Abhängigkeit zur Lage des Brutplatzes: So können Junge bei ungeschützten Bodenbruten bereits im Alter von 3 Wochen abwandern; bei exponierten Felsnischen hingegen erst mit 10 Wochen [244, 281]. Erste Flugfähigkeit in der 8. Woche, zielsicheres Anfliegen mit 9 Wochen, volle Flugtüchtigkeit mit 10 Wochen.

Wenn erste Greif- und Beutefangspiele auch bereits an 3- bis 4-wöchigen Uhus zu beobachten sind, so beherrschen sie die arttypische Beuteerwerbshandlung – mit Anvisieren, Zu-

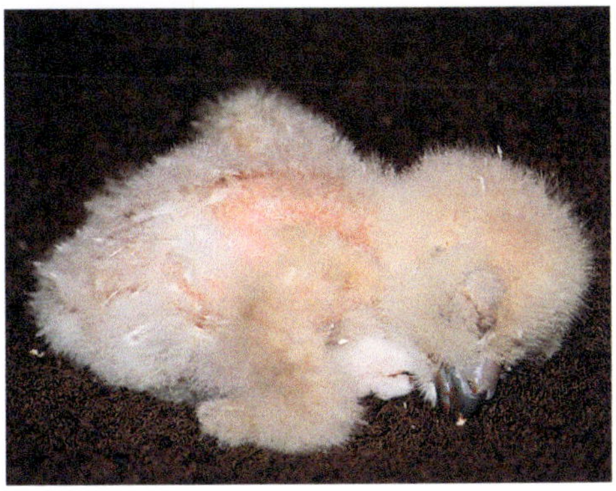

Uhu-Junges kurz nach dem Schlupf. Das weiße Neoptil ist eben erst abgetrocknet (Foto SCHERZINGER).

springen, Greifen und Walken bzw. tötendem Nackenbiss bis hin zum Abtransport – frühestens mit 80 Tagen. Effektiver Beutefang gelingt aber erst mit rund 5 Monaten, weshalb Junguhus bei Auswilderungsprojekten – unabhängig von einem Training auf Lebendbeute – nicht zu früh freigelassen werden sollten. Im Rahmen des Selbstständigwerdens steht den Jungeulen für ein intensives Lernen und Trainieren des Beutefangs ein „Zeitfenster" von nur wenigen Wochen zur Verfügung. Mit zunehmendem Alter sinkt deshalb die Fähigkeit, sich auf den Beutefang im Freiland einzustellen. Eine Freilassung vollerwachsener, aber jagdlich unerfahrener Uhus kann daher zu erhöhten Ausfällen führen [357, 942].

Der Bruterfolg liegt im Mittel bei 65 % aller Brutpaare einer Region. Die durchschnittliche Fortpflanzungsziffer beträgt 1,3 Junge pro begonnener Brut. bzw. 2 Junge pro erfolgreicher Brut. Diese Werte variieren aber erheblich, je nach Landschaftstyp, Höhenlage und örtlichem Beuteangebot; auch wird die Reproduktionsgröße vom saisonalen Witterungsverlauf und der innerartlichen Konkurrenz bei hoher Siedlungsdichte beeinflusst.

So kann z. B. der Bruterfolg von Uhus mit durchschnittlich nur 0,43 Jungen je begonnener bzw. 0,93 Jungen je erfolgreicher Brut (Ostsachsen) bzw. 0,44–0,55 je Brutrevier (Thüringen) zum Bestandserhalt nicht ausreichen („Sink"-Population [30, 281]). Ähnlich niedrig erscheinen die Mittelwerte für Gesamt-Bayern mit 0,49–0,68 Jungen je aktivem Revier. Doch könnte ein örtlicher Höchstwert von 3 Jungen je erfolgreicher Brut in „guten" Jahren diesen Mangel kompensieren [264, 1127]. Deutlich erfolgreicher sind Uhus z. B. in der Sächsischen Schweiz (1,3 Junge), im Engadin/Schweiz (1,61 Junge), in Finnland (1,27–2,02 Junge), Niedersachsen (1,2–2,18 Junge), Baden-Württemberg (1,88–2,36 Junge), Oberösterreich (2,2 Junge) je erfolgreichem Brutpaar [324, 429, 818, 840, 1116]. Mit weitem Abstand den höchsten Bruterfolg erzielen Uhus im südlichen Spanien, wo – trotz sehr hoher Uhu-Dichten – die Gelege im Schnitt 3–4 Eier enthalten und jeweils 2,05–2,18 Junge pro begonnener und bis zu 3,06 Junge pro erfolgreicher Brut aufgezogen werden [787].

Junguhu im „Wanderstadium". Noch flugunfähig, verlassen die Jungen den Brutplatz mit 4–5 Wochen und suchen Deckung im Buschwerk auf (Foto SCHERZINGER).

<u>Sterberate (Mortalität)</u>: im 1. Lebensjahr nach dem Flüggewerden etwa 70 %, in späteren Lebensjahren etwa 20 %.

Für Schleswig-Holstein wird die Sterblichkeit von Uhus im Ästlingsstadium mit 70 % eingeschätzt [852]. Im Uhu-Vorkommen der Schweizer Alpen starben 29 % der Jungen bereits innerhalb von 28 Wochen; nach Totfunden zu schließen, wurden nur 14 % älter als 3 Jahre [4]. Im Schweizer Wallis sank die Sterblichkeit der Junguhus von 82 % im 1. auf 46 % im 2. und 39 % ab dem 3. Lebensjahr [921].

33 % an Wiederfunden in Thüringen beringter Uhus betrafen 1-jährige Vögel, die übrigen wurden bis zu 5 Jahre alt (n = 205 [281]). <u>Höchstalter</u>: in freier Natur bisher 33 Jahre (anhand von Beringung nachgewiesen); in der Voliere mehrmals 28–35 Jahre, maximal 40 (53?) Jahre [281, 955].

ORTSWECHSEL

Die Abwanderung der Junguhus vom Geburtsort verläuft über mehrere Phasen: Im Alter von rund 40–45 Tagen wandern die noch flugunfähigen Ästlinge vom Brutplatz in die weitere Umgebung ab (bis zu 500 m). Im Beispiel aus Spanien verstreichen Junge im Alter von 85 Tagen, zwar noch unselbstständig, doch einigermaßen flugfähig, bis zu 1,5 km [784]. Die

Junguhu im „Wanderstadium. Die Überwindung schwieriger Hindernisse gelingt durch Springen und Klettern, auch unter Mithilfe des Schnabels (Foto SCHERZINGER).

eigentliche Jungendispersion setzt ab August/September im Alter von 150–180 Tagen ein (Mittelwert für die Schweiz = 30. 09.; Extreme =13. 08. – 20. 11.). Mondhelle Nächte stimulieren zu erhöhter Flugaktivität [773]. Mit nächtlichen Flugstrecken von rund 12 km entfernten sich Schweizer Junguhus in der herbstlichen Wanderphase 3–95 km und querten dabei selbst Gebirgsketten von 3000 m Höhe. Auf der Suche nach einem Überwinterungsgebiet streifen die Eulen oft viele Hundert Kilometer umher. Mit der Frühjahrsphase der Migration in März/April brachen viele der subadulten Vögel zur Suche eines Sommerareals wieder auf [3]).

Bei insgesamt 101 Wiederfunden von frei lebenden Uhus, die in Bayern nestjung beringt worden waren, errechnet sich eine mittlere Abwanderungsstrecke von 52 km [236]. Beschränkt auf Uhus älter als 1 Jahr, beträgt die mittlere Entfernung 80 km. 26 % der älteren Uhus wanderten im Mittel 166 km weit. Die Abwanderung der Uhus von ihrem Geburtsort im 1. Lebensjahr betrug in Südostschweden durchschnittlich 56,8 km [756], in Finnland 72 km [914]. Maximale Dispersionsdistanzen von nestjung beringten Uhus betrugen 240 km (Thüringen [281]), 315 km (Weibchen, Bayern [234]), 400 km (Männchen, Schweiz [317]) und 416 km (Finnland [914]). Unabhängig

Junguhu im „Ästlingsstadium". Ein wollig-dichtes Zwischenkleid bedeckt den etwa 7–8 Wochen alten Uhu (Foto SIEGEL).

▷ Felskletterer können im Frühjahr – oft ungewollt – erhebliche Störungen am Uhu-Brutplatz verursachen (Foto LIMBRUNNER).

▷▷ Bodenbrut eines Uhus. Im Vergleich zu Felshorsten sind die Jungen auf ungeschütztem Waldboden Störungen und hohem Feinddruck ausgesetzt (Foto BROSSETTE).

von Dispersionsbewegungen können Junguhus gezwungen sein, nach Zusammenbruch von Mäusegradationen großräumig abzuwandern.

Für die Populationsvernetzung ist zwar die Jungendispersion von primärer Bedeutung, doch gibt es Ortsveränderungen auch bei Altvögeln. Als Standvögel sind diese in der Regel lebenslang reviertreu, selbst in den nördlichen Bereichen des Verbreitungsareals sowie im Hochgebirge. Doch legen einzelne Eulen bei Partnerverlust bzw. Wechsel des Brutorts auch größere Strecken zurück. Bei finnischen Uhus wurden Tot- und Wiederfunde von Männchen in durchschnittlich 33,3–62,3 km, bei Weibchen in 56,3–79,4 km Distanz festgestellt [914].

GEFÄHRDUNG UND SCHUTZMASSNAHMEN

Obwohl direkte menschliche Verfolgung des Uhus durch Abschuss, Fang oder Aushorstung im überwiegenden Teil Europas – im Vergleich zu früheren Jahrzehnten – heute eher die Ausnahme ist, bleibt der Uhu durch menschliche Aktivitäten indirekt gefährdet. Zwar konnten Stromleitungen und Hochspannungsmasten vielerorts abgesichert werden, doch dominieren Uhu-Verluste durch Stromschlag weiterhin die Statistik: 52 % in den italienischen Alpen [884], 41–43 % in Finnland [1116], 38 % in Deutschland [281] (35,4 % in Bayern [265]), 33–45 % in den Schweizer Alpen [5] bzw. 46 % im Schweizer Wallis [921]. In Südostspanien kommen Brutvögel an Stromleitungen regelmäßig zu Tode, sodass Brutreviere laufend neu besetzt werden [787].

Zweithäufigste Verlustursache sind Auto- und Bahnverkehr: 43 % im Schweizer Wallis [921], 27–33 % in Finnland [693], 23,3 % in Bayern [265] und in Thüringen vergleichsweise geringe 8,6 % [281]. Des Weiteren können Uhus an Drahtseilen, Zäunen und Glasscheiben verunglücken; auch durch Ertrinken. Noch nicht abzuschätzen ist das Unfallrisiko durch Windkrafträder, wenn die Rotoren neuerer Modelle auch über der üblichen Flughöhe von Uhus kreisen [573]. Aus Deutschland wurden bisher wenigstens 16, aus Schweden wenigstens 5 Uhus als Opfer von Windkraftanlagen bekannt [425].

Zunehmende Probleme ergeben sich am Brutplatz aus dem wachsenden Freizeitsport, speziell durch Felskletterer und Geocaching in Felsgebieten und Steinbrüchen. Auch die Intensivierung der Landwirtschaft, die „Ausräumung" der Feldflur und die daraus resultierende Verringerung des Nahrungsangebotes, speziell der Bestandsrückgang ehemals weitverbreiteter Beutetierarten (Hamster, Kaninchen, Rebhuhn), wirken als zunehmende Minderung der Lebensraumeignung. Dazu kommt eine Belastung von Uhus als Spitzenprädatoren durch Agro-Chemie (z. B. Südostspanien [277]) sowie das Risiko durch Vergiftungen im Rahmen der Wühlmaus- oder Rattenbekämpfung [592].

Dank sehr effektiver Schutzmaßnahmen konnte der bereits großräumig erloschene Uhu-Bestand in Mitteleuropa wieder aufgebaut und gefestigt werden. Dazu haben gezielte Auswilderungs- bzw. Wiederansiedlungsprogramme (z. B. in Nordrhein-Westfalen, Schleswig-Holstein [597, 852]) ebenso beigetragen wie konsequenter Schutz der Brutplätze (z. B. Baden-Württemberg [868]), Abschirmung vor Störungen z. B. durch Lenkung des Freizeitsports (z. B. Bayern [264]) und – nicht zuletzt – die weitgehende Einstellung direkter Verfolgung.

Folgende Schutzmaßnahmen erscheinen aber nach wie vor angebracht:

- die Entschärfung von Isolatoren auf Strommasten (vor allem im Mittelspannungsbereich) sowie die Markierung von talüberspannenden Hochspannungsleitungen (wobei Energieversorgungsunternehmen auf entsprechende Hinweise meist bereitwillig kooperieren);
- eine verbesserte Risikoabschätzung bei der Errichtung von Windkrafträdern in Brutgebieten des Uhus, speziell zur Optimierung der Abstandsregelung (in Deutschland aktuell 1–3 km);

Verunglückter Uhu. Neben Auto- und Bahnverkehr sind Lichtleitungen und ungesicherte Strommasten die häufigsten Todesursachen in der Kulturlandschaft (Foto Nill).

- eine Festlegung von Schutzzonen um traditionelle und potenzielle Uhu-Bruthabitate, um Störungen abzuhalten (wie z. B. Baumfällung, Materialabbau oder Ablagerung in Steinbrüchen und Kiesgruben während der Brutzeit [63]);
- Abschirmung von Brutgebieten des Uhus in Naturfelsen und aufgelassenen Steinbrüchen vor ungeregeltem Klettersport und anderen Freizeitbeschäftigungen (z. B. Geocaching, Lagerfeuer, Wildnis-Events [264]).

OFFENE FRAGEN

- Chancen und Risiken der Besiedlung der Kultur- und Siedlungslandschaft (Müllratten, Unfallgefahren, Vergiftungen).
- Problematik Windkrafträder – in Agrarlandschaft, im Wald, in Bergregion.
- Überprüfung der Unterartengliederung der Uhus in Europa und deren Mischzonen über zeitgemäße genetische Analysen.
- (Über-)Lebenstafeln, die aus altersabhängiger Fruchtbarkeit und Sterblichkeit abgeleitet sind, um z. B. prognostizieren zu können, ob eine Population sich aus eigener Kraft erhalten kann.

SCHNEE-EULE

Bubo scandiacus

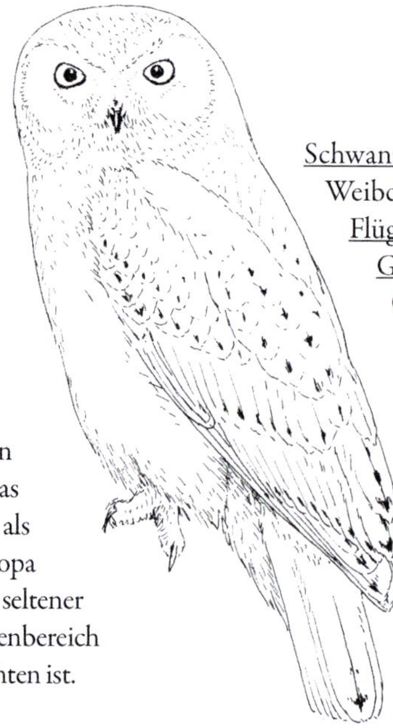

ALLGEMEINES

Als charakteristische Bewohnerin der arktischen Tundra ist die Schnee-Eule in den nördlichsten Gebieten Nordeuropas (sowie Nordasiens und Nordamerikas) als Brutvogel anzutreffen. Nach Mitteleuropa kommt sie nur als unregelmäßiger, sehr seltener Wintergast, wo sie am ehesten im Küstenbereich und auf den Nordsee-Inseln zu beobachten ist.

KENNZEICHEN

Die Schnee-Eule ist nur wenig kleiner als ein Uhu. Im Flug zeigt sie lange, etwas abgerundete Flügel und einen ziemlich kurzen Schwanz.
Größe: Männchen Ø 58 cm (max. 64 cm); Weibchen Ø 63 cm (max. 65 cm).
Flügelmaß: Männchen 39–43 cm; Weibchen 43 cm.
Schwanzlänge: Männchen 22 cm; Weibchen 23 cm.
Flügelspannweite: 145–157 cm.
Gewicht: Männchen Ø 1600–1800 g; Weibchen Ø 2100–2280 g.

Im Jahreslauf kann das Körpergewicht allerdings erheblich schwanken, da Schnee-Eulen im Herbst große Mengen an Unterhautfett einlagern, womit sie winterliche Hungerperioden über mehrere Wochen durchstehen. Zusätzlich sind sie in der Lage, ihren Brustmuskel bei anhaltendem Beutemangel komplett abzubauen, im Extremfall sogar den Eingeweidetrakt [813].

Im Gegensatz zu „typischen" Eulen wirkt das Gefieder glatt-anliegend und kräftig, flauschig-plustrige Elemente fehlen. Auch

Schnee-Eulen-Weibchen zeigen – wie auch Jungvögel – eine kräftig-derbe Bänderung im weißen Gefieder, die mit zunehmendem Alter verblasst bzw. schmäler wird (Foto LÖHR).

Schnee-Eulen-Männchen. Altvögel verlieren auch letzte Sprenkel und können ein reinweißes Gefieder tragen (Ostsibirien; Foto HAFNER).

ist die geräuschhemmende Zähnelung an der 10. Handschwinge nur marginal ausgebildet. Dank des hohen Isolationsgrades kann die Eule ihre Körpertemperatur von rund +41 °C selbst bei arktischen Temperaturen von −40 °C konstant halten [382].

Als artspezifische Besonderheit ändert sich nicht nur die Gefiederfärbung mit zunehmendem Alter, auch lässt diese einen markanten Geschlechtsdimorphismus erkennen: Spätestens im Alter von 38–44 Tagen werden geschlechtsspezifische Unterschiede der Zeichnung von Armschwingen und Schwanzfedern erkennbar (Weibchen vorwiegend gebändert, Männchen vorwiegend gefleckt [977]). Wenn das vollständige Jugendkleid auch typischerweise eine breite Streifung aufweist, so erscheinen Weibchen deutlich dunkler (Breite der rußbraunen bis schwarzen Querbänder 2,8–4,5 mm; bei Männchen 1,8–2,8 mm). Weibchen bilden ein endgültiges Alterskleid – mit reduzierter und zarterer Bänderung an Bauch, Brust, Flügeldecken, Rücken und Hinterkopf – frühestens im 3.–4. Lebensjahr aus. Die Schwanzfedern zeigen 4–6 schwarze Querbänder. Das Männchengefieder verliert die dunkle Bänderung mit zunehmendem Alter großteils. Nur wenige Punkte oder Flecken verbleiben im nahezu weißen Gefieder ab etwa dem 4. Lebensjahr; die Schwanzfedern können noch 0–3 dunkle Querbänder aufweisen. Reinweiße Männchen sind meist 8–10 Jahre alt.

Die Variationsbreite lässt im Einzelfall allerdings auch sehr dunkle Männchen und sehr helle Weibchen zu, auch können Eulen mit jeder Mauser dunkler – statt heller – werden. Unter Feldbedingungen ist eine eindeutige Zuordnung daher nicht immer möglich [648, 649].

Die Mauser beginnt mit HS.1 und HS.7 und läuft in beide Richtungen [1147], dank eines sehr langsamen Fortschritts ist die Eule zu keiner Zeit im Flug behindert. Auch wird jährlich nur ein Teil des Großgefieders erneuert, oftmals

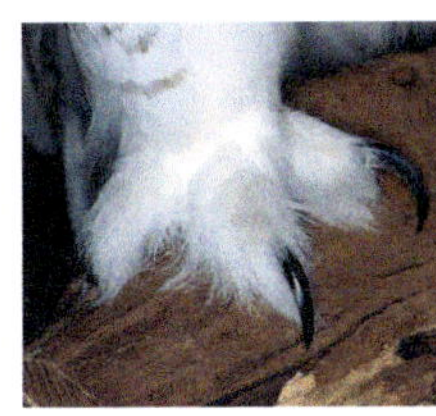

Fang der Schnee-Eule. Die schneeschuhartige Zehenbefiederung reicht bis an die Krallen (Foto GROSS).

Federtypen der Schnee-Eule:
1 Handschwinge links,
2 Armschwinge links,
3 Schwanz Mitte,
4 Schwanz links
(Foto SCHATTER).

Porträt der Schnee-Eule. Neben dem großen, flachrunden Kopf sind vor allem die dichten Vibrissen um den Schnabel und die schmalen Augenspalten arttypisch (Foto NILL).

Schnee-Eulen und Uhus werden heute beide in die Gattung *Bubo* gestellt. Die relativ enge Verwandtschaft scheint sich in der Hybridisierung beider Arten zu bestätigen („Schnee-Uhu"-Weibchen aus der Gefangenschaftsnachzucht; Foto SCHERZINGER).

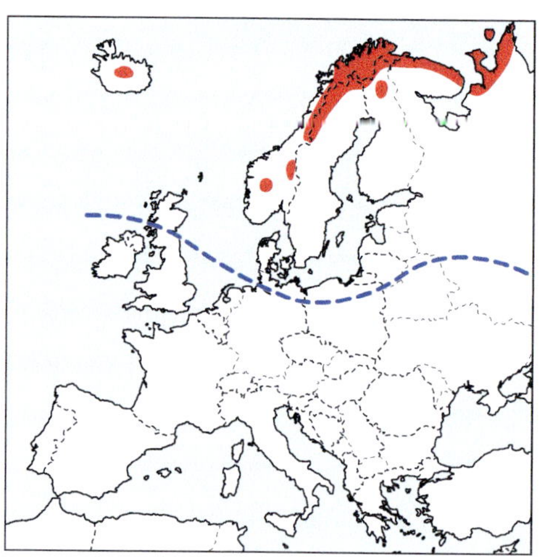

Verbreitung der Schnee-Eule in Europa. Von ihrem Brutgebiet im äußersten Norden kann die Eule bei ihren Wanderungen nach Südskandinavien sogar Norddeutschland streifen (blau gestrichelte Linie: maximale südliche Ausdehnung durchschnittlicher Invasionen).

in Abhängigkeit zur Beuteverfügbarkeit. Der Wechsel der Handschwingen dauert z. B. 3 Jahre [144].

Arttypisch ist der runde, flach-ovale Kopf mit den schwarz eingefassten goldgelben Augen. Der reinweiße Gesichtsschleier verschmilzt – ohne Randkontrast – mit dem Kopfgefieder. Die rudimentären Federohren aus 10–12 steifen Federchen bleiben meist unauffällig und werden am ehesten von verängstigten Eulen aufgestellt. Der lackschwarze Schnabel ist größtenteils von dichten weißen Federn („Vibrissen") bedeckt. Die Beine und Zehen tragen ebenfalls eine dichte weiße Befiederung bis über die Fänge und schwarzen Krallen. Mit solchen „Schneeschuhen" trotzt die Eule dem Lockerschnee und der Kälte arktischer Gebiete.

Das Neoptil neugeborener Schnee-Eulen ist reinweiß und eher schütter. Das nachfolgende Nestlingskleid (Mesoptil) ist düster anthrazitgrau und wollig dicht; es wird mit dem Längenwachstum der Federn zunehmend heller und dicht gebändert. Bei etwa 3-wöchigen Jungeulen werden die festen schwarz-weiß gebänderten Federn des Jugendkleides sichtbar. Das „Kindergesicht" der Jungvögel zeigt kontrastierende Abzeichen, die die Augen-Schnabel-Region betonen und im Laufe der Jugendentwicklung markante Ausprägungen erfahren.

Taxonomie und Unterarten

Die Schnee-Eule war bisher in eine eigene Gattung *Nyctea* (mit nur einer Art *Nyctea scandiaca*) gestellt. Aufgrund genetischer Analysen wurde sie in die Verwandtschaft des Virginia-Uhus (*Bubo virginianus*) aus Nordamerika gerückt und entsprechend in die Gattung *Bubo* eingegliedert [1178]. Unter Gefangenschaftsbedingungen wurden lebensfähige Hybriden mit dem eurasischen Uhu (*Bubo bubo*) aufgezogen [951]. Aufgrund der interkontinentalen Wanderungen dieser „nomadischen" Eulen kam es zu keiner Differenzierung von Unterarten. Wohl aber scheinen Individuen aus Eurasien etwas größer und schwerer als jene aus Nordamerika.

VERBREITUNG UND BESTANDSGRÖSSEN

Zirkumpolarer Brutvogel der Arktis bis in die nördlichsten eisfreien Gebiete, vor allem in der

Tundra im nördlichen Russland und Sibirien, in den Küstenbereichen Alaskas und im arktischen Kanada sowie an der Ostküste von Grönland. Die Südgrenze der Brutverbreitung entspricht dem Übergangsbereich zur Strauchtundra [831]. Allerdings unterliegen die Brutareale einer erheblichen zeitlichen und räumlichen Fluktuation, da die Brutaktivität sowohl vom Nahrungsangebot als auch von der örtlichen Dichte der Schnee-Eulen-Reviere abhängt [382]. Entsprechend kann die Schnee-Eule mal hier, mal dort brüten, mal in größerer, mal in geringerer Zahl oder gänzlich fehlen, was Bestandsschätzungen erheblich erschwert. Bisherige Hochrechnungen haben den Weltbestand mit 200 000–300 000 Schnee-Eulen deutlich überschätzt. Nach Ableitung aus Brutarealen unterschiedlicher Habitatqualität wäre ein Maximalbestand von 31 800 Brutpaaren denkbar; als realistischeren Wert nennt BirdLife International (2019) jedoch nur 14 000 Brutpaare, wobei der Bestand in Mangeljahren auf 8000 oder gar 5000 Brutvögel absinken könnte [382]! Innerhalb von 7 abgrenzbaren Schwerpunktgebieten der weltweiten Brutverbreitung hat Europa mit 700–2300 Paaren eine eher untergeordnete Bedeutung (700–2000 Paare im europäischen Russland, 0–200 Paare [maximal 1000 Paare] in Grönland, maximal 100 Paare in Norwegen, 10 in Finnland und 2 in Schweden [BirdLife International 2015]). Bei sehr unregelmäßiger Brutaktivität übersteigt der Gesamtbestand für Fennoskandien kaum 100 Paare im langjährigen Mittel [916].

In weiten Teilen des Brutareals bilden Lemminge die Hauptbeutetiere zur Brutzeit. In Gradationsjahren dieser Nagetiere können Schnee-Eulenbruten auch in Nordeuropa erfolgreich verlaufen: So 12 Bruten auf der Hardangervidda/Norwegen im Sommer 1959, mindestens 72 Paare im Jahr 1978 in Schwedisch Lappland am Höhepunkt einer Lemminggradation [861]. Ebenso brüteten in diesem Gunstjahr 14–15 Paare im nördlichsten finnischen Lappland (Utsjoki). Zwischen 1986–2007 wurden hier insgesamt 25 Bruten bestätigt. In Mangeljahren hingegen gab es keinerlei Brutnachweise [916].

Obwohl Kleinsäuger auf den Shetland-Inseln (Großbritannien) völlig fehlen, konnte – als seltene Ausnahme – eine Schnee-Eulenbrut 1967 mit Seevögeln und Kaninchen erfolgreich aufgezogen werden. Vergleichbar bemerkenswert ist das gelegentliche Brüten im Inneren von Island, weil dort Lemminge oder Kleinsäuger entsprechender Größe fehlen und die Schnee-Eulen ihre Jungen mit erbeuteten Schneehühnern und Strandläufern aufziehen [715].

LEBENSRAUM

Der typische Lebensraum der Schnee-Eule ist das offene, übersichtliche Gelände der arktischen Tundra und der skandinavischen Fjälls, wobei küstennahe Bereiche und Insellagen besonders günstig scheinen. Die Höhenverbreitung bleibt meist unter 200–300 m Meereshöhe. Auf der Hardangervidda in Südnorwegen jedoch, dem südlichsten Platz des europäischen Brutvorkommens (bei 60° n. Br.), lagen die Brutplätze auf einer Hochebene in 1200–1300 m [307].

Als Brutplatz werden markant erhöhte Plätze in übersichtlicher Lage bevorzugt, zumal diese früher ausapern, schneller abtrocknen und dem brütenden Weibchen gleichzeitig einen guten Überblick gewähren. Geeignete Nesthügel von wenigstens 1 m Höhe werden z. B. durch extremen Frost gebildet (sogenannte Polygone).

Höhere Vegetation, Gebüsch und Waldränder werden zur Brutzeit gemieden, im Winter aber mitunter zur Jagd auf Schneehühner oder Schneehasen aufgesucht. Außerhalb der Brutzeit können adulte Eulen nicht nur im hohen Norden verbleiben, sondern sogar den arktischen Winter auf Packeis oder Eisschollen über Wochen im offenen Ozean verbringen, trotz

Tabelle 25. Schätzwerte für Schnee-Eulen-Brutbestände in Verbreitungsschwerpunkten Europas (nach BirdLife International 2015).

LAND	FLÄCHE (TAUSEND KM²)	BRUTPAARE	BEZUGSJAHR
Europäisches Russland	3952,5	700–2000	2008
Grönland/DK	2166,0	0–200	2012
Norwegen	385,2	0–100	2013
Finnland	338,4	0–10	2012
Schweden	450,2	0–2	2012
Island	103	0–1	2000
Gesamt-Europa	**10 180,0**	**1200–2700**	

Die Zahlen für Gesamt-Europa enthalten auch die Angaben von hier nicht aufgeführten Ländern.

Lebensraum der Schnee-Eule in der baumlos-weiten Tundra (Norwegen; Foto HLASEK).

des winterlichen Dauerdunkels [385, 813]. Der Großteil der Eulen, speziell Jungvögel und Nichtbrüter, weicht aber in südlichere Wintergebiete aus, wo sie weites Offenland, wie Prärien, Steppengebiete, breite Flussebenen und Seenbecken, aber auch Weideflächen, Brachland oder abgeerntete Felder aufsuchen. Auch scheinen kurzrasige Landebahnen großer Flughäfen attraktiv [904, 1006]. Die zum Teil enormen Zugstrecken verlaufen meist entlang der Küstenlinie oder den großen Flusstälern, wobei die Eulen auch Waldgebiete queren können [382, 813].

SIEDLUNGSDICHTE UND STREIFGEBIET

Infolge der strikten Abhängigkeit von Lemminggradationen unterliegt die regionale Siedlungsdichte zur Brutzeit hohen Schwankungen. Auf weiträumigen Suchflügen können die Eulen geeignete Brutgebiete kurzfristig einschätzen, Areale mit unzureichendem Beuteangebot werden überflogen bzw. gemieden [176, 1085].

So schwankte die Brutpaardichte z. B. auf der Wrangel-Insel von 0 in Mangeljahren bis 36 Bruten/100 km^2 in Lemmingjahren. In solchen „guten" Jahren werden Maximaldichten von 9,3 (Norwegen), 14 (Schweden), 15–20 (Nord-Ural), 20 (Grönland), 23–25 (Insel Taymir und Barrow/Alaska) oder gar 35 und 38,5 Brutpaaren/100 km^2 (Lena-Delta, Nunavut-Insel/Alaska) erreicht [813]. Die bisher größte Siedlungsdichte von etwa 41 Brutpaaren/100 km^2 wurde 1978 im Padjelanta National Park in Nordschweden gefunden [1156]. Bei dieser sehr hohen Siedlungsdichte betrug die durchschnittliche Reviergröße eines Paares nur 2,4 km^2. Die Abstände zwischen benachbarten Nestern variierten von 1,6–3,5 km (regionales Mittel). Als absolut kleinster Nestabstand wurde 1 km ermittelt (Nunavut-Insel [382]).

VERHALTEN UND STIMME

Ruhe und Körperpflege

Als typische Bewohner der offenen Tundra suchen Schnee-Eulen selbst zum Ruhen keine Deckung auf, vielmehr bevorzugen sie exponierte Hügel, Steine usw. mit großem Sichtfeld in übersichtlichem Gelände. Während des winterlichen Umherstreifens werden als Rastplätze auch Eisschollen, Schneewehen, Gebäude, Masten oder frei stehende Bäume genutzt. Ruhende Eulen können über Stunden nahezu reglos kauern. Dabei stehen sie entweder aufrecht – ein- oder zweibeinig – oder schräg vorgebeugt, mitunter sitzen sie auf den Fersen. Dabei sind die Zehen meist völlig und die Flügel weitgehend vom lockeren Körpergefieder überdeckt (vergleichbar „Flügeltaschen"). Die langen Vibrissen verdecken den Schnabel fast vollständig. Fühlen sich die Vögel sicher, ruhen sie auch flach auf dem Boden liegend.

In dösiger Haltung ist der Kopf breit und flach geformt, die Augen bleiben höchstens schlitzförmig geöffnet; selten werden die spitzig-kleinen „Federohren" aufgerichtet. Bei Regen oder Schneefall kommen die Eulen ohne Wetterschutz aus; wohl aber suchen sie Schutz bei starkem Wind und großer Kälte. Im Gegensatz etwa zu Schneehühnern graben sie sich aber nicht im isolierenden Lockerschnee ein. Bei zu großer Wärme Hecheln mit hoch gestrecktem Hals, weit geöffnetem Schnabel, die Flügel seitwärts schlaff vom Körper abgestellt. Starker Besonnung weichen sie in den Schatten aus. Schnee-Eulen verbringen auffällig viel Zeit mit Gefiederpflege, besonders nach Regen, Baden, Jungenfütterung und während der Mauser. Das relativ feste Körpergefieder wird – unter weit ausholenden Kopfbewegungen – mit offenem Schnabel glatt gestrichen. Das Kopfgefieder wird an der Bürzeldrüse sowie an Schultern bzw. Handgelenk gerieben. Regelmäßig Säubern von Schnabel und Vibrissen nach der Nahrungsaufnahme durch Kratzen und Reiben am Boden. Die Eulen baden im Wasser mit großer Intensität; dabei plantschend-schaufelnde Bewegungen mit den Flügeln, um Wasser auf Rücken und Nacken zu schöpfen. Vergleichbare Bewegungen beim Baden in Schnee [382]. Auch erregtes Baden im Sprühregen bei halbwüchsigen Jungen, unter beidseitigem Anheben der Flügel und trippelndem Drehen, schaukelndem Verbeugen usw. Auf das Bad folgt ausholendes Flügelschlagen, heftiges Sich-Schütteln und Putzen. Sand- oder Sonnenbäder wurden bisher nicht beobachtet.

Schnee-Eulen-Weibchen, im deckungslosen Tageseinstand schlafend (Jungvogel im Erstjahres-Kleid; Foto LIMBRUNNER).

Studien zum Gesicht der Schnee-Eule. Die rudimentären Federohren sind nur ausnahmsweise zu erkennen (nach VOOUS & CAMERON 1988).

Schnee-Eulen-Männchen im Flug. Die große Eule ist erstaunlich wendig und legt auf ihren Wanderungen enorme Flugstrecken zurück (Foto WOTHE).

Aktivitätsmuster

Entsprechend dem hochnordischen Verbreitungsgebiet, in dem ein Tag-Nacht-Wechsel nur in Frühjahr und Herbst gegeben ist, müssen Schnee-Eulen nördlich des Polarkreises sowohl mit dem Dauertag im Sommer als auch mit dem Dauerdunkel im Winter zurechtkommen. Demnach kann es keine klare Zuordnung des Aktivitätsrhythmus geben, wiewohl Schwerpunkte zur Dämmerung und nachts erkennbar sind [812], mit jeweils einem Minimum zur Mittagszeit und nach Mitternacht. Die Aktivitätsmaxima richten sich vor allem nach der Rhythmik der Hauptbeutetiere (z. B. Lemminge dunkelaktiv, Schneehühner lichtaktiv).

Beobachtungen von Beutefang praktisch zu jeder Tageszeit möglich, speziell während der Jungenaufzucht. Beispielsweise fanden auf der Hardangervidda/Südnorwegen alle Aktivitäten zwischen 23 und 6 Uhr statt, also während der – hellen – Nacht [308, 826].

Im arktischen Überwinterungsgebiet sind die Eulen zwangsweise dunkelaktiv; in südlicheren Ausweichräumen dösen sie während der Hellphase weitgehend inaktiv und fliegen erst in den späten Abend- bzw. frühen Morgenstunden zur Jagd [1179].

Bewegungsweise und Flug

In ihren Bewegungen wirkt die Schnee-Eule kraftvoll-kompakt, gleichzeitig etwas behäbig. Beim Auftreten sind die Zehen mit den großen „Federschuhen" gespreizt (zusätzliche Absicherung vor Einsinken im Lockerschnee durch Auffächern von Schwanz und Schwingen). Als ausgeprägter „Bodenvogel" bewegt sie sich sicher durch Trippeln (auf den Fersen), Gehen (meist schräg vorgebeugt) und Laufen (ausholende Schritte); bei Flucht und Beutefang auch beidbeiniges Hoppeln, wobei die Flügel seitlich zur Balance abgehoben werden [931]. Besonders rasch ist ein Flattersprung, mit dem die Eule – halb hoppelnd, halb flatternd – der Beute nachsetzen kann. Überraschenderweise können noch flugunfähige Schnee-Eulen kleinere Gewässer und Bäche schwimmend durchqueren, wobei sie die Flügel wie Ruder einsetzen. Vermutlich werden auch Altvögel bei der Jagd auf Enten, Möwen oder Fische zum Schwimmen auf offener Wasserfläche veranlasst.

Die relativ schwere Eule gebraucht die Flügel beim Ortswechsel selbst auf kurze Distanz. Flug kraftvoll, ausdauernd und faszinierend gewandt, wobei das relativ feste Gefieder Fluggeräusche nicht vollkommen dämpfen kann. Beim Jagdflug sucht die Schnee-Eule weihenartig schaukelnd den Boden ab; auch zeigt sie reaktionsschnelles Abbremsen, Wenden und stabilisierendes Rütteln, sogar zügiges Verfolgen von Beutevögeln nach Falkenart. Kann den Kopf zur Orientierung auch im Flug bis über den Rücken drehen. Zur Verteidigung der Brut bussardartiges Kreisen, das abrupt in energiegeladene Angriffs- und Sturzflüge übergeht [382]. Der Aufprall bei der Landung ist wuchtig. Auf ihren Weitwanderstrecken queren die Eulen sogar den Ozean. Dabei geringe Schlagfrequenz beim Ruderflug; auch energiesparendes Segeln.

Sozialverhalten und Konflikte

Im Allgemeinen meiden die wehrhaften Schnee-Eulen engere Annäherungen zum Artgenossen. Selbst bei Konzentrationen in winterlichen Invasionsgebieten verteilen sich adulte Eulen eher individuell. Bemerkenswert ist auch die Verteidigung von Jagdrevieren im Überwinterungsgebiet, selbst wenn diese nur für wenige Tage benutzt werden! Vorjährige Männchen können sich im Überwinterungsgebiet aber zu lockeren Gruppen von 5–10 Individuen zusammenschließen, bei Individualabständen oft unter 20 m [382].

Über den Zeitpunkt der Paarbildung gibt es keine klaren Aussagen. Zum einen wird hervorgehoben, dass die Paarpartner bereits während des winterlichen Umherstreifens aufeinandertreffen und verpaart im Brutgebiet eintreffen [1082]. Zum anderen sprechen Direktbeobachtungen dafür, dass die Männchen geeignete Bruthügel besetzen und ihr Revier markieren: Neben demonstrativen Schauflügen und bellendem Reviergesang präsentieren die Männchen zur Reviermarkierung auch ihr weißes Gefieder, indem sie sich – weithin sichtbar – auf exponierte Stellen setzen. Die (später ankommenden?) Weibchen begutachten dann sowohl das Brutplatz- als auch Beuteangebot im weiteren Umfeld [382, 813].

Typischerweise monogame Saisonehe, in seltenen Fällen auch Polygynie, wobei einzelne Männchen 2, ausnahmsweise sogar 3 Weibchen

Schnee-Eulen-Weibchen drohend am Brutplatz. Die Imponierstellung wird durch Fauchen, knurrend-bellende Alarmrufe und Anheben der Flügel verstärkt (Foto CLEMENS).

im Revier versorgen [734, 813, 1018]. (Am Nordrand Alaskas 3 % von 239 Bruten polygyn; 1 Fall von Polyandrie in Norwegen, mit 2 Männchen am Brutplatz [308.]) Bis auf einen seltenen Fall auf den Britischen Inseln weder Orts- noch Partnertreue.

Zur Brutzeit streng territorial, wobei Rivalen wie Fressfeinde durch Drohen und Angriffe auf Distanz gehalten werden. Bei Revierkämpfen kommt es zu heftigen Verfolgungsflügen, bei denen sich die Eulen sogar in der Luft ineinander verkrallen können. Auch „verprügelte" ein Männchen seinen Rivalen auf dem Boden regelrecht. Sobald die Revieraufteilung benachbarter Paare etabliert ist, sinkt das Territorialverhalten auf ein niedriges Niveau [382, 1077].

Auch wenn Brutreviere „exklusiv" sind und gegen Rivalen von beiden Geschlechtern konsequent verteidigt werden, so sucht das Brutpaar doch den räumlichen Anschluss an Nachbarreviere. In günstigen Brutarealen bilden die Einzelreviere dadurch ein weitläufig korrespondierendes Netzwerk [813].

Junge Männchen können sich im Sommergebiet zu kleinen Nichtbrüter-Gruppen von 20–30 Individuen zusammenschließen („Junggesellen-Club“ [382]).

Feindverhalten

Die Schnee-Eule gilt als äußerst vorsichtig und scheu, doch weicht sie Feinden eher durch weite Fluchten aus als durch Aufsuchen von Deckung. Eine Tarnfunktion des weiß-schwarz-gefleckten (Weibchen) bis reinweißen Gefieders (ad. Männchen) könnte z. B. im Winter bei der Jagd auf Schneehühner, Enten, Möwen etc. zur Geltung kommen. Da die Schnee-Eulen – im Unterschied zu Schneehühnern, Schneehasen oder Hermelin – im Sommerhalbjahr nicht umfärben, setzen sie ihr weißes Federkleid in der Fortpflanzungsperiode – gerade umgekehrt – zur Reviermarkierung als weithin sichtbares Signal ein [1018]. Im Vergleich zu waldbewohnenden Arten ist die Tarnhaltung nur schwach ausgeprägt, mit Anpressen des Gefieders in „schlank“-hochgestreckter Haltung, Zukneifen der Augen bis auf enge Schlitze, letztlich Aufstellen der – eher als rudimentär einzustufenden – „Federohren“ [812].

Deutlich differenzierter sind Drohgesten, zumal die Altvögel ihren Brutplatz bzw. ihre Jungen vehement verteidigen: Als geringste Intensitätsstufe kann ein Drohgähnen – mit weit aufgerissenem Schnabel – unter gleichzeitigem Fixieren des Gegners in vorgebeugter Haltung genannt werden. Ähnlich primitiv ist ein drohendes Sträuben des Kopf- und Körpergefieders bei gleichzeitig vorgedrückter Brust. Die ausgeprägte Drohstellung ist durch seitliches Anheben der geöffneten Flügel gekennzeichnet, wobei – anders als beim Uhu – der schmale Bug nach vorne weist. Bei höchster Intensität hebt die Eule in vorgebeugt-waagrechter Haltung die Flügel über den Rücken, sträubt dazu Rücken- und Deckfedern; knappt, faucht und warnt gleichzeitig mit grunzend-bellenden Schreien [931].

Schnee-Eulen-Männchen „wachen“ typischerweise in Sichtweite zum Nistplatz. Auf Störungen bzw. Bedrohung der Brut reagieren Schnee-Eulen gewöhnlich mit heftigen Angriffen. Zumindest läuft das Weibchen dem vermeintlichen Feind mit schlaff gehobenen und gefächerten Flügeln entgegen – unter Fauchen, Gackern und Warnen. (In Gefangenschaft verkrallte sich ein Weibchen sogar in die Füße des Pflegers und biss gleichzeitig kräftig zu.) Besonders vehemente Angriffsflüge sind beim Männchen zu beobachten, das wagemutig gegen Feinde losstürzt, im Vorbeischrammen mit Flügeln oder Krallen z. B. gegen Kopf, Rücken oder Schulter schlägt und dabei auch erhebliche Verletzungen zufügen kann. Das Abwehrverhalten steigert sich mit Schlüpfen der Nestlinge und erreicht einen Höhepunkt, wenn die noch flugunfähigen „Ästlinge“ bedroht scheinen [382]. Den kräftigen Eulen gelingt es, Seeadler, Raubmöwen oder Falken zu vertreiben; mit großer Vehemenz attackieren sie auch Moschusochsen, Rentiere oder Elche im Nestbereich. Nesträuber bzw. Beutekonkurrenten bis zur Größe eines Eisfuchses können sogar getötet werden [813, 1115, 1144]. Konsequentes Abwehrverhalten erhöht den Bruterfolg messbar [382].

Weibchen tendieren zum „Verleiten“ und vollführen unter Taumeln und ruderndem Flattern der schlaff abgestellten Schwingen scheinbar unkoordinierte Bewegungen; dabei sollen sie miauend-zwielende Laute äußern [1157].

Die Jungeulen lassen sich in der Regel ohne Gegenwehr greifen, sie äußern höchstens Fauchen und Knappen. Auch wurde ein Sich-Totstellen beobachtet (Akinese). Nach Abwandern vom Nistplatz setzen sich die noch flugunfähigen Schnee-Eulen zur Wehr; in auswegloser Situation legen sie sich auf den Rücken und schlagen unter Fauchen und Beißen mit den Krallen zu. In diesem Alter reagieren sie auf alle fremdartigen Situationen ängstlich erregt, legen sich z. B. flach ins deckende Gras, laufen oder

Als basales Drohverhalten zeigen Schnee-Eulen plustriges Federsträuben (vor allem Bauchregion, rechts), auch reptilienhaftes „Drohgähnen“ (links; nach SCHERZINGER 1974).

hoppeln in dichtes Gebüsch oder drohen in wiegend seitlichem Schaukeln mit hochgehobenen Flügeln [931]! Im Extremfall flüchteten sich bedroht fühlende Jungeulen sogar ins Wasser [382]!

Schnee-Eule warnend. Im Gegensatz zum Singen reißt die Eule beim laut geblasenen Alarmschrei den Schnabel weit auf (Männchen adult; Foto WOTHE).

Stimme

Außerhalb der Fortpflanzungszeit (bis auf universelle Alarm- und Abwehrlaute) wenig stimmfreudig. Der heiser-bellende Reviergesang des Männchens wird als monotone Reihe von 2–6 (bis zu 25) rauen, dunkel-grunzenden *chruh*-Silben vorgetragen (auch mit *whu* oder *huuu* umschrieben) und ist über mehrere Kilometer weit zu hören. Die Silben folgen in einem Intervall von 1,5–2 sec und liegen im Frequenzbereich von 0,3–0,5 kHz [862]. Beim Singen steht die Eule meist auf erhöhtem Punkt, beugt sich schräg vor, den Schwanz angehoben, die Luftsäcke sichtbar aufgebläht; die Laute werden wie bei kräftigem „Husten" ausgestoßen. Der Gesang begleitet nicht nur Balz und Rivalenabwehr, er wird auch gegen Brutstörer im Angriffsflug geäußert [382]. Weibchen verfügen über einen vergleichbaren „Gesang", jedoch deutlich leiser, mit meist nur wenigen Silben und in unsauberer, heiser-gigsend bis hustendgepresster Klangfarbe (einsilbig *chsü* oder zweisilbig wie *uchso*, *chüso*).

Die unterschiedlichsten Stimmungen werden durch ein variabel gefärbtes Gackern mitgeteilt: Bei allgemeiner Erregung, Nestzeigen und Beuteübergaben klingt es beim Männchen eher tief und rau grunzend, beim Weibchen heller und nasal. Zahlreiche *ga.ga.ga.ga*-Silben (auch *ka.ka.ka*, *gäkh. äkk. äkk*) folgen in monotoner Reihung, in unterschiedlichstem Tempo. Bei gemeinsamen Besuchen am künftigen Nistplatz („Nestzeigen") und vor der Paarung gackern die Partner gemeinsam. Die Vögel neigen dabei den Körper gebeugt vor, der Kopf ist zu Boden gesenkt, der Schwanz ruckt bei jeder Silbe auf und ab. Die Äußerung erinnert an eine schwer stampfende Maschine. Gackern wird auch im Flug geäußert. Dieser Laut wird ebenso bei Angriffen zur Feindabwehr, zu Nestmulden, Beuteübergabe und Jungenfütterung (Fütterungslaut) gebracht, in jeweils sehr verschiedener Klangfarbe (z. B. bellend, grunzend, grölend, raunzend, quäkend). Bei laut-akzelerierender Steigerung erfolgt eine Kombination mit kräftig geblasenen Gesangssilben (*ga.ga.ga. ga.ga-hruuh.hruh.huh.hu.u*; Betonung auf *hruu*-Silbe, wobei Lautstärke und Tonhöhe bei der *hruhh.hruh*-Serie leicht abfallen).

Einzelsilben des Gackerns werden hart und schrill als Alarmsignale eingesetzt (*gräh* bzw. *kre.kre* oder *kiw.kiw*). Jung- und Altvögel reagieren mit hartem Schnabelknappen auf Beunruhigung und Feindannäherung. Bei Störungen

LAUTÄUSSERUNG	MÄNNCHEN	WEIBCHEN	NESTLING/ÄSTLING
Reviermarkierung Balzzeit	bellend *chruh-chruh*	heiser *uchso*	
Reviermarkierung Herbst			
Alarm intensiver Alarm	hart *gräh* möwenartig *kjaa*	*gräh* gröhlend *piichorr*	
Nestzeigen	grunzendes Gackern		
Fütterungslaut	diverses Gackern	nasales Gackern	
Standortlaut/Betteln		*zwiieji*	quietschendes Schleifen

Tabelle 26. Typische Laute der Schnee-Eule.

Schnee-Eulen-Männchen im Landeanflug, mit Lemming im Fang (Foto WOTHE).

der Brut wurde auch ein weithin gellender Warnlaut *kjaaa* notiert, der an einen Möwenschrei erinnert. Die höchste Alarmintensität wird mit einem knurrend-scharfen *pichorr* kundgetan [812, 931].

Bereits mit dem Schlupf lassen Schnee-Eulen-Junge feines Piepsen und zartes Unlust-Schirken hören. Ihre „Bettellaute" entwickeln sich vom fein-zischenden *chsie* kleiner Nestlinge zum kräftig pfeifenden *chsiiij*. Nach Abwanderung vom Nest äußern sie ein durchdringend-quietschendes Schleifen (bzw. hoch zischendes Schnarchen; Frequenzbereich 4,0–6,8 kHz [862]), das beim Anblick Futter bringender Eltern durch ein auffälliges Anheben beider Flügel optisch noch verstärkt wird [347, 931].

Adulte Weibchen „betteln" zur Beuteübergabe mit zwielend-schleifendem *zwiieji* (auch hoch-fiependes *kiüe*), das sich zu schrillem Kreischen oder grellem Schirken steigern kann. Ein vergleichbarer Laut ist auch beim Verleiten zu hören. Die Kopula wird von einem anhaltend hohen, fast quietschenden Pfeifton begleitet (vermutlich vom Männchen geäußert [931]).

ERNÄHRUNG

Beutetiere

Als opportunistischer Jäger nutzt die Schnee-Eule ein sehr breites Beutespektrum, mit saisonal deutlich verschiedenem Schwerpunkt: In den Brutgebieten besteht die Nahrung zu etwa 96 % aus Lemmingen und Wühlmäusen, in geringerem Umfang aus Vögeln bis zu Gänsegröße. Auf Taimyr/Nordrussland werden angeblich auch Eier von Ringelgänsen, Eiderenten und Limikolen verzehrt [1125]. Im Überwinterungsgebiet nutzt die Eule ein sehr breites Beutespektrum, wobei am nördlichen Festland Alpen- und Moorschneehühner sowie Schneehasen, in südlicheren Überwinterungsgebieten diverse Kleinsäuger und Vögel den Schwerpunkt bilden [813, 1144, 1179]. In Flussniederungen, Sumpf- und Küstengebieten und auf dem offenen Meer werden vorwiegend Meeresvögel, Krebse und Fische erbeutet [310]. Schlägt regelmäßig auch Greifvögel und Eulen – bis nahe zur eigenen Körpergröße. Größte Beuteobjekte: Kanadagans, Auerhenne, Eiderente, Blaureiher, Streifenkauz, Eisfuchs, Hauskatze. Doch nimmt die Eule auch Aas (z. B. von Seehund, Walross, Karibu, selbst Pferde- und Rinderkadaver an [382]), verunglückt dadurch regelmäßig in Fuchseisen [812].

Jagdweise und Beuteerwerb

Jagd auf Lemminge, Wühlmäuse, Hamster und Bisamratten vorwiegend durch Ansitzjagd in offener Landschaft, unter Ausnutzung von Felsblöcken, Moorbülten (auch Masten, Gebäude, Strohhaufen usw.) als Jagdwarte. Beute wird auf wenigstens 250 m Entfernung erkannt [385]. Beim Pirschflug sucht die Eule ihr Jagdgebiet in weiten Mäanderschleifen ab. Erspähte Beute wird meist in flach-gleitendem Anflug angesteuert; eventuell rüttelt die Eule kurz über der Beute zur Orientierung. Je nach Größe des Beutetieres wird dieses in rasch abtauchendem Flug gegriffen („*swoop*"-Technik), in heftigem Aufprall gepackt („*pounce*", wobei sich die Eule sogar überschlagen kann), oder die Eule landet kurz vor der Beute, um sie im Sprung zu ergreifen („*wallop*" [382, 1179]).

Scheucht Kleinvögel im Überfliegen aus der Vegetation. Sucht tief vorgebeugt diverse Versteckmöglichkeiten in Grasbüscheln, Steinklüften usw. ab. Versucht letztlich, die Beute mit langgestrecktem Fang aus dem Loch zu angeln oder durch heftiges Anfliegen mit klatschenden Flügeln aus dem Versteck zu treiben. Plündert in dieser Weise auch Vogelnester. Verfehlt der Angriff, verfolgt die Eule die Beute zu Fuß rennend oder im Flattersprung.

Die Eule kann Lemminge unter einer Schneedecke von bis zu 20 cm auch rein akustisch lokalisieren, wobei die kräftige Eule selbst Harsch durchstößt [813]. Im winterlichen Sibirien wurden Schnee-Eulen beobachtet, die den Schneehühnern vor ihren Schneehöhlen auflauerten, in denen sie vor Kälte geschützt die Nacht verbracht hatten [813].

In wendigem Flug holt die Eule selbst größere Vögel ein und schlägt sie noch in der Luft – nach Art des Wanderfalken. Klepto-Parasitismus ist mehrfach belegt: So versuchten Schnee-Eulen, Eisfüchsen oder Rohrweihen die Beute systematisch abzujagen! Dabei bringt die Eule ihre ganze Wendigkeit mit rasantem Flug in Rückenlage und Abfangen fallen gelassener Beute in jähem Sturzflug zum Einsatz [179, 760].

Zur Technik des Fischfangs gibt es nur seltene Einzelbeobachtungen: Demnach soll die Schnee-Eule Fische aus Eislöchern angeln oder im Flug von der Wasseroberfläche greifen – dem Fischadler vergleichbar. Mit dieser Technik gelingt sogar die Jagd auf Enten und Taucher auf offener Wasserfläche [385, 819].

Rund 38–45 % der Jagdflüge sind erfolgreich [382]. Unmittelbare Konkurrenz um Lemming-Beute im Brutgebiet durch Sumpfohreule, Raufußbussard, Raubmöwen und Eisfuchs.

Beim kraftvollen Ergreifen der Beute schlägt die Eule in der Regel beidbeinig zu, krallt dabei mit festem Griff in die Nacken- oder Schulterregion. Bei größerer bzw. wehrhafter Beute kippt die Eule in den stabileren Fersensitz und stützt nicht selten eine oder beide geöffneten Schwingen auf den Boden („Fangstellung"). Nach orientierendem Beknabbern wird die Beute durch einen kräftigen Biss in die Halsregion oder in den Kopf sowie durch massierendes Kneten und Walken mit den kräftigen Krallen getötet.

Beutestücke bis Lemminggröße (Gewicht 47,5–90 g) werden unzerteilt verschlungen, unter raschem Zurückwerfen des Kopfes. Vögel werden gerupft, grobe Knochen zum Teil zerbrochen. Bei großen Vögeln (Möwen, Enten, Gänse) nutzt die Eule meist nur die Muskulatur an Brust, Oberarmen und Schenkeln. Um das Gefrieren überschüssiger Beutemengen im Winter zu verhindern, setzen sich Eulen mitunter – wie brütend – darauf [813].

Der Tagesbedarf für Jungvögel beträgt zum Zeitpunkt des Nestverlassens 3–9 Lemminge

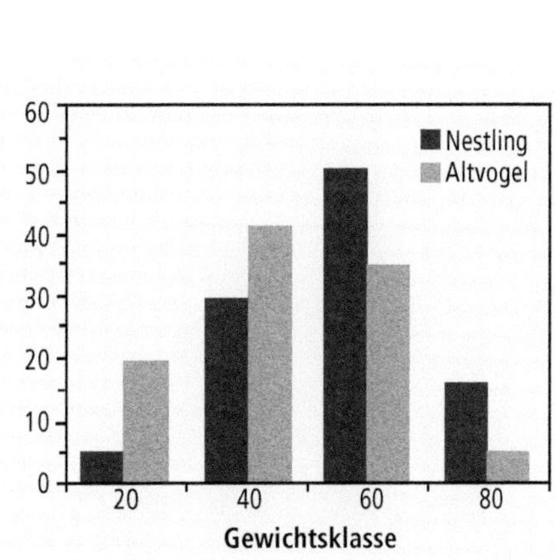

Zur Versorgung der Nestlinge tragen Schnee-Eulen größere bzw. schwerere Lemminge ans Nest, als sie selbst konsumieren (Konkovaya/Sibirien; aus Potapov & Sale 2012).

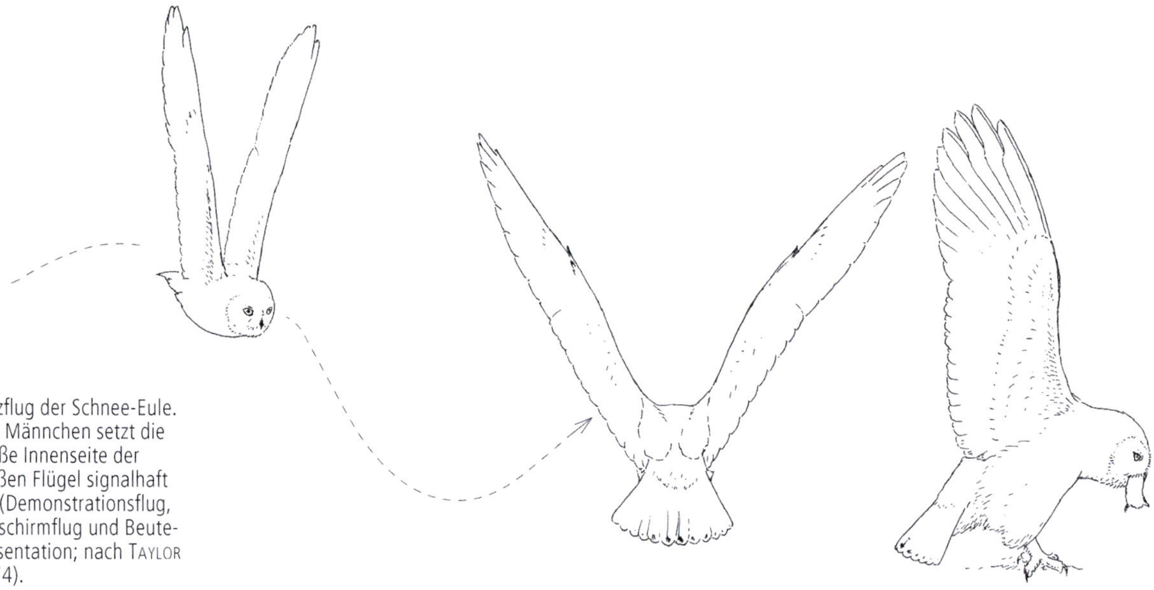

Balzflug der Schnee-Eule. Das Männchen setzt die weiße Innenseite der großen Flügel signalhaft ein (Demonstrationsflug, Fallschirmflug und Beutepräsentation; nach TAYLOR 1974).

(= 180–450 g), für Adulteulen im Winter etwa 450 g. Unter günstigen Bedingungen lagern die Eulen ausreichend Unterhautfett ein, sodass sie bis zu 40 Tage schadlos hungern können [382]!

Ganzjährig wird überschüssige Beute in Depots versteckt (z. B. in Erdklüften, unter Steinen, im Winter auch im Schnee). Am Nestrand wurden bis zu 105 Lemminge gezählt [813]. Gewölle: Ø 71 mm lang (Extreme 20–120 mm) und 27 mm dick (Extreme 15–40 mm).

FORTPFLANZUNG

Die Geschlechtsreife wird schon vor Ende des 1. Lebensjahres erreicht (in Gefangenschaft mehrere Fälle erfolgreicher Bruten im auf die Geburt folgenden Jahr [931]). In freier Natur vermutlich erst mit (3) 4 Jahren, wenn auch das Alterskleid ausgebildet ist [382]. Wesentliche Voraussetzung für Brutaktivität ist ein ausreichendes Beuteangebot; die günstigsten Bedingungen während Lemminggradationen, wie sie im arktischen Brutgebiet in der Regel alle 4 (7) Jahre auftreten. Dabei entscheidend ist sowohl die Dichte der Lemminge (mindestens 2 pro ha [1002]) als auch deren Gewicht (Mindestgewicht = 40 g; Durchschnittsgewicht der an die Nestlinge überbrachten Lemminge = 56,7 g), da sich der Transport kleiner Beute zum Nest nicht zu lohnen scheint [813].

Brutplatz bevorzugt an markant erhöhten, trockenen und windexponierten Stellen, die schon früh ausapern, bestmöglichen Rundumblick gewähren und eine geringere Mückenplage versprechen. In der arktischen Tundra werden geeignete Anhöhen von wenigstens 1 m vom Permafrost gebildet (Polygone). In anderen Landschaften werden Klippen oder Steilufer mit niedriger Vegetation und gutem Ausblick gewählt, auch Geländerippen und Grate [387, 1083].

Da der Neststandort zur Zeit des Legebeginns noch völlig gefroren sein kann, kommt dem Nestbau eine hohe Bedeutung zu [1157]. Das Weibchen gräbt und scharrt eine flache Mulde (Tiefe 5–9 cm; Extrem 20–30 cm) von 25–45 cm Durchmesser (Extrem 78 cm zum Ende der Jungenaufzucht) – meist am höchsten Punkt des Hügels. Das Ausheben der Mulde wird vorwiegend vom Weibchen geleistet. Dabei werden auch störende Steine und Vegetationsteile mit dem Schnabel herausgebissen und entfernt (Abrupfen und Abschneiden

Gelege der Schnee-Eule in Nestmulde. Durch das Austragen von Gewöllen, Kot und Beuteresten bildet sich eine üppige Vegetation um den Brutplatz (Foto CLEMENS).

Demonstrationsflug. Als Teil der Balz markiert das Männchen das Brutgebiet durch imponierende Rundflüge (Foto CLEMENS).

von Strauchwerk bis Bleistiftstärke, Ausreißen ganzer Grasbüschel). In Einzelfällen wird Materialeintrag (Moos, Flechten, Birkenrinde) nicht ausgeschlossen [813]. Nestsäuberungen halten bis zum Schlupf der Jungen an, dann sammeln sich hier zunehmend Kot, Gewölle, Beutereste und Mauserfedern, mit entsprechendem Düngeeffekt. Mehrfachnutzung eines Bruthügels als seltene Ausnahme, da in der Regel keinerlei Ortstreue.

Balz und Paarbildung

Noch unklar, wieweit die Paarbildung bereits im Überwinterungsgebiet, auf dem Frühjahrszug oder erst mit Eintreffen im Brutgebiet erfolgt [382]. Schnee-Eulen führen eine Saisonehe und sind typischerweise monogam; Polygynie wurde jedoch mehrfach, Polyandrie hingegen äußerst selten bestätigt. Keine Partnertreue (seltene Ausnahme von den Britischen Inseln bestätigt [382]).

In der offenen Tundra markiert das Schnee-Eulen-Männchen das Revier optisch wie akustisch mit großer Fernwirkung. Zum einen postiert sich das – im Alter schneeweiße – Männchen weithin sichtbar auf entsprechenden Erhebungen. Zum Zweiten äußert es Strophen des bellend-rauen Reviergesanges, der kilometerweit zu hören ist. Vergleichbar der Sumpfohreule zeigt das Schnee-Eulen-Männchen einen auffälligen Demonstrationsflug, zu dem es die Flügel extrem weit hochhebt (fast in die Vertikale), mit dem Flügelschlag in starrer V-Stellung innehält – und dadurch an Höhe verliert. Beim abwechselnd aufsteigenden und absinkenden „Wellenflug" bleibt die Eule stumm [382, 1077]. In Anwesenheit eines Weibchens werden zusätzlich senkrechte „Fallschirmflüge" in V-Stellung eingeschaltet; auch konnte Flügelflappen (nach CLARK auch Flügelklatschen? [145]) beobachtet werden. Bei solchen Flugvorführungen präsentiert das Männchen zur Festigung der Paarbildung auch Beute im Schnabel.

Unter Gesangsduetten der Paarpartner und gemeinsamem Gackern wird der Verhaltenskomplex des „Nestzeigens" an potenziellen Brutplätzen eingeleitet: Bei geringer Intensität stehen die Eulen lediglich geduckt über der Niststelle und schwenken den Körper hin und her, den Kopf tief gesenkt. Intensiveres Nestzeigen wird durch Ablegen eines Beutetieres und durch Intentionen von Nestbauhandlun-

Schnee-Eulen-Brutpaar am Horstplatz (Foto CLEMENS).

gen begleitet. Dazu trippelt die Eule um die Nestmulde, legt sich mitunter auch hinein. Den Höhepunkt der „Bodenbalz“ bildet die eindrucksvolle „Engelstellung“: Das Männchen stellt sich leicht vorgebeugt über die Nestmulde, hebt beide Flügel senkrecht an (wobei die Flügelspitzen körpernah auf dem Boden bleiben) und dreht sich unter stetem Gackern langsam hin und her, dabei wiederholt über die Schulter nach dem Weibchen blickend [1077]. Durch Beutepräsentieren bzw. -ablegen kann die Wirkung der Balz verstärkt werden.

Im Kontrast zur sonstigen Distanziertheit sucht das Weibchen jetzt Körperkontakt zum Partner, mitunter rammt es sogar – auffordernd – den Kopf gegen ihn. Zur Paarungsaufforderung schließlich nimmt es eine vorgeneigte Haltung ein, die Flügel schlaff hängend, den Stoß horizontal gehoben. Kopulationen stets auf dem Boden: Gackernd und auf dem Rücken des Weibchens stehend, kippt das Männchen unter ausholendem Flügelschlagen seitlich schräg zurück und sucht den Kloakenkontakt. In extremem Rückhang stützt es sich auch mit den Flügeln vom Boden ab; gleichzeitig äußert es einen gellend-hohen, wellenartig-modulierten Pfiff [931].

Beim „Nestzeigen“ hebt das Schnee-Eulen-Männchen die Flügel zur auffälligen „Engelstellung“ (nach SCHERZINGER 1974).

Brut und Brutpflege

Ankunft im Brutgebiet etwa Anfang Mai; Legebeginn bereits ab Mitte Mai bis Anfang Juni. Nur eine Jahresbrut (Ersatzgelege denkbar, aber nicht bestätigt). Gelegegröße in Lemmingjahren 7–11 Eier (maximal 16 Eier), bei mittlerem Beuteangebot 5–7 Eier (im Mittel 5,75), in Mangeljahren Brutausfall bzw. Suche nach günstigeren Brutmöglichkeiten in oft sehr großer Entfernung. Große Gelege vor allem bei frühen Bruten. Bei unerwartetem Einbruch der Beuteverfügbarkeit kann das Weibchen die Eizahl durch Herausrollen anpassen; in Extremsituation auch Brutaufgabe [813].

Noch vor der Eiablage hockt sich das Weibchen in die Nestmulde und brütet mit Ablage des 1. Eies fest. Weitere Eier folgen in meist 2-tägigem Abstand (später gelegte Eier mitunter in 4- bis 5-tägigem Intervall. Ein Gelege von 9 Eiern wiegt z. B. 540 g und wird in nur 20 Tagen produziert). Schnee-Eulen-Eier sind glänzend weiß, können im Lauf der Bebrütung aber verschmutzen. Entsprechend den zum Teil arktischen Temperaturen zur Brutzeit sind die Brutpausen, in denen das Weibchen Kot absetzt, sich flügelt oder Beute übernimmt, sehr kurz. Zum Gelege zurückkehrend, bewegt es sich äußerst vorsichtig tastend, ehe es die Beine zwischen den Eiern aufsetzt.

Die Bebrütungsdauer beträgt im Mittel 32 Tage (für später gelegte Eier bis 33 Tage), sodass die Jungen Ende Juni bis Mitte Juli schlüpfen. Das Weibchen leistet keine Schlupfhilfe, zerknabbert die Eischalen, trägt sie an den Nestrand oder belässt sie – wie auch nicht entwickelte (taube) Eier – in der Mulde. Die Schlupffolge entspricht weitgehend dem Intervall der Eiablage, sodass der Altersunterschied von Nestgeschwistern mehr als 3 Wochen betragen kann. Das hudernde Weibchen stützt sich im Fersensitz kauernd auf die seitlich abgestellten Flügelbüge, speziell während der Fütterung kleiner Nestlinge: Die Jungen werden durch den trocken-nasal gackernden Fütterungslaut zur Abnahme der Futterbissen stimuliert. Beim Zerteilen der Beute frisst das Weibchen derbe und knochige Teile meist selbst. Vermutlich verfüttert es auch Speichel [931]. Größere Junge verschlingen Lemminge und Wühlmäuse unzerteilt.

Die Nestmulde wird zunächst sauber gehalten, auch verschluckt das Weibchen die Kotballen kleiner Nestlinge; später sammelt sich aller mögliche Abfall im Umkreis. Bei extremen Witterungsbedingungen kann das Weibchen eine Alternativmulde in geschützter Lage anlegen, in die es die Nestlinge durch Lockrufe übersiedelt [382].

Beuteversorgung des Weibchens während Anpaarung, Eiablage und Bebrütung allein durch das Männchen; ab dem Schlupf der Nestlinge Ausweitung der Versorgung auch auf diese. Dabei trägt das Männchen meist größere Beuteobjekte ans Nest (Durchschnittsgewicht bei Lemmingen 56,7 g), als es selbst verzehrt (44,3 g [813]). Sobald das erstgeschlüpfte Junge 3 Wochen alt ist (entspricht Zeitpunkt des Abwanderns aus dem Nestbereich), beteiligt sich das Weibchen am Beutefang. In dieser Phase überbringt das Männchen die Beute direkt an die im Gelände verstreuten Jungeulen.

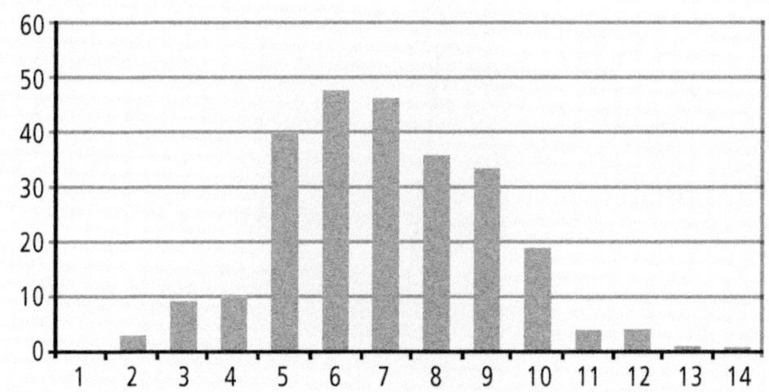

Gelegegrößen der Schnee-Eule in Sibirien (Mittelwert von 257 Nestern = 7 Eier; senkrecht = Anzahl Gelege, waagrecht = Eizahl pro Gelege; aus Potapov & Sale 2012).

Legebeginn: abhängig vom Zeitpunkt der Schneeschmelze, meist in der 2. Mai-Hälfte.
Gelegegröße: meist 5–9 Eier (je nach Nahrungssituation 2–14 Eier, Extrem 16 Eier).
Ei-Maße: Ø 56,4 × 44,7 mm (Länge 51,0–65,6 mm; Breite 42,0–48,4 mm).
Ei-Gewicht: 60 g (47,5–68,0 g).
Schalengewicht: 5 g.
Legeabstand: 2 Tage (vereinzelt 4–5 Tage).
Bebrütungsbeginn: ab dem 1. Ei.
Brutdauer: 32–34 Tage.

Entwicklung der Jungeulen

Junge piepsen bereits 1–3 Tage vor dem Schlupf im Ei, ihr Schlupfgewicht beträgt um die 46 g (Extreme 35,0–47,5 g). Die Nestlinge wachsen sehr schnell, mit einer täglichen Gewichtszunahme von durchschnittlich 56 g gegen Ende der Nestlingszeit, und erreichen mit 3 Wochen schon das 20-Fache ihres Geburtsgewichts [386].

Frisch geschlüpfte Junge sind erstaunlich kompakt, gedrungen-kräftig und wirken vergleichsweise „frühreif". Ihr weißes Neoptil (auch Eidunen oder Protoptil) ist pelzig dicht. Ruhende Jungeulen legen sich regelmäßig flach auf den Boden, mitunter auch „alle viere" von sich gestreckt. Auffällig ist eine seitliche Liegestellung, bei der ein Flügel als Unterlage benutzt wird. In den Huderpausen zurückgelassene Junge kriechen dicht zur „Wärmepyramide" zusammen.

Auf der Suche nach dem Futter präsentierenden Schnabel der Mutter können sich die Jungen schon am 1. Lebenstag in steilem Sitz aufrichten. Im Alter von 12 Tagen sitzen sie bereits längerfristig frei vor dem hudernden Altvogel und schnappen zielsicher nach dessen

Fütterung durch das Schnee-Eulen-Weibchen am Nest (Junges ca. 10 Tage alt; Foto WOTHE).

Schnabel, dabei schlingen sie Mäuse sogar unzerteilt hinunter. Erstes Stehen gelingt am 6. Tag mit noch angewinkelten Fersen; in aufrechter Haltung ab 16. Tag.

Das rußbraune Nestlingskleid (Mesoptil) bricht ab 7.–9. Tag aus den Kielen. In diesem Alter öffnen sich auch die Augen. Am Ende der 2. Woche trägt das Junge einen wollig-grauen Dunenpelz. Bei Starkregen verkleben die wollig-dunigen Federn des Nestlingskleides oberflächlich zu einer „Regenhaut" [931]. Die Kiele der Schwungfedern sind ab dem 21. Tag, die der Schwanzfedern ab dem 25. Tag erkennbar [386]. Auffällig sind kontrastierende Abzeichen im „Kindergesicht" der Jungvögel, die die Augen-Schnabel-Region betonen und im Laufe der Jungenentwicklung markante Ausprägungen erfahren [931].

Lokomotorische Fähigkeiten entwickeln sich bei diesen Bodenbrütern vergleichsweise schnell: Gehen auf der Sohle ab dem 9. Tag (unter Abstützen mit den Flügeln, zum Teil auch mit dem Schnabel); ab dem 18. Tag bereits Gehen mit großen Schritten (Fersen durchgestreckt). Entsprechend dem frühen Nestverlassen bewegen sich 3-wöchige Junge mit flatterndem Hüpfen und raschen Schritten (Flattersprung) zügig vorwärts. Ein Kletterverhalten, wie es Baum- und Höhlenbrüter zeigen, fehlt.

Mit 21–22 Tagen (frühestens 18 Tagen) verteilen sich die noch flugunfähigen Jungen in rund 500–800 m Entfernung vom Nistplatz (in späterem Alter bis 3 km) und suchen Deckung in der Vegetation. Derart verstreute Jungeulen „betteln" überfliegende Altvögel mit heiser-gedehnten, anschwellenden Zischlauten an und heben gleichzeitig die Flügel, sodass deren weiße Außenseite nach oben weist. Dieses „Winken" kann bei älteren Jungen Übergänge zur Drohstellung gegen die Futter bringenden Eltern aufweisen [931]. Störer und Fress-

Fütterung und Beuteübergabe an Schnee-Eulen-Junge im frühen „Wanderstadium" durch die Altvögel (links 25 Tage alt, rechts 30 Tage alt; nach SCHERZINGER 1974).

feinde vermögen „Ästlinge" durch kraftvolles Zukrallen in Rückenlage abzuwehren. Auch flüchten sie bei Gefahr, mitunter in flaches Wasser [382].

Erste Flugübungen mit 30 Tagen, doch ist das Großgefieder, das bereits eine geschlechtsspezifische Musterung erkennen lässt, erst mit 37–39 Tagen vollständig entwickelt. Ab 6–7 Wochen tragen die Flügel ein paar Meter weit; horizontales Abfliegen gelingt mit 7 Wochen, sicheres Fliegen mit 8–9 Wochen. In diesem Alter ist die Entwicklung des Jugendkleides (bzw. 1. Alterskleid) abgeschlossen und den Eulen gelingt bereits selbstständiger Beutefang. Ende August bis Anfang September (spätestens Anfang Oktober) sind die Jungen selbstständig und beginnen mit der Abwanderung ins Wintergebiet [382].

Neben dem Beuteangebot während Brut und Jungenaufzucht sind für den jährlichen Bruterfolg auch Alter und Erfahrung der Weibchen maßgeblich [660]. Für Finnland werden Werte von 0,38–1,79 Nestlinge je begonnener bzw. 1,5–2,27 Nestlinge je erfolgreicher Brut angegeben [916]. 46,6 % der geschlüpften Jungeulen überlebten in Norwegen bis zum Nestverlassen [382]. In der kanadischen Arktis waren 60 % der begonnenen Bruten – mit wenigstens 1 flüggen Jungen – erfolgreich [1083]. Eine detailliertere Analyse gibt es für 239 Schnee-Eulen-Bruten aus 13 Jahren im nördlichsten Alaska: Demnach schwankte die jährliche Schlupfrate der Eier von 39–91 %, bis zum Nestverlassen im Alter von ca. 3 Wochen überlebten 31–87 % der Nestlinge, 48–65 % der Geschlüpften wurden sogar flügge (Alter gut 8 Wochen [382]).

Sterblichkeit: Im Brutgebiet sind Verluste vor allem unter den noch unselbstständigen Jung-

Schnee-Eulen-Ei beim Schlupf (links), der Vorgang dauert bis zu 24 Stunden; erst 2 Stunden alte Nestlinge (rechts; Fotos SCHERZINGER)

Schnee-Eule im „Wanderstadium". Die Jungen machen die Beute bringenden Eltern durch signalhaftes „Winken" mit den Flügeln auf sich aufmerksam (nach SCHERZINGER 1974).

Nestgeschwister der Schnee-Eule sind entsprechend dem 2-tägigen Schlupfintervall unterschiedlich groß (Foto Clemens).

tieren durch anhaltendes Schlechtwetter und durch Unterernährung zu verzeichnen. Altvögel können im Herbst ausreichend Unterhautfett einlagern, um während des Winters Nahrungsmangel bis zu 5 Wochen zu überleben. Hauptverluste während der Wanderung eher durch anthropogene Strukturen in der Kulturlandschaft (inklusive Hochspannungsleitungen), Verkehr und Abschuss [1006, 1147].
Höchstalter: Im Freiland sind bisher > 20 Jahre (Weibchen Lebendfang) nachgewiesen, in der Voliere dagegen > 30 Jahre, im Londoner Zoo sogar 43 Jahre [382, 690, 955].

ORTSWECHSEL

Die Schnee-Eule ist eine nomadisierende Art, die nach der Brutzeit in der Arktis weit umherstreift. Während erfahrene Altvögel zum Teil im hohen Norden an Küsten, Inseln oder auf offenem Meer überwintern, suchen die vorwiegend jüngeren Individuen mildere Überwinterungsgebiete auf. Mittels neuer Besenderungstechnik konnten erst in jüngster Zeit die enormen Strecken nachgezeichnet werden, die von den Eulen zügig zurückgelegt werden: Wanderungen in West-Ost-Richtung führen zum Teil übers offene Meer, dabei sogar zwischen der eurasischen Paläarktis und der nordamerikanischen Nearktis hin- und herpendelnd. Wanderungen in Nord-Süd-Richtung reichen mitunter über den borealen Waldgürtel hinaus, sodass Schnee-Eulen selbst in gemäßigten Breiten überwintern können. Im Wesentlichen nutzen sie hier die offene Landschaft von Steppen, Prärien und weiter Agrarlandschaft, dringen teilweise aber auch in Buschtundra und schüttere Wälder vor, wenn dort Schneehühner und Schneehasen erreichbar sind. Zur Jagd streifen die Eulen hier im Radius von etwa 10–100 km umher. Vereinzelt sind Überwinterungstraditionen belegt, im Allgemeinen aber keine Ortstreue, da sich die Aufenthaltsgebiete nach aktueller Beuteverfügbarkeit, Schneehöhe und Beutekonkurrenz richten [382, 826, 1084]. Je nach Distanz zum Brutgebiet Aufenthalt im Wintergebiet von November/Januar bis März/April; besenderte Eulen hielten sich in Nordwestrussland 90–206 Tage auf (im Mittel 152,4 Tage [751]).

Nach außergewöhnlich hohem Bruterfolg in Gradationsjahren der Lemminge wandern oft zahlreiche Schnee-Eulen im Herbst aus dem arktischen Brutgebiet nach Süden. Entsprechend dem Populationszyklus der Lemminge treten solche „Invasionen" höchstens alle 4 Jahre auf. Typischerweise werden Migrationsschwärme zu 50–60 % aus Jungvögeln aus der vorjährigen Brut gebildet [904]. In Europa erstrecken sich die Streifzüge normalerweise bis ins südliche Skandinavien, ins Baltikum und nach Mittelrussland, ausnahmsweise auch noch weiter nach Süden (z. B. Deutschland, Schottland).

Die Zugrouten folgen meist der Küstenlinie, breiten Flusstälern oder Bergkämmen. Dabei legen die Eulen – bei Tagesstrecken von 9–80 km – im Mittel 3200 km zurück (maximal 6000 km [382, 1083]). Einzelvögel fliegen dabei weit ins offene Meer hinaus, lassen sich mitunter auch von Hochseeschiffen nach Süden verfrachten [382]. Die bisher weitesten Wiederfunde von in Europa nestjung beringten Schnee-Eulen reichten in Norwegen von Hordaland nach Finnmark, 1380 km weit nach Nordnordosten, sowie in 2 Fällen von Schwedisch Lappland bis nach Sibirien [861]. Im nördlichen Norwegen besenderte Brutvögel querten bis ins nordwestliche Russland und legten dabei Strecken bis zu 2729 km zurück [751].

Aufgrund der regional stark schwankenden Lemmingdichte kennen Schnee-Eulen keine Brutortstreue, vielmehr müssen sie jährlich auf ihrem Frühjahrszug ein geeignetes Brutgebiet suchen. Brutplätze aufeinanderfolgender Jahre

Halbwüchsige Schnee-Eule. Das glatte Erstjahres-Kleid mit der typischen Schwarz-Weiß-Bänderung schiebt sich an Brust und Bauch beginnend durch (Foto SCHERZINGER).

lagen bei besenderten Weibchen z. B. in Kanada bis zu 2224 km auseinander [1082]. Entsprechend ziehen die Weibchen in großräumigem Zickzackflug, queren dabei ungeeignete oder schneereiche Areale zügig und können offenbar das Beuteangebot einer Landschaft kurzfristig abschätzen [176, 1085]. Im Norden überwinternde Weibchen sind im Vorteil, weil sie im arktischen Brutgebiet früher ankommen (Ankunft je nach Region Anfang bis Mitte Mai).

GEFÄHRDUNG UND SCHUTZMASSNAHMEN

In ihrem arktischen Brutgebiet sind Schnee-Eulen den Attacken von Adlern, Skuas, Kolkraben und sogar Großfalken ausgesetzt; daneben können Bären, Wölfe, Vielfraß und Eisfuchs sowohl Gelege und Jungtiere als auch Brutvögel erbeuten. Jungvögel in der „Wanderphase" sind durch nasskalte Witterung und Nahrungsmangel gefährdet [382].

Von Totfunden in den USA beringter Eulen waren während Zug und Überwinterung 86 % durch Unfälle oder Abschuss ums Leben gekommen, weit mehr als durch Verhungern (14 % [382]). Als vermeintliche Beutekonkurrenz werden Schnee-Eulen im Norden von Schneehuhn-Jägern gezielt abgeschossen [813]. Auch sollen jährlich Hunderte Schnee-Eulen in Fuchseisen verenden. Hochgradig gefährdet bei Vergiftungsaktionen. Unerwartetes Mortalitätsrisiko durch West-Nile-Virus und Massenbefall durch Kriebelmücken bestätigt [231, 1005, 1016].

Erhöhte Verluste und verminderter Bruterfolg beschleunigen gegenwärtig einen großflächigen Bestandsrückgang. Entsprechend musste 2019 der Status der Schnee-Eule durch BirdLife International von „gefährdet" *(vulnerable)* auf „bedroht" *(endangered)* abgeändert werden.

Als wesentliche Ursachen für diesen abrupten Niedergang werden zum einen die zunehmende Erschließung des hohen Nordens angesehen, durch die es vermehrt zu Kollisionen mit Kraftfahrzeugen und Schneemobilen kommt; in noch höherem Maße gilt dies für die Zugrouten und Überwinterungsgebiete, wo oft Hunderte Schnee-Eulen an Stromleitungen, Eisenbahn und Flugzeugen verunglücken [826]. Mittel- bis langfristig scheint aber der Klimawandel die Voraussetzungen für erfolgreiches Brüten zu schwächen: Mit dem Temperaturanstieg schwindet z. B. das Packeis, wo erfahrene Brutvögel überwintern. Mit der Zunahme von Nassschnee und Regenperioden erlischt aber vor allem die zyklische Entwicklung der Lemmingpopulation, sodass Massenjahre, an die die Brutaktivität der Schnee-Eule unmittelbar gebunden ist, immer öfter ausbleiben [382, 1147].

Zur Sicherung der Schnee-Eulen-Bestände sind als Sofortmaßnahmen der Abbau überholter Sammelrechte für Eier und die Nutzung von Fett und Fleisch dieser Vögel durch indigene Stämme zu fordern; ebenso muss der Abschuss verboten bzw. strenger geahndet werden.

Maßnahmen zur Vermeidung von Stromschlag auf Hochspannungsmasten, wie sie sich z. B. für den Uhu mehrfach bewährt haben, sind dringend umzusetzen.

Vom Regen durchnässte Jungeule. Durch Verkleben der Dunenspitzen entsteht ein Oberflächenfilm, der das Wasser abperlen lässt (Foto SCHERZINGER).

OFFENE FRAGEN

- Wann und wo erfolgt die Paarbildung (im Winterquartier, auf dem Frühjahrszug, im gewählten Brutgebiet)?
- Welchen Selektionsvorteil hat der Geschlechtsdimorphismus in der Gefiederzeichnung?
- Wie meistern Altvögel die Überwinterung im Dauerdunkel des arktischen Winters?
- Welche Alternativbeute könnte erfolgreiches Brutgeschehen trotz Abflachen der Lemmingzyklen ermöglichen?
- Lassen sich innerhalb des zirkumpolaren Verbreitungsgebiets Subpopulationen abgrenzen?

BARTKAUZ
Strix nebulosa

ALLGEMEINES

Der Bartkauz ist eine besonders eindrucksvolle Erscheinung, mit lockerem, besonders dichtem Gefieder, mit „eindringlichem" Gesichtsausdruck durch den ausgeprägten Gesichtsschleier und kleinen, gelben Augen. Sein Hauptverbreitungsgebiet erstreckt sich zirkumpolar von Nordamerika nach Ostsibirien und über die zentralasiatischen Gebirge bis Nordeuropa [687, 824].

Der deutsche Name leitet sich vom kontrastreichen schwarzen Streifen unter dem Schnabel ab, der wie ein Pharaonen-„Bart" aussieht (entsprechend wurde die eurasische Unterart ursprünglich mit *Strix nebulosa barbata* bezeichnet [679]). In den meisten europäischen Sprachen heißt diese Unterart „Lapplandeule" (gemäß der geltenden Benennung *Strix nebulosa lapponica*).

KENNZEICHEN

Der Bartkauz zählt zu den größten Eulenarten Europas, hinsichtlich Gesamtlänge und Gewicht wird er nur von Uhu und Schnee-Eule übertroffen.

Größe: 62–70 cm (Männchen Ø 65 cm; Weibchen Ø 67 cm). Der Schwanz ist mit durchschnittlich 292 mm (Männchen) bis 307 mm (Weibchen) fast so lang wie der Körper (im Mittel 292 mm bei Männchen, 311 mm bei Weibchen).

Flügelspannweite: Männchen Ø 139 cm (max. 143 cm); Weibchen Ø 146 cm (max. 150 cm).

Gewicht: Männchen Ø 900 g (mind. 700 g, max. 1330 g); Weibchen Ø 1200 g (mind. 875 g, max. 1490 g). Bei anhaltendem Nahrungsmangel Hungergewichte von 503 g (Männchen) bzw. 680 g (Weibchen; Angaben zum Teil nach finnischen Museumsbälgen [1102]).

Allgemeine Kennzeichen von *Strix nebulosa lapponica* sind eine überwiegend zartgraue Färbung mit kräftiger, schwärzlicher Längsstreifung, ein großer runder Kopf (ohne Federohren!) mit nahezu scheibenförmig-flachem Gesichtsschleier, der durch 6–8 konzentrische dunkle Ringe charakterisiert ist; zwischen den verhältnismäßig kleinen gelben Augen ziehen 2 halbmondförmige weiße Wülste von den Augenbrauen bis zu den Vibrissen; den unteren Schleierrand begrenzend; weiter fallen beiderseits des Schnabels 2 ebenfalls weiße Partien auf, die den schwarzen „Kehlbart" kontrastreich einrahmen.

Das extrem weiche und dichte Gefieder ist an Brust und Bauch derb längs gestreift und reicht bis über die Zehen.

Die derbe Bänderung der Schwungfedern ist nicht nur bei Jung- und Altvögeln verschieden, sie variiert auch individuell, was eine Identifika-

Bartkauz-Porträt. Das ausdrucksvolle Gesicht ist durch breite, weiße Abzeichen, den schwarzen Kinnbart und den konzentrisch gezeichneten Schleier charakterisiert (Frontansicht links: Foto Hecker; Seitenansicht rechts: Foto Reinhard).

Bartkauz auf der Ansitzwarte (Foto HAUTALA).

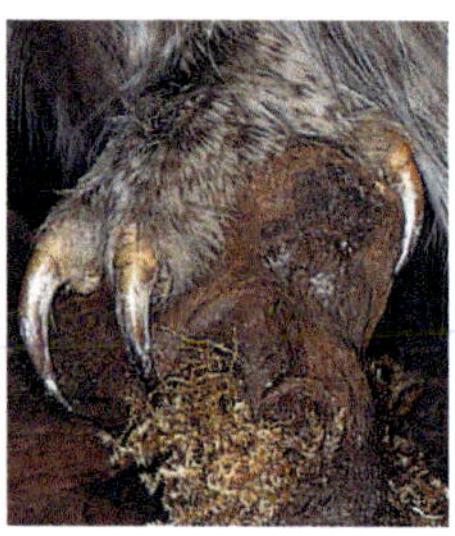

Fang vom Bartkauz. Die Zehenbefiederung ist derb und dicht (Foto GROSS).

tion ermöglicht. Da Jungkäuze ihr Großgefieder erst im Alter von wenigstens 13 Monaten vermausern, ist eine Altersbestimmung sogar nach Fotos möglich. Abgesehen von den Schwanzfedern, die in der Regel jährlich gewechselt werden, bleiben einzelne Schwungfedern 3–4 Jahre (im Extrem 5 Jahre) in Gebrauch [1012, 1014]. Die Energie zehrende Mauser kann bei Hungerstress unterbrochen werden [804].

Wenn von Bartkäuzen auch keine Farbmorphen bekannt sind, so wurden doch immer wieder Fälle von Teil- und Vollalbinismus bekannt, vereinzelt auch Teilmelanismus (Belege aus Finnland, Schweden, Kanada, USA [8, 380, 689, 691, 804]).

Unterarten

Die erste wissenschaftliche Beschreibung dieser Art geschah durch J. R. FORSTER (1772) anhand eines Belegexemplares aus Kanada. Deshalb gilt die im nördlichen Nordamerika sehr weit verbreitete Unterart *Strix nebulosa nebulosa* als Nominatform (der englische Name ist *Great Grey Owl* – „Große Graueule"). Sie ist durch dunklere Grundfärbung und ein verwaschen grau meliertes Brustgefieder gekennzeichnet.

Vom Verbreitungsgebiet im Norden der USA und Kanadas wurde ein räumlich deutlich abgesetztes Inselvorkommen in der Sierra Nevada erst kürzlich als eigene Unterart *Strix nebulosa yosemitensis* erkannt, die nach genetischer Analyse hier seit etwa 27 000 Jahren eine eigenständige Entwicklung durchgemacht hat [403].

Die im Norden Europas und Asiens verbreitete Unterart *Strix nebulosa lapponica* wurde zuerst von THUNBERG (1798) beschrieben. Sie unterscheidet sich durch eine hellere Graufärbung und kontrastreiche Längsfleckung im Brust- und Bauchgefieder von den amerikanischen Unterarten. Ihr Verbreitungsareal reicht von Fennoskandien und der nordischen Taiga Asiens bis zur Insel Sachalin. (Die im älteren Schrifttum zitierte Abspaltung der Unterarten *Strix n. elisabethae* für die isolierten Waldgebirge der nordöstlichen Mongolei, speziell des Chentej-Gebirges, *Strix n. barbata* für Ostsibirien und *Strix. n. sakhalinense* für das nördliche Japan wird heute nicht mehr anerkannt [189, 687].)

Aufgrund der engen Verwandtschaft innerhalb der Gattung *Strix* konnten in Gefangenschaft Hybride zwischen Bartkauz und

Federtypen vom Bartkauz:
1 Handschwinge rechts,
2 Armschwinge rechts,
3 Schwanz Mitte
(Foto SCHATTER).

Habichtskauz *Strix uralensis* sowie dem Malaienkauz *Strix leptogrammica*, erstaunlicherweise sogar mit dem amerikanischen Uhu *Bubo virginianus* gezüchtet werden [951].

VERBREITUNG UND BESTANDS-VERHÄLTNISSE

Im Wesentlichen fällt die Verbreitung des Bartkauzes mit dem Nadelwaldgürtel der borealen Taiga zusammen. Das nordamerikanische Artareal entspricht einerseits der Ausbreitung des Borealwaldes von Alaska bis in den Osten Kanadas, andererseits dem Vorkommen alter Gebirgswälder im Kaskadengebirge und den Rocky Mountains, südwärts bis zur Sierra Nevada in Kalifornien. Das eurasische Artareal reicht in einem mehr oder weniger breiten Band von Sachalin und Ostsibirien über die Mongolei und Nordrussland bis nach Skandinavien.

In Fennoskandien ist der Bartkauz in der nördlichen Hälfte von Schweden (hauptsächlich in den Provinzen Norrbotten und Västerbotten) sowie vom mittleren Finnland bis zum südlichen Lappland regelmäßiger Brutvogel. In manchen Jahren brütet er in diesen beiden Ländern auch in südlicheren Bereichen. Seit Mitte der 1960er-Jahre ist eine Arealausweitung zu beobachten, die bis in die Nadel- und Mischwälder der gemäßigten Zone reicht [1007]: Nach einem ersten Brutnachweis in Estland 1991 (nach vielen Jahrzehnten der Abwesenheit) sind hier bis zu 3 Paare belegt. In Weißrussland brüten – nach ersten Nachweisen in den 1990er-Jahren – inzwischen 100–250 Paare, mit einem Schwerpunkt im Urwald von Bialowieza [577, 1188]. Grenzüberschreitend expandiert dieser Bestand in den polnischen Teil, mit bis zu 8 Paaren. Im Aufwind ist auch die Neubesiedlung der Ukraine, wo unweit der Pripjet-Sümpfe (nordwestlich von Kiew) 1985 3 Brutpaare festgestellt wurden. Nach aktueller Schätzung könnten hier 15–100 Paare (eventuell sogar 60–110 Paare) brüten [577].

Aufgrund der unsteten Vorkommen dieser Eule schwanken die Bestandsangaben allerdings von Jahr zu Jahr erheblich, weshalb die Schätzwerte eine zum Teil enorme Bandbreite aufweisen können [916, 1101]. Nach der Roten Liste der IUCN (2019) liegt der Weltbestand bei 50 000–99 999 adulten Individuen, davon 12 400–19 900 Brutpaare in Europa. Der bedeutendste Anteil fällt auf das europäische Russland (1500–4500 Brutpaare), gefolgt von Finnland (100–2100 Paare) und Schweden

Brütendes Bartkauz-Weibchen in altem Greifvogelhorst (Ostsibirien; Foto Hafner).

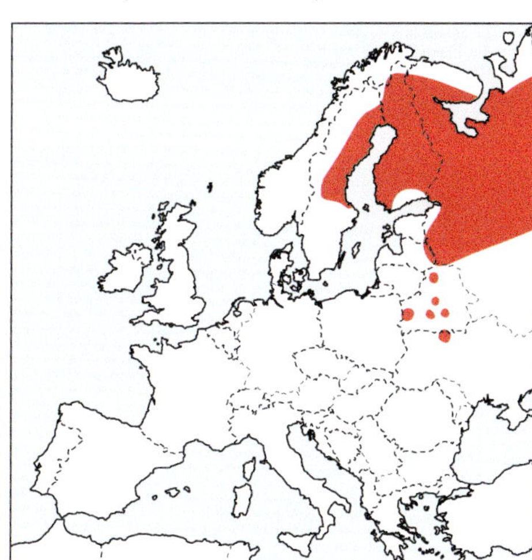

Verbreitung des Bartkauzes in Europa. Neben dem Schwerpunktgebiet in der Nadelwaldtaiga des Nordostens liegen kleine (isolierte?) Verbreitungsgebiete auch in den Tieflandwäldern Osteuropas.

(200–600 Paare). Demgegenüber blieb der Bartkauz in Norwegen lange Zeit ein sehr seltener Vogel, von dem z. B. im Jahr 1989 im östlichen Hedmark eine einzige Brut nachgewiesen werden konnte. Dank eines überraschenden Anstiegs gab es Anfang des 21. Jhs. bereits 3–10 Paare: Aktuell wird der Brutbestand auf 60–90 Paare geschätzt, wobei im „Mäusejahr" 2017 118 Paare bestätigt werden konnten [70, 1007, 1019].

LEBENSRAUM

Der ursprüngliche Lebensraum liegt sowohl in ausgedehnten Primärwäldern der nördlichen Taiga, typischerweise mit Fichte und Kiefer als Hauptbaumarten, als auch in natürlichen Sekundärwäldern, wie sie nach großflächigen Waldbränden, Sturmereignissen oder Insektenkalamitäten aufkommen. Hier dominiert meist die Birke. In Zentralasien und in der amerikanischen Sierra Nevada bieten sich auch Gebirgswälder der Montan- und Subalpinstufe mit diversen Nadelbäumen (z. B. Kiefern, Lärche) als Lebensraum an. Seltener Brutvorkommen in artenarmen Kiefernforsten oder reinem Laubwald [555, 1059]. Für die Qualität des Brutbiotops ist eine ausreichende Kleinsäugerdichte entscheidend, weshalb Wälder bevorzugt werden, die an offene Flächen angrenzen (wie Moore, Sturm- und Brandflächen, auch Bergwiesen, Kahlschläge und Brachland).

Tabelle 27. Schätzwerte für Bartkauz-Brutbestände in Verbreitungsschwerpunkten Europas (nach BirdLife International 2015).

LAND	FLÄCHE (TAUSEND KM²)	BRUTPAARE	BEZUGSJAHR
Europäisches Russland	3952,5	1500–4500	2010
Finnland	338,4	100–2100	2012
Schweden	450,2	200–600	2012
Weißrussland	207,5	50–100	2012
Ukraine	603,8	15–100	2000
Norwegen	385,2	60–90	2014
Polen	312,6	0–8	2012
Litauen	65,3	1–3	2011
Estland	45,2	0–3	2012
Lettland	64,5	1	2009
Gesamt-Europa	**10 180,0**	**12 400–19 900**	2021

Die Zahlen für Gesamt-Europa enthalten auch die Angaben von hier nicht aufgeführten Ländern.

Da der Bartkauz selbst keinen Nistplatz errichtet, benötigt er große Horste von Greifvögeln oder abgebrochene Baumstümpfe mit großem Querschnitt zur Brut. Entsprechende Requisiten bieten vor allem sehr alte Baumbestände. Soweit diese der modernen Forstindustrie zum Opfer gefallen sind, versucht man, das Fehlen von Horsten und hohen Baumstümpfen durch geeignete Nistplattformen zu kompensieren [122, 360, 565].

SIEDLUNGSDICHTE UND STREIFGEBIET

Auch wenn es in „Mäusejahren" zu örtlicher Konzentration von Bruten kommen kann, sind Bartkäuze nirgends häufig. Auf große Waldflächen bezogen, beträgt z. B. die durchschnittliche Dichte in Fennoskandien nur 1 Paar/100 km², im europäischen Russland 0,05–3,5 Brutpaare, bei hohem Nahrungsangebot aber auch bis zu 9 Brutpaare auf 100 km² [1125]. Vergleichbare Werte mit 3,4 Paaren/100 km² liegen für die Ukraine vor [565].

Bartkauz-Männchen grenzen nur den unmittelbaren Horstbereich als Revier ab. Auch wurde kein aggressives Verhalten zwischen nahe benachbarten Paaren beobachtet. Somit können Nistplätze unter außergewöhnlich günstigen Lebensraumbedingungen in nur 100, 200 oder 300 m Abstand liegen (Norwegen, Finnland [360, 1059]) bzw. 800–1500 m (Trans-Ural [555]). Beispielhaft wurde ein solches Dichtezentrum mit 19 Brutrevieren auf nur 80 km² aus der Ukraine gemeldet (entspricht 2,38 Paare/10 km² und 6 Bruten auf 10 km² aus Weißrussland[565, 1093]).

In Verbreitungszentren der amerikanischen Nominatform kann die Siedlungsdichte 0,66 Brutpaare/km² (Kalifornien), 1,6/km² (Kanada), 0,74–1,72/km² (Oregon), 1,88/km² (Manitoba) betragen [121, 177]. Überspitzt könnte man von lockeren „Kolonien" sprechen [182].

Angaben zur Streifgebietsgröße liegen bisher nur für die Nominatform vor: In Oregon/USA besenderte Bartkäuze beflogen während ihres 1. und 2. Lebensjahres durchschnittlich 157 bzw. 167 km² (maximal 637 km²); etablierte Altvögel nutzten hingegen nur noch 67,3 km² im Mittel (Extreme 4–312 km² [118, 121]).

Im Tageseinstand dösender Bartkauz (Finnland; Foto HAUTALA).

VERHALTEN UND STIMME

Ruhe und Körperpflege

In Ruhe – und sich unbeobachtet fühlend – steht ein Bartkauz entspannt und dösend, Augen halb geschlossen, die weißen Abzeichen im Gesicht sind verdeckt oder kontrastarm gesträubt. Das Gefieder ist locker; bei Kälte auch kugelig geplustert. Ein Liegen auf Baumstümpfen oder Ästen wurde nur bei Jungvögeln beobachtet. Als Einstand wählt die Eule schüttere Baumkronen, oft auch bloß kurze Aststummel am Baumstamm. Der Bartkauz ruht häufig ohne jede Deckung, auf die Tarnwirkung seines Gefieders „vertrauend". Zur Brutzeit wählt das Männchen seinen Einstand in Sichtweite zum Nistplatz.

In sattem Zustand regloses Ruhen über Stunden, selten unterbrochen durch Putzen, Strecken, Schütteln oder kleinräumigen Ortswechsel. Lässt sich dabei auch einschneien. Bei extremer Kälte suchen Bartkäuze – nach Art der Raufußhühner – Schutz im tiefen Lockerschnee (z. B. in Ostsibirien; ANDREEV mündl.).

Das außergewöhnlich weiche und lange Gefieder wird ausgiebig gepflegt, speziell an Bauch und Brust. In besonderem Maße gilt das für die Aufzuchtszeit, wo das Gefieder des Weibchens nach der Fütterung oft verschmiert ist. Baden im Wasser regelmäßig, insbesondere zur Jungenaufzucht bei Schönwetter, wobei die Eule trübes Wasser meidet: Mit vorsichtigen Schritten geht der Vogel bis in eine Tiefe von etwa 10–15 cm ins Wasser, taucht zuerst Schnabel bzw. Gesicht ein, verteilt das Wasser durch Kopfschütteln, knickt dann in den Fersen ein, sodass Schwanz und Schwingen voll benetzt werden. Unter abwechselnden Flügelbewegungen wird das Wasser – unter heftigem Plantschen und Spritzen – auf den Rücken geschöpft. Die Eule verlässt das Bad völlig durchnässt, mitunter bis zur Flugbehinderung, sucht einen nahen Sitzplatz auf und schüttelt sich kräftig. Sonnenbad im Anschluss, ansonsten vor allem an kalten Wintertagen, wobei die Eule die Flügel schlaff hängen lässt und den Kopf „behaglich" zur Sonne wendet. Die Bewegungen beim Baden im Schnee gleichen denen beim Bad im Wasser, selbst wenn das Substrat nur oberflächlich aufgelockert ist. Ein Baden in Sand oder lockerer Erde wurde bisher nicht beobachtet.

Aktivitätsmuster

Vorwiegend dämmerungs- und nachtaktiv, doch regelmäßig auch tags rege, speziell zur Zeit der Jungenaufzucht. Während der Wintermonate findet Beutefang in früher Dämmerung statt, bei ungünstigen Bedingungen auch am hellen Tag. Zur Mittagszeit und in den Nachtstunden meist inaktiv. Zur Balzzeit im Frühjahr verschieben sich die Aktivitätsmaxima zunehmend in die späte Dämmerung. Wegen der sehr verschiedenen Tag-Nacht-Längen in den hochnordischen Breiten ist der Aktivitätsrhythmus der Bartkäuze verschiedener Gebiete nicht vergleichbar. Die in südlicheren Arealen deutlich zweigipfelige Aktivität (Schwerpunkte zur Abend- und Morgendämmerung) mit einer Ruhephase um Mitternacht konzentriert sich im Dauertag des nordischen Sommers auf die dämmerigen Nachtstunden; im kurzen und

Bartkauz-Brut in ausgewittertem Baumstrunk (Oregon; Foto BULL).

lichtarmen Wintertag entfällt die Ruhephase zur Mittagszeit.

Die Gesangsaktivität zur Herbstbalz konzentriert sich auf die Dämmerungsphasen; zur Frühjahrsbalz reicht sie von Einbruch der Dunkelheit bis nach Mitternacht, gefolgt von einem Schwerpunkt noch vor der Morgendämmerung [182, 1040]. Brutpausen des Weibchens fallen schwerpunktmäßig in die Dämmerung. Zur Jungenaufzucht sind Beutefang, Beuteübergaben und Fütterungen zu jeder Zeit zu beobachten, mit deutlichem Schwerpunkt zur Dämmerung. Diese Rhythmik entspricht im Wesentlichen der Aktivitätszeit der Wühlmäuse und Lemminge.

Aktive Eulen zeigen in der Regel einen kreisrund geöffneten Gesichtsschleier, bei erregter Aufmerksamkeit sind auch die signalhaft weiß kontrastierenden Gesichtsabzeichen deutlich. Tagsüber sind spontan Ortswechsel, Komfortverhalten inklusive Baden, gelegentlich auch Beutefang zu beobachten. Weil Angriffe gegen Brutstörer auch bei vollem Sonnenschein vorkommen, wurde die – scheinbare – Tagaktivität dieser Art allerdings überbewertet [120, 687].

Flugbilder vom Bartkauz: Im Landeanflug ist der lange rhombenförmige Schwanz deutlich (oben); steif segelnder Angriffsflug (Mitte); stehendes „Rütteln" über der Beute (unten; nach Toops 1990).

Bewegungsweise und Flug

Bewegungen durchwegs weich, relativ langsam und ruhig „fließend". Die langen, kräftigen Beine erlauben sicheres Gehen auf Ast oder Boden, ausholenden Hoppelsprung beim Verfolgen von Beutetieren und ein beidbeinig kraftvolles Springen von Ast zu Ast. Beim Abflug vom Ast kippt die Eule den Körper leicht nach vorne und lässt sich steil fallen. Im Gegensatz zu diesem kraftsparenden Start benötigt sie heftig-ausholende Flügelschläge beim Auffliegen vom Boden. Zur Landung auf dem Ast werden beide Beine – fast in die Horizontale – vorgestreckt, der Schwung reicht zum Aufrichten des Körpers aus.

Die Charakteristik des Fluges wird bestimmt durch die besonders großen Schwingen und den ungewöhnlich langen Schwanz, die infolge einer sehr geringen Gewichtsbelastung ein geradezu lautloses Schweben ermöglichen. Bei sehr langsamen und wenig ausholenden Flügelschlägen wird der Ruderflug mit Gleitstrecken kombiniert. Dabei überrascht nicht nur die hohe Wendigkeit, mit der die Eule beim Jagdflug auch engste Kreise und Richtungswechsel vollführt, sondern auch das geschickte Durchfliegen enger Zwischenräume. Dies erlaubt dem Bartkauz ein Queren selbst dichter Waldbestände, wobei er an Engstellen die Flügel reaktionsschnell einzieht, ohne dabei an Höhe zu verlieren [729].

Zur Balz umfliegt das Männchen den Horstplatz in erstaunlich engen Kreisen, klatscht mitunter dabei auch nach Art der Waldohreule mit den Flügeln. Flugbahn geradlinig, meist dicht – bis wenige Meter – über dem Boden, seltener im Kronenniveau. Stete Segelstrecken mit „brettartig" gestreckten Schwingen bei Angriffsflügen. Über Mäusegängen und bei Landung auf unsicherem Platz (z. B. biegsame Äste) auch rüttelndes Abbremsen des Fluges.

„Pfahlstellung" eines Bartkauz-Ästlings (Foto STEFANSSON).

Sozialverhalten und Konflikte

Außerhalb der Brutzeit einzelgängerisch, aber weitgehend verträglich. In Invasionswintern streifen Eulen sogar in lockeren Gruppen umher, doch kommt es nur ausnahmsweise zu örtlichen Ansammlungen (z. B. 9 Individuen auf einem Baum [732]). Infolge einer winterlichen Invasion in Manitoba/USA rasteten an die 100 Bartkäuze in einem Umkreis von nur 30 km, ohne erkennbare soziale Interaktionen [182].

Zur Fortpflanzung beschränkt territorial, da nur das engere Horstumfeld verteidigt wird. (Im Gehege tolerierte ein Paar zur Aufzuchtszeit sogar Horstbesuche durch vorjährige Junge ohne Zeichen aggressiver Abwehr.) Bei außergewöhnlich hoher Beutedichte liegen besetzte Nester oft nur 100–300 m auseinander [360, 1059].

In solchen Fällen überlappen die Jagdgebiete benachbarter Brutvögel großflächig. In einem Beispiel aus Kanada jagten 4 Männchen mit ihren flüggen Jungen auf derselben Fläche – in jeweiligem Sichtkontakt [121, 182].

Während die Partner außerhalb der Brutzeit großteils eigene Wege gehen, suchen sie zur Balzzeit zunehmend Kontakt, bei schrittweise verringertem Individualabstand. Gemeinsame Nestinspektionen sind bereits zur Herbstbalz zu beobachten. Nach getrennter Überwinterung im Frühjahr wieder gemeinsames Nestlocken und Mulden auf dem prospektiven Brutplatz. Zur Brutzeit kauert sich das Männchen mitunter in engem Körperkontakt neben das brütende Weibchen. In Nordamerika wurde ein subadultes Männchen beobachtet, das als „Helfer" Beute an das Nest mit kleinen Jungen brachte, ohne vom Brutpaar abgewehrt zu werden [182].

Feindverhalten

Aufgrund der Körpergröße und einem Leben in der nahrungsarmen Taiga hat ein ausgewachsener Bartkauz vergleichsweise wenige Feinde. Verzichtet entsprechend häufig auf Deckung, durch sein farblich angepasstes Tarnkleid dennoch schwer zu entdecken. Bei Annäherung von Feinden bzw. möglichen „Hassern" (wie Kolkraben, Falken, Bussarde) nimmt die Eule eine Tarnstellung mit hochgestrecktem Körper, anliegendem Gefieder und spaltförmig eng geschlossenen Augen ein. Der die Kopfform bestimmende Schleier wird seitlich angepresst, im Extremfall seitlich „eingedellt"; keine speziellen Federstrukturen am Kopf. Die weißen Abzeichen im Gesicht werden dabei weitgehend verdeckt. Ein solches Tarnverhalten ist besonders typisch für flugunfähige Ästlinge, die in dieser „Pfahlstellung" wie flechtenüberkrustete Baumstümpfe wirken [1040].

Während Scheinattacken durch „hassende" Kleinvögel oder Häher einen Bartkauz überhaupt nicht zu irritieren vermögen, flieht die Eule meist bei Stoßflügen durch Kolkraben oder Greifvögel in nahe Deckung. Flieht geradezu panisch vor Raubsäugern – wie Marder und Fuchs.

Mit Beginn der Brutperiode zunächst zurückgezogen und scheu. Am Nest unterliegt das brütende bzw. hudernde Weibchen einer Abwehrhemmung, offensichtlich zum Schutz des Geleges und kleiner Nestlinge. Es lässt Nestkontrollen ohne jegliche Abwehr zu, starrt den Störer lediglich mit aufgerissenen Augen und maximal gespreiztem Schleier an, faucht und knappt bei drohend gesträubtem Rückengefieder. Das Männchen warnt bestenfalls aus sicherer Entfernung. Sind die Jungen geschlüpft, verstärkt das Weibchen sein Drohen; dabei steht es z. B. auf dem Horstrand und hebt beide Flügel „bucklig" abgewinkelt. Der Schwanz ist gefächert. Bemerkenswert ist das Herausstrecken der Zunge während des Fauchens [940]. Bei voller Drohhaltung schließlich fächert die Eule entweder beide Flügel symmetrisch (meist die Oberseite vorgedreht) oder nur einen Flügel schildförmig und dreht so die „Breitseite" gegen den Störer. Das Männchen nähert sich jetzt mit Warnen, starrt den Feind an, überfliegt mitunter auch dessen Kopf und äußert nicht selten den Reviergesang von einem Ast in Sichtweite.

Größere Nestlinge und speziell die eben ausgeflogenen Ästlinge verteidigen Bartkäuze hingegen mit eindrucksvoller Vehemenz, wobei die Intensität der Angriffe mit dem Fortschritt der Jungenentwicklung und der Exponiertheit des Nistplatzes korreliert – und das Weibchen stets aktiver ist. Heftige Attacken gegen Störer aller Art setzen ein, sobald die Jungen nicht mehr kontinuierlich gehudert werden müssen (3. Nestlingswoche): Der Altvogel wacht auf einem nahen Baum, warnt harsch-knurrend und nimmt eine markante Erregungshaltung ein,

Bartkauz in Tarnstellung, mit glatt angepresstem Gefieder, eng gefaltetem Schleier, vorgedrehtem Flügelbug und vertikal gestrecktem Körper (Foto Hautala).

hochgestreckt, mit maximal gespreiztem Gesichtsschleier, dadurch die Abzeichen an Kinn und Augenbrauen kontrastreich präsentierend, bei starrendem Blick, die Flügel schlaff hängend bzw. im Bug vom Körper weggekippt. Bei gefährdeten Bodenbruten sollen die Altvögel mehr zur Nestverteidigung aufwenden als bei relativ sicheren Baumhorsten [687].

Angriffsflüge erfolgen unmittelbar, in zügigem Gleitflug über den Kopf des Feindes hinweg, meist aber unter Einsatz von Flügeln und Krallen. Mit draufgängerischer Wucht knallt die Eule z. B. gegen den Kopf des Störers und schlägt zumindest mit Brust und Flügeln auf, prallt aber typischerweise mit vorgestreckten Krallen auf, dabei tiefe Spuren hinterlassend. Die Angriffsbereitschaft erreicht ihren Höhepunkt, wenn die Jungeulen das Nest verlassen

Drohgesicht des Bartkauzes. In hoher Erregung wird der weiße Kinnlatz mit dem schwarzen Bartstreifen deutlich vorgeschoben (Foto REINHARD/ANGERMAYER).

und verstreut auf dem Waldboden, auf Stubben oder niederem Geäst hocken. Unter Beteiligung des Männchens gelingt es jedenfalls, nicht nur Greifvögel und Raben in wendigen Flugmanövern abzudrängen, sondern auch Säugetiere aus dem Gefährdungsbereich der Jungeulen zu vertreiben – bis zur Größe eines Braunbären! Vereinzelt wurde auch ein Verleiten im Horstbereich beobachtet [119, 241, 410].

Bis etwa zur 4. Woche lassen sich die Jungen im Horst ohne große Gegenwehr greifen, ducken sich bestenfalls knappend und fauchend. Zum Zeitpunkt des Nestverlassens wehren sie aber Störer durch Vorspringen und Zukrallen ab [241, 1040]. Als Ästlinge tarnen sie bzw. drohen bei dichter Annäherung mit ein- oder beidseitig angehobenen Flügeln.

Stimme

Dumpf, relativ unauffällig leise bis schrill röhrend. Das Stimminventar des Bartkauzes lässt sich auf wenige Grundmuster zurückführen, die durch Intensitätsabstufung und Kombination eine nur schwer abzugrenzende Vielfalt ermöglichen. Eindrucksvoll ist der Reviergesang des Männchens aus 10–12 muhend-dumpfen Silben (Frequenz 0,2–0,3 kHz [862]), die – in regelmäßigem Abstand – zunächst leise einsetzen, kräftig anschwellen und gegen Ende der Strophe dunkler und rascher werdend verhallen (*bmu.bmu.bmu*, auch *whuu.whuu.whuu* oder *ho.ho.ho*; Intervall der Elemente 0,6 sec). Die Strophen dauern etwa 8–10 sec, sind für das menschliche Ohr etwa 400–800 m weit zu hören (je nach Umfeld auch nur 50–100 m) und erinnern in ihrer Klangfarbe an einen verhaltenen Dommelruf. Das Männchen singt vorwiegend am späten Abend und nachts, zur Brutzeit jedoch auch tagsüber, z. B. als Reaktion auf Störungen [182, 1142].

Zur Kommunikation im Brutplatzbereich bringt das Männchen eine ganz ähnliche Äußerung in gut doppelt so schneller Folge (kräftig-dumpf *hwu.hwu.hwu*; Einzelelemente leicht fallend, Strophenende verebbend) mit unspezifischer Funktion, als Lockruf zur Beuteübergabe sowie zur Paarungseinleitung. Die entsprechende Strophe des Weibchens klingt kehlig-rau bis brummig-grollend (wie *chro.chro.chro*) und wird vor allem in der Anpaarungsphase geäußert, oft im Duett mit dem Partner.

Tabelle 28. Typische Laute vom Bartkauz.

LAUTÄUSSERUNG	MÄNNCHEN	WEIBCHEN	NESTLING/ÄSTLING
Reviermarkierung Balzzeit	muhend-dumpf *bmu.bmu.bmu*-Reihe	?	
Reviermarkierung Herbst			
Alarm intensiver Alarm	brummend *broooh* röhrend *pchrröp*	knurrend *broooh* aufschreiend *pchrröp*	
Nestzeigen	Serie *wub.wub.wub.wub*	raspelnd *wru.wru.wru*	
Fütterungslaut		gackerndes Schäckern	
Standortlaut/Betteln		*kwichä* zweisilbig	*pchit.pchat/pchü.chüp*

Davon lässt sich eine stereotype Serie rasch gestoßener Stakkatosilben unterscheiden, die in „endloser" Folge vor allem als „Nestzeigelaut" eingesetzt wird und maschinenartig-monoton beim Männchen pumpend oder hämmernd wie *wub.wub.wub.wub* klingt, beim Weibchen rauer, fast grölend, sägend oder raspelnd wie *wru.wru. wru.wrut*. Diese serielle Lautäußerung stimuliert auch zur Beuteübergabe des Männchens an das Weibchen sowie zur Beuteabnahme der Nestlinge, kann die Kopula einleiten und auch im Duett der Paarpartner gehört werden. Daneben verfügen Männchen wie Weibchen über einen spezialisierten „Fütterungslaut", der sich ratternd-gepresst wie *drattatatata.drattatatata* oder gackernd bis schäckernd wie *gagagagata. gagagata* aus einer unrhythmischen Folge tschirpender Silben (zu jeweils 4–5 Elementen) reiht. Im typischen Fall vom Weibchen zur Stimulation der kleinen Nestlinge zur Futterabnahme eingesetzt, „schäckert" das Weibchen auch bei der Übernahme von Beute vom Männchen, sogar zur Kopula. Hier dürfte es in Verschneidung mit dem Unlust-„Schirken" einen aggressiven Konflikt ausdrücken.

Als universeller Stimmfühlungslaut dient beiden Geschlechtern ein weich-gedehntes „Muhen", das in unterschiedlichsten Variationen nicht nur bei sozialer Gefiederpflege, bei Nestbesuchen sowie zur Paarungsaufforderung zu hören ist, vielmehr in anschwellendem Glissando zu jaulend-geblasenem Heulen gesteigert werden kann oder als rau-brummiges *broooh* bis zum grölend-knurrenden „Röhren" (wie *hrröp, pchrröp*) als Alarmsignal eingesetzt wird. Sogar der typische „Bettellaut" des Weibchens – ein heiseres bis krächzendes *kwichä, gowech* oder *gwoich* (ein- oder zweisilbig) – kann in grellem Überschlag und in Kombination mit Schirken als zeternd-kreischender Aufschrei in Alarmsituationen geäußert werden.

Der Bettellaut der Jungen klingt zunächst fauchend-heiser wie *pchit.pchat*, später einfach wie *chjö* bzw. als Doppelsilbe wie *pchü.chüp*. Neben dem universellen Knappen konnte als Instrumentallaut auch ein Flügelklatschen beim Demonstrationsflug beobachtet werden.

ERNÄHRUNG

Als Jagdgebiet bevorzugt der Bartkauz übersichtlich-offenes Gelände mit schütterem Baumbestand und geeigneten Ansitzwarten, wie z. B. Moore, Kahlschläge und brachgefallene Wiesen, wo er meist von erhöhter Warte aus nach Beute

Bartkauz fliegt mit eben erjagter Beute ab (Foto Hautala).

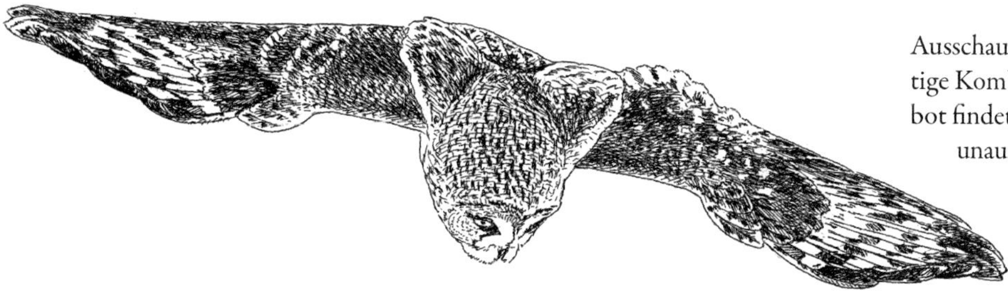

Ausschau hält bzw. lauscht. Eine besonders günstige Kombination von Struktur- und Beuteangebot findet er auf frischen Waldbrandflächen und unaufgeräumten Kahlschlägen [555].

Beutetiere

Trotz der Körpergröße auf Kleinsäuger spezialisiert, besonders Wühlmäuse (wie Feld-, Erd- und Rötelmaus), in geringerem Umfang auch Spitzmäuse. Erwähnenswert ist ein besonders umfangreicher Mageninhalt: Ein Bartkauz hatte innerhalb kurzer Zeit eine Erdmaus, eine Rötelmaus, einen Frosch, eine Zwergspitzmaus und 13 Waldspitzmäuse erbeutet [687].

In einer Gewöllaufsammlung zur Brutzeit in Nordeuropa mit 6253 Beuteexemplaren waren Erdmäuse mit 61 % der Individuen, Rötelmäuse mit 16 %, Sumpfmäuse mit 12 % und andere Wühlmausarten mit 3 % vertreten, daneben Spitzmäuse mit 6 % (vorwiegend Waldspitzmäuse). In Summe bildeten Kleinsäuger mit 98 % den Hauptanteil, während Kleinvögel und Frösche keine 2 % ausmachten [1040]. Auch in den Wäldern des Trans-Ural bestimmten die Wühlmäuse die Brutzeitbeute mit 83 %, neben 10 % an Spitzmäusen [555]. Eine deutlich vielfältigere Beuteliste zur Brutzeit erbrachten Gewöllanalysen aus Weißrussland: Hier überwogen Schermäuse mit 47,7 % der Biomasse, gefolgt von Wühlmäusen (10,3 %), mittelgroßen Säugetieren (Hörnchen, Bisam, Junghasen) mit 12,1 % und Maulwürfen mit immerhin 8 % [992].

Bildfolge zum Beutefang des Bartkauzes: In angespannter Konzentration fixiert die Eule die Geräuschquelle, rüttelt kurz über ihr und stürzt in beschleunigendem Stoßflug nieder, bei Schneelage mitunter tief eintauchend (nach MIKKOLA 1981).

Aus dem Winterhalbjahr gibt es nur wenige Beuteanalysen, doch dürfte die Nahrung des Bartkauzes auch außerhalb der Brutzeit hauptsächlich aus Wühlmäusen und Spitzmäusen bestehen. Dies belegen 64 Magenanalysen von Totfunden aus Finnland und Schweden, die im Zeitraum von August bis April eingeliefert worden waren. Der Anteil der Spitzmäuse war mit 44 % deutlich höher als zur Brutzeit, der Wühlmausanteil mit 54 % entsprechend niedriger. Nach einer winterlichen Gewöllaufsammlung aus Weißrussland

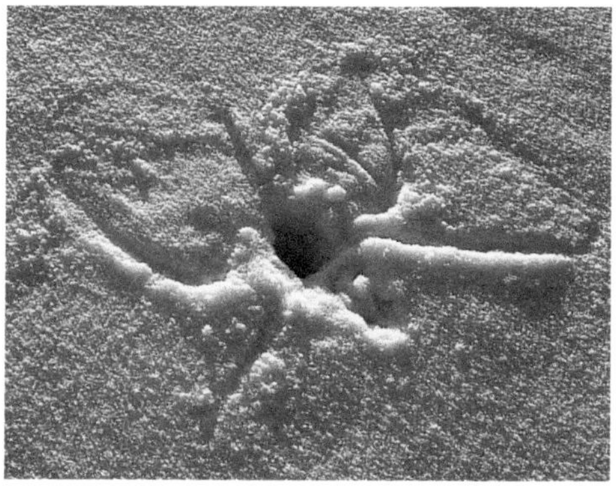

Jagdspuren vom Bartkauz im Schnee (Foto HAUTALA).

stellten Wühlmäuse 38,4 % der Biomasse, gefolgt von Schermäusen mit 30,7 %, Wieseln mit 13,7 % und einigen Vögeln (3,1 % [992]).

Da Bartkäuze in den Brutgebieten der gemäßigten Breiten syntop mit Habichts- und Waldkauz vorkommen, örtlich auch mit Uhu, Waldohreule und Raufußkauz, kann es für einen Wühlmaus-Spezialisten außerhalb der „Mäusejahre" zu erheblicher Beutekonkurrenz kommen. Die vergleichsweise unplastischen Bartkäuze weichen dann mitunter auf Lemminge, Hamster, Wiesel oder Pika aus, schlagen gelegentlich sogar Junghasen; Birk- oder Auerhuhn sind als größte Beute belegt [1019].

Für die amerikanische Nominatform wurde eine durchaus vergleichbare Beuteliste erstellt. Bei Mangel bzw. Unerreichbarkeit der Mäuse – z. B. wegen hoher oder festgefrorener Schneedecke – schlägt sie ersatzweise auch wehrhafte und große Beute, wie Hörnchen, Junghasen, Spechte, Waldhühner, Bussarde; vereinzelt auch Amphibien, Fische oder große Insekten [121, 183, 410].

Als täglicher Nahrungsbedarf eines adulten Bartkauzes wurden als Mittelwert 4 Wühlmäuse (entspricht etwa 162 g) errechnet.

Bartkauz in „Fangstellung". Die Beute fest im Griff, sitzt die Eule auf den Fersen, die Flügel zur Balance aufgestützt (nach QUINTON 1988).

Jagdweise und Beuteerwerb

Typischerweise Ansitzjagd von exponierten Bäumen, Masten bzw. frei stehenden Pfählen oder liegenden Baumstämmen aus. Die Verweildauer pro Jagdwarte beträgt meist nur wenige Minuten, wobei die Eule erfolgreiche Jagdplätze wiederholt aufsucht. Der Bartkauz vermag auf der Schneedecke bewegte Beute (z. B. Wühlmaus) auf wenigstens 180–200 m Entfernung optisch zu erkennen bzw. 30–40 m weit zu hören. Im Kontrast zu den vergleichsweise kleinen Augen ist das Gehör ungewöhnlich hoch spezialisiert, weshalb angenommen wird, dass Entdecken und Ortung von Beutetieren in erster Linie akustisch erfolgen. Diese Leistung kommt speziell bei dichter Pflanzendecke und bei geschlossener Schneedecke zum Tragen, wo die Eule Laufgeräusche selbst unter einer 20–50 cm hohen Schneelage noch wahrnehmen und punktgenau orten kann [360, 410, 729]!

Entsprechend sucht der Vogel bei der Wartenjagd die Umgebung mit gespannter Aufmerksamkeit ab, den Kopf bei maximal gespreiztem Schleier langsam hin und her drehend. Sobald er ein entsprechendes Geräusch aufgefangen hat, starrt er – wie „hypnotisiert" – in die Richtung der Schallquelle; nur leichtes Zucken von Schwanz und Flügelspitzen verrät die Erregung [824]. Mitunter fliegt er zu einem näheren Ansitz, auch knapp über dem Boden, um die Schallquelle erneut anzupeilen. Der Angriff kann aber auch direkt aus hohen Baumkronen erfolgen: entweder im beschleunigenden Ruderflug, gefolgt vom zielgenau schrägen Gleitflug – bis zum Aufprall; oder die Eule gleitet vom Ansitz, verharrt in weichem Rüttelflug – etwa 4–5 m über der vermuteten Beute – und kippt mit erstaunlichen Spiraldrehungen in steilem Sturzflug plötzlich ab. Die letzte Strecke rast der Kauz nahezu senkrecht abwärts („Sturzbomber"), das Gesicht in voller Konzentration vorgerichtet. Erst knapp vor dem Aufprall zieht er die Flügel zurück – nicht immer hebt er die Fänge schützend vor das Gesicht – und taucht mit hörbarem Aufschlag tief in den Schnee! Mitunter verschwindet der Vogel dabei zur Gänze [729]. Die weit gespreizten Zehen und die langen Beine erlauben ein zielsicheres Zupacken – auch ohne jede optische Kontrolle.

Bartkauz-Männchen trägt Beute an den Horst (Foto WOTHE).

Mit dieser erstaunlichen Jagdtechnik vermag der Bartkauz Wühlmäuse in ihren Laufgängen noch 20–45 cm unter der Schneedecke zu greifen [360]. Mit einer Aufprall-Energie von 4–10 kg/cm² durchbricht die Eule selbst vereisten Harsch [183]!

Nagetiere können auch durch Waldstreu oder dünne Erdschicht gegriffen werden, wobei der schmale, lange Fang entkommende Beute auch noch aus den Gängen zu angeln vermag. Nach erfolgreichem Zugriff verharrt die Eule (wie benommen?), verschlingt das Beutetier und befreit sich aus Schneeloch oder Bodenstreu. Die Jagd über offenem Waldboden erfolgt in identischer Sequenz, doch fangen die vorgestreckten Läufe den Aufprall etwas auf; gleichzeitig nimmt die Eule eine „Fangstellung" mit seitlich aufliegenden Flügeln ein.

Alternativ wurde auch langsamer Pirschflug in geringer Höhe über dem Boden beobachtet, nach Art der Sumpfohreule, mit gelegentlichem Verharren im Rüttelflug. Nach Beobachtungen aus Oregon/USA und Kanada waren 33 % bzw. 65 % der Jagdflüge erfolgreich [121, 183].

Zur Jagdtechnik auf Singvögel fehlen Beobachtungen. (In eine Voliere eingedrungene Singvögel blieben von den Bartkäuzen völlig unbeachtet.) Bei Gelegenheit werden auch Kadaver größerer Säugetiere angenommen (Schneehasen aus Fallen, Verkehrsopfer, sogar Reste eines erlegten Elches); im Extrem als Vogelfutter ausgelegtes Fett [360].

Die Beute wird mit kräftigem Biss in den Kopf getötet. Während Nagetiere meist mit wenigen ausholenden Ruckbewegungen des Kopfes im Stück verschlungen werden, zerteilt die Eule größere Beute und Vögel, die sie in der Regel vorher köpft [119]. Beutetransport im Fang oder Schnabel. Trinken ist nur zur Zeit der Eiablage und zur Jungenaufzucht regelmäßig zu beobachten.

Gewölle: Ø 63 mm lang und 29 mm dick (Variationsbreite 35–110 mm Länge × 18–44 mm Dicke).

FORTPFLANZUNG

Die Fortpflanzungsfähigkeit erreichen Bartkäuze mit etwa 11 Monaten. Die Brutreife erreichen sie im Freiland in der Regel aber erst mit 3 Jahren. Nach Beringungsergebnissen aus Schweden brüteten 4 Weibchen im 1. Lebensjahr, 4 Weibchen und 1 Männchen im 2. Lebensjahr, gegenüber 91,3 % der Brutvögel, die ihre Erstbrut mit wenigstens 3 Jahren leisteten [1007].

Als natürliche Brutplätze dienen meist Greifvogelhorste (vor allem vom Habicht, seltener von Bussarden) oder Kolkraben-Nester (in Nordamerika auch „Hexenbesen" aus verfilzten Mistelbüschen [1181]). In einem ukrainischen Brutgebiet waren derartige Reisighorste zu 90 % in Kiefern und zu 10 % in Birken errichtet, meist im unteren Kronenbereich. Mit 22–35 cm Durchmesser waren die Brutmulden 4,5–6 cm tief [565].

Eine Alternative sind starke Baumstümpfe, deren Bruchflächen mindestens 25 cm im Querschnitt messen. Sofern das Holz bereits angemorscht ist, scharrt das Weibchen hier eine flache Vertiefung. Solche Nistplätze lagen in Skandinavien in 1–4 m, vereinzelt auch in 9 m Höhe. Bei Mangel an geeigneten Horsten oder Baumstümpfen vereinzelt auch Bruten in Felsnischen, Ameisenhaufen oder auf dem Waldboden (3 Nachweise für Fennoskandien; ausnahmsweise auch auf Gebäuden in Waldrandnähe [1059]).

In Kalifornien/USA wurden Bartkauz-Bruten auch in Halbhöhlen starker, gebrochener Bäume, auf starken Ästen und massiven Astgabeln riesiger Bäume entdeckt [1181].

Für die Nistplatzwahl ist die Nähe zu ergiebigen Jagdgebieten, meist Offenflächen in Waldnähe, ausschlaggebend. Günstig gelegene Brutplätze werden oftmals über Jahre benutzt (z. B. Oregon, Idaho und Wyoming/USA zusammengefasst: 14-mal 2 Jahre, 7-mal 3 Jahre, 2-mal 4 Jahre [121, 241]).

Wegen nutzungsbedingter Verluste an alten Horstbäumen und ausreichend starken Baumstümpfen wurden sowohl in Nordeuropa als auch in Nordamerika Versuche mit künstlich geköpften Baumstämmen und Nistplattformen angestellt. Bei entsprechender Größe der Nistfläche und Höhe über dem Boden werden solche Kunstnester von den Bartkäuzen problemlos angenommen, mit oftmals sogar besserem Bruterfolg.

Balz und Paarbildung

Bartkäuze sind monogam, verpaaren sich zur Saisonehe, doch können erfolgreiche Paare infolge Revier- und Brutplatztreue wiederholt zueinanderfinden; vereinzelt wurde Bigynie bestätigt [1059].

In ganzjährig besiedelten Brutgebieten erfolgen Nestinspektionen bereits zur Herbstbalz im November. Wo die Eulen wegen winterlicher Schneehöhen bzw. Unerreichbarkeit der Beutetiere aus dem Brutrevier großräumig verstreichen, überwintern sie zwar einzeln, doch kommt es im Hochwinter mitunter zu loser Gruppenbildung [118]. Die Paarbildung erfolgt vermutlich erst im künftigen Brutgebiet.

Reviergesänge des Männchens hört man bereits an milden Winterabenden, je nach Seehöhe bzw. Breitengrad bereits Mitte Februar bis Anfang März [565]. Die dumpf-muhenden Laute sind schwer zu orten. (Im Beispiel aus Oregon lagen die Singwarten nur 30–250 m vom Brutplatz entfernt, was die beschränkte Territorialität dieser Eulenart unterstreicht [121].)

Die Balz am künftigen Brutplatz setzt mit anhaltenden Nestbesuchen und intensivem „Nestzeigen" ein. Bei seinen Inspektionen führt das Männchen Nestscharren und Muldebewegungen aus, vor allem knabbert es tastend am Nestgrund, unter monoton „hämmernden" Rufserien des „Nestlockens". Beteiligt sich das Weibchen, so lockt es im Duett oder bettelt mit heiser-krächzenden Lauten. Es investiert auffällig viel Zeit mit Nestbauhandlungen, wie Tasten, Knabbern, Zurechtzupfen von Zweigen, vor allem Ausmulden durch scharrend-strampelnde Beinbewegungen und kreiselndes Drehen mit dem ganzen Körper. (Heftiges Scharren kann zum Durchbruch von Reisighorsten führen!) Weder wird Nistmaterial eingetragen, noch sind die Eulen imstande, ungünstige Unterlagen auszubessern [820, 1181].

Gegenüber dem Weibchen äußert das Männchen seltener Reviergesang, vielmehr wirbt es mit „Nestlocken", „Fütterungslaut" oder der raschen Lockruf-Serie (muhendes *hwu.hwu.hwu*) zu Beuteübergabe und Paarung. In hoher Erregung spreizt es die weiß-kontrastierenden Federpartien um Augen und Kinn als „leuchtende" Signale [925], auch vollführt es demonstrative Revierflüge, dabei in engen Schleifen den Horstbaum umkreisend.

Kopulationen meist abseits vom Horst auf niederen Ästen, umgestürzten Bäumen oder Erdhügeln; die bestimmten Plätze werden konstant eingehalten. Zur Paarungseinleitung bettelt das Weibchen, häufiger schäckert es in abwehrendem Konflikt (schirkender „Fütterungslaut"). Auch kann es sich unter brummigem „Muhen" zur Paarungsaufforderung postieren. Unter raschen Lockruf-Serien (auch „Nestlocken" oder „Muhen", seltener „Schäckern") fliegt das Männchen gegen das Weibchen, dreht sich zur Landung gewandt über dessen Rücken um 180 Grad und vollzieht die Paarung unter langsam-ausholenden Flügelschlägen. Der Akt wird durch schrilles Schäckern begleitet.

Während der Bebrütung und Jungenaufzucht wählt das Männchen einen horstnahen Einstand in Sichtweite; mitunter sitzt es auch frei in „Wächterpose", das Horstumfeld aufmerksam beobachtend.

Bartkauz-Weibchen füttert am Nest. Im Wechselspiel aus Tasten und Rufen gelingt die komplizierte Orientierung zum mütterlichen Schnabel (Foto Albertini).

Brut und Brutpflege

Wenigstens 2–3 Wochen vor der Eiablage finden Nestbesuche von Männchen und Weibchen statt, auch tagsüber. Der Legebeginn ist sowohl vom Verbreitungsgebiet als auch der aktuellen Schneelage abhängig: In Brutgebieten der Ukraine frühestens 27. März, spätestens 30. April (Mittelwert = 12. April [565]). Entsprechend später in Nordeuropa mit Anfang April als frühesten und Mitte Mai als spätestem Termin (Schwerpunkt = Mitte bis Ende April). Allerdings kann eine anhaltende Schneedecke eine Verschiebung des Legetermins bis in den Juli erzwingen [360].

Die Gelege umfassen 2–4 Eier (Ukraine) bzw. 3–5 Eier (durchschnittlich 4,31 Eier; maximal 6 oder 7 Eier; Fennoskandien), die im 1–3-Tage-Intervall gelegt werden. Frühe Gelege meist größer. Nach Verlust von Gelegen oder kleinen Nestlingen kommt es vereinzelt zu Nachgelegen (in einem Beispiel aus Oregon/USA erneute Eiablage jeweils 17–30 Tage nach dem Verlust [121]).

Nur das Weibchen brütet. Es nimmt die Brutstellung bereits 1–2 Tage vor Legebeginn ein und brütet ab dem 1. Ei außerordentlich fest. (In einem Beispiel aus Fennoskandien ließ sich das brütende Weibchen völlig einschneien [820, 821].) Täglich etwa 1–3 kurze Brutpausen (je 3 min), meist in später Dämmerung, während denen das Weibchen einen bestimmten Sitzplatz aufsucht und unter Pressen und Flügelschlagen eine große Menge Kot ausspritzt. Im Anschluss finden meist Kopulationen statt. Auch trinkt das Weibchen während der Legeperiode regelmäßig.

Zur Beuteversorgung trägt das Männchen täglich rund 3–5 Beutestücke an den Horst. Überschuss wird am Nestrand abgelegt.

Nach einer Bebrütungsdauer von 29,5–30 Tagen schlüpfen die Jungen in 1½- bis 2-tägigem Abstand. Ihr Betteln und „Bibbern" (Unlustlaut) veranlassen das Männchen zu Nestkontrollen. Das Weibchen zerbeißt und verschluckt Eischalenreste. Auch hält es während der ersten Wochen der Jungenaufzucht die Horstmulde sauber, verschlingt Kotbatzen der Nestlinge ebenso wie Gewölle. An den ersten Lebenstagen erhalten die Jungen vom Weibchen klein abgerissene Fleischstückchen, die es unter anhaltendem „Fütterungslaut" anbietet. Kaum 10 Tage alt, schnappen die Jungeulen – in hochgestreckter Sitzhaltung – bereits gezielt nach dem Schnabel des fütternden Altvogels. Ab etwa 2 Wochen lassen beide Eltern ganze Mäuse über dem Kopf der Jungen baumeln und locken zur Abnahme. Auch suchen die Nestlinge in diesem Alter den Nestboden nach abgelegter Beute ab und sind in der Lage, ganze Mäuse selbstständig zu verschlingen.

Das Weibchen hudert während der ersten 2 Wochen konstant, doch schauen die kräftigen Jungen an Schönwettertagen bereits im Alter von 1 Woche unter dem Brustgefieder hervor. Erst mit Abklingen der intensiven Huderperiode lässt auch die Verteidigungshemmung des Weibchens nach, am Horstrand stehend droht es warnend gegen Brutstörer. Das Männchen fliegt rasante Scheinangriffe. Ab der 3. Nestlingswoche beteiligt sich das Weibchen am Beutefang, wenn auch mit geringer Intensität. Sobald die Jungen im Alter von etwa 3½–4 Wochen den Horst verlassen, greift auch das Weibchen vermeintliche Feinde mit großer Vehemenz an.

Nach den Peilungsdaten in Oregon/USA besenderter Bartkäuze überlässt das Weibchen die Versorgung der flüggen Jungen zunehmend dem Männchen und zieht sich allmählich auch aus dem Brutrevier völlig zurück. Die Führungszeit dauerte hier rund 3 Monate [121].

Legebeginn: Anfang April bis Anfang Mai. Nachgelege bis Mitte Juni. 1 Jahresbrut; bei Mäusemangel jedoch Brutausfall.
Gelegegröße: 3–6, meist 4 oder 5 Eier.
Ei-Maße: 53,2 × 42,4 mm, 50 g.
Legeabstand: 1–3 Tage.
Brutdauer: 28–30 Tage. Es brütet nur das Weibchen und beginnt damit vor Ablage des 1. Eies.
Nestlingsdauer: 3½–4 Wochen.

Entwicklung der Jungeulen

Die Jungenentwicklung ist durch rasches Wachstum der kompakten und sehr robusten Eulen geprägt: Mit gerade 40 g Schlupfgewicht tragen sie ein schütter-weißes Neoptil. Schon nach 4–5 Tagen sprießen die anthrazitgrauen Halbdunen des Mesoptils, das die Nestlinge bereits Anfang der 3. Woche mit einem locker-flauschigen „Pelz“ umhüllt. (Kiele der Schwingen ab 8. Tag erkennbar, öffnen ihre Spitzen am 12. Tag; Kiele der Schwanzfedern ab 9. Tag.) Während der Nestlingszeit sind weiße Abzeichen im schwärzlichen „Kindergesicht“ charakteristisch. Der Augenspalt öffnet sich zwischen 4. und 6. Tag; 10 Tage alte Junge betrachten die Umgebung bereits aufmerksam.

Die Nestlinge können sich von Geburt an in Bauchlage vorwärtsschieben, auf den Fersen hocken und trippeln, mit 7 Tagen bereits unsicher stehen. Die Zehen umklammern einen Ast mit 3 Wochen kraftvoll, jetzt gelingt auch Gehen mit gestreckter Ferse. Die Eulen verbringen viel Zeit mit der Pflege des sprießenden Gefieders, wobei sie einander auch gegenseitig kraulen und beknabbern. Zum Zeitpunkt des Nestverlassens im Alter von 26–29 Tagen (frühestens 21 Tagen) können die Jungen sicher gehen, kraftvoll springen und zügig klettern, jedoch noch nicht fliegen. Gegenüber Feinden zeigen sie ausgeprägtes Drohen mit ein- oder beidseitig aufgefächerten Schwingen.

Nach dem Abspringen vom Horst bewegen sie sich auf dem Boden in raschem Flattersprung. Gezielt suchen sie Baumstümpfe oder starkes Lagerholz und steigen flatternd an schräg lehnenden Baumstämmen hoch, um in sichere Höhen zu kommen. Nach wenigen Tagen sind sie kräftig genug, um – unter Einsatz von Krallen und Schnabel – auch an senkrechten Baumstämmen hochzuklettern, soweit die Borke grob und griffig ist [241, 1040]. Dort übertagen sie in guter Deckung. Erstes Fliegen gelingt mit rund 33 Tagen. Flugstrecken über 3–4 m werden

Bartkauz-Weibchen mit Jungem am Horst (Nestling 3 Wochen alt, Foto SCHERZINGER).

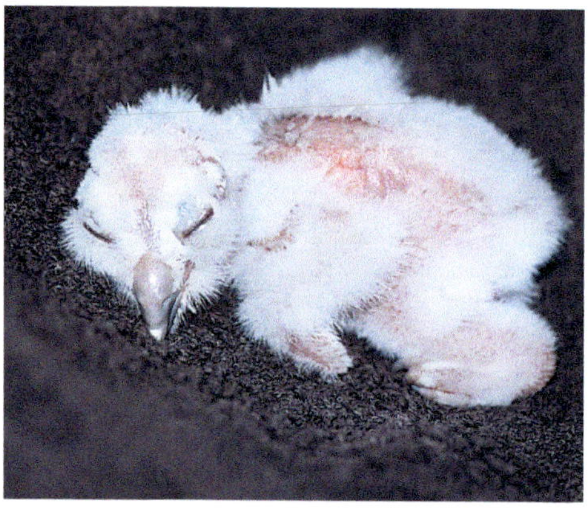

Bartkauz-Nestling frisch nach dem Schlupf. Im Gegensatz zu den wolligen Nestdunen sind die Eidunen sehr schütter (Foto SCHERZINGER).

Flatterklettern eines Bartkauz-Jungen im Ästlingsstadium (Foto SCHERZINGER).

mit 40 Tagen bewältigt – bei sicherer Landung. Jetzt auch verstärkt Beutefangspiele.

Treffen Flügglinge benachbarter Paare aufeinander, werden sie von den „Gasteltern" – ohne Abwehrverhalten – versorgt [182].

Sicheres Fliegen mit 55 Tagen; die volle Flugfähigkeit wird mit 10 Wochen erreicht. In diesem Alter schieben sich die Federn des 1. Alterskleides über den Mesoptilflaum, auch formt sich der Schleier. Aufgrund der Überlagerung unterschiedlicher Federkleider wirken die Jungeulen während dieser Übergangsphase geradezu „unproportioniert".

Im Alter von etwa 20 Wochen, also in der Regel im Oktober, sind die Jungkäuze unabhängig von ihren Eltern, sie bleiben aber manchmal auch noch über den folgenden Winter hinweg im elterlichen Brutgebiet.

Der jährliche Bruterfolg ist eng an die jeweilige Wühlmausdichte gekoppelt. Abgesehen vom Brutausfall in Mangeljahren ziehen Bartkäuze in Finnland durchschnittlich 0,67–3,67 Nestlinge je begonnener Brut auf [916]. Wertet man nur die erfolgreichen Bruten, so wurden für Schweden 1,5–4 Junge, für Fennoskandien zusammen genommen 2,7–3,9 flügge Junge pro Brut errechnet [360, 367]. Deutlich darunter liegt die Meldung aus der Ukraine mit nur 1,44–1,50 Flügglingen je erfolgreicher Brut [565]. (Vergleichbare Größen gelten für die amerikanische Nominatform mit durchschnittlich 2,2–2,3 Jungen/Oregon [118, 121], 3,0 Jungen/Idaho und Wyoming [241] sowie 2,7–3,0 Jungen/Kanada [182] je erfolgreicher Brut.)

Nur spärliche Kenntnisse zur Überlebensrate der Jungeulen, vorwiegend aus amerikanischen Studien: Von den in Oregon besenderten Jungeulen überlebten 53 % ihr 1. Lebensjahr in „guten Mäusejahren"; 31 % wurden mindestens 2 Jahre alt [121]. Fakt ist, dass ein regionaler Zusammenbruch der Wühlmausbestände die Eulen zu großräumiger Abwanderung zwingt. Im Brutareal verbleibende, spät geborene und im Beutefang unerfahrene Käuze dürften bei solchen Krisen in erheblicher Zahl sterben [182]. Soweit Individuen bei solcher Massenmigration das südliche Überwinterungsgebiet bereits stark abgemagert erreichen, droht ihnen hier der Hungertod [293]. Wenn schlagartiger Beutemangel im Herbst und früher Wintereinbruch auch wesentliche Mortalitätsrisiken für Altvögel sind, so liegt ihre Überlebensrate mit 91–84 % doch sehr hoch [122].

Höchstalter

Ein in Finnland als Brutvogel beringtes Weibchen war mindestens 17 Jahre alt, als es im März 1995 in Schweden (120 km westlich davon) lebend kontrolliert wurde [1040]. Von den in Schweden beringten Bartkäuzen wurden bisher 2 Weibchen im 16. Lebensjahr lebend kontrolliert (16 bzw. 22 km vom Geburtsort entfernt) sowie ein Männchen im 16. Lebensjahr als Verkehrsopfer tot gefunden (21 km vom Geburtsort entfernt) [1040]. Keine Angaben zum maximalen Fortpflanzungsalter. In der Voliere wurde bisher ein Höchstalter von 29 Jahren festgestellt [955].

ORTSWECHSEL

Hinsichtlich ihrer Raumnutzung lassen sich Bartkäuze keiner eindeutigen Kategorie zuordnen, denn Gebietstreue, großräumiges Abwandern und unstetes Auftreten kommen gleichermaßen vor.

Von insgesamt 3073 Bartkäuzen, die zwischen 1955 und 2012 in Schweden beringt wurden, blieben gut genährte Jungvögel im Umfeld ihres Geburtsortes, soweit ein ausreichendes Beuteangebot verfügbar war. Bemerkenswert z. B. der Fall eines nestjung beringten Weibchens, das – noch nicht einmal einjährig – im folgenden Sommer brütete und dazu dasselbe Nest benutzte, in dem es im Vorjahr geboren worden war. Der überwiegende Teil der Jungvögel entfernte sich innerhalb ihres 1. Lebensjahres meist weniger als 250 km von ihrem Geburtsort (Mittelwert 100,8 km, Höchstwert 420 km).

Bartkauz-Ästling. Die Jungeulen verlassen den Nestplatz lange vor ihrer Flugfähigkeit und suchen auf Baumstümpfen, Lagerholz usw. Schutz (Foto HAUTALA).

Bartkauz-Ästling im wollig-dichten Jugendkleid (Foto SCHERZINGER).

Die Jungendispersion ebbt im 2. Jahr ab (mittlere Distanz 45,9 km [1007]). Deutlich weniger mobil scheinen finnische Bartkäuze, deren Jungvögel im 1. Jahr meist unter 50 km verstreichen (Mittelwert für Männchen = 25 km, für Weibchen = 48 km [1118]). Die Auswertung von Totfunden adulter Eulen, die in Finnland als Nestlinge beringt worden waren, zeigt, dass die Vögel auch in den Folgejahren immer noch weiter wandern können (Distanz zum Geburtsort durchschnittlich 254 km, Höchstwert 912 km [914]). Ähnliche Werte gibt es aus Schweden, wo mehrjährige Weibchen zwischen 30,8 und 151,5 km vom Geburtsort überprüft wurden (Maximaldistanz = 650 km [1007]).

Insgesamt erscheint das Verhalten der Altvögel sehr variabel. Sofern es das örtliche Wühlmausangebot zulässt, bleiben sie meist ganzjährig im Brutgebiet. Eine solche Gebietstreue ist z. B. für Finnland und die Ukraine bestätigt und wird durch wiederholtes Brüten im selben Nest bestärkt [565, 1118]. Bei unzureichendem Beuteangebot wechseln Bartkäuze ihr Brutgebiet aber über zum Teil große Distanzen: Ein an ihrer Gefiederfärbung individuell erkennbares Weibchen verstrich jeweils 165–200 km, dem günstigsten Mäuseangebot von Jahr zu Jahr folgend (Finnland [692]). Schwedische Bartkauz-Weibchen wechselten das jährliche Brutgebiet über 2,9–101,8 km Distanz (im Mittel 19,6 km); die Männchen blieben in der Regel ortsfest (Gebietswechsel über durchschnittlich 3 km [1007]).

Treffend für die unstete Lebensweise von Bartkäuzen scheint die Bezeichnung „Vagabund", denn die in Schweden beringten Jungvögel sind teils jahrelang in der Nähe ihres Geburtsortes bzw. Brutplatzes geblieben, teils aber auch – früher oder später – viele Hundert Kilometer weit abgewandert, und zwar in ganz verschiedene Richtungen; hierzu einige Beispiele:

- Ein Männchen, das nestjung beringt und im 6. Lebensjahr nur 5 km nordöstlich vom Geburtsort kontrolliert worden war, wurde im Februar des 10. Lebensjahres 320 km südwestlich tot unter einer Stromleitung gefunden.
- Ein anderes Männchen, das ebenfalls nestjung beringt und im 6. Lebensjahr 25 km südlich vom Geburtsort als Brutvogel kontrolliert worden war, wurde knapp ein Jahr später 170 km nordnordöstlich vom Geburtsort tot gefunden.
- Die weiteste Wanderung unternahm ein Weibchen, das im Juni 1982 in Nordschweden als Brutvogel beringt worden war und fast 7 Jahre später 900 km ostsüdöstlich bei Onega in Nordrussland tot unter einer Stromleitung gefunden wurde.
- Ein (am 02.07.82) in Nordschweden nestjung beringter Bartkauz wurde (am 27.11.84) 850 km östlich vom Geburtsort entfernt tot gefunden, ebenfalls in der Nähe von Onega in Nordrussland.

Außerdem sind folgende Beringungsergebnisse beachtenswert: Nur 6 km von ihrem Geburtsort entfernt, wurden in einem Fall 12 Jahre alte Geschwister (Bruder und Schwester) als Brutpaar kontrolliert [1040].

Wie alle Eulenarten, die in enger Abhängigkeit zur Bestandshöhe der Nagetiere leben, sind auch Bartkäuze vom jähen Zusammenbruch der Wühlmausgradation massiv betroffen. Wenn solche Krisen auf besonders „gute Mäusejahre" – mit entsprechend hohem Bruterfolg – folgen, kommt es typischerweise zur Massenabwanderung. Während im Fall der Schnee-Eule vorwiegend Jungvögel betroffen sind, dominieren bei Bartkauz-Invasionen die Altvögel (über 90 % in einem Beispiel aus Kanada [183]). Derartige Massenabwanderungen wurden aus Amerika auch bei extremer Schneelage gemeldet, wobei Bartkäuze z. B. aus Alaska bis in die milderen Laubwaldgebiete Kanadas ausweichen [182, McKeever, pers. Mitt.].

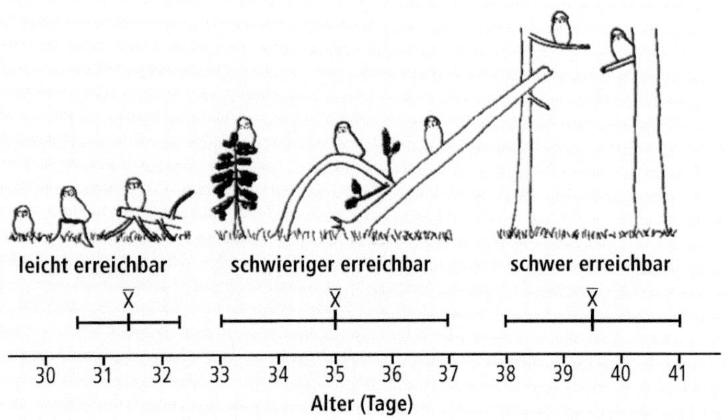

Altersabhängiges Klettervermögen von Bartkauz-Ästlingen (nach Beobachtungen in SE-Idaho und NW-Wyoming; aus Franklin 1988).

Während des Winters 1980/81 kam es zu einer bedeutenden Invasion ins südliche Finnland, bei der Hunderte von Bartkäuzen zu beobachten waren [688]. Solche Invasionen können bis nach Polen und bis in die Ukraine reichen. Möglicherweise können die Bartkäuze dann bei günstigen Ernährungsbedingungen dort bleiben und sogar brüten.

GEFÄHRDUNG UND SCHUTZMASSNAHMEN

In den meist kargen Wäldern des Nordens ist der Feinddruck für Bartkäuze eher gering. Doch können Altvögel von Steinadler, Habicht und Uhu geschlagen werden, mitunter fällt eine solche Eule auch Luchsen zum Opfer. In höherem Maße treten Verluste an Eiern und Nestlingen auf, sei es durch nestplündernde Kolkraben, Baummarder oder gar Braunbären. Doch können Nestlinge auch infolge Massenbefalls von Stech- oder Kriebelmücken sterben. Von allen nordischen Eulenarten scheint der Bartkauz von der tödlichen West-Nile-Virusinfektion, die über Mückenstiche übertragen wird, besonders betroffen [182, 231, 410].

Mit dem Klimawandel dürfte der Beginn von Balz und Brut deutlich vorverlegt werden, was eventuell ein *„mismatch"* mit dem Beuteaufkommen mit sich bringt [Mysterud 2016]. Gravierender scheint das Risiko der Überhitzung in den südlichen Verbreitungsgebieten, da Bartkäuze Sommertemperaturen über 35–37 °C nicht tolerieren [410].

In Europa ist die Gefährdung durch Abschuss heute nicht mehr so gravierend, hingegen nehmen mit der zunehmenden Erschließung bisher abgelegener Waldgebiete Verluste durch den Straßenverkehr zu, zumal die Eulen schneefreie Fahrbahnen als Jagdgebiete missdeuten. Auch häufen sich Kollisionen mit Stromleitungen.

Einfache Horstplattform aus Knüttelholz (schwedisches Modell, nach Forsström 1992).

Zur Sicherung ausreichend großer Bruthabitate mit entsprechendem Angebot an Nistplätzen und Kleinsäugern wurden speziell für das kalifornische Inselvorkommen ausführliche Managementpläne erarbeitet [182], die in ihren Kernaussagen auch für den Schutz der europäischen Bartkauz-Bestände gelten:

- Schutz der großen Greifvögel als Horstbauer,
- Sicherung einer ausreichenden Zahl grobastiger bzw. großkroniger Altbäume für den Horstbau (der Greifvögel),
- Erhalt von Dürrlingen und Baumstümpfen mit großem Durchmesser,
- Abschirmung der Nistplätze vor Störungen durch Forstwirtschaft und Touristik (inklusive Tierfotografen),
- Pflege von Wald- und Bergwiesen zur Förderung des Mäuseaufkommens.

Soweit die moderne Forstwirtschaft das Angebot an essenziellen Requisiten schwächt, können Kunstnester (Reisighorste) bzw. künstliche Brutplattformen eine wichtige Schutz- und Hilfsmaßnahme sein. In Finnland, Schweden, Weißrussland und der Ukraine werden solche künstlichen Nester bereits mit Erfolg eingesetzt. Sie werden entweder auf starkastigen Bäumen oder hohen Baumstümpfen angebracht und sind vor allem in jüngeren Baumbeständen wichtig, wo Greifvögel bzw. deren Horste fehlen.

OFFENE FRAGEN

- Wieweit kann sich die Expansion des Brutvorkommens ins südliche Nordeuropa und westliche Osteuropa längerfristig etablieren?
- Welche Verschiebung des Verbreitungs- und Brutareals könnte durch den „Klimawandel" angestoßen werden?
- Wieweit überlappen die „Nischen" von Bart-, Habichts- und Waldkauz, soweit sie im selben Waldgebiet vorkommen?
- Wie lässt sich der europäische/eurasische Gesamtbestand an Bartkäuzen realistisch abschätzen?
- Wieweit hält die aktuelle Unterartengliederung einer genetischen Analyse stand?

HABICHTSKAUZ

Strix uralensis

ALLGEMEINES

Das Flugbild des Habichtskauzes erinnert aufgrund der breit gebänderten, langen Schwanzfedern an einen Habicht im Jugendkleid; aus dieser Analogie leitet sich wohl der deutsche Name dieser großen und wehrhaften Eule ab. Eine alternative Bezeichnung ist Uralkauz oder Uraleule (englisch: *Ural Owl*), in Anlehnung an den wissenschaftlichen Artnamen *Strix uralensis*. (Dieser Name ist insofern irreführend, als der Ural weder Ursprung noch Hauptverbreitungsgebiet dieser Eule ist.) Passender erscheint der schwedische Name *Slaguggla* (= zuschlagende Eule), der die besonders heftige Angriffslust bei der Verteidigung von Brut und Jungen charakterisiert.

KENNZEICHEN

Der Habichtskauz ähnelt in seinem Erscheinungsbild dem nah verwandten Waldkauz, ist aber gut doppelt so groß und durch sein kräftig-kontrastreich gezeichnetes Gefieder unterschieden. Weibchen sind deutlich größer und schwerer als Männchen. Angaben für Nominatform *Strix uralensis uralensis* (Minimum für kleinere Unterart *Strix u. liturata* aus Nordeuropa, Maximum für größte Unterart *Strix u. macroura* aus Südosteuropa [500, 950, 1146]):

Größe: (50,0) 54,0–62,0 cm.
Flügellänge: Männchen (26,7) 33,4–37,5 cm; Weibchen 34,8–38,0 (40,0) cm.
Flügelspannweite: Männchen 115 cm; Weibchen 135 cm.
Schwanzlänge: (20,1) 25,3–31,7 cm.
Gewicht: Männchen (451) 500–712 (950) g; Weibchen (520) 950–1200 (1307) g.

Das Gefieder zeigt ober- und unterseits derbe dunkle Längsstreifen, selten auch feine Querzeichnung an Brust und Bauch. Der sehr deutlich ausgeprägte Gesichtsschleier ist meist hell mit zarter dunkler Radialstrichelung, ihn umschließt ein Kranz fein geperlter Federchen. Die relativ kleinen, typischerweise mandelförmigen Augen sind schwarzbraun und von lila-roten Lidern umrahmt. Schnabel horngelb bis matt-orange. Der gefächerte Schwanz ist keilförmig, mit besonders langen Mittelfedern.

Bei der Mauser 1- und 2-jähriger Vögel wird das Jugendkleid, das zum Teil ja noch aus der Ästlingszeit stammt, zur Gänze ersetzt. Bei Altvögeln steht das Ausmaß der Mauser im Zusammenhang mit der energetischen Investition des Brütens: Während nicht brütende Weibchen alle Schwungfedern wechseln können, erneuern brütende Weibchen – je nach Größe ihres Geleges – unterschiedlich große Gruppen der Handschwingen. Einzelfedern sind somit bis zu 4 Jahre in Gebrauch. Die HS.10 und 11 mit der Schall dämpfenden Zähnelung wird aber möglichst jährlich erneuert [110, 803]. Der Wechsel der Schwanzfedern erstreckt sich über 2 Jahre [144]. Vermutlich zur Gewährleistung eines ausreichenden Kälteschutzes wird

Porträt des Habichtskauzes. Kennzeichnend sind die dunklen Radialstrichel im Schleier und die relativ kleinen, mandelförmigen Augen (Foto Hecker).

Das Flugbild des Habichtskauzes zeigt sowohl die breite, namengebende Bänderung als auch den rhombischen Schnitt der Schwanzfedern (nach MIYAZAKI 1990).

das Kleingefieder bis zum Winter vollständig erneuert [803].

Während das Gefieder der östlichen und nordischen Formen meist weißlich grau bis blassgrau ist, weist der Karpatentyp eine hohe Variabilität von hellgrau bis mattbraun und schokobraun bis nahezu schwarzbraun auf. Selten auch rostbraune Individuen. Teil- oder vollmelanistische Morphen sind in den Karpaten mit rund 40 % Anteil besonders häufig und in der slowenischen Population mit 12–15 % vertreten (in der älteren Literatur als Lokalform *Strix nigra* bzw. *Strix uralensis carpathica* beschrieben [180, 1136]).

Unterschiedliche Farbmorphen sogar innerhalb von Nestgeschwistern (Mesoptil von cremeweiß, weißlich grau bis anthrazitgrau oder schwärzlich [678]). Jungvögel im wollig-grauen Zwischenkleid sind von gleichaltrigen Waldkäuzen vor allem durch eine gröbere Bänderung, den relativ derben Schnabel und die deutlich größeren Fänge zu unterscheiden.

Federtypen vom Habichtskauz:
1 Handschwinge links,
2 Handschwinge links,
3 Armschwinge links,
4 Schwanz Mitte,
5 Brust
(Foto SCHATTER).

Taxonomie und Unterarten

Innerhalb des großen eurasischen Verbreitungsgebiets werden aktuell 8 Unterarten anerkannt, für Europa 3: Der Nominatform *Strix uralensis uralensis* ist das enorme Verbreitungsareal vom Ochotskischen Meer bis zum Ural und westwärts bis ins östliche Russland zugeordnet. Hier grenzt die schmächtigere Unterart *Strix uralensis liturata* an, mit Hauptverbreitung in Nordeuropa und dem Baltikum sowie einem südlichen Ast, der über Weißrussland bis Nordpolen reicht. In den Äußeren Karpaten kann es zum Kontakt mit der größten Unterart *Strix uralensis macroura* kommen. Deren Siedlungsgebiet reicht vom Karpatenbogen und dem Balkangebirge bis zu den Gebirgsketten des Westbalkans und den südlichen Alpen [1128].

Einerseits lassen sich die traditionell abgegrenzten Unterarten hinsichtlich ihrer Maße und Gewichte unterscheiden, andererseits stehen breite Kontakt- und Übergangszonen einer nachvollziehbaren Abgrenzung entgegen [499]. Die genannte Unterartengliederung konnte in einem aktuellen Vergleich der Mitochondrien-DNA von Habichtskäuzen aus dem gesamten europäischen Raum jedenfalls nicht bestätigt werden [340].

Wald-, Habichts- und Bartkauz sind untereinander nahe verwandt und dem Tribus *Strigini* zugeordnet. Hybride von Habichtskäuzen sind sowohl mit dem Waldkauz als auch mit dem Bartkauz belegt [951].

VERBREITUNG

Das eurasische Verbreitungsareal reicht mehr oder minder zusammenhängend von Nordosteuropa ostwärts in die Taigazone Eurasiens quer durch Russland und Sibirien bis in die Mongolei, Nordostchina, Nordkorea, Sachalin und zu den Japanischen Inseln.

Das europäische Hauptvorkommen erstreckt sich von Fennoskandien über die baltischen Staaten ins westliche Russland, von Weißrussland und der Ukraine bis Nordpolen. Doch gibt es davon weitgehend abgetrennte Brutgebiete

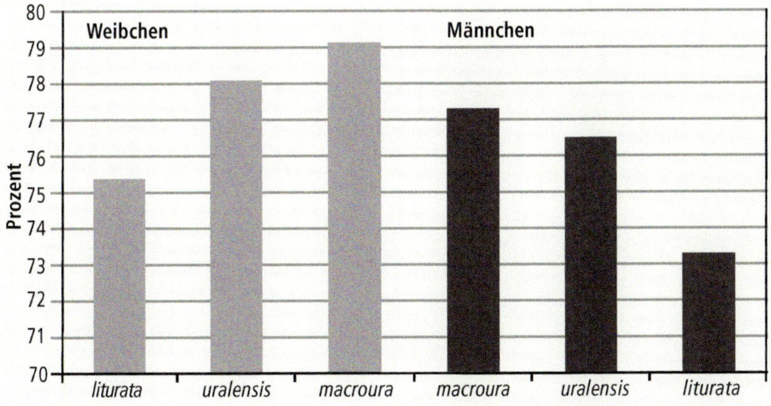

Die traditionell anerkannten Unterarten des Habichtskauzes unterscheiden sich deutlich hinsichtlich ihres Schwanz-Flügel-Index (Prozentsatz der Schwanzlänge im Vergleich zur Flügellänge; aus SCHERZINGER 2014).

im Osten und Süden Europas – als Relikte der nacheiszeitlichen Wiederbewaldung: in den Gebirgen Mittel- und Südosteuropas (Südostpolen und Slowakei – mit Ausläufern nach Ungarn), die Länder der Karpaten und am Balkan (Rumänien, Moldawien, Bulgarien bis Griechenland); ebenso die Länder entlang des Dinarischen Gebirges (Slowenien, Kroatien, Bosnien). Aus Slowenien Zuwanderungen bis an den Südrand der Alpen (Österreich, Italien).

Davon weitgehend isoliert kam der Habichtskauz im Bayerischen Wald/Böhmerwald noch bis etwa 1925 als Brutvogel vor. Dank eines Wiederansiedlungsprojekts seit 1975 gibt es hier wieder regelmäßigen Bruterfolg. Über ein Anschlussprojekt ist der Habichtskauz seit 2010 auch wieder Brutvogel im östlichen Österreich.

LEBENSRAUM

Habichtskäuze sind ausgeprägte Waldbewohner, die innerhalb ihres großen Verbreitungsgebiets sehr unterschiedliche Waldgesellschaften nutzen können; maßgeblich für Brutvorkommen sind die Größe eines Waldgebiets, der Anteil hoher Altersklassen, ein lückig-durchbrochenes Kronendach und ein entsprechendes Brutplatzangebot: In Schweden, Finnland, Estland und Russland ist diese Eule vorwiegend in Nadelwäldern zu finden, zum Teil mit hohem Birkenanteil. Offensichtlich kann die Eule von der forstlichen Kahlschlagwirtschaft profitieren, wenn dadurch die Kleinsäugerdichte angehoben wird. Zur Brut nutzt sie hier außer großen Baumhöhlen die Bruchflächen hoher Baumstümpfe, seltener alte Greifvogelhorste. Zur Kompensation des fehlenden Brutplatzangebots in intensiv genutzten Forsten werden

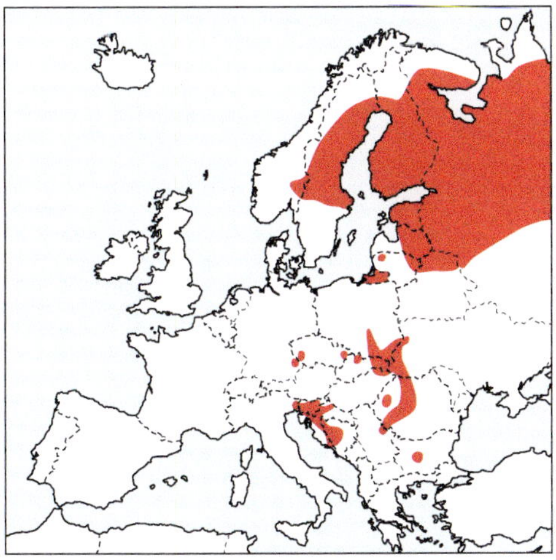

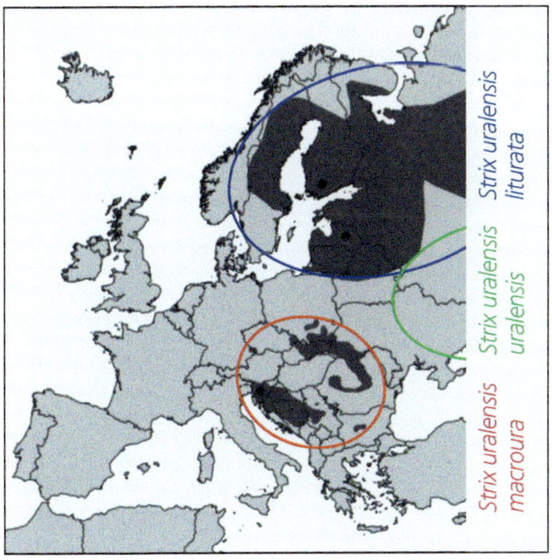

◁ Grob schematische Markierung der Verbreitungsareale der 3 europäischen Unterarten (aus SCHERZINGER 2014).

◁◁ Verbreitung des Habichtskauzes in Europa. Weitgehend isoliert vom Hauptverbreitungsgebiet in den Wäldern Nordosteuropas sind südlichere Vorkommen in Mittelgebirgen und Alpen als Eiszeitrelikte erhalten.

Habichtskauz vor Brutplatz in hohler Fichte (Foto Siegel).

in Nordeuropa Nistkästen in großer Anzahl angeboten [913].

In Weißrussland brütet die Eule regelmäßig in wüchsig-feuchten Mischwäldern, seltener in Kiefernwäldern auf sandig-trockenem Boden [993]. Im polnisch-ukrainischen Hochland bevorzugt die Art mit Kiefern durchmischte Buchenwälder, soweit sie siedlungsfern liegen [448]. In den Karpaten und im Balkangebirge bewohnt der Habichtskauz meist alte Rotbuchenbestände, in denen er alte Greifvogelhorste als Brutplatz nutzt. Infolge steter Arealausweitung trifft man in den polnischen Karpaten, in Ostrumänien und in der Slowakei vermehrt auf Habichtskäuze abseits der Gebirgswälder. Jungkäuze streifen im Winter bis in die Agrar- und Siedlungslandschaft, nutzen sogar die Gärten in der Großstadt [38, 178, 724].

Im Mittelgebirge des Bayerischen Waldes ergab die telemetrische Untersuchung an 29 freigesetzten Habichtskäuzen eine Bevorzugung von buchenreichen Altbeständen in sonniger Hanglage, soweit beutereiche Lichtungen erreichbar sind [948, 1055]. Die höchsten Brutvorkommen lagen hier bei 1100 m NN. Vergleichbar besiedelten ausgewilderte Habichtskäuze auch im niederösterreichischen „Wildnisgebiet Dürrenstein" den sub- bis hochmontanen Bergwald und im Wienerwald die alten Buchen- und Laubmischwälder, wobei eingesprengte Nadelbäume besonders günstige Tageseinstände bieten [549, 1212].

In den Ländern des Westbalkans reicht das Brutgebiet von den Niederungen mit mediterranem Laubwald (Steineiche, Buche) bis in den Bergmischwald der oberen Montanstufe und den subalpinen Nadelwald (Höhenverbreitung in Kroatien = 90–1800 m NN, in Slowenien = 500–1796 m NN [677, 1106]). Höchste Siedlungsdichte in alten Eichenwäldern Ostsloweniens, in der dinarischen Region im Buchen-Eichenmischwald und Tannen-Buchenwald [1130].

Entsprechend dem ausgedehnten Verbreitungsgebiet kommen Habichtskäuze im Norden gemeinsam mit dem Bartkauz, im Süden mit dem Waldkauz vor. Großräumige Arealüberlappung aller 3 Arten in Weißrussland [992].

SIEDLUNGSDICHTE UND STREIFGEBIET

Das Streifgebiet *(home range)* eines Habichtskauz-Paares kann – je nach Jahreszeit – mehrere Quadratkilometer umfassen: In den niederösterreichischen Kalkalpen besenderte Käuze nutzten z. B. Waldflächen von 3–15 km², aktiven Brutpaaren reichten schon 3–5 km² (minimal < 1 km² [494, 582]). Vergleichbare Flächen ergab die Telemetrie für Norwegen zur Brutzeit: 7 km² für Weibchen und 11,5 km² für Männchen. Im Winter wesentlich größerer Raumbedarf mit 20,5 km² (Weibchen) bzw. 61,0 km² (Männchen). Da Sommer- und Winterareale nur teilweise überlappen, kann das ganzjährige Streifgebiet über 100 km² ausmachen [1019]. Benachbarte Nester sind meist 2–4 km voneinander entfernt (minimal 0,8 km [498]).

Die regionale Siedlungsdichte ist nicht nur von der Habitateignung unterschiedlicher Waldgesellschaften abhängig, sondern schwankt auch erheblich mit dem Massenwechsel der Kleinsäuger. In Mittelschweden liegt die durchschnittliche Dichte bei 0,5 Paare/10 km², erreicht aber in manchen Gebieten maximal 2,5 Paare/10 km² [612]. In Südfinnland beträgt die Siedlungsdichte im Mittel 0,6–0,7 Brutpaare/10 km² [915]. Hier brüten die meisten Paare in Nistkästen, weil Naturhöhlen und auch Greifvogelhorste in den meist sehr jungen Wirtschaftswäldern fehlen. Folglich ist dort die Siedlungsdichte hauptsächlich vom Vorhandensein geeigneter Nistkästen abhängig.

Kleinräumig können bemerkenswerte Höchstwerte erfasst werden: z. B. 1,7 Brutpaare/10 km² in alten Buchenwäldern der Ukraine [45], 15 Paare auf 70 km² in Schweden (entspricht 2,1 Paare/10 km²) oder 6 Paare auf 25 km² in der Gegend von St. Petersburg/Russland (2,4 Paare/10 km²; entspricht einer durchschnittlichen Reviergröße von etwa 4,5 km² [706]). Höchste Dichten wurden lokal bei Krakau (Polen) mit 3 Paaren [142], in den Buchen-Eichenwäldern Sloweniens mit 3,5 Revieren [1130], in den Savinja-Alpen (Slowenien) mit 4,6 Brutpaaren [1071], im Javorniki-Gebirge und am Berg Snežnik (Slowenien) mit 4–5,1 Brutpaaren [814], in den Bergen bei Plitvice (Kroatien) mit maximal 5,4 Paaren [1106], in den alten Eichenwäldern in Ostslowenien mit 7,8 Revieren und im Süden der Dinarischen Alpen (Slowenien) mit bis zu 13,4 Revieren auf jeweils 10 km² festgestellt [677, 1130].

Durch konsequentes Ausbringen von Kunsthöhlen in einem Eichen-Hainbuchenwald bei Košice (Ostslowakei) konnte der Brutbestand von 10 auf 105 Paare angehoben werden, mit lokal bis zu 14 Paaren auf nur 7 km² (entspricht 20 Paare/10 km² bzw. einer Reviergröße von nur 50 ha [678]).

BESTANDSVERHÄLTNISSE

Alle Unterarten zusammengefasst, beträgt der Weltbestand von *Strix uralensis* 640 000–1 052 000 adulte Individuen. Für Europa werden 80 300–132 000 Brutpaare geschätzt; damit gilt die Art als ungefährdet (BirdLife International 2021).

Die größten und stabilsten Bestände Europas leben in Schweden und Finnland (je 2000–3400 bzw. 3300–3500 Brutpaare) sowie in Russland, von wo nur grobe Schätzungen vorliegen (30 000–110 000). Die baltischen Staaten beherbergen an die 2000–3500 Paare. Für das benachbarte Weißrussland wurden 1200–1800 Paare gemeldet.

In Nordostpolen war die Unterart *Strix uralensis liturata* früher ein sehr spärlicher Brutvogel. Dieses Vorkommen dürfte erloschen sein [651]. Gleichzeitig breitet sich die Unterart *Strix uralensis macroura* vom Nordrand der Karpaten nach Südostpolen und in die Beskiden aus. Der Habichtskauz-Bestand wird in Polen auf 1300–1800 Paare geschätzt.

Für die großteils naturnahen Wälder Rumäniens werden 6000–12 000 Paare angenom-

Lebensraum des Habichtskauzes in Ost- und Mitteleuropa. Im Gegensatz zu Fennoskandien besiedelt die Art hier vorwiegend alte Laubwälder (Foto Hlasek).

LAND	FLÄCHE (TAUSEND KM²)	BRUTPAARE	BEZUGSJAHR
Europäisches Russland	3952,5	30000–110000	2008
Rumänien	238,3	6000–12000	2013
Finnland	338,4	3300–3500	2012
Schweden	450,2	2000–3400	2012
Slowakei	49,0	1400–2500	2009
Lettland	64,5	1000–2000	2012
Polen	312,6	1300–1800	2012
Weißrussland	207,5	1200–1800	2012
Estland	45,2	1000–1500	2012
Slowenien	20,2	700–1200	2012
Kroatien	56,5	700–1000	2013
Ukraine	603,8	400–900	2000
Gesamt-Europa	**10180,0**	**80300–132000**	2021

Die Zahlen für Gesamt-Europa enthalten auch die Angaben von hier nicht aufgeführten Ländern.

Tabelle 29. Schätzwerte für Habichtskauz-Brutbestände in Verbreitungsschwerpunkten Europas (nach BirdLife International 2021).

men, wobei sich das Brutareal jüngst ostwärts bis Moldawien ausdehnt [87]. Im benachbarten Bulgarien existiert in einem begrenzten Teil des nordwestlichen Zentralbalkan eine Population von etwa 100–200 Paaren [728]. In den Laubwäldern der Ukraine brüten an die 400–900 Paare.

In Deutschland gab es bis etwa 1925 ein kleines Reliktvorkommen im Bayerischen Wald/Böhmerwald. Zur Wiederansiedlung dieser gebietstypischen Eulenart wurden in den Nationalparken Bayerischer Wald (Bayern) seit 1975 und Šumava (Tschechien) seit 1995 rund 350 Habichtskäuze (aus Zucht in Volieren) ausgewildert. Damit konnte ein Bestand von wenigstens 30 (40?) frei lebenden Brutpaaren etabliert werden [473, 719, 948].

In Tschechien wurde seit etwa 1983 infolge der westwärts gerichteten Ausbreitung des Habichtskauzes aus der Slowakei auch Nordmähren besiedelt. Der landesweite Bestand wird aktuell auf 35–50 Brutpaare geschätzt (BirdLife International 2015).

Der Schwerpunkt der Verbreitung in der Slowakei, mit einem geschätzten Bestand von 1400–2500 Paaren, liegt im östlichen Landesteil, doch ist eine zunehmende Ausbreitung nach Westen belegt [38]. Offenbar gab es auch eine südwärts gerichtete Ausbreitung von der Ostslowakei in die nordöstlichen Bereiche von Ungarn, denn im Zemplin-Gebirge sowie im Aggtelek-Karst und im Bükk-Gebirge hat sich eine wachsende Population von 160–260 Paaren etabliert. Es werden dort sowohl alte Bussard- und Rabenhorste als auch Nistkästen zur Brut genutzt [794].

Ein namhafter Anteil der südeuropäischen Brutpopulation liegt in den Dinarischen Alpen, mit rund 700–1000 Paaren in Kroatien. Weitere 400–700 Paare brüten in Slowenien, vor allem im zentralen Teil des Landes und im milderen Osten, wo es große Laubwald-Komplexe gibt [1132]. Das kleine (und noch junge?) Brutvorkommen in Italien steht mit dem slowenischen Bestand in unmittelbarem Zusammenhang. 1994 wurde ein Paar mit 2 fast flüggen Jungen auf 720 m Meereshöhe in den Julischen Alpen im Osten der Provinz Udine entdeckt; Gesamtbestand aktuell 30–50 Bp [56, 667, 831].

In Österreich gibt es im Anschluss an das slowenische Vorkommen Brutbestände mit insgesamt 30–40 Paaren in Kärnten. Weitere Vorkommen wie im Almseegebiet (Totes Gebirge/Oberösterreich), wo der Habichtskauz im 19. Jh. als Brutvogel bestätigt worden war, gelten als erloschen, wiewohl er hier – wie auch in Osttirol, Steiermark und Burgenland – als seltener Gast immer wieder aufscheint. Im Zuge von Ansiedlungsprojekten bei Wien und in Niederösterreich konnten aber seit 2010 lokale Brutbestände mit insgesamt rund 30–40 Paaren neu begründet werden [581, 1211].

VERHALTEN UND STIMME

Ruhe und Körperpflege

Tageseinstand bevorzugt in deckungsreichem Jungwuchs, mitunter nur knapp über dem Boden auf Strünken, Lager- oder Bruchholz. Beim Ruhen in hohen Baumkronen typischerweise auf schwachen Seitenästen nahe dem Stamm. In entspanntem Dösen aufrechte Haltung mit lockerem – aber glattem – Gefieder, Kopf eng angezogen und mitunter kugelig geplustert; Schleier eng anliegend und Augen nahezu geschlossen. Die kräftigen Längsstrichel des Gefieders zeigen speziell bei grobborkigen Nadelbäumen eine effektive Tarnwirkung. Die Ruheplätze der Paarpartner liegen für gewöhnlich weit ausei-

Adulter Habichtskauz. Arttypische Merkmale sind der besonders lange Schwanz und die derbe Längsstrichelung des Brustgefieders (Foto BROSSETTE).

nander; Ruhen im Körperkontakt ist am ehesten zur Fortpflanzungszeit zu beobachten.

Gefiederpflege mit Putzen, Strecken und Schütteln zu jeder Tageszeit möglich. Sonnt sich ohne spezifische Position, vor allem an Wintertagen, sucht dazu gezielt sonnenexponierte Plätze auf. Baden in frischem Wasser regelmäßig, vor allem zur Aufzuchtszeit und zur Mauser, dabei ausholend mit Kopf, Schwingen und Schwanz eintauchend. Die Eule lässt sich in leichtem Regen ausgiebig berieseln, spreizt dazu das Großgefieder und dreht sich in vorgebeugt-flacher Haltung wie „tänzelnd" hin und her. In anhaltendem Regen nimmt eine frei sitzende Eule gelegentlich eine „Regenstellung" mit steil aufrechtem Körper und eng angelegtem Gefieder ein; Flügel- und Schwanzspitzen sind gesenkt, der Schleier liegt dem Kopf an.

Aktivitätsmuster

Vorwiegend dämmerungs- und nachtaktiv; zur Aufzuchtsperiode und an strengen Wintertagen regelmäßig auch tagsüber rege. Aktive Habichtskäuze halten sich typischerweise aufgerichtet, das Körpergefieder glatt, den perlschnurartig umrandeten Schleier nahezu kreisrund gespreizt; nur bei Dunkelheit werden die mandelförmig-schmalen Augen weit geöffnet.

Der Schwerpunkt der Gesangsaktivität liegt zum abendlichen Aktivitätsbeginn in relativ früher Dämmerung, knapp nach Sonnenuntergang und hält etwa 2 Stunden an. Ein zweites Maximum liegt am frühen Morgen vor Sonnenaufgang. Unter den Lichtverhältnissen Skandinaviens ist das abendliche Aktionsmaximum auf Mitternacht verschoben [1071].

Die Männchen sind deutlich aktiver als die Weibchen, besonders zur Brutzeit. Während der Jungenaufzucht jagt der Habichtskauz bis in die späten Morgenstunden, wobei das Aktivitätsmuster vom Beuteangebot abhängen kann, da Mäuse eher dunkelaktiv, Vögel vorwiegend lichtaktiv sind [527]. Angriffsflüge gegen Störer bzw. Feinde im Nestbereich auch bei hellem Sonnenschein. Im Jahreslauf bedeutet die „Herbstbalz" einen zweiten Abschnitt gesteigerter Aktivität, die sich in der Regel jedoch nicht in den Tag ausweitet.

Jungeulen sind bis zur Ästlingsphase sowohl dunkel- als auch lichtaktiv, wenn die Fütterungen bzw. Beuteübergaben auch vorwiegend in

Habichtskauz in Schlafhaltung. Bei locker geplustertem Gefieder sind der Schleier gefaltet, die Augen geschlossen (Foto SCHERZINGER).

der Dämmerungs- und Dunkelphase stattfinden [935].

Bewegungsweise und Flug

Die Bewegungen sind kraftvoll sicher, mitunter auch ruckartig-hektisch. Die sehr kräftigen Eulen gehen, laufen und hoppeln auf dem Boden, die Beine energisch aufsetzend und mit gewichtiger Landung. In alten Wäldern führt die Flugbahn geradlinig im Wipfelniveau, mit steifen Segelstrecken in relativ langsamem Tempo. Beim Start von der Sitzwarte am Waldrand lässt sich die Eule in schrägem Steilflug fallen, fängt sich in segelndem Gleiten knapp über dem Boden und quert die Lichtung – in oft nur 0,5–1 m Höhe – in zügiger Bahn, mit relativ flachem Flügelschlag. Weit ausholender Flügelschlag hingegen beim Aufsteilen im Waldbestand bzw. beim Hangaufwärtsfliegen.

Der lange Schwanz verleiht dem Habichtskauz, trotz seines relativ großen Körpergewichts, eine hohe Wendigkeit, was vor allem bei Angriffsflügen gegen Feinde und bei der Jagd auf fliegende Beute zur Geltung kommt: mit Anflug in engen Spiralen, Verharren im Rütteln, plötzlichen Wendungen vor dem Zupacken und jähem Richtungswechsel bei der Verfolgung von Beute im Flattersprung. Mit nur geringfügigen Steuerungsmanövern kann die Eule dabei auch dichte Baumkronen – ohne Flügelschlag – sicher queren. Attacken gegen Brutstörer erfolgen meist aus guter Deckung (folgt die Eule z. B. dem Feind durch den Wald, so nutzt sie jeweils die Äste auf der abgewandten Stammseite) und in überraschendem Angriff von hinten.

Das Flugbild des Habichtskauzes ist vor allem durch den langen Steuerschwanz geprägt (nach HOLMBERG 1974).

Sozialverhalten und Konflikte

Typischerweise langjährige Partnertreue; gleichzeitig hohe innerartliche Aggressivität. Außerhalb der Fortpflanzungsperiode gehen selbst Paarpartner untereinander auf Distanz, wählen getrennte Einstände und meiden körperliche Nähe. Die Anpaarungsphase ist durch aggressiv getönte Konflikte gekennzeichnet, wobei das stärkere Weibchen das Männchen dominiert bis unterdrückt, mitunter sogar tätlich angreift. Durch Anrempeln, auch zerrend-beißendes „Schnäbeln" oder Anfliegen mit vorgestreckten Krallen hält das Weibchen seinen „Partner" auf Distanz. Diese verringert sich auffällig mit fortschreitender Paarungsstimmung; am Höhepunkt der sexuell getönten Balz ruhen die Eulen nicht selten in engem Körperkontakt, kraulen einander an Gesicht, Schleier und Schnabelgrund. Nach Schlupf der Jungen fliegt das Männchen sogar zum hudernden Weibchen in die Höhle ein. Ausgeflogene Jungeulen schlafen aneinander oder an ein Elter geschmiegt. Mit Selbstständigwerden weichen beide einander aus.

Territorialität nahezu ganzjährig [613]. Verpaarte Habichtskäuze gegen Rivalen und Artgenossen – in gleichem Maße auch gegen Waldkauz und Waldohreule – hochaggressiv, was sich sowohl in lautstarken Äußerungen (Bellen, *korah*-Schreie, *chrooh*-Serien, Reviergesang) als auch in furiosen Attacken zeigt. Kann Waldkauz in suboptimale Habitate bzw. wenig präferierte Lagen abdrängen [448, 1133].

Feindverhalten

Auch wenn die Käuze tagsüber oft entspannt und ohne Deckung ruhen, so meiden sie dennoch Begegnungen mit Hähern, Raben oder Greifvögeln, die lautstark auf sie „hassen". Bei Begegnung mit vermeintlichen Feinden kann die gestresste Eule in eine Art „Konfliktschlaf" verfallen, bei der sie z. B. Personen auf wenige Meter reglos herankommen lässt [1037]. Um bei einer Feindannäherung möglichst nicht aufzufallen, nimmt die Eule eine Tarnstellung ein, hochgestreckt und mit glatt angelegtem Gefieder, schmal angepresstem Gesichtsschleier, dazu die schräg gestellten Augen zu schmalen Schlitzen verkniffen. Im Extremfall wird auch ein Flügelbug als „Schmalseite" vorgedreht. Wird die Eule dennoch entdeckt, eventuell von einem Prädator in auswegloser Situation bedrängt, so wechselt sie zur Drohhaltung mit grob gesträubtem Rückengefieder, „kugelig" angehobenem Bauchgefieder, dazu spreizt sie – asymmetrisch – eine Schwinge zum imposanten Schild; der Körper ist etwas vorgelehnt, der Gesichtsschleier maximal gerundet. In der Bruthöhle gestörte Weibchen drohen mitunter auch mit symmetrisch gefächerten Schwingen. In jedem Fall wird Drohen von Knappen in harten Serien, meist auch von Warnen, seltener Schirken begleitet.

Habichtskäuze sind sehr wehrhaft und verteidigen ihre Brut mit hohem Einsatz. Solange das Weibchen brütet, verhält es sich aber eher still, knappt bestenfalls bei Annäherung an den Brutplatz. Es scheint sogar einer Abwehrhemmung zu unterliegen, da es Gelegekontrollen unter seinem Gefieder meist wehrlos zulässt; die krallenbewehrten Fänge zwar vorstreckt, aber nicht zuschlägt. Während der Brutpause überraschte Weibchen schlüpfen meist sofort in die Höhle, um das Gelege zu schützen. Entsprechend verzichten die Eulen auf eine Brutpause, solange sie eine Störung in Nestnähe vermuten. Über größeren Nestlingen wehrt sich der Altvogel hingegen heftig, mit Vorspringen und Zukrallen, Flügelschlagen und auch kraftvollem Beißen! Habichtskäuze auf frei stehenden Baumhorsten reagieren deutlich empfindlicher auf Störungen und verlassen das Gelege eher.

Arttypisch für den Habichtskauz sind die rigorosen Angriffe gegen vermeintliche Feinde, die großen Nestlingen, vor allem den Ästlingen zu nahe kommen: Die Eule „wacht" meist in einem nahen Baumwipfel, in der Regel gut gedeckt, und segelt in steilem Anflug direkt auf den Störer zu und streift ihn – oft ohne Vorwarnung – meist an Kopf oder Schulter, zum Teil tiefe Krallenwunden hinterlassend. Gelegentlich verkrallt sich der Vogel auch fest und lässt sich mitschleifen. Die Männchen sind deutlich vorsichtiger als die „wütenden" Weibchen; beide greifen typischerweise von hinten an – und differenzieren ihr Feindspektrum relativ wenig. So gelten ihre Attacken oft auch

Vergleich von Droh- und Tarnstellung des Habichtskauzes (nach SCHERZINGER 1980).

Rehen, Wanderern oder harmlosen Kühen. Verblüffenderweise reagieren sich die Vögel auch an Ersatzobjekten ab, indem sie in Feindsituationen Äste, Grasbüschel oder Beutestücke „attackieren", mit den Krallen bearbeiten und herumschleppen. Ebenso lassen sich – unter dem Eindruck der Feindbegegnung – hektische Beuteübergaben und Kopulationen im Übersprung beobachten. Nach wiederholten Angriffsflügen sind die Altvögel erschöpft, hecheln erregt, lassen die Flügel schlaff hängen und äußern unterschiedlichste Alarmlaute, mitunter auch den Reviergesang. Ein Verleiten wurde nur vereinzelt beobachtet.

Bei Störungen am Nistplatz drücken sich Nestlinge an den Untergrund und lassen sich im Allgemeinen wehrlos greifen. Erst im Alter von 3 Wochen setzen sie Eindringlingen mit Bissen und Krallenhieben in Rückenlage zu [519, 935].

Stimme

Sehr variabel und vielfältig differenziert, bei hart-bellendem, weich-bullerndem oder heiserkreischendem Klang. Die meisten Laute sind beiden Geschlechtern eigen (Klangfarbe beim Männchen im Allgemeinen weich, voll; beim Weibchen grell, rau bis krächzend).

▷ Habichtskauz auf Jagdwarte (Foto Scherzinger).

In engem Sozialkontakt äußern die Paarpartner als Stimmfühlungslaut ein leises, stimmhaftes Brummen (oft bis zu 1 sec gedehnt; mitunter Übergänge zu aggressivem *korah* oder *chroooh*).

Der typische Standorts- bzw. „Bettellaut" des Weibchens ist zur Brutzeit ein zweisilbiges *kuwäck* unterschiedlichster Klangfarbe (schrill, trocken, raunzend, heiser, knarrend; Betonung jeweils auf der 2. Silbe; auch einsilbig verkürzt zu *chwä*, *chwet*). Im Duett mit Reviergesang oder Nestlocken des Männchens signalisiert dieser Laut die Paarungsbereitschaft und begleitet Beuteabnahme vom Männchen, Kopulationen und Beuteübergabe an die Jungen.

Das „Betteln" der Jungen zeigt dieselbe Rhythmik, klingt aber zunächst heiser-zischend wie *chi.jit* (1. Woche), bei den Ästlingen schließlich lautstark wie *ki.szip* (Betonung am Ende).

Ist „Betteln" des Weibchens vor allem für die Fortpflanzungsperiode typisch, so kann man diesen Kontaktlaut auch zur Herbstbalz hören. Wird auch gegen Rivalen oder Störer eingesetzt. Im Klang ähnlich sind Alarmlaute, in der Regel jedoch kürzer und abgehackt *(kwäck, jäck)*, die vor allem bei Gefährdung der Ästlinge in bellend-scharfen Serien ausgestoßen werden.

Die Strophen des Reviergesanges werden in variabler Reihung oder einzeln vorgetragen. Sie formen sich aus 3 (4) Silben und setzen beim Männchen mit einem hohlen, dumpfen Doppelelement *buhuu* ein (Betonung am Ende; Frequenz 0,25–0,50 kHz [862]), gefolgt von einer charakteristischen Pause (1½–2 sec); die 2. und 3. (4.) Silben klingen moduliert wie *buhu.lo-buhu* (jeweils Betonung am Anfang). Gegen Rivalen kraftvoll vorgetragen, hallt der Gesang bis über 1 km weit, besonders unter dem Kronendach alter Wälder. Zur Balz mit dem Partner bleibt der Gesang meist verhalten und weicher, die Pause ist meist verkürzt; oft werden auch nur Einzelsilben – bruchstückhaft – geäußert. Speziell zu Beuteübergabe und Kopulaeinleitung reiht das Männchen bullernd-weiche *buhuu* (1. Silbe) in knapper Folge (erinnert an Hohltauben-Balz).

Der Gesang des Weibchens ist rau-krächzend (wie *chroha... chröb.o.chrähä*) und wird nur selten in längeren Strophen gebracht. Typischerweise im Wechselgesang mit dem Männchen zur Anpaarung geäußert, begleitet er vorwiegend aggressiv gestimmte Handlungen, wie Angriffe gegen Artgenossen und Brutstörer.

Beide Geschlechter verfügen über einen Nestzeigelaut, der sich aus Serien zu 2–8 Silben einfacher *buh.buh.buh* (Männchen, klangvoll-weich) bzw. *chro.chro.chro* (Weibchen, blechern-rau) zusammensetzt und meist in leichtem Crescendo anschwillt (meist tonleiterartig ansteigend). Mit Balzbeginn im Spätwinter lockt das Männchen vom vorgesehenen Brutplatz, oft in mehrere Minuten langen Folgen. Die Äußerung kann auch Beuteübergaben an das Weibchen oder an große Junge begleiten. Zur Anpaarung äußern die Partner „Nestlocken" im Wechselgesang, oft zusammen mit demonstrativen Nestbauhandlungen [935].

Zur Fütterung stimuliert das Weibchen die Nestlinge mit einem gepressten, tschirpenden Triller, der sich aus unrhythmisch gereihten Serien kurzer, heiserer Stakkatosilben zusammensetzt. Die Äußerung ist weitgehend auf die frühe Nestlingszeit beschränkt und wird in seltenen Fällen auch vom Männchen eingesetzt.

Charakteristisch für den Habichtskauz ist die lautstarke Herbstbalz mit ihrer zum Teil nicht

Tabelle 30. Typische Laute vom Habichtskauz.

LAUTÄUSSERUNG	MÄNNCHEN	WEIBCHEN	NESTLING/ÄSTLING
Reviermarkierung Balzzeit	bullernd-dumpf *buhuu-bubu.lo-buhu*	rau-krächzend *chroha... chröb.o.chrähä*	
Reviermarkierung Herbst	Bellen, *chorah*-Schrei *chora*-Serie	Bellen, *chorah*-Schrei *chora-guo*-Duett	
Alarm intensiver Alarm	*kwäck, jäck* *kwäck*-Serie	*kwäck, jäck* *kwäk*-Serie	
Nestzeigen	klangvoll *buh.buh.buh*	blechern *chro.chro.chro*	
Fütterungslaut		*tschrrt*-Triller gepresst	
Standortlaut/Betteln		rau *kuwäck*	*chi.jit/ki.szip*

beschreibbaren Lautfülle: Am bekanntesten ist wohl das „Bellen" als Distanzierungslaut: hundeartig kläffende, kurz ausgestoßene Silben wie *wä* oder *quä*, typischerweise als Doppellaut mit Intervallen von 1–2 sec. Männchen wie Weibchen „bellen" von hoher Warte; der Laut ist an klaren Herbstabenden über große Distanzen zu hören. Für die territoriale Phase im Herbst sind vor allem unterschiedlichste Aggressiv-Schreie und -Rufserien typisch, die wie *chorah, chrooh, guo* usw. klingen und in schaurig-gellenden, röchelnd-kreischenden Rufkaskaden von beiden Partnern geäußert werden [935].

Fauchen selten; Schirken und Knappen wie bei allen Eulen.

ERNÄHRUNG

Beutetiere

Der Habichtskauz ist zwar ein typischer Waldbewohner, doch erjagt er seine Beute bevorzugt in offenen Waldlücken, auf Brand- und Sturmflächen bzw. Kahlschlägen, auch an Waldrändern. Er betreibt die Jagd sowohl vom Ansitz aus als auch im niedrigen Suchflug. Die sehr kräftige und „draufgängerische" Eule schlägt Beutetiere bis zur Größe von Ringeltaube, Schwarzspecht, Eichelhäher, Krähen oder Haselhuhn, erbeutet auch Waldkäuze, Waldohreulen, seltener Eichhörnchen und Junghasen (im Extrem Beute bis 1 kg Gewicht wie z. B. Birk- und Auerhuhn [686, 1019, 1138]).

Zu allen Jahreszeiten bilden aber Mäuse und Spitzmäuse den Hauptteil der Nahrung des Habichtskauzes. Der Anteil der Wühlmäuse kann in Gradationsjahren bis auf etwa 90 % der Gesamtbeute ansteigen. Wenn die Eule auch ein breites Spektrum an Alternativbeute nutzen kann, so entscheidet doch die Verfügbarkeit von Kleinsäugern über Brutaktivität, Gelegegröße und Bruterfolg. Zur Aufzucht größerer Nestlinge und Ästlinge schlägt der Kauz bevorzugt Schermäuse und Maulwürfe, in Südosteuropa vor allem Siebenschläfer, die mit ihrer größeren Masse deutlich profitabler sind [992, 1130].

Zur Fortpflanzungsperiode zeigen die Beutelisten regionale Unterschiede: So war in einer vergleichenden Studie aus nördlichen und südlichen Verbreitungsgebieten der Biomasseanteil der Wühlmäuse im Borealwald mit 72 %

	%	SÄUGETIERE	VÖGEL	AMPHIBIEN
Finnland (39 Nistkästen)	89,86	davon Wühlmäuse 72,01	7,91	2,23
Finnland (Mangeljahr)	56,87	davon Wühlmäuse 29,92 Hasen 15,97	40,25	2,87
Lettland (44 Nistkästen)	58,49	davon Wühlmäuse 38,6 Maulwurf 12,3	37,63	3,87
Weißrussland (Gewölle)	91,9	davon Rötelmäuse 18,7 Wühlmäuse 18,5 Maulwurf 13,3 Hörnchen 6,5	5,1	2,6
Slowenien (15 Nistkästen)	96,03	davon Wühlmäuse 31,42 Waldmäuse 28,19 Siebenschläfer 28,38	1,59	0,36

Tabelle 31. Vergleich der Beutewahl von Habichtskäuzen im Borealwald Finnlands, im Mischwald des Baltikums und Weißrusslands sowie im Montanwald Sloweniens (Angaben für Biomasseanteil in %; NK = Zahl angebotener Nistkästen; kombiniert nach Vrezec et al. 2016 und Sidorovich 2003).

deutlich höher als im Baltikum (38,6 %) oder in den Dinarischen Alpen (31,4 %). Nahezu gleich häufig fanden sich in den Laubwäldern des Westbalkans die schwieriger zu erbeutenden Waldmäuse (28,2 %). Siebenschläfer, die hier in den Hochsommer- und Herbstmonaten so bedeutend sind, fehlen im nordischen Nadelwald, wo Maulwurf und Schermaus die massereichsten Kleinsäuger stellen. Vögel stellen meist keinen bedeutenden Anteil, können in mäusearmen Jahren bei finnischen oder baltischen Habichtskäuzen aber über 40 % der Biomasse ausmachen [1138].

Die Zusammensetzung der sommerlichen Habichtskauz-Beute differiert auch je nach Standort: Gewölle aus frischen, wüchsigen Mischwäldern in Weißrussland wiesen Wühl-, Scher- und Rötelmäuse sowie Maulwürfe als wichtigste Beutetiere aus (zusammen 69,3 % der Biomasse), während in Kiefernwäldern auf magerem Sandboden – neben Hörnchen, Junghasen und Vögeln (zusammen 21 %) – fast nur noch Rötelmäuse verfügbar waren (63,1 % [993]).

Frösche, Eidechsen, Fische und Insekten (davon hauptsächlich Käfer) stellen meist nur sehr geringe Anteile an der Beute.

Das nachbrutzeitliche Beuteangebot entscheidet nicht nur über die körperliche Kondition, mit der die Eulen über den Winter kommen, sondern sogar über die Brutbereitschaft im darauffolgenden Frühjahr [111, 112]!

Im Winter werden Mäuse auch unter 20–30 cm hohem Schnee gegriffen, also offenbar akustisch lokalisiert. Ein saisonaler Vergleich der errechneten Biomasseanteile aus Habichtskauz-Gewöllen in Weißrussland zeigt auf, dass die sommerliche Dominanz von Scher- und Rötelmaus (jeweils 27,2 % bzw. 18,7 %) im Winter zu höherer Bedeutung der Rötelmäuse (27,8 %) sowie größerer Säugetiere (Eichhörnchen, Junghasen 23,9 %) übergeht [993].

In strengen Wintern verstreichen Habichtskäuze immer wieder bis in die Agrar- und Siedlungslandschaft, wo sie sowohl auf offenem Feld als auch in Obstgärten und Dörfern Beute machen, dabei auch Haustauben, Türkentauben, diverse Spechte oder gar Fasanen schlagen [178].

Während die Beutelisten aus Finnland und Schweden auf eine starke Nahrungskonkurrenz zwischen Habichtskauz und Waldkauz schließen lassen, da beide Arten vorwiegend Kleinsäuger erbeuten, kann der plastischere Waldkauz in Berg- und Mischwäldern Mittel- und Südosteuropas dem Konkurrenzdruck durch Jagd auf Kleinvögel, Amphibien, Käfer und Regenwürmer ausweichen [992, 1054].

Jagdweise und Beuteerwerb

Kräftiger, „risikobereiter" Jäger, der mit raschen, energischen bis wuchtigen Bewegungen seine Beute überwältigt. Vorwiegend Ansitzjagd, bevorzugt in der unteren Baumkrone (etwa 3–8 m Höhe [1019]). Nur gelegentlich Pirschflug in langsam gleitendem Ruder- und Segelflug in geringer Höhe. Der Habichtskauz bevorzugt stark durchbrochene Wälder, speziell reich strukturierte Waldlichtungen (wie Sturmwurf, Kahlschlag, Brachwiesen bzw. Aufforstungen) mit verbliebenen Stümpfen, Dürrbäumen oder Lagerholz, die er als Warte nutzt. Auf der Jagdwarte mehrere Minuten Ausschau haltend, den Kopf kugelig-dick und 90 Grad nach unten gewinkelt, bei aufmerksam gespreiztem Schleier. Ist eine Beute erspäht, beugt sich die Eule nahezu waagrecht vor, das „Opfer" kontinuierlich fixierend – und lässt sich in schrägem Steilflug fallen. Kräftiges Zupacken mit dem Aufprall und ebensolches Zubeißen in kurzer Abfolge; eventuell kippt die Eule in den stabileren Fersensitz und breitet die Flügel zur „Fangstellung", wie dies vor allem bei größerer bzw. wehrhafter Beute der Fall ist. Die langen Beine sollen Mäuse sogar durch eine Schneedecke von bis zu 30 cm Stärke greifen können [275]. Zum Beutespektrum zählen im Sommer gelegentlich auch größere Insekten (Laufkäfer, Heuschrecken), die von der Eule mit dem Schnabel direkt gepackt werden dürften. Angeblich vermag die Eule große Käfer sogar im Fluge mit dem Fang zu erbeuten! Keine Beobachtungen zur Fangtechnik bei Singvögeln, Fröschen oder Fischen, die eine Rolle als alternative Beute spielen können.

Kleine Beute wird in Fang oder Schnabel wegtransportiert, seltener gleich verzehrt. Größere Beute wird in schlundgerechte Bissen zerschnitten. Dazu fixiert die Eule das Beuteobjekt mit einem oder beiden Beinen, um mit kräftigem Schnabel Stücke herauszubeißen, stets am Kopf beginnend; die Eingeweide werden im Allgemeinen verschmäht und am Fressplatz wie „Girlanden" abgelegt. Bei Säugetieren entsprechender Größe bleiben meist die zähe Haut, Beine, Schwanz usw. zurück. Von großen Vögeln werden die Schwingen grob gerupft; die Eule reißt hauptsächlich das Brustfleisch heraus, sodass die beiden Flügel mitsamt dem Brustkorb liegen bleiben.

Überschüssige Beute wird ganzjährig deponiert. Dazu schleppt der Kauz die Beute zum Versteck und stößt sie mit dem Schnabel wiederholt fest. Ablage sowohl in Höhlen, Astgabeln und Spalten als auch auf Bruchflächen hoher Baumstümpfe. Dort können dicke „Packungen" angehäuft werden. Etwaige Plünderer (wie Häher) werden meist vertrieben. Nimmt auch Kadaver von Fallwild.

Trinkt regelmäßig, nach jedem Schnabeleintauchen Kopfheben zum Abschlucken und sicherndes Umschauen.
Gewölle: im Durchschnitt 62 mm lang und 25 mm dick (Variationsbreite: Länge = 35–94 mm, Dicke = 19–30 mm). Habichtskauz-Gewölle sind aufgrund des häufigen Wechsels der Tagesruheplätze nur schwer zu finden; letztlich von großen Waldkauz-Gewöllen kaum zu unterscheiden.

Habichtskauz in „Fangstellung". Schwanz und Schwingen sind gefächert und verhindern ein Einsinken im Schnee (Foto Brossette).

FORTPFLANZUNG

Obwohl die Geschlechtsreife bei Männchen und Weibchen noch vor Vollendung des 1. Lebensjahres erreicht wird, beginnt die weit überwiegende Mehrzahl der Weibchen erst im Alter von 3 oder 4 Jahren mit der Fortpflanzung, wenn nicht noch später [912, 913]. Bei guter körperlicher Kondition, speziell in Jahren mit hohem Mäuseangebot, sind auch Weibchen im Alter von 1 oder 2 Jahren in der Lage, zu brüten. Dabei wird die Weibchen-Kondition von der Beuteverfügbarkeit im vorausgegangenen Herbst mitbestimmt [112]. Im Zusammenhang mit den mehrjährigen Mäusezyklen brüten im Borealwald 70–80 % der Paare in „guten" Jahren (darunter auch junge Weibchen), aber höchstens 10 % in „schlechten" Jahren (darunter hauptsächlich mehrjährige, erfahrene Weibchen [109]). Nach Zusammenbruch der Wühlmausgradation können bis zu 90 % der Paare mit der Brut aussetzen, d. h. sie legen erst gar nicht [914].

Typischerweise langjährige Brutortstreue. Als Brutplätze dienen sowohl große Baumhöhlen (meist Buche, auch Eiche, Bergahorn, Linde), die Bruchstellen hoher Baumstümpfe (meist Fichte, Tanne) als auch Horste von Kolkraben, Greifvögeln (Wespen- und Mäusebussard, Habicht) oder Schwarzstorch. Selten Bruten in Felsnischen und an Gebäuden, ausnahmsweise auch Bodenbrut [192, 569, 677, 678].

Von 250 Bruten in Finnland erfolgten die meisten auf Horsten (28) und Baumstümpfen

Habichtskauz beim Beuteeintrag am Brutplatz (Foto HAUTALA).

(27), nur 10 in hohlen Bäumen [569]. In Slowenien fanden 71–76 % der Bruten in Höhlen, Halbhöhlen und auf Stammstümpfen statt, 16–19 % in Greifvogelhorsten [677, 1130].

Geschützte Brutplätze in Baumhöhlen und Halbhöhlen meist bevorzugt, jedoch nur in sehr alten Baumbeständen gegeben. In jüngeren Wäldern kann ein solcher Mangel durch ein Angebot entsprechend großer Nistkästen erfolgreich kompensiert werden.

Mehrfach wurde bestätigt, dass die kräftigen Habichtskauz-Weibchen die unterlegenen Waldkäuze aus ihrer Bruthöhle verjagen, dabei auch deren Gelege übernehmen, sodass es zu Habichtskauz-Waldkauz-Mischbruten kommen kann [951, 1212]!

Balz und Paarbildung

Typischerweise monogame Dauerehe; nur vereinzelt auch Bigynie [1019], (Biandrie bei Gefangenschaftsbrut bestätigt). Die Balz setzt mit ihrem Höhepunkt der territorialen Phase bereits im Herbst ein. Diese „Herbstbalz" ist durch lautstarke, meist aggressiv motivierte Äußerungen gekennzeichnet. Reviergesänge häufiger und auffälliger als im Frühjahr [613]. Während der Jahreswende im Allgemeinen still, setzt die Anpaarungsphase noch im Winter ein. Sie wird von aggressiven Auseinandersetzungen der Paarpartner dominiert, wobei das Weibchen aktiver erscheint. Die sexuelle Phase bleibt oft erstaunlich unauffällig, speziell bei langjährig verpaarten Eulen. Der Reviergesang des Männchens wird verhalten-weich, oft nur bruchstückhaft geäußert. Das Männchen setzt mit Nistplatzdemonstrationen ein, indem es Horst oder Höhle anfliegt, scharrend, nagend und muldend Nestbauhandlungen ausführt und lange Serien dumpf klingenden „Nestlockens" (tonleiterartig ansteigende *bu.bu.bu*-Serie) bringt; mitunter trägt es dazu auch Beute ein. Mit fortschreitender Balz lockt das Männchen auch auf Ästen nahe dem Brutplatz, wobei der Bezug zum Weibchen immer stärker wird. Das Weibchen beteiligt sich an den Inspektionen, ruft seinerseits; mitunter schlüpfen die Eulen gemeinsam ein, die sonstige „Kontaktscheu" überwindend.

Nestbauhandlungen des Weibchens beschränken sich auf Scharren und muldendes Strampeln mit den Beinen sowie kräftiges Nagen, wobei z. B. Baumhöhlen durch Entfernen hervorstehender Späne, Aststummel usw. deutlich vergrößert werden können [935]. Der Boden großer Reisighorste kann bei diesem „Test" auch durchbrechen.

Häufigkeit und Qualität der Beuteübergaben sind ein wichtiger Indikator für das Beuteangebot und übertreffen meist den Bedarf des Weibchens. Das Männchen meldet sich mit kurzen, weichen Silben des Reviergesanges oder mit „Nestlocken". Fliegt das Weibchen dem Partner nicht gleich „bettelnd" entgegen, so präsentiert das Männchen die Beute wiederholt im Schnabel durch vorgestrecktes Hochheben, drängt sie letztlich dem Weibchen regelrecht auf. Kopulationen erfolgen stets auf einem Ast außerhalb des Brutplatzes, meist an einer konstant eingehaltenen Stelle. Zur Einleitung bringt das Männchen Reviergesang oder Nestlocken, das Weibchen im Wechsel Reviergesang oder „Betteln". Das Männchen beschleunigt die Folge kurzer, weicher Silben (meist Anfangs-

Lebensraum des Habichtskauzes in Skandinavien. Auf Kahlschlägen im Nadelwald kann das hohe Angebot an Kleinsäugern das Brutvorkommen begünstigen, soweit hohle Stämme und Strünke als Nistmöglichkeit zurückbleiben (Foto Arndt).

Tabelle 32. Mit zunehmendem Alter steigt das Reproduktionspotenzial von Habichtskauz-Weibchen, zumal Jährlinge in Mangel- und Anstiegsjahren des „Mäusezyklus" meist erfolglos bleiben (vereinfachtes Schema, nach Daten aus KARELL 2007 und BROMMER et al. 1998, 2004).

POTENZ DER WEIBCHEN	ZUSAMMENBRUCH MANGELJAHR	ANSTIEGSJAHR	GRADATIONSJAHR
< 1. Jahr	Brutausfall	Konditionsaufbau	Gelege + Brut
1- bis 2-jährig	Brutausfall	Brutversuch	Gelege + Brut
2 - bis 3-jährig	Brutversuch	Brutversuch	Gelege + Brut
3- bis 4-jährig	Brutversuch	Gelege + Brut	Gelege + Brut
4 - bis 5-jährig	Gelege + Brut	Gelege + Brut	Gelege + Brut

silbe des Reviergesanges); mit den letzten Rufen springt es ab und landet direkt auf dem Rücken des Weibchens (Anfliegen typischerweise frontal zum Weibchen, sodass bei der Landung eine Drehung um 180 Grad notwendig ist). Unter ausholendem Flügelschlagen und in schrägem Seitenhang vollzieht das Männchen die Begattung; gleichzeitig ist schrilles Zwitschern (Schirken?) zu hören. Kopulationen erfolgen vorwiegend zum abendlichen Aktivitätsbeginn, vor allem während der Brutpausen, im Mittel 1- bis 2-mal pro Abend.

Habichtskauz-Brut in Greifvogelhorst (Ostslowakei; Foto DANKO).

Brut und Brutpflege

Nur eine Jahresbrut. Legebeginn von Seehöhe und Witterung abhängig, wobei die Zeitspanne individueller Weibchen bis zu 6 Wochen betragen kann [912]. Entsprechend kann die Eiablage im slowenischen Flachland und in der Ostslowakei schon im Februar einsetzen, in Finnland und Weißrussland frühestens Anfang bzw. Mitte März, spätestens Anfang bis Ende Mai (im Mittel 2. bzw. 5. April), in Gebirgslagen jedoch erst Mitte Mai bis letzte Juniwoche [113, 678, 912, 1091]. (Brutbeginn unter Gefangenschaftsbedingung sogar schon im Oktober [H. FREY, mündl.]).

Legeintervall 2 Tage. Gelegegröße 1–6 (maximal 8) Eier, jeweils in enger Abhängigkeit vom Angebot an Kleinsäugern: Demnach in Finnland 2–3 Eier in „schlechten" und 3–6 Eier in „guten" Jahren, wobei große Gelege nur bei sehr frühen Bruten beobachtet wurden [912]. Im Mittel jeweils 3 Eier in Lettland und Slowenien und 2,88 Eier in Weißrussland [1091, 1130]. Bei sehr guter Nahrungsversorgung legt das Weibchen um bis zu 16 % größere Eier von hoher Qualität, sinkt hingegen das Beuteangebot während der Legephase, so kann das Weibchen die Eiproduktion stoppen (bzw. die Anlagen resorbieren [455]). Nachgelege im Freiland erst einmal bestätigt, 6 Tage nach Verlust des Erstgeleges; mehrfach bei Bruten in Gefangenschaft [935].

Bebrütung ab dem 1. Ei. Nur das Weibchen brütet und sitzt dabei sehr fest. Mit geplustertem Gefieder, gesenktem Kopf und geschlossenen Augen döst es über dem Gelege; verlässt die Bruthöhle meist auch bei Störungen nicht, lässt sich am offenen Nest sogar einschneien [610]. Entsprechend den winterlichen Temperaturen zur Brutzeit dauern die Brutpausen meist nur wenige Minuten. Gelegentlich bedeckt das

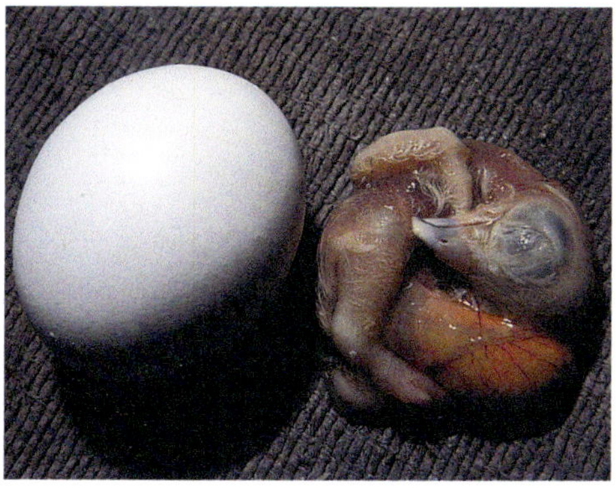

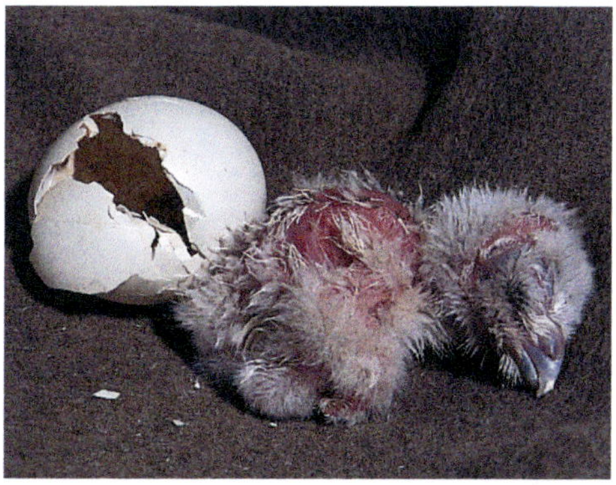

Schlupfreifer Habichtskauz-Embryo (links) im Größenvergleich zu Ei und Jungvogel gleich nach dem Schlupf (rechts; Fotos SCHERZINGER).

Männchen inzwischen das Gelege. In den Brutpausen Putzen, Schütteln und Kotabgabe, Beuteübergabe und Kopulationen.

Bebrütungsdauer 28–32 Tage. Die Jungen rufen wenigstens einen Tag vor dem Schlupf im Ei. Verbliebene Eischalen werden vom Weibchen zerknabbert, möglicherweise auch hinaustransportiert, wie auch Gewölle, Beutereste usw. zum Teil entfernt (gefressen?) werden. Das Männchen reagiert auf das Schlüpfen mit Nestbesuchen und wählt seinen Tageseinstand in Sicht- oder Stimmkontakt zum hudernden Weibchen.

Wenn das Männchen auch Beute ins Nest eintragen kann, füttert es die Jungen meist nicht selbst. Das Weibchen zerteilt größere Beutetiere, die es im Fang festhält, und reicht kleinen Nestlingen knochenfreie Bissen mit dem Schnabel. Nur wenn die Jungen nicht abnehmen, bringt das Weibchen „energisch" den Fütterungslaut. Ästlinge erhalten ganze Mäuse bzw. grob herausgerissene Brocken – mit Fell, Beinen, Schwänzen usw. Bald sind sie in der Lage, Beute selbst zu zerteilen.

Das Weibchen hudert die Nestlinge wenigstens bis zu deren 10. Lebenstag intensiv. Später verbringt es Stunden außerhalb des Nestes, z. B. mit Sonnen oder Baden im Wasser. Ab der 3. Woche soll es sich auch an der Jagd beteiligen, doch kehrt der Altvogel regelmäßig zu den Jungen zurück, besonders nachts. Noch vor dem Nestverlassen der Jungen wählt das Weibchen einen „Wachposten" in Sichtkontakt zum Brutplatz, von wo es Brutstörer mit Warnen, Knappen und Angriffsflügen zu vertreiben sucht. Nestlingsdauer 25–32 Tage.

Legebeginn: Mitte Februar bis Mitte Mai.
Gelegegröße: 1–6 (maximal 8), meist 3–4 Eier.
Ei-Maße: Ø 49,9 × 41,7 mm, 50 g.
Legeabstand: 2 (3) Tage.
Bebrütungsbeginn: ab dem 1. Ei.
Brutdauer: 28 (32) Tage.

Habichtskauz-Nestlinge. Die Jungen machen eine rasche Entwicklung durch; bereits am 4. Tag gelingt ein stabiler Fersensitz (links, Foto SCHERZINGER). Das sprunghafte Wachstum drückt sich im Größenunterschied der Nestgeschwister aus (rechts, Foto DANKO).

Kletterverhalten junger Habichtskäuze. Nach dem Verlassen des Nistplatzes suchen die noch flugunfähigen Jungen gezielt nach Baumstämmen, um in sichere Höhen zu klettern (Foto SCHERZINGER).

Entwicklung der Jungeulen

Frisch geschlüpfte Junge wiegen etwa 36 g; ihre weißlichen bis schmutzig-grauen Eidunen (Neoptil) sind eher schütter, bedecken vor allem Hinterkopf, Schultern und Flanken. Das darunter sprießende Nestlingskleid (Mesoptil) ist grau oder graubraun (seltener anthrazitgrau bis schwärzlich), wollig dicht mit heller Querbänderung (ähnlich dem junger Waldkäuze, doch etwas gröber gezeichnet).

Habichtskauz-Nestlinge wirken robust, mit „übergroßem" Kopf und Beinen und vergleichsweise derb wirkendem Schnabel. Die Nestlinge zeigen eine rasche körperliche Reifung, mit stabilem Sitzen auf den Fersen ab dem 4. Tag, erstem Stehen auf der „Sohle" mit 5 Tagen; freier Stand mit durchgestreckter Ferse bereits mit 9–10 Tagen. Ein Trippeln auf den Fersen beherrschen die Eulenjungen mit 2–4 Tagen, Gehen schon mit 6–8 Tagen; weit ausholende Schritte sind mit 3 Wochen möglich – noch vor dem Nestverlassen. Ausgeprägtes Kletterverhalten mit Flügelschlagen und Einhaken des Schnabels (in den Rastpausen) ist in der 3. Woche erkennbar, effektiv erst in der 5. Woche.

Für Brutgebiete im Borealwald ist das sommerliche Massenauftreten von Kriebelmücken typisch. Je früher die Jungen das Nest verlassen, desto eher entgehen sie dem „Überfall" dieser Blutsauger, die die Eulen durch Übertragung von Krankheitserregern erheblich schwächen können [455].

Da die Jungen noch vor ihrer Flugfähigkeit vom Nistplatz abspringen, ist das Klettern in Sträucher und Baumkronen eine wichtige Verhaltensweise, um in sichere Höhen zu gelangen. Die Käuze steuern dabei gezielt Baumstämme an, springen testend hoch und klettern – unter Flügelschlagen – auf rauer Borke hoch [936, 949].

Das grau- bis beigebraune Mesoptil bildet erste Kiele im Alter von 5 Tagen, bedeckt zunächst die Schulterregion, dann Bauch, Brust und Hinterkopf sowie Unterschenkel. Gegen Ende der 2. Nestlingswoche bedeckt das Mesoptil die wesentlichen Außenflächen; gegen Ende der Nestlingszeit mit 4–4½ Wochen bilden die langen und dunig-gefächerten Federn ein locker-wolliges „Pelzkleid". Die Kiele des Großgefieders erscheinen am 10. Tag (Schwingen) bzw. ab dem 30. Tag (Schwanz). Während die Schwungfedern einen ausholenden Flattersprung im Alter von 4 Wochen erlauben, setzt das Wachstum der Schwanzfedern erst nach dem Nestverlassen ein. Ein erstes Fliegen ist mit

Habichtskauz im „Wanderstadium". Die Jungen sind Wind und Wetter schutzlos ausgeliefert (Foto SCHERZINGER).

Habichtskauz-Ästlinge im Horstbereich (Ostslowakei; Foto SCHERZINGER).

31–36 Tagen zu beobachten (etwa 2–3 m weit). Noch unsicheres Abwärtsfliegen von einem Baum mit 40 Tagen; beherrschter, schwebender Ruderflug erst mit 90 Tagen.

In diesem Alter zeigen Jungeulen intensive Beutefangspiele mit unterschiedlichsten Objekten, vor allem Lauern, Sturzflug, Einkrallen, festes Walken und Zubeißen mit draufgängerisch-kräftigen Bewegungen. Auch reizen sie unterschiedliche Materialien und Geräusche zum Spielen (z. B. lautstarkes Herumpoltern und Rutschen auf Blechplatten [935]).

Im Alter von rund 100 Tagen distanzieren sich die Jungen zunehmend voneinander, zum Teil zeigen sie ein Drohen gegen Geschwister und Eltern.

Der Reproduktionserfolg hängt im Borealwald eng mit dem Massenwechsel der Wühlmäuse zusammen. Entsprechend stieg in Finnland die Nestlingszahl während Gradationsjahren auf 5 pro Brutpaar. Selbst im Montanwald bei Wien bzw. Niederösterreich ausgewilderte Paare konnten in einem besonderen „Mäusejahr" 3–5 Junge pro erfolgreicher Brut aufziehen (im Mittel 4 Junge [585]). In Weißrussland, Polen und Südosteuropa, wo das Beuteangebot keinen so großen Schwankungen unterliegt, werden im Mittel nur 2–3 Junge pro Brut aufgezogen [492, 1091, 1138].

Scheinbar paradox, haben Junge in Gradationsjahren – trotz der hervorragenden Nahrungsversorgung – schlechtere Chancen, da ihre große Zahl die innerartliche Konkurrenz zum Zeitpunkt des Selbstständigwerdens im Herbst verschärft und dann auch noch die Mäusepopulation während des anschließenden Winters zusammenbricht (Sterblichkeit bei finnischen Habichtskäuzen bis 80 % [916]). Solche Nahrungskrisen führen selbst unter den Brutvögeln zu Verlusten von bis zu 30 % [112]. Von den wenigen Jungen, die im folgenden Mangeljahr erbrütet werden, sterben bis zu 13 % bereits als Nestlinge [108]. Die besten Überlebenschancen haben Jungeulen, die in „Anstiegsjahren" der Mäusegradation zur Welt kommen, da sie nach der Familienauflösung und im ersten Winter mit hoher Beutedichte rechnen können. Aus diesen Gunstjahren stammen auch die meisten „Rekruten" [108, 914].

(Im Rahmen eines Wiederansiedlungsprojekts konnte die Jungensterblichkeit auf 25 % gesenkt werden, wenn die Eulen erst im Alter von etwa 10 Wochen – knapp vor Selbstständigwerden – ausgewildert wurden [496, 585].)

Fortpflanzungsrate: Die jährliche Reproduktion schwankt zwischen 0,9 und 5,0 Jungen pro begonnener Brut [914].

Überlebensrate: im 1. Lebensjahr etwa 40 %, im 2. Lebensjahr etwa 70 %, ab dem 3. Lebensjahr etwa 80–85 % [910, 916].

Höchstalter: fast 24 Jahre in freier Natur, 30 Jahre in der Voliere.

ORTSWECHSEL

Dank langjähriger Beringung liegen die umfangreichsten Daten zu Dispersion und Migration von Habichtskäuzen aus Finnland vor: Etwa 86 % der als Nestlinge beringten Käuze hatten sich weniger als 50 km von ihrem Geburtsort entfernt angesiedelt, zum Teil auch dort gebrütet (Distanz für Totfunde im Mittel 41 km, maximal 339 km; für Lebendfunde maximal 205 km [914]). Altvögel bleiben ihrem Brutrevier in der Regel zeitlebens treu; demnach entfernten sich finnische Männchen im Mittel nur 21,6 km, Weibchen 31,2 km [914]. Norwegische Habichtskäuze weichen strengen Wintern zum Teil aus, sodass sie zwischen Sommer- und Winterareal großräumig pendeln [1019].

Im Rahmen eines Ansiedlungsprojekts freigelassene Jungkäuze legten im 1.–3. Lebensjahr zwischen 30 und 160 km zurück, überbrückten dabei auch Nichthabitate, womit sie zur Vernetzung kleiner Inselvorkommen in Österreich beitragen konnten [485].

Das Verstreichen der Jungvögel im 1. Herbst reicht in der Regel etwa 100 km weit, maximal 400 km. Demgegenüber sollen sibirische Habichtskäuze oft wesentlich weitere Wanderungen ausführen (bis 1500 km).

Obwohl die europäischen Habichtskäuze ausgeprägte Standvögel sind, kann es doch vorkommen, dass Einzelvögel als Irrgäste bis ins nördliche und westliche Deutschland (Lüneburger Heide, Harz, Bergisches Land bei Köln) verstreichen und sich an geeigneten Orten über viele Monate hinweg aufhalten. Entsprechende Beobachtungen aus den Jahren 1942, 1947 und 1965.

GEFÄHRDUNG UND SCHUTZMASSNAHMEN

Trotz ihrer Größe und Wehrhaftigkeit können Habichtskäuze vom Steinadler und Uhu erbeutet werden, unerfahrene Jungvögel auch von Habicht, Fuchs und Baummarder [495, 496, 678]. Über Mückenstiche können Blutparasiten übertragen werden, die – wie Vogelmalaria, Trypanosoma, Nematoden und Filarien – speziell Nestlinge und Brutvögel mit reduzierter Kondition erheblich schwächen. Der Blutverlust kann bei Massenbefall bereits zum Tod führen. Gut genährte Weibchen können ihr Immunpotenzial gegenüber Blutparasiten über die Eier an ihre Jungen weitergeben [455].

Die meisten Totfunde stehen aber in Zusammenhang mit technischen Strukturen (z. B. Stromleitungen, große Glasscheiben) und Verkehr. Speziell bei geschlossener Schneedecke suchen die Eulen schneefreie Straßen auf – als vermeintlich günstige Jagdgebiete – wo sie einem hohen Unfallrisiko ausgesetzt sind. In Mitteleuropa stellen auch Forstzäune ein beträchtliches Risiko, weil diese Eule Freiflächen meist knapp über dem Boden fliegend quert. Auch Verluste durch beköderte Pelztierfallen.

In Fennoskandien ist die hauptsächliche Gefährdungsursache der Lebensraumverlust durch den Großkahlschlag. In den vorwiegend jungen Forsten fehlen sowohl alte Bäume oder dicke Baumstümpfe mit geeigneten Höhlungen als auch Greifvogelhorste, die als Brutplätze genutzt werden könnten. Gleichzeitig haben die Habichtskauz-Bestände in den letzten Jahrzehnten sowohl in Fennoskandien als auch am Rand der Karpaten deutlich zugenommen. Diese Entwicklung dürfte sich zum einen auf der Kahlschlagwirtschaft begründen, soweit dadurch Jagdgebiete mit hoher Kleinsäugerdichte entstehen, zum anderen wurden die Brutmöglichkeiten durch ein breites Nistkastenangebot ausgeweitet. Im mittleren und südlichen Finnland brüten heute die meisten Habichtskäuze in Nistkästen.

Schwerpunkt der Arterhaltungsmaßnahmen muss aber die Erhaltung und Sicherung von hochwertigen Lebensräumen sein. Dazu zählt auch die Ruhigstellung der Brutgebiete, zumal Brutaufgabe infolge von Holzeinschlag im Umfeld des Brutplatzes zu befürchten ist [678]. Ansiedlungsprojekte in Bayern und Österreich wurden jedenfalls unter dem Aspekt der langfristigen Entwicklung naturnaher Altbestände im Buchen- und Bergmischwald initiiert [96, 948, 1212].

Habichtskauz-Junges im Nistkasten. Mithilfe von Kunsthöhlen konnte die Siedlungsdichte örtlicher Populationen namhaft angehoben werden (Foto SCHERZINGER).

OFFENE FRAGEN

- Wie weit ist die traditionelle Unterartengliederung in Europa noch gültig?
- Wie weit überlappen die Areale dieser Unterarten in Europa?
- Nach welchen Kriterien können Brutvögel das künftige Beuteangebot abschätzen?
- Wie weit lässt sich die ursprüngliche Verbreitung des Habichtskauzes in Europa rekonstruieren?
- Gibt es im Freiland ein Hybridisierungsrisiko mit dem Waldkauz?

WALDKAUZ
Strix aluco

ALLGEMEINES

Der Waldkauz ist keineswegs nur ein Bewohner des Waldes. Man kann ihn auch mitten in menschlichen Siedlungen, ja sogar in Städten finden, wenn da nur einige alte Bäume mit entsprechend großen Höhlungen zum Brüten vorhanden sind, wie etwa in Parks, Friedhöfen, Alleen oder Plätzen mit einer alten Dorflinde. Wo solche Baumhöhlen fehlen, brütet er aber auch an ungestörten Stellen in Gebäuden und in Nistkästen. Seltener sind Bruten auf dem Waldboden, in Erdhöhlen oder Felsspalten.

Diese große Anpassungsfähigkeit in der Wahl des Brutplatzes wie auch die erstaunliche Vielseitigkeit in seiner Ernährungsweise sind sicher Gründe dafür, dass der Waldkauz unsere häufigste Eule ist. Auch Mäusemangel und strenger Winter mit viel Schnee können ihm – im Gegensatz zu den meisten anderen Eulenarten – in der Regel nur wenig anhaben, denn er hat dann als Kleinvogeljäger meist genügend Ausweichmöglichkeiten.

Schon ab Januar/Februar sind in der Dämmerung und nachts die heulenden Balzrufe des Waldkauzes zu hören – wohl die bekanntesten Eulenrufe überhaupt – und künden den nicht mehr fernen Frühling.

Porträt eines Waldkauzes. Charakteristisch sind die geperlte Schleiereinfassung sowie die großen, dunklen „Kirschaugen" mit rotem Lidrand (Foto Hofmann).

KENNZEICHEN

Der Waldkauz ist deutlich kleiner als der verwandte Habichtskauz, gleichzeitig größer und auch wesentlich kräftiger als Waldohreule und Schleiereule.

Größe: 40–42 cm; das Männchen in der Regel etwas kleiner als das Weibchen.

Flügelspannweite: Männchen Ø 93 cm; Weibchen Ø 98 cm.

Gewicht: Angaben für Mitteleuropa: Männchen 330–475 g (Ø 440 g), Weibchen 400–630 g (Ø 560 g); für Finnland: Männchen 315–560 g (Ø 434 g), Weibchen 425–745 g (Ø 601 g [692]). Gewicht im Jahresverlauf deutlich schwankend: Minimalgewicht zur Nestlingsaufzucht (z. B. für Frankreich Männchen 383 g, Weibchen 504 g), Maximalgewicht zu Balz und Brutbeginn (Männchen 461 g, Weibchen 620 g [254]).

Sehr kennzeichnend für den Waldkauz sind der massig wirkende, gedrungene Körper, ein verhältnismäßig großer runder Kopf – ohne Federohren – sowie große, schwarzbraune Augen. Der ausgeprägte Gesichtsschleier kann sowohl radiale Streifen als auch konzentrische Ringe aufweisen. Ein kräftiger Federsaum zieht halbmondförmig von den Augenbrauen über den Schnabel bis zu den Vibrissen und hebt sich meist durch hellere Färbung ab. Im Kopfgefieder sind zwei weiße Streifen typisch, die als kräftiges V bis in die Stirn reichen.

Auf den Schultern und Flügeln fallen weiße Tropfenflecken auf, die sich zu einer groben Perlenreihe fügen. Die Zeichnung des Körpergefieders zeigt ober- und unterseits kräftige dunkle Längsstreifung und schwächere, unregelmäßige Querlinien. Brust und Bauch sind allgemein heller als Hinterkopf, Rücken und Schultern.

Die Schwungfedern weisen eine kräftige Bänderung auf. Durch die runden Flügel und den relativ kurzen Schwanz wirkt das Flugbild gedrungen und relativ plump.

Ästlinge und eben flügge Jungvögel haben ein duniges, hellgraues oder gelblich braunes Gefieder mit fein-melierter Querbänderung. Mit zunehmendem Alter überlappen Nestlingskleid und Jugendkleid. Ihre großen, schwarzbraunen Augen sind typischerweise von kirschroten Lidern umgeben.

Die Mauser der Schwungfedern beginnt beim Waldkauz mit HS.2; die Armschwingen werden von 4 Zentren aus abgeworfen. Schwanzfedern werden innerhalb weniger Tage vollständig vermausert [144]. Allerdings wechselten die Männchen bei einer Studie aus Italien im Schnitt nur 6 Hand- und 10 Armschwingen jährlich, die Weibchen 4 HS und 9 AS (wobei 17–19 % gar keine Großgefiedermauser durchmachten [254]).

Die Grundfärbung des Waldkauz-Gefieders variiert markant und ist – unabhängig von Geschlecht oder Alter – entweder rindengrau, mattbraun oder rostrot. Die Intensität der Braun- bzw. Rottöne wird von der Einlagerung der Pigmente Phäomelanin und Eumelanin bestimmt [457]. Der Farbtyp ist im Wesentlichen genetisch festgelegt, wobei Rot und Braun hinsichtlich der Vererbung über Grau dominieren. Wo sich Käuze unterschiedlicher Färbung verpaaren, können deren Junge entsprechend viele Übergänge von Grau nach Rotbraun aufweisen.

Solche Morphen treten innerhalb des europäischen Verbreitungsgebiets in sehr unterschiedlichem Häufigkeitsverhältnis auf: Während in Mitteleuropa eher braune Typen überwiegen (in Südhessen z. B. 57 % braun, 31 % rot und 11 % grau [361]), sind es in Westeuropa vorwiegend rote (z. B. 70 % rostrot und 30 % grau z. B. im holländischen Dünengebiet [515]). In einer Stichprobe aus Italien wurden 55,6 % der grauen Morphe zugeordnet. Im Osten und Norden Europas finden sich eher graue Waldkäuze [249]. Dass solche regionalen Proportionen keineswegs konstant sind, zeigt eine Studie aus Litauen, wo innerhalb von 30 Jahren Weibchen der grauen Phase zunehmend von mattbraunen („intermediären") abgelöst wurden [290]. Infolge des Klimawandels könnten die rötlichen bzw. braunen Individuen begünstigt werden.

Nach mehrjährigen Studien in Südfinnland und der Schweiz unterscheiden sich rote und graue Morphen hinsichtlich ihres Energiehaushalts, damit auch hinsichtlich ihrer Temperaturtoleranz, Lebenserwartung und Reproduktionsleistung: So sollen rotbraune Käuze einen intensiveren Stoffwechsel haben, Infekte und Parasiten mit größerem Aufwand abwehren, jährlich mehr Federn vermausern, somit mehr Energie verbrauchen und entsprechend schneller altern. Gleichzeitig tolerieren sie höhere Temperaturen und feuchtes Klima und scheinen in der Beutewahl plastischer, sodass sie auch in Mangeljahren erfolgreich brüten können. Rostrote Brutpaare sollen kräftigere Junge aufziehen, da Männchen dieser Morphe mehr in die Beuteversorgung der Jungen investieren und Weibchen die Brut mit höherer Aggressivität verteidigen [107, 157, 195, 458, 883].

Waldkauz, Altvogel. Im Erscheinungsbild ist der plump-gedrungene Körper mit dem übergroß wirkenden Kopf typisch (rötlich braune Morphe; Foto REINHARD).

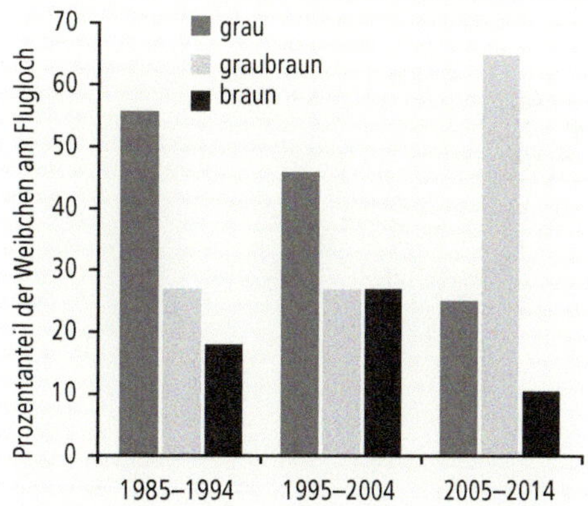

Die Proportionen der Farbmorphen sind beim Waldkauz nicht nur regional verschieden, sie ändern sich auch mit den Umweltbedingungen: So könnte die auffällige Abnahme der kältetoleranten „Grauen" mit dem „Klimawandel" in Verbindung stehen (Beispiel aus Litauen; aus GRASYTE et al. 2017).

Farbmorphen europäischer Waldkäuze: zum Beispiel rotbrauner Typ (links; Foto Schendel) und graubrauner Gefiedertyp (rechts; Foto Hopf).

Umgekehrt gelten graue Morphen als kältetolerant und langlebiger aufgrund eines dichteren Gefieders und langsameren Stoffwechsels. In Mangeljahren verzichten graue Weibchen auf eine Brut. Dafür erreichen deren Junge in „guten Jahren" ein höheres Körpergewicht, sodass sie eine höhere Chance als „Rekruten" bekommen. Letztlich soll die höhere Lebensspanne grauer Paare eine höhere Gesamt-Reproduktionsleistung begünstigen [107, 457, 883].

Unabhängig von diesen Morphen treten beim Waldkauz vereinzelt Albinismus und sehr selten auch Melanismus mit schoko- und schwarzbraunen Individuen auf [295, 691].

Unterarten

Der Gattung *Strix* sind rund 23 Arten zugeordnet; *Strix aluco* kommt mit 9–11 Unterarten in Eurasien bis zum Mittleren Osten und dem südwestlichen Rand des Mittelmeerraumes vor. In Europa entspricht die Unterartengliederung in wesentlichen Aspekten den Refugialgebieten des Waldkauzes während der letzten Eiszeit: Nach der genetischen Analyse der mitochon-

▷ Federtypen vom Waldkauz.
Links rotbraune Morphe
1 Handschwinge links,
2 Handschwinge links,
3 Armschwinge links,
4 Schwanz Mitte

▷▷ Rechts graubraune Morphe
1 Handschwinge links,
2 Handschwinge links,
3 Handschwinge links,
4 Armschwinge links,
5 Schwanz rechts,
6 Schwanz Mitte
(Fotos Schatter).

Flugbild des Waldkauzes. Charakteristisch sind die breiten, relativ kurzen Flügel und der vergleichsweise kurze Schwanz (nach Müller 1986).

drialen DNA sollte die Nominatform *Strix aluco aluco* von Griechenland bzw. dem Balkan ausgehend ganz Mitteleuropa bis zu den Alpen besiedelt haben. Auch breitete sie sich einerseits westwärts bis auf die Britischen Inseln und andererseits sogar bis ins südliche Skandinavien und Finnland aus [105]. Diese Nominatform ist von Russland ostwärts bis zum Ural verbreitet.

Des Weiteren kam von der Iberischen Halbinsel ausgehend die Unterart *Strix aluco sylvatica* bis nach Süd- und Westfrankreich, wo sie sich offensichtlich mit Herkünften vom italienischen „Stiefel" vermischte. (Die bisherige Zuordnung der britischen Waldkäuze zur westlichen Unterart *Strix aluco sylvatcia* [398, 1146] wird durch diese genetische Analyse infrage gestellt.)

Aufgrund des nahen Verwandtschaftsgrades innerhalb der Gattung *Strix* kann es zu zwischenartlicher Hybridisierung kommen, wie z. B. für Wald- und Habichtskauz *(Strix uralensis)* belegt; in Gefangenschaft kam es sogar zu Waldkauz-Waldohreulen (*Asio otus*)-Mischlingen [951].

VERBREITUNG

In Europa nahezu flächendeckend verbreitet, von der norwegischen Atlantikküste am 66. Breitengrad bis an den westlichen Mittelmeerrand Marokkos. Ausgenommen sind die boreal getönten Gebiete in Fennoskandien und Russland sowie die höchsten Lagen der Alpen; ferner die weitgehend baumfreien Trockengebiete auf der Iberischen Halbinsel und dem Westbalkan. Fehlt auch im Watt an der Nordseeküste, auf Irland und Island sowie auch auf Korsika und Sardinien im Mittelmeer [688].

In Mitteleuropa ist der Waldkauz sowohl im Tiefland als auch in Mittelgebirgen (bis ca. 1100 m) sowie in den Alpen (Ostalpen bis ca. 1600 m, Westalpen bis ca. 1900 m Seehöhe) verbreitet; er fehlt nur in baumlosen Gebieten, z. B. ausgedehnten Agrarlandschaften.

Bestandszunahmen in Italien und der Ukraine. Arealausweitungen gegen Westen sind insbesondere für Belgien und die Niederlande bestätigt; eine nordgerichtete Wanderung erreichte Norwegen und das südliche Finnland (Erstbrut ebenda 1878 [254, 1052]).

LEBENSRAUM

Maßgebend für die Eignung eines Gebiets als Lebensraum ist offenbar, dass neben einem ganzjährig verfügbaren und ausreichenden Nahrungsangebot auch genügend Tagesverstecke und Brutmöglichkeiten vorhanden sind.

Ein Waldanteil von 40–80 % gilt als besonders günstig [1125]. Doch ermöglicht die

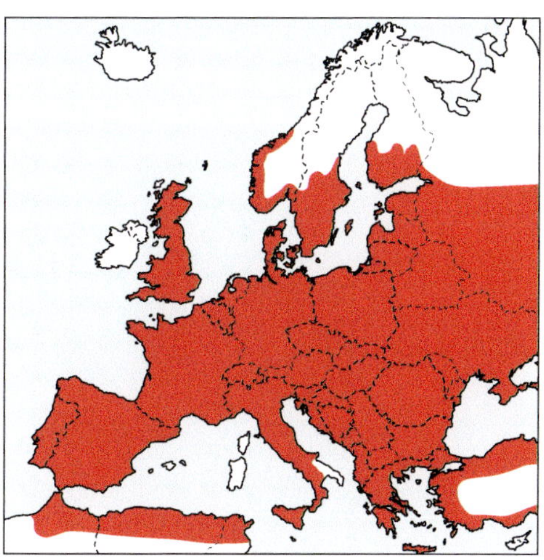

Verbreitung des Waldkauzes in Europa. Die hohe Anpassungsfähigkeit macht den Waldkauz zur häufigsten Eulenart, doch fehlt er in waldarmen Trockengebieten sowie in schneereichen Lagen der Gebirge und Nordeuropas.

Waldkauz im sicheren Tagesversteck. Als „Kulturfolger" nutzt die Art auch Gebäude als Teil ihres Lebensraumes (Foto GIEL).

geringe ökologische Spezialisierung dem Waldkauz, eine Vielzahl unterschiedlicher Lebensräume zu besiedeln, zumal er auch mit stark fragmentierten Waldlandschaften, sogar kleinen Waldparzellen oder auch nur eingesprengten Baumgruppen zurechtkommt. Keine Bindung an bestimmte Waldgesellschaften, bevorzugt jedoch lichte Laub- und Mischwälder.

Immergrüne Bäume bieten besonders günstige Deckung, wie Steineichen, Kiefern, Tannen, Fichten; auch dichter Efeubewuchs. Dicht geschlossene Nadelforste sind meist arm an Beutetieren, doch kann eine Erschließung durch Forststraßen die Lebensraumqualität erhöhen und eine Besiedlung ermöglichen.

Ein günstiges Höhlenangebot bieten naturnahe Altbestände aus Linden, Eichen, Buchen, Bergahorn, Ulmen, Pappeln, Kiefern ausreichender Dimension. Jüngere Waldbestände können für den Waldkauz über ein geeignetes Angebot an Nistkästen biotopfähig werden.

Waldlichtungen, Sturmflächen, Kahlschläge und an Wald grenzende Wiesen sind als Jagdgebiet ganzjährig attraktiv, weshalb lückige und durchbrochene Wälder von den Eulen bevorzugt besiedelt werden. Während die ausschlaggebenden Dichten an kleinen Nagetieren in Nordeuropa einem mehr oder minder konstanten Zyklus unterliegen, werden sie in Mittel- und Osteuropa über die Mastjahre der Waldbäume bestimmt. Entsprechend bieten hier Buchen und Eichen die günstigsten Voraussetzungen, doch gibt es außergewöhnliche Mastjahre auch bei Fichte und Kiefer.

Wo der kräftigere Habichtskauz im selben Waldgebiet vorkommt, wird der unterlegene Waldkauz oft in Suboptimalbereiche (Jungwald, dichte Bestände, reiner Nadelwald) oder in Siedlungsnähe abgedrängt [448, 1133]. Lokal Verdrängung auch durch den Uhu [28, 772].

Je nach Baumarten und Umfeld bieten Waldbestände sehr unterschiedliche Habitatqualität für den Waldkauz (Abundanzen in unterschiedlichen Waldgesellschaften Mittelitaliens; aus SABATI & RANAZZI 2002).

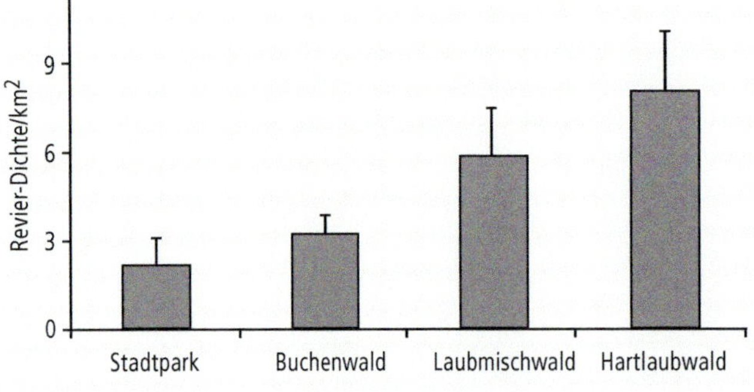

In den höheren Lagen der Gebirge ist die Art auf die sonnenseitigen Hänge beschränkt, die relativ früh schneefrei werden.

Kommt auch in Parkanlagen, Friedhöfen und Alleen vor, wenn es dort alten, höhlenreichen Baumbestand gibt. Brütet selbst im Bereich menschlicher Siedlungen, sogar in Großstädten, sofern er ungestörte Brutplätze in Gebäuden oder Baumgruppen findet. Aufgrund ganz anderer Beutezusammensetzung gelten in städtischen Brutgebieten keine Abhängigkeiten zu Baumart oder Samenmast. Nach einer Studie aus Portugal meidet der Waldkauz allerdings stark frequentierte Straßen, vermutlich wegen Verkehrslärm und Blendung durch die Scheinwerfer, die das Auffinden von Beute erheblich beeinträchtigen können [998]. In den „ausgeräumten" Feldfluren ohne Baumbestand fehlt die Art in der Regel. Sie ist jedoch im baumarmen Dünengebiet Hollands Brutvogel, soweit Kaninchenbaue als Brutplätze vorhanden sind [516].

SIEDLUNGSDICHTE UND STREIFGEBIET

Auf größere Naturräume bezogen, variiert die Siedlungsdichte des Waldkauzes in Abhängigkeit von Waldanteil, Baumartenzusammensetzung und Bestandsalter sowie der Seehöhe und der nördlichen Breite ganz erheblich. Für große Waldlandschaften Finnlands wird z. B. eine Dichte von 0,5–1,0 Paaren je 10 km² angegeben [1021]. Im Vergleich dazu werden für den Bergwald in den Dinarischen Alpen 4,0 Reviere und den Schweizer Alpenraum 7,8 Reviere je 10 km² gemeldet [1051, 1135]. Auf 50 km² des holsteinischen Hügellandes (mit 18 % Waldanteil, meist Buchenaltholz) wurden 42 Reviere erfasst, was einer Abundanz von 8,4 Revieren/10 km² entspricht [1210]. Wesentlich höhere Dichten fanden sich mit 50 Revieren/10 km² im immergrünen, wenig gestörten Steineichenwald Süditaliens, in großflächigen Wald-komplexen Ostrumäniens sogar über 102 Paare/10 km² [899].

Die Siedlungsdichte nimmt mit ansteigender Höhenlage typischerweise ab, wie beispielhaft angeführt: 5,7 Reviere/10 km² in den Donau-Auen Niederösterreichs, 1,6 Brutpaare/10 km² in Tallagen des Westerzgebirges und nur noch 0,5 Brutpaare/10 km² im Bergwald oberhalb 650 m [700].

Aufgrund des regelmäßigen Beuteangebots und der diversen Versteck- und Brutmöglichkeiten nutzen Waldkäuze regelmäßig auch den menschlichen Siedlungsraum. Im weiteren Stadtgebiet von Warschau/Polen wurden auf ca. 485 km² Untersuchungsfläche immerhin 40–60 Waldkauz-Brutpaare gefunden, das sind 0,8–1,2 Brutpaare/10 km² [422]. Für das Umland von Genf/Schweiz werden 10,4 Paare/10 km², für Hartlaubwälder Italiens bis zu 50 Paare/10 km² angegeben [899, 1052].

Erstaunlich hohe Dichten können Waldkäuze kleinräumig in besonders günstigen Gebieten erreichen (Abundanzen zur Vergleichbarkeit für jeweils 1 km² angegeben): z. B. 0,4 Reviere im Bergwald der Dinarischen Alpen [1135], 0,93–1,04 Reviere in Parkanlagen bei Laibach/Slowenien, 0,9–1,1 Reviere in Grünanlagen der Stadt Rom, 2,0–2,5 Reviere im Leipziger Auenwald oder gar 4,9–5,9 Reviere im Park einer alten italienischen Villa [618, 816, 837]. Als Extremwert seien 23,5 Reviere/km² in einem alten Kopfweidenbestand in den deutschen Rheinauen angeführt [1206].

Lebensraum des Waldkauzes. Der Verbreitungsschwerpunkt liegt in Europa in alten, höhlenreichen Laubmischwäldern (Foto Hlasek).

Bei dem Vergleich unterschiedlicher Waldgesellschaften Europas wurden höchste Dichten im alten Eichenwald registriert (5,4–6,7 Reviere/ km²), gefolgt von Eichenmischwald (0,5–1,5 Reviere/ km²), altem Kiefernbestand (0,2–1,3 Reviere/ km²), Fichten-Altbestand (0,25–0,9 Reviere/ km²) oder Buchenwäldern (0,35–0,45 Reviere/ km² [1052]).

Durch das Anbringen von Nistkästen lässt sich die Siedlungsdichte örtlich steigern, was bei überhöhter Dichte allerdings zur Minderung des Bruterfolgs pro Paar führen kann.

Je nach Habitatqualität differiert der Raumanspruch von Waldkäuzen erheblich: In der nahezu baumfreien Dünenlandschaft Hollands beträgt die Reviergröße nur 7–8 ha [515]. Im Hartlaub-Eichenwald Italiens kommt die Art mit ähnlich kleinen Revieren von nur 7,2 ha zurecht [899]. Nach Telemetrie-Ergebnissen aus England maßen die kleinsten Jagdgebiete gerade 9 ha (allerdings überlappten die Jagdgebiete benachbarter Paare, sodass territoriale Auseinandersetzungen häufig waren [847]). In günstigen Waldlandschaften Mitteleuropas beträgt die Reviergröße etwa 20–30 ha [254]. Im Grunewald bei Berlin erstreckten sich die Nahrungsflüge einzelner Waldkäuze zum Teil 2–3 km weit [1152]. In fragmentierter Agrarlandschaft mit Feldgehölzen benötigen Waldkäuze wenigstens 160 ha je Revier. Vergleichbare Reviergrößen von etwa 100–150 ha sind für die raueren Wälder Skandinaviens anzusetzen.

Örtliche Positionierung und Abgrenzung der Waldkauz-Reviere sind oft über Jahre konstant, selbst bei Wechsel individueller Männchen [1064].

BESTANDSVERHÄLTNISSE

Obwohl vielerorts die häufigste Eulenart, liegen kaum großräumige Untersuchungen und Bestandsaufnahmen für den Waldkauz vor. Entsprechend grob sind landesweite Schätzwerte. Der gesamteuropäische Bestand wird mit 632 000–932 000 Brutpaaren angegeben (BirdLife International 2015). Davon leben die größten Bestände mit jeweils bis zu 120 000 Paaren in Frankreich und im europäischen Russland, gefolgt von Deutschland und Polen mit jeweils bis zu 75 000 Paaren. Im Vergleich zur Flächengröße beherbergen auch Rumänien (20 000–60 000 Paare), Italien (30 000–50 000 Paare) und die Ukraine (23 000–34 000 Paare) sehr hohe Bestände [70].

Von den Ländern an der nördlichen Verbreitungsgrenze werden Schweden mit 15 000–21 000, Norwegen mit 2500–6000 und Finnland mit 1200–1300 Paaren genannt [70].

Das westlichste Vorkommen in Großbritannien zählt bis zu 50 000 Brutpaare.

Tabelle 33. Schätzwerte für Waldkauz-Brutbestände in Verbreitungsschwerpunkten Europas (nach BirdLife International 2021).

LAND	FLÄCHE (TAUSEND KM²)	BRUTPAARE	BEZUGSJAHR
Europäisches Russland	3952,5	50000–120000	2010
Frankreich	643,8	40000–120000	2012
Polen	312,6	65000–75000	2004
Deutschland	357,3	43000–75000	2019
Rumänien	238,3	20000–60000	2013
Vereinigtes Königreich (UK)	242,4	50000	2005
Ukraine	603,8	23000–34000	2000
Schweden	450,2	15000–21000	2012
Bosnien und Herzegowina	51,1	15000–20000	2014
Österreich	83,8	12000–20000	2012
Lettland	64,5	8000–20000	2012
Griechenland	131,9	10000–20000	2012
Tschechien	78,8	10 000–18 000	2003
Kroatien	56,5	14000–16000	2010
Belgien	30,6	10000–16000	2012
Portugal	92,2	8000–15000	2012
Weißrussland	207,5	8500–12000	2012
Gesamt-Europa	**10180,0**	**632000–932000**	2021

Die Zahlen für Gesamt-Europa enthalten auch die Angaben von hier nicht aufgeführten Ländern.

VERHALTEN UND STIMME

Ruhe und Körperpflege

Waldkäuze sind meist auf gute Deckung bedacht; der Tageseinstand liegt entsprechend in dichten Baumkronen, in immergrünem Efeugebüsch, in Baumhöhlen oder Gebäuden; dabei meist hohe Ortskonstanz. Dösen im Stehen, Kauern oder Liegen, gerne mit Kontakt zum Hintergrund; auch in Winkel, Nischen oder unter überhängende Zweige „geklemmt", sodass die Körperkonturen mit der Umgebung verfließen. Gefieder dabei locker-plustrig, Augen mehr oder minder geschlossen und Schleier herzförmig-klein (zeigt keine besonderen Gefiederstrukturen am Kopf). Zur Zeit der Jungenaufzucht hingegen durchaus exponiert und in Sichtweite zum Nistplatz. Getrennte Einstände von Männchen und Weibchen nach der Brutzeit [1033].

Völlig ungestörte Eulen schlafen gelegentlich auf einem Ast liegend, die Flügelbüge aufgestützt. Schlafen in engem Körperkontakt für Paarpartner während der Anpaarung und Balz sowie für Junge im Ästlingsstadium typisch. Bis zur ersten Flugfähigkeit übertagen die Jungen auf gut erreichbaren Ästen meist gemeinsam.

Komfortverhalten vor allem zur Einleitung des Aktivitätsbeginns, mit Kratzen, Strecken, Putzen und Schütteln, wobei soziale Gefieder-

Waldkauz beim Sonnenbad. Das Großgefieder maximal geöffnet, dreht die Eule das Gesicht gegen die Sonne (Foto Hopf).

pflege zwischen Alt- und Jungvögeln typisch ist. Badet in diversen Substraten, wie Staub, Asche oder Sand; intensiv in klarem Wasser – oft bis zur Durchnässung – wie auch in leichtem Regen. Zum Sonnenbad sucht der Waldkauz einen sonnenexponierten Ast oder eine entsprechende Stelle am Boden auf, kauert dort mit gesträubtem Gefieder und schlaff ausgebreiteten Schwingen, das Gesicht mit verkniffenen Augen zur Sonne gewandt.

Aktivitätsmuster

Aktive Waldkäuze zeigen den typischen großkugelig geplusterten Kopf mit weit geöffneten „Kirschaugen"; der Schleier ist gleichmäßig gerundet, das Körpergefieder locker bis plustrig.

Dämmerungs- und nachtaktiv, mit deutlichem Schwerpunkt in der Dunkelphase. Die Tagesaktivität verläuft biphasisch, mit Ruhezeiten um Mitternacht. Abendlicher Aktivitätsbeginn in später Dämmerung, etwa 20 Minuten nach Sonnenuntergang.

Schwerpunkte der Gesangsaktivität regional verschieden; im Mittel (Februar) März bis April zur Frühjahrsbalz, (September) Oktober (bis November) zur Herbstbalz. Territorialgesang wird durch Gesang benachbarter Männchen stimuliert, Beginn der abendlichen Gesangsaktivität dann entsprechend früher. Zur Feindvermeidung umgekehrt Verzögerung in Gebieten, in denen auch der Uhu vorkommt, auf 60–90 Minuten nach Sonnenuntergang [604]. Im Mittel 20 Minuten lang Reviergesang, ehe das Männchen zur Jagd abfliegt. Bei Schlechtwetter deutlich eingeschränkte Aktivität, vor allem unterdrücken Wind und Regen die Gesangstätigkeit.

Zur Jungenaufzucht setzt die abendliche Aktivität bereits vor der Dämmerung ein, etwa um Sonnenuntergang, wenn die Jungen mit heftigem Betteln beginnen. Wegen des hohen Beutebedarfs ausgeflogener Jungkäuze fällt in dieser Zeit das mitternächtliche Aktivitätsminimum meist aus. In der Früh entsprechendes Ende etwa 40 Minuten vor Sonnenaufgang. Jagdflüge während der Jungenaufzucht auch tagsüber [254]. (Vor allem Amphibien oder Jungvögel in ihren Nestern werden bei vollem Tageslicht erbeutet.) Zur Verteidigung von Brut und Jungen greifen Waldkäuze auch bei Tag an, dabei Alarmlaute, aggressive Rufe und Reviergesang äußernd.

Bewegungsweise und Flug

Kraftvolle Bewegungen mit gewichtigem Aufprall beim Springen bzw. Landen. Die Käuze trippeln oder schreiten gewandt auf Ästen und laufen auch sicher auf dem Boden. Dank ihrer Kamin-Klettertechnik vermögen sie sehr tiefe

Waldkauz-Ästling in Liegestellung am Tagesrastplatz (Foto Diemer).

Waldkauz im Ruderflug. Die breiten Tragflächen erlauben einen kraftvollen Flug selbst im Waldesinneren, jedoch keine Weitstreckenflüge (nach MÜLLER 1986).

Baumhöhlen, Röhren, selbst enge, glattwandige Kamine – über mehrere Meter Tiefe – zu benutzen, wobei neben den Krallen auch die Flügel abstützend eingesetzt werden. Ein kraftvolles Klettern mit Beinen und Flügeln sowie Sich-Hochziehen mit Schnabel und/oder Kinn beherrschen bereits die Nestlinge, sodass sie in sicheres Gesträuch oder Geäst gelangen können – lange vor ihrer Flugfähigkeit.

Die breiten, runden und relativ kurzen Flügel sowie der eher kurze Schwanz erlauben eine gewisse Wendigkeit im Flug, jedoch keine weiten Flugstrecken. Im Ruderflug relativ flache Ausschläge, häufig steife Segelstrecken; rüttelt beim Beutefang mit ausholenden Schlägen. Lässt sich von Randbäumen steil fallen, um eine Freifläche in geringer Höhe über dem Boden zu queren; steilt – mit nur wenigen Flügelschlägen – zur Ansitzwarte wieder auf. Über Freiflächen sogar bussardähnliches Kreisen. Die hohe Leistungsfähigkeit des Waldkauzes zeigt sich speziell bei Beutefang und Angriffsflügen gegen Brutstörer: mit lautlosem Gleiten, klatschendem Rütteln, wendiger Flugjagd oder wuchtigem Sturzflug.

Sozialverhalten und Konflikte

Je nach Jahreszeit ruhen Waldkauz-Partner in getrennten Einständen (Herbst), in Kommunikationsdistanz (Winter) oder in engem Körperkontakt (Vorfrühling). Bei engem Kontakt zum Paarpartner sind soziales Kraulen und Schnäbeln für die Phase von Anpaarung und Balz typisch. Auch Jungeulen kauern oft eng aneinandergeschmiegt.

Entsprechend der hohen Bedeutung eines exklusiven Reviers zur Sicherung eines ganzjährigen Beutevorrats wird typischerweise das gesamte Aktionsgebiet verteidigt. Die Reviergrenzen bleiben über Jahre konstant. Reviergesang vorwiegend an markanten Grenzpunkten.
Als streng territoriale Art sehr aggressiv gegen Rivalen, wobei Männchen fremde Waldkäuze beiderlei Geschlechts attackieren, Weibchen hauptsächlich fremde Weibchen [254]. Höhepunkt der innerartlichen Aggression ist die „Herbstbalz“ mit ihren extrem lauten, schrillen und durchdringenden Lautäußerungen, mit Rufduetten, Verfolgungsflügen ins Nachbargebiet und gelegentlich sogar Rivalenkämpfen (Raufen auf dem Boden ineinander verkrallter Käuze [1151]). Abgedrängte bzw. revierlose Jungkäuze kümmern bzw. verhungern meist [1033]. (Bei hoher Haltungsdichte in Volieren können die Käuze keine individuellen Reviere bilden, sie wirken dann überraschend „verträglich“ gegenüber Artgenossen, bilden aber eine strenge „Hackordnung“ aus.)

Das Territorialverhalten bezieht auch artfremde Eulen mit ein, auf deren Rufe Waldkäuze bereits aggressiv reagieren (z. B. Steinkauz, Raufußkauz, Habichtskauz, Uhu). Der Waldkauz listet – neben dem Uhu – die meisten Eulen unter seinen Beutetieren auf!

Feindverhalten

Tagsüber in guter Deckung auf Feindvermeidung bedacht. Bei Annäherung einer Störung drücken sich Waldkäuze gegen den Stamm oder Ast und „verschmelzen“ mit dem Hintergrund; auch lassen sie sich z. B. vom Sitz in einem Höhleneingang langsam nach unten außer Sichtweite gleiten. Tarnstellung solange sich der Vogel noch sicher bzw. unentdeckt fühlt: in hochgestreckter Haltung, Gefieder glatt anliegend, Augen – bis auf schmalen Spalt – zugekniffen. Der Schleier wird nicht nur seitlich angelegt („eingedellt“), sondern zu zwei „Zipfeln“ hochgezogen, und damit die sonst runde Kopfform „höckerig“ verzerrt. In Drohstellung ist das Körpergefieder grob-plustrig abgesträubt,

Waldkauz-Nestlinge drücken sich bei Störung tarnend in die Nistmulde (Foto LIMBRUNNER).

speziell am Rücken; der Kopf wird kugelig aufgeplustert. Die jeweils zum Feind gewandte Schwinge wird zum eindrucksvollen Schild gefächert. In extremer Bedrohung öffnet der Kauz auch beide Schwingen symmetrisch. Drohen wird von hartem Schnabelknappen begleitet.

Von Greifvögeln, Krähen- und größeren Singvögeln werden tagsüber entdeckte Waldkäuze meist heftig „gemobbt". Speziell zur späteren Nestlingszeit, wenn die Altvögel in Nestnähe „Wache" halten, werden sie leicht entdeckt und mit Alarmlauten und Scheinattacken traktiert [1067]. Je nach potenziellem Risiko harren die Eulen aus oder fliehen in nahe Deckung.

Brütende Käuze bleiben bei Störungen im Nestbereich meist fest auf dem Gelege und verlassen die Höhle erst bei Erschütterungen des Baumes oder bei direkter Störung am Flugloch. Kleine Nestlinge setzen sich im Allgemeinen nicht zur Wehr, im Ausfliegealter kippen sie in Rückenlage zurück, schlagen mitunter auch mit den Fängen zu. Als flugunfähige Ästlinge zeigen sie die Drohstellung in besonders ausgeprägter Form.

Waldkäuze sind bekannt als aggressive „Wächter" ihrer Brut: Sie alarmieren kreischend gegen Uhus und scheuen sich auch bei Tageslicht nicht, Greifvögel oder Krähen zu attackieren. In Spanien griff ein Waldkauz sogar eine Waldohreulen-Brut in der Nähe seiner Bruthöhle an [46].

Die Käuze streifen Brutstörer in lautlosem Anfliegen mit Schwingen oder Körper, stoßen sich dabei auch mit den Krallen ab – oft blutende Wunden hinterlassend. Ihr Angriff kommt meist sehr überraschend, ohne jede Vorwarnung und oft von hinten. Mit dieser Überraschungstaktik können Waldkäuze Marder, selbst Füchse erfolgreich abwehren. In städtischen bzw. stadtnahen Gebieten, wo die Eulen

Waldkauz in Drohstellung. Bei rau gesträubtem Gefieder wird eine Schwinge zum imposanten Schild gefächert (nach SCHERZINGER).

Menschen gewohnt sind, attackieren sie auch Personen; in Waldgebieten eher scheu.

Nach Studien aus Ungarn korreliert bei Waldkauz-Männchen die Vehemenz der Angriffe mit deren Testosteronspiegel. Bei entsprechendem Hormonniveau reagieren die Käuze heftiger auf Rivalengesang und Waldkauz-Attrappen und investieren auch mehr in die Jungenaufzucht [906]. Die Männchen verteidigen die Brut, solange ihr Weibchen noch im Nest hudert. Weibchen übernehmen diese Aufgabe, sobald es die Nestlinge tagsüber allein lassen kann. Dabei investieren sie in die Brutverteidigung umso mehr, je früher die Brut und je höher die Jungenzahl; in jedem Fall höchste Angriffsbereitschaft, wenn die noch flugunfähigen Jungen das Nest verlassen [1067].

In dieser sensiblen Phase versucht das Weibchen mitunter, den – potenziellen – Fressfeind durch „Verleiten" abzulenken: am Waldboden „hilflos" flatternd, machen sie dabei durch zwielend-schirkende Laute auf sich aufmerksam [254].

Stimme

Laut hallend, wohlklingend bis schaurig-kreischend, oft grell. Die Stimminventare beider Geschlechter stimmen weitgehend überein, doch überwiegen beim Männchen weichere, volle Laute, beim Weibchen rau-kreischende bis grell-gellende Laute. Der bekannte Reviergesang des Männchens gliedert sich aus dreiteiligen Strophen in sehr charakteristischer Rhythmik: Er setzt lautstark mit einem heulenden *huu-u.u.u.u* ein (Mittelelement betont), gefolgt von einer deutlichen Pause von meist 2–4 (5) sec Länge; die 2. Silbe ist gestoßen kurz und hart abgesetzt wie *uju*; zuletzt folgt ein klares, hallendes Tremolo. Dieser Schlussteil ist lang gedehnt und verebbt am Ende rasch (*u. u. u.u. juuuuu* [935]). Individuell klingt diese Endsilbe sehr verschieden, wie „rollerndes" Trillern oder aufjaulend mit nur 1–2 Elementen. Die gesamte Strophe dauert im Schnitt 6,5 sec und umfasst Frequenzen von 560–770 Hz (Extremwerte 805–1015 Hz [254, 862]).

Männchen singen meist im Sitzen, bei Revierstreitigkeiten auch im Flug. Der Gesang ist für das menschliche Ohr etwa 1,5–2 km weit zu hören, speziell im Offenland [254]. Die Variabilität des Reviergesanges ist individuell konstant, sodass benachbarte Rivalen einander „persönlich" kennenlernen – und einzelne Männchen bei Kartierungsarbeiten im Gelände allein an ihrer Stimme bestimmt werden können [250, 727]. Nach einer Studie aus England lässt sich an der Frequenz der Eingangssilbe, dem Intervall aufeinanderfolgender Gesangsstrophen sowie deren Länge sowohl die reproduktive Fitness als auch die Parasitenbelastung, letztlich die Revierqualität eines Männchens ablesen [21, 22].

Der Gesang der Weibchen folgt keiner so ausgeprägten Gliederung, ist etwas höher und klingt meist rau.

Speziell zur Herbstbalz treten unterschiedlichste Gesangsvariationen auf, bei denen der Eingangsteil lang gedehnt, reich moduliert, zum Teil auch verzittert wird (*hululuиuuu.u.u*, Betonung Mitte), die Mittelsilbe auch mehrfach wiederholt und die Endsilbe als langgezogenes Heulen ausklingt. Ein solch heulend-überblasener Gesang mit besonders langen Silben ist

Tabelle 34. Typische Laute vom Waldkauz.

LAUTÄUSSERUNG	MÄNNCHEN	WEIBCHEN	NESTLING/ÄSTLING
Reviermarkierung Balzzeit	heulend *hu.huuu-ju-uuuu*	gedehnt jaulend *hjuuu-u-uuuu*	
Reviermarkierung Herbst	aufheulend-jaulendes „Greinen"	zwielend-kreischend *Kwitt*-Serie	
Alarm intensiver Alarm	*wick, uett*	*uett* gellende *kjiiwiik*-Serie	
Nestzeigen	Kollern (U-Roller)	(Kollern)	(Kollern)
Fütterungslaut		stotternd *hüng.hüng*	
Standortlaut/Betteln	*(kjiwitt)*	*kjiwitt*	*ks.zik*

vor allem für das Weibchen typisch [935]. Dem heiser-kreischenden bis zwielend-grellen „Greinen“ (Herbstgesang) liegt zwar der dreiteilige Grundrhythmus des Reviergesanges zugrunde, doch werden die Silben durch Überlagerung mit Fauchen, Zwielen und Kreischen schaurig-aufjaulend bis schneidend-schrill gedehnt *(chwuäj-cho.cho-chuäjochuäjowaij)*. Vor allem zur herbstlichen Territorialphase sind derartig auffällige und weittragende Wechselgesänge der Paarpartner typisch.

Zum Nestzeigen lockt vor allem das Männchen mit einem wohlklingend-verhaltenen, weichen „Kollern“ (U-Triller, Roller; erinnert in seiner Stimmlage an den Gesang des Raufußkauzes). Die Eule „kollert“ vom Grund der vorgesehenen Bruthöhle oder vom Flugloch aus, seltener auf einem nahen Ast. Dieser Lockruf wird auch bei Begegnungen der Paarpartner sowie zur Paarungseinleitung eingesetzt, merkwürdigerweise aber auch als Reaktion auf Rivalengesang bzw. zur Rivalenabwehr. Dieser „Nestzeigelaut“ ist etwa 30–40 m weit zu hören [254].

Zur Stimulation kleiner Nestlinge zur Futterabnahme setzt das Weibchen als Fütterungslaut eine trocken-nasale Reihe abgehackter Stakkatosilben in maschinenartig „stotternder“ Folge *(hüng.hüng-hüng-hüng.hüng.hüng)* ein.

Als Standorts- bzw. „Bettellaut“ des Weibchens dient das bekannte *kwitt* oder *kjiwitt* (Betonung jeweils am Ende), das unterschiedlichste Klangfarben von sanft, weich, heiser, krächzend bis rau und schneidend haben kann. Diese Äußerung wird auch vom Männchen als Kontaktlaut eingesetzt und begleitet nahezu alle Aktionen der Herbst- und Frühjahrsbalz, wie Beuteübergabe, Paarung, Kontaktsuche zu Partner oder Jungen usw., und wird auch bei aggressiven Auseinandersetzungen gegen Artgenossen oder größere Eulen als hartes *kwitt* oder grelles *kjiwitt* vorgetragen. Sehr ähnlich klingen die Alarmlaute, die kurz bellend *(uett)* bis hart ausgestoßen *(wick)* meist zu längeren Serien gereiht werden.

Während der „Bettellaut“ frisch geschlüpfter Nestlinge zart-fauchend wie *szih* klingt, ist das „Betteln“ großer Junger – speziell der Ästlinge – lautstark, kurz gestoßen wie *ks.zik*, mit kräftiger Betonung der Schlusssilbe. Mit der Ausformung des ersten Adultgefieders nähert sich die Stimmcharakteristik großer Junger immer stärker dem *kwitt* der Altvögel [658].

Zur Untermalung territorialer Auseinandersetzungen, speziell zur Herbstbalz, werden hoch-zwielende *kjiiiwiiiik*-Silben eingesetzt, die durchdringend-grell zur schneidend-gellenden Strophe gereiht werden („Katzenkonzert“ [254]). Bei Sozialkontakten der Paarpartner äußern Waldkäuze eine Fülle knurrend-brummiger, weich flötender, raunzender oder leise knautschender Stimmfühlungslaute *(uu-wip)*, die laut überblasen jeweils in Silben von „Betteln“, Reviergesang etc. übergehen können.

Schirken und Knappen wie bei anderen Eulen.

ERNÄHRUNG

Beutetiere

Wenn sich der Waldkauz auch vorwiegend von diversen Mäusen ernährt, so kann er eine sehr breite Palette an alternativer Beute nutzen. Dazu zählen einerseits Säugetiere und Vögel bis zu einem Gewicht von 320 g, wie beispielsweise Kaninchen, Eichhörnchen, Jungigel, Feldhamster, Bisam- und Wanderratten bzw. Möwen, Tauben, Krähen, Eichelhäher, Elstern, Waldohreulen, Turmfalken, Waldschnepfen oder Spechte. Andererseits finden sich auch kleine Beutetiere, wie Regenwürmer, Nacktschnecken, Grillen, Käfer oder Nachtschmetterlinge, neben Molchen und Fröschen,

Waldkauz im „Ansitz“. Blick und Gehör sind auf das Beutegeräusch konzentriert (Foto Hopf).

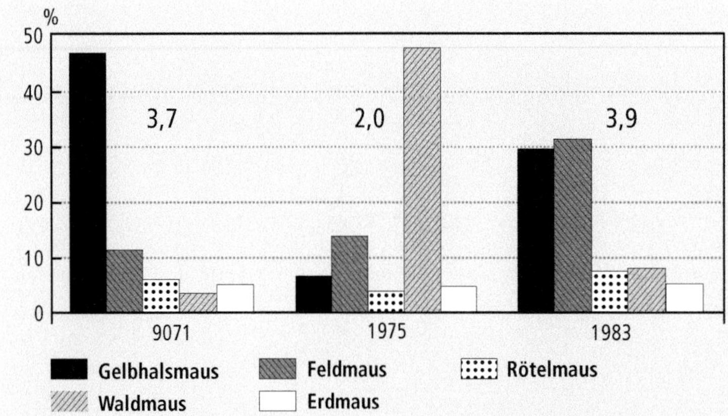

Die Zahlen über den Säulen entsprechen der durchschnittlichen Gelegegröße.

Als Opportunist nutzt ein Waldkauz die örtlich und saisonal jeweils häufigste Beute; entsprechend verschieden kann das Artenspektrum in den Beutelisten unterschiedlicher Jahre sein (Beispiel Südharz/Sachsen-Anhalt; aus Rönsch et al. 1992).

Eidechsen, Geckos und Schlangen auf der Beuteliste [443, 622, 836]. Als täglicher Nahrungsbedarf werden um die 73 g angeführt [254].

Die Zusammensetzung der Waldkauz-Beute differiert je nach regionalem Angebot sowie saisonalem Bedarf: In „guten Mäusejahren" überwiegen die Nagetiere mit bis zu 80 % (z. B. Finnland [64]), wobei den Hauptanteil die Erdmaus in England, die Gelbhalsmaus in Bialowieza/Polen, die Rötelmaus in Weißrussland und die Wanderratte in Serbien stellen [148, 427, 443, 992]. Bei einer Gewöllaufsammlung im Harz/Deutschland wechselte die Dominanz der Kleinsäuger jährlich, je nachdem ob Gelbhals- oder Waldmäuse, Rötel- oder Feldmäuse gerade häufiger vorkamen [874]. In südlichen Waldgebieten können Sieben- und Gartenschläfer einen bedeutenden Beuteanteil stellen.

Für finnische Verhältnisse wird hervorgehoben, dass eine hohe Wühlmausdichte im Frühjahr zwar für Eiproduktion und Brutaktivität entscheidend ist, der Erfolg der Jungenaufzucht aber vom sommerlichen Angebot ausgiebigerer Beute wie Schermäusen, Maulwürfen, Ratten und größeren Vögeln abhängt [1020].

Bei etwa 60 000 nachgewiesenen Beutetieren aus Deutschland setzt sich die Nahrung im Durchschnitt folgendermaßen zusammen: 73 % Kleinsäuger (mindestens 45 verschiedene Arten; in erster Linie Feld- und Waldmäuse, die fast die Hälfte der Gesamtbeute ausmachen, daneben Rötelmäuse, Erdmäuse, Schermäuse, Spitzmäuse, Maulwürfe und Ratten), 14 % Vögel (mindestens 100 verschiedene Arten; dabei Sperlinge, Grünlinge und Buchfinken über die Hälfte [658]), 13 % Frösche und Kröten. Gelegentlich werden Fische erbeutet, häufig Käfer. Zur Jungenaufzucht werden regelmäßig auch Regenwürmer verfüttert [614].

Bei Mangel an Mäusen ist für den Waldkauz ein Ausweichen auf Vogelbeute besonders typisch (z. B. 12,3–65,5 % in Burgund/Frankreich [47]; im Extrem bis zu 100 % [78]). Dieses Verhalten macht ihn in schneereichen Wintern widerstandsfähiger als andere Eulen. Entsprechend unterliegen Waldkauz-Bestände keinen so großen Schwankungen. Allerdings reicht solche Alternativbeute meist nicht für eine erfolgreiche Brut, schon gar nicht für die Aufzucht vitaler Jungen aus. Ebenso kann der zur Reproduktion notwendige Energiebedarf aus Spitzmäusen und Amphibien allein nicht gedeckt werden [1020].

Da in städtischen Habitaten völlig andere Lebensbedingungen herrschen, können Waldkäuze hier mit Mollusken, Spinnen, Insekten, Fröschen, Geckos sowie Tauben, Seglern, kleinen Singvögeln, Fledermäusen und Ratten erfolgreich brüten [214, 622]. Im Beispiel der Stadt Rom scheint für den Aufzuchtserfolg allerdings ein Rattenanteil von wenigstens 40 % ausschlaggebend [834].

Jagdweise und Beuteerwerb

Die Beuteerwerbshandlung ist mit optischem und akustischem Lokalisieren, Angriffsflug, Zupacken in Fangstellung, walkendem Zukrallen und Tötungsbiss angeboren. Durch entsprechende Erfahrung kann sie aber auf sehr unterschiedliche Jagdtechniken für ein breites Beutespektrum modifiziert werden. Typischerweise Ansitzjagd in bestimmten Schwerpunktgebieten des Reviers. Nach einer Studie aus Portugal kann die Effektivität der Beutelokalisation durch Verkehrslärm so weit eingeschränkt werden, dass der Waldkauz stark frequentierte Straßenabschnitte großräumig meidet [998].

Eine ausgeprägte Reviertreue begünstigt die genaue Ortskenntnis samt sicherer Einschätzung des Beutepotenzials unterschiedlichster Qualität, eine Voraussetzung für das Überleben des Paares trotz schwankendem Beuteangebot, insbesondere in Mangeljahren. Diese Kenntnis wird von den Eltern an die Jungen weitergegeben [1099].

Waldkauz mit Froschbeute (Foto LÖHR).

Jagdwarte in unterschiedlichen Höhen; bei Jagd auf Wirbellose auch direkt auf dem Waldboden: So lauert der Kauz zum Regenwurmfang reglos, auf feinste Geräusche achtend. Wartezeit je Bodenstelle rund 10 Minuten. Selbst bei geschlossener Bodenvegetation vermag er nachts die aus den Gängen kommenden Würmer akustisch zu orten. In hoppelndem Sprung erreicht er die Beute, packt sie mit dem Schnabel und versucht, den Wurm nach diversen Richtungen herauszuziehen, mit geöffneten Flügeln die Balance haltend [614]. Großinsekten werden vom Boden (z. B. Laufkäfer) oder von den Zweigen abgelesen (z. B. Maikäfer), wobei die Eule auch – kopfüber – kletterndes Hangeln zeigt. Nestlinge von Singvögeln dienen z. B. als Alternativbeute, wobei der Kauz mit den langen Beinen sogar durch das Flugloch nach Höhlenbrütern angeln kann. Vogeljagd typischerweise durch Aufscheuchen vom Schlafplatz unter wiederholtem Anfliegen mit rüttelndem Flügelklatschen [1154]. Ein Waldkauz hatte gelernt, die Einflugöffnung zum Fledermausquartier mit seinem aufgeplusterten Körper so weit zu blockieren, dass er die an ihm vorbeifliegenden Tiere direkt abfangen konnte [1036].

Jagdflüge geräuscharm, dennoch kraftvoll bei wuchtigem Aufprall, sodass auch erstaunlich wehrhafte Beute überwältigt werden kann. Über offenen Flächen auch Pirschflug in geringer Höhe, oft in ausholenden Zickzackschleifen, dabei Gleitstrecken und Ruderflug abwechselnd. Rüttelt mitunter auch über einer Geräuschquelle. Der wendige Flug erlaubt sogar Verfolgungsjagden in der Luft nach Insekten, Vögeln oder Fledermäusen. Fischfang wurde an Kleingewässern bzw. an Seichtstellen beobachtet. Sucht in strengen Wintern auch „Luderplätze“ mit entsprechenden Kadavern auf, die er mitunter gegen Mäusebussarde usw. zu verteidigen sucht [752].

Beuteüberschuss wird ganzjährig deponiert (auf Balken, in Höhlen usw.), die Beute dazu mit Schnabelstößen in Ritzen, Ecken usw. fixiert.

Waldkauz-Gewölle mit der typischen rundlich-bauchigen Form (Foto SCHREMPP).

Nur Wirbellose und Beute bis Mäusegröße werden ganz verschlungen; große Beute wird grob zerteilt, Vögel dabei gerupft.

Aufnahme von Wasser regelmäßig, im Winter auch als Schnee.

Gewölle: Ø 48 mm lang und 24 mm dick (Variationsbreite: 35–80 mm Länge × 20–28 mm Dicke).

Die Gewölle des Waldkauzes sind meist im Gelände verstreut, somit weder leicht noch zahlreich zu finden. Artzuordnung wegen der hohen Variabilität ihre Maße nicht immer möglich.

FORTPFLANZUNG

Geschlechtsreife im 1. Lebensjahr. Das Weibchen bestimmt den Brutplatz, der oft über mehrere Jahre hinweg beibehalten wird. Bevorzugt werden geräumige Baumhöhlen, daneben ungestörte Winkel in Gebäuden (Dachböden, Kirchtürme, Scheunen, Ruinen). Seltener sind Bruten in Schwarzspechthöhlen, auf alten Greifvogelhorsten oder abgebrochenen Baumstümpfen mit starkem Durchmesser, vereinzelt auch in Elstern-Nestern oder Eichhörnchen-Kobel, gelegentlich in Fels- oder Erdhöhlen (z. B. Kaninchenbauten in der baumarmen Dünenlandschaft holländischer Inseln [254, 516]); oftmals reicht eine flache Bodenmulde.

Da auch in alten Naturwäldern Baumhöhlen ausreichender Größe selten sind, kann es zu scharfer Nistplatzkonkurrenz mit dem Habichtskauz kommen. In bisher 3 dokumentierten Fällen übernahm das Habichtskauz-Weibchen mit der Bruthöhle des Waldkauzes auch dessen Gelege – und zog dann das „Kuckuckskind" mit den eigenen Jungen groß [951]. Keine zwischenartlichen Konflikte hingegen mit dem Bartkauz bei der Brut auf Reisighorsten [569]. Außergewöhnlich sind Beobachtungen aus Ungarn, wo Schleiereulen nicht nur die vom Waldkauz besetzten Nistkästen eroberten, sondern auch die artfremden Nestlinge gezielt töteten (12 Fälle in 8 Jahren [646]).

Sowohl zur Förderung der Art bei unzureichendem Brutplatzangebot als auch für wissenschaftliche Studien werden Nistkästen aus unterschiedlichen Materialien mit Erfolg angeboten (z. B. aus Brettern oder Kunststoffbehältern, mit empfohlener Grundfläche von 25–30 × 30–35 cm; Fluglochdurchmesser 12–13 cm [https://www.strixaluco.ch/]).

Balz und Paarbildung

Waldkäuze leben streng monogam, typisch ist die Dauerehe bei hoher Ortskonstanz. Entsprechend bleiben die Paarpartner oft über Jahre beisammen (z. B. 5 Jahre im Harz [874]). Bei außergewöhnlich gutem Beuteangebot auch Bigynie bestätigt (10 von 57 Bruten in England, Italien und Österreich [254]).

Balz meist auffällig durch laute Stimmen und hohe Flugaktivität. Die territoriale Phase hat ihren Höhepunkt im Herbst; sie fällt mit Selbstständigwerden bzw. Dispersion der Jungtiere zusammen und ist besonders lautstark. Vereinzelt können sexuelle Balzphase und Fortpflanzung unmittelbar anschließen (etwa bei „Winterbruten" im November bis Januar [347, 712]; im Allgemeinen sinkt die Balzaktivität während der Wintermonate aber auf niedriges Niveau. Die Frühjahrsbalz ist durch den heulend-weitklingenden Reviergesang des Männchens auffällig, doch fehlen ihr typischerweise die schrillen Töne des „Herbstgesanges". Zur Anpaarungsphase präsentieren die Männchen den vorgesehenen Brutplatz durch „kollerndes" Nestlocken. Sie singen meist am Höhlengrund, im Flugloch oder von einem nahen Ast. Der entsprechende Laut des Weibchens ist heller. Das „Nestzeigen" wird von Scharren und Nagen in der Höhle begleitet. Mitunter steigert das Männchen sein Verhalten durch demonstratives Umfliegen des Brutplatzes („Ringelfliegen" [1151]); es soll dabei vereinzelt sogar mit den Flügeln klatschen.

Balzfütterungen durch das Männchen erhalten zunehmend Bedeutung: Das Männchen präsentiert Beute mit verhalten-weichen Einzelsilben des Reviergesanges; das Weibchen antwortet mit weicher Stimmfühlung oder kräftigem „Betteln". Die Übergabe erfolgt auf einem Ast nahe dem Brutplatz, später in der Bruthöhle. Über die Häufigkeit von Beuteübergaben erfährt das Weibchen die Qualität des Beuteangebots und des – zur Brutzeit ausschließlich jagenden – Männchens; es kann die Gelegegröße danach ausrichten bzw. bei Mangel sowohl die Brut als auch die Paarbindung abbrechen [20, 1020, 1021, 1120].

Waldkauz brütet in Reisighorst. Die Art bevorzugt Höhlungen; Horst- und Bodenbruten sind nur ausnahmsweise zu beobachten (Foto HARVANČIK).

Kopulationen außerhalb des Brutplatzes, meist auf einem nahen Ast. Meldet sich das Männchen mit dem Reviergesang an, so antwortet das Weibchen mit erregtem „Betteln", das sich zu einem hellen „Triller" steigern kann. Oft zeigen beide Geschlechter Zeichen aggressiv getönter Konflikte (z. B. Gefiedersträuben). Zur Paarungsaufforderung neigt sich das Weibchen vor und hebt den Schwanz an. Das Männchen landet ohne Einleitung auf dem Rücken des Weibchens. Die Begattung dauert nur wenige Sekunden und wird von schirkendem Zetern begleitet.

Brut und Brutpflege

Es findet jährlich nur eine Brut statt. In Jahren mit sehr geringem Nahrungsangebot kann die Brut auch ganz ausfallen. Der Beginn der Eiablage hängt sowohl vom Angebot an Kleinsäugern bzw. von der körperlichen Kondition der Weibchen im Spätwinter ab als auch von den Witterungsverhältnissen, wobei im nördlichen Verbreitungsgebiet auch Höhe und Dauer der Schneedecke maßgeblich sind.

Besonders ergiebige Beute, wie Schermäuse oder Ratten, ermöglicht frühere – und damit erfolgreichere – Bruten [1020]. Mit Mitte Januar liegt der Legebeginn im begünstigten Großstadtklima Italiens besonders früh [254]. Trotz kontinentaler Winterkälte fällt der durchschnittliche Legebeginn in der Stadt Warschau/Polen bereits auf den 5. Februar [301]. Im Vergleich dazu fällt der früheste Termin in collinen Lagen Burgunds/Frankreich auf den 16. Februar [47], im Mischwald Litauens auf den 20. Februar [289] und im Borealwald Finnlands auf den 17. März [461]. Im 37-jährigen Mittel beginnt die Eiablage in Lettland am 24. März [289].

Aus Langzeitanalysen lässt sich schließen, dass Waldkauz-Weibchen die Entwicklung der Beutetierpopulationen in der laufenden Brutsaison sehr genau abschätzen können – und ihre Brutaktivität bzw. Legeleistung danach ausrichten. Entscheidende Indizien dürften zum einen die Anzahl an Mäusen im Herbst sein, die z. B. in Samen-Mastjahren deutlich ansteigt; zum anderen die Überlebensrate der Kleinsäuger während des Winters, aus der bereits im Frühjahr abgeschätzt werden kann, wie hoch die Reproduktion der Mäuseartigen bis zum Schlupf der Eulenjungen sein wird [167]. Bei Mäusemangel kann die Brut ganzer Populationen ausfallen, zumindest gelingen Brutversuche

Waldkauz überbringt Beute an seinen Nestling im Flugloch (Foto Hopf).

nur wenigen erfahrenen Altvögeln in hochqualitativen Revieren [1021]. Langzeitbeobachtungen aus dem Berliner Grunewald untermauern dies [1153, 1155]. Vergleichsweise kam es im Kanton Schaffhausen/Schweiz im Jahr 1996 zu 44 Bruten, im nahrungsarmen Jahr 1997 dagegen nur zu 2 Bruten. Bei Nistkastenkontrollen im Wienerwald/Niederösterreich gab es im „Mäusejahr" 2012 gleich 91 Waldkauz-Bruten, nach Abklingen der Gradation nur noch einen Brutversuch im selben Gebiet 2013, und der ist fehlgeschlagen [R. Zink, briefl.]. In einem Zeitraum von 10 Jahren investierten in England 0–85 % der Paare in eine Brut [254].

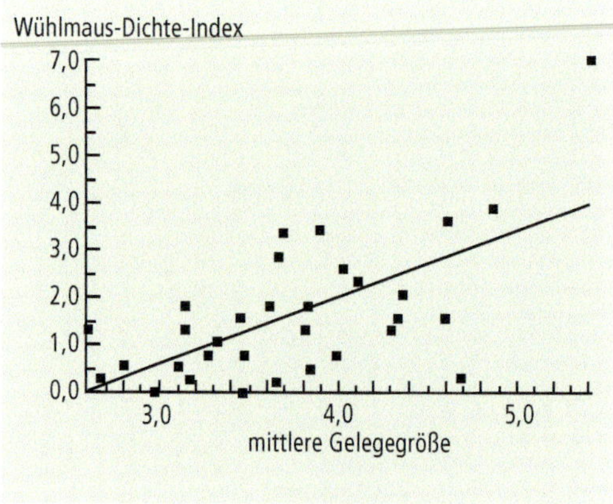

Waldkauz-Weibchen passen die Gelegegröße der aktuellen Beutedichte an. Das Beispiel aus Finnland zeigt eine klare Korrelation zwischen Mäusedichte (Index nach Fallenfängen) und mittlerer Gelegegröße (aus Solonen et al. 2015).

In Abhängigkeit zur Beuteversorgung durch das Männchen während Anpaarung und Balz umfasst ein Waldkauz-Gelege bis zu 6 Eier (maximal 8). Gelege aus „guten Mäusejahren" enthielten in Populationen Westdeutschlands und Englands maximal 6 bzw. 8 Eier, in Finnland 5 Eier [461, 874]. Die Mittelwerte erreichten 3,9 Eier in weiten Mischwäldern Lettlands [288], 3,8 Eier in der Dünenlandschaft einer holländischen Insel [511], 3,39 in Waldbiotopen Südfinnlands (jährliche Schwankungsbreite 3,3–5,0 [461]), 2,85 in England [397] und 2,61 im Harz/Deutschland [874].

Nachgelege bei Verlust der 1. Brut sind selten; erwähnt sind Beispiele aus Belgien mit durchschnittlich 2,2 Eiern [254].

Legeintervall 2 (3) Tage. Nur das Weibchen brütet, beginnt meist mit Ablage des 2. (3.) Eies, bleibt dabei sehr fest auf dem Gelege, selbst bei Störungen. (In einem kuriosen Fall „bebrütete" ein Weibchen eine alte Glühbirne als Ersatzobjekt.) Das Männchen besucht den Partner nur während der Brutpausen und zu den Beuteübergaben; schlüpft dabei zur „Kontrolle" auch in die Höhle ein.

Nach einer Bebrütungsdauer von rund 4 Wochen (28–29 Tage) schlüpfen die Jungen, meist im zeitlichen Abstand der Eiablage. Möglicherweise hilft das Weibchen beim Schlupfakt mit; restliche Eischalen bleiben zertreten im Nest, doch werden Kot, Gewölle und Beutereste entfernt oder vom Weibchen verschluckt. Das Deponieren von Beuteüberschuss in der Höhle ermöglicht Fütterungen auch tagsüber. Kleine Nestlinge erhalten vom Weibchen kleine Bissen, die es aus der Beute zupft und bei gackerndem „Fütterungslaut" darbietet, falls die Jungen nicht zügig abnehmen. Durch regelmäßiges Betasten kontrolliert die Mutter gleichzeitig die Vitalität der Nestlinge; verstorbene Junge werden an deren Geschwister verfüttert [1120].

Das rasche Jungenwachstum erlaubt es dem Weibchen, nur die ersten Nestlingswochen intensiv zu hudern, später beteiligt es sich am Beutefang [965]. Verunglückt die Mutter zur Aufzuchtsphase, kann das Männchen die Jungen frühestens ab dem 8. Lebenstag alleine aufziehen [1039]. Die Beuteversorgung der Jungen hält jedenfalls bis zum Ende der Führungszeit im Herbst an.

<u>Legebeginn</u>: in Mitteleuropa je nach Witterung mitunter schon im Februar, meist jedoch im März (20-jähriges Mittel aus Südhessen: 6. März [361]; 30-jähriges Mittel aus Holland: 22. März [511]).
<u>Gelegegröße</u>: 1–7 (8), meist 2–4 Eier.
<u>Ei-Maße</u>: Ø 47,5 × 38,8 mm (Variation 42–50 mm × 36–41 mm); Frischgewicht 39 g, Volumen 38,1 ml.
<u>Legeabstand</u>: 2–3 Tage.
<u>Bebrütungsbeginn</u>: meist erst nach dem 2. oder 3. Ei. Das Weibchen brütet allein und wird vom Männchen versorgt.
<u>Brutdauer</u> (für einzelnes Ei): 28–29 Tage.

Entwicklung der Jungeulen

Frisch geschlüpfte Junge wiegen etwa 28 g.

Vom Schlupf an wirken junge Waldkäuze kompakt, robust und kräftig. Sie können schon am 1. Tag aufrecht sitzen (Bauch aufliegend), sich im Liegen krabbelnd vorwärtsstemmen und im Fersensitz trippelnd herumrutschen. Frühestens mit 8 Tagen würgen die Nestlinge ein erstes Gewölle aus [254]. Ihre Augen beginnen sich am 9. Lebenstag zu öffnen. Schon in der 2. Lebenswoche suchen die Jungen selbstständig nach Beutestücken auf dem Nestboden. Ganze Mäuse können sie in der 3. Woche verschlingen.

Ein freies Sitzen (ohne Bauchauflage) ist ab dem 10. Tag, erstes Stehen ab dem 16. Tag zu beobachten. Gehen mit gestreckter Ferse gelingt mit 3 Wochen. Das – im Ästlingsstadium so bedeutende – Klettern kann in Ansätzen bereits bei 12-tägigen Nestlingen ausgelöst werden. Bei tiefen, röhrenartigen Bruthöhlen müssen die Jungen zum Ende der Nestlingszeit zum Flugloch hochklettern; zur „Kamintechnik" werden Krallen und Flügel eingesetzt, der Schnabel wird zu den Rastpausen eingehängt.

Noch flugunfähig, springen die Jungen im Alter von rund 30–32 Tagen vom Nistplatz und hocken – scheinbar „verlassen" – auf dem Waldboden. Kletternd gelangen sie über Gebüsch, tiefe Äste oder griffige Baumborke auf einen sicheren Sitzplatz. Bereits in diesem Alter zeigen die Jungeulen erste Beutefanghandlungen, wenn auch noch nicht in koordinierter Abfolge. Sicheres Beuteschlagen reift zusammen mit der Flugfähigkeit zum 90.–100. Lebenstag. Die Führungszeit beträgt 2 (3) Monate ab Nestverlassen [1066]. Bis zum Selbstständigwerden

Waldkauz-Nestling, 5 Tage alt. Die „Sitzschwielen" an den Fersen sind ausgeprägt (Foto SCHERZINGER).

Unterschiedlich alte Nestgeschwister des Waldkauzes (Foto KALOTÁS).

führen die Eltern ihre Jungen zu den erfolgreichsten Jagdgebieten im Revier und tolerieren deren Beuteerwerb ebenda wenigstens bis zur Herbstbalz – also noch 2–3 Wochen nach der Familienauflösung [1033]. Soweit möglich, siedeln sich die Jungen in unmittelbarer Umgebung des ihnen bekannten elterlichen Reviers an.

In Abhängigkeit zu Beuteversorgung und regional unterschiedlichen Umweltbedingungen schwankt die jährliche Fortpflanzungsziffer zum Teil erheblich. Hingegen kann sie im städtischen Bereich über Jahre konstant bleiben (z. B. Rom/Italien = 1,5 und Warschau/Polen= 3,2–3,4 Flügglinge pro erfolgreicher Brut [301, 836]).

Für Schottland wird die Minimum-Maximum-Spanne an Ästlingen je begonnener Brut und Jahr mit 0,2–2,6 angegeben [254], für Burgund/Frankreich mit 1,78–2,77 [47], für Finnland mit 1,96–3,43 (Mittelwert 2,27 [916]). Damit vergleichbar der Mittelwert für Schweden mit 2,33 Jungen/begonnener Brut [199]. Bezogen nur auf erfolgreiche Bruten pro Jahr, lag die Spanne auf der Schwäbischen Alb/Deutschland bei 1,8–5,0 Ästlingen (Mittelwert 3,06 [869]). Der entsprechende Mittelwert für Schweden = 2,9 Junge [199], für den Harz/Deutschland = 2,4 [874] und für Litauen = 3,1 [289].

Wie alle Phasen des Brutzyklus steht auch die Lebenserwartung der Jungeulen in engem Zusammenhang mit Beuteversorgung bzw. körperlicher Fitness. Im Suboptimalbiotop eines beutearmen Nadelwaldes in Nordengland starben in Mangeljahren bis zu 92 % der Jungen noch vor der Familienauflösung. Besonders schlechte Chancen hatten Junge aus späten Bruten. Neben Verhungern kam es zu Verlusten durch Habicht, Fuchs und Wiesel [148].

Ähnlich fielen auf einer holländischen Insel 73,3 % der Waldkauz-Ästlinge dem Habicht zum Opfer [516]. Auch in Dänemark waren die flugunfähigen Ästlinge besonders durch Prädation gefährdet; 36 % starben noch vor Selbstständigwerden [1065].

In „schlechten Jahren“ überlebten in Finnland nur 26 % das 1. Lebensjahr, 15 % das 2. und 10 % die weiteren Jahre. Besser waren die Chancen in „guten Jahren“ mit 43 % im 1. Jahr, 30,5 % im 2. und 24,1 % in den weiteren Jahren [240]. Dabei erweisen sich Jungvögel gegen-

Kletterverhalten junger Waldkäuze. Aus dem Nest gefallen, vermögen die Jungen unter Einsatz von Flügeln und Schnabel selbst an senkrechten Baumstämmen wieder hochzukommen (Foto STENGEL).

über Mäusemangel als wesentlich empfindlicher als Altvögel, die zum Teil auf Alternativbeute ausweichen können [240].

Trotz milderen Klimas in der Schweiz kann die Mortalität im 1. Lebensjahr 47–71 % betragen, im 2. Jahr noch 22–45 % [1052].

Zwar können adulte Waldkäuze von Uhu, Habichtskauz, Steinadler, Habicht sowie von Rotfuchs und Baummarder erbeutet werden, doch verhungern viele in schneereichen Wintern. In der Kultur- und Siedlungslandschaft kommen die meisten Verluste jedoch durch Kollisionen mit Auto- und Bahnverkehr zustande (z. B. 35,4 % in Norwegen [1011], 40 % in Finnland [681]).

Da Mäusegradationen auf Brachflächen, extensiv bewirtschafteten Feldern und Wiesen sowie auf Kahlschlägen im Wald besonders attraktive Jagdmöglichkeiten für den Waldkauz bieten, wirkt der Einsatz von Rodentiziden in der Land- und Forstwirtschaft auf solchen Flächen besonders fatal.

Frei lebende Waldkäuze sind häufig von Darm- und Blutparasiten befallen, scheinen aber gegenüber dem leberschädigenden Eulen-Virus unempfindlich [254].

Sterblichkeit: Die Verluste der Jungvögel sind nach dem Ausfliegen meist sehr hoch und können im 1. Lebensjahr 50–70 % betragen. In späteren Lebensjahren sinkt die Sterblichkeit auf ca. 25–40 %.

Höchstalter: in der Voliere 28 Jahre; in freier Natur bisher > 22 Jahre + 5 Monate bestätigt [680].

ORTSWECHSEL

Der Waldkauz ist ein ausgesprochener Standvogel, der das ganze Jahr über in seinem Revier bleibt. Durch diese Reviertreue erklärt sich auch die Dauerehe mit dem Partner, solange dieser lebt (belegt für 12, 16 und 18 Jahre im holländischen Dünengebiet [516]). Bei Ausfall eines Partners bleibt der Überlebende meist im gewohnten Revier, um sich mit einem revierlosen „Floater" oder zugewanderten Jungvogel neu zu verpaaren [1064].

Selbstständig gewordene Jungvögel streichen im ersten Herbst umher und siedeln sich bevorzugt im Umfeld des Geburtsortes an. Dies illustriert eine Studie aus einem Waldgebiet Nordenglands, wo sich Waldkauz-Junge im 1. Herbst maximal 4 km vom elterlichen Revier entfernt hatten (Mittelwert 1,1 km [148]).

Hohe Schneelagen mindern die Überlebenschancen von Waldkäuzen in Finnland erheblich, wobei Jährlinge besonders betroffen sind (aus FRANCIS & SAUROLA 2004).

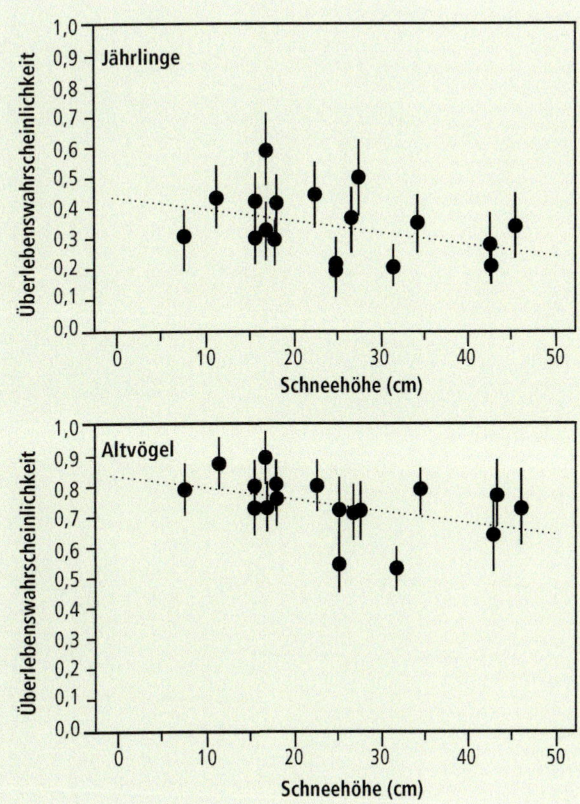

Waldkauz-Ästling. Knapp nach dem Nestverlassen zeigt das wollig-dichte Zwischenkleid seine maximale Ausprägung (Foto SCHERZINGER).

Nach einer Schweizer Auswertung bleiben 69 % der Jungvögel im Umkreis von 10 km, 19,5 % verstreichen bis 20 km, 4,5 % bis 30 km und nur 0,6 % weiter als 100 km [1053]. Der Mittelwert für Deutschland beträgt nach Ringfunden 14 km, für Finnland 38,4 km [228, 914].

Altvögel wandern im Allgemeinen nur kleinräumig umher, nach finnischen Beringungsergebnissen z. B. maximal 49 km (Männchen [914]). Sowohl unter den Jung- als auch den Altvögeln legen aber einzelne Individuen wesentlich größere Strecken zurück, was sowohl Populationsvernetzung als auch Arealerweiterung ermöglicht. Weiteste Ringfunde ergaben für Mitteleuropa bisher 460 km. Nach einer europaweiten Literaturauswertung überwinden Jungeulen bis zu 917 km, Altvögel bis zu 785 km, wobei Weibchen größere Strecken zurücklegen als Männchen [1052].

GEFÄHRDUNG UND SCHUTZMASSNAHMEN

Örtlich durch Steinadler, Uhu und Habichtskauz abgedrängt [448, 604, 1133].

In der Kultur- und Siedlungslandschaft hohe Verluste durch Freileitungen, Bahn- und Straßenverkehr, ferner durch Tod in Kaminen und Lüftungsschächten, aus denen Käuze beim Hineinfallen nicht mehr herausklettern können. Örtlich Ausfälle nach Vergiftungsaktionen gegen Ratten und Mäuse.

Europaweit siedelt der Waldkauz in weitgehend stabilen Beständen, in zum Teil hoher Dichte, weshalb die Art als nicht gefährdet gilt. Allerdings gibt es Hinweise auf Bestandsrückgang aus dem Vereinigten Königreich (UK), aus Dänemark, den baltischen Staaten und Bulgarien. Gleichzeitig dürften die Bestände in Tschechien und Luxemburg ansteigen (BirdLife International 2015).

Spezielle Schutzmaßnahmen scheinen aber gegenwärtig nicht erforderlich zu sein. Auf jeden Fall sollte in Gebieten, in denen auch Steinkauz, Sperlingskauz und Raufußkauz vorkommen, auf eine gezielte Förderung des Waldkauzes durch Nistkästen verzichtet werden.

OFFENE FRAGEN

- Wie gravierend ist der Einfluss des Waldkauzes auf kleinere Eulenarten?
- Gibt es eine „Abnischung" hinsichtlich Nistplatz- und Beutewahl bei sympatrischem Vorkommen der Geschwisterart Habichtskauz (regional auch Bartkauz)?
- Gibt es unter Freilandbedingungen ein Hybridisierungsrisiko mit dem Habichtskauz (eventuell auch Bartkauz)?
- Was sind die Ursachen des neuerdings beobachteten Bestandsrückgangs in West- und Nordeuropa?
- Welchen Einfluss könnte der Klimawandel auf die Anteile einzelner Farbmorphen innerhalb einer Waldkauz-Population haben?
- Wie lassen sich die Diskrepanzen zwischen der traditionellen Unterartengliederung in Europa mit der Rekonstruktion der nacheiszeitlichen Ausbreitungswege interpretieren?

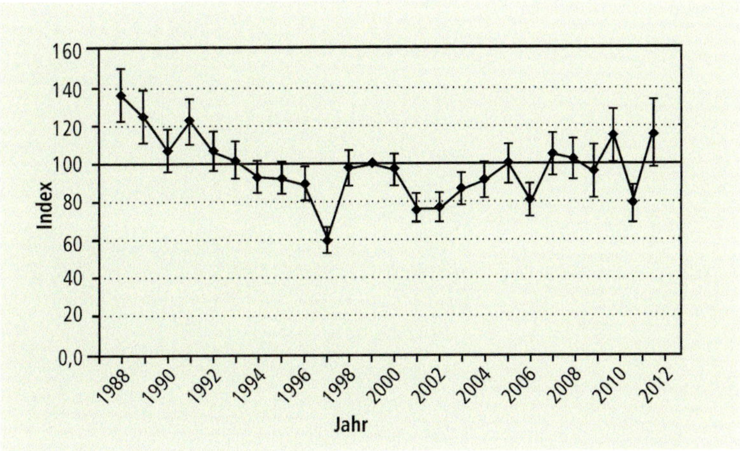

Indexberechnung für die Entwicklung der Waldkauz-Bestände in Deutschland für die Jahre 1988–2012 (Trend mit −0,7 % schwach sinkend. Berechnungsbasis = 4374 Brutpaare; aus MAMMEN et al. 2017).

Unfallopfer Waldkauz. In Mitteleuropa dominieren Verluste durch Straßenverkehr (Foto VOLLMER).

WALDOHREULE

Asio otus

ALLGEMEINES

Wiewohl in „guten Mäusejahren" geradezu häufig, bleibt die Waldohreule aufgrund ihrer ziemlich verborgenen und unauffälligen Lebensweise meist unentdeckt. Auch zeigt ihr Bestand starke Schwankungen in Abhängigkeit von der örtlichen Häufigkeit an Wühlmäusen, ihrer Hauptbeutetiere.

Im Bereich menschlicher Siedlungen tritt die Waldohreule als Brutvogel eher selten auf, häufiger jedoch als Überwinterer, in strengen Wintern sogar in innerstädtischen Parkanlagen oder Friedhöfen. Hier sitzen die Eulen meist in Deckung bietenden Nadelbäumen, aber auch in winterkahlen Laubbäumen und sind dabei im Allgemeinen wenig scheu. Die im Herbst beginnenden Ansammlungen an solchen oftmals traditionellen Tagesruheplätzen können ein Dutzend bis zu mehrere Hundert Individuen umfassen. Entsprechend auffällig sind dann die vielen am Boden liegenden Gewölle.

Adulte Waldohreule auf Jagdwarte. Beim aufmerksam gespreizten Schleier ist die kontrastreiche Einfassung deutlich (Foto Nill).

KENNZEICHEN

Die Waldohreule ist etwas kleiner und vor allem schlanker als der Waldkauz.
Größe: ca. 36 cm (davon Schwanzlänge bis zu 13,8 cm (Männchen) bzw. 14,3 cm (Weibchen)). Nordische Herkünfte größer als mitteleuropäische.
Flügelspannweite: ca. 95 cm.
Gewicht: Männchen 220–280 g (Ø 250 g); Weibchen 250–370 g (Ø 300 g; Angaben für die Schweiz). Allerdings erhebliche saisonale Schwankungen, mit Maximalwerten zur Brutzeit (Männchen bis 303 g, Weibchen bis 435 g) und niedrigen Werten im November [80, 204].

Charakteristisch sind die orangegelben, oft rötlichen Augen sowie die langen, oft steil aufgerichteten Federohren. Diese können bei ungestörter Ruhestellung wie auch bei hoher Aktivität und im Flug dem Kopfgefieder allerdings eng angelegt werden.

Die Gefiederfärbung an Hinterkopf, Rücken und Schultern ist gelblich braun, mit dunkler, rindenähnlicher Marmorierung, an Brust und Bauch hell rostgelb mit kräftigen dunklen Längsstreifen und feiner dunkler Querbänderung. Männchen sind in der Regel unterseits heller gefärbt. Bereits im Ästlingsstadium lassen sie sich mit hoher Sicherheit von Weibchen an der weißen Federbasis der inneren Armschwingen unterscheiden. Außerdem zeigt ihre längste Alula 3 Querbinden (bei Weibchen 4 [388, 638, 932]).

Der gelblich weiße Gesichtsschleier ist seitlich dunkel umrandet und durch die spitzwinkelige Stirnbefiederung zwischen den Augen und den weißlichen Augenbrauen V-förmig unterbrochen. Außerdem ist er beidseitig durch einen charakteristischen schwarzen Längsstreifen in Augenhöhe gegliedert, der sich in der Farbgebung der Federohren fortsetzt.

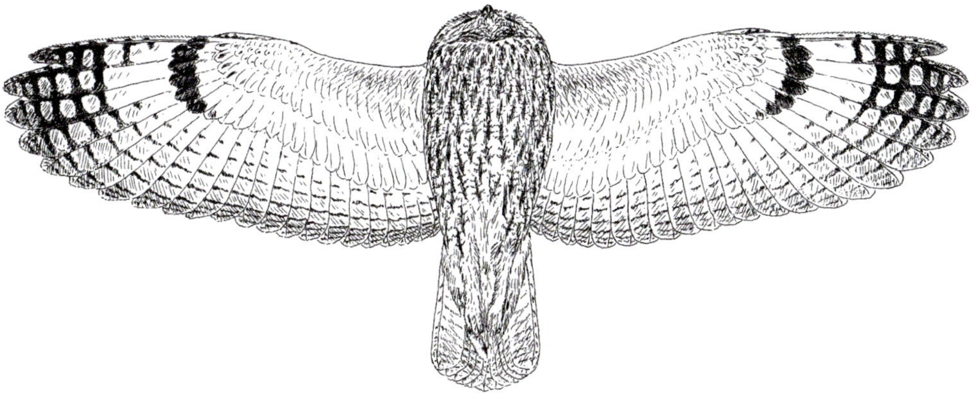

Flugbild der Waldohreule. Die Proportionen weisen auf eine leichte, fluggewandte Bauweise, die auch Weitstreckenflüge zulässt (nach MÜLLER 1985).

Im Flugbild wirken Flügel und Schwanz der Waldohreule lang und elegant. (Im Vergleich zeigen Sumpfohreulen noch längere Flügel mit sehr heller Unterseite, schwarzem Fleck im Handgelenk und schwarzen Flügelspitzen).

Waldohreulen tragen ihr Jugendkleid bis zum 2. Herbst. Die Mauser setzt mit HS.1 und HS.10 ein; die Armschwingen werden von 3 Zentren aus gewechselt. Das Alterskleid ist erst im 3. Jahr vollständig [144].

Taxonomie und Unterarten

Die Gattung *Asio* gilt als monophyletisch, umfasst 7 (8) Arten und wird mit *Nesasio*, *Pseudoscops* und *Ptilopsis* in der Unterfamilie *Asioninae* zusammengefasst. Die geografische Variation von *Asio otus* ist gering; anerkannt sind neben der Nominatform *Asio otus otus* 3 Unterarten, nämlich die deutlich kleinere Inselform *A. o. canariensis* auf den Kanaren sowie *A. o. tuftsi* und *A. o. wilsonianus* im nordwestlichen bzw. südöstlichen Nordamerika [1146, 1174, 1177].

Obwohl Wald- und Sumpfohreulen nur sehr entfernt verwandt sind (*Asio otus* näher mit der Streifeneule *Asio clamator* aus Mittelamerika und *Asio flammeus* näher mit der afrikanischen Kapohreule *Asio capensis*), gibt es Waldohr-Sumpfohreulen-Hybride aus dem Freiland [283, vgl. 951].

VERBREITUNG

Das Verbreitungsgebiet erstreckt sich zum einen quer durch Eurasien, und zwar von den Britischen Inseln, der französischen, iberischen und marokkanischen Atlantikküste sowie den Azoren und Kanaren im Westen bis in den Fernen Osten: über Vorderasien, die Himalaja-Region, Mongolei und China bis nach Sachalin und Japan. Im Norden reicht das Verbreitungsareal bis in die boreale Zone (südliche Taiga).

◁ Federtypen der Waldohreule:
1 Handschwinge links,
2 Handschwinge links,
3 Armschwinge links,
4 Schwanz rechts,
5 Schwanz Mitte
(Foto SCHATTER).

◁◁ Fang der Waldohreule. Die schmalen, langen Zehen sind ungeeignet für große, wehrhafte Beute (Foto GROSS).

Verbreitung der Waldohreule in Europa. Die hochmobile Eule besiedelt die Kulturlandschaft bis in Mittelgebirgsregionen und Alpentäler, sie fehlt in geschlossenen und schneereichen Waldlandschaften (blau gestrichelte Linie: Nord- bzw. Ostgrenze im Winterhalbjahr).

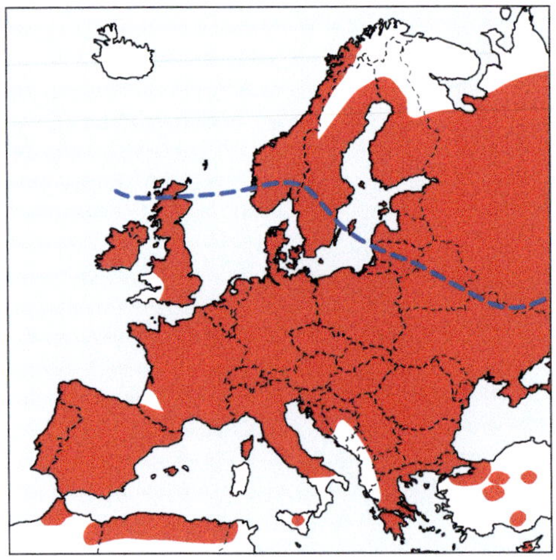

In Afrika ist die Art in den Gebirgswäldern des Mittleren und Hohen Atlas verbreitet, ebenso in den Bergwäldern Äthiopiens in Ostafrika. Zum anderen reicht die Verbreitung über weite Bereiche Nordamerikas, vom südlichen Yukon Territory über British Columbia bis nach Texas [627].

LEBENSRAUM

Die Waldohreule jagt vorwiegend in offenem Gelände (Felder, Wiesen, Niederungsmoore, Heiden, Dünenlandschaft) mit niedrigem Pflanzenwuchs, sofern deckungsgebende Einzelbäume, Heckenzeilen oder Waldränder angrenzen. Sehr günstig sind Gebiete mit einem hohen Anteil an Grünland- und Brachflächen, auf denen sich Feld- oder Erdmausgradationen entwickeln können. Daneben kommen auch lockere Obstbaumpflanzungen, Aufforstungen auf Kahlschlägen, stark aufgelichtete Wälder, Blößen und Wegschneisen als Jagdflächen infrage. Meidet im Allgemeinen großräumige Waldkomplexe, wobei ein Anteil von höchstens 20–35 % an geschlossener Waldfläche als günstig gilt [351, 639, 1125]. Wiewohl die Art auch städtische Grünflächen und das dörfliche Umfeld zur Jagd nutzt, scheint sie sowohl den bebauten Siedlungsraum als auch Gebiete mit asphaltierten Straßen zu meiden [607, 1105]. In manchen Landschaften wurde auch das Vorkommen von Waldkäuzen als Negativkriterium beschrieben [46, 271]. Hingegen dürften benachbarte Waldohreulen-Reviere die Attraktivität eines Gebiets erhöhen [870].

Entsprechend der Höhenverbreitung der Waldohreule zwischen Küste und Waldgrenze gibt es keine Bevorzugung bestimmter Waldgesellschaften. Im Inneren größerer, geschlossener Waldbestände fehlt die Art weitgehend; Schlaf- und Nistplätze typischerweise in Waldrandnähe. Brütet auch in kleinen Feldgehölzen, Baumgruppen, Hecken oder sogar auf Einzelbäumen, sofern dort geeignete Horste und Deckung für die Tagesruhe gegeben sind.

Tageseinstand meist in dichten, bevorzugt immergrünen Bäumen (wie Thuja, Fichte, Kiefer) oder sonst wie Deckung bietenden Strukturen (z. B. von Schlingpflanzen überwucherte Baumstämme). Vergleichbar gilt für den Neststandort die Bevorzugung dichter Kiefern oder Fichten gegenüber winterkahlen Laubbäumen. Doch können auch dichte Weißdornbäume, dornenbewehrte Robinien oder stachelige Ölweiden ausreichenden Schutz am Brutplatz gewähren.

Bei günstigen Ernährungsbedingungen besiedelt die Waldohreule selbst das Hochgebirge, mitunter bis an die Waldgrenze: Brutnachweise z. B. auf 450–1210 m in den italienischen Alpen [982], 1450 m in Niederösterreich, 1200–2100 m Höhe im Wallis (Schweiz [1]), 1600 m in Vorarlberg (Österreich) oder 1625 m in der Steiermark (Österreich [497]).

SIEDLUNGSDICHTE UND STREIFGEBIET

Offenbar gibt es bei dieser Art kein typisches Territorialverhalten, zumindest scheint das Revier auf das Umfeld des Brutplatzes eines Paares beschränkt, das durch Reviergesang des Männchens bzw. Nest-Summen des Weibchens markiert und von den Artgenossen respektiert wird. Bei hoher Dichte rufen die Männchen in nur 30–50 m Distanz.

Zur Erfassung der Siedlungsdichte haben sich Kontrollgänge in windstillen, klaren Nächten zwischen Ende Januar bis Mitte Mai bewährt, bei denen Gesänge und Klatschflüge revierbesitzender Eulen registriert werden können. Zur allfälligen Stimulierung des Territorialverhaltens eignet sich ein Nachahmen des Männchen-Rufes (bzw. Playback vom Rekorder), noch wirkungsvoller soll die Imitation des Flügelklatschens sein, weil beide Geschlechter

Lebensraum der Waldohreule in durchbrochener Waldlandschaft. Durch Moore, Heiden, Wiesen und Weideland aufgelichtete Wälder kommen dem Primärbiotop der Art in Europa vermutlich am nächsten (Böhmerwald; Foto SCHERZINGER).

darauf reagieren [76]. Alternativ ist eine systematische Suche nach geeigneten Nestern vor Laubaustrieb zu empfehlen, wobei Störungen bereits besetzter Nistplätze dringend zu vermeiden sind (Brutverlust)! Zwischen Mai und August lassen sich zusätzlich die laut bettelnden Jungvögel registrieren, deren „Fiepen" auf eine Distanz von mindestens 300 m zu hören ist [74, 1208]. Zur Ermittlung der individuellen Streifgebiete ist eine angepasste Besenderungstechnik freilich unerlässlich.

Je nach der Höhe des jährlichen Nahrungsangebots schwankt die Siedlungsdichte in den unterschiedlichen Habitattypen ganz erheblich (zur Vergleichbarkeit alle Abundanz-Angaben für jeweils 10 km² berechnet): In Schleswig-Holstein (Norddeutschland) betrug z. B. die Differenz zwischen einem Mangeljahr = 0,3 Brutpaare, einem Jahr mit mittlerem Beuteangebot = 0,95 Brutpaare und einem „guten Mäusejahr" = 1,4 Brutpaare, jeweils pro 10 km² [1208]. Ähnliche Werte errechnen sich für Brandenburg mit 7,2 Paaren/10 km² im Mittel [81] und die Berghänge der italienischen Alpen mit 1,0–1,5 Paaren/10 km² [982].

Trotz der Kargheit brüteten in einer spanischen Dünenlandschaft 6,6 Paare je 10 km² [870]. In der Umgebung der slowenischen Stadt Laibach schwankte die Siedlungsdichte zwischen 0,3 und 3,1 Paaren je 10 km², bei örtlicher Konzentration von maximal 18 Paaren/10 km² [1095].

Die Siedlungsdichte von 18 Revieren auf einer 15 km² großen Untersuchungsfläche (Altmoräne am Marschrand bei Husum, Schleswig-Holstein) entspricht einer Abundanz von 12 Paaren/10 km² [1210]. Ähnlich hohe Werte fanden sich in einem Dichte-Zentrum auf der Schwäbischen Alb (Baden-Württemberg; hochgerechnet 12,7 Brutpaare/10 km² [867]). Für ein Kontrollgebiet in Serbien errechnet sich eine mittlere Dichte von 6,2 Paaren/10 km², bei jährlichen Schwankungen von 4,4–24,0 Paaren/10 km²[830].

Die Brutvorkommen auf den Grünflächen im Stadtgebiet von Dresden (Sachsen) erreichten eine mittlere Dichte von 2,6 Paaren/10 km², mit lokalen Dichtebereichen von 25–34 Brutpaaren/10 km² [213].

Aus der Region Moskau wurde die bisher höchste Dichte mit 7,3 Brutpaaren/km² bekannt (entspräche 73 Brutpaaren/10 km² [1225]).

Bei so hohen Dichten liegen die Brutplätze oft weniger als 100 m auseinander; im Extrem

Lebensraum der Waldohreule in der Agrarlandschaft. Bei reicher Gliederung durch Feldgehölze, Hecken und Raine kann die Art maximale Siedlungsdichten erreichen (Ostslowakei; Foto SCHERZINGER).

Tabelle 35. Schätzwerte für Waldohreulen-Brutbestände in Verbreitungsschwerpunkten Europas (nach BfU 2019, BirdLife International 2021).

LAND	FLÄCHE (TAUSEND KM²)	BRUTPAARE/ REVIERE	BEZUGSJAHR
Europäisches Russland	3952,5	100000–350000	2008
Ukraine	603,8	33000–47000	2000
Deutschland	357,3	25000–41000	2019
Frankreich	643,8	20000–40000	2012
Rumänien	238,3	8000–30000	2013
Polen	312,6	8000–25000	2004
Weißrussland	207,5	12000–20000	2012
Kroatien	56,5	10000–15000	2010
Schweden	450,2	2600–15000	2012
Ungarn	93,0	6500–12000	2002
Italien	301,3	6000–12000	2006
Bosnien und Herzegowina	51,1	5000–10000	2014
Norwegen	385,2	1000–10000	2013
Tschechien	78,8	4000–8000	2003
Litauen	65,3	3000–7000	2012
Vereinigtes Königreich (UK)	242,4	1800–6000	2011
Belgien	30,6	3000–5000	2012
Österreich	83,8	3000–4500	2012
Gesamt-Europa	**10180,0**	**312000–512000**	2021

Die Zahlen für Gesamt-Europa enthalten auch die Angaben von hier nicht aufgeführten Ländern.

nur wenige Meter, sodass der Eindruck „kolonieartigen" Brütens entsteht [870, 982].

Zur Flächengröße der Jagd- und Streifgebiete der Waldohreule gab es bisher recht vage Angaben, mit Schätzungen von 2–3 km² im Mittel bis 7 km² in Mangeljahren [1168]. Mithilfe der Telemetrie konnten realistische Werte, auch saisonale und geschlechtsspezifische Unterschiede ermittelt werden: So kamen Waldohreulen in der Peripherie von Budweis (Tschechien) mit einem Jagdgebiet von nur 56 ha aus, während in der Stadt siedelnde Eulen, deren Jagdgebiet ebenfalls außerhalb der Stadt lag, 446 ha beflogen [607]. Eine vergleichbare Situation gab es in der Schweiz, wo Eulen bei günstigen Feld-Wald-Proportionen nur 97 ha zur Jagd benötigten, während Eulen, die großen Siedlungsbereichen ausweichen mussten, bis zu 3174 ha absuchten (Mittelwert bei 980 ha [351]).

Auf Kreta überwinternde Waldohreulen jagten in einem Radius von 0,4–2,4 km um den Tagesrastplatz (im Mittel 1,5 km, entspricht etwa 650 ha [196]). Außerbrutzeitliche Streifgebiete betrugen in der Slowakei 447 ha im Mittel, während der Brutzeit aber nur 253 ha [1105], wobei die Jagdgebiete sowohl von Männchen und Weibchen als auch mit denen benachbarter Paare breit überlappen können.

BESTANDSVERHÄLTNISSE

Die Waldohreule ist in Europa einerseits eine durchaus häufige Art, andererseits unterliegen ihre Bestände – in Abhängigkeit zur Kleinsäugerdichte, speziell den Feldmauszyklen – erheblichen Bestandsschwankungen, sodass die Bestandsschätzungen eine große Breite überspannen. Auch scheint das Verbreitungsareal im Fluss, da einerseits in den Niederlanden eine Bestandszunahme aufgrund von Aufforstungen der Moor- und Heideflächen vermerkt wird, andererseits die Brutvorkommen in Großbritannien vom kräftigeren Waldkauz bedrängt würden.

BirdLife International (2021) benennt den europäischen Gesamtbestand der Waldohreule mit 312 000–512 000 Paaren (nach dem Atlas ADEBAR [2014] sogar 380 000–810 000 Paare). Die höchsten Bestände werden für das europäische Russland (100 000–350 000 Paare), gefolgt von der Ukraine (33 000–47 000 Paare),

Waldohreule im winterlichen Tageseinstand. Im Wechselspiel von Schattenmuster und Gefiederzeichnung sind selbst frei sitzende Eulen kaum zu erkennen (Foto Moosrainer).

Waldohreule im Sandbad. Durch grabendes Scharren und rudernde Flügelbewegungen wird das Gefieder mit staubfeinem Sand eingepudert (Foto Diemer).

Mimik der Waldohreule. Variationen von Ohrenstellung, Schleierform, Bloßlegen der weißen und schwarzen Signalzeichnungen im Gesicht und des Augenöffnens ermöglichen einen vielfältigen Ausdruck (nach VOOUS & CAMERON 1988).

Deutschland (25 000–41 000 Paare), Frankreich (20 000–40 000 Paare), Serbien (17 700–25 200 Paare) und Kroatien (10 000–15 000 Paare) genannt.

Sowohl großflächig bewaldete als auch großflächig baumfreie Landschaften haben – wie auch die alpinen Lagen und der klimatisch ungünstigere Norden – ein erheblich geringeres Habitatpotenzial (z. B. Rumänien = 8000–30 000 Paare; Schweden = 2600–15 000; Ungarn = 6500–12 000; Dänemark = 1500–2000).

VERHALTEN UND STIMME

Ruhe und Körperpflege

Zur Feindvermeidung liegt der Tageseinstand meist in guter Deckung immergrüner Bäume, doch rasten Waldohreulen mitunter auch frei sichtbar, z. B. zur „Bewachung" des Brutplatzes, seltener auch an winterlichen Sammelplätzen. Diese liegen meist in Siedlungsnahe, mitunter in Parkanlagen oder kleinen Baumgruppen inmitten der Ortschaft. Die Sammelschlafplätze werden über viele Jahre beibehalten– zum Teil sind bis über 100 Jahre bestätigt! –, wobei bestimmte Bäume, ja sogar bestimmte Zweige über Jahre konstant benutzt werden können. Bevorzugt werden Nadelbäume (Fichte, Kiefer, Thuja), doch genügen manchmal auch gut verzweigte Laubbäume (z. B. Buche, Birke). In einem Beispiel aus dem europäischen Russland saßen die Eulen in 11–13 m Höhe, oft dicht an den Stamm gelehnt [617].

In seltenen Fällen rasten Wintergruppen – nach Art der Sumpfohreule – auch auf dem Boden, lediglich durch niedriges Gebüsch oder Reisig gedeckt [323]

Diese Sammelplätze formieren sich typischerweise in strengen Wintern, speziell bei örtlichen Wühlmausgradationen [1105]. Sie sollen als „Nachrichtenstation" dienen, an der die Eulen erfahren, wo die besten Jagdchancen bestehen [713].

Erste Ansammlungen wurden vereinzelt schon zur Mauserzeit im Spätsommer beobachtet. Bei insgesamt 86 in Serbien kontrollierten Sammelplätzen trafen erste Individuen im späten Herbst ein, das Maximum wurde zwischen Ende November und Mitte Januar erreicht; ab

Februar löste sich die Wintergemeinschaft bald wieder auf [890]. (Auflösung in einem Beispiel aus Dresden Ende Februar, aus der Slowakei erst Mitte März [211, 742].)

An den Winterrastplätzen treffen oft Dutzende bis mehrere 100 Eulen aufeinander. Ein Massenschlafplatz mit bis zu 750 Individuen in der Ortschaft Kikinda (Serbien) wurde sogar zur Touristenattraktion [24, 999]. Die Zusammensetzung der Schlafgemeinschaft ist keineswegs stabil, Einzelvögel können vielmehr täglich ausgetauscht werden [1046]! Auch wechseln Eulen zwischen benachbarten Schlafgemeinschaften [1105].

Unbeobachtet und entspannt, kauert die Eule im Einstand aufrecht, mit gelockertem Gefieder, den Kopf angezogen, die Augen meist geschlossen und den Gesichtsschleier schmal zusammengekniffen. Die Federohren sind meist halb aufgerichtet. Eng an den Stamm gelehnt sind die rindenfarbenen Eulen im Lichtspiel der Baumkronen kaum noch zu entdecken.

Die Eulen sonnen sich – speziell im Winter – auf exponierten Zweigen. Zu ausgiebigem Sonnenbad fächert die Eule ihr Großgefieder weit auf, sträubt das Rückengefieder, stellt die Federohren auf und blinzelt in die Sonne. Seltener legt sie sich flach hin. Auch zum Regenbad werden die Schwingen geöffnet, und der Vogel dreht sich – bei grob gesträubtem Gefieder – schaukelnd hin und her, sodass eine größtmögliche Fläche berieselt wird. Die Bewegungen beim Baden in Staub, Asche, Holzmulm, Feinerde usw. sowie im Wasser sind sehr ähnlich [711]; Wasserbäder werden vor allem zum Aktivitätsende am frühen Morgen genommen.

Kratzen, Strecken, Putzen und Schütteln gehäuft zum abendlichen Aktivitätsbeginn, auch nach Nahrungsaufnahme oder Bad und – zur Erregungsableitung – nach Feindbegegnung.

Aktivitätsmuster

Aktive Vögel zeigen einen breit-runden Gesichtsschleier, die kräftig gefärbten Augen sind rund geöffnet und die Federohren unauffällig niedergelegt.

Waldohreulen sind dämmerungs- und nachtaktiv, wobei Komfortverhalten, Feindabwehr und gelegentlich Beutefang auch bei vollem Tageslicht zu beobachten sind. Bei Störungen der

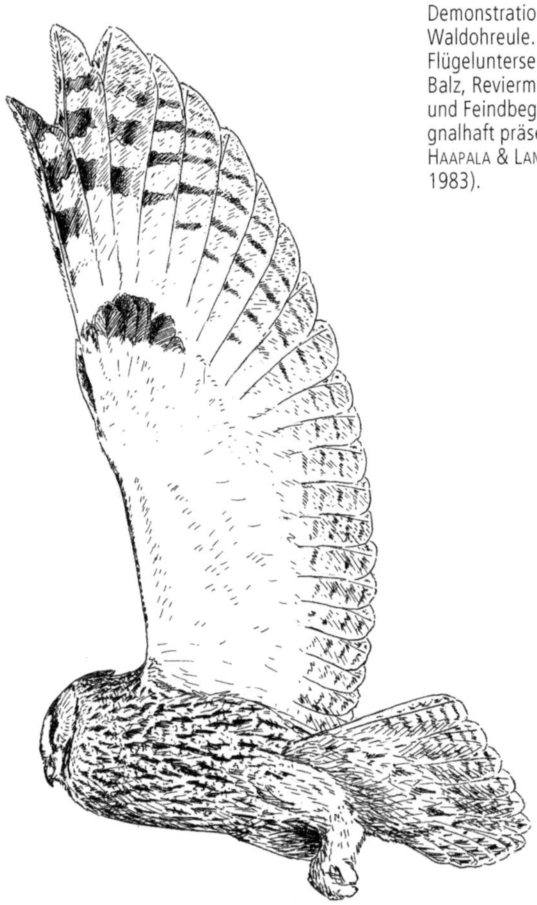

Demonstrationsflug der Waldohreule. Die helle Flügelunterseite wird bei Balz, Reviermarkierung und Feindbegegnung signalhaft präsentiert (nach HAAPALA & LAMMIN-SOILA 1983).

Brut scheuen sich Waldohreulen nicht, auch bei vollem Tageslicht gegen den Feind anzufliegen, zu verleiten oder auch in ausholenden Schleifen den Brutplatz zu umkreisen. Speziell zur Versorgung der Jungen fliegen die Eltern bereits vor Sonnenuntergang auf Beutefang. Eulen aus winterlichen Rastgemeinschaften fliegen in früher Dämmerung bei meist noch guten Lichtverhältnissen zur Jagd.

Im Sommer beginnt die abendliche Aktivität mit Einsetzen der Dämmerung, etwa ½ Stunde nach Sonnenuntergang. Der abendliche Aktivitätsgipfel dauert nur 2–3 Stunden, gefolgt von einer Ruhephase um Mitternacht; ein zweites Maximum reicht bis in die frühe Morgendämmerung [1150]. (Ende der nächtlichen Aktivität bei 14 besenderten Eulen im Mittel 53 Minuten vor Sonnenaufgang; Schweiz [351].) Schlechtwetter, vor allem Nebel, heftiger Regen und Wind hemmen die Flugaktivität.

Waldohreule in ausholendem Ruderflug. Dem Lebensraum Waldrand entsprechend sind die Flügel schmäler als beim Waldkauz (als Waldart) und breiter als bei der Sumpfohreule (als Offenlandart; Foto NILL).

Das fiepende Betteln ausgeflogener Jungeulen setzt mit der Abenddämmerung ein, tagsüber verhalten sich auch hungrige Ästlinge meist ruhig.

Bewegungsweise und Flug

Die Bewegungen sind leicht bis grazil und dennoch kräftig. Waldohreulen trippeln, gehen und springen am Ast gleich sicher wie auf dem Boden. Sie vermögen sich steigend, schlüpfend und kletternd auch im dichtesten – selbst dornigen – Geäst fortzubewegen. Flugunfähige Altvögel (z. B. durchnässt nach dem Bad) setzen ein Klettern mit Krallen, Schnabel und Flügeln ein, wie es sonst für Jungvögel vor Erlangen der Flugfähigkeit typisch ist. In ähnlicher Technik dürften sie Maikäfern an den Zweigspitzen nachstellen.

Der Flug wirkt leicht und schwebend, zum Teil luftig-gaukelnd, jedoch nicht völlig „lautlos". Die Flugbahn ist geradlinig, auch durch Baumkronen oder dichtes Stangenholz, was ein reaktionsschnelles Manövrieren voraussetzt. Zur Balz führt das Männchen einen betont langsamen Demonstrationsflug mit weit ausholendem Flügelschlag aus (helle Flügelunterseite mit Signalwirkung). Auch umkreist es den Horstplatz in engen Schleifen, vollführt dazu (selbst in der Voliere) erstaunliche „Girlanden" und rasante Zickzackrouten auf engstem Raum. Beim Pirschflug wechseln Ruderflug – mit nur flachem Flügelschlag – und kurze Gleitstrecken; auch rüttelt die Eule über Beute oder über Nestfeinden [375].

Sozialverhalten und Konflikte

Waldohreulen sind einzelgängerisch, doch saisonal gesellig. Außerhalb der Brutzeit neigt die Art zur Bildung lockerer Gruppen, sei es beim Sandbaden (z. B. 6–8 Eulen baden nebeneinander gleichzeitig [749]), beim Beutefang auf Aufforstungsflächen (z. B. Schottland [1124]) und bei Weitstreckenwanderungen, vor allem aber an den gemeinsamen Winterrastplätzen. Hier wurde auch Vergesellschaftung mit anderen Eulenarten, meist Sumpfohreulen, beobachtet. Zur Jagd verlassen die Eulen abends meist gemeinsam den Rastplatz.

Gleichzeitig meiden Waldohreulen direkten Kontakt zu Artgenossen, vielmehr halten sie sowohl am winterlichen Sammelplatz als auch am Tageseinstand der Paarpartner eine deutliche Individualdistanz ein. Männchen und Weibchen nutzen im Allgemeinen getrennte Einstände und zeigen auch am Höhepunkt der Balz kein Aneinanderkuscheln; soziales Kraulen eher selten beobachtet [937, 1079].

Revierverhalten mit Gesang und Flügelklatschen sind auf die nähere Brutplatzumgebung beschränkt. Benachbarte Brutpaare werden selbst auf kurze Distanz zum eigenen Horst toleriert. (Bei der amerikanischen Unterart wurde ein zusätzliches Männchen als „Helfer" am Nest beobachtet [627].) Keine Rivalitäten im gemeinsamen Jagdgebiet. Das gilt sogar für Sumpfohreulen, die mitunter in nur 30 m Distanz zur Waldohreule brüten (z. B. Finnland [204, 688]). Umso bemerkenswerter sind Beobachtungen, nach denen ein Waldohreulen-Weibchen eine Saatkrähe aus ihrem Nest vertrieb, um dann mitten in der Kolonie zu brüten (Rumänien [1079])!

Feindverhalten

Waldohreulen setzen auf Feindvermeidung, was letztlich durch ihr tarnfarbenes Gefieder unterstützt wird. Aus dem sicheren Einstand „tarnt" die Eule sich gegen annähernde Feinde, indem sie schmal hochgestreckt das Gefieder eng anlegt, eine Schulter vorzieht und den Gesichtsschleier seitlich anpresst, das „verräterisch" runde Eulengesicht verzerrend. Die steil aufgerichteten „Federohren" verstärken diesen Effekt wirkungsvoll. Deren schwärzliche Mittellinie setzt sich über das ganze Gesicht fort, wodurch das ohnehin nur spaltförmig geöffnete Auge zusätzlich unkenntlich gemacht wird. Im Astgewirr entsprechender Bäume bleibt die Eule praktisch „unsichtbar".

Bei Winteransammlungen tolerieren die Eulen menschliche Annäherung auf erstaunlich kurze Distanzen.

Brütende Weibchen ducken sich bei Störungen tief in die Nestmulde und stellen lediglich

Drohstellung einer jungen Waldohreule. Nur die Frontseite wirkt imposant, bei Ansicht von hinten fliegt der „Schwindel" auf (nach SCHERZINGER).

die Federohren auf. Typischerweise fliegen sie erst bei Erschütterungen des Horstbaumes vom Brutplatz, obwohl durch Abhören mit Spezialmikrofonen belegt ist, dass auch „reglos" – und scheinbar unbeteiligt – verharrende Eulen massiven Stress durch Annäherung von potenziellen Beutegreifern bzw. Personen im Horstumfeld erleben [60]!

Die Drohstellung, wie sie Waldohreulen in ausweglosen Situationen – sei es räumliche Behinderung oder Flugunfähigkeit – typischerweise zeigen, ist in ihrer vollen Ausprägung äußerst imposant: In leichter Vorlage pendelt die Eule mit dem Kopf langsam hin und her, die Augen weit aufgerissen, den Schleier und das Kopfgefieder zur plustrigen Kugel gesträubt. Dazu werden beide Schwingen radförmig gefächert, deren Oberseite zum Beobachter gedreht ist, dabei mit dem Bug nur knapp über dem Boden gehalten. Zusammen mit Fauchen, Knappen und auffälligem „Augenklimpern" kann diese eindrucksvolle Radstellung kleinere Raubsäuger real abwehren.

Störungen am Horst beantworten die Eulen mit bellendem Alarm, gleichzeitig fliegen sie demonstrativ umher, mitunter klatschen sie auch nahe dem Störer mit den Flügeln oder drohen mit vollem Flügelrad; gelegentlich greifen sie sogar an [791]. Die Intensität ihrer Abwehr steigt mit dem Alter der Nestlinge (nicht aber mit der Jungenzahl), wobei Weibchen z. B. gegen Personen am Nest meist heftiger reagieren als Männchen [257]. Merkwürdig ist das „Verleiten", bei dem die Eule auf einem Ast mög-

Waldohreulen-Ästling in Drohstellung. Wiewohl weitgehend wehrlos, vermag die Jungeule durch Fauchen, Knappen, Augenklimpern und Aufstellen des Flügelrades Kleinraubtiere abzuschrecken (Foto BRANDL).

lichst nahe zum Brutstörer herankommt, mit schlaff hängenden Flügeln scheinbar unkoordinierte Bewegungen ausführt und schließlich – unter jaulend-klagendem „Miauen" und bellend-kreischendem Warnen – um sich schlagend zu Boden trudelt.

Waldohreulen mögen wenig robust und geradezu verletzlich wirken, umso mehr überrascht ihre Wehrhaftigkeit: Über eine automatische Kamera konnte in Spanien verfolgt werden, wie ein Waldkauz, der gerade selbst Junge hatte, eine nahe gelegene Waldohreulen-Brut attackierte: Den Eindringling zunächst mit geplustertem Gefieder androhend, kippte die Eule in Rückenlage zurück. Nach einem heftigen Kampf, bei dem beide Weibchen sich mit den Fängen in den jeweiligen Gegner einkrallten, flog der Waldkauz schließlich ab [46]. (In England wurden Waldohreulen-Reste in Waldkauz-Gewöllen nachgewiesen [271].)

Bei Störungen am Brutplatz ducken sich kleine Nestlinge in die Mulde bzw. lassen sich meist wehrlos greifen. Erst in der 4. Woche drohen sie fauchend und knappend, vereinzelt schlagen sie auch – in Rückenlage – mit den Fängen zu. Bei Gefahr fliehen sie typischerweise aus dem Horst, springen dabei einfach zu Boden oder klettern in höhere Kronenteile. Ästlinge zeigen Tarnen und Drohen besonders ausgeprägt.

Außerhalb der Brutzeit zeigten Waldohreulen wiederholt neugierige Annäherung an einen Hund mit spielerischem Überfliegen und Scheinangriffen im Stoßflug [375].

Stimme

Hohl, wohlklingend dunkel. Die Stimmen der Waldohreule sind überraschend leise, selbst ihr Gesang. Als Reviergesang trägt das Männchen eine monotone Reihe hohl-geblasener *huh*-Silben vor (Intervall 2–5 sec), typischerweise von einer Warte am Waldrand oder im Fluge nahe zum prospektiven Horstplatz. Die dunklen Frequenzen von etwa 0,25–0,4 kHz sind bei ruhigem Wetter bis zu 300 m weit zu hören [76], lassen sich aber schlecht orten. In seltenen Fällen „singt" auch das Weibchen, seine Laute sind etwas höher (etwa 0,30–0,45 kHz) und klingen heiser bis krächzend (Beobachtung z. B. zur Herbstbalz [862]).

Ästling der Waldohreule, bettelnd. Beim zwielend-dünnen „Fiepen" wird der Schnabel weit aufgerissen (Foto NILL).

Als artspezifischen Instrumentallaut setzt die Waldohreule bei ihren demonstrativen Imponierflügen ein hart-klappendes bis kurz-knackendes Flügelgeräusch ein. Dieses „Flügelklatschen" wird durch kurzes Gegeneinanderknallen der Flügel unter dem Körper erzeugt und erfolgt während des rasanten Fluges. Männchen klatschen sowohl mit Einzelschlägen als auch mit anhaltender Serie in regelmäßigem Intervall. Ungeklärt ist die Erzeugung rasch aufeinanderfolgender Doppelschläge beim „klatschenden" Männchen [862]. Das Männchen klatscht zur territorialen Demonstration gegen Rivalen, Störer bzw. Feinde und zum Weibchen orientiert; das Weibchen klatscht bei der Flugbalz am Nistplatz.

Bei einer Erhebung in der Schweiz reagierten 34,8 % der bestätigten Waldohreulen auf Imitation (bzw. Playback vom Rekorder) des Männchen-Gesanges [76]. Männchen antworten typischerweise mit Gesang, Weibchen mit „Betteln" bzw. Nest-Summen. 11,5 %, die auf ein imitiertes Klatschen reagierten, antworteten in beiden Geschlechtern mit Klatschen, mitunter auch Weibchen-Summen [81]. Wie Beobachtungen aus Spanien zeigen, können sich Eulenmännchen dem vermeintlichen Rivalen auch stumm annähern, ihn dabei demonstrativ umkreisend [836]. Mit Fortschreiten der Balz und Paarbindung erlischt diese Rivalenreaktion bald [80].

Innerhalb der „Intimbalz" mit dem Partner lockt das Männchen mit weichen, verhaltenen Einzelsilben des Reviergesanges, die z. B. bei Beuteübergabe oder Kopula als rasche *bu.bu.* *bu*-Serie gereiht werden (auch Einzelsilben wie *bwuh* oder uhuartig-zweisilbig *bwuhu*). Das Weibchen verfügt über einen ähnlichen, jedoch helleren und gröberen „Gesang" (unregelmäßige Serie kräftiger *bwuh.bwuh.bwuh*; auch gedehnte Einzelsilben *bwuut*), der häufig im Duett mit dem Männchen zu hören ist, beim Nestzeigen und auch als „Bettellaut" (zittrig-gedehnt wie *buhuuuu*) eingesetzt wird [937].

Während der Anpaarungsphase und Balz äußert das Weibchen als spezifischen Standortlaut

LAUTÄUSSERUNG	MÄNNCHEN	WEIBCHEN	NESTLING/ÄSTLING
Reviermarkierung Balzzeit	hohl *huh.huh.huh* Flügelklatschen	 (Flügelklatschen)	
Reviermarkierung Herbst	(Gesang)	(Gesang)	
Alarm intensiver Alarm	kläffend *uäk.uäk* katzenartiges *kjiiiau*	*uäk.uäk* winselnd-zwielend	
Nestzeigen	*bwuh.bwuh*-Serie	*bwuh.bwuh*-Serie	
Nestlaut		nasales Summen	
Fütterungslaut		gluckendes Tuckern	
Standortlaut/Betteln	*(chwüjü)*	nasal-knautschig *chwän*	*szi*/dünnes Fiepen

Tabelle 36. Typische Laute der Waldohreule.

Waldohreule hebt zum Jagdflug ab (Foto NILL).

ein wimmernd-dünnes, nasal-raunzendes *chwää* (Nestlaut bzw. „Summen" [1150]) in stark wechselnder Intensität. Der Laut wird typischerweise zum „Nestzeigen", zu Beuteübergaben und Paarungen eingesetzt und dabei im Wechsel zum Reviergesang des balzenden Männchens vorgetragen.

Während der Brut- bzw. Aufzuchtszeit wird der „Bettellaut" des Weibchens kräftiger und klingt heiser-rau bis fauchend-hustend, etwa wie *chwän*. Dieses „Betteln" ist sowohl gegen den beutetragenden Partner als auch gegen die Jungeulen bei der Fütterung gerichtet. Das Männchen äußert einen ähnlichen Laut (*chwü, chwüjü* oder *chrööj*; rauer, tiefer, kräftiger als Weibchen-„Betteln") in sehr unterschiedlichen Situationen (wie Beuteübergabe); Funktion aber oft unklar (z. B. Drohen gegen Partner während der Anpaarung).

Der „Fütterungslaut" des Weibchens klingt gluckernd-nasal in abgehackten – oft beschleunigenden – Stakkatostrophen und ist weitgehend auf die ersten Tage der Nestlingszeit beschränkt. Er wird von beiden Geschlechtern geäußert, auch im Zusammenhang mit „Nestzeigen" und Beuteübergaben.

Jungeulen „betteln" im Nest mit kurzen *szi*-Silben; später zweisilbig wie *giszip*. Nach dem Nestverlassen äußern sie ein weittragendes „Fiepen", das in langer, unregelmäßiger Folge bald zittrig-dünn, bald kräftig-schneidend als hoch-zwielender „Klagelaut" unterschiedlicher Tonlage erklingt. Ästlinge verstummen typischerweise auf den Alarm der Altvögel [81].

Im Kontrast zum wenig differenzierten Stimminventar der Balz verfügen Waldohreulen über ein reiches Repertoire an Warnsignalen, die typischerweise kurz-abgehackt und kläffend wie *uäk.uäk* (grell *krjäck*; auch als Doppelsilbe *häk.quäk*) klingen und zu kurzen Folgen gereiht werden können. Einzelsilben des Reviergesanges, wie hart bellendes *buh* sind in Alarmsituationen im Horstbereich von beiden Geschlechtern zu hören. Zum „Verleiten" äußern die sonst wenig stimmfreudigen Eulen winselnd-jammerndes Miauen (katzenartig *ki-jai*), rau-krächzendes Warnen und kräftig-zwitscherndes Schirken.

Auch Fauchen und Knappen sind für das Feindverhalten typisch.

ERNÄHRUNG

Beutetiere

Abgesehen von Sondersituationen sind Mäuse die Hauptbeutetiere in allen Teilen Europas, und zwar – entsprechend ihrer Häufigkeit – im Mittelmeergebiet vorwiegend Langschwanzmäuse, in den übrigen Teilen Europas hauptsächlich Wühlmäuse.

Beuteschlag der Waldohreule. Die fallschirmartig gebreiteten Flügel fangen den Schwung vor dem Aufprall ab; die Krallen sind – in Blickrichtung – maximal vorgestreckt (Foto NILL).

So ist die Ernährung während des ganzen Jahres ziemlich einförmig, denn sie besteht zum allergrößten Teil aus Wühlmäusen. Im Durchschnitt (von insgesamt über 72 000 in Gewöllen nachgewiesenen Beutetieren) setzt sich die Nahrung in Mitteleuropa folgendermaßen zusammen:

- Über 82 % Wühlmäuse (die Feldmaus dabei als Hauptbeutetier mit etwa 76 %, bei Gradationen sogar mit über 90 %).
- Etwa 9 % Echte Mäuse (vor allem Waldmäuse).
- Etwa 8 % Kleinvögel (überwiegend Sperlinge und Grünlinge, die am ehesten beim Übernachten in Schlafgesellschaften von den Eulen gegriffen werden).

In Irland und England sowie in Fennoskandien, wo Feldmäuse von Natur aus fehlen, wird die Erdmaus zum Hauptbeutetier der Waldohreule [272].

In Wühlmaus-Mangeljahren sind Waldohreulen in ihrer Beutewahl überraschend flexibel, indem sie auf Erd- und Waldmäuse ausweichen [54]. Fehlen auch diese, greifen die Eulen auf Kleinvögel und Spitzmäuse, seltener Bilche, Birkenmäuse oder Fledermäuse zurück [75, 982].

Bei aller Eintönigkeit der Beutelisten spiegeln diese doch sehr deutlich die biogeografischen Unterschiede des Beuteangebots wider. So überwiegen in Nordeuropa die Nordische

Gewöllansammlung unter einem Waldohreulen-Schlafplatz (Foto HECKER).

Tabelle 37. Wiewohl die Waldohreule vorwiegend auf Mäuse Jagd macht, zeigt ein Vergleich von Beutelisten aus ihrem gesamten Verbreitungsgebiet markante Schwankungen bei den Artenzahlen innerhalb bestimmter Beutegruppen; besonders auffällig bei Vögeln und Insekten, die ja meist nur als Alternativbeute gelten (aus BIRRER 2009).

	Total	Säugetiere	Vögel	Reptilien	Amphibien	Fische	Insekten	Andere Wirbellose
Nordamerika	133	78	39	5	2	0	5	4
Nordeuropa	59	24	34	0	0	0	1	0
Britische Inseln	74	20	51	0	1	0	1	1
Mitteleuropa	195	50	97	3	3	0	38	4
Südeuropa	168	47	89	3	0	0	26	3
Südosteuropa	102	42	51	0	0	1	8	0
Afrika/Naher Osten	59	18	25	4	1	0	11	0
Asien	45	32	12	1	0	0	0	0
Total	477	180	191	15	7	1	73	10

Wühlmaus, die Erdmaus und die „Waldmäuse" (im Mittel jeweils 48,8 % und 24,7 %), in Großbritannien Erdmaus und „Waldmäuse" (im Mittel je 37 % und 35,6 %) sowie Kleinvögel, in Mitteleuropa die Feldmaus (im Mittel 72,5 %) und in Südeuropa die Feldmäuse neben Wald- und Gelbhalsmäusen (im Mittel je 46,7 % und 22,1 % [75]).

Abweichend von diesen Mittelwerten, können Vögel eine regional deutlich größere Bedeutung haben, wie z. B. in einer Analyse aus Norditalien mit fast 50 % zur Brutzeit [67]. Wo Waldohreulen den Vogelzug ausnutzen können, steigt der Vogelanteil auf 60 % (Donaudelta/Rumänien [902]) oder gar 86 % (Insel Helgoland/Deutschland [336]). Vergleichbares gilt für die Erbeutung von Fledermäusen, deren Anteil selten 1–2 % übersteigt (z. B. Italien 1,4 %, Britische Inseln und Spanien 2 %), im Einzelfall aber bis auf 12 % anwachsen kann (z. B. Mecklenburg-Vorpommern [572]), oder sogar bis 40 % der Wirbeltierbeute ausmachen kann (Dresden/Sachsen [213]). Die Eulen lauern den Fledermäusen beim abendlichen Ausflug der Kolonie oder an Straßenlaternen auf [259]. Maikäfer sind eine leichte Beute, sodass Insekten in Gradationsjahren einen hohen Beuteanteil stellen [982].

Im Einzelfall werden sogar Kadaver genutzt, etwa von Verkehrsopfern (z. B. Reste von Marder und Stachelschwein im Gewölle italienischer Waldohreulen [705]).

Aus dem eurasischen Verbreitungsgebiet wurden insgesamt 447 Beutetierarten nachgewiesen, mit der größten Vielfalt in Mittel- und Südeuropa (jeweils 195 und 168 Arten) und deutlich eingeschränkter Vielfalt auf den Britischen Inseln und in Nordeuropa (jeweils 74 und 59 Arten [75]). Nach einer Übersicht für die gesamte Paläarktis beträgt das häufigste Beutegewicht 50 g. Als größte Beutetiere sind Wiesel, Maulwurf, Schermaus, Eichhörnchen, Jungkaninchen und Wanderratte unter den Säugetieren bzw. Buntspecht, Türkentaube und Drosseln unter den Vögeln nachgewiesen [91, 902]. (Die amerikanische Unterart *Asio otus wilsonianus* überwältigt sogar Raufußhühner bis zu einem Gewicht von 500 g [153].)

Jagdweise und Beuteerwerb

Waldohreulen jagen bevorzugt auf Freiflächen, soweit Waldränder, Hecken oder Einzelbäume in der Nähe sind, kaum jedoch in völlig offener Landschaft [196, 351, 639, 1129].

Typisch ist ein Suchflug in großräumigen Schleifen über dem Boden. In Kombination aus flachem Rudern und leichtgewichtigem Segeln lokalisiert die Eule Kleinsäuger vorwiegend akustisch. In schütterem Baumbestand ist Suchflug unter Kronenniveau möglich, doch dominiert die Ansitzjagd von frei stehenden Bäumen, Pfosten usw. aus [351]. Im Rüttelflug inspiziert die Eule mögliche Beuteverstecke, treibt dabei auch Kleinvögel aus der Deckung, meist unter Einsatz der Flügel [196, 272].

Aus Flug oder Ansitz lässt sich die Eule zur Beute schräg abwärts gleiten; kurz vor dem Aufprall spreizt sie die vorgestreckten Fänge maximal und lehnt den Kopf etwas zurück. Eine

Fangstellung mit offenen Schwingen dürfte nur bei großer Beute auftreten. Mäusen wird vor dem Verschlingen der Kopf zerdrückt. Größere Singvögel werden grob gerupft und zerteilt; Flügel und Brustkorb bleiben meist ungenutzt. In Einzelfällen sollen Waldohreulen sogar Fische an der Wasseroberfläche in flachem Gleitflug greifen [850]. Schmetterlinge und große Käfer, die zur Insektenbeute zählen können, werden entweder mit dem Schnabel vom Boden aufgepickt oder von Zweigen gelesen (z. B. Maikäfer).

Als Aspekt der Anpaarungsphase wird Beute am künftigen Brutplatz abgelegt. Beuteüberschuss wird zumindest während der Aufzuchtszeit deponiert, auf Zweigen, in Stammhöhlungen oder auf dem Waldboden [937]. Trinken gelegentlich.

Gewölle: Waldohreulen-Gewölle sind hellgrau und von schlanker, gleichmäßig walzenförmiger Gestalt. Maße: durchschnittlich 46 mm lang und 21 mm dick (Variationsbreite: 37–65 mm Länge × 16–27 mm Dicke).

FORTPFLANZUNG

Beide Geschlechter sind gegen Ende des 1. Lebensjahres fortpflanzungsfähig. Soweit sich die Waldohreulen in ihrem Brutgebiet ganzjährig aufhalten, kann es zu einer Herbstbalz mit Reviergesang und Nestinspektionen kommen. Eulen aus nordischen bzw. schneereichen Verbreitungsgebieten wandern zur Überwinterung meist in mildere Gebiete ab. Sie balzen entsprechend erst zur Reviergründung nach ihrer Rückkehr im Frühjahr.

Waldohreulen sind in hohem Maße vom Nestbau der Krähenvögel abhängig, wobei vor allem Krähen und Elstern eine regional unterschiedliche Bedeutung zukommt: z. B. Eulenbruten in Rabenkrähen- bzw. Nebelkrähen-Nestern zu 75 % in Schleswig-Holstein/Norddeutschland [1208], zu 83 % in Weißrussland [420]; in Elstern-Nestern zu 59 % in Slowenien [1095], zu 60 % in Serbien [830]. Verschiedentlich werden auch Horste von Reihern oder Greifvögeln benutzt (z. B. 81 % von 32 Bruten in Sperberhorsten, italienische Alpen [982]). Bei Mangel an solchen Brutgelegenheiten wurden auch Nester von Tauben und Hausratten angenommen. Angebotene Kunstnester (z. B. Körbe, flache Plattformen, auch Halbhöhlen aus Kunststoff) werden meist problemlos zur Brut genutzt [246, 260, 866].

Ausgefallen sind Bruten in offenen Baumhöhlen, auf starken Baumstümpfen oder Astgabeln, selbst im Gewirr dichter Schlingpflanzen. Jedenfalls ist die Waldohreule so flexibel, dass auch Bodenbruten erfolgreich sein können (z. B. in ausgedehnten Brennnessel-Beständen, Elbinsel Lühesand [13]; unter Brombeergestrüpp, Schweiz [72]; unter überhängendem Adlerfarn, England [271]). Aus der Literatur sind wenigstens 25 Fälle von Bodenbruten aus baumfreien Heidelandschaften, Dünengebieten oder Schilfwiesen bekannt [870]. Auf Mallorca, den Kanarischen Inseln und in der Schweiz wurden auch Bruten in Felsnischen bestätigt [77].

Gleich nach dem Laubfall fangen die Männchen damit an, die Elstern- und Krähen-Nester in

Waldohreule-Brut im Krähennest. Nur die hochgestellten Federohren verraten die Eule (Foto SCHERZINGER).

Balz der Waldohreule. Der Ablauf weicht vom Verhalten anderer europäischer Eulen überraschend ab (oben „Winken" mit den Flügeln in „Bockshaltung", unten Kopula; nach FRITZ et al. 1977).

ihrem Revier zu inspizieren, um dann im zeitigen Frühjahr an geeigneten Brutplätzen zu balzen und ein Weibchen herbeizulocken. Wo gebrütet werden soll, bestimmt normalerweise das Weibchen. Gelegentlich wird sogar ein von Krähen oder Mäusebussarden frisch gebautes oder gar benutztes Nest in Beschlag genommen [1073].

In einem Beispiel aus Spanien wurden 45 % der Nester mehrfach benutzt (maximal über 6 Jahre [870]); Kunstnester in England bis zu 11 Jahre lang [260].

Balz und Paarbildung

Typischerweise monogame Saisonehe (bei außergewöhnlich hohem Beuteangebot auch Bigynie und Polyandrie bestätigt).

In wenigen Fällen Herbstbalz beobachtet, mit Nestinspektionen, Reviergesang von Männchen und Weibchen (vermutlich auf Gebiete beschränkt, wo zumindest die Männchen ganzjährig vorkommen; z. B. England [260], Spanien [862]). Bei außergewöhnlicher Mäusedichte kann diese Herbstbalz direkt zu „Winterbruten" führen. Beginn der Frühjahrsbalz – je nach Ankunft im Brutgebiet und Höhenlage – bereits Ende Januar bis März.

So einfach und monoton der Gesang erscheint, den das Männchen nach Ankunft im Brutgebiet aus exponierten Bäumen oder im Flug vorträgt, so zeigt die Waldohreulen-Balz doch ein reiches Repertoire an Verhaltensweisen, die im Artenvergleich zum Teil einzigartig sind.

Die territoriale Phase ist bei dieser Art wenig ausgeprägt und dürfte mit der Anpaarung zusammenfallen. Diese ist durch Wechselgesänge von Männchen (Reviergesang, Nestlocken) und Weibchen („Nestlaut-Summen", Nestlocken) geprägt, wobei oft mehrere Vögel auf engem Raum gleichzeitig agieren! Zunächst abwechselnd, später gemeinsam erfolgen Inspektionen möglicher Brutplätze. Die Eule ruft im Horst, knabbert, muldet und scharrt (dabei Nestlaut-Summen, Fütterungslaut).

Letztlich kommt es zu demonstrativen Imponierflügen in weiten Schleifen um das Horstgebiet. Das Männchen zirkelt mitunter in enger Bahn um den Horstbaum, lässt sich klatschend fallen, imponiert mit rasanten Flügen durch den Wald und lockt mit leise-verhaltenem Gesang. Mit demonstrativ-hektischen Zickzackflügen landen Männchen wie Weibchen am Horst, am Kopulationsplatz usw., dabei meist auch klatschend.

Das Weibchen schaukelt zur optischen Verstärkung des Bettelns mit dem ganzen Körper horizontal – wie ein Jungvogel [937]. Beuteübergaben finden am Horst statt, Kopulationen zum Teil ebenso, typischerweise aber auf niederen Ästen, auf Baumstümpfen oder auf dem Waldboden. Meist wird ein bestimmter Platz bevorzugt. Das Männchen lässt sich mit V-förmig steil gehobenen Flügeln zu diesem Platz gleiten, lockt mit leisen *huh-* oder *bu.bu.bu*-Silben und dreht sich in steif vorgebeugter Haltung gegen das Weibchen: Die Federohren sind aufgerichtet („Bocksgesicht"), die Flügel werden über Rückenniveau angehoben, letztlich „winkend" auf- und abgeführt; die Eule streckt sich zuletzt in den Fersen zu einer merkwürdigen Buckelhaltung. Mitunter zittern auch die horizontal gehobenen Schwanzfedern.

Das paarungswillige Weibchen fliegt nahe zum Männchen, mitunter auf denselben Baumstumpf, duckt sich flach nieder, hebt die Flügel schlaff an und den Schwanz auffordernd in die Horizontale. So starren die Partner einander – oft aus nächster Nähe – an. Das Männchen springt letztlich aus der „Bockshaltung" direkt auf den Rücken des Weibchens (dabei oft noch eine Drehung um 180 Grad vollführend) und kopuliert unter langsamen Flügelschlägen [247, 937]. Mitunter beißt sich das Männchen im Kopfgefieder des Weibchens fest. Am Höhepunkt ist gepresstes Schirken zu hören (vom Weibchen?).

Brut und Brutpflege

Wenn auch beide Partner im Zuge der Balz am Horst herumnesteln und scharren, investiert das Weibchen deutlich mehr in den „Nestbau". Ein Eintragen von Nistmaterial wird gelegentlich behauptet, ist aber nicht glaubhaft bestätigt [271]. Bei Bodenbruten soll die Eule störende Vegetation abrupfen oder gar beseitigen [624]. Der „Nestbau" beschränkt sich im Wesentlichen auf Zerren an Zweigen und scharrendes Mulden. Bei altem und brüchigem Material zerstört die Eule nicht selten den Horst durch diesen „Test". Insgesamt ist das Absturzrisiko für Eier oder Nestlinge ziemlich hoch.

In Abhängigkeit zur Beuteverfügbarkeit oder auch der Witterung ist der Legebeginn extrem breit gestreut: Bei sogenannten „Winterbruten" bereits Ende November/Anfang Dezember (z. B. Abruzzen/Italien [304]), Mitte Dezember (z. B. Mähren/Tschechien [399]), letzte Dezemberwoche (z. B. Slowakei [742]).

Im Brutgebiet überwinternde Waldohreulen beginnen meist früher mit der Eiablage als Teilzieher oder Zuwanderer (z. B. Zuwanderung vom Kontinent auf die Britischen Inseln frühestens Ende Februar, Schwerpunkt erst Ende März bis Anfang Mai [260]). Beginn der Eiablage frühestens Mitte Februar (z. B. Schweiz [866], England [271]); meist aber Mitte März bis Mitte April, bis spätestens Mitte Mai, vereinzelt sogar Anfang Juni (z. B. England [260]). Bei 140 Bruten wurden in England 22 Nachgelege bestätigt; in seltenen Fällen auch Zweitbruten vermutet [260]. Ein Fund von kleinen Nestlingen Ende August ist wohl einer solchen Zweitbrut zuzuordnen (Schweiz [866]).

Waldohreulen-Gelege umfassen meist 3–5 Eier, seltener 6 oder 8 (Mittelwert für Norddeutschland = 3,2–4,6 Eier pro Jahr [1208], England = 4,1 Eier [271], Weißrussland = 5,2 Eier [420], Serbien = 5,4 Eier [830], Slowenien = 5,7 Eier [1095]). Die Eiablage erfolgt in 2-tägigem Intervall.

Eier aus Weißrussland maßen im Mittel 41,11 × 32,39 mm (Bandbreite 40,2–45,8 mm Länge × 32,0–33,6 mm Breite [420]), aus Slowenien im Mittel 40,7 × 32,4 mm (38,0–44,4 mm Länge × 30,3–34,7 mm Breite); Gewicht 24,3 g im Mittel (21,2–27,8 g [1095]).

Nur das Weibchen brütet, liegt dabei typischerweise tief im Horst, sodass meist nur die Federn von „Ohren" und Schwanz über den Nestrand ragen. Verlässt das Nest nur zu kurzen Brutpausen oder bei grober Störung. Zur Brut- bzw. Aufzuchtszeit wählt das Waldohreulen-Männchen seinen Tageseinstand in Sichtweite zum Horst. Es soll sich in Einzelfällen an der Bebrütung kurzzeitig beteiligen [271].

Bebrütungsdauer 27–28 Tage; die Jungen schlüpfen weitgehend im Legeintervall von

Beuteversorgung der Jungen am Nest der Waldohreule (Foto DANEGGER).

2 Tagen. Schlupferfolg in Beispielen aus England mit 32,6 % [271] bzw. 59 % [260], aus Slowenien mit 63 % [1095] und aus Serbien mit 68,3 % [830].

Keine Informationen zur Schlupfhilfe. Eischalen verbleiben nach dem Schlüpfen in der Nestmulde. Kotballen kleiner Nestlinge werden vom Weibchen gefressen [721], später aber wie Gewölle usw. in der Nestmulde belassen. Spätestens mit Schlupf der Jungen wählt das Männchen seinen Tageseinstand in Sichtweite zum Nest, typischerweise in niedrigem Buschwerk.

Beuteübergaben erfolgen großteils direkt am Horst. Das Weibchen lockt zur Fütterung kleiner Nestlinge mit dem gluckernd-trillernden „Fütterungslaut“ und zerzupft die Beute zunächst in kleine Happen. Vom Männchen erhalten die Jungen nur ganze Mäuse. Die ersten 2 Nestlingswochen hudert das Weibchen intensiv, später übertagt es am Horstrand oder nahe in guter Deckung, die Brut aufmerksam überwachend. Das Weibchen beteiligt sich erst zum Ästlingsstadium an der Beutebeschaffung.

Verunglückt das Weibchen oder wird es erbeutet, solange noch Eier oder kleine Junge im Nest sind, gibt das Männchen die Brut auf und versucht eine Neuverpaarung mit einem zweiten Weibchen. Sind die Jungen wenigstens 2–2 ½ Wochen alt, kann sie das Männchen alleine großziehen. Umgekehrt zogen 2 Weibchen nach Abwandern des gemeinsamen Männchens die Jungen eigenständig auf [748]. (Im seltenen Fall einer „seriellen Polyandrie“ versorgten 2 verschiedene Männchen jeweils Erst- und Zweitbrut desselben Weibchens; Montana/USA [976].)

<u>Legebeginn</u>: in Mitteleuropa meist zwischen Ende März und Mitte April.
<u>Gelegegröße</u>: meist 4–6, bei Feldmausgradationen bis zu 8 Eier.
<u>Ei-Maße</u>: Ø 40,2 × 32,4 mm; Gewicht 23 g.
<u>Legeabstand</u>: 2 Tage.
<u>Bebrütungsbeginn</u>: ab dem 1. Ei.
<u>Brutdauer</u>: 27–28 Tage.

Entwicklung der Jungeulen

Frisch geschlüpfte Waldohreulen wiegen etwa 16–18 g; sie wirken zart und verletzlich. Ihr Eidunenkleid ist dünn und schütter. Schon in diesem weißen Neoptil sind die Ansätze der Federohren erkennbar, noch deutlicher dann im hellbraunen Zwischenkleid (Mesoptil). Dieses platzt ab 7.–11. Tag aus den Kielen und deckt den Nestling ab der 2. Woche weitgehend [976]. Mit dem raschen Wachstum des graubraun-gesperberten Mesoptils setzt intensive

Beschäftigung mit dem lockeren, flauschig-wolligen Gefieder ein. Typisch ist soziales Beknabbern durch Nestgeschwister. In diesem Alter bildet sich die für Waldohreulen-Nestlinge charakteristische schwarze „Gesichtsmaske" aus. Die Augen öffnen sich um den 5.–7. Tag, wirken aber zunächst noch trüb. (Im Beispiel der amerikanischen Unterart erhielt die Iris erst mit 32 Tagen ihre kräftig gelbe Färbung [976].)

Nestlinge sitzen zunächst unsicher mit breit abgestütztem Bauch, können derart auch auf den Fersen trippeln. Stehen auf den „Sohlen" ab dem 12. Tag. In der 3. Woche gelingt schon sicheres Gehen.

Schon in der 2. Lebenswoche suchen die Nestlinge nach Beuteresten auf dem Nestgrund, zunächst können sie aber nur kleine Stücke verschlingen. Mit 3 Wochen zerteilen sie Mäuse schon selbstständig.

Die kräftigen Kiele des Großgefieders sind bereits im 11–12-Tage-Alter erkennbar; die der Handschwingen platzen ab dem 16. Tag, die der Schwanzfedern ab dem 19. Tag auf [976].

Nach einer Nestlingszeit von rund 3 Wochen verlassen die Jungen den unsicheren Horst – noch vor Einsetzen der Flugfähigkeit. Da jüngere Nestgeschwister nachdrängen, kann sich für den Zeitpunkt des Nestverlassens eine deutliche Altersdifferenz zwischen dem Erst- und Letztgeborenen ergeben (maximale Altersspanne = 16–34 Tage [976, 1097]). Soweit möglich, klettern die Jungen direkt in benachbarte Baumkronen. Landen sie auf dem Boden, so gehen sie zielstrebig zu Büschen, Bäumen bzw. senkrechten Strukturen und klettern daran geschickt hinauf. Dabei setzen sie – effektiver als die Jungen anderer Arten – neben Krallen und Schnabel

Nestlinge der Waldohreule. Im Alter von 3–4 Wochen tragen die Jungen eine schwarze – wie „lederne" – Maske (Foto Siegel).

auch die Flügel ein. Bei ihrem relativ geringen Gewicht können sie dabei auch kleinste Lücken im dünnen Gezweig durchsteigen. Die Ästlinge suchen als Tagesrastplatz meist gut gedeckte Äste im unteren Kronenbereich. Nachts sind sie allerdings wegen ihres anhaltenden und durchdringenden „Bettelfiepens" für Feinde leicht zu orten.

Wegen des Unvermögens, vor Feinden zu fliehen, zeigen Jungeulen in dieser Altersstufe besonders ausgeprägtes Verhalten zur Feindvermeidung, mit hochgestreckter Tarnstellung oder Drohen. Dazu fächern sie beide Schwingen symmetrisch zu einem imposanten Flügelrad, schwingen mit vorgebeugtem Körper langsam hin und her und unterstützen die abschreckende Wirkung durch erregtes Augenklimpern, Fauchen und Schnabelknappen.

Die Ästlingszeit dauert etwa 10 Tage, denn mit rund 5 Wochen können junge Waldohreulen bereits ausreichend gut fliegen. Jetzt zeigen sie auch intensive Beutefangspiele. Erfolgreiche Mäusejagd gelingt frühestens mit einem Alter von 10 Wochen, doch hält die Beuteversorgung durch die Eltern noch wenigstens eine weitere Woche an.

Je nach Beuteangebot, Witterung und Feinddruck variiert der Bruterfolg erheblich. In einem Beispiel aus Brandenburg/Ostdeutschland waren im 24-jährigen Mittel 36,6 % aller Paare erfolgreich [81]; in Slowenien wurde bei

Eben geschlüpfte Waldohreulen wirken zart und verletzlich (Foto Schendel).

40 % der Bruten, in England bei 41 % zumindest 1 Junges aufgezogen [271, 1095]; in einer weiteren Studie aus England waren 50,7 % erfolgreich [260]; in Slowenien brüteten hingegen 73,6 % und in Weißrussland gar 85,7 % der Paare mit Erfolg [420, 1095].

Im selben Ausmaß schwankt jährlich auch die Anzahl an Ästlingen bzw. flüggen Jungen je erfolgreicher Brut: z. B. 1,0–3,5 in Schleswig-Holstein/Norddeutschland [1208]; 1,93–2,96 innerhalb von 10 Jahren in Dresden/Ostdeutschland [213]; 1,97–3,60 innerhalb von 20 Jahren in Finnland [916]. Entsprechend der Koppelung des Bruterfolgs an den Mäusezyklus kamen in einer weiteren Studie aus Finnland in Mangeljahren 2,4 Junge pro erfolgreicher Brut zum Ausfliegen bzw. jeweils 3,3 und 3,6 in Anstiegs- bzw. Gipfeljahren [598]. In Brandenburg wurde innerhalb von 24 Jahren sogar die Höchstzahl von 5,1 „Flügglingen" pro Jahr und erfolgreicher Brut erreicht [81].

Waldohreulen-Ästling hat eine Wühlmaus übernommen (Foto Stengel).

Halbwüchsige Waldohreule. Mit Selbstständigwerden schiebt sich das Erstjahres-Kleid über die Dunenreste des Mesoptils (Foto Limbrunner).

Verluste an Nestlingen treten bei Absturz alter, oftmals schon zerfallender Horste auf, speziell bei Sturm, vorwiegend aber infolge Beutemangel, Schlechtwetter und Prädation. In einer Studie aus Serbien kamen 37 % der geschlüpften Jungen bis zum Ausfliegen um [830], in Slowenien 26 % [1095], in England 18 % [260].

40 % von 71 begonnen Waldohreulen-Bruten gingen bei einer weiteren Erhebung in England verloren, u. a. infolge Prädation, kalter Regentage und Raufereien um den Brutplatz [260]. Nestlinge können von Elstern, Krähen und Greifvögeln sowie von Mardern oder Waschbären erbeutet werden. Durch Füchse, Katzen oder Wildschweine sind vor allem Bodenbruten gefährdet. Noch flugunfähig und noch dazu recht auffällig durch ihr anhaltendes Betteln, fallen Waldohreulen-Ästlinge regelmäßig Habicht und Uhu zum Opfer (bis zu 39 % der Flügglinge in einer slowenischen Studie [1097]).

Nach Totfunden zu schließen, sterben Jungeulen nach Familienauflösung regelmäßig durch Verhungern (19 % der Flügglinge im slowenischen Beispiel) – selbst in „guten Mäusejahren" [1097]. Mit bis zu 60 % ist die Mortalität in schneereichen Kältewintern besonders hoch, zumal dann auch Altvögel betroffen sind [1097]. In den Beutelisten von Uhu und Habicht scheinen Waldohreulen regelmäßig auf, seltener schlagen Mäusebussard und Rohrweihe zu, auch konnten Waldohreulen-Reste in Waldkauzgewöllen gefunden werden [203, 271, 416].

Deutlich gravierender erscheinen aber die Risikofaktoren in der Kultur- und Siedlungslandschaft. Denn sowohl bei Jung- als auch Altvögeln verursachen Straßen- und Eisenbahnverkehr hohe Verluste (z. B. 12,4 % von 1174 Wiederfunden aus Nordeuropa [203], 61 % von 128 Totfunden in England [1185] und 77 % von 87 Totfunden in Dänemark [203]). Daneben wurden auch Schädigungen durch den Einsatz von Rodentiziden und Pestiziden in der Landwirtschaft bestätigt. Regional spielt Abschuss noch immer eine Rolle (z. B. 23 % der Ringfunde aus Nordeuropa [203]).
<u>Sterblichkeit</u>: im 1. Lebensjahr – gerechnet ab dem Verlassen des Nestes – etwa 52 %, in den folgenden Lebensjahren durchschnittlich etwa 31 %.
<u>Höchstalter</u>: 28 Jahre in freier Natur.

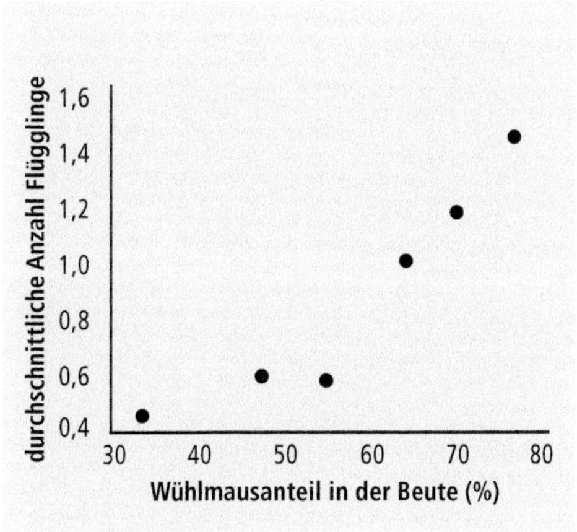

Die Zahl flügger Junger pro Waldohreulen-Brut gilt als Maß für den Bruterfolg. Im Beispiel aus den italienischen Alpen zeigt sich dessen enge Abhängigkeit zum saisonalen Wühlmausangebot (aus Sergio et al. 2008).

ORTSWECHSEL

Zum Dispersions- und Migrationsverhalten der Waldohreule gibt es noch viele Unklarheiten, da diese Art regional sehr unterschiedlichen Strategien folgt. Außerdem erscheinen Weibchen, speziell aus den nordischen Brutgebieten, deutlich mobiler als Männchen. Entsprechend gilt die Art im Norden eher als nomadisch, in Mittel- und Südeuropa eher als Teilzieher oder gar Standvogel.

In Slowenien besenderte Jungvögel blieben nach dem Nestverlassen in einem Umkreis von etwa 50 m um den Geburtsort. Zwischen dem 70. und 100. Lebenstag wanderten sie letztlich ab, maximal 16 km weit [1097]. In ihrem 1. Winter können sie bis zu 2000 km weit verstreichen: weitester Fernfund in Finnland beringter Waldohreulen = 1759 km [914], 1860 km aus Weißrussland [420], 2140 km aus Ostdeutschland [275], 2898 km aus Tschechien [237].

Auf einer Beringungsstation an der polnischen Ostseeküste waren 89,6 % von 2036 gefangenen Waldohreulen Jungvögel, die hier in zwei „Wellen" jeweils Mitte bis Ende Oktober und Anfang November durchziehen [671]. Im benachbarten Lettland, wo jährlich an die 300 (maximal 980) durchziehende Waldohreulen registriert wurden, fand der Durchzug der Jungeulen hauptsächlich im November statt [460].

Der Herbstzug der Altvögel setzt bereits Anfang Oktober ein, noch vor dem der Jungvögel. Weitstreckenflüge auch tagsüber. Bei nordeuropäischen Brutvögeln dürften im Herbst vorwiegend Weibchen abziehen, Männchen hingegen – soweit möglich – im Brutgebiet überwintern. Da-

Wald(ohreulen)-Geister im Baum. Auf den Tarneffekt des lockeren Gefieders vertrauend, übertagen die Jungeulen in schütterer Deckung (Foto ZEININGER).

für sprechen die Proportionen bei durchziehenden Eulen in Lettland, Dänemark und Holland sowie auf Helgoland und den Shetland-Inseln, wo Weibchen unter den Fänglingen jeweils deutlich überwogen [204, 336].

Nordische Waldohreulen überwintern in Ost- und Mitteleuropa, ziehen teilweise sogar bis Italien und Spanien (maximale Distanz 2315 km [1108]). Im Überwinterungsgebiet kann es zur Vermischung von Migranten und Standvögeln kommen, die sich jeweils durch Größe und Gewicht unterscheiden (z. B. England [1185]).

Weil das Einzugsgebiet mitteleuropäischer Wintergäste ostwärts bis Zentralrussland reicht, soll es vorkommen, dass mitteleuropäische Waldohreulen im folgenden Frühjahr zusammen mit den Wintergästen (bereits verpaart?) in deren Herkunftsgebiet abwandern, um dort zu brüten[1108]. Für mitteleuropäische Verhältnisse scheint aber die Ansiedlung von Jungeulen innerhalb von nur 50 (bis 100) km Radius um ihren Geburtsort zu überwiegen. Auch konnte wiederholt eine mehrjährige Brutortstreue nachgewiesen werden [275]. Das gilt zumindest für die Männchen, die zum Teil selbst in Mangeljahren in ihrem Brutgebiet bleiben (Beobachtungen z. B. aus England [1185]).

GEFÄHRDUNG UND SCHUTZMASSNAHMEN

Verluste im Straßenverkehr zunehmend; regional noch immer Gefährdung durch Abschuss [203, 228].

Außer den typischen Bestandsschwankungen in Abhängigkeit zum erreichbaren Nahrungsangebot gibt es Anzeichen für einen Bestandsrückgang bei der Waldohreule in den letzten Jahrzehnten, speziell in landwirtschaftlich intensiv genutzten und „ausgeräumten“ Landschaften. Mit der erheblichen Vergrößerung der Felder verschwindet die für die Jagdweise dieser Eulenart so wichtige Nachbarschaft von Feld, Baum und Waldrand, sodass sich die Jagdhabitate letztlich verkleinern. Auch können sich dort infolge regelmäßigen Tiefpflügens entsprechende Feldmausgradationen kaum noch entwickeln.

Als wichtigste Schutzmaßnahme empfiehlt sich folgerichtig die Erhaltung geeigneter Lebensräume mit Baumhecken und Feldgehölzen im Dauergrünland, mit extensiv genutztem Ackerland und – noch besser – mit Brache.

Sofern Lebensraum und Nahrungsangebot den arteigenen Ansprüchen genügen, es aber an geeigneten Brutplätzen mangelt, kann das Anbringen von Kunsthorsten jedenfalls eine wirksame Maßnahme zur Bestandsstützung sein [468]. Da Waldohreulen durchaus über mehrere Jahre an ihrem Brutrevier festhalten, kann ein Kunsthorst wegen seiner längeren Haltbarkeit gegenüber einem natürlichen Nest sogar von Vorteil sein [260].

Waldohreulen-Brut im Kunsthorst. Brutplatzmangel lässt sich mit einfachen Mitteln beheben; langfristig ist es zweckmäßiger, die Krähenvögel als Horstbauer in ein Schutzkonzept einzubeziehen (Foto HARVANČIK).

OFFENE FRAGEN

- Entsprechen Standorttreue, Teilzug und großräumige Migration variablen Lebensstrategien oder sind sie unterschiedlichen Ökotypen zuzuordnen?
- Wäre für amerikanische Waldohreulen ein eigenständiger Artstatus gerechtfertigt?
- Wie sind die taxonomischen Beziehungen zwischen der Gattung *Asio* und den Gattungen *Otus* und *Bubo*?

SUMPFOHREULE
Asio flammeus

ALLGEMEINES

Der deutsche Name der Sumpfohreule leitet sich von ihrem bevorzugten Lebensraum in Sümpfen und Mooren ab. Der englische Name *Short-eared Owl* verweist hingegen auf die – im Vergleich zur Waldohreule – deutlich kürzeren Federohren, die meist nur in der Tarnstellung aufgerichtet werden und bei aktiven Eulen kaum zu sehen sind.

Ehemals in ganz Europa verbreitet, mit Schwerpunkt in Fennoskandien und dem europäischen Russland, erlitt die Art in den letzten Jahrzehnten erhebliche Bestandseinbußen infolge einer fortschreitenden Zerstörung der Feuchtgebiete. Speziell in Mitteleuropa zählt die Sumpfohreule heute zu den seltenen Brutvogelarten; selbst als Durchzügler und Wintergast ist sie nur noch sporadisch zu beobachten. Lediglich auf den Inseln im niederländisch-deutschen Wattenmeergebiet ist der Bestand derzeit weitgehend stabil. Bei 70–80 Brutpaaren in schlechten und 100–130 Brutpaaren in guten Wühlmausjahren ist das Wattenmeergebiet mit Abstand das wichtigste Brutvorkommen in Mitteleuropa [232].

KENNZEICHEN

Die Sumpfohreule ist kompakter und kräftiger als die Waldohreule, unterscheidet sich von ihr auch durch eine markante Längsstreifung des Brustgefieders und die kurzen, nicht immer erkennbaren Federohren.
Größe: 34–42 cm.
Flügelmaß: Männchen 33 cm; Weibchen 42 cm.
Flügelspannweite: 96–107 cm.
Gewicht: Männchen 300–430 g (Ø 350 g); Weibchen 350–500 g (Ø 420 g).

Charakteristisch sind der ausgeprägte Schleier mit der schwarzen „Räubermaske" um die schwefelgelben Augen, eine kontrastreiche

Porträts der Sumpfohreule. Die kleinen Federohren sind nur in Ruhe-, Angst- oder Tarnstellung zu erkennen (links: Altvogel im Tagesversteck, Foto Hecker; rechts: erregte Eule, mit auffälliger, schwarzer „Räubermaske", Foto Reinhard).

weiße X-Zeichnung, die vom Kinn über den Schnabel bis über die Augenbrauen zieht; letztlich das kräftig längs gestreifte Brust- und Bauchgefieder (ohne Querlinien wie bei der Waldohreule [27]).

Innerhalb des riesigen Verbreitungsgebiets erscheint die Grundfarbe des Gefieders sehr variabel, von hell sandfarben bis schilfgelb, kräftig ockerbraun oder auch dunkel- bis fast schon schokobraun [638]. Hinterkopf, Rücken und Schultern weisen ein grob-fleckiges Muster auf, unterseits ist das Gefieder weißlich gelb mit dunkelbraunen Schaftstrichen, die zum Bauch hin immer schmaler werden. Färbung und Musterung wirken wie vergilbtes Gras oder Schilf und tarnen am Boden sitzende oder brütende Eulen sehr effektiv. Die Füße und Zehen sind bis zu den schwarzen Krallen dicht weiß befiedert.

Im Flugbild fallen die hellen Unterseiten der langen, schlanken Flügel auf, die nur an der Spitze dunkel gefleckt sind und am Flügelbug einen schwarzen, halbmondförmigen Streifen zeigen.

Das Gefieder der Männchen ist in der Regel heller als das der Weibchen. Auch lassen sich die Geschlechter an der Musterung der Armschwingen (Stärke der Querlinien im Spitzenbereich auf der Außenseite [27]) sowie der Ausprägung der Querbinden an den äußeren Schwanzfedern unterscheiden [638]. Der Mauserverlauf ähnelt dem der Waldohreule [144].

Sumpfohreule, Altvogel. In Färbung und Musterung hat sich das Gefieder dieser „Bodeneule" der Struktur trockener Gräser angepasst (Foto Limbrunner).

Taxonomie und Unterarten

In China gelang jüngst die vollständige Entschlüsselung des Sumpfohreulen-Genoms [1061]. Demnach ist die Art, trotz großer Ähnlichkeit, mit der Waldohreule nicht näher verwandt. (Aus dem Freiland wurde dennoch ein Waldohr-Sumpfohreulen-Hybride bekannt [283].) Selbst die auffälligen Übereinstimmungen mit der Kap-Ohreule *(Asio capensis)* sollen eher auf Konvergenz aufgrund ähnlicher Lebensweise zurückzuführen sein [753].

Der überwiegende Anteil des Verbreitungsgebiets (Eurasien, Nordamerika) wird von der Nominatform *Asio flammeus flammeus* besiedelt. Je nach Aufsplitterung werden für Mittel- und Südamerika 6–9 Unterarten beschrieben (3 auf dem Festland, 3–6 von den Inseln um Südamerika). Für die Galapagos-Sumpfohreule *(Asio galapagoensis)* wurde der Artstatus empfohlen.

Federtypen der Sumpfohreule: 1 Handschwinge rechts, 2 Handschwinge rechts, 3 Armschwinge rechts, 4 Schwanz Mitte, 5 Schwanz links, 6 Brust (Foto Schatter).

Lebensraum der Sumpfohreule. Weite, weitgehend baumfreie Feuchtgebiete sind in Mitteleuropa selten geworden (Biebrza-Sümpfe/Polen; Foto SCHERZINGER).

VERBREITUNG

Das Areal der Nominatform umfasst zirkumpolar weite Gebiete im nördlichen Eurasien und in Nordamerika, von der Tundra im Norden bis zur Steppenzone im Süden. Das weitgehend geschlossene paläarktische Verbreitungsgebiet reicht nordwärts bis etwa zum 70. Breitengrad und umfasst weite Teile Skandinaviens und Finnlands, das Baltikum, Weißrussland sowie die Ukraine und erstreckt sich über Russland ostwärts in einem breiten Gürtel bis Kamtschatka an der Pazifikküste [266]. West- und Mitteleuropäische Vorkommen reichen von Island und den Britischen Inseln bis zur Atlantikküste, von den norddeutschen Niederungen südwärts bis an den Alpenrand und ostwärts in die Tieflandgebiete Ostösterreichs (z. B. Neusiedlersee), Ungarns und der Slowakei. Nur bei außergewöhnlichem Beuteangebot Bruten auch in den Mittelmeer- und Balkanländern.

Erheblich größer sind die Gebiete, die die Sumpfohreule auf dem Zug und zur Überwinterung erreicht: z. B. von Irland bis zum Schwarzen Meer und von Nordafrika bis in die Türkei. Falls die Eulen hier auf ein günstiges Beuteangebot treffen, können sie auch weit außerhalb ihres „normalen" Verbreitungsgebiets brüten.

Das Verbreitungsgebiet in Nordamerika reicht von der Beringstraße quer über den Kontinent bis Labrador und von Alaska bis nach Kalifornien [378].

LEBENSRAUM

Die Sumpfohreule lebt in offenen, weitgehend baumfreien Landschaften mit niedriger, aber gleichzeitig deckungsreicher Vegetation; man findet sie vor allem in feuchten, zum Teil sumpfigen Niederungen mit Seggenfluren, Niedermooren und Verlandungszonen sowie in offenen Dünenlandschaften mit Feuchtbereichen an der Küste (z. B. Marschland, Salzwiesen). Entscheidend ist aber weniger die Bodenfeuchtigkeit als ein niederer Bewuchs, wie er auch in trockenen Heide-, Gras- und Steppenlandschaften (z. B. in Russland) zu finden ist. Die Trockenlegung von Mooren, die Aufforstung von Heidelandschaften wie auch die Hochdüngung von Feuchtwiesen und die Verbrachung von Weideland werden als wesentliche Ursachen für den großräumigen Lebensraumverlust eingestuft.

Bei entsprechendem Beuteangebot brütet die Sumpfohreule aber selbst in regulär bewirtschafteter Agrarlandschaft (z. B. Luzerne-, Erbsen-, Raps-, Getreide-, selbst Maisfelder), auf Viehweiden, Mähwiesen und Brachland [27, 53]. Für wenige Jahre können auch Kahlschläge im Wald, vergraste Waldblößen sowie junge Nadelholzaufforstungen attraktiv sein [52, 985].

So war z. B. auf der Insel Borkum die Eindeichung eine Voraussetzung für Bruten der Sumpfohreule, da sich hier eine vor Überflutungen geschützte Feldmauspopulation entwickeln konnte [623].

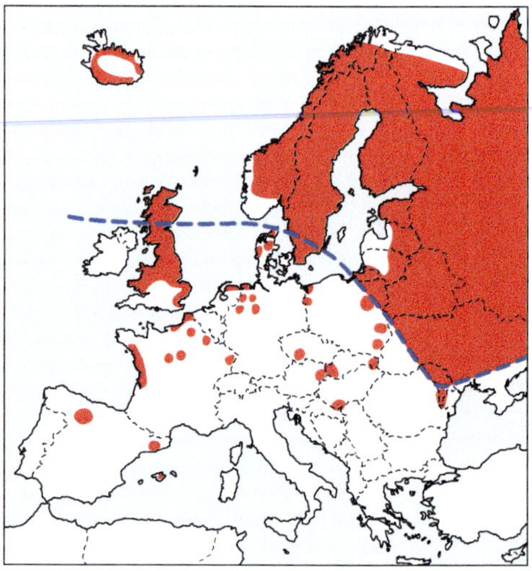

Verbreitung der Sumpfohreule in Europa. Die beständigsten Vorkommen liegen in der nordischen Tundra, auf Inseln im Wattenmeer und in den Tieflandgebieten im Osten (blau gestrichelte Linie: Nord- bzw. Ostgrenze im Winterhalbjahr).

SIEDLUNGSDICHTE UND STREIFGEBIET

Bei dem unsteten Auftreten der Sumpfohreule und ihrer engen Abhängigkeit zur lokalen Wühlmausdichte beziehen sich Angaben zur Siedlungsdichte stets auf die aktuelle Situation vor Ort und können daher nicht verallgemeinert werden. So schwankte die Zahl der Brutpaare in einem finnischen Beobachtungsgebiet innerhalb von 28 Jahren von 1–586 [916]. BirdLife International (2016) meldet für Österreich einen Gesamtbestand von 5–15 Brutpaaren; doch 2019 gab es allein in den östlichen Landesteilen mehr als 100 Bruten – gegenüber einer langjährigen Dichte von nur 1–3 Paaren ebenda. (Vergleichbar in Deutschland: Anstieg in 2019 auf wenigstens 160–200 Bp [AG-Eulen/NABU, briefl.].) Die meisten Angaben zur Siedlungsdichte betreffen meist die kurzen Zeiträume während hoher Wühlmausdichten: So brüteten 1967 und 1971 im Donaumoos bei Ulm 14–16 Paare auf 250 ha (entspricht 6,4 Paare/km²), wobei der geringste Abstand zwischen zwei Nestern 145 m betrug. Die Größe von sieben benachbarten Revieren variierte zwischen 9 und 22 ha (Durchschnitt 15 ha [389, 391]). Am Ostufer des Neusiedlersees fanden sich 3 Brutpaare auf nur 0,7 ha (entspräche 428 Bp/km² [792]). Eine solche „Klumpung" von Nistplätzen wird auch für Bruten im Agrarland von Frankreich beschrieben, allerdings mit deutlich geringerer Dichte (0,10–0,15 Brutpaare/km² [26]).

Die Reviere sind exklusiv und werden vom Männchen meist mit großem Aufwand gegen Rivalen und artfremde Konkurrenten verteidigt. Da die Größe des Jagdgebiets von der Wühlmausdichte abhängt, variieren die Angaben ganz erheblich: als kleinste Flächen werden z. B. 5 ha (Luzernenfeld im Münsterland [419]) und 16 ha genannt (Nadelholzaufforstung, UK [985]). Im südlichen Schottland schwankte die durchschnittliche Reviergröße zwischen 42 ha (im Winter) und 112 ha (im Sommer) [1129]. Großflächig gilt für Schottland eine mittlere Reviergröße von 200 ha [129]. (Vergleichbare Angaben aus dem amerikanischen Brutgebiet mit 18–137 ha, bei geringstem Abstand benachbarter Nester von nur 55 m [378].) Nach telemetrischer Ortung

Revierflug der Sumpfohreule. Zur Brutzeit und bei Beutemangel ist die Art durchaus tagaktiv (Foto Giel).

dürfte der Flächenbedarf allerdings unterschätzt werden, wenn er sich nur auf Beobachtungen am Tage bezieht [130].

BESTANDSVERHÄLTNISSE

Für eine „nomadische" Art wie die Sumpfohreule können keine präzisen Bestandsangaben für bestimmte Regionen oder Länder gemacht werden, zumal selbst in konstant besiedelten Arealen die jährlichen Zahlen erheblich schwanken. Darüber hinaus wird seit Mitte des 20. Jhs. ein großräumiger Bestandsrückgang beklagt, der im Beispiel Nordamerikas sogar bis zu 85 % betragen soll [464].

Nach BirdLife International (2021) wird der Weltbestand auf 1 200 000–2 100 000 adulte Sumpfohreulen geschätzt; davon fallen auf

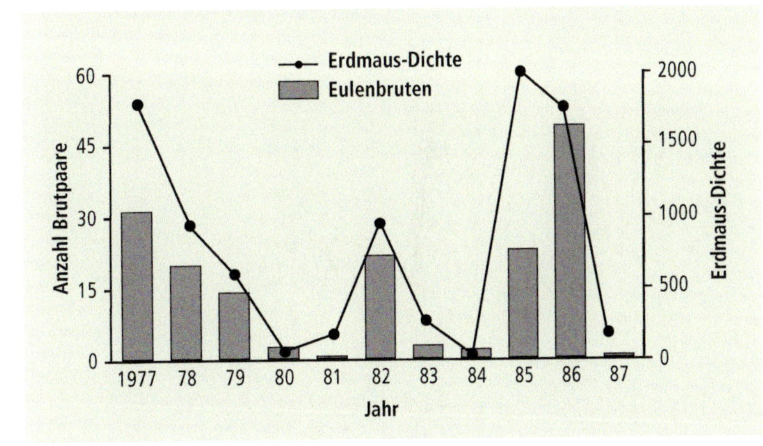

Aufgrund der engen Abhängigkeit zum Beuteangebot folgt die Brutaktivität der Sumpfohreule unmittelbar den Bestandsschwankungen der Erdmaus (Beispiel Westfinnland; aus Korpimäki & Norrdahl 1991).

LAND	FLÄCHE (TAUSEND KM^2)	BRUTPAARE/ REVIERE	BEZUGSJAHR
Europäisches Russland	3952,5	50 000–150 000	2008
Finnland	338,4	650–14 500	2012
Norwegen	385,2	1000–10 000	2013
Schweden	450,2	760–4700	2012
Vereinigtes Königreich (UK)	242,4	620–2180	2009
Ukraine	603,8	850–1700	2000
Weißrussland	207,5	500–1500	2012
Spanien	505,9	1–360	2001
Island	103,0	100–200	1990
Deutschland	357,3	40–45	2019
Frankreich	643,8	50–100	2012
Litauen	65,3	30–100	2012
Gesamt-Europa	**10 180,0**	**84 900–142 000**	2021

Die Zahlen für Gesamt-Europa enthalten auch die Angaben von hier nicht aufgeführten Ländern.

Tabelle 38. Schätzwerte für Sumpfohreulen-Brutbestände in Verbreitungsschwerpunkten Europas (nach BfU 2019, BirdLife International 2021).

Europa 84 900–142 000 Paare. Hauptvorkommen bestehen in Russland (50 000–150 000 Brutpaare), Finnland (ca. 650–14 500 Brutpaare), Norwegen (1000–10 000 Brutpaare) und Schweden (760–4700 Brutpaare); nennenswerte Bestände werden im Nordteil Großbritanniens (620–2180 Brutpaare) sowie der Ukraine (850–1700 Paare) verzeichnet (Summe entspricht rund 97 % des europäischen Gesamtbestands).

Im Vergleich zu den Bestandsmeldungen aus dem 19. und 20. Jh. gibt es in Mitteleuropa nur noch kleinere Reliktvorkommen. Regelmäßige Bruten gibt es auf den ost- und westfriesischen Inseln (rund 50 Brutpaare nach ADEBAR-Atlas 2014), während Bruten im Binnenland (z. B. Neusiedlersee/Österreich, Ostslowakische Tiefebene/Slowakei, Biebrza-Sümpfe/Polen) weitgehend auf Jahre mit Mäusegradationen beschränkt bleiben [792].

Gegen Mittel- und Osteuropa sinkt die Dichte der Brutvögel schlagartig ab, wenn hier auch größere Wintertrupps vorkommen können (z. B. gemeldeter Brutbestand für Slowakei = 0–50 Paare, gegenüber bis zu 1000 überwinternden Eulen allein in den Marchauen (österreichisch-slowakisches Grenzgebiet [743])).

In Nordwestspanien gab es 1994 infolge einer äußerst starken Feldmausgradation ca. 360 Brutpaare. Sonst brütet diese Art in den Ländern des Mittelmeergebiets nur selten.

In Gebieten mit sehr hohem Wühlmausbestand sind im Herbst gelegentlich invasionsartige Einflüge zu beobachten [1126]. Als Durchzügler und Wintergast erscheint die Sumpfohreule regelmäßig im Küstenbereich, im Binnenland meist nur unregelmäßig [446].

VERHALTEN UND STIMME

Ruhe und Körperpflege

Tagesrastplatz – je nach Jahreszeit – in guter Deckung (Winter) oder frei auf exponierten Warten (Reviergründung und Brutzeit). Während des Winters sammeln sich mitunter größere Gruppen zur gemeinsamen Rast in wettergeschütztem Buschwerk oder niederen Aufforstungen. In hohem trockenem Gras, schütterem Schilf, abgestorbenen Brennnesselbüschen oder niederem Strauchwerk kommt die Tarnwirkung des schilfgelben, längs gestrichelten Eulengefieders bestens zur Wirkung.

Ruhende Eulen tragen das Gefieder locker, aber glatt, der Schleier ist breit-oval bis herzförmig eingefaltet, die Augen sind mehr oder minder geschlossen, die spitzig-kleinen Federohren schräg angehoben [887]. Auf dem Boden rastend, ist der Körper etwa 45 Grad vorgebeugt, mitunter hockt die Eule auch auf den Fersen oder legt sich flach hin – in hohem Gras dabei entsprechende „Sassen" formend.

Komfortverhalten zu jeder Tageszeit, vor allem zum Aktivitätsbeginn, mit Putzen, Kratzen, Strecken und Schütteln; vermag sich sogar im Fluge zu kratzen [145]. Sonnt sich ausgiebig, die exponierte Oberfläche durch Öffnen der Flügel vergrößernd (Flügel schlaff hängend beim Sonnen auf einem Ast; Flügel flach ausgebreitet beim Sonnen auf dem Boden). Bei rau geplustertem Gefieder ist der Kopf in den Nacken gedrückt, das Gesicht der Sonne zugewandt; dabei meist Hecheln. Badet in vergleichbarer Position auch im Regen; keine Beobachtungen zu Baden in Wasser oder Sand.

Aktivitätsmuster

Aktive Eulen zeigen einen kugelig-runden Kopf, die „Ohren" sind niedergelegt, Augen und

Sumpfohreule am Bodenrastplatz. Die Tarnung ist perfekt (Foto Nill).

Schleier sind rund geöffnet, das Gefieder wirkt glatt. Der Körper wird eher steil gehalten, bei leicht gestrecktem Hals.

Im Allgemeinen nachtaktiv, mit Schwerpunkten in der Dämmerung. (Auf der Insel Spiekeroog dauerten die abendlichen Jagdflüge rund 3 ½ Stunden [368].) Die Maxima des zweigipfeligen Rhythmus dehnen sich speziell zur Balz- und Brutzeit weit in den Vor- und Nachmittag aus, mit einer meist mehrstündigen Ruhephase um die Mittagszeit. Zum Höhepunkt der Balzphase und zur Abwehr von Rivalen oder Brutstörern zeigen Sumpfohreulen auch bei Tage volle Ruf- und Flugaktivität. Bei kurzen Nächten bzw. sommerlichem „Dauertag" ist die Eule in den nördlichen Breiten zur Jagd tagsüber gezwungen. Jagd am Tage auch bei ungünstigen Winterbedingungen.

Umgekehrt verhielten sich auf Vogelinseln brütende Sumpfohreulen rein nachtaktiv, um dem Mobbing und dem Kleptoparasitismus durch Möwen und andere Seevögel auszuweichen [230, 855].

Bewegungsweise und Flug

Die Bewegungen der Sumpfohreule sind elegant und kräftig. Sicheres Gehen, Laufen und Vorspringen auf dem Boden; benutzt zur Brutzeit regelrechte „Tunnel" im hochgewachsenen Gras. Beim Gehen durch die Wiesenvegetation schieben die Jungeulen hinderliche Halme durch seitlich pendelnde Kopfbewegungen zur Seite. Auch beherrschen sie ein (atavistisches?) Klettern in Büschen, bei Einsatz von Krallen, Flügeln und Schnabel.

Der Flug wirkt weihenhaft-leicht. Dank der geringen Gewichtsbelastung der Flügel von 0,28 g (Männchen) bis 0,39 g pro cm² (Weib-

Gesichtsausdruck der Sumpfohreule in unterschiedlicher Stimmungslage: dösig-tarnend, aufmerksam-tarnend, schläfrig-ruhig, aufmerksam-beunruhigt, aufmerksam-neugierig (nach Voous & Cameron 1988).

chen) kann die Sumpfohreule über lange Strecken bzw. Zeiten ohne großen Kraftaufwand fliegen, dabei auch Rütteln oder Gleiten [4]. Nutzt Luftströmung geschickt nach Art der Greifvögel (z. B. „Stehen" im Gegenwind). Im Pirschflug gaukelt die Eule – wie schwerelos – niedrig über der Vegetation, ab und an im Rütteln verharrend, tiefer gleitend oder seitwärts abkippend. Rütteln wird sowohl bei Beutesuche – als hohe „Warte" – wie auch bei der Balz zur Markierung der Revierschwerpunkte sowie bei Angriffen gegen Rivalen eingesetzt. Vermag aber auch in zielstrebig-rasantem Flug z. B. Turmfalken die Beute abzujagen [849].

Die eindrucksvollste Flugleistung aber wird zur Balz vorgeführt, mit segelndem Hochkreisen – nahezu bis außer Sichtweite; mit rasanten Sturzflugstrecken – samt Flügelklatschen; sowie mit betont langsamem Imponierflug, bei dem die Eule mit steil hochgehaltenen Flügeln auch „schwebende" Gleitstrecken einschaltet. Nicht minder wendig sind Angriffsflüge gegen Brutstörer, meist kombiniert mit Flügelklatschen, auch mit taumelndem „Verleiten".

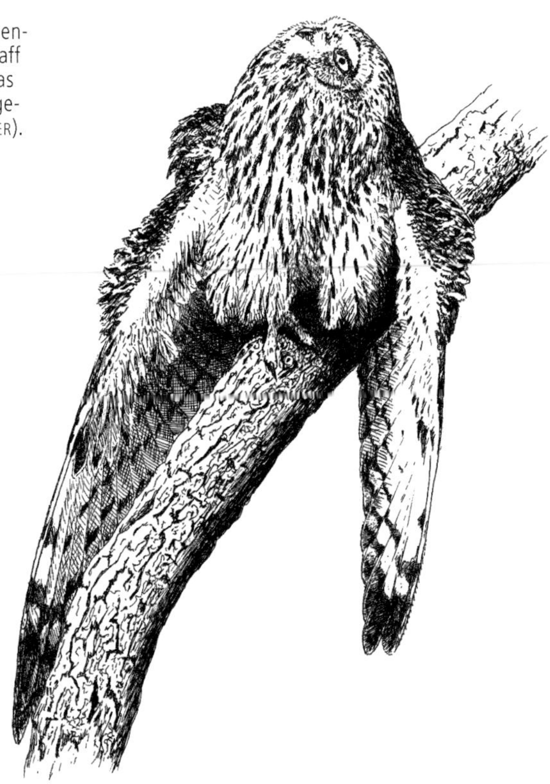

Sumpfohreule in Sonnenbadehaltung, mit schlaff geöffneten Flügeln, das Gesicht der Sonne zugedreht (nach SCHERZINGER).

Sozialverhalten und Konflikte

Außerhalb der Fortpflanzungsperiode verträglich, mit Neigung zur Gruppenbildung. Als Nomaden, die über große Wanderstrecken örtliche Feldmausgradationen aufsuchen [274, 391], profitieren Sumpfohreulen von der Gruppenbildung, sodass beim Durchzug und im Winterquartier größere Ansammlungen an gemeinsamen Rastplätzen beobachtet werden können. Winteransammlungen meist auf Bäumen oder Buschwerk, auch im Schilf oder Altgras auf dem Boden. Sie umfassen gewöhnlich 10–20 Individuen, in Extremfällen aber bis zu vielen 100 oder gar über 1000 Vögeln [101, 145]; dabei auch Vergesellschaftung mit Waldohreulen. Offensichtlich erfolgt abends ein gemeinsamer Aufbruch vom Sammelplatz zur Mäusejagd, dennoch keine soziale Kooperation beim Beutefang [145]. Die Maximalwerte liegen im Hochwinter zwischen Dezember und Januar. Etwa Mitte Februar bis Anfang März löst sich die Schlafgemeinschaft auf, spätestens mit dem Übergang zur Reviergründung [101, 391].

Dennoch kein engerer Kontakt zwischen Artgenossen, auch nicht zwischen Paarpartnern. Diese ruhen meist getrennt und zeigen auch keine soziale Gefiederpflege. Nur Nestlinge suchen engeren Körperkontakt mit ihren Geschwistern, speziell wenn sie sich zur „Wärmepyramide" zusammendrängen. Sobald die Jungeulen das Nest verlassen, verteilen sie sich aber einzeln im Gelände.

Sumpfohreulen sind im Allgemeinen streng territorial, mit zum Teil heftigen Raufereien zur Revierabgrenzung – speziell zur Balz- und Brutzeit, mitunter aber sogar zur Verteidigung eines Jagdreviers im Winterquartier [557, 601].

Zur Brutzeit investieren die Eulen viel Zeit zur optisch wie akustisch wirksamen Reviermarkierung, und zwar durch Gesang, Imponierflug, Flügelklatschen und Angriffe gegen Rivalen, artfremde Nahrungskonkurrenten und Beutegreifer. Bei hoher Brutpaardichte sind die Männchen daher ständig mit Überwachung des Luftraumes, mit Revierflügen, Verjagen von Krähen oder Weihen und Raufereien an den Grenzen beschäftigt.

Reviermarkierung gegenüber Rivalen durch Abfliegen der Grenzen, dabei auch Stoßtauchen und Flügelklatschen, sogar Angriffe mit vorgestreckten Krallen. Rivalisierende Männchen fliegen aufeinander zu, steilen spiegelbildlich hoch, schlagen mit den Fängen hörbar zu, stürzen mitunter – ineinander verkrallt – zu Boden oder verfolgen einander unter bellend-kreischend-miauendem Alarm. Dabei tragen sie ihre ganze Fluggewandtheit zur Schau, mit Unter- und Überfliegen des Gegners, sogar mit Flugstrecken in Rückenlage, die Krallen gegen den darüber fliegenden Artgenossen gestreckt [145, 379, 557].

Feindverhalten

Außerhalb der Brutzeit auf Deckung bedacht und dank der tarnenden Gefiederzeichnung kaum zu entdecken. Im Gezweig sitzende Eulen richten sich bei vermeintlicher Bedrohung hoch auf und machen sich „schlank". Im Bodeneinstand ruhende Eulen nutzen selbst spärliche Vegetation als Deckung, legen sich bei Feindannäherung im Extremfall flach auf den Boden und ziehen den Schleier eng-herzförmig zusammen, verkneifen die Augen und stellen die – eher rudimentären – Federohren auf. Vergleichbares gilt für das brütende Weibchen, das sich sehr vorsichtig benimmt und sich eher zu Boden drückt, als den Nistplatz durch Auffliegen zu verraten [863].

Bei Störungen am Nest drücken sich in der Regel auch die Jungeulen flach zu Boden und lassen sich – wie in wächserner Starre – meist wehrlos greifen. Nach Abwanderung vom Nistplatz drohen sie hingegen gegen Angreifer und wehren diese in Rückenlage mit vorgestreckten Fängen ab [676, 930].

Im Konflikt zwischen Verharren in Deckung und Angriff gegen einen näher kommenden Feind droht die Sumpfohreule mit grob gesträubtem Gefieder, die Flügel leicht angehoben. Die volle Drohhaltung zeigt symmetrisch gefächerte Schwingen, deren Oberseite radförmig gegen den Störer vorgekippt ist; der Schleier ist kreisrund gespreizt, die Augen aufgerissen, die „Ohren" dem kugelig-geplusterten Kopf angelegt. Dazu äußert die Eule Fauchen und Knappen.

Im Zusammenhang mit der Tagaktivität treffen brütende Eulen besondere Vorsichtsmaßnahmen, um ihr Nest nicht zu verraten: So laufen sie in der Brutpause jeweils eine bestimmte Strecke vom Nest, ehe sie abfliegen. Die Eule ist dabei zum Teil durch tunnelartige Laufgänge im hohen Gras gedeckt [557, 753, 1207].

Zur Zeit der Balz und Jungenaufzucht sind Sumpfohreulen hingegen recht auffällig, weil zum einen lichtaktiv, meist auch frei sitzend, zum anderen durch demonstratives Territorial- und Balzverhalten. Insbesondere gilt das für die Verteidigung der Brut, zu der Sumpfohreulen mit hohem Einsatz nicht nur Greife – speziell Weihen – durch Angriffsflüge vertreiben, sondern im Tiefflug auch gegen Raubsäuger stoßen, begleitet von bellenden Alarmlauten. Je nach Brutstadium umkreisen die Eulen den Feind unter Warnen, demonstrativem Flügelschlag und Flügelklatschen (während der Bebrütungszeit), oder sie rütteln über dem Störer, um in steilem Flug anzugreifen, dabei mit den Krallen durchaus Verletzungen verursachend (ab dem Zeitpunkt des Schlüpfens).

Charakteristisch für Bodenbrüter der Offenlandschaft ist das „Verleiten", bei dem die Eule

Imponierflug der Sumpfohreule. Mit betont langsamen Flügelschlägen, die helle Flügelunterseite präsentierend, markiert die Eule ihr Revier (Foto Giel).

Brütende Sumpfohreule. Der schmal gefaltete Gesichtsschleier und die senkrecht gestellten Federohren unterstützen die Tarnwirkung der Gefiederzeichnung, solange die Eule reglos verharrt (Foto DIEDRICH).

aus taumelndem Flug zu Boden torkelt, dort „rudernde“ Bewegungen mit den beidseitig abgestreckten Flügeln ausführt, den Blick konstant zum Feind gerichtet. Gleichzeitig äußert der Vogel eine „Kakofonie“ aus miauend-quietschenden und bellend-rauen Alarmlauten [145, 378]. Um die Aufmerksamkeit des Feindes auf sich zu lenken, steigert die Eule das Verhalten durch wiederholtes Auffliegen, Abstürzen und auffälliges Flügelschlagen sowie geräuschhaftes Flügelflappen gegen den Körper [753, 1103].

Stimme

Die Stimme der Sumpfohreule ist dumpf-verhalten, relativ leise und in offener Landschaft von geringer Reichweite. Der Reviergesang des Männchens reiht sich aus 10–20 einfachen, deutlich abgesetzten *bu*-Silben in rascher Folge (etwa 1–4 Silben/sec). Der dunkle und weiche Klang erinnert an den Wiedehopf (Frequenz 0,25 kHz). Am Strophenbeginn steigen die Einzelsilben in der Tonhöhe leicht an (0,35 kHz [862]). Singt die Eule im Sitzen, so lehnt sie sich flach vor und hebt den vorgestreckten Kopf bei jeder Silbe – wie „pumpend“. Im Fliegen singt die Eule mitunter aus sehr großer Höhe, jeweils abwechselnd mit Segel-, Ruder- und Imponierflug sowie Flügelklatschen im Sturzflug. Dieses demonstrative Verhalten ist typisch für die territoriale Phase der Balz und sowohl gegen Rivalen als auch Brutstörer bzw. Feinde gerichtet.

Der helle Standort- bzw. „Bettellaut“ des Weibchens klingt durchdringend fauchend-zischend, wie schleifendes *xschiija* in gedehntem Crescendo (anschwellend bis 4,5 kHz [862]). Dieser Laut begleitet Beuteübergaben und Kopulationen. In sehr ähnlicher Charakteristik klingt auch das „Betteln“ älterer Jungvögel schleifend-zwielend wie *xssija* (anschwellend, Betonung am explosiv-abrupten Ende). Zusammen mit einer optisch sehr auffälligen Flügelhaltung erzielt das Betteln der Jungeulen eine besondere Fernwirkung. Nestlinge betteln hingegen mit fein-pfeifendem *psiija* oder *psss. sip* [1207]. Zur Fütterung der Nestlinge reiht das Weibchen matte *duck*-Silben – akzellerierend – zu schnurrendem Tuckern (Glucken wie Bruthenne [378]).

Vielfalt an Intimlauten der Paarpartner erfasst bei B. Benn (2021)

Tabelle 39. Typische Laute der Sumpfohreule.

LAUTÄUSSERUNG	MÄNNCHEN	WEIBCHEN	NESTLING/ÄSTLING
Reviermarkierung Balzzeit	verhalten-matt *bu.bu.bu* Flügelklatschen	rau-krächzend Flügelklatschen	
Reviermarkierung Herbst			
Alarm intensiver Alarm	bellend *wäk.wäk* zwielend-quietschendes Miauen	bellend *wäk.wäk* zwielend-quietschendes Miauen	
Nestzeigen	trudelnder Sturzflug		
Fütterungslaut		gluckerndes Schnurren	
Standortlaut/Betteln		anschwellend *xschiija*	schleifend *xsiija*

Besonders reich ist das Repertoire an Alarmlauten, die typischerweise kurz-bellend wie *wäk* oder *tjäk* im Sitzen oder Fliegen als kurze Serien geäußert werden; auch miauend-gedehnt *kiiiau* bei der Abwehr von Rivalen oder Feinden, letztlich zwielend-quiekend beim Verleiten [1103].

Als auffälligen Instrumentallaut führt die Sumpfohreule ein knatterndes Flügelklatschen in eindrucksvollen Sturzflügen aus: Steil nach unten gekippt, saust der Vogel abwärts, die Flügel unter dem Körper schräg nach hinten haltend, und klatscht in rascher Serie die Flügelspitzen zusammen (3–10 Schläge; im Rhythmus wie „Meckern" der Bekassine). Derartige Klatschserien können sogar in den Flug knapp über dem Boden eingeschaltet werden, meist im Zusammenhang mit dem Abdrängen von Rivalen [145]. Daneben setzt die Eule auch ein Flügelflappen ein, indem sie die Flügel gegen den Körper schlägt (z. B. bei Raufereien).

Fauchen, Schirken und Knappen wie bei anderen Arten.

ERNÄHRUNG

Beutetiere

Die Sumpfohreule gilt vielfach als Beutespezialist, weil sie – wo immer möglich – Wühlmäuse als Hauptnahrung wählt, dabei die Feldmaus bevorzugt vor der Erdmaus. Während einer Mäusegradation in Friesland/Holland bestand der Gewöllinhalt z. B. zu 100 % aus Feldmausresten [470]. Dieses Bild unterschätzt die real große Bandbreite in der Wahl alternativer Beute, falls Feldmäuse nicht ausreichend zur Verfügung stehen. In England z. B., wo diese Art von Natur aus fehlt, leisten sowohl die Erdmaus (in einigen Beispielen 65–90 % der Anzahl an Wirbeltieren [274]) als auch die Waldmaus vollwertigen Ersatz (z. B. 11 % der Biomasse [863]). Auf Island, wo Kleinsäuger von Natur aus fehlten, ist die von Siedlern eingeschleppte Waldmaus das Hauptbeutetier [274].

In einer Beuteliste aus Wales erreichten sogar die sonst eher verschmähten Spitzmäuse eine größere Bedeutung (14 % Zwergspitzmaus- und 17 % Waldspitzmaus-Anteile an Biomasse [863]). Erstaunlich ist, dass selbst Wanderratten in größerer Menge erbeutet werden (z. B. 31 % der Biomasse in einer Gewöllanalyse aus England [274]).

Auf Irland und einigen britischen Inseln, wo Sumpfohreulen regelmäßig überwintern, konzentriert sich die Jagd in Küstengebieten auf Vögel (bis zu 83 % der Biomasse), wobei kleine Limikolen, Drosseln und Lerchen den Hauptanteil stellen. Selbst so kleine Arten wie Goldhähnchen oder Zaunkönige werden erbeutet [154, 368, 1004]. In nur unbedeutenden Mengen können auch Fledermäuse, Käfer, Wespen oder Ohrwürmer aufgenommen werden, im Extrem sogar Regenwürmer. Größte nachgewiesene Beutetiere = Möwen, Junghasen, Kaninchen, Hermelin, Wiesel, Maulwurf, Schermaus [274]. Der tägliche Nahrungsbedarf liegt bei etwa 2–3 Mäusen [930].

Jagdweise und Beuteerwerb

Die Sumpfohreule ist an den Beutefang in vegetationsarmer Offenlandschaft angepasst. Die energiesparende Wartenjagd erfolgt von Zaunpfosten, Grenzsteinen oder Erdhügeln aus – vor allem bei Schlechtwetter und geschlossener Schneedecke. Funktionell entspricht der Ansitzwarte auch das Rütteln, in zum Teil großer Höhe: Die leichtgewichtige Eule vermag mit flachen Flügelschlägen und breit gefächertem Schwanz in der Luft zu „stehen". Bei schwachem Gegenwind bleibt sie – wie ein Papierdrachen – sogar ohne Flügelschlag für Sekunden schwebend an einer Stelle, um den Boden nach Beute abzusuchen [378, 601, 753].

Die Eule sucht günstige Jagdgebiete nahezu „systematisch" in parallel geführten Schleifen ab und jagt dabei bevorzugt gegen den Wind. Charakteristisch ist dabei ein weihenartig-schaukelnder Jagdflug, etwa 2 m – oft auch weniger als ½ m – über dem Untergrund. Der Flug ist auffällig langsam, wird unregelmäßig von Gleitstrecken und luftigem Rütteln unterbrochen; mitunter „verharrt" die Eule sogar reglos in der Luft und lässt sich vom Gegenwind rückwärts tragen. Der Kopf ist dabei tief vorgebeugt und dreht sich – den Boden kontrollierend – aufmerksam hin und her.

Beute wird sowohl optisch wie akustisch geortet, vom Bodenansitz rennend oder in kräftigen Sprüngen erreicht bzw. aus dem Flug in zielgerichtetem Sturz angegriffen: Mit steil

Sumpfohreule auf Jagdwarte. Der Kopf ist vorgebeugt mit aufmerksam gespreiztem Schleier (Foto WOTHE).

über den Rücken gehobenen Flügeln beschleunigt die Eule und stürzt kopfüber auf die Beute. Die langen Fänge greifen durch Grasfilz, sogar durch eine gut 10 cm hohe Schneedecke, und erreichen versteckte Mäuse auch unter Steinen oder in Erdgängen. Mit beiden Beinen nachgreifend, kippt die Eule in den Fersensitz und stützt sich zusätzlich mit den Flügeln ab. Vergleichbar werden die Flügel bei wehrhafter Beute in einer „Fangstellung" seitwärts gefächert, während die Beute durch walkend-tretelnden Zugriff getötet wird. Kleinvögel werden bevorzugt auf dem Boden gefangen; sie werden portionsweise gefressen, zuvor die Schwungfedern einzeln ausgerupft und der Kopf abgetrennt.

Großes Geschick zeigen Sumpfohreulen beim Abjagen von Beute bei Weihen oder Falken („Kleptoparasitismus"), die jedoch ihrerseits der Eule gelegentlich Beute entreißen [145, 677, 849].

Der Jagderfolg lag in einem schottischen Beobachtungsgebiet bei 13 % (Männchen) bis 18 % (Weibchen [601]), auf der Insel Spiekeroog bei 27,8 % [627], in der französischen Agrarlandschaft sogar bei 26–42 % [724].

Beutevorräte werden vor allem am Nestrand abgelegt. Trinken gelegentlich.

Gewölle sind im Mittel 48 mm lang und 22 mm dick (Variationsbreite: Länge = 35–70 mm, Dicke = 18–26 mm).

FORTPFLANZUNG

Geschlechtsreife im 1. Lebensjahr. Vermutlich erfolgt eine erste Anpaarung bereits in den winterlichen Schlafgemeinschaften. Jedenfalls können Reviergründungen im direkten Umfeld dieser Sammelplätze erfolgen, wenn die erforderliche Beutedichte anhält [378, 391].

Balz und Paarbildung

Vorwiegend monogame Saisonehe. Polygynie in Einzelfällen bestätigt [753].

Besonders auffällig die territoriale Phase der Balz, die nicht nur der Revierabgrenzung, sondern auch der Anpaarung dient. Neben dem akustisch wirksamen Balzgesang führt die Sumpfohreule eine regelrechte „Schaubalz" bei Tageslicht aus: Zum betont langsamen

Sumpfohreule im Rüttelflug. Mithilfe langsamer, flacher Flügelschläge vermag die Eule in der Luft zu „stehen" (Foto GIEL).

Imponierflug mit übertrieben ausholendem Flügelschlag werden die Flügel V-förmig über dem Rücken angehoben. Damit präsentiert das Männchen die helle Flügelunterseite (geschlechtsspezifisches Merkmal). Zum spektakulären Balzflug steigt das Männchen rasch in die Höhe, kreisende Segelstrecken dazwischenschaltend, und singt mit weichen *bu.bu.bu*-Serien in zum Teil sehr großer Höhe. Mit Kreisen, Rütteln, Auf- und Absteigen bleibt die Flugbahn stets über dem Revier. Am Höhepunkt kippt die Eule plötzlich steil abwärts und klatscht in reißendem Sturzflug mit den Flügeln in rasch knatternder Serie; sie fängt sich wieder ab und setzt den Balzflug fort, zuletzt immer wieder klatschend, somit wie in „Kaskaden" herabstürzend.

Bei der sexuellen Phase der Balz gegenüber dem Weibchen schaltet das Männchen ein steiles Abgleiten mit V-förmig hochgehaltenen Flügeln in den Balzflug ein, wobei ebenfalls die hellen Flügelunterseiten zur Geltung kommen. Auch zeigt es seine Flugkünste im „Schaukelflug", bei dem der Körper – durch asymmetrischen Flügelschlag – abwechselnd vor- und zurückkippt. Zur Nistplatzdemonstration schließlich lässt sich das Männchen in kreiselndem Trudeln in die Wiese fallen und singt dort. Das Weibchen fällt im „Duett" mit Flügelklatschen und Bettellauten ein.

Zu Beuteübergaben lockt das Männchen mit Gesang und präsentiert eine Maus im Schnabel, bei vorgebeugt-flacher Körperhaltung. Nähert sich das Weibchen, sträubt der Partner nicht nur das Gefieder, er hebt mitunter gleichzeitig die Flügel seitwärts an, vergleichbar der Bettelhaltung größerer Jungeulen. Typischerweise leiten Beuteübergaben zur Kopulation über, die stets auf dem Boden stattfindet und durch ausholendes Flügelschlagen des Balance suchenden Männchens sowie schirkende Laute charakterisiert ist [145].

Brut und Brutpflege

Wenn auch das Männchen das künftige Brutgebiet durch Balzflüge markiert, so dürfte die Wahl des Brutplatzes beim Weibchen liegen.

Bei der Schaubalz reiht die Sumpfohreule kreisenden Anstieg, schwereloses Segeln und reißende Sturzflüge mit raschen Klatschserien der Flügel (nach HOLT & LEASURE 1993).

Sumpfohreule im Angriffsflug gegen Brutstörer, steif segelnd (Foto WOTHE).

Mitunter legt es mehrere Nistmulden an, ehe es sich entscheidet. Neststandorte wurden sowohl in Feuchtgebieten als auch in frischen Aufforstungen, unter Pfeifengras oder Adlerfarn wie auch im Ackerland bestätigt, mitunter nahezu deckungsfrei auf einem frisch gepflügten Feld [274, 557]. In Wales/Vereinigtes Königreich fanden sich Nester in dichtem Heidekraut auf trockenem Untergrund [863]. Von 33 in Friesland/Holland beschriebenen Nestern lag der Großteil in Wirtschaftswiesen, gefolgt von Niedermooren und Feuchtböden [470].

Der Nestbau der Eulen ist meist auf ein Ausscharren der Nistmulde, Abnagen oder Abgraben von störenden Strukturen beschränkt, seltener auch Säuberung von Steinchen oder altem Nistmaterial. Die Sumpfohreule macht da eine bemerkenswerte Ausnahme, weil sie offensichtlich Nistmaterial aktiv einträgt. Diese Nestbauhandlung ist allerdings individuell sehr unterschiedlich ausgeprägt, vom Niedertreten des vorhandenen Bewuchses bis zum Ausscharren einer einfachen Bodenmulde, Beseitigen störender Pflanzen oder eben Eintrag von Halmen, Schilfblättern, Strohabschnitten usw., was bei sumpfig-feuchtem Untergrund jedenfalls vorteilhaft ist [379, 391, 851, 1114].

In Beispielen aus Nordamerika maßen die Nistmulden im Durchmesser 19 × 19 cm bis 23 × 25 cm, bei einer Tiefe von nur 4–5 cm [378, 379]. Mit Hochwachsen der Vegetation kann das Nest kuppelförmig überwölbt werden, und die Eulen trampeln sich tunnelförmige Zugänge frei.

Der Legebeginn schwankt je nach Breitengrad, Wühlmausvorkommen und Witterung ganz erheblich: Während einer Feldmausgradation in Bayern fiel der früheste Termin auf den 20. März, wiewohl da noch Schnee lag [391], ähnlich in Schottland mit 23.–26. März [601]. Die meisten Bruten werden aber erst im April begonnen: 7.–25. April in Wales [863], 4. April bis 6. Mai in Frankreich [26]. Nach der Nestkartei aus dem Vereinigten Königreich (UK) fällt der Legebeginn bei nur 5 % der registrierten Nestfunde auf Ende März/Anfang April, der überwiegende Teil auf Ende April bis Anfang Mai, vereinzelt noch Bruten Ende Mai [132]. Im Beispiel aus Friesland zeigt sich mit Legebeginn 16. April bis14. Juni die ungewöhnlich große Zeitspanne, die selbst innerhalb desselben Brutgebiets von den Eulen genutzt werden kann [470]. Außergewöhnlich sind „Winterbruten“, mit Eiablagen bereits Mitte November bis Anfang Dezember (z. B. Holland, Südböhmen [200, 393]).

Zur bestmöglichen Ausnutzung von Wühlmausgradationen leisten Sumpfohreulen nicht nur Nachgelege als Ersatz für verlorene Bruten, sie können auch vollwertige Zweitgelege produzieren. Im holländischen Beispiel erstreckte sich der Legebeginn von 19. Mai bis 25. Juni [470], in Schleswig-Holstein/Norddeutschland gab es Zweitgelege noch im August [113].

Als Ausdruck der Beuteverfügbarkeit variiert die Gelegegröße erheblich, bei maximalen Ei-Zahlen von 10–14; die Durchschnittswerte liegen bei 5,8 (Wales [863]), 6,2–6,9 (Spanien und Holland [470, 757]) oder 8,0 (Frankreich und Bayern [26, 391]). Nach- und Zweitgelege sind etwas kleiner (z. B. 5,9 im Beispiel aus Holland [470]).

Legeabstand 2 Tage, das Weibchen brütet ab dem 1. Ei; es wird vom Männchen in den Brutpausen oder am Nest mit Beute versorgt, dort auch Anlage von Beutevorräten. Brutpausen nur kurz. Die Bebrütungsdauer beträgt rund 26 Tage, kann bei sehr kalter Umgebungstemperatur aber um bis zu 10 Tage verlängert werden (z. B. Beobachtungen aus Massachusetts und Alaska [383]).

Entsprechend dem Legeintervall schlüpfen die Jungen im Abstand von 1–3 Tagen (Mittel bei Bruten in Bayern = 1,8 Tage [378, 391]). Bei großen Gelegen zieht sich der Schlupf über viele Tage hin, sodass große Altersunterschiede innerhalb der Nestgeschwister typisch sind.

Bei günstigen Wetterbedingungen und ungestörten Bruten kann der Schlupferfolg 60–76%, in Einzelfällen sogar 100% betragen (Beispiele aus Nordamerika [379, 1167]). Derart hohe Werte sind für Mitteleuropa nicht belegt: Schlupfrate 30% in Spanien (6 Nester [757]), 36% in Bayern (17 Nester [391, 470]), 56% in Holland (33 Nester [470]).

Das Weibchen hudert meist nur bis zum 12-Tage-Alter des Erstgeborenen, es kann sich somit bei Beuteknappheit schon früh an der Jagd beteiligen [753]. Zur Fütterung kleiner Nestlinge zerteilt das Weibchen Mäuse in kleine Bissen, die es unter schnurrendem Gluckern (Fütterungslaut) überreicht. Die Nestmulde wird während der ersten Tage der Jungenaufzucht von Kot, Gewöllen und unverwertbaren Beuteresten gereinigt.

Kaum 2 Wochen alt, verlassen die Jungen das gefährdete Bodennest, verteilen sich weit im Gras und übernehmen von Altvögeln jetzt ganze Beutetiere. Diese werden von den Eltern oftmals nur noch im Flug abgeworfen. Die völlig wehrlosen und flugunfähigen „Ästlinge“ werden von den Eltern durch vehemente Angriffe vor Fressfeinden geschützt. Typisch für Bodenbrüter ist auch das „Verleiten“ durch auffällige Gesten und Schreie, wie bei einem schwer verletzten Vogel.

Brutverluste kommen durch Nestraub (sowohl Eier als auch Nestlinge) zustande. Auch können Eier absterben, wenn das Weibchen zu lange Brutpausen macht, weil es z. B. zur Beuteversorgung beitragen muss; auch gehen Gelege verloren, wenn das Weibchen verunglückt oder erbeutet wurde. Im Fall eines schottischen Brutvorkommens gingen 19 von 25 Bruten durch Prädation verloren, wobei Eier von Krähen aufgehackt und Brutvögel vom Fuchs gegriffen wurden [601]. Bruten gingen vereinzelt beim Abbrennen abgeernteter Felder zugrunde; sehr viel häufiger beim Mähen von Heuwiesen

Sumpfohreulen-Weibchen am Brutplatz (Foto Zeininger).

Bettelhaltung junger Sumpfohreulen. Außer durch schleifend-zischende Laute macht der Jungvogel während des „Wanderstadiums" die Beute bringenden Eltern durch Anheben der Flügel auf sich aufmerksam (nach HEINROTH, in GLUTZ et al. 1980).

[557]. Kaum selbstständige Jungvögel wurden in Südböhmen Opfer einer großräumigen Mäusevergiftung [368].
Legebeginn: in Mitteleuropa normalerweise zwischen Mitte März und Anfang Mai.
Gelegegröße: je nach Nahrungsangebot (5) 7–10, maximal 14 Eier.
Ei-Maße: Ø 40,4 × 31,3 mm; Gewicht 21 g.
Legeabstand: meist 2 Tage.
Bebrütungsbeginn: mit dem 1. Ei.
Brutdauer: 26 Tage.

Entwicklung der Jungeulen

Sumpfohreulen-Nestlinge machen eine besonders rasche Entwicklung durch. Frisch geschlüpft, wiegen sie nur 16–18 g und sind von einem schütter-durchsichtigen, weißlichen Neoptil bedeckt. Dieses wird schon ab dem 5. Tag vom beige-bräunlichen Mesoptil abgelöst, das die Jungen bis zur 3. Lebenswoche locker-pelzig umhüllt. Die Kiele des Schleiers formen zunächst eine schwärzliche „Maske", die sich durch einen grellweißen „Schnurrbart", eine weiße Kehle und ebenso weiße „Augenbrauen" differenziert („Kindergesicht").

Gelege der Sumpfohreule. Manche Weibchen sammeln regelrecht Nistmaterial als Unterlage (Foto HLASEK).

Ab dem 1. Lebenstag gelingen ein stemmendes Vorwärtsschieben auf dem Bauch und ein Aufrichten in breit abgestütztem Sitz. Mit 1 Woche trippeln die Nestlinge auf den Fersen umher; am 12. Tag gehen sie unsicher, die Flügel noch beidseitig zur Balance aufgestützt. Ein erstes Gewölle wird um den 8.–9. Tag ausgewürgt [145]. Das Auge ist ab 10. Tag völlig offen, der Eizahn fällt zwischen 8.–14. Tag ab [1207].

12 Tage alte Junge suchen bereits selbstständig nach Nahrung aus dem Beutedepot und verschlingen auch ganze Mäuse. Auf der Suche nach Beutestücken zerren Jungeulen auch kräftig an ihren Nestgeschwistern, verschlingen diese gelegentlich, falls geschwächt bzw. geringe Gegenwehr (Kainismus [379, 1207])!

Zwischen dem 11. und 15. Tag machen die Nestlinge einen besonderen Wachstumsschub mit. In diesem Alter verlassen sie bereits das Nest, weitaus früher als bei der ebenfalls bodenbrütenden Schnee-Eule: Alter 14–18 Tage (20 Junge in Finnland [688]), 14–17 Tage (18 Junge in Montana/USA [379]), im Mittel 13,6 Tage (Manitoba/Kanada [145]), 12–17 Tage (16 Junge in Bayern [391]). Wenn spät geschlüpfte Junge ihren älteren Geschwistern folgen, können sogar 9- und 12-Tage-Alter als Extremwerte beobachtet werden (16 Junge, Frankreich [26]).

Sicheres Gehen – auf der „Sohle" – mit 17–18 Tagen bei flach vorgebeugter Körperhaltung. Durch seitwärts pendelnde Kopfbewegungen werden dabei hinderliche Grashalme zur Seite geschoben. Mit der Zeit treten die Jungeulen regelrechte Grasgänge aus.

Die Eltern finden die recht mobilen Jungen im Bewuchs der weiten Offenlandschaft dank deren besonders auffälligen Bettelverhaltens, mit lang gedehnten, schleifend-quietschenden Bettellauten und dem „Winken" mit beidseitig hochgehobenen Flügeln. Außerdem charakterisiert eine kontrastreiche Schwarz-Weiß-Maske das „Kindergesicht" von Sumpfohreulen dieser Altersstufe.

Verblüffenderweise beherrschen Sumpfohreulen – als Bewohner baumfreier Offenlandschaften – das Klettern mithilfe von Schnabel, Krallen und Flügeln, ehe sie flügge sind: Bereits in der 3. Woche sind sie kräftig genug, um sich im Gezweig hochzuziehen [928, 949]. Erste Flugstrecken werden mit 25 Tagen bewältigt, sicheres Fliegen gelingt aber erst mit 31–36 Tagen [145, 378, 930].

Erste Beutefang-Intentionen sind mit Anspringen, Zukrallen und Beknabbern in der 3. Woche zu beobachten; sie treten mit Erreichen der Flugfähigkeit regelmäßig und mit reaktionsschnellen, kräftigen Bewegungen auf. (In der Voliere schlugen Sumpfohreulen im Alter von 50 Tagen lebende Spatzen und Mäuse erfolgreich [928].)

Die Führungszeit dauert etwa 2 Monate ab Nestverlassen (entspricht einem Alter von 75–80 Tagen). Die Familienauflösung fällt mit dem herbstlichen Abwandern aus dem Brutgebiet zusammen.

Je nach Beuteversorgung, Witterung und Verlusten durch Gelege- oder Nesträuber vari-

Sumpfohreulen-Nestling, etwa 1 Woche alt. Kopf und Füße wirken übergroß, der Schnabel trägt noch den Eizahn (Foto SCHERZINGER).

Nestgeschwister der Sumpfohreule. In Gradationsjahren der Wühlmäuse können große Jungenzahlen aufgezogen werden, wobei dann der Altersunterschied an die 2 Wochen beträgt (Foto HLASEK).

Junge Sumpfohreule im „Wanderstadium". Die Jungen verlassen das gefahrvolle Bodennest schon mit 2 Wochen und verteilen sich in der umliegenden Vegetation (Foto PARTSCH).

iert der Bruterfolg erheblich. Von 15 erfolgreichen Bruten in Wales/Vereinigtes Königreich kamen im Mittel 3 Junge zum „Ausfliegen"; bei 33 Nestern erreichten in Friesland/Holland 1,9–2,6 Junge je begonnener und 3,9 Junge je erfolgreicher Brut das Alter zum Nestverlassen [863]. Im Beispiel eines bayerischen Brutvorkommens gingen 59 % der Bruten verloren, sodass letztlich nur 1,94 Junge pro begonnener Brut überlebten. Von diesen wurden aber 75 % groß, sodass im Mittel 4,7 Junge pro erfolgreicher Brut aufgezogen wurden [391]. Das beste Resultat erbrachten 9 französische Bruten mit 5,7 Jungen pro erfolgreicher Brut [26].

Trotz der effektiven Tarnfärbung können adulte Sumpfohreulen diversen Prädatoren zum Opfer fallen. Bestätigt sind Fuchs und Dachs als Nesträuber, in arktischen Brutgebieten auch der Eisfuchs, die selbst ein brütendes Weibchen erbeuten können. Bei Tagaktivität hat auch der Habicht eine Chance. In der hochnordischen Tundra werden Sumpfohreulen nicht nur von Großmöwen gemobbt, hier kann auch die Schnee-Eule zum Fressfeind werden [813].

In einer Auswertung europäischer Ringfunde aus den vergangenen 96 Jahren dominiert mit 69 % der Todesursachen noch der Abschuss [131]. Heute stehen der Verkehr und Kollisionen mit technischen Strukturen im Vordergrund. Über Verluste durch Windkrafträder, die den Männchen beim Balzflug gefährlich werden könnten, liegen noch keine Erkenntnisse vor. Wiederholt verhängten sich Altvögel im Stacheldraht von Viehkoppeln. Keine Daten zu Verlusten durch Parasiten oder Krankheiten.

Sterblichkeit: Bodenbruten sind Risiken durch Niederschlag, Hochwasser oder Besonnung besonders ausgesetzt, vor allem der Prädation durch Bodenfeinde; zunehmend auch Techniken der Landbewirtschaftung. Mit hohen Verlusten ist auch auf den Wanderungen zu

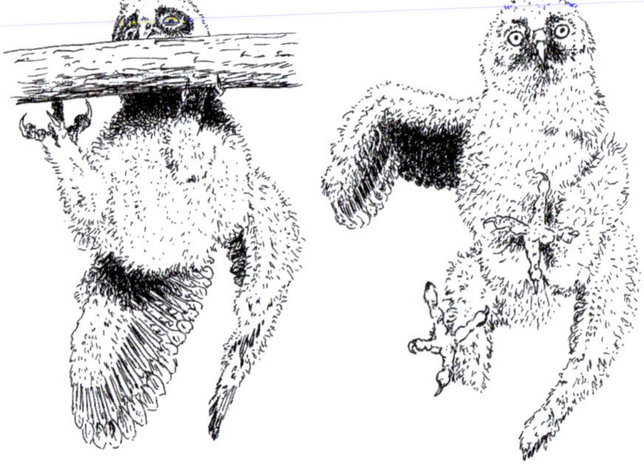

Klettern der Jungeulen. Obwohl das komplexe Verhalten im Lebensraum der Sumpfohreule gar nicht erforderlich ist, beherrschen ihre Jungen diese Leistung – ähnlich wie Waldohreulen – schon ab der 3. Lebenswoche (links Waldohreule, rechts Sumpfohreule; nach SCHERZINGER).

rechnen, die über zum Teil enorme Distanzen, ja sogar über das offene Meer führen können. Höchstalter im Freiland: 20 Jahre + 9 Monate (Insel Spiekeroog) und 21 Jahre + 8 Monate [ADW]; fast 21 Jahre bei Gefangenschaftshaltung [GRUMMT & STREHLOW 2014].

ORTSWECHSEL

Hinsichtlich ihrer Raumnutzung passen Sumpfohreulen in keine Kategorie, denn sie können sowohl über Jahre ortstreu sein als auch zwischen Brut- und Wintergebiet regelmäßig wechseln oder aber alljährlich Hunderte Kilometer auf der Suche nach neuen Brutgebieten herumstreifen. Im Gegensatz zu regulären Zugvögeln fehlt der Art ein angeborenes Programm für ihren Ortswechsel, vielmehr wählen die Eulen situationsgemäß eine jeweils andere Migrationsstrategie [131, 753].

Jungeulen wandern nach der herbstlichen Familienauflösung oft über große Distanzen ab. Z. B. wurde eine im Mai 1967 im Ries (Bayern) nestjung beringte Sumpfohreule im August des gleichen Jahres in Lettland erlegt, ca. 1350 km in nordöstlicher Richtung. Eine andere, im Juni 1961 auf Borkum (Nordsee) nestjung beringte Eule wurde im November des gleichen Jahres in Portugal erlegt, ca. 2040 km in südwestlicher Richtung.

Von 2 Geschwistern, die im Mai 1961 im Erdinger Moos (Bayern) nestjung beringt worden waren, wurde die eine Eule im September 1962 bei Swerdlowsk am Uralgebirge (Russland) gefangen, ca. 3330 km ostnordöstlich, während die andere Eule im November 1962 in Nordfrankreich getötet wurde, ca. 760 km westnordwestlich [390]. Als Extremwert sind 4000 km für die Jungendispersion bestätigt [248].

Sumpfohreulen aus nördlichen Brutgebieten weichen den schneereichen Winterbedingungen aus und ziehen im Herbst in mildere Gebiete; durchstreifen dabei Europa von den Britischen Inseln bis in den Mittelmeerraum und erreichen mitunter Gebiete weitab ihres normalen Verbreitungsgebiets (z. B. Iberische Halbinsel, Nordafrika). Eulen aus Fennoskandien überwintern bevorzugt an der Nordseeküste, ziehen auch regelmäßig nach England und Irland. Mitteleuropäische Brutvögel bleiben vielfach in den Küstengebieten, streifen während der Wintermonate aber meist „nomadisch" umher. Eulen aus osteuropäischen Brutgebieten ziehen ostwärts bis zur Schwarzmeerküste oder bis Kleinasien [227]. Der Herbstdurchzug hat in Mitteleuropa seinen Höhepunkt im November. Nach Auswertung von 330 Ringfunden legten Eulen aus borealen Herkunftsgebieten im Mittel 1511 km und in Mitteleuropa geborene Individuen 1091 km zurück. Eulen aus dem Vereinigten Königreich (UK) und von der Atlantikküste wanderten mit 350 km bzw. 324 km deutlich weniger umher [131].

Eine Sumpfohreule aus Finnland wurde in Malaga (Spanien) wiedergefunden, ca. 3450 km südwestlich. Weil das Überwinterungsgebiet jedoch bis in den Süden der Sahelzone Afrikas reicht, können bis dorthin noch weitere ca. 3000 km hinzukommen. (Nordamerikanische Sumpfohreulen legten auf der Strecke Alaska – Mexiko sogar an die 7000 km zurück [248].) Wandernde Sumpfohreulen scheuen sich auch nicht, den offenen Ozean zu queren, wie Beobachtungen in über 1000 m Entfernung von der nächsten Küste belegen [426].

Als sogenannte „r-Strategen" nutzen Sumpfohreulen besonders ergiebige Mäusegradationen bestmöglich aus, indem sie möglichst viele Junge aufziehen. Falls dieses stimulierende Beuteangebot aber noch im Herbst zusammenbricht, sind Brutvögel wie Jungeulen gezwungen, kurzfristig abzuwandern. Sumpfohreulen können dann im Zuge solcher „Invasionen" auch in peripheren Gebieten plötzlich und in großer Zahl auftreten [736].

Im Überwinterungsgebiet kommt es in Jahren mit hoher Mäusedichte zu Ansammlungen an gemeinschaftlichen Schlafplätzen, mitunter in großer Zahl. Im Frühjahr erfolgt dann der Rückzug, in Mitteleuropa etwa Mitte Februar bis Anfang April, einzelne Überwinterer können noch bis Juni angetroffen werden [753]. Falls aber das Mäuseangebot im Winterhabitat günstig bleibt, kann es mit Frühlingsbeginn zu Reviergründungen und Bruten kommen. Solche „exotischen" Standorte werden mit Abklingen der Mäusegradation gleich wieder verlassen – und die Eulen suchen großräumig nach neuen Brutmöglichkeiten. Treffen sie auf günstige Verhältnisse, bleiben sie z. B. für die Dauer eines „Mäusezyklus" von meist 2–3 Jahren vor Ort, um dann erneut auf Suche nach ergiebigen Beutedichten zu fliegen [436]. Diese Suchflüge sind ungerichtet und folgen keinem „Programm".

Nach den erwähnten 330 Wiederfunden beringter Eulen maßen die Distanzen bei solchen Umsiedlungen im Mittel bis zu 870 km [131]. Von 2 in Niedersachsen beringten Altvögeln wurde der eine 2 Jahre später 667 km nördlich in Norwegen wiedergefunden, der andere 7 Jahre später 2183 km östlich in Russland [623].

GEFÄHRDUNG UND SCHUTZMASSNAHMEN

Ursprünglich war die Sumpfohreule in Flussniederungen und Moorgebieten Mitteleuropas weit verbreitet und in Wühlmausjahren keineswegs selten. Durch Entwässerungs- und Kultivierungsmaßnahmen sind diese Lebensräume jedoch in den letzten Jahrzehnten so stark verändert worden, dass der typischen Pflanzen- und Tierwelt dieser Gebiete – zu der auch die Sumpfohreule zählt – die Existenzgrundlagen entzogen worden sind. Infolgedessen ist diese Eulenart in allen „Roten Listen" Mitteleuropas verzeichnet und wird europaweit gemäß den IUCN-Kriterien als *„vulnerable"* (= englisch für „gefährdet") eingestuft.

Halbwüchsige Sumpfohreule. Bei dem eben sprießenden Erstjahres-Kleid fallen die Federohren besonders auf (Foto Zeininger).

Schutzmaßnahmen für die Sumpfohreule müssen daher vorrangig auf den Erhalt noch vorhandener Lebensräume abzielen, gleichzeitig habitattaugliche Flächen entsprechend gestaltet werden, z. B. durch Renaturierung degradierter Feuchtgebiete. Dazu zählen nicht nur die Wiedervernässung vormals dränierter Feuchtgebiete und Moore, sondern auch das Schwenden von Gestrüpp und Birken-Aufwuchs.

Gleichzeitig sind Brutplätze während der sensiblen Lege- und Bebrütungsphase vor Störungen abzuschirmen (gilt auch für Beringer und Tierfotografen). Außerdem sind Landwirte zu informieren, damit Gelege oder Nestlinge nicht unbeabsichtigt ausgemäht, besprüht oder niedergewalzt werden. Der Abschuss von Eulen zur Niederwild-Hege sollte angesichts negativer Bestandstrends in allen Ländern grundsätzlich beendet werden.

OFFENE FRAGEN

- Verwandtschaftsverhältnisse innerhalb der Gattung *Asio* und Bewertung der Konvergenzen mit der Schnee-Eule.
- Taxonomische Differenzierung der eurasischen, nord- und südamerikanischen Populationen.
- Gibt es eine kontinentale Populationsvernetzung?
- Nach welchen Schlüsselfaktoren entscheiden sich Sumpfohreulen bei der Suche nach geeigneten Brutgebieten?
- Welche Kriterien müssen bei der Gestaltung von Sekundärbiotopen erfüllt werden?
- Vom artspezifischen Stimminventar fehlen die „Intimlaute" der Anpaarung und Brutpflege weitgehend.
- Weshalb gibt es bis dato keine Erfolge mit der Gefangenschaftszucht?

ZWERGOHREULE
Otus scops

ALLGEMEINES

Im Vergleich zu den größeren „Ohreulen“ – wie Uhu, Wald- und Sumpfohreule, mit denen die Zwergohreule nicht näher verwandt ist – erscheint diese Art zwar klein und zierlich, sie ist aber keine „Zwergform“ – wie der Artname suggerieren könnte.

In den Mittelmeerländern ist sie schwerpunktmäßig verbreitet und kommt dort in geeigneten Lebensräumen recht häufig vor. Zu sehen ist sie allerdings kaum, eher macht sie sich durch ihre nächtlichen Rufe bemerkbar.

In Gebieten nördlich der Alpen erscheint sie nur ausnahmsweise, wahrscheinlich infolge von Zugverlängerung, was im Rahmen des Klimawandels aber häufiger werden könnte (nach einem Klimamodell könnte die künftige Ausbreitung bis ins südliche Skandinavien reichen [632]).

KENNZEICHEN

Die Zwergohreule ist kleiner und schlanker als der Steinkauz.
Größe: 19–21 cm.
Flügelspannweite: 47–54 cm.
Gewicht: Männchen 77–105 g (Ø 83 g), Minimalgewicht bei Ankunft im April (69,9–86,1 g); Weibchen 90–119 g (Ø 98 g); Maximalgewicht jeweils vor Abzug im September [327, 799].

Durch ihr rindenfarbiges Gefieder ist die Zwergohreule am Tagesruheplatz meist gut getarnt und schwer zu entdecken. Die Grundfärbung variiert zwischen rostbraun und hellgrau und zeigt ober- und unterseits dunkle Längsstreifen mit feinen Querverästelungen. Die Grundfärbung der unterschiedlichen Morphen wird durch Eumelanine und Phäomelanine bestimmt, die auf Vitalität und Überlebenschance zurückwirken können. Beispielsweise kamen in einer spanischen Population rostbraune, graue und „mittlere“ Farbphasen etwa gleich häufig vor (ausbalancierter Polymorphismus). Die „mittleren“ Weibchen erreichten aber eine höhere Überlebensrate; die „mittleren“ Männchen wurden bei der Paarbildung wiederum bevorzugt. Welche Langzeiteffekte daraus erwachsen, ist noch unklar [766]. Auf Basis von 281 Museumsbälgen aus Italien lässt sich für das 20. Jh. eine stete Zunahme der rötlichen Phase erkennen, was die Autoren als Effekt des Klimawandels deuten [255].

In aufmerksamer Haltung breit-kugelige Kopfform, der Schleier nahezu kreisrund mit dunkler Einrahmung; die Federohren dem Kopfgefieder angelegt. In Ruhe und Tarnstellung Kopf und Schleier schmal hochgezogen, die breit angesetzten und relativ kurzen Federohren zu zwei „Zipfeln“ aufgestellt. Die Iris der Augen ist zitronengelb, randlich mitunter zartgrün; der Schnabel hornfarben grau. Die Beine sind flauschig befiedert, die Zehen unbefiedert. Die nadelscharfen Krallen sind schmal und meist schwarzbraun. Als Zugvogel weist die Zwergohreule auffallend lange Flügel auf; der Schwanz ist kurz. Der Flug ist ziemlich schnell, meist geradlinig und gewandt.

Die Federohren der Zwergohreule sind – in Relation zur Eulengestalt – lang und breit-zipfelig (Foto HOFMANN).

Farbmorphen der Zwergohreule. Links braune Morphe (Foto NILL), rechts graue Morphe (Foto BRANDL); fuchsrote Morphen – wie bei vergleichbaren Arten in Amerika – fehlen in Europa.

Männchen und Weibchen sind im Feld nicht zu unterscheiden, jedoch messen die 8. Handschwinge bei Weibchen > 124 mm, der Schnabel > 11,4 mm [619].

Unterarten

Die bisherige Gattung *Otus* wurde im Rahmen genetischer Vergleiche in 3 Gruppen aufgetrennt, wobei *Megascops* und *Psiloscops* die Zwergohreulen Amerikas umfassen, die afrikanische *Ptilopsis* in die Nähe von *Asio* gestellt wurde und der Gattungsname *Otus* für alle weiteren 47 Arten der Alten Welt beibehalten wurde [1175].

Innerhalb des großen Verbreitungsgebiets der eurasischen Zwergohreule *Otus scops* werden 6 Unterarten unterschieden. Deren Areale überlappen in Afrika mit *Otus senegalensis* und grenzen in Kleinasien an das Areal von *Otus brucei*.

VERBREITUNG

Das Verbreitungsgebiet der Zwergohreule erstreckt sich von den Mittelmeerländern einschließlich Nordwestafrika über Südosteuropa und Kleinasien ostwärts durch Südrussland und Mittelasien bis zum Baikalsee sowie durch den Irak und Iran bis nach Afghanistan.

An der Westgrenze sporadisches Auftreten von Einzeltieren in England [632]. Die Nordgrenze des Verbreitungsareals der Nominatform *Otus scops scops* verläuft in Europa durch Mittelfrankreich, die südliche Schweiz, über Norditalien bis ins südliche Österreich, den Süden der Slowakei (Einzelvorkommen auch in Tschechien), über Ungarn, Rumänien, Ukraine, Weißrussland und Südrussland.

Durch Zugverlängerung kann es auch nördlich der Alpen zu Sommeraufenthalten an

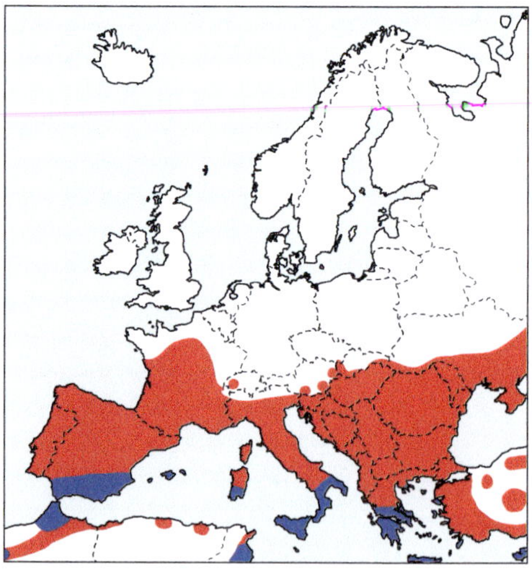

Verbreitung der Zwergohreule in Europa. Die wärmebedürftige Art strahlt von den Hauptverbreitungsgebieten im Mittelmeerraum und der östlichen Waldsteppe bis ins südliche Mitteleuropa. Rot = Brutgebiete, die nur im Sommerhalbjahr bewohnt sind; blau = Brutgebiete, in denen auch Überwinterung stattfinden kann.

warmen Stellen, vor allem an Südhängen, zunehmend auch zur Brut. Traditionelle, wenn auch kleine Brutvorkommen gibt es z. B. in Österreich [619]. Im Jahr 1998 ist die erste Brut dieser Art in Tschechien gefunden worden [767]. Seit Mitte des 20. Jhs. wurden Vorkommen in Bayern, Hessen, Rheinland-Pfalz, Thüringen, Westfalen und Württemberg bekannt [263]. In dieser Zeit kam es in Deutschland zu mindestens 9 sicheren Bruten (z. B. in Bayern 1960, 2007, Rheinland-Pfalz 2003 und 2004, Baden-Württemberg 2004 und Hessen 2007 und 2009 [49]) sowie 2 möglichen Bruten (z. B. Sachsen-Anhalt 1993, Baden-Württemberg 2016 [650]).

LEBENSRAUM

Die Zwergohreule lebt in warmen und trockenen, ziemlich offenen Landschaften mit alten Bäumen, z. B. Obstgärten; ferner naturnah gehaltene Oliven- und Korkeichenhaine in aufgelockertem Bestand, Parkanlagen, Alleen, Feldgehölze und Randzonen lichter Laubwälder, in denen es ein reiches Nahrungsangebot in Form von Heuschrecken, Grillen, Käfern, Nachtfaltern und anderen Großinsekten gibt. Zur Jagd auf nächtlich aktive Insekten nutzt die Eule bevorzugt das Umfeld von Straßenlaternen am Ortsrand. Günstige Jagdgebiete sind artenreiche Magerwiesen, Trockenhänge, extensive Mähwiesen und Viehweiden [981, 1104].

Als Jagdwarte und Tagesversteck sind alte, frei stehende Bäume förderlich. Für eine erfolgreiche Brut müssen außerdem geeignete Höhlungen in Bäumen oder Mauern, anderenfalls auch Kunsthöhlen (bzw. Nistkästen) mit entsprechend großer Einflugöffnung (7,5–8 cm Durchmesser) geboten sein. Waldgebiete werden in der Regel gemieden, bilden auf der Insel Oléron/Westfrankreich jedoch den Verbreitungsschwerpunkt [50]. Auch suchen die Eulen schüttere Baumbestände zur Überwinterung auf [763]. Vermutlich aufgrund der Lärmemissionen werden Areale nahe Hauptverkehrsstraßen und Autobahnen bis zu einer Distanz von 4–7 km gemieden [1069, 1190].

In den Schwerpunktvorkommen der Mittelmeerländer brüten die Zwergohreulen nicht nur im extensiv bewirtschafteten Kulturland, sondern auch in Dörfern und am Stadtrand – in oft unmittelbarer Nachbarschaft zu Menschen.

Lebensraum der Zwergohreule. Die „klassischen" Brutgebiete Europas liegen in alten Ölbaumhainen trocken-warmer Landschaften (Foto LIMBRUNNER).

Regional kann es am Siedlungsrand sogar zu außergewöhnlichen Konzentrationen kommen [626]. Auch in Österreich brütet die Art mitunter in Dorflinden und alten Hausbäumen.

Habitate in Mittel- und Osteuropa sind niederschlagsreicher mit meist fruchtbareren Böden, weshalb die Eulen hier bevorzugt in warmen Südlagen, Trockenhängen, kurzrasigem Grünland oder Viehkoppeln, auch Weingärten

Federtypen der Zwergohreule:
1 Handschwinge rechts,
2 Armschwinge rechts,
3 Schwanz rechts
(Foto SCHATTER).

vorkommen, wobei eine extensive Nutzung – ohne Düngereintrag – maßgeblich ist [893, 981]. In Italien scheinen Wiesenareale breiter Flusstäler besonders attraktiv [833]. Für Habitate in der Slowakei wurde eine Korrelation zwischen der Dichte an Heuschrecken und jener der Eulen festgestellt [552]. Die isolierten Vorkommen in Österreich konzentrieren sich in klimabegünstigten Lagen mit lockerem Hochstammobst, kleinteiligem Feldbau und Weideland sowie offenen Heckenbereichen zwischen 260 und 840 m Seehöhe [619]. Im Zentralwallis, dem wärmsten und trockensten Gebiet der Schweiz, besiedeln die Zwergohreulen südexponierte Heckenlandschaften unter Bevorzugung schwach geneigter Hänge [25]. Brutvorkommen gehäuft in colliner Hügellandschaft bis unterer Montanstufe, doch werden geeignete Areale bis in 1070 m (Dinarisches Gebirge), 1250 m (Schweiz), 1400 m (Trentino/ Italien), 1600 m (Rumänien) und sogar 2000 m Seehöhe (südliches Russland) besiedelt [88, 553, 980].

Zwergohreulen, die auf den Mittelmeerinseln brüten, überwintern hier auch großteils (z. B. *Otus scops scops* auf Sizilien, zum Teil auch Sardinien, *Otus scops cyprius* auf Zypern, *Otus scops cycladum* auf Kreta); *Otus scops mallorcae* gilt in Südspanien als Teilzieher. In geringer Zahl überwintern Zwergohreulen auch in der Toskana und in Süditalien – bei Temperaturen bis deutlich unter dem Gefrierpunkt [704]. Die Brutvögel vom Festland ziehen ins afrikanische Überwinterungsgebiet südlich der Sahara. Hier lebt diese Art hauptsächlich in Savannen und Trockenwäldern.

SIEDLUNGSDICHTE UND STREIFGEBIET

In sehr gut geeigneten Lebensräumen mit entsprechend reichhaltigem Nahrungsangebot kann die Siedlungsdichte erstaunlich hoch sein: z. B. 10 singende Zwergohreulen auf etwa 2 ha Parkareal mit Allee auf der Insel Krk (Kroatien; [83]).

Hohe Abundanzwerte erreichte das frühere Vorkommen im Zentralwallis/Schweiz mit 5,6–7,6 Territorien auf 100 ha (eine besonders dicht besiedelte Teilfläche beherbergte sogar 1,7–2,4 Paare auf 10 ha [25]). Ähnliche Werte mit 5,2–6,4 Reviere/100 ha für die wärmebegünstigten Alpentäler in Südtirol/Italien und mit 2,2–3,25 Reviere/100 ha für die Umgebung von Triest. Aufgrund der Konzentration der österreichischen Inselvorkommen auf relativ kleiner Fläche werden hier Dichten von 1,4–3,2 Revieren/100 ha erreicht. Davon abgestuft 1,08 Reviere/100 ha auf Sizilien und 1–1,5 Reviere/100 ha in Kroatien und Süddalmatien. Im Mittelmeer-Küstengebiet von Istrien wurden Maximalwerte von 1,63 singenden Männchen/100 ha ermittelt, wobei ortsnahe Bereiche besonders dicht besiedelt waren [1189]. Berechnet man die Abundanz nur für die dicht besiedelten Randgebiete von besonders günstigen Ortschaften, so erhält man Maximalwerte von 2 territorialen Männchen/100 ha (Oltrepo Pavese/Italien [894]), 6 Männchen/100 ha (Insel Oléron/Frankreich [327]), 36 Reviere/100 ha (Trentino/Italien), 93 Männchen/100 ha (z. B. Halbinsel Pelješac/Kroatien [1131]) oder gar 150 singenden Männchen/100 ha (Insel Brač/ Kroatien [91]).

Auf großräumige Habitate bezogen ist die Siedlungsdichte mit 0,03 (Estremadura/ Spanien), 0,04 (Karstplateau/Slowenien), 0,06 (Insel Brač/Kroatien), 0,08 (Südtirol/Italien), 0,21 (Ostrumänien) bis 0,99 Revieren/100 ha (Adriaküste/Kroatien) etc. natürlich sehr viel geringer [88, 1069]. Zur Brutzeit verhalten sich Zwergohreulen territorial. Männchen wie Weibchen beteiligen sich an der Abwehr von Rivalen (auf Playback-Stimulation können entsprechend beide antworten [893]). Gleichzeitig suchen die Männchen die Nähe von Artgenossen, sodass es zu „Gesangsgruppen“ bzw. lockeren Brutkolonien kommen kann (z. B. Vallarsa-Tal/Südtirol, Süditalien, Trockentäler in Spanien [294, 637, 980]). Bei günstigem Angebot an Brutplätzen und Nahrung können die Reviere aber erstaunlich klein sein. In einem Südtiroler Brutgebiet sollen die Nestabstände kaum 10 m betragen haben, sodass ein geradezu kolonieartiger Eindruck entstand (PSENNER, mündl. Mitt.). In Brutgebieten am Mittelmeer maß der geringste Nestabstand 50 m [294], in den österreichischen Brutvorkommen 93–130 m. Die Reviere dürften demnach nur wenige Hektar umfassen. In einem ungarischen Vorkommen jagten die Eulen in einem Umkreis von höchstens 100 m um den Brutplatz [1048].

Die Streifgebiete besenderter Brutvögel betrugen in Mittelitalien rund 30 ha [763], in Slowenien 36–44 ha (für 2 Männchen) und 19 ha (für 1 Weibchen). Nach Position der Gesangswarten errechnete Streifgebiete in Österreich = 0,47–11,4 ha für einzelne Männchen; 0,32–6,8 ha für Brutpaare (Mittelwert für 2 Populationen = 1,1–2,9 ha [619]).

BESTANDSVERHÄLTNISSE

Obwohl genauere Bestandserhebungen aus den meisten Ländern Europas fehlen, lässt sich die europäische Brutpopulation auf 226 000–380 000 Brutpaare einschätzen (berechnet inklusive Kaukasusstaaten [ADEBAR-Atlas 2014]); mehr als die Hälfte davon dürfte in Spanien, Kroatien und Südrussland vorkommen [70, 1131]. Wesentliche Bestände finden sich des Weiteren in Italien, Bulgarien, Griechenland, Zypern und der Türkei. Mit der Aufgabe extensiver Weidehaltung und Wiesenmahd, dem Umbau alter Streuobstwiesen zu ertragreicheren Plantagen und der Intensivierung der Landwirtschaft wurde allerdings ein europaweiter Bestandsrückgang eingeleitet, sodass sich die Zahlenverhältnisse laufend ändern.

Entsprechend gibt es für Mitteleuropa sehr unterschiedliche Trendangaben: Das Brutvorkommen im Elsass (Frankreich) galt 1986 als erloschen, doch kam es zwischen 2005 und 2008 zu erfolgreichem Brüten [917].

In der Schweiz ist seit Mitte des 20. Jhs. ein dramatischer Bestandsrückgang festzustellen. Nur an den Hängen des Mittelwallis sind einzelne Brutpaare übrig geblieben [25]. 1998 waren es im Wallis 4 Paare, 2007 gerade noch 1–2 [833]. Im Broye-Tal (Kanton Fribourg), wo die Zwergohreule bis in die 1950er-Jahre regelmäßiger Brutvogel war, hat im Jahr 1988 erstmals wieder eine erfolgreiche Brut stattgefunden [350]. Insgesamt gab es in der Schweiz 1982 noch mehr als 30 besetzte Reviere; 1986: 20–22, 1988: 16–19, 1993: nur noch 10 und 1997 wieder 13 Reviere. Inzwischen kam es aber zu einer Erholung, und der schweizerische Gesamtbestand wird mit 30–40 Revieren angegeben (Schweiz. Vogelwarte 2016).

Für Deutschland ist die Zwergohreule als neue Brutvogelart anerkannt; der ADEBAR-Atlas (2014) nennt einen Bestand von 2–7 (maximal 12) Paaren (Bezugsjahr 2009).

Das aktuelle Brutgebiet in Österreich umfasst eng begrenzte Bereiche in Kärnten, der Steiermark und dem Burgenland [58, 901]. Ausnahmsweise kam es 1993 auch in Niederösterreich (an der Thermenlinie) zu einer Brut. Der österreichische Gesamtbestand wird aktuell mit rund 70–100 Paaren beziffert. Dank intensiver Artenschutz- und Biotopgestaltungsmaßnahmen konnte der Bestand weitgehend stabilisiert werden [619]. Im benachbarten Slowenien wurde der Bestand 1995 auf etwa 500–800 Paare eingeschätzt, im Jahr 2000 auf bis zu 1300 [553, 1069].

Für die Jahre 1997–1998 wurden für Kroatien 21 000–25 000 Brutpaare angegeben. [1131].

In Tschechien konnte im Jahr 1998 erstmalig eine Brut nachgewiesen werden, und zwar in

Tabelle 40. Schätzwerte für Zwergohreulen-Brutbestände in Verbreitungsschwerpunkten Europas (nach BirdLife International 2021).

LAND	FLÄCHE (TAUSEND KM^2)	BRUTPAARE	BEZUGSJAHR
Europäisches Russland	3952,5	80 000–120 000	2010
Serbien	88,3	26 000–41 000	2012
Spanien	505,9	30 000–40 000	2002
Kroatien	56,5	20 000–25 000	2010
Rumänien	283,3	8000–20 000	2013
Griechenland	131,9	5000–20 000	2012
Bosnien und Herzegowina	51,1	8000–12 000	2014
Zypern	9,2	5000–12 000	2012
Italien	301,3	5000–11 000	2006
Bulgarien	110,9	6000–9000	2012
Portugal	92,2	3500–7700	2012
Ukraine	603,8	4200–4700	2000
Frankreich	643,8	1500–4500	2012
Nordmazedonien	25,7	1800–4000	2012
Montenegro	13,8	2000–3000	2012
Albanien	28,7	1500–3000	2012
Kosovo	10,8	1300–2500	2014
Slowenien	20,2	600–1000	2012
Gesamt-Europa	**10 180,0**	**226 000–380 000**	

Die Zahlen für Gesamt-Europa enthalten auch die Angaben von hier nicht aufgeführten Ländern.

Aktive Zwergohreule. Durch Flachlegen der Ohren und Lockern des Gefieders wirkt die Eule rundköpfig (Foto NILL).

Mimik der Zwergohreule. Die voll beweglichen Federohren sind ein deutliches Stimmungsbarometer (nach VOOUS & CAMERON 1988).

den Bilé Karpaty (Südostmähren) [767]. Der Gesamtbestand blieb aber mit 1–3 Paaren sehr niedrig (Stand 2007 [70]).

Aus der Slowakei liegen aus dem 20. Jh. nur ganz wenige Brutnachweise vor: Bestand um 1993/94 auf 20–30 Paare geschätzt; genauere Angaben für das 21. Jh. mit 40–80 Paaren [70]. In Ungarn, wo die Art neuerdings auch im Tiefland vorkommt, weist die Populationsentwicklung eine positive Tendenz auf (Bestandsschätzung für 2012 = 200–400 Brutpaare [70]). Für Rumänien wurden um 1997 an die 25 000–40 000 Brutpaare geschätzt; um 2013 nur noch 8000–20 000 [70, 88].

VERHALTEN UND STIMME

Ruhe und Körperpflege

Zwergohreulen ruhen tagsüber nahezu reglos und in guter Deckung, die Augen spaltförmig verkniffen und die Federohren breit-zipfelig aufgestellt. Bei aufrechter Körperhaltung und engem Anschmiegen an den Hintergrund bzw. in eine Nische kommt die Tarnwirkung des lockeren Gefieders besonders zur Wirkung (Somatolyse). Nur Jungvögel schlafen in Gruppen, Altvögel meiden den Kontakt mit Artgenossen. Das Dösen wird nur von Gewöllabgabe, Schnabelkratzen oder verhaltenem Gefiederschütteln unterbrochen. Soweit innerhalb der Deckung von Baumkronen, Kletterranken oder Mauernischen möglich, suchen die Eulen auch besonnte Stellen auf, um sich dösend aufzuwärmen. Ein regelrechtes Sonnenbaden wurde jedoch bislang nicht beobachtet (offenbar auch nicht in Staub oder Sand), wohl aber badet die Eule im Wasser – mitunter bis zur völligen Durchnässung. Auch leichter Regen wird zum Baden benutzt, wobei die Eule – weit vorgebeugt – die Flügel öffnet und in seitlich-wiegendem Schaukeln sich auf möglichst großer Oberfläche berieseln lässt.

Gefiederputzen, Flügelstrecken und Schütteln leiten typischerweise den abendlichen Aktivitätsbeginn ein. Beim Kratzen wird vor allem die vordere Außenzehe (3.) eingesetzt [193].

Aktivitätsmuster

Rein nachtaktiv, nur zur Zeit der Jungenaufzucht auch in früher Dämmerung rege. Mit Aktivitätsbeginn scheint die Zwergohreule ihren Charakter völlig zu wandeln: Eben noch in hochgestreckter Tarnhaltung ein Stück abgedorrter Borke imitierend, wirkt die aktive Eule gedrungen, rundköpfig (Federohren typischerweise glatt angelegt) und feingliedrig-lebhaft. Während der Zugzeiten (Oktober–November und März–April) auffällige „Nervosität" mit gesteigerter Flugaktivität und häufigem Warnen. Die zweiphasige Dunkelaktivität hat ihre Maxima abends in später Dämmerung und morgens vor Dämmerung, bei einem Minimum nach Mitternacht. Bei intensiver Balz, speziell bei Mondlicht, kann diese Ruhephase ausfallen, das Männchen singt dann – nahezu pausenlos – die ganze Nacht [706].

Infolge der relativ kleinen und energiearmen Insektenbeute finden Beuteübergaben während der Jungenaufzucht in nur 3–10-minütigen Intervallen innerhalb der Aktivitätsschwerpunkte statt (Beispiel Brutplatz in Ungarn: durchschnittlich 13 Beuteanflüge pro Stunde, insgesamt 102 pro Nacht – mit nachlassender Intensität gegen die Morgenstunden [1048]). Über permanentes Video-Monitoring wurden an Brutplätzen in Kärnten/Österreich im Mittel 3,1 Beuteübergaben pro Stunde bzw. 21 überbrachte Beutetiere pro Nacht registriert (maximal 211 Übergaben in einer Nacht [718]).

Bewegungsweise und Flug

Die Bewegungen dieser Art sind weich, ruhig und grazil. Auf starken Ästen laufen die Eulen in Längsrichtung; bei Astwechsel kurzes Öffnen der Flügel. Auf dem Boden leichtfüßiges Trippeln und Laufen. Diese zart und zierlich wirkende Eule bewegt sich in lautlos „mottenhaftem" Flug. Die überraschend langen Schwingen und ein besonders elastisches Federkleid tragen die relativ leichte Eule in geradliniger Flugbahn (Flügelfrequenz 3 Schläge/sec). Flug rasch, auch Rütteln; zielsicher abgebremste Landung auf dem Ast.

Sozialverhalten und Konflikte

Zwergohreulen erscheinen außerhalb der Brutzeit recht verträglich, doch halten sie auch bei Gruppenbildung stets eine Individualdistanz ein (Partnerkraulen und Schnäbeln daher nur innerhalb der Fortpflanzungsphase). Zur Brutzeit territorial. Wenn Rivalen mitunter auch in heftigen Angriffsflügen attackiert werden und raufende Eulen auch schon auf dem Boden ineinander verkrallt angetroffen wurden, so können die Nistplätze oft in relativ geringer Distanz liegen (Höhlenabstand oft nur 10–15 m), was bei entsprechendem Höhlenangebot sogar die Bildung lockerer „Kolonien" zulässt [164, 1131]. Zum Sozialverhalten während der Zugzeit fehlen Beobachtungen.

Drohverhalten eines Zwergohreulen-Nestlings. Durch seitlich-pendelndes Schaukeln verstärkt das Junge den Effekt des imponierenden Flügelrades (nach KOENIG 1973).

Nach Beobachtungen aus der Estremadura/Spanien suchen Zwergohreulen gezielt nach besetzten Steinkauz-Revieren, weil diese Käuze lautstark vor überraschenden Feinden warnen [706, 765].

Feindverhalten

Zwergohreulen sind weitgehend auf Feindvermeidung eingestellt. Dafür spricht das raffinierte Tarnkleid (Borken-Mimikry), das in seiner Wirkung durch die Tarnstellung noch verstärkt wird: In hochgestreckter Haltung legt die Eule das Körpergefieder eng an, stellt die breiten Federohren maximal hoch und kneift die Augen zu einem engen Spalt. Wird sie dennoch von Singvögeln in ihrem Tageseinstand entdeckt, kann das ein lautstarkes „Anhassen" auslösen, wiewohl die Zwergohreule kein potenter Vogeljäger ist (z. B. Amsel, Mönchsgrasmücke, Kohlmeise beobachtet [682]).

Sich entdeckt oder bedroht fühlende Altvögel fliehen in wendigem Flug (seltener flüchten sie in eine Höhle).

Während der Brutzeit wählt das Männchen einen Einstand, von wo es den Brutplatz überwachen und das brütende Weibchen bei Gefahrensituationen warnen kann [1048].
In der Bruthöhle reagieren Zwergohreulen auf Störungen meist in wehrloser Lethargie, doch können sie auch heftige Gegenwehr mit Zukrallen, Beißen und Strampeln zeigen, was Nestlinge schon ab einem 2-Wochen-Alter beherrschen. Über älteren Nestlingen zeigt das

Zwergohreule in Tarnstellung. Das rindenmustrige Gefieder wirkt zusammen mit einer hochgestreckten Haltung, aufgerichteten Federohren und verkniffenen Augen konturauflösend (Foto DIEMER).

Weibchen – z. B. bei Nistkastenkontrollen – auch ein eindrucksvolles Drohverhalten: Durch beidseitig-symmetrisches Flügelfächern wird ein größtmöglicher Körperumriss geformt und gegen den Feind gerichtet, wobei der Effekt durch laterales „Drohschaukeln" noch verstärkt werden kann. Gleichzeitig äußert der Vogel Knappen und stimmloses Fauchen. Eine vergleichbare Drohhaltung nehmen Jungvögel vor Erreichen der vollen Flugfähigkeit ein, um Störer oder Fressfeinde abzuschrecken [493].

Bei der Zartheit der Eule verblüfft, mit welcher Vehemenz die Weibchen ihren Brutplatz und die Jungen verteidigen können – speziell wenn diese noch flugunfähig das Nest verlassen. Dabei versuchen sie selbst Personen in heftigen Angriffsflügen zu vertreiben (Angriffe vor allem gegen den Hinterkopf [447, 767, 1048]).

Handzahme Eulen attackieren ihnen fremde Personen mitunter ganzjährig; offenbar auch zur Verteidigung des engeren Einstandsgebiets!

Stimme

Gesang klangvoll flötend; gleichzeitig eintönig und wenig divers. Neben dem Schnabelknappen (Instrumentallaut), einem stimmlosen Fauchen und dem Unlust-Schirken („Unmutstriller") wurden 8 Lautäußerungen beschrieben. Besonders charakteristisch ist der Reviergesang mit seinen metronomartig monotonen *tjüt*-Serien in „melancholisch-klagender" Klangfarbe (auch als *djü, djüt* umschrieben; Frequenz 1,13–1,50 kHz ansteigend [862]). Die Einzelsilben dauern im Mittel 250 ms und sind zu 20–30 Silben pro Minute zu monotonen Strophen gereiht. Sie setzen mit einem kräftigen *gju* oder *tju* ein und verklingen rasch, leiser und höher werdend. Die Endsilben der bis zu halbstündigen Strophenreihen klingen oft rau bis krächzend. Intensiv balzende Männchen singen mitunter die ganze Nacht. (Männchen-Gesang ist für das menschliche Ohr auf ca. 300 m Entfernung wahrzunehmen [1131].) Die Stimmen der Männchen variieren in Tonhöhe und Klangfarbe, was eine sonografische Unterscheidung individueller Eulen ermöglicht. Rivalisierende Männchen steigern in hoher Erregung Tonhöhe und Strophenlänge. Gleichzeitig wird die Stimmlage vom Körperge-

Tabelle 41. Typische Laute der Zwergohreule.

LAUTÄUSSERUNG	MÄNNCHEN	WEIBCHEN	NESTLING/ÄSTLING
Reviermarkierung Balzzeit	monoton flötend *tjüt.tjüt.tjüt...*	etwas unreiner *düi.düli.drüj*	
Reviermarkierung Herbst			
Alarm intensiver Alarm	klagend *djüüb* scharf *kriuu*	oder gedehnt *piäää*	
Nestzeigen	monoton flötend		
Fütterungslaut	raspelnder Triller	raspelnder Triller	
Standortlaut/Betteln		stumpf *djü*	gestoßen *fschii*

wicht beeinflusst, sodass schwere Männchen z. B. dunkler singen (was sie für Weibchen besonders attraktiv erscheinen lässt [327]). Die Weibchen verfügen über die identische Äußerung (etwas quäkender, oft heiser) und singen mit ihrem Partner ein rhythmisch synchronisiertes Duett (klingt bei leicht versetztem Einsatz typischerweise wie ein Doppelschlag).

Beim Singen bleibt der Schnabel geschlossen, doch wird die Kehle deutlich gebläht. Die Eulen singen aus der prospektiven Bruthöhle bzw. dem Flugloch („Nestzeigen"), auch aus Baumkronen – sehr selten auch im Flug.

Wo Zwergohreulen als Standvögel ganzjährig leben, ist ihr Balzgesang schon Mitte März zu hören (z. B. Sizilien [888]). Ziehende Männchen setzen gleich mit Ankunft im Brutgebiet intensiven Reviergesang ein. Höhepunkt der Balz April bis Mitte Mai. Der Reviergesang dient sowohl der Markierung eines Brutgebiets als auch dem Anlocken eines Weibchens, letztlich der Synchronisation der Paarpartner. In geringerer Intensität hält der Gesang noch bis Juli an, verebbt dann in August und September. Einige Männchen singen gelegentlich auch nach Familienauflösung im Frühherbst, sogar während des herbstlichen Wegzugs bzw. bei Ankunft im Winterquartier („Herbstgesang" [512, 706]).

Nach Ankunft im Brutgebiet singen die Männchen zunächst an unterschiedlichsten Orten, später konzentriert im Nisthöhlenbereich. Die Gesangsintensität nimmt mit der Entfernung vom Zentrum des Brutgebiets ab. Unverpaarte Männchen „testen" ihre Chance im Bereich örtlicher Brutvorkommen, ziehen bei ausbleibender Verpaarung aber weiter, weshalb Bestandserfassungen auf der Basis singender Männchen zu deutlicher Überschätzung führen [719].

Zwergohreulen-Weibchen „betteln" mit verhalten-leisen, stumpfen Einzelsilben *djü*. Zur Fütterung der Jungen locken sie mit einer „raspelnd"-trockenen Serie kurz gestoßener *drr.drr.drr* („Schnurren", „Rollen" bzw. Fütterungslaut), wie sie auch das Männchen bei der Beuteabgabe einsetzt. Nestlinge „betteln" mit zartem, stimmschwachen *tschp* oder kräftiger zischend wie *fschi*.

Zur Kopula äußert das erregte Männchen ein grelles Zwitschern. In Alarmsituationen hört man – je nach Intensität – gedehnte *djüüüb*, harte *gwio*, miauend-laute *kjuu* oder ein schneidendes *piäää* [493].

ERNÄHRUNG

Beutetiere

Auch wenn das Beutespektrum regional recht verschieden ist, so dominieren doch große Insekten, speziell Heuschrecken.

Nachtschmetterlinge spielen zur Zeit der Eiablage eine bedeutende Rolle, Heuschrecken während der Jungenaufzucht. Der Heuschreckenanteil in der Beute (Individuen) betrug zur Brutzeit 85,80 % in Rumänien, 78,57 % in Norditalien, 66,52 % in der Schweiz, 48,03 % in Frankreich und 40,36–61,80 % in Österreich (tabellarischer Vergleich in [619]).

Bevorzugte Jagdgebiete eines Brutvorkommens in Kärnten/Österreich überlappten großteils mit den Habitaten des Grünes Heupferds *(Tettigonia viridissima)*, der Zwitscherschrecke *(Tettigonia cantans)* und der Laubholz-Säbelschrecke *(Barbitistes serricauda)*, deren Larven und Imagines zur Zeit der Nestlingsaufzucht ihre höchste Dichte erreichen [718].

In Ungarn bestand die Aufzuchtnahrung der Jungen zu 97 % aus großen Insekten (Heuschrecken, Schmetterlinge, Käfer) und nur zu 3 % aus Mäusen und Vögeln [1048]. Daneben können Grillen, Maulwurfsgrillen, Maikäfer und Zikaden einen wesentlichen Teil der Hauptnahrung bilden. In Landschaften, wo Großinsekten fehlen, dienen Ameisen und Wanzen als Ersatz (z. B. Norditalien [893]). Außer Regenwürmern nimmt die Eule auch Spinnen, Tausendfüßler und Asseln sowie Hummeln, Libellen oder Gottesanbeterinnen auf.

In Italien überwinternde Eulen ernährten sich großteils von Käfern (62,4 %) und kleinen Wirbeltieren (20 % [704]). In Mittelitalien enthielten Gewölle aus den Wintermonaten zu 86 % Reste von Kleinsäugern (vor allem Spitzmäusen [763]).

Kleinsäuger (Mäuse, Haselmäuse, Spitzmäuse und Fledermäuse), Kleinvögel, Eidechsen, Geckos und Laubfrösche werden seltener erbeutet, am ehesten außerhalb der Brutzeit, speziell auf dem Herbstzug und im Winterquartier [704]. Dabei ist die Zwergohreule imstande, Mäuse bis etwa 25 g und Singvögel

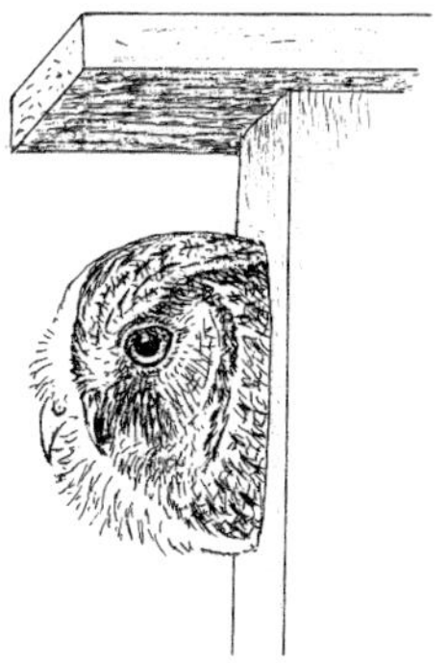

Zwergohreule beim Nestzeigen. Das Männchen singt anhaltend im Flugloch, die Kehle – wie pumpend – gebläht (nach KOENIG 1973).

Zwergohreulen mit Beute. Zur Aufzuchtszeit werden vorwiegend Insekten erjagt, nur ausnahmsweise kleinere Wirbeltiere (links Heuschrecke, rechts Haselmaus; Fotos Streit).

bis Meisen- und Finkengröße zu schlagen! Als größte Beutetiere wurden z. B. Siebenschläfer und Gelbhalsmaus bzw. Feldsperling, Buchfink und Kleiber beobachtet.

Jagdweise und Beuteerwerb

Die Jagd beginnt etwa eine halbe Stunde nach Sonnenuntergang, mit einem Schwerpunkt in den ersten Nachtstunden, und dauert – nach einer mitternächtlichen Ruhepause von etwa 2 Stunden – bis zum Sonnenaufgang.

Für die Zwergohreule ist die Ansitzjagd typisch. Von niedrigen Zweigen, Zaunpfählen oder Dürrästen in der Baumkrone werden Beutetiere direkt angeflogen und mit den Fangen ergriffen. Kleine Beutetiere können auf dem Boden oder auch in hohen Baumkronen im Überfliegen – ohne Landung – gegriffen werden. Laubheuschrecken greift die Eule von Zweigen und Blättern an Laubbäumen und Gebüsch. Gelegentlich rüttelt die Zwergohreule auch über ihrer Beute. In Slowenien jagten besenderte Eulen bevorzugt entlang Krautsäumen und Hecken, in Obstgärten sowie auf Brachflächen, ungedüngten Extensiv- und Magerwiesen. Besonders ergiebig ist die Jagd im Lichtschein von Straßenlaternen, wo Nachtfalter im Flug erbeutet und abgeprallte Käfer vom Boden aufgelesen werden können ([83]). Kleine Beuteobjekte werden direkt mit dem Schnabel aufgepickt.

Bewegte Beute wird aufmerksam fixiert (Anvisieren) und in direktem Anflug sowohl von senkrechten Wänden als auch vom Boden abgelesen. Beim Fang kleiner Wirbeltiere packt die Eule gleich mit dem Aufprall zu und nimmt die „Fangstellung“ (Manteln) mit beidseitig geöffneten Flügeln über der Beute ein, solange deren Gegenwehr erfolgt. Beutetransport in der Regel im Schnabel [1048].

Die zartschnäblige Eule kann nur kleine Bissen verschlingen, weshalb Wirbeltiere gerupft, zerteilt und stückchenweise verzehrt werden (dabei werden Mäuseschwänze, Vogelfüße und -flügel meist verschmäht). Auch kleine Insektenbeute wird zunächst mit den Fängen gepackt, mit dem Schnabel anschließend beknabbert und zur weiteren Beutebehandlung mit einem zur Faust geschlossenen Fang zum Schnabel geführt (Abreißen von harten Chitinflügeln, sparrigen Beinen und Köpfen). Wenn die Zwergohreule auch keine spezifische Flugjagd zeigt, verfolgt sie doch Großinsekten und Kleinvögel in wendigem Zickzackflug, bis diese landen. Jagt die Eule zu Fuß, fasst sie Käfer und Regenwürmer mit dem Schnabel – und zerrt Letztere kraftvoll aus dem Erdboden [161, 447, 767].

Da die Eule nur frische Beute verzehrt, werden in der Regel keine Beutedepots angelegt, zumal tote Insekten in warmen Klimaten rasch verderben können; wohl aber findet Eintragen überschüssiger Beutetiere in die Bruthöhle statt, wo sie die Nestlinge bereits ab dem 3. Lebenstag selbstständig aufnehmen und verschlingen können!

Das wiederholte Beknabbern gegriffener Beute dient vor allem der Orientierung, wobei größere Beutetiere stets mit dem Kopf voran gehalten und auch vom Kopf beginnend gefressen werden (auch beim Schlingen stets mit dem Kopf voran). In Gefangenschaft nehmen Zwergohreulen bereitwillig auch pflanzliche Nahrung (z. B. Salat [493]). Säubern von Krallen und Vibrissen nach dem Fressen; auch Schnabelreiben auf dem Ast. Vor sicherer Flugfähigkeit haben Jungeulen praktisch keine Gelegenheit zum Trinken.

Gewölle: im Mittel 27 mm lang und 11 mm dick (Variationsbreite: Länge = 20–37 mm, Dicke = 10–17 mm). Sie finden sich am ehesten unter dem Tageseinstand, bestehen großteils aus Chitinresten verschiedener Insekten und zerfallen deshalb leicht.

FORTPFLANZUNG

Geschlechtsreife schon im Alter von 10 Monaten.

Monogame Saisonehe; bei günstigem Angebot an Beute und Bruthöhlen ist Polygynie möglich, in sehr seltenen Fällen auch Polyandrie (z. B. Ungarn [1048]).

Balz und Paarbildung

Die Ankunft der Männchen erfolgte im Brutgebiet Südtirols/Italien bereits Ende März [894], in Ungarn Anfang April [1048], bei dem österreichischen Brutvorkommen Mitte April. Sogleich mit dem Eintreffen markieren sie ihr Revier durch Gesang, sitzen dabei selten exponiert, bleiben in der Regel vielmehr in Deckung. Zum „Nestzeigen" singen die Männchen nahe der Bruthöhle bzw. aus deren Flugloch. Vereinzelt wurde auch Gesang im Flug beobachtet [256].

Die Weibchen treffen erst 2–3 Wochen nach den Männchen ein [994]. Nach erfolgter Paarbildung ist gegenseitiges Gefiederkraulen und beginnende Partnerfütterung zu beobachten. Ab jetzt versorgt das Männchen das Weibchen allein mit Beute, wenigstens bis zum 13. Lebenstag des erstgeschlüpften Jungen, da sich das Weibchen dann am Beutefang beteiligt. Beuteübergaben leiten häufig zur Kopulation über. Zur Paarungsaufforderung lockt das Weibchen mit „Rollen" (entspricht „Fütterungslaut"). Kopulationen erfolgen auf einem

Die Kopula der Zwergohreule erfolgt unter Flattern und Zirpen außerhalb der Bruthöhle (nach KOENIG 1973).

Adulte Zwergohreule im Flugloch der Bruthöhle (Foto NILL).

Zwergohreulen im Ausfliegealter. Das Jugendkleid zeigt bereits die typischen Merkmale des Erstjahres-Kleides (Foto STREIT).

Ast (bzw. erhöhten Sitzplatz) außerhalb der Bruthöhle und werden von grell-zwitschernden Lauten des Männchens begleitet. Da fremde Männchen mitunter intervenieren, kopulieren verpaarte Männchen noch während der gesamten Eiablageperiode, vermutlich zur Verhinderung von Fremdvaterschaften [493, 1048].

Als Brutplatz dienen natürliche Baumhöhlen, alte Spechthöhlen, im Rahmen von Artenschutzprogrammen vermehrt auch Nistkästen. Im Kärntner Brutgebiet nutzten Zwergohreulen Baumhöhlen mit zum Teil sehr engem Einflug (z. B. Spechthöhle mit nur 5,5 × 5,5 cm Flugloch) und Naturhöhlen in Obstbäumen mit bis zu 11 × 15 cm großen Öffnungen. Die Höhlen waren bis zu 90 cm tief, im Einzelfall nach oben offen [619]. Für das Trentino/Norditalien gelten alte Walnussbäume und hohle Edelkastanien in offener Landschaft als relevantes Kriterium für ein Brutrevier [981], regional können Bruten im Gemäuer oder auf Dachböden von Gebäuden dominieren [626]. Vereinzelt dienen auch enge Felsklüfte oder Erdröhren als Brutplatz. In einem süditalienischen Brutgebiet nutzen die Eulen ausschließlich Elstern-Nester, die – aufgrund ihrer verstreuten Lage – großteils abseits von Singwarten und Jagdgebiet liegen [294]. Ein Nestbau beschränkt sich auf Nagen, Scharren und Mulden in der Höhle (Männchen zum Nestzeigen, Weibchen vor Eiablage [493]). Altes Nistmaterial und Beutereste werden nicht entfernt.

Brut und Brutpflege

Im Beispiel des Kärntner Brutvorkommens begannen die Weibchen 2–4 Wochen nach Ankunft mit der Eiablage. Je nach Witterung in der Phase der Eireifung fiel der Legebeginn auf Ende Mai oder Mitte Juni. Ausschlaggebend war dabei die Niederschlagshäufigkeit, durch die der Jagderfolg erheblich beeinträchtigt werden kann [619]. Für Bruten in Ungarn wird als Legebeginn Mitte Mai bis Mitte Juni genannt, selten noch Anfang Juli [1048], für die Lombardei/Norditalien Ende Mai bis Anfang Juni [894]; der Mittelwert fällt in den Alpentälern des Trentino/Norditalien auf den 29. Mai [626]. In den Hochlagen des Schweizer Wallis setzt die Eiablage erst Anfang Juni ein [833]. Ersatzgelege wurden in Ungarn frühestens Anfang Juli beobachtet [1048].

Die reinweißen Eier werden in meist 2-tägigem Abstand gelegt (Extreme 1–3 Tage), vorwiegend vormittags. Beginnt das Weibchen ab erstgelegtem Ei zu brüten, schlüpfen auch die Jungen in einem 1–2-Tage-Intervall. Ebenso oft setzt die intensive Bebrütung erst mit dem 2. oder 3. Ei ein („Einblendungsbrut“ [493]) und die Nestgeschwister schlupfen nacheinander in kurzer Folge. Nur das Weibchen brütet; es sitzt sehr fest und verlässt das Gelege auch bei Störungen im Allgemeinen nicht. Zur Beuteversorgung des Partners schlüpft das Männ-

Gelege der Zwergohreule, mit altem Singvogelnest als Unterlage (Foto MOOSRAINER).

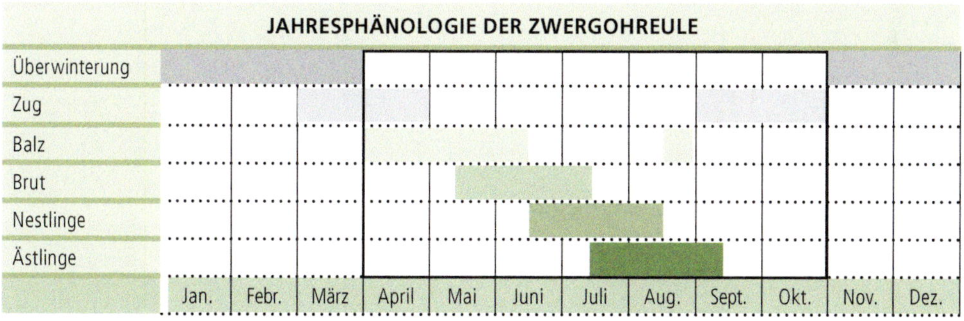

Tabelle 42. Jahresphänologie der Zwergohreule, am Beispiel des Vorkommens in Kärnten/Österreich (aus MALLE & PROBST 2016).

chen in die Höhle oder übergibt die Beute am Flugloch.

Die mittlere Gelegegröße betrug in Ungarn 3,6 Eier (Variationsbreite 2–5 Eier [1048]). Im Vergleich zu anderen Eulenarten ähnlicher Größe ist die Bebrütungsdauer bei der Zwergohreule mit 24–25 Tagen um 3–4 Tage kürzer. Im Fall einer anfangs langsam gesteigerten Brutintensität ist der Schlupfabstand der Jungen kürzer als der Legeabstand der Eier, sodass der Altersunterschied zwischen Geschwistern zu keiner so heftigen Futterkonkurrenz führt [493].

Nach dem Schlupf werden die Eischalenreste weder gefressen noch ausgetragen, lediglich zertreten und zerknabbert. Es finden keine Nestsäuberungshandlungen statt.

Der Bruterfolg steht in enger Abhängigkeit zur Nahrungsversorgung, weshalb es nach langen Schlechtwetterperioden zur Brutaufgabe kommen kann. Bei guter Kondition beginnen manche Weibchen ein Ersatzgelege, das im Schnitt nur 3 Eier umfasst, und wechseln dazu meist die Bruthöhle. (In Gefangenschaftshaltung zeitigten Zwergohreulen bis zu 3 Ersatzgelege [493].)

Zur Fütterung kleiner Nestlinge stimuliert das Weibchen mit dem raspelnden Fütterungslaut und sucht nach den Schnäbeln der Jungen – rein taktil – mithilfe der Tastborsten an der Schnabelseite. Nach einer Studie aus Spanien sollen die Weibchen die Sättigung der Nestlinge am UV-Reflex ihrer Wachshaut erkennen und ihre Beuteverteilung danach richten. Da das Eulenauge keinerlei UV-empfindliche Sinneszellen besitzt, bedarf diese These einer Überprüfung [764]. Verstorbene Nestlinge werden gefressen bzw. an die Geschwister verfüttert.

Das Weibchen bleibt wenigstens 2 Wochen nach Schlupf der ersten Jungen in der Höhle, später beteiligt es sich an der Jagd und gibt die Beute gleich am Flugloch ab. Bei polygynen Gruppen entscheidet der Jagderfolg der Weibchen über den Aufzuchtserfolg.

Der Bruterfolg erreichte im Beispiel Trentino/Italien 1,95 Flügglinge je begonnener Brut bzw. 2,0 je erfolgreicher Brut [626], in Ungarn 2,16 Flügglinge je erfolgreicher Brut (Extreme 0,8–2,8 [1048]).

Nach genetischer Geschlechtsbestimmung von 60 Jungen eines spanischen Brutvorkommens schlüpften aus den erstgelegten Eiern vorwiegend männliche Nachkommen (94 %); deren Anteil sank bei den nachfolgend geschlüpften Jungen auf 37,5–42,9 %. Die Autoren interpretieren diesen erstaunlichen Befund mit dem höheren Nahrungsverbrauch weiblicher Nestlinge, der später geschlüpfte Brüder merklich benachteiligen könnte [79].

Legebeginn: Mitte Mai bis Mitte Juni.
Gelegegröße: meist 3–5 Eier (Extreme 2–7).

Das Betteln einer jungen Zwergohreule wird durch optisch auffälliges Seitwärtsschaukeln unterstrichen (nach KOENIG, in GLUTZ et al. 1980).

Flügge Zwergohreule. Bis auf die Federohren gleicht das Jugendgefieder bereits dem Erstjahres-Kleid (Foto Löhr).

Ei-Maße: Ø 31,3 × 27,0 mm (maximal 33,8 × 28,0 mm), Gewicht 13 g (davon Schale 0,93 g).
Legeabstand: 1–3 Tage.
Bebrütungsbeginn: mitunter ab dem 1. Ei, doch brütet das Weibchen erst ab dem 2.–3. Ei fest [493].
Brutdauer: Infolge der gleitend beginnenden Bebrütung dauert es bis zum Schlüpfen einzelner Junger 20–31, im Mittel 24 Tage.

Entwicklung der Jungeulen

Frisch geschlüpfte Zwergohreulen wiegen nur 9 g, wirken „zerbrechlich"-zart und liegen vorwiegend auf dem Bauch. Die Eidunen (Neoptil) sind grauweiß und plüschartig-dicht. Das zunächst grau melierte, später graubraune Zwischenkleid (Mesoptil) der Nestlinge sprießt ab dem 6. Tag. Die Augen sind fest zugekniffen;

Zwergohreulen-Nestlinge im weißen Eidunenkleid (Alter 2 und 3 Tage; Foto SCHERZINGER).

Öffnen des Lidspalts um den 6. Tag. Erste Gewölle zwischen 6. und 9. Lebenstag. Der Eizahn fällt im Alter von 2 Wochen ab.

Trippelnde Fortbewegung in der Höhle zunächst auf den Fersen bis zum 8. Tag (bei aufliegendem Bauch); im 2-Wochen-Alter auch Gehen auf den Sohlen (Zehen gespreizt). Infolge des intensiven Gefiederwachstums sind Nestlinge regelmäßig mit Putzen, Strecken, Schütteln und Sich-Flügeln beschäftigt. Im Alter von 18 Tagen klettern die Jungen zum Flugloch; mit frühestens 20 Tagen verlassen sie den Brutplatz (im Mittel mit 24 Tagen, spätestens mit 32 Tagen). Nicht flüggen Ästlingen gelingt es, durch Flatterklettern (unter Zuhilfenahme des Schnabels) an grobrissiger Borke, dichtem Gezweig usw. zu Versteckplätzen in sicherer Höhe zu gelangen. Schon bald können sie zumindest kurze Strecken fliegen (Großgefieder bis zum 50. Tag ausgewachsen).

Das Ästlings- bzw. Jugendstadium ist durch teilweise Lichtaktivität, relative Lebhaftigkeit und auffälliges Fixieren – mit pendelnden, kreisenden oder schlingernden Kopfbewegungen – gekennzeichnet. Heftiges Betteln wird durch optisch auffälliges Seitwärtsschaukeln unterstrichen (vermutlich zur Aufhebung der Tarnwirkung des Gefieders [493]).

Erste Beutefangversuche ab dem 45.–50. Tag. Allmähliches Selbstständigwerden der Jungen mit Vervollständigung des Gefieders (ab 50. Tag). Altvögel versorgen die Jungen etwa bis zum 60. Lebenstag.

Höchstalter: im Freiland mindestens 9 Jahre; in der Voliere bis zu 24 Jahre + 5 Monate (Alpenzoo).

ORTSWECHSEL

Zwergohreulen aus Populationen in den nördlichen Bereichen des europäischen Verbreitungsgebiets sind ausgesprochene Zugvögel, die größtenteils in der Savannenzone Afrikas überwintern. Der Wegzug aus dem Brutgebiet geschieht von Spanien ab August, von der Lombardei/Norditalien im September. Die Dispersion der Jungeulen von der Insel Oléron/Frankreich setzt erst im Oktober ein [327]. Die Rückkehr ins Brutgebiet findet spätestens in der zweiten Aprilhälfte statt.

Nach ersten Ergebnissen besenderter Tiere zieht die Zwergohreule in breiter Front, auch über das Mittelmeer. Für die nachts ziehenden Zwergohreulen bildet offenbar auch die Querung der Alpen kein Hindernis (Höchstnachweis auf etwa 3200 m), ebenso wenig die Sahara, die auf dem Wegzug praktisch im „Nonstopflug“ überquert werden dürfte [44, 275].

Am weitesten ziehen Zwergohreulen aus Sibirien, nämlich nach Äthiopien, sie bewältigen dabei eine Strecke von 7000–8000 km in ungefähr 2 Monaten [125]. Demgegenüber ziehen die südlichen Populationen in Spanien, Italien und Griechenland nur teilweise, zumal hier mehrere Individuen überwintern. Die endemische Zypern-Zwergohreule *Otus (scops) cyprius* ist sogar ausgesprochener Standvogel.

Zwergohreule im Ästlingsstadium. Wenn die flaumigen Eidunen auch noch dem Zwischenkleid aufsitzen, vermögen die Jungeulen bereits kurze Strecken zu fliegen (Foto SCHERZINGER).

Selbst bei ziehenden Populationen ist Ortstreue sowohl bei den Brutvögeln wie auch den Rekruten ausgeprägt. Im ungarischen Brutgebiet suchten die Eulen sogar die Brutplätze vom Vorjahr auf. Dies gilt ebenso für Reviergründungen nördlich der Alpen, z. B. bei Volkach/Main in Unterfranken. Dort wurden in 4 aufeinanderfolgenden Sommern (1959–1962) Zwergohreulen am selben Platz festgestellt [650]. Aufgrund hoher Verluste auf dem Zug kann sich die Zusammensetzung der Brutpaare allerdings jährlich ändern [252].

GEFÄHRDUNG UND SCHUTZMASSNAHMEN

In den letzten Jahrzehnten ist nicht nur in der Schweiz, in Österreich und in der Slowakei – also an der nördlichen Arealgrenze innerhalb Mitteleuropas –, sondern auch in den Hauptvorkommensländern Spanien, Italien, Kroatien und Griechenland ein drastischer Bestandsrückgang beobachtet worden. Er wurde vor allem bewirkt durch Lebensraumveränderungen infolge von Intensivierungen der Landwirtschaft – speziell im Obst- und Weinbau – sowie besonders durch den flächenhaften Einsatz von Bioziden und Kunstdünger. Diese Maßnahmen hatten das Verschwinden von größeren Insekten zur Folge, sodass der Rückgang der Zwergohreule im Wesentlichen auf eine starke Verminderung der Nahrungsgrundlagen dieser Art zurückzuführen ist.

Wahrscheinlich spielt auch der Biozideinsatz gegen Wanderheuschrecken in den afrikanischen Überwinterungsgebieten eine Rolle. Insektizide werden von den Eulen aber auch direkt über kontaminierte Insekten aufgenommen und im Fettgewebe gespeichert. Sobald die Zwergohreulen auf ihrem Zug von und nach Afrika von ihren Fettreserven zehren, können sie subletale bis letale Vergiftungen erleiden [1104].

Gelegeverluste durch Wiesel bzw. Marder, die Bruthöhlen plündern können [1048]. Vor Ort können Zwergohreulen einem Prädationsdruck durch Waldkauz und Uhu ausgesetzt sein (Erbeutung bestätigt z. B. durch Gewöllinhalt). Im Dinarischen Gebirge/Südslowenien konnte sich aber ein Zwergohreulen-Bestand trotz Vorkommen von Raufußkauz, Wald- und Habichtskauz etablieren [553]!

Wo in geeigneten Lebensräumen dank extensiver Nutzung ein ausreichendes Nahrungsangebot gewährleistet ist, sollten die alten Bäume mit Höhlungen als Brutmöglichkeiten erhalten bleiben. Als Übergangshilfe können auch Kunsthöhlen in Form von Nistkästen angeboten werden, die mindestens 15 cm × 20 cm Bodenfläche, 30 cm Höhe und einen Fluglochdurchmesser von 8 cm haben sollten.

OFFENE FRAGEN

- Führt die Frühjahrszug-Prolongation (= Zugverlängerung) von Oberitalien direkt nach Norden – über die Alpen –, oder kommen die Zwergohreulen seitlich der Alpen, d. h. im Westen über Südfrankreich bzw. im Osten über Ungarn nach Mitteleuropa?
- Wie finden sich die Paarpartner in neu begründeten Revieren, wenn sie getrennt ziehen?
- Welchen Einfluss hat der massenhafte Vogelfang entlang der afrikanischen Mittelmeerküste, dem jährlich auch Hunderte Zwergohreulen zum Opfer fallen, auf die Entwicklung der europäischen Brutpopulationen?
- Mit welchen Sofortmaßnahmen kann der drastische Lebensraumverlust durch geänderte Landnutzung abgemildert werden?

Dank konsequenter Biotop- und Artenschutzmaßnahmen konnte der Brutbestand an Zwergohreulen in Kärnten/Österreich gefestigt werden (Malle).

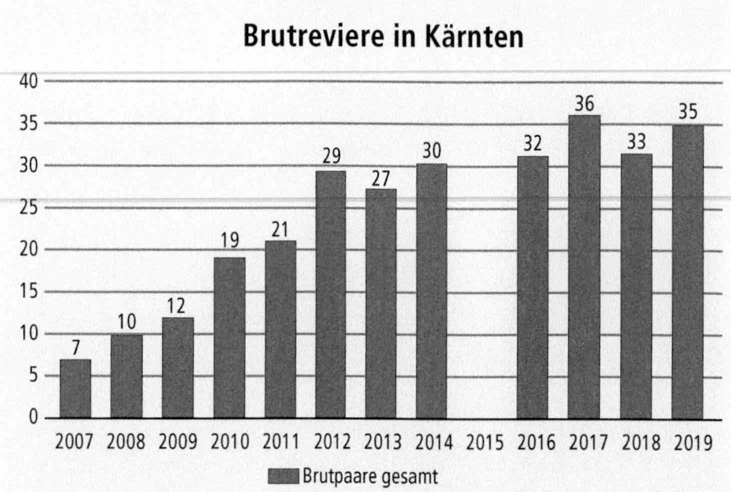

2015 keine vollständige Zählung, da noch keine Projektverlängerung des Landes zur Brutzeit vorlag (12 Paare mittels Stichprobe nachgewiesen)

SPERBEREULE
Surnia ulula

ALLGEMEINES

Die Sperbereule bekam ihren Namen sowohl wegen ihrem quer gebänderten („gesperberten") Brust- und Bauchgefieder, als auch wegen der hohen Startgeschwindigkeit, Rasanz und Wendigkeit ihres Jagdfluges, die denen eines Sperbers oder Habichts sehr ähnlich sind. Greifvogelartig sind auch der schmale Kopf mit den relativ kleinen, gelben Augen, die durch leicht vorgewölbte Brauen einen „strengen Blick" erhalten. Diese Übereinstimmungen prägten auch den englischen Namen *Hawk Owl*.

Als hochmobile Art wählt die Sperbereule ihre Aufenthaltsorte entsprechend den jeweiligen Häufigkeitsverhältnissen der Wühlmäuse, ihrer Hauptbeute. Dazu unternimmt sie innerhalb ihres riesigen Verbreitungsgebiets im nördlichen Teil des borealen Waldgürtels weite Wanderungen, mitunter mehr als tausend Kilometer. Im Zuge seltener Invasionen können diese Wanderungen bis ins südliche Fennoskandien reichen, ja sogar bis ins Baltikum und nach Polen; in Ausnahmejahren auch bis Dänemark, Norddeutschland oder Schottland, wo Sperbereulen dann das Winterhalbjahr verbringen.

KENNZEICHEN

Die Sperbereule ist nur wenig kleiner als die Waldohreule (und ohne Federohren). Besonders auffällig ist der lange, keilförmige Schwanz. Die Flügel wirken schmal und relativ kurz.

Kennzeichnend für die Sperbereule sind auch ihre vergleichsweise lebhafte Art, bei Erregung auch Schwanzstelzen, ihre überwiegende Tagaktivität und die geringe Scheu bei Begegnungen mit Menschen.

Größe: 36–41 cm.
Flügellänge: Ø 23,6 cm.
Flügelspannweite: 70–80 cm.
Gewicht: Männchen 215–310 g (Ø 270 g); Weibchen 270–380 g (Ø 320 g).

Relativ kleiner Kopf mit flacher Stirn, hellgelbe Augen, hellgelber Schnabel. Der weiße Gesichtsschleier mit breiter, schwarzbrauner

Fang der Sperbereule. Bei der hochnordischen Art sind die Zehen pelzig-dicht befiedert (Foto GROSS).

Sperbereule, Altvogel auf Ansitzwarte. Arttypisch sind die relativ kleinen Augen, der schwarz eingefasste Schleier und der lange Schwanz (Foto ZEININGER).

Umrandung. Hinzu kommt ein schwarzer Kinn- oder „Bart“-Fleck unter dem Schnabel, unterhalb der weißen Kehlpartie mitunter auch ein dunkles Brustband. Am Hinterkopf ein grob-fleckiges „Occipitalgesicht“ erkennbar [926].

Das Gefieder der Altvögel ist oberseits schwärzlich braun mit weißlicher Fleckung, unterseits weiß und mit 1,5–2,5 mm schmalen, rußbraunen Querbändern „gesperbert“. Die Grundfärbung kann allerdings von überwiegend weiß bis mattgrau variieren, ebenso Breite und Farbkontrast der Bänderung [334].

Als weiträumig migrierende Art wechselt die Sperbereule das Großgefieder jährlich, meist inklusive der Armschwingen. Dabei setzt die 1. Phase der Mauser bereits während der Bebrütung des Geleges ein, bei der etwa 15 % der kleineren Federn gewechselt werden. In der Zeit intensivster Versorgung der Nestlinge wird die Mauser unterbrochen bzw. erst nachdem die Jungen das Nest verlassen haben fortgesetzt. In dieser 2. Phase wird das Großgefieder gewechselt, wobei Tempo und Umfang von der aktuellen Beuteversorgung abhängen. In jedem Fall muss die Mauser der Altvögel mit Beginn der herbstlichen Abwanderung abgeschlossen sein.

Jungvögel verlieren ihr Nestlingskleid (Mesoptil) im Laufe des Ästlingsstadiums. Im Alter von 30–35 Tagen ist ihr Kleingefieder vollständig erneuert, Schwung- und Schwanzfedern sowie die Handdecken behalten sie allerdings noch bis zum folgenden Sommer [143, 181]. Jungvögel sind in der Regel insgesamt dunkler gefärbt; auch lassen sie sich von Altvögeln durch Form und Färbung der beiden äußersten Schwanzfedern unterscheiden (Querbänderung weniger kontrastreich bzw. verwaschen, bei spitz zulaufenden Enden [233].)

Federtypen der Sperbereule:
1 Handschwinge links,
2 Armschwinge links,
3 Schwanz links
(Foto SCHATTER).

Unterarten

Die Gattung *Surnia* ist namengebend für den Tribus Surniini und umfasst nur die eine Art *Surnia ulula*. Neben der Nominatform *Surnia ulula ulula*, deren Verbreitungsgebiet von Nordeuropa quer durch das nördliche Eurasien reicht, wird die wenig kleinere und etwas dunklere Unterart *Surnia ulula tianschanica* aus Zentralasien unterschieden, deren Areal sich bis ins nordwestliche China erstreckt. Die Wälder des nördlichen Nordamerika werden von der etwas größeren und bedeutend dunkleren Unterart *Surnia ulula caparoch* besiedelt. (Eine Klärung, wieweit der amerikanischen Sperbereule ein Artstatus zuerkannt werden sollte, steht noch aus [957]. Um Verwechslungen mit den *Hawk Owls* aus der Gattung *Ninox* zu vermeiden, wird die amerikanische Sperbereule meist als *Northern Hawk Owl* bezeichnet.)

VERBREITUNG

Die Sperbereule ist zirkumpolar verbreitet, von Norwegen quer durch die boreale Nadelwaldzone (Taiga) Eurasiens bis zum Anadyr-Golf, nach Kamtschatka und Sachalin. Das Artareal umfasst außerdem das Tienschan-Gebirge (Mittelasien) sowie Alaska und das nördliche Kanada. Die Nordgrenze der Verbreitung fällt etwa mit der Waldgrenze zusammen.

In Norwegen und Schweden erstreckt sich das Brutareal normalerweise in der nördlichen Hälfte dieser Länder und reicht nur nach Invasionen (z. B. 1983/84) weiter nach Süden, etwa bis zum 59. Breitengrad. In Finnland brütet die Sperbereule hauptsächlich in den mittleren und nördlichen Bereichen, zumal die Population im südlichen Drittel des Landes im Laufe dieses Jahrhunderts deutlich abgenommen hat. Der Schwerpunkt der europäischen Verbreitung liegt jedenfalls im europäischen Russland, wo großteils auch die Invasionen nach West und Südwest ihren Ursprung haben dürften.

Lebensraum der Sperbereule, typischerweise in stark durchbrochenem, sehr lückigem Nadelwald mit Freiflächen (Norwegen; Foto SCHERZINGER).

LEBENSRAUM

Stark durchbrochene, lückige Nadel- und Mischwälder der nördlichen Taiga sowie Gebirgswälder an der Waldgrenze, wobei der Primärbiotop durch ein Mosaik aus offenen Flächen (wie Hochmoore, Sturm- und Brandflächen), lichten Althölzern und schwachwüchsigen Beständen (z. B. Moorwälder) charakterisiert ist. Neben Fichten- besonders Lärchen- und Arvenwald, aber auch Mischwald mit Espen und Birken. Jagdgebiete vorwiegend auf offenen Flächen mit hoher Wühlmausdichte, dabei frei stehende Warten in Form von dürren oder abgebrochenen Bäumen, die als Jagdansitz dienen, entscheidend. Aufgrund hoher Wühlmausdichten und geeigneter Ansitzwarten erscheinen junge Sukzessionen auf Waldbrandflächen besonders günstig. Nach Studien aus Nordamerika sind die Bedingungen auf 3- bis 4-jährigen Brandflächen optimal, denn schon nach rund 8–15 Jahren verlieren sie ihre Habitateignung, wenn aufwachsendes Gebüsch und Waldverjüngung die Jagd behindern [184, 325, 413].

Verbreitung der Sperbereule in Europa. Als Brutvogel auf die nordische Taiga beschränkt, kann die Eule bei Winterflucht oder Invasionen bis Mitteleuropa vordringen (blau gestrichelte Linie: Grenze mehr oder weniger regelmäßiger Wanderungen bzw. Invasionen).

Wo Sperbereulen innerhalb ihres typischen Verbreitungsareals überwintern, gelten für die Wintermonate vergleichbare Habitatkriterien. Bei außergewöhnlichen Invasionen überwintern die Eulen aber auch in extensiv bewirtschaftetem Farmland, mit Brachflächen, nicht gemähten Wiesen und kleinen Feldgehölzen, mitunter auch in Siedlungsnähe.

Für Brutgebiete sind neben einem hohen und leicht verfügbaren Beuteangebot vor allem Bruchstämme oder Höhlenbäume mit

Sperbereule auf Jagdwarte. Bis auf den breiten Kopf hat die Art wenig Eulenhaftes, was sicher mit ihrer regelmäßigen Tagaktivität zusammenhängt (Foto Zeininger).

ausreichend starkem Durchmesser entscheidend, die zur Brut genutzt werden können. Da Laubbäume weniger leicht verbrennen als Nadelbäume, bieten meist starke Birken und Espen geeignete Brutplätze.

Soweit die Waldbewirtschaftung ausreichend Strukturen und erforderliche Requisiten erhält, können auch Kahlschläge sehr günstige Lebensräume stellen, solange die Bodenvegetation niedrig bleibt und die Freiflächen nicht zu groß sind [205].

Tabelle 43. Schätzwerte für Sperbereulen-Brutbestände in Verbreitungsschwerpunkten Europas (nach BirdLife International 2020).

LAND	FLÄCHE (TAUSEND KM²)	BRUTPAARE	BEZUGSJAHR
Europäisches Russland	3952,5	8000–25 000	2010
Schweden	450,2	1100–14 000	2012
Norwegen	385,2	1000–10 000	2013
Finnland	338,4	300–4900	2012
Gesamt-Europa	**10 180,0**	**10 400–46 200**	

Die Zahlen für Gesamt-Europa enthalten auch die Angaben von hier nicht aufgeführten Ländern.

SIEDLUNGSDICHTE UND STREIFGEBIET

Aufgrund der hohen Mobilität der Sperbereulen und den saisonalen wie auch jährlichen Bestandsschwankungen sind Angaben zur Siedlungsdichte nur für bestimmte Regionen zu ganz bestimmten Zeitabschnitten möglich.

In besonders günstigen Mäusejahren nach Invasionen stiegen z. B. die Bestandsdichten in Finnland von 2 auf 10 Paare pro 100 km², in Schweden von 0,2 auf 20 Paare pro 100 km² [181, 871]. Im Vergleich dazu betrug die Abundanz im Yukon-Gebiet (Kanada) bei sehr gutem Beuteangebot (Wühlmäuse und/oder junge Schneehasen) 6 Paare/100 km² [871].

Eine großräumige Herbstzählung in Norwegen ergab für ein Mosaik aus Baumbeständen und Kahlschlägen hochgerechnet minimal 14,1 und maximal 20,4 Individuen pro 100 km². Die Distanzen zwischen benachbarten Eulen betrugen im Mittel 4,4 km (extreme = 1,3–14,3 km [160]).

Zur Größe von Streifgebieten und Jagdrevieren gibt es nur wenige Angaben: z. B. 2,7 km² im Herbst (Schweden) bzw. 3,72 km² zur Brutzeit (Norwegen [181]). In Finnland betrug der geringste Abstand benachbarter Brutplätze 600 m [1027]. Auch andere Gesichtspunkte weisen auf große Jagdgebiete hin, z. B. trug ein Männchen zur Jungenaufzucht Beute aus rund 1 km Entfernung heran.

BESTANDSVERHÄLTNISSE

Der Weltbestand an Sperbereulen wird von BirdLife International (2020) auf 100 000–499 999 adulte Individuen geschätzt, davon sollen 10 400–46 200 Paare in Europa vorkommen. Die Bestandsangaben für die einzelnen Länder tragen den arttypischen Dichteschwankungen Rechnung und stellen jeweils die Normalwerte den Maximalwerten nach Invasionen bzw. bei außerordentlichen Mäusegradationen gegenüber: Demnach beherbergt das europäische Russland mit 8000–25 000 Brutpaaren die größten Bestände, gefolgt von Schweden (1100–14 000 Bp), Norwegen (1000–10 000 Bp) und Finnland (300–4900 Bp). Aus Estland gibt es nur einen gesicherten Brutnachweis aus 1974 [589]. (Nicht eingerechnet sind hier Invasionsvögel, die zum Teil weit außerhalb der arttypischen Brutverbreitung überwintern.)

Sperbereule im Angriffsflug. Nach Greifvogelart segelt die Eule mit großer Rasanz und Zielgenauigkeit gegen Brutstörer (nach HELO 1984).

VERHALTEN UND STIMME

Ruhe und Körperpflege

Ruht durchaus voll exponiert auf Dürrbäumen, gebrochenen Wipfeln oder schmalen Baumspitzen, ohne Deckung und bei vollem Tageslicht [730]. Einstand in schütteren Baumkronen, bei meist geringer Deckung; mitunter an den Stamm gelehnt, selten in Baumhöhlen. Entspannt ruhende Eulen kauern aufrecht und plustern locker das Gefieder, wobei Brust- und Bauchgefieder sowohl die Flügel als auch die Zehen breit überdecken: Kopf eingezogen mit breit-entspanntem Schleier, die Stirn tief heruntergezogen, die Unterlider zum Lidspalt hochgezogen und den Schwanz schräg abgestellt. Ein horizontales Liegen quer zum Ast bei Ästlingen und Altvögeln.

Paarpartner nutzen meist getrennte Einstandsplätze. Zur Brutzeit wählt das Männchen seinen Tagesplatz mit Sichtkontakt zum Brutplatz – als „Wachposten", jederzeit zu Alarm und Angriff bereit.

Putzen, Kratzen (vorne herum), Strecken und Schütteln zu jeder Tageszeit, vor allem aber zu Aktivitätsbeginn sowie nach Nahrungsaufnahme, Paarung und Bad. Reiben des Kopfgefieders (Augen- und Ohrenregion) am Handgelenk. Schnabelsäubern durch beißendes Benagen von Holz oder Schneebrocken.

Die Eule sonnt sich ausgiebig mit plustrig-lockerem Gefieder, ohne besondere Sonnenbadestellung; hechelt bei Überhitzung mit eng angelegtem Kopf- und Körpergefieder und vom Körper weggekippten Flügeln. Bei Regen suchen Jungvögel keine Deckung auf und lassen sich völlig durchnässen. Beobachtungen zum Regenbad fehlen; Baden in Wasser hingegen regelmäßig und mit großer Intensität – oft bis zur völligen Durchnässung. Entsprechend flugunfähige Eulen klettern wie Jungvögel mit Schnabelhilfe ins Gezweig oder schütteln unter Flügelschlagen das Wasser in hoppelndem Laufen aus dem Gefieder. Erregtes Herumspringen auch im Schnee, mit Substratlockern durch Beißen und Scharren und anschließenden Badebewegungen. Kein Baden in Sand oder Staub.

Aktivitätsmuster

Dämmerungs- und lichtaktiv, mit deutlicher Pause in den Mitternachtsstunden, selbst unter den Lichtverhältnissen des hohen Nordens. Aktivitätsschwerpunkte zur Brutzeit zweigipfelig, jeweils zum Sonnenauf- und -untergang (in einem Beispiel aus Finnisch Lappland = 3–4 Uhr früh und 20–23 Uhr abends [402, 685]). Dieser Rhythmik entspricht der Tagesgang der Körpertemperatur, mit 39,5 °C (maximal 40,8 °C) in den Aktivitätsschwerpunkten am frühen Vormittag sowie späten Nachmittag – im Vergleich zur Ruhetemperatur mit 38,8 °C [149]. Gesang, Balz, Flug, Jagd, Beuteübergaben und Angriffsflüge gegen Brutstörer sind jedoch während der gesamten Lichtphase zu beobachten.

An einem Brutplatz in Finnisch Lappland steigerte das Männchen die täglichen Nestbesuche von durchschnittlich 10,6 (während der Bebrütung des Geleges) auf 16,6 (zum Zeitpunkt

Schwanzstelzen der Sperbereule nach erregter Landung (FOTO SCHERZINGER).

Ruderflug der Sperbereule. Die tropfenförmig-gestreckte Gestalt wird durch den langen Schwanz noch betont (Foto HAUTALA).

des Schlüpfens); zur Aufzucht der Nestlinge wurden im Zusammenhang mit Beuteübergaben, Abtransport von Abfällen und Beuteüberschuss gar 41,4–50,0 Anflüge pro Tag registriert [402].

Bewegungsweise und Flug

Den Bewegungen der Sperbereule fehlt jegliche eulenhafte Weichheit, Schwerelosigkeit oder Geräuscharmut. Bewegungen vielmehr kraftvoll-derb, mitunter ruckartig; ohne Einleitung oder Übergang plötzlich ausgeführte Aktionen wirken geradezu hektisch-rasant.

Sicherndes Umschauen regelmäßig, dabei typischerweise ruckartiges Zurückdrehen des Kopfes um 180 Grad (bei ansonsten reglosem Körper). Schwungvolle Ortswechsel, mitunter von auffällig „übertriebener" Gestik begleitet: So stelzen erregte Eulen den langen Schwanz bis über die Senkrechte, speziell nach wuchtiger Landung auf einem Ast. Auch horizontales Schwanzwackeln sowie unterschiedliche Schleifen-Kombinationen; mitunter Auf- und Abknicksen mit Beinen oder ganzem Körper.

Bei Beutefang oder Beutedeponieren sind sicheres Gehen, beidbeiniges Springen und rasches Laufen auf Ästen sowie Boden zu beobachten. Landet sogar zielsicher auf astfreien, glatten Baumstämmen; klammert sich kraftvoll daran bzw. klettert – durch Flügelschlagen unterstützt – daran hoch.

Zum Abflug vom Ansitz beugt sich die Eule etwas vor und springt segelnd ab. Auch senkrechtes Fallenlassen von der Sitzwarte und Querung von Freiflächen in greifvogelartig reißend-raschem Flug, knapp über dem Boden, letztlich Aufsteilen zum Sitzplatz [181, 1025]. Jagdflug ausgezeichnet durch zackig-ruckartige Wendigkeit; quert selbst Gebüsch und Walddickicht mit riskanter Rasanz. Rüttelt gelegentlich über der Beute vor dem Zustoßen. Flug über größere Strecken ruhig „schwimmend" bei flachen Flügelschlägen und hoher Schlagfrequenz, dazwischen kurze Segelstrecken eingeschaltet. Kreist bussardartig über dem Kronendach, sowohl zur Abdrängung von Greifvögeln aus dem Brutgebiet als auch als Imponiergestik zur Balz. Nach Beobachtungen aus Kanada segelt das hoch kreisende Männchen dabei mit steif abgestellten Flügeln, den Kopf ins Genick gehoben. Es soll dabei sogar mit den Flügeln klatschen [181, 730].

Sozialverhalten und Konflikte

Einzelgänger, meidet bis auf Balz- und Brutzeit Nähe oder Körperkontakt mit Artgenossen. Begegnungen überwinternder Eulen verlaufen im Allgemeinen ohne innerartliche Aggression. In Invasionsjahren kann es sogar zu lockeren Ansammlungen mit bis zu 20 Eulen in jeweils 1 km Distanz kommen [181]. Selbst zur Brutzeit können Artgenossen bis auf Sichtweite toleriert werden, solange sie die Reviergrenzen respektieren. (Bei einem bigynen „Paar" vermieden die beiden Weibchen ein Eindringen ins Revier der jeweiligen „Rivalin" [1028].)

Während der Brutzeit territorial. Entsprechend ist die Zeit der Paarbindung durch aggressive Signale, hektische Verfolgungsflüge bzw. den allmählichen Konfliktabbau gekennzeichnet. Im Nestbereich aggressiv gegen Artgenossen, die wie Brutstörer heftig angegriffen werden, durch segelndes Überfliegen, auch Zuschlagen mit den Krallen und Beißen in Flanke und Gesicht. Das Weibchen beteiligt sich an der Rivalenabwehr mit Drohen, Losspringen, sogar tätlichen Attacken, bei denen es dem Gegner mit dem Fang büschelweise Federn ausrupft. (In Gefangenschaftssituation beschädigten Sperbereulen die Schwungfedern eines Rivalen durch konsequentes Abbeißen der

Kiele – bis zur Flug- und Fluchtunfähigkeit des Gepeinigten.)

Jungvögel werden hingegen von den Eltern regelmäßig gekrault und beknabbert. Auch halten die Ästlinge während der Führungszeit Sozialkontakt, dabei auch eng aneinandergedrängt und einander kraulend.

Mit dem Flüggewerden der Jungeulen zieht sich das Weibchen mehr und mehr zurück; es wird spätestens zur Familienauflösung im Herbst vom Männchen aus dem Brutgebiet abgedrängt [181].

Feindverhalten

Wenn der Sperbereule auch ein spezielles Tarnkleid zu fehlen scheint, so kann ihr schwarz-weiß gebändertes Brustgefieder vor einer ähnlich gemusterten Borke von Birken und Espen doch einen tarnenden Effekt bewirken. In Stammnähe dösend, ist sie unauffällig bis „unsichtbar", solange sie reglos bleibt.

Im Allgemeinen sucht diese Art aber weder Höhlungen, Nischen noch deckungsreiche Baumkronen zum Schutz vor Feinden auf. Ihr Erscheinungsbild wirkt auch weniger „eulenhaft" und löst vermutlich keine so heftigen „Hassreaktionen" aus. Bei Feindannäherung auf größere Distanz nimmt sie eine tarnende „Pfahlstellung" mit hochgestreckten Beinen, eng angepresstem Gefieder und vorgedrehtem Flügelbug ein, wie es besonders für Ästlinge typisch ist. Im Extremfall kneift sie die Augen spaltförmig – oder auch ganz – zu und presst das Kopfgefieder seitlich an, sodass zwei „ohrenartige" runde „Zipfel" überstehen. An einen Stamm gelehnt oder in scheinbarer „Fortsetzung" eines gebrochenen Wipfels wirkt die Eule in der Tarnstellung praktisch „unsichtbar"!

Gegenüber Raubsäugern, größeren Eulenarten – und auch Rivalen – nimmt die Sperbereule eine eigenartige Drohstellung ein: im einfachsten Fall mit Sträuben des Bauchgefieders; auf höherem Intensitätsniveau „buckliges" Anheben der geschlossenen Flügel über dem Rücken. In weiterer Intensitätssteigerung lässt die Eule die schlaff gefächerten Schwingen hängen, mit vom Körper seitwärts gestellten Flügelbügen, dabei die Flügelinnenseite zum Feind gewandt [946]. In maximaler Erregung droht die Eule auch mit schildförmig gefächerten Flügeln in körperparalleler Haltung und sträubt das Kopfgefieder breit (bis zu einer „vierkantigen" Silhouette); das Körpergefieder ist rau geplustert, speziell an Bauch und Rücken, die Schwanzfedern werden breit aufgefächert. Die Gestik kann noch unterstützt werden durch übertriebenes „Verbeugen" und knicksendes Hochreißen oder wiegendes Pendeln des Körpers; jedenfalls durch Schnabelknappen und grelle Serien von Alarmlauten, im Extremfall auch durch knallende Flügelschläge gegen den Körper (vergleichbar dem Kragenhuhn)!

Solches Drohen kann im Zusammenhang mit der Brutverteidigung in „Verleiten" übergehen, wobei die Eule zusätzlich sehr hohe, pfeifend-zwielende Quietschlaute äußert oder grell-winselndes Schirken, sich unter arrhythmisch-hektischem Flügelflattern vom Ast fallen lässt und auf dem Boden taumelnd-rudernde Flügelbewegungen ausführt.

Auf ein Kratzen am Brutbaum erscheint in einzelnen Fällen das Weibchen im Flugloch, fliegt auch hektisch heraus, laut warnend. In der Regel sitzen brütende Weibchen aber sehr fest und lassen sich kaum vom Gelege scheuchen. In dieser Situation zeigt es infolge einer Bewegungshemmung keine oder nur schlaffe Gegenwehr: Nach Schlupf der Jungen kippt es in Rückenlage und strampelt abwehrend mit den Fängen, verkrallt und verbeißt sich dabei auch unter Fauchen in die genäherte Hand.

Während der Brut- und Aufzuchtszeit hält das Männchen nahe dem Nistplatz „Wache" und warnt bei Annäherung potenzieller Störer bzw. Feinde mit grellen Alarmserien und Schnabelknappen. Gemessen an der Körpergröße, sind die Attacken der Sperbereule zur Verteidigung von Brut bzw. Jungen besonders vehement: Unter anhaltendem Alarm nähert sie sich dem Störer in Drohstellung, äußert erregtes Quietschen – bei weit aufgerissenem Schnabel – und segelt letztlich in geradlinig-steifem Flug über Kopf, Hand, Beine oder Schultern des Feindes, diesen nur streifend oder mit kraftvollem Krallenhieb dagegenprallend [181, 306].

Mit Schlupf und fortschreitender Entwicklung der Nestlinge nimmt die Angriffsbereitschaft deutlich zu. So wurden erfolgreiche Verfolgungsjagden gegen kleine Falken, Wei-

Adulte Sperbereule. Der schwarze Kinnfleck wird beim Singen hervorgehoben (Foto SIEGEL).

hen, Bussarde und Habicht beobachtet, um die Gefährder aus dem Brutgebiet abzudrängen. Im Experiment attackierten Männchen wie Weibchen sogar ein Uhu-Präparat in heftigen Sturzflügen [436, 570].

Während Personen in Nestnähe meist mit großer Vehemenz attackiert werden, wobei die Eulenkrallen durchaus auch Verletzungen zufügen können, werden Menschen außerhalb der Brutzeit, speziell im Überwinterungsgebiet, nicht als „Feinde“ eingestuft. Vielmehr dulden Sperbereulen dann Annäherung auf wenige Meter; im Extremfall konnte ein Beobachter die Eule sogar berühren, ohne Abwehr oder Flucht auszulösen [780]! Die amerikanische Unterart soll sogar Waldarbeitern und Farmern folgen, um von diesen aufgescheuchte Mäuse zu erhaschen [181].

Stimme

Laute angenehm weich-„lullend“ bis grell aufschreiend. Das Stimmrepertoire lässt sich auf wenige Triller- und Schnarchelemente zurückführen, erscheint aber durch die vielfältige Variation und Kombination sehr reichhaltig. Stimmen beider Geschlechter nahezu gleich. Als Reviergesang dehnt das Männchen einen perlend-lockeren Triller zu 2–3 Sekunden langen Strophen. Der Gesang setzt verhalten-leise ein und steigert sich zu einem kullernden Rollen (Tonhöhe bei 0,8 kHz [862]). Besonders eindrucksvoll klingt eine allmählich im Crescendo anschwellende Strophe, die bis zu 10 Sekunden als „schwebend-lullendes“ Vibrato anhalten kann [801]! Die Eule singt mitunter im Flug, typischerweise aber auf hohen, frei stehenden Singwarten, neigt sich leicht vor, streckt den Hals und sträubt das Kehlgefieder, wodurch ein schwarzer Kinnfleck zur Geltung kommt, mit dem weißlichen Gesichtsfeld kontrastierend. Bei intensivem Singen wippen die Schwanzfedern im Rhythmus mit. Werden die Einzelelemente hart abgesetzt, klingt der Gesang rasch hämmernd. Das Weibchen kann einen vergleichbaren Gesang vortragen (speziell wenn ohne Partner), doch klingt dieser heller, durch schwankende Tonhöhe reicher moduliert bis „verwackelt“.

Die häufigste, in vielen Klangvariationen und sehr unspezifisch eingesetzte Äußerung

Tabelle 44. Typische Laute der Sperbereule.

LAUTÄUSSERUNG	MÄNNCHEN	WEIBCHEN	NESTLING/ÄSTLING
Reviermarkierung Balzzeit	Gesang kullernd-perlend weich-verhalten	Gesang kullernd-trillernd unstete Tonhöhe	
Reviermarkierung Herbst	Trillerschrei, Wiehern	Trillerschrei Wiehern	
Alarm intensiver Alarm	*rik.rik.rik*-Serie zwielendes Quietschen	*rik.rik.rik*-Serie „Fiepen“	
Nestzeigen	zeterndes Tuckern	und Zicken	
Fütterungslaut	„sägendes“ Stakkato	dumpf *ju.ju.bju.bju*	
Standortlaut/Betteln		schleifend *dchjüü.ih*	*pfchü.ji*/ *ksss.itt*

beider Geschlechter ist ein kurzer, lockerer Triller, der – speziell zur Anpaarungszeit – nahezu jeden Kontakt mit Artgenossen und jede Aktion begleitet. Weich-blubbernd, schnurrend, kollernd, hämmernd bis rau-sägend, begleiten solche Triller die Verfolgungsflüge zu Anpaarung und Feindabwehr, auch leiten sie erste Beuteübergaben und Kopulationen ein. Auffällig ist ein schrill gesteigerter „Trillerschrei", der, sehr laut und weittragend, vor allem für Herbst und Spätwinter typisch ist und mit „Pferdewiehern" verglichen werden kann.

Ein trocken-zirpender Stakkatolaut, der große Ähnlichkeit mit dem mehr gackernden Fütterungslaut hat, wird zum Höhlenzeigen eingesetzt. Daneben äußert die Eule – zumindest das Männchen – auch ein hohes, hart abgesetztes „Zicken" (vergleichbar dem Nestzeigelaut des Turmfalken). Die grellen Alarmrufe *rik.rik.rik* oder *zick.zick.zick* werden meist als rasch akzellerierende Serien in hartem Stakkato vorgetragen, bei weit geöffnetem Schnabel; daneben quietschendes Zwielen in hoher Erregung zur Brutverteidigung oder zum Verleiten.

Völlig abweichend von diesen Lautmustern, „betteln" Sperbereulen-Weibchen mit heiser-schleifendem *chjüt* (einsilbig) oder *dchjüü.ih* (zweisilbig), mit meist quietschend betonter Endsilbe. Der Laut ist hochvariabel, kann krächzend, pfeifend bis zwielend klingen und wird oft mit Triller, Wiehern oder Nestzeigelaut kombiniert. Zur Unterstreichung zeigen erregte Weibchen neben dem Schwanzstelzen auch ausholendes Kopfschlingern oder Hochreißen des Körpers, wie eine übertriebene Bettelgestik der Jungvögel. Die Zuordnung eines schnarchend-kreischenden Lautes (vergleichbar der Schleiereule) ist unklar.

Jungvögel betteln im frühen Nestlingsalter einsilbig mit *pfiech* oder zweisilbig mit *pfchü.ji*. Als Ästlinge äußern sie heiser-gedehnte Laute in anschwellendem Crescendo, ähnlich dem Weibchen (*ksss.itt, chschii.epp*; vergleichbar dem Betteln junger Sumpfohreulen). Schirken als Angst- oder Unlustlaut; knackendes Knappen und Fauchen nur selten zu hören (z. B. bei Rivalen- oder Feindabwehr). Als Instrumentallaut wurde ein Flügelklatschen im Zusammenhang mit kreisenden Balzflügen aus Kanada beschrieben [181, 730].

Bettelnder Sperbereulen-Ästling. Bei weit geöffnetem Schnabel äußert das Junge heiser-schleifendes Betteln (Foto Wothe).

ERNÄHRUNG

Auch wenn die Sperbereule die Merkmale eines typischen Vogeljägers zeigt, mit relativ kleinem Kopf (samt „stechendem Blick" der gelben Augen unter den leicht vorgewölbten Brauen), schlankem, lang gestrecktem Körper und langem Schwanz – einem Sperber oder Falken mittlerer Größe vergleichbar –, so nutzt sie ihr Jagdpotenzial nur in Ausnahmefällen. Wo immer geboten, bevorzugt sie nämlich Wühlmäuse, wie die meisten anderen Eulenarten auch, mit denen sie ihren Lebensraum teilt. Dabei fehlt der Sperbereule nicht nur ein schallgedämpfter Flug sondern auch die Spezialisierung eines asymmetrischen Gehöreingangs zur Ortung von Mäusen unter Schnee oder Vegetation.

Beuteliste

Soweit erreichbar, erbeuten Sperbereulen im Winterhalbjahr Wühlmäuse. Solange sich in Norwegen die Wühlmäuse unter einer geschlossenen Schneedecke verstecken konnten, stellten Rötelmäuse die Hauptbeute, da sich diese vorwiegend auf der Schneedecke fortbewegen. Die Eulen wechselten aber zu den begehrteren Erdmäusen und Nordischen Wühlmäusen, sobald der Boden ausgeapert war [750]. Bei schlechter Erreichbarkeit oder geringer Wühlmausdichte können die wenig beliebten Spitzmäuse einen Anteil von bis zu 23 % erreichen. Vor allem aber können die gewandten Eulen auf Vogelbeute ausweichen (z. B. Finnland bis zu 90 % der Beutetiere), wobei neben Kleinvögeln und Drosseln selbst Raufußhühner mit einem Gewicht von über 500 g geschlagen werden (z. B. Moorschneehühner-Anteil von 32 % in der Winterbeute im europäischen Russland). Soweit Sperbereulen in der Agrarlandschaft überwintern, können auch Wanderratten, Feldhamster und Tauben erbeutet werden [556]. Mitunter versuchen die Eulen auch, Greif- oder Rabenvögeln die Beute abzujagen; in seltenen Fällen nehmen sie sogar Aas auf (z. B. Kadaver von Luchs, Elch, zurückgelassener Aufbruch eines erlegten Hirsches [7, 12, 181, 769]).

Zur Zeit der Brut und Jungenaufzucht besteht die Nahrung bis zu 97 % aus Wühlmäusen. Je nach Region dominieren dabei verschiedene Rötelmaus-Arten (z. B. Norwegen, europäisches Russland), die Nordische Wühlmaus (z. B. Norwegen) oder Erdmäuse (Finnland). Von untergeordneter Bedeutung bleiben Lemminge, Spitzmäuse (maximal 2,5 %) und Vögel (maximal 1,7 % der Beute [373, 685]). Während einer außergewöhnlichen Gradation der Schermaus enthielt die Brutzeitbeute im Baltikum bis zu 99,4 % dieser Nager [871].

Obwohl nur wenig größer, vermag die amerikanische Unterart ihre Jungen mit deutlich schwererer Beute zu versorgen, wie etwa halbwüchsige Schneeschuh-Hasen (diese können bis zu 93 % der Biomasse ausmachen, wobei das Durchschnittsgewicht von 240 g rund 80 % des Eulengewichts entspricht [871, 987]). In der Winterbeute scheinen Tauben, Spechte und Häher sowie Eichhörnchen, Hermelin und Raufußhühner auf, ja selbst ausgewachsene Schneeschuh-Hasen (Gewicht rund 1,5 kg, entspricht in etwa dem 4-Fachen des Eulengewichts)!

Jagdweise und Beuteerwerb

Typischerweise Ansitzjagd von frei stehenden, hohen Punkten aus mit weiter Übersicht. Je nach Sitzhöhe kann die Eule ein Beutetier bis auf 800 m Distanz erkennen. Durch kurzfristigen Wechsel dieser Warten kann die Eule viele Hektar Jagdgebiet überprüfen.

In senkrecht steiler Haltung fixiert die Eule hochkonzentriert ihre Beute, den Kopf gut 90 Grad abgewinkelt. Zum Absprung legt sie das Gefieder schlank an, beugt sich schräg, mitunter auch horizontal vor, den Schwanz in Erregung stelzend [1025]. Zum Mäusefang lässt sich die Eule nahezu senkrecht fallen, auch gleitet sie flach über den Boden oder rüttelt kurz über einer erwarteten Beute. Dabei ist sie imstande, die Nager selbst durch eine 30 cm hohe Schneedecke zu orten und zu greifen [181]. Lebende Mäuse ergreift die Sperbereule ein- oder beidbeinig. Bei größerer oder auch wehrhafter Beute nimmt sie eine „Fangstellung" mit weit neben dem Körper aufgefächerten Flügeln ein.

Lemminge wurden auch am Boden rennend verfolgt. Plünderung von Nestern bodenbrütender Vögel belegt [181].

Der Jagdflug zeichnet sich durch hohe Startgeschwindigkeit, Rasanz und Wendigkeit aus, wie sie für den Fang von Kleinsäugern im Grunde nicht erforderlich scheinen. Im Sommerhalbjahr wirkt der Beutefang deshalb geradezu „überausgestattet". Diese Jagdweise kommt jedoch bei der Erbeutung von Reb-, Hasel- und Schneehühnern, Hähern, Drosseln oder halbwüchsigen Hasen voll zum Einsatz, die während der monatelangen, oft schneereichen Winter eine überlebenswichtige Nahrungsbasis bilden [465, 685, 871].

Der Jagderfolg variiert je nach Qualität des Jagdgebiets bzw. der Dichte und Erreichbarkeit der Beute. Nach Beobachtungen in Norwegen war der Beutefang im Mittel nach 5-maligem Wechsel der Ansitzwarte und 13,5-maligem Anfliegen erfolgreich [1025]. Bei einem Brutpaar in Alaska erreichte das Männchen eine Erfolgsquote von 68 %, das Weibchen von 20 % [181].

Vor Nahrungsaufnahme orientierendes Beknabbern, auch Schnauzen- oder Nackenbiss, selbst bei toten Tieren aus dem Depot. Verzehr der Beute meist auf erhöhtem Sitzplatz. Durch Zurückklappen der langen Vibrissen und Gesichtsfedern wird der Schnabel freigelegt und die Eule schneidet die Beute mit drehendem Beißen kraftvoll an. Typischerweise wird zuerst der Kopf aufgebissen, bei größerer Beute auch

Sperbereule trägt Beute an den Brutplatz (Foto WOTHE).

abgetrennt. Als Zweites öffnet die Eule den Bauchraum, um die Eingeweide zu entfernen. Vögel werden in der Regel vollständig gerupft, nur bei großen Arten bleiben die Schwungfedern dran. Satte Eulen rupfen auch Mäuse und verschmähen Köpfe und Extremitäten.

Beuteüberschuss wird ganzjährig deponiert, dabei bevorzugt in Spalten und Höhlungen oder unter abstehende Borke von Baumstämmen gestopft, auch in Zweige, Mistelbüsche oder „Hexenbesen" eingeflochten, auf hohen Baumstümpfen oder Grasbüscheln festgedrückt, wobei der Eulenschnabel die Beute durch seitliches Rütteln und senkrechtes Stößeln befestigt. Beute wird auch im Schnee abgelegt, dabei sorgfältig mit Schnee abgedeckt. Solche Depots werden gegen Plünderung durch Krähen, Häher etc. verteidigt.

Nach Beobachtungen an Volierenvögeln beträgt der tägliche Nahrungsbedarf 130–163 g [143]. Der Wasserbedarf wird durch Trinken oder Schneefressen gedeckt.

Gewölle sind im Durchschnitt 41 mm lang und 22 mm dick (Variationsbreite: Länge = 30–76 mm, Dicke = 17–35 mm).

FORTPFLANZUNG

Die Geschlechtsreife wird gegen Ende des 1. Lebensjahres erreicht; somit können bereits Jährlinge erfolgreich brüten [143]. Die Eulen überwintern einzeln und finden erst mit Reviergründung durch das Männchen zusammen. Weibchen können bereits wenige Wochen nach der Paarbildung mit der Eiablage beginnen [181].

Brutplätze finden sich typischerweise in offenen Gebieten mit sehr schütterem Baumbestand, bevorzugt am Rand großer Moore, auf Waldbrandflächen bzw. großen Kahlschlägen. Häufig werden die muldenförmigen Aushöhlungen auf der Bruchfläche hoher Baumstümpfe als Nistplatz genutzt, daneben alte Schwarzspechthöhlen, ausgebrochene Astgabelungen, ausgebrannte Stammteile oder andere natür-

Brütende Sperbereule im Reisighorst. Typischerweise Höhlenbrüter, kann die Art gelegentlich zur Brut auf offene Horste ausweichen (Foto WOTHE).

liche Baumhöhlen, soweit sie nicht zu tief sind. Solche Brutplätze fanden sich in 3–25 m Höhe, bei Stammdurchmessern (in Brusthöhe) von 30–43 cm [575, 871]. Seltener dienen Reisighorste von Greifvögeln oder Krähen als Brutplatz, ausnahmsweise dichte „Hexenbesen", angeblich auch Felsnischen. Auf Großkahlschlägen kann ein Mangel an Bruchstämmen und Höhlenbäumen durch entsprechende Nistkästen effektiv kompensiert werden. Als Kuriosum wurde eine Sperbereulen-Brut in der Nische einer Stahlkonstruktion der Alaska-Pipeline entdeckt [845].

Keine Brutplatztreue, nur in Einzelfällen Nutzung über 2 oder gar 5 Jahre bestätigt [575, 865].

Balz und Paarbildung

Monogame Saisonehe, bei außergewöhnlichem Beuteangebot mitunter Bigynie [1028]. In den Herbstmonaten ist eine Phase gesteigerter Aktivität und besonders erregter Lautäußerungen zu beobachten (typischerweise lautstarke Distanzsignale wie „Wiehern" und „Trillerschrei"), die sich als Herbstbalz deuten lässt. Der Schwerpunkt der Balz fällt aber in die Frühjahrsmonate, geprägt durch anhaltenden Reviergesang des Männchens. Dabei setzt sich die Eule exponiert, leicht bis horizontal vorgebeugt, bläht Kehl- und Kinnfedern und „kullert" langsam anschwellende, oft mehrere Sekunden lange Strophen. Mitunter vibriert der Schwanz im Rhythmus. Das Weibchen antwortet mit erregtem Triller, kurzen Gesangsstrophen oder schleifendem Betteln.

Besonders hektisch und lautstark wirkt die Anpaarungsphase in ihrer ausgeprägten Ambivalenz zwischen Angriff, Flucht und sexueller Attraktion: So äußern die Paarpartner bei frühen Begegnungen erregte Triller, Trillerschreie bzw. „sägendes" Wiehern und drohen gegeneinander mit Federsträuben, „buckligem" Rücken, breitem Schwanzfächern und abgestellten Schwingen – ähnlich wie gegen Fressfeinde. Des Weiteren lassen die Eulen ihre Erregung durch Kontrastbetonung des weiß getropften Hinterkopfes („Occipitalgesicht"), der schwarzen Schleiereinfassung sowie durch eine kantig-flache Stirn bei „viereckig" geplustertem Kopfgefieder erkennen [925, 926]. Beschwichtigendes Beknabbern von Kopf- und Körpergefieder – eventuell von Fütterungslauten begleitet – wechselt in dieser konfliktbetonten Balzphase mit kräftigem Zukrallen gegen den Partner ebenso ab wie soziales Schnäbeln mit heftigem Schnabelzerren, wie Duette aus leisen Stimmfühlungslauten und drohendes Anstarren aus kurzer Distanz, wie enges Kontaktsitzen und Abwehr mit Schnabel oder Fang – oder gar ungezügelter Angriff. Mitunter reagiert sich die Eule an einem Ersatzobjekt ab, indem sie bereits tote Beute walkt und knetet, sich flügelschlagend in Äste verkrallt und verbeißt.

Zum Balzverhalten wurde neben dem kullernden Reviergesang, den das Männchen typischerweise von hohen und exponierten Singwarten vorträgt, auch ein Demonstrationsflug beschrieben, bei dem die Eule hoch über Wipfelniveau kreisend die Flügel steif zur Seite streckt, den Kopf in den Nacken gedrückt. Im Wechsel von Kreisen und Segeln soll auch Flügelklatschen zu hören sein [181].

Zum Höhlenzeigen fliegt das Männchen Brutbaum bzw. Flugloch an und äußert ein trocken-zeterndes Tuckern (ähnlich einem harten Fütterungslaut), mitunter gleichzeitig stößelnde Kopfbewegungen (wie zur Jungenfütterung). Das Tuckern kann beim Männchen fließend in Triller oder Reviergesang übergehen, bei dem Weibchen mit Betteln kombiniert sein. Am Höhepunkt schlägt das Tuckern in spitz-gepresste Laute des „Zickens“ über. Die Eule schaut dabei in die Höhle hinein oder aus dem Flugloch heraus. Auch klettern beide Partner in die Höhle, locken dort und bringen Nestbauhandlungen mit Nagen, polterndem Scharren und Mulden. Gelegentlich finden hier Beuteübergaben statt. Häufiger präsentiert das Männchen die Beute – auf einem Ast sitzend – im Schnabel, streckt den Kopf vor und äußert dazu das Tuckern, auch Triller oder Reviergesang. Das „bettelnde“ Weibchen nimmt mit dem Schnabel ab.

Beuteübergaben leiten typischerweise die Kopulation ein; mitunter fliegt das Männchen auf den Rücken des Weibchens, während dieses noch an der Beute schlingt! Zur Paarungseinleitung äußern die Eulen auch Reviergesang, meist erregte Trillerduette. Das Männchen stupst den Partner mitunter auffordernd mit Schnabelstößen an; das Weibchen nimmt als Aufforderung eine flach gebückte Haltung mit waagrecht gestelltem Stoß ein. Auf gegenseitiges Anstarren (auch drohend) laufen oder fliegen die Partner aufeinander zu; auch kann das Männchen direkt vom Sitzast auf den Rücken des Weibchens hochsteigen. Die Begattung erfolgt unter langsamen Flügelschlägen des Männchens, mitunter begleitet von trillerndem Schirken.

Brut und Brutpflege

Wenn sich gelegentlich Moos, Laub oder anderes Pflanzenmaterial in der Brutmulde findet, so wurde das nicht von den Eulen eingetragen, denn ihre Nestbauhandlungen beschränken sich auf einfachste Gestaltung: Durch Nagen werden abstehende Späne entfernt, durch Scharren wird der Boden gelockert und/oder vertieft; dabei stützt sich der Vogel – in flachem

Sperbereule beim Beuteeintrag in die Bruthöhle (Foto HAUTALA).

Liegen – auf einen schräg abgestellten Flügel. Letztlich führt er Huderbewegungen aus. Eventuell wird störendes Material ausgetragen.

Legebeginn im Borealwald Anfang April bis Mitte Mai, bei meist noch winterlichen Bedingungen; wobei die Schneelage im ungünstigen Fall bis zum Schlupf der Jungen anhalten kann [181]. (Legebeginn im Yukon Territory/ Kanada Mitte April bis Mitte Mai [871]; bei Volierenhaltung in Mitteleuropa bereits Anfang bis Mitte März.)

Eiablage in 1–2-Tages-Intervall; Gelege 3–7 Eier (maximal 13), wobei die Gelegegröße von Süd nach Nord zuzunehmen scheint [685]. Ei-Gewicht 22,0 g (ein 7-er-Gelege entspricht demnach 51 % des Weibchen-Gewichtes).

Nur 12 Tage nach Verlust des Erstgeleges (9 Eier) begann ein Paar in der Voliere mit der Ablage eines Ersatzgeleges, mit etwas geringerer Gelegegröße (6 Eier [143]).

Das Weibchen bleibt bereits vor Ablage des 1. Eies am Nistplatz und sitzt während der 25–29 Tage langen Bebrütungsdauer in der Regel sehr fest auf dem Gelege. In den nur 1–2 Minuten langen Brutpausen erfolgen Kotabgabe, Gefiederpflege, Sich-Schütteln und Beuteübergaben durch das Männchen; in der Legeperiode auch noch Kopulationen.

Die Jungen schlüpfen entsprechend dem Legeintervall, sodass der Altersunterschied der Nestgeschwister bei großen Gelegen bis zu 3 Wochen betragen kann. Nach dem Schlupf trägt das Weibchen Eischalen wie auch leere bzw. zerbrochene Eier im Schnabel aus der Höhle. Zur Nestsäuberung verschluckt es während der ersten Nestlingszeit die Gewölle der Jungen, eventuell auch deren Kot [181].

Während der Nestlingszeit übergibt das Männchen die Beute meist in der Höhle an das Weibchen, das diese zerteilt und an die Nestlinge verfüttert [205]. Bei den ersten Fütterungen werden keine Innereien gereicht. Zur Stimulation der Futterabnahme lockt das Weibchen dabei mit dem trocken-zirpenden Stakkato des „Fütterungslautes".

An den ersten Tagen hudert das Weibchen intensiv, bleibt in der Regel auch bei Störungen in der Höhle über den Jungen und macht nur wenige kurze Pausen pro Tag. Wenn das älteste Junge etwa 2 Wochen alt ist (Spanne 10–18 Tage), kommt das Weibchen nur noch zur Versorgung der Brut und an kalten Tagen zu den Jungen [591]. Es beteiligt sich jetzt an der Verteidigung der Brut gegen Fressfeinde und Störer.

Bei unzureichender Beuteversorgung beteiligt sich das Weibchen früher an der Jagd, sodass die noch kleinen Nestlinge ungeschützt bleiben, was zu Brutverlusten führen kann. Da das Zweitweibchen eines bigynen „Paares" vom Männchen nicht ausreichend versorgt werden konnte, wurde diese Brut aufgegeben (Norwegen [1027]).

Legebeginn: Anfang April bis Mitte Mai. Nur 1 Brut im Jahr, Ersatzgelege bei Brutverlust jedoch möglich.
Legeabstand: 1–2 Tage.
Gelegegröße: 3–13, meist 5–8 Eier.
Ei-Maße: 39,7 × 31,1 mm, Schalendicke 0,26 mm; Ei-Gewicht 22 g.
Brutdauer: (25) 28–29 (30) Tage. Das Weibchen brütet allein und wird vom Männchen mit Nahrung versorgt.

Entwicklung der Jungeulen

Frisch geschlüpfte Sperbereulen wirken kraftlos und empfindlich; ihr weißes Neoptil ist schütter und plüschartig-kurz. Sie liegen zunächst die meiste Zeit flach auf dem Bauch. Mit 3 Tagen können sie aufrecht sitzen und auf den Fersen trippeln. 6 Tage alt, werden die Kiele des dunklen Mesoptils deutlich; zwischen 8. und 10. Tag gelingt erstmals Stehen und trippelndes Gehen auf „Sohlen". Die Kiele des Großgefieders platzen auf.

Die Bettellaute klingen zunächst einsilbig-heiser wie *pfiech* bzw. zweisilbig wie *pfchüji*; in der 2. Lebenswoche werden diese kräftig gedehnt (wie *pchii.jet* oder *tschii.epp*), mit „explosivem" Anfangselement. Die Augen öffnen sich um den 12. Tag; der Eizahn fällt erst in der 3. Lebenswoche ab. Kletterverhalten erstmals in diesem Alter auslösbar. 2 Wochen alte Nestlinge verschlingen Mäuse bereits unzerteilt [402]. Das schokobraune Mesoptil deckt den Körper ab dem 16. Tag weitgehend.

Das „Ausfliege-Alter" beträgt bei Bruten in offenen Nestern meist nur 3–4 Wochen, in sichereren Baumhöhlen bis zu 5 Wochen; es kann bei der Sperbereule jedoch ungewöhnlich breit streuen, was mit der mitunter sehr hohen Jungenanzahl zusammenhängen dürfte: Nestgeschwister von 4 aufeinanderfolgenden Bruten desselben Paares verließen die Höhle jeweils mit 20, 22, 23, 24, 26, 28, 29, 30 und 32 Tagen, bei jeweils sehr unterschiedlicher körperlicher Reife. Wenn die Jungen mit frühestens 20 Lebenstagen den Brutplatz verlassen, können sie sich auf dem Boden in ausholendem Hoppelsprung fortbewegen, selbst an glatten Baumstämmen hochklettern und auf einem Ast liegen und stehen. Die Schwanzkiele beginnen in diesem Alter aufzuplatzen. Zum Zeitpunkt des Nestverlassens haben die Jungeulen mit rund 230 g fast 80 % des Körpergewichts von Altvögeln erreicht [402].

Im Gegensatz zu kleinen Nestlingen, die sich im Nest wehrlos greifen lassen, zeigen Ästlinge Tarnen und Drohen, sie knappen und schirken bei Störung und wehren sich durch Beißen und strampelndes Zukrallen in Rückenlage.

Der Flattersprung wird mit 25 Tagen durch kurze Flugstrecken abgelöst; sicheres Fliegen auf einen 1–3 m entfernten Ast oder 30 m weite Landung auf dem Boden gelingt erstmals mit 30–32 Tagen [402, 591]. Weitere Strecken führen noch zur Bruchlandung; Ruder- und Segelflug werden aber schon mit 38–40 Tagen beherrscht.

In diesem Ästlingsalter zieht sich das Weibchen schrittweise zurück, füttert kaum noch, beteiligt sich aber noch an der Brutverteidigung. Mit fortschreitender Führungszeit versorgt das Männchen die Jungen alleine [181, 275].

Die Federn des Erstjahres-Kleides schieben sich mit 47–50 Tagen über das Mesoptil; mit 90 Tagen sind die Jungeulen voll ausgefiedert, betteln aber noch. Die Führungszeit reicht bis in den September, wenn die Jungeulen etwa 2,5–3 Monate alt sind und beginnen, das elterliche Revier zu verlassen. Zur „Herbstbalz" wieder gesteigerte Aggression der Altvögel, selbst gegen die eigenen Jungen.

Kaum Angaben zum Bruterfolg verfügbar. (In einem Beispiel aus dem Yukon Territory/ Kanada waren 8 von 9 Bruten erfolgreich = 89 % [463, 871].) Aufgrund der „unsteten" Lebensweise fehlen noch ausreichend Wiederfunde, die Rückschlüsse auf die Jungensterblichkeit nach Familienauflösung, auf geschlechtsspezifische Mortalität während der Dispersion oder bei Massenabwanderung in eher untypische Lebensräume zuließen.

Prädation durch Uhu, Habichts- und Bartkauz belegt, Verluste aber auch durch Steinadler, Raufußbussard, Habicht, Ger- und Wanderfalke [181, 822]. Da Sperbereulen auch an Aas gehen, verunglücken sie immer wieder in beköderten Fallen. Durch zunehmende Erschließung des hohen Nordens mit Fernstraßen

Frisch geschlüpfte Sperbereule. Die zarten Eidunen decken den Nestling nur unvollständig (Foto SCHERZINGER).

und Überlandleitungen kommt es vermehrt zu Kollisionen. Infolge der ungestümen Jagdweise erlitt eine Eule einen Pupillenriss [815].

Mit der Ausbreitung von Virenerkrankungen, die im Verbreitungsgebiet der Sperbereule bisher nicht vorkamen, traten völlig neuartige Mortalitätsrisiken auf, wie das Usutu-Virus (Todesfall in Deutschland belegt) oder das West-Nile-Virus (26 Todesfälle in einer Rehabilitationsstation bei Toronto), die beide durch Mückenstiche übertragen werden [258].

Sinkt das Beuteangebot während der Nestlingszeit plötzlich, so können die Brutvögel die Anzahl der Jungen durch Verfüttern überzähliger Nestlinge an ihre Nestgeschwister anpassen. Bruten können durch heftige Winterrückschläge, Umstürzen vermorschter Brutbäume oder Plünderung durch Marder verloren gehen. Höchstalter: Bisher älteste Ringvögel lebten mindestens 10 Jahre (Lebend-Wiederfang) bzw. 16 Jahre und 2 Monate [AnAge – 2010].

Sperbereule im Ästlingsstadium. Das Jugendkleid ist deutlich dunkler als das Erstjahres-Kleid, sodass die weißen Wangenflecken im „Kindergesicht" kontrastieren (Foto SCHERZINGER).

ORTSWECHSEL

Sperbereulen lassen sich hinsichtlich ihrer Raumnutzung keiner einheitlichen Kategorie zuordnen, da sie in einem Brutareal einerseits über mehrere Jahre als Standvogel vorkommen können, andererseits als Strichvogel innerhalb des Artareals weit umherstreifen, in sogenannten „Invasionsjahren" sogar Wanderungen über enorme Distanzen unternehmen.

Meist zwingt ein Zusammenbruch der Wühlmausgradation die Eulen zur Abwanderung aus dem Brutgebiet in günstigere Jagdgebiete. Solche Ortswechsel finden im Wesentlichen innerhalb des arttypischen Verbreitungsgebiets statt, wie auch der saisonale Wechsel vom Brut- zum Überwinterungsgebiet. In Jahren außerordentlich hoher Reproduktion reicht die Dispersion der Jungeulen aber weit über diese Arealgrenzen hinaus, und Sperbereulen tauchen in zum Teil großer Zahl z. B. im südlichen Fennoskandien sowie in West- und Mitteleuropa auf.

Erfolgt der Zusammenbruch des Mäuseangebots über weite Gebiete synchron, sodass die Eulen innerhalb ihres Verbreitungsgebiets keine Alternativen mehr finden und/oder fällt er zeitlich gar in ein Jahr mit besonders hoher Reproduktion im Quellgebiet, kommt es zur Massenauswanderung von Zehntausenden von Jungeulen! Wegen ihrer Auffälligkeit wurden solche „Invasionsjahre" über lange Zeiträume dokumentiert, sodass Intervalle und Wanderungsdistanzen verfolgt werden können.

2016 kamen z. B. geschätzte 10 000–20 000 Sperbereulen nach Norwegen, deren Ursprung vermutlich in Russland lag [160]. Über Fennoskandien und das Baltikum kann es zu Einflügen bis West-, Mittel- und Osteuropa kommen, sodass Sperbereulen-Meldungen aus Dänemark, Holland, Schottland und von den Britischen Inseln sowie aus der Ukraine, Polen, der Slowakei, Tschechien, Ungarn, Österreich und Deutschland vorliegen. Seit ersten geprüften Aufzeichnungen 1789 gibt es z. B. 134 Sperbereulen-Belege aus Deutschland (bis zum Jahr 2014 [556]). Die südlichsten Beobachtungspunkte liegen in Frankreich, auf dem Westbalkan und in Rumänien [139, 151].

Nach einer norwegischen Auswertung von Totfunden und gesammelten Eulen wandern mit dem Bulk der Jungeulen auch adulte Weibchen mit, eher selten adulte Männchen. Vermutlich ist es für Letztere von Vorteil, innerhalb des normalen Artareals zu überwintern, um so früh wie möglich geeignete Brutgebiete zu besetzen [127, 160, 233].

Die herbstliche Dispersion der Jungeulen setzt in Nordeuropa Anfang September ein, mit einem Höhepunkt der Abwanderung zwischen Oktober und November. Entsprechend wurden Einflüge z. B. in Deutschland ab Anfang Oktober registriert, mit Schwerpunkt Ende November bis Anfang Dezember [556]. Der Winteraufenthalt in diesen Ausweichgebieten dauert längstens bis März; spätestens April/Mai verlassen auch die letzten Wintergäste die abgelegenen Aufenthaltsorte. Soweit die Eulen aber hier auf besonders günstige Mäusedichten treffen, können sie sogar weit außerhalb des normalen Artareals zur Brut schreiten, mitunter sogar über 2–3 Jahre, bis das örtliche Beuteangebot erschöpft ist [205].

Nach Ringfunden wanderte eine in Finnland nestjung beringte Sperbereule nach Norwegen (710 km gegen Westen); in Schweden geborene Eulen wanderten hingegen weit gegen Osten ab und wurden in Russland bei Murmansk (ca. 1300 km), bei Jaroslaw (ca. 1500 km) und bei Perm am Ural (ca. 1800 km) wiedergefunden.

Bei einzelnen Vögeln konnte nicht nur die Querung der Beringstraße zwischen Ostsibirien und Alaska nachgewiesen werden, sondern sogar die Querung des Atlantiks. So erreichten

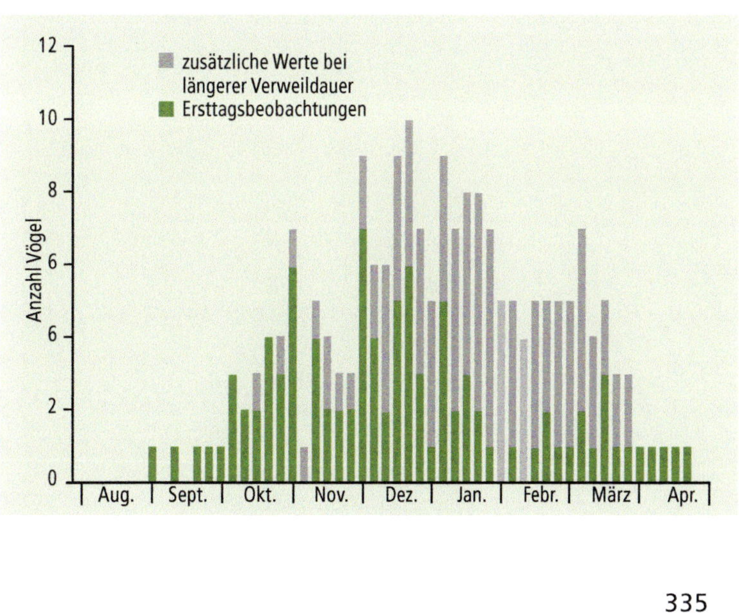

Invasionen der Sperbereule, die zum Teil weit über das normale Verbreitungsgebiet hinausreichen, wurden stets große Aufmerksamkeit geschenkt, sodass z. B. für Deutschland wenigstens 134 überprüfte Belege seit 1789 vorliegen; der Großteil der Ankünfte fiel in die Monate November bis Januar (aus Krüger 2013).

z. B. Individuen der amerikanischen Unterart *Surnia ulula caparoch* jeweils die Südostküste Englands und die Kanarischen Inseln [334].

GEFÄHRDUNG UND SCHUTZ-MASSNAHMEN

Aufgrund meist frei stehender Sitzwarten und fehlender Scheu sind Sperbereulen ein leichtes Ziel für jugendliche Schützen, sodass es speziell in Überwinterungsgebieten zu gehäuftem Abschuss kommen kann („Trainingsziel" für das erste Gewehr z. B. in Amerika und Kanada [McKeever, pers. Mitt.]).

Weitaus gravierender sind Brut- und Lebensraumverlust bei großflächigen Waldbränden. Brände und Kahlschläge auf mittlerem Niveau (nicht über 100 ha) können hingegen attraktive Lebensräume mit hohem Beutepotenzial begründen. Als Schutzmaßnahme wird daher, neben dem Erhalt der wertvollen Primärbiotope an Mooren und schwachwüchsigen Baumbeständen, die Gestaltung von Mosaiken aus Brand- und/oder Kahlflächen sowie schütteren Baumbeständen empfohlen. Für die Habitatqualität ist dabei das Belassen von Bruchstämmen ausreichender Dimension (> 35 cm Brusthöhen-Durchmesser) – als Brutplatz – sowie frei stehender Baumgruppen – als Ansitzwarte – maßgeblich. Geht man von einem Sichtfeld einer Eule von etwa 70 m Radius aus, so sollten alle 50–140 m entsprechende Sitzwarten geboten sein, damit die Gesamtfläche von der Eule effektiv bejagt werden kann [1027].

Bei völlig „ausgeräumten" Kahlflächen empfiehlt sich ein Angebot geeigneter Nistkästen sowie das Aufstellen hoher Ansitzstangen. Mit Hochwachsen von Bodenvegetation und Verjüngung gehen solche Jagdgebiete allerdings wieder verloren, weshalb immer wieder neue Angebote zu schaffen sind [184, 432].

Lebensraum der Sperbereule im nordischen Kiefernwald (Finnland; Foto Scherzinger).

OFFENE FRAGEN

- Unzureichende Daten zu Bruterfolg und Überlebensrate der Jungeulen, Sterblichkeit der Altvögel und Lebenserwartung.
- Offene Fragen zu Territorialverhalten und Reviergrößen in den Brutgebieten, auf den Wanderungen und im Überwinterungsgebiet.
- Offene Fragen zu Bestandsschwerpunkten im Borealwald Russlands und zu den Quellgebieten von Invasionen nach Europa.
- Wieweit vermischen sich Nominatform und Unterarten Asiens und Amerikas infolge von Weitstreckenflügen?
- Wieweit könnte der Klimawandel durch Änderung der Winterbedingungen im Borealwald (z. B. Konsistenz und Dauer der Schneedecke) die Eulenbestände benachteiligen?

SPERLINGSKAUZ
Glaucidium passerinum

ALLGEMEINES
Der Sperlingskauz ist die kleinste europäische Eule. Sie lebt unauffällig und ist am ehesten über ihre Stimmäußerungen zu erfassen. Weitere Nachweismöglichkeiten sind Beutedepots in Nistkästen (mit z. B. geköpften Mäusen und Kleinvögeln) zum Winterbeginn bzw. auf Astgabeln, Baumstümpfen oder dichten Zweigen in der Nähe des Brutplatzes. Zur Nestlingszeit sind ausgeworfene Gewölle und Beutereste am Fuß des Bruthöhlenbaumes auffällig. In dessen Umgebung weisen auch die vielen Kotflecken auf dem Waldboden auf einen erfolgreichen Brutplatz hin.

Wenn der Verbreitungsschwerpunkt in Mitteleuropa auch im Bergwald der Alpen und höheren Mittelgebirge liegt, so sind Brutreviere auch aus tieferen Lagen, sogar im Tiefland bestätigt. Seit etwa den 1970er-Jahren ist eine bemerkenswerte Ausbreitung zu beobachten, mit neuen Brutvorkommen in unterschiedlichsten Höhenlagen und Waldgesellschaften, selbst in strukturarmen Wirtschaftswäldern.

◁ Sperlingskauz, Altvogel. Kennzeichnend sind der flach-runde Kopf, die zarten Tüpfel an Stirn und Kopfseiten, die markanten Augenbrauen und die 4 (5) Schwanzbinden (Männchen; Foto WIESNER).

KENNZEICHEN
Der Sperlingskauz ist etwa starengroß, damit deutlich kleiner als Raufußkauz und Steinkauz.
Größe: Männchen 16–17 cm, Weibchen (17) 18–19 cm.
Flügelspannweite: Männchen etwa 35 cm, Weibchen etwa 38 cm.
Gewicht: Männchen im Mittel 59 g (Extremwerte 47–65 g); Weibchen im Mittel 73 g (Extremwerte 67–103 g), wobei Gewichte von 80–103 g in die Zeit von Bebrütung und Nestlingsaufzucht fallen.

Offenbar sind die Weibchen gezwungen, zur Bebrütung des relativ großen Geleges körpereigene Reserven zu mobilisieren, um die erforderliche Bruttemperatur zu gewährleisten. Demgegenüber können die Männchen – trotz der hohen Beanspruchung bei der Beuteversorgung der Jungen – ihr Körpergewicht über die ganze Reproduktionszeit konstant halten [1161].

Abgesehen vom Körpergewicht (Weibchen im Schnitt um 25 % schwerer) lassen sich die Geschlechter über das Flügelmaß unterscheiden (Männchen unter 100 mm, Weibchen über

Federtypen vom Sperlingskauz: 1 Handschwinge links, 2 Armschwinge links, 3 Schwanz Mitte (Foto SCHATTER).

Sperlingskauz am Tagesschlafplatz. In Ruhe überdeckt die Eule Flügelbug und Zehen mit dem flauschigen Brust- und Bauchgefieder (Männchen im Erstjahres-Kleid; Foto ESSLER).

Fang des Sperlingskauzes. Die Art weist lange, dünne Zehen auf, geeignet für die Vogeljagd (Foto GROSS).

100 mm [808]), des Weiteren über die Länge der Handschwinge HS.7 (Männchen unter 69 mm, Weibchen über 68 mm), weitgehend auch über die Länge der Schwanzfedern (Männchen unter 54 mm, Weibchen über 59 mm [1169]).

Ein auf dem Ast sitzender Sperlingskauz wirkt gedrungen, mit relativ kleinem Kopf, deutlich getupfter Stirn, kleinem, konzentrisch fein getüpfeltem Gesichtsfeld, mit relativ kleinen (orange)-gelben Augen unter weißen „Augenbrauen"; weiße Kinnstreifen beiderseits des zart wirkenden, hellen Schnabels. Auffällig ein sogenanntes „Occipitalgesicht" im Gefieder des Hinterkopfes, das wie 2 dunkle Augen unter hellen Brauen wirkt [966]. Je nach Stimmung runder bis kantiger Kopf (Drohstellung); in extremer Tarnstellung waagrecht abstehende „Federohren".

Gefieder oberseits dunkelbraun mit kleinen weißen Tüpfeln, im seitlichen Brustbereich weiß mit braun-gewölkten Federn, schmale braune Längsstreifen an Brust und Bauch. Der braune Schwanz zeigt 4 (5) schmale weiße Querbinden und ragt deutlich über die Flügelspitzen hinaus. Vertikales „Schwanzstelzen" und seitliches Schwanzrucken sind arttypisch. Das Großgefieder umfasst 10 Handschwingen (HS.7 als längste = 80 mm), 13 Armschwingen (AS.1 als längste = 68,5 mm) und 12 Schwanzfedern (S.1 als längste = 60,5 mm [823]).

Jungvögel im 1. Jugendkleid wirken insgesamt dunkler, die hellen Tüpfel an Stirn und das Augenmuster am Hinterkopf sind weniger kontrastreich. Sie behalten ihr Großgefieder bis in den folgenden Sommer [808]. Adulte Sperlingskäuze machen jährlich eine vollständige Mauser durch; die Handschwinge beginnend mit HS.1, die Armschwingen von 3 Zentren aus. Die Schwanzfedern werden innerhalb weniger Tage – nahezu simultan – abgeworfen [144]. Das Weibchen zieht sich bereits in der Ästlingsphase der Jungen zur Mauser zurück, das Männchen wohl erst nach der Führungszeit.

Das Flugbild zeigt kurze, runde Flügel und einen abgerundeten Schwanz. Der Flug ist teils spechtartig wellenförmig wie beim Steinkauz, teils schnell und gerade wie bei der Sperbereule.

Unterarten

Die Gattung *Glaucidium* umfasst an die 33 Arten, die über die Holarktis, Südasien, Afrika und Südamerika verbreitet sind. Der Sperlingskauz ist mit der Nominatform *Glaucidium passerinum passerinum* vorwiegend in Europa und Westsibirien verbreitet und wird in Mittel- und Ostsibirien sowie in den Gebirgen östlich des Baikalsees von der größeren und etwas helleren Unterart *Glaucidium passerinum orientale* abgelöst. Als nächstverwandt gilt der afrikanische Perlkauz *(Glaucidium perlatum)*, während die Ähnlichkeit des nordamerikanischen Gnomenkauzes *(Glaucidium gnoma)* als Konvergenz erkannt wurde [1146, 1173].

VERBREITUNG

Der Sperlingskauz hat seinen Verbreitungsschwerpunkt im borealen Nadelwaldgürtel und kommt von Nordeuropa (Norwegen, Schweden, Finnland, Russland) quer durch Eurasien bis nach Ostsibirien und Sachalin vor.

In Europa finden sich – davon mehr oder minder abgesetzt – Vorkommen im gesamten Bereich der Alpen, im Französischen und Schweizer Jura, in den Vogesen, im Schwarzwald, im Bayerischen Wald, Böhmerwald, Fichtelgebirge, Erzgebirge, Thüringer Wald, Harz, in Sudeten, Beskiden, Fatra, Tatra und Karpaten. Die

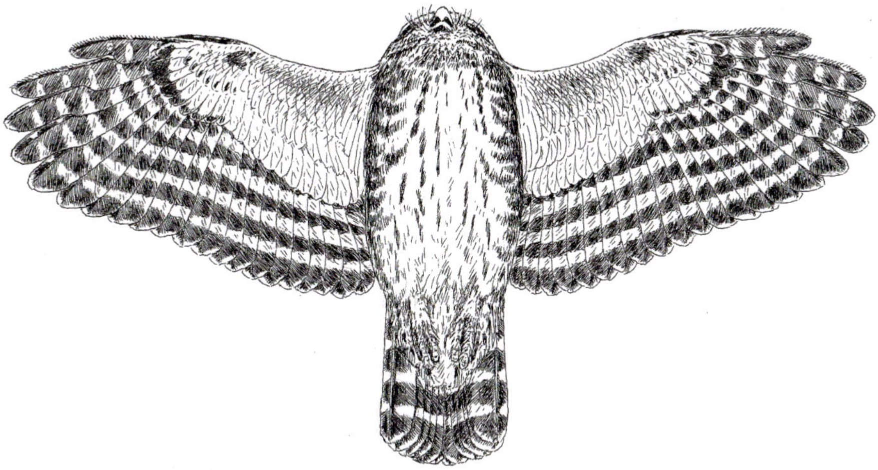

Flugbild des Sperlingskauzes. Für die Innenwaldart sind kräftige, kurze Flügel und ein vergleichsweise kompakter Körper charakteristisch (nach MÜLLER 1982).

weitgehend isolierten Brutvorkommen in den Gebirgen Südosteuropas werden als nacheiszeitliche Relikte aufgefasst: Waldgebiete Sloweniens über Kroatien und Bosnien bis ins nördliche Griechenland und in die Gebirge Bulgariens (Balkan, Rila-Gebirge und Rhodopen).

Neben Hoch- und Mittelgebirgen konnte der Sperlingskauz in Europa auch große zusammenhängende Waldgebiete im Tiefland besiedeln, wie z. B. die Lüneburger Heide/Deutschland oder den Urwald von Bialowieza/Polen.

Im Zuge einer jüngsten Arealausweitung dieser kleinen Eule wurden nicht nur das französische Zentralmassiv, die Pyrenäen und der griechische Peloponnes besiedelt, auch festigten sich kleine Brutvorkommen in den Ebenen und Hügelländern Nord- und Ostdeutschlands (Niedersachsen, Schleswig Holstein, Brandenburg, Vorpommern, Sachsen) sowie Nordpolens (Pommern, Masuren) und der Ukraine [490, 505, 629, 655, 1107]. Erstnachweise wurden selbst aus Dänemark, Holland, Belgien und Burgund/Frankreich gemeldet [168, 169, 716]. Diese Entwicklung ist umso erstaunlicher, als der Sperlingskauz dabei auch in „untypische" Habitate vordringt, wie z. B. trockene Kiefernwälder, Buchen-dominierte Bestände, ja sogar Laubmischwälder, wo er einem mitunter hohen Prädationsdruck durch Waldkauz, Waldohreule, Sperber etc. ausgesetzt ist.

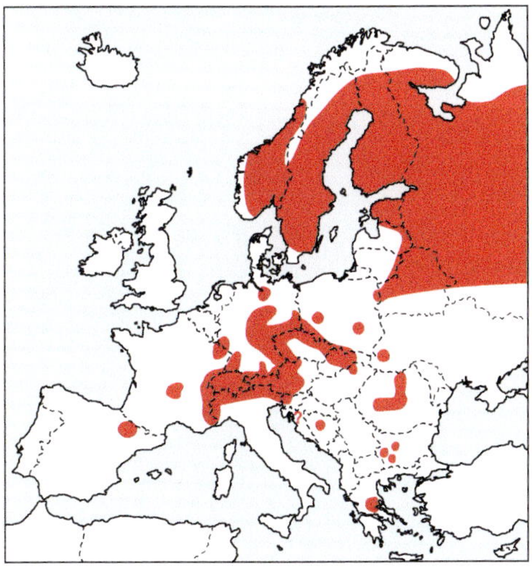

Verbreitung des Sperlingskauzes in Europa. Ursprünglich wohl auf die weiten Nadelwaldkomplexe des Nordens, der Alpen, Karpaten und Mittelgebirge beschränkt, dringt die Art zunehmend in Hügel- und Tiefland vor.

LEBENSRAUM

Der Sperlingskauz bevorzugt ältere Nadel- und Mischwälder mit aufgelockerter Struktur und reichlich Totholz, wo er in Spechthöhlen Brut- und Depotplätze sowie in Dickungen oder Stangenhölzern seinen Schlafplatz findet; zur Jagd auf Kleinsäuger und Vögel sucht er die Randbereiche von Lichtungen, kleinen Hochmooren, Waldwiesen und Almweiden auf. Nach Habitatanalysen sind für eine dauerhafte Besiedlung ganzjähriges Deckungsangebot, ganzjährig erreichbare Nahrung, Baumhöhlen geeigneter Größe (für Brut, Beutedepot, Winterschlafplatz) sowie geringer Feind- und Konkurrenzdruck essenziell [1050]. Habitatmodelle für den baltischen Raum betonen die Präferenz alter Fichtenbestände, während große Kahlschläge und Agrarflächen als Barriere wirken können [34,

291]. In vielen Fällen wurde die Bedeutung naher Wasserstellen im Brutgebiet bestätigt [878, 962].

Aufgrund der arttypischen Bindung an alte Waldbestände ausreichender Größe kann eine Habitatfragmentierung, z. B. durch dichte Erschließung oder Großkahlschlag, sowohl zu ansteigendem Konkurrenz- und Feinddruck durch Einwanderung großer Eulenarten als auch zu weiträumigem Lebensraumverlust führen [885].

Als boreo-alpines Faunenelement bewohnt der Sperlingskauz typischerweise die weitläufigen Nadelwälder der borealen Zone und die nadelholzreichen Mischwälder der boreonemoralen Zone Nordeuropas. Vergleichbare Habitatqualität bieten die subalpinen Nadelwälder und hochmontanen Bergmischwälder in den Gebirgslandschaften Mittel- und Osteuropas. In den Alpen, in den Gebirgen der Slowakei, Bulgariens und den griechischen Rhodopen reicht die Verbreitung bis zur oberen Baumgrenze (höchste Brutvorkommen 1900–2150 m NN [761, 990].

Aus der Vielfalt heute besiedelter Waldlandschaften lässt sich aber schließen, dass die Meereshöhe kein ausschlaggebendes Kriterium ist, soweit die genannten Habitatansprüche erfüllt werden. Jedenfalls gibt es Brutvorkommen sowohl im Tiefland (z. B. Urwald von Bialowieza/Polen und Weißrussland; Lüneburger Heide/Deutschland) wie auch im küstennahen Flachland (z. B. Schleswig Holstein/Deutschland, Pommern/Polen), in den trockenen Urstromtälern und Heidelandschaften (z. B. Brandenburg/Deutschland) sowie in den versumpften Waldgebieten der Masuren/Polen [507, 1109, 1184].

Dementsprechend liegen Brutnachweise des Sperlingskauzes sowohl aus naturnahen (Fichte, Tanne, Kiefer, Lärche) als auch künstlich begründeten Nadelwäldern (vorwiegend Fichte, Kiefer) vor, aus nadelholzreichen Mischwäldern (z. B. Fichten-Tannen-Buchen-Bergmischwald), aber auch reinen Laubmischwäldern (z. B. Eiche, Hainbuche, Buche, Esche, Ahorn [761]). Da die Bedingungen im winterkahlen Laubwald hinsichtlich Deckung und Kleinvogel-Angebot durchwegs ungünstig sind, wechseln die Käuze vorübergehend in Revierteile mit Nadelhölzern, die größere Sicherheit bieten [571].

Während der herbstlichen Dispersion sogar Funde aus Großstädten (Wien/Österreich) und baumfreier Steppe (Neusiedlersee/Österreich [188]).

Lebensraum des Sperlingskauzes im Winteraspekt. Bei schlechter Erreichbarkeit von Kleinsäugern infolge hoher Schneelagen und bei geringen Dichten von Kleinvögeln im Winterwald wird die körperliche Kleinheit der Art zum Vorteil (Bayerischer Wald; Foto SCHERZINGER).

SIEDLUNGSDICHTE UND STREIFGEBIET

Abundanzberechnungen aus unterschiedlichen Verbreitungsgebieten spiegeln eine große Bandbreite der Habitatqualitäten in den jeweiligen Waldgesellschaften und Höhenlagen wider: In Tieflandgebieten wie der Lüneburger Heide/Deutschland wurden im Durchschnitt nur 0,4–0,7 Reviere je 10 km² ermittelt (maximal 1,3 Rev./10 km² [1191]), im Urwald von Bialowieza/Polen hingegen 4,5 Rev./10 km² [1184]. Eher geringe Dichten gelten mit 0,6 Rev./10 km² für das Laubwaldgebiet im Steigerwald/Deutschland [571]; deutlich höhere Werte für die Heidelandschaften der Oberlausitz/Deutschland mit 1,7 Rev./10 km² im Mittel (bzw. bis zu 4,0 Rev./10 km² in Gunstlagen [1109]) und für die Dresdner Heide/Deutschland mit 1,9–2,8 Rev./10 km² [507]. In Berglagen werden vergleichsweise hohe Siedlungsdichten erreicht, mit 3–4 Brutpaaren pro 10 km² im Schwarzwald/Deutschland [508]; 2,3–6,0 Rev./10 km² in den bulgarischen Rhodopen [990]; 5–6,5 Paare/10 km² im Nationalpark Babio Gora/Polen

Lebensraum des Sperlingskauzes im Sommeraspekt. Bevorzugt werden lückig durchbrochene Altbestände im Nadelholz mit entsprechendem Angebot an Spechthöhlen (Bayerischer Wald; Foto SCHERZINGER).

[142]; 9 Rev./10 km² im Nationalpark Gesäuse/Österreich [859] und 6,7–14,0 Rev./10 km² in den Bergwäldern der Slowakei [761].

Im Zuge einer außergewöhnlichen Invasion wurden im Grenzebiet Österreichs zum Böhmerwald während der Herbst- und Wintermonate an die 24–28 singende Männchen auf nur 5,65 km² festgestellt, was einer errechneten Abundanz von 43–50 Individuen pro 10 km² entspricht (rein auf die Waldfläche bezogen, sogar 96–112 Individuen/10 km² [724]).

Sperlingskäuze sind ganzjährig territorial und grenzen – im Vergleich zu ihrer Körpergröße – sehr große Reviere ab. Die Größe ist offensichtlich abhängig von der Landschaftsgliederung und der Geländeform, von der Mosaik-Verteilung unterschiedlicher Altersklassen der Waldbestände und deren Strukturierung, letztlich dem Angebot an geeigneten Spechthöhlen, Tages- und Nachteinständen und entsprechender Beute.

Der größte Raumanspruch zeigt sich bei Sperlingskäuzen im Borealwald mit Streifgebieten von bis zu 600 ha (Mittelwert 240 ha, Norwegen [1050]). Deutlich kleinere Flächen wurden mit maximal 160 ha im Schwarzwald/Deutschland, 140 ha im Bayerischen Wald/Deutschland, 100 ha im Steigerwald/Deutschland und durchschnittlich 67 ha in Frankreich ermittelt [39, 508, 571, 932].

Wie telemetrische Langzeitbeobachtungen in Norwegen, Schweden, Frankreich und Thüringen/Deutschland aufzeigen konnten, nutzen Sperlingskäuze saisonal ganz unterschiedliche Teilbereiche innerhalb ihres Jahresreviers, sodass die Flächenangaben nach Frühjahrsbalz, Brutzeit, Führungs- und Mauserzeit sowie Herbstbalz und winterlichem Jagdgebiet zu differenzieren sind: So errechnete sich für Männchen im Thüringer Beobachtungsgebiet zwar ein Jahresstreifgebiet von bis zu 416 ha, doch wurden zur Brutzeit nur höhlennahe Teilbereiche, außerbrutzeitlich nur die günstigsten Einstandsbereiche und Jagdgebiete genutzt. Solche saisonalen Teilflächen maßen im Beispiel aus Frankreich zur Brutzeit 27–45 ha beim Weibchen und 106–170 ha beim Männchen [877, 879].

Wenn Sperlingskauz-Männchen an den Grenzen ihrer Reviere auch ganzjährig patrouillieren, so können sie bei den genannten Flächengrößen ein Eindringen von Nachbarn nicht immer verhindern. Entsprechend kann es zu zeitweiliger Revierüberlappung kommen (im Beispiel aus Thüringen im Mittel 12 % des Jahresreviers [879]).

In Thüringen wurden Mindestabstände zwischen zwei gleichzeitig besetzten Bruthöhlen von 150–722 m gemessen. Bei derart kurzen Distanzen befanden sich die Brutplätze offensichtlich in der Randzone benachbarter Reviere [962]. Da es zwischen den Brutrevieren auch „kauzfreie“ Gebiete geben kann, lassen sich Reviergrößen allein aus den Brutplatzabständen nicht bestimmen.

BESTANDSVERHÄLTNISSE

Nach einer groben Schätzung könnte der eurasische Gesamtbestand des Sperlingskauzes 471 000–894 000 Vögel umfassen. Bei etwa 35 % des Artareals beherbergt Europa demnach 82 900–157 000 Paare (BirdLife International 2021). Innerhalb dieses westlichen Vorkommens fällt der überwiegende Anteil auf das europäische Russland (60 000–110 000 Paare), gefolgt von Fennoskandien (Schweden 9600–30 000, Norwegen 5000–10 000, Finnland 3000–9100), Deutschland (3200–5500) und Österreich (4300–7400); trotz des hohen Waldanteils in Polen, der Slowakei und in Rumänien nennen die Schätzwerte jeweils nur 1000–1500, 1000–2500 und 2000–3800 Paare.

Infolge anhaltender Ausbreitungstendenz heute Brutvogel in nahezu allen Bergwäldern der Mittelgebirge und des Alpenbogens, darüber hinaus in den Waldgebieten des Karpatenraumes und längs des Balkans bis Bulgarien und Griechenland. Vermehrt Nachweise auch in Misch- und Nadelwäldern des Hügel- und Tieflandes (in Deutschland z. B. Baden-Württemberg: Schwäbische Alb, Stromberg; Bayern: Nürnberger Reichswald, Waldnaab-Wondreb-Senke, Steinwald, Fichtelgebirge, Veldensteiner Forst, Rhön, Spessart; Hessen: Odenwald; Rheinland-Pfalz: Hohe Eifel, Westerwald; Nordrhein-Westfalen: Ebbegebirge, Rothaargebirge; Niedersachsen: Harz, Solling, Kaufunger Wald; Schleswig-Holstein: Segeberger Forst; Sachsen: Zittauer Gebirge, Sächsische Schweiz, Königsbrücker Heide; Brandenburg: Hoher Fläming, Luckauer Heide usw.). Aufgrund zahlreicher Neuentdeckungen (z. B. Pyrenäen, Peloponnes) ist in Zukunft noch mit deutlicher Anhebung der Bestandsangaben zu rechnen.

Wenn Reproduktion und Bestandsentwicklung beim Sperlingskauz auch nicht so unmittelbar von den Schwankungen der Wühlmausbestände abhängen, können die Siedlungsdichten innerhalb kurzer Zeit doch erheblich fluktuieren: Z. B. schwankte die Zahl territorialer Männchen im Nationalpark Bayerischer Wald/Deutschland innerhalb weniger Jahre im Verhältnis von nahezu 1 : 10 (1972/73 = 50 Reviere; 1974/75 = ca. 4 Reviere; 1979/80 = ca. 40 Reviere [932, 1183]).

Tabelle 45. Schätzwerte für Sperlingskauz-Brutbestände in Verbreitungsschwerpunkten Europas (nach BfU 2019, BirdLife International 2021).

LAND	FLÄCHE (TAUSEND KM²)	BRUTPAARE/ REVIERE	BEZUGSJAHR
Europäisches Russland	3952,5	60 000–110 000	2010
Schweden	450,2	9600–30 000	2012
Norwegen	385,2	5000–10 000	2013
Finnland	338,4	3000–9100	2012
Österreich	83,8	4300–7400	2012
Deutschland	357,3	3400–6000	2019
Rumänien	238,3	2000–3800	2013
Lettland	64,5	3752	2012
Slowakei	49,0	1000–2500	2012
Weißrussland	207,5	1200–2000	2012
Tschechien	78,8	1200–2000	2003
Polen	312,6	1000–1500	2012
Litauen	65,3	900–1500	2012
Estland	45,2	800–1500	2012
Italien	301,3	700–1400	2006
Schweiz	41,2	800–1200	2009
Gesamt-Europa	**10 180,0**	**82 900–157 000**	2021

Die Zahlen für Gesamt-Europa enthalten auch die Angaben von hier nicht aufgeführten Ländern.

VERHALTEN UND STIMME

Ruhe und Körperpflege

Außerhalb der Brutzeit liegen Tageseinstand und nächtlicher Schlafplatz bevorzugt in der Deckung junger Nadelhölzer; dabei sitzt der Kauz relativ frei, weder an den Stamm gelehnt noch in Nischen usw. gedrückt, und wechselt – nach telemetrischer Peilung – den Schlafplatz allabendlich. Er nutzt an strengen Wintertagen auch Baumhöhlen (bzw. Nistkästen) zum Ruhen; Männchen und Weibchen sind dabei stets getrennt, oft sogar in unterschiedlichen Revierteilen. Während das Männchen zur Brutzeit weiterhin einen oft entfernten Nächtigungsplatz aufsucht, ruht das Weibchen meist auf Zweigen nahe der Bruthöhle; dabei oft völlig ohne Deckung und recht auffällig durch sein anhaltendes „Betteln".

Ein ruhender Kauz plustert sein Gefieder locker-kugelig, zieht den Kopf etwas an, breitet das Brustgefieder über die Flügelbüge, das

Bauchgefieder über die Zehen und schließt die Augen. Kopfgefieder meist leicht geplustert. Mitunter wird ein Bein eingezogen. Liegen auf dem Ast mit aufgestütztem Flügelbug vor allem bei Ästlingen beobachtet.

Das Komfortverhalten umfasst Kratzen (vorne herum), Putzen, Strecken und Schütteln, wie es vor allem zu Aktivitätsbeginn sowie nach Fressen, Ruhen und Baden, aber auch – zum Spannungsabbau – nach Feindbegegnung, Beutefang usw. typisch ist. Mit geplustertem Gefieder setzt sich der Vogel in die wärmende Sonne, dabei meist voll exponiert, jedoch ohne spezielle Sonnenbadehaltung. Zum Regenbad sucht die Eule einen freien Sitzast, öffnet beide Flügel zum horizontalen Schirm und lässt sich – unter schaukelnd-tänzelnden Bewegungen des ganzen Körpers – beregnen. Baden im Wasser regelmäßig, vor allem während der Aufzuchtsperiode; mit vergleichbaren Bewegungen auch Baden im Schnee. Baden in Sand usw. bisher nicht beobachtet [927, 962].

Aktivitätsmuster

Deutlich zweigipfelige Tagesaktivität, mit Schwerpunkten in den Dämmerungsphasen am Abend und am frühen Morgen. Die jeweilige Aktivitätsdauer ist dabei erstaunlich kurz und beschränkt sich meist auf nur 10–30 Minuten, in die neben Revierabgrenzung auch Beutefang und Balz fallen. Offensichtlich wegen des Erbeutungsrisikos durch dunkelaktive Eulenarten beendet der Sperlingskauz die abendliche Aktivität sehr früh, in der Regel bereits mit Einbruch der Dunkelheit! Schläft typischerweise während der Dunkelphase, ausgenommen in mondhellen Nächten, wo intensiver Gesang möglich ist [562, 879].

Zur Balz- und Brutzeit wird die Aktivität schrittweise in die Hellphase ausgedehnt, sodass die Eulen gegen Ende der Nestlingszeit/Beginn der Ästlingszeit als voll tagaktiv erscheinen, zumal dann tagsüber auch Beuteübergaben, Fütterungen, Komfortverhalten und die Verteidigung der Brut gegen Fressfeinde beobachtet werden können [927].

An den hellen Langtagen des nordischen Sommers erstrecken sich Jagd und Beuteübergaben nahezu über den vollen Tageslauf, nur um Mitternacht wird eine 2- bis 3-stündige Ruhepause eingehalten [707]. Nach Brutzeit-Beobachtungen in Finnisch Lappland häuften sich Beuteübergaben des Männchens in den Morgenstunden (3–4 Uhr), in der Mittagszeit (11–13 Uhr) und spätabends (20–23 Uhr). Die Frequenz täglicher Nestbesuche betrug hier im Mittel 10,6 während der Bebrütung, 16,6 zum Zeitpunkt des Schlüpfens und 41,4 (maximal 50) während der Nestlingsaufzucht [684].

Sperlingskauz beim Regenbad. Mit schlaff hängenden Flügeln lässt sich der Kauz beregnen (rechts), doch öffnet er unter schaukelndem Drehen die Schwingen zum vollen Regenbad (links; nach SCHERZINGER 1970).

Bewölkung, Nebel und Niederschläge dämpfen die Aktivität, speziell von Gesang, Flug und Beutefang; hingegen kann Reviergesang auch an kalten, klaren Wintertagen gehört werden.

Bewegungsweise und Flug

Bewegungen lebhaft, zum Teil ruckartig bis hektisch. Der Kauz wirkt quirlig-rasant und draufgängerisch, wobei Übergänge von Ruhen und Dösen zu Astwechsel, Flug oder Beutefang zum Teil abrupt erfolgen. Gehen und beidbeiniges Springen auf dem Ast nur über kurze Strecken; Landung sehr kraftvoll. Arttypisches Schwanzrucken in der Horizontalen sowie vertikales Schwanzstelzen – mitunter bis in die Senkrechte – in Erregung bei Beutefang, Feindbegegnung oder innerartlichen Konflikten; vor dem Abflug auch erregtes Flügelprasseln, seltener Hochreißen des Körpers und steinkauzartiges Beinknicksen.

Erregtes Schwanzstelzen vom Sperlingskauz. Bei Erregung, z. B. vor Ortswechsel und Beutefang, zeigt der Kauz sowohl horizontales Schwanzschlagen als auch vertikales Stelzen, typischerweise in ruckartig-kurzen Bewegungen (Foto STENGEL).

Dem kraftvollen geradlinig „schnurrenden" Flug fehlt jegliche eulenhafte Weichheit und Eleganz, vor allem die Geräuschlosigkeit. Fliegt flach-rudernd mit rascher Schlagfrequenz, gelegentlich von kurzen Segelstrecken unterbrochen. Quert Waldbestande über kurze Strecken im unteren Kronenraum, über größere Strecken meist über Wipfelniveau. Quert Freiflächen in meist geringer Höhe über dem Boden. Typischerweise lässt sich der Kauz dazu vom Ansitz am Waldrand steil fallen, um am gegenüberliegenden Rand im Aufsteilen wieder zu landen. Beim Beutefang auch riskante Angriffsflüge durch dichtes Geäst – nach Art des Sperbers [562, 927, 962].

Sozialverhalten und Konflikte

Gemessen an der körperlichen Kleinheit überraschend aggressiv gegen Artgenossen; selbst Paarpartner zeigen eher Kontaktscheu. Soziales Kraulen und Kontaktsitzen sind daher nur zum Höhepunkt der Frühjahrsbalz zu beobachten. Während der Anpaarungsphase kommt die aggressionsbedingte Anspannung zwischen den Brutvögeln deutlich zum Ausdruck: durch Verfolgungsflüge mit ängstlichem Schirken, durch anhaltende Alarmlaut-Serien und rasches Abfliegen nach der Kopulation, zumal das Männchen dem deutlich stärkeren Weibchen stets unterlegen ist. Auch wird bei Konflikten der Paarpartner das „falsche Gesicht" am Hinterkopf kontrastreich hervorgehoben [925]. Sobald das Weibchen brütet bzw. hudert, duldet es jedoch das Einschlüpfen des Beute bringenden Männchens in die Bruthöhle für kurze Zeit.

Männchen und Weibchen benutzen ganzjährig getrennte Einstands- und Schlafplätze; eben flügge Junge suchen hingegen die Nähe von Nestgeschwistern, speziell während der Fütterungen, wo sie oft eng aneinandergereiht um Beutestücke konkurrieren.

Die extrem hohe innerartliche Aggression äußert sich in der nahezu ganzjährigen Revierabgrenzung und -verteidigung, wobei diese kleine Eule bereits während der lautstarken Territorialphase im Herbst erstaunlich große Waldgebiete konkurrenzfrei hält [879, 1159]. Entsprechend leicht sind revierbesitzende Sperlingskäuze durch Gesangsimitation zu Gesang, Drohen oder gar Angriffsflügen zu stimulieren, speziell zu den Schwerpunkten territorialer Aktivität von September bis Oktober und März bis April [472]. In den Wintermonaten verteidigt der Kauz seine Beutedepots nicht nur gegen Artgenossen, sondern auch gegen Plünderung durch Spechte, Raufußkauz oder Baummarder [642, 695, 1058].

In Zusammenbruchsjahren von Mäusegradationen können sich Sperlingskäuze auch in Mitteleuropa zu lockeren Evasionsgruppen formieren und Kurzzeitreviere während einer solchen Migration markieren [725]!

Sperlingskauz im „Konfliktschlaf". Bei Feindbegegnung kann ein Kauz – anstatt zu fliehen – in eine starre Schlafhaltung verfallen („Akinese"; Foto HORTIG).

Stimmungsabhängige Positionen des Sperlingskauzes (von links nach rechts): rau-gesträubtes Drohen, plustrig-lockeres Dösen, entspanntes Sonnen; beim schmal- und hochgepressten Tarnen treten seitliche Kopffedern – wie Federohren – hervor (nach SCHERZINGER 1970).

Feindverhalten

Entsprechend der geringen Körpergröße hat ein Sperlingskauz zahlreiche Feinde, gerade auch unter den Eulen. Dennoch verfügt er weder über ein besonderes Tarnkleid noch über ein hoch differenziertes Tarnverhalten. Seine ausgeprägte Strategie zur Feindvermeidung ist vielmehr auf Unauffälligkeit im Einstand und hohe Fluchtbereitschaft ausgelegt; vor allem aber weicht diese Art den Aktivitätszeiten anderer Eulen durch ihren spezifischen Tagesrhythmus aus. Singende Männchen verstummen in der Regel bei Rufen von Wald- oder Habichtskauz [761]. Recht uneinheitlich erscheint das Verhältnis zum größeren Raufußkauz, denn zum einen kann der Sperlingskauz von diesem attackiert – wenn nicht sogar erbeutet – werden, zum anderen scheint der Bruterfolg im Umfeld von Raufußkauz-Bruten geschmälert [707]. Umgekehrt wurden aber auch Bruten beider Arten in unmittelbarer Nachbarschaft, in einzelnen Fällen sogar im selben Höhlenbaum bestätigt [688, 1089].

Auffällig ist in jedem Fall die große Regelmäßigkeit sichernden Um- und Aufschauens bei allen Tätigkeiten. Ängstliche Eulen legen das Gefieder glatt an, bei Feindbegegnung auf größere Distanz nehmen sie darüber hinaus eine steil hochgestreckte Tarnstellung ein, mit zur „Schmalseite" vorgedrehtem Flügelbug. Durch seitliches Anpressen des Kopfgefieders

Drohstellung des Sperlingskauzes. Angelockt durch Rivalengesang, zeigt das Männchen einen „hammerförmig"-breiten Kopf mit deutlichen Augenbrauen; Schwanz- und Körpergefieder sind rau gesträubt (Foto SCHMIDT).

treten beiderseits steife „Federohren" hervor. In extremen Situationen werden die Augen spaltförmig verkniffen. Da bei weiterer Annäherung einer Gefahr typischerweise Flucht erfolgt, sind Drohhaltungen nur selten zu beobachten: Dazu fixiert der Kauz den Feind mit „stechend"-durchdringendem Blick, sträubt Kopf- und Körpergefieder plustrig-rau, sodass der Kopf im Extremfall seitlich stark verbreitert wirkt. Schließlich hebt die Eule die Flügel seitwärts ab; je nach Situation werden dabei entweder die Flügelinnenseiten vorgedreht oder ein oder beide Flügel schildförmig parallel zu den Körperseiten gefächert. In jedem Fall begleiten kurze, hart abfallende Alarmlaute (*gio* einzeln oder in Crescendo-Reihen) sowie prasselnd-gereihtes Schnabelknappen das Feindverhalten.

Solange das Weibchen brütet oder hudert, reagiert es auf Störungen an der Bruthöhle meist gar nicht, höchstens mit rasch prasselndem Schnabelknappen. Versucht ein Beutegreifer in die Höhle einzudringen, stellt sich das Weibchen drohend über die Brut, schlägt gelegentlich auch mit den Fängen zu. Nestlinge drücken sich hingegen meist flach hin und graben sich bei extremer Bedrohung im Bodensubstrat flach ein!

Trotz seiner geringen Körpergröße scheut sich der Sperlingskauz nicht, Störer an der Bruthöhle heftig anzugreifen, in mitunter überraschend draufgängerischen Attacken: So kann er z. B. in zielgerichtetem Überfliegen den Kopf oder die kletternden Finger von Personen streifen, auch unter Einsatz der Krallen [927]! Besonders heftig fallen Angriffe zur Verteidigung noch unbeholfener Ästlinge aus, wobei das Weibchen alle größeren Vögel angreift, auch Drosseln und Häher [761, 1159].

Ansonsten wenig scheu, ignoriert der Kauz bei Revierabgrenzung oder Beutefang den Menschen im Allgemeinen, selbst auf nur wenige Meter Entfernung.

Sperlingskauz singend. In leichter Vorlage singt das Männchen bei geschlossenem Schnabel, die Kehle ist leicht gebläht (Foto SCHERZINGER).

Stimme

Pfeifend-melodisch oder quietschend, gleichzeitig eintönig durch relativ geringes Stimmrepertoire. Als typischen Reviergesang äußert das Männchen eine gleichförmige Serie weicher Pfeiftöne von nahezu konstanter Frequenz (um 1,5 kHz [862]) und meist obertonfreier Klangreinheit: Solche *djü*-Silben folgen im Tempo von rund 35/min und werden zu Gesangsstrophen von bis zu ½ min Länge gereiht. (Der Klang wurde wiederholt mit flötenden Gimpelrufen verglichen, doch stimmen weder Tonhöhe noch Modulation überein [962].)

Der Gesang wird zur Revierabgrenzung meist von hohen, exponierten Singwarten vorgetragen und ist etwa 500 m (bis 1000 m) weit zu hören, wobei der Kauz durch Hin- und Herwenden des Kopfes ein relativ großes Feld „beschallt". Neben dieser einfachen Gesangsvariante schaltet das Männchen auch Doppelsilben ein (*djü.djü.düdjü*) oder – bei hoher Erregung, speziell gegenüber dem Weibchen –

LAUTÄUSSERUNG	MÄNNCHEN	WEIBCHEN	NESTLING/ÄSTLING
Reviermarkierung Balzzeit	monoton pfeifend *djü.djü.djü*	unrhythmisch gackernd *dü.do.do.dü.dü*	
Reviermarkierung Herbst	Tonleiter ansteigend	Tonleiter ansteigend (höher als Männchen)	
Alarm intensiver Alarm	fallend *gio* hart *gio.gio*-Serie	*gio* *gio.gio*-Serie	schnalzend *iju*
Nestzeigen	weicher Triller		
Fütterungslaut	Stakkato-Triller	Stakkato-Triller	
Standortlaut/Betteln		dünn, hoch anschwellend *sziiij*	zwielend hoch *sziie* Doppelsilbe *sii-sziieh*

Tabelle 46. Typische Laute vom Sperlingskauz.

kurze, stumpfe Trillerelemente in etwas tieferer Tonlage (*djü.dodododo.djü*, „Vibriergesang“). Kündigt sich das Beute bringende Männchen dem Weibchen in der Bruthöhle an, so lockt es mitunter mit Reviergesang mit „Nachschlag“ (*djü.dododo.djü-hjü.hjü.hjü.hjü* [511, 927]).

Wenn das Weibchen auch über einen vergleichbaren Gesang verfügt, so klingt dieser in der Regel unrhythmisch-stotternd bzw. blechern-gackernd; er bildet selten längere Strophen und wird typischerweise bei hoher Erregung zur aggressiven Phase der Anpaarung

Zur Beuteübergabe am Brutplatz meldet sich das Sperlingskauz-Männchen singend an (nach SCHERZINGER 1970).

und gegen fremde Artgenossen geäußert (*djü. gogogo.djü*, „Konfliktgesang“). Zu Beuteübergaben und Kopulation lockt das Männchen mit verhalten-leisen *duu*-Lauten (vergleichbar weichen Einzelsilben des Gesanges), die – situationsbedingt – auch als gedehntes *djii* (in fallender Tonhöhe, z. B. beim Abfliegen nach der Paarung) oder pfeifendes *djüü* (Locken zur Beuteübergabe) geäußert werden.

Besonders auffällig – und völlig untypisch für Eulenrufe – ist eine kräftig geblasene Serie lauter Silben in tonleiterartig ansteigender Frequenz (1,0–2,0 kHz [862]), die als „Herbstgesang“ fungiert. Solche „Tonleitern“ umfassen etwa 7–12 Elemente, sie klingen – wegen des nach oben kürzer werdenden Tonintervalls – für uns „falsch“ und überschlagen am Ende nicht selten in gigsend-quietschend-gepresste Silben (*djü. dü.di. i.ix*). Diese Laute werden sowohl von Alt- als auch Jungvögeln gebracht und sind an kalten Oktobertagen auffällig, zumal im Bergwald keine anderen Vögel mehr singen [511, 932].

Als Alarm- und Unruhelaute äußern Sperlingskäuze kurze, rasch fallende *gio*-Silben, die verhalten-weich, als rasches Glissando oder schnalzend bis hart-„explosiv“ klingen können. Sowohl gegenüber Feinden als auch Rivalen bzw. Artgenossen in der Anpaarungsphase können *gio*-Silben zu anhaltenden Serien gereiht werden, dabei nicht selten durch Accelerando und Crescendo zu grellen Strophen geformt. Wird die Tonleiter mit einer solchen Alarmlaut-Serie kombiniert, kommt es zu einer auf- und absteigenden Lautreihe (ähnlich dem Territorialgesang des Perlkauzes *Glaucidium perlatum*). Ängstlich-aggressive Käuze verzahnen solche Alarm-Strophen auch mit zirpend-zwitscherndem Angstschirken, wie es für Kopulationen typisch ist.

In völliger Abweichung von diesen Lautmustern „betteln“ Sperlingskäuze mit dünn-quietschenden Fieplauten, die beim „Bettel“- bzw. Standortlaut des Weibchens schneidend gedehnt wie *sziiij* klingen (Frequenz 4,3–4,8 kHz, im Extrem bis 6,0 kHz [862]; für das menschliche Ohr dem Haselhahn-Gesang vergleichbar) und während der gesamten Fortpflanzungsperiode zu hören sind, vereinzelt auch zur Herbstbalz. Im Kontrast zum Gesang, bei dem der Schnabel stets geschlossen bleibt und die Kehle etwas gebläht wird, reißt ein heftig „bettelndes“ Weibchen den Schnabel weit auf. Das Betteln der Nestlinge klingt ähnlich, jedoch fein und dünn wie *sziie*, bei Ästlingen ähnlich wie beim Altvogel, doch weniger quietschend, dafür hoch und klar (vergleichbar dem Baumläufer-Gesang) [962].

Als Abwehrlaute verfügen Jung- wie Altvögel über Schirken und Knappen; Fauchen wurde bisher nicht beobachtet.

ERNÄHRUNG

Beutetiere

Wiewohl Sperlingskäuze markante Anpassungen als tagaktive Vogeljäger aufweisen, jagen sie opportunistisch nach der jeweils günstig erreichbaren Beute, unter Bevorzugung der energetisch ergiebigeren Kleinsäuger.

Die Beutewahl lässt sich im Winterhalbjahr recht genau aus den Beutedepots erschließen, da hier meist ganze Beuteobjekte abgelegt werden. Als schwieriger erweisen sich Gewöllanalysen, da Sperlingskäuze die Schädelknochen von Mäusen samt den Zahnleisten kleinteilig zerbeißen. Zur Brutzeit können Beutetiere bei Beuteübergaben und Jungenfütterung direkt bestimmt werden. Aufschlussreich ist der sogenannte „Auswurf" unter dem Brutbaum, da die Weibchen Gewölle und Beutereste (wie Schnäbel, Mägen, Beine und Federn von Vögeln sowie Fellteile, Füße und Schwänze von Kleinsäugern) während der Nestlingszeit aus der Bruthöhle werfen.

Aufgrund der geringen Körpermasse kann ein Sperlingskauz keine nennenswerten Reserven aufbauen, weshalb die Anlage von Beutedepots als winterliche Nahrungsreserve arttypisch ist. Spätestens mit dem ersten Schneefall sammelt der Kauz einen namhaften Beuteüberschuss in Spechthöhlen oder Nistkästen. Beginn des Deponierens im Spätherbst, Höhepunkt Dezember bis Februar. Im Schnitt nutzt jeder Kauz zwei bis sechs Höhlen, bevorzugt mit engem Flugloch, um Plünderungen durch Raufußkäuze oder Marder zu verhindern [707, 1010, 1058].

Überwiegend werden Wühlmäuse, vereinzelt auch Wald- und Spitzmäuse eingetragen, mit zunehmender Schneelage vor allem Kleinvögel. Nach einer finnischen Studie fanden sich im Mittel 19 Beutetiere je Depot (in Norwegen 26,3; bei Höchstmengen von bis zu 4 kg!). Dabei legen Weibchen und Jungvögel größere Vorräte an (vorwiegend Mäuse) als adulte Männchen (höherer Vogelanteil [642]).

Die Artenzusammensetzung im Beutedepot entspricht im Wesentlichen dem jeweiligen Angebot, weshalb erhebliche regionale Unterschiede beobachtet werden können. Innerhalb der gestapelten Kleinsäuger dominierte z. B. im Ost-Erzgebirge/Deutschland die Erdmaus (mit 41,6 %), bei untergeordneter Bedeutung der Rötelmaus (2,1 %), während zeitgleich im Saale-Sandsteingebiet/Deutschland die Rötelmaus im Vordergrund stand (mit 25,5 %, Erdmaus 20,7 % [964]).

In Finnland betrug der Vogelanteil in 607 winterlichen Beutedepots nur 6,4 %, in einer Aufsammlung aus Polen hingegen 79,5 % [642, 1203]. Demzufolge ist der Sperlingskauz kein Nahrungsspezialist, sondern erbeutet jeweils das, was am häufigsten und am leichtesten erreichbar ist. Entsprechend dominieren in „Mäusejahren" die Kleinsäuger. Nach Beuteanalysen aus Finnland schlägt der Sperlingskauz bei Erdmäusen und Rötelmäusen selektiv jüngere Männchen, die – bei hoher Mäusedichte in Suboptimalbereiche abgedrängt – offenbar leichter zu erbeuten sind [625, 661]. Der Vogelanteil steigt erst bei hoher Schneelage nennenswert an, wenn Kleinsäuger kaum noch erreichbar sind.

Während Beutedepots im Winterhalbjahr vorwiegend in Specht- und kleinen Baumhöhlen angelegt werden, verstecken die Käuze den Beutevorrat zur Brutzeit auf dichten Zweigen, Astgabeln oder gebrochenen Baumstümpfen. Zur Beuteübergabe bringt das Männchen meist halb gerupfte Vögel, auch teilweise angefressene Mäuse, die vom Weibchen dann im näheren Umkreis des Brutplatzes abgelegt werden. Bei

„Fangstellung" des Sperlingskauzes nach erfolgreicher Mäusejagd (Foto WIESNER).

Sperlingskauz setzt Tötungsbiss. Auch wenn die Beute in der Regel bereits durch das Zukrallen beim Fang verendet, beißt der Kauz doch zum Abschluss der Beuteerwerbshandlung kräftig-drehend in die Nackenregion (Wintergoldhähnchen als Beute; Foto GIEL).

der Nutzung solcher Depots beweist die Eule ein erstaunliches Ortsgedächtnis.

In Summe wurden in der Sperlingskauz-Beute bislang 26 Säugetier- und 73 Vogelarten nachgewiesen [275]. Unter den Kleinsäugern überwiegen typischerweise Erd- und Feldmäuse sowie Rötelmäuse; in geringem Umfang wurden auch Wald- bzw. Gelbhalsmäuse, Zwerg- und Haselmäuse erbeutet; wenig beliebt sind Spitzmäuse. Schermaus als größte Säugetierbeute.

Unter den Vögeln im Bergwald spielen die Meisenarten für die Ernährung des Sperlingskauzes eine besondere Rolle; daneben Rotkehlchen, Zaunkönig, Waldbaumläufer und Goldhähnchen sowie Laubsänger und Fliegenschnäpper. Finken sind in der Beuteliste nach ihrer Häufigkeit repräsentiert, wie z. B. Buchfink, Gimpel, Erlen- und Birkenzeisig. Zur Brutzeit werden regelmäßig Vogelnestlinge erbeutet, sogar von Höhlenbrütern (im Extrem auch vom Buntspecht [770]). In Einzelfällen wurden sogar Feldlerchen, Sperlinge, Schwalben und Segler aus entferntem Siedlungsbereich herangetragen. Kernbeißer, Drosseln und Buntspecht als größte Vogelbeute (mit maximal 60 g Gewicht [462, 696]).

Eher die Ausnahme in der Beuteliste sind Fledermäuse, Gartenschläfer, Bergeidechse, Kreuzotter, Fisch oder Mistkäfer [462, 508, 684]. In Beutelisten aus Tschechien und der Slowakei betrug das mittlere Beutegewicht 19,2 g (Extremwerte 4–40 g), aus Finnland 20–30 g [462, 696].

Wühlmäuse spielen für die Eireife und zum Beginn der Nestlingsaufzucht eine entscheidende Rolle, da Vogelbeute allein nicht die erforderliche Energie bereitstellen kann. Allerdings kann die Nahrungszusammensetzung zur Brut- und Aufzuchtszeit von Jahr zu Jahr und regional erheblich variieren. So weist eine Zusammenfassung für Fennoskandien die Spitzmäuse mit 30,2 % als relevant innerhalb der Gesamtbeute aus [64], während diese Säugetiergruppe andernorts nur 1,2–3,5 % (Finnland [462, 539]), 6,3 % (östliches Mitteleuropa [696]) oder 9,8 % (Weißrussland [992]) ausmacht.

Die Analyse von 1282 Gewöllen aus der Brutzeit und Auswurfmaterial von 13 Brutbäumen aus dem Nationalpark Bayerischer Wald/Deutschland ergab einen Kleinsäugeranteil von 76,5 % (hauptsächlich Wühlmäuse); der Vogelanteil erschien mit 10,3 % eher marginal. Dieser stieg im Folgejahr wegen geringer Kleinsäugerdichte auf 36,7 % [932]. Eine Aufsammlung an 28 Brutplätzen im südlichen Finnland mit insgesamt 2240 bestimmten Beutetieren ergab einen Vogelanteil von 42 % (Individuen). Bis zum Ausfliegen der Jungeulen stieg dieser sogar auf 72,4 % an. Vermutlich wurde die Jagd auf Kleinsäuger durch den aufkommenden Pflanzenwuchs erschwert [462]. Mit 60,2 % bzw. 65 % liegen die Vogelanteile in der Brutzeitliste aus Ost-Mitteleuropa bzw. der Slowakei ähnlich hoch [696, 1032].

Jagdweise und Beuteerwerb

Als weitgehend licht- bzw. tagaktiver Art fehlen dem Sperlingskauz die eulenspezifischen Anpassungen zum Beutefang, wie besonders große Augen, asymmetrisch angeordnete Gehöreingänge, „lautloser" Flug und weiche Bewegungen; auch vermag die leichtgewichtige Eule nicht, die Schnee- oder gar Harschdecke zum Mäusefang zu durchstoßen. Andererseits soll der „Zwergkauz" Reflexe im UV-Licht-Bereich wahrnehmen (analog zum tagaktiven Turmfalken) und dadurch Spuren von Urin und Kot der Mäuse zur Indikation der örtlichen Mäu-

Vogelrest im Beutedepot eines Sperlingskauzes. Auf Zweigen, Astgabeln usw. offen abgelegte Beutevorräte sind speziell für die Aufzuchtszeit typisch (Foto LIMBRUNNER).

sedichte nutzen [329]. Wenn den Eulen auch UV-sensible Zapfen in der Retina fehlen, so ist eine Empfindlichkeit für UV-Wellenlängen nicht auszuschließen [372].

Sperlingskäuze lokalisieren ihre Beute vorwiegend optisch; ihre Jagdweise zeichnet sich durch draufgängerische Überraschungsangriffe und Sturzflüge aus [562]. Im Wesentlichen betreiben sie Ansitzjagd auf Kleinsäuger, aber auch Flug- und Verfolgungsjagd auf Vögel. Als Jagdwarten dienen typischerweise Spitzen von Jungfichten oder Dürräste im unteren Kronenbereich. In Schweden besenderte Käuze wählten Ansitzhöhen von 5,5–7 m im Sommer bzw. 7–10 m im Winter [562].

Erspäht der Kauz eine Maus, lehnt er sich konzentriert vor, zeigt als Zeichen von erregter Anspannung meist stelzendes Schwanzrucken und/oder Flügelprasseln und stößt – nach kraftvollem „Blitzstart" – steil gegen die Beute. Mitunter stürzt die Eule auch in riskantem „Blindflug" polternd durch dichtes Geäst!

Vor dem Zugriff werden die überraschend langen Beine weit vorgestreckt und die Krallen breit gespreizt. Der Aufprall ist hart, meist auch geräuschhaft. Nahezu gleichzeitig mit dem Zupacken öffnet die Eule eine oder beide Schwingen zur „Fangstellung", kippt eventuell in den stabileren Fersensitz und beugt sich über die Beute zum lähmenden Schnauzenbiss. Bei dem oft geringen Größenunterschied zwischen Beutegreifer und Beute erscheint das Verletzungsrisiko für den Kauz mitunter erheblich, speziell bei wehrhaften Nagetieren.

Der rasche Biss in die Schnauze trifft in der Regel den Geruchsnerv und verhindert eine koordinierte Gegenwehr [927]. Nach mehrfachem Beknabbern wird letztlich der Genickbiss gesetzt, der das Beutetier jedenfalls tötet. Über Tasten und Knabbern orientiert sich der Kauz über Lage und Größe der Beute, die in einbeinigem Griff abtransportiert wird. Bei erheblichem Gewicht schleppt die Eule ihre Beute auf dem Boden hoppelnd fort. Diese wird direkt zum Fressplatz, ins Depot oder zum Brutplatz gebracht. Beutetransport normalerweise im Fang; nur zur Präsentation an Partner oder Junge auch im Schnabel.

Zur Vogeljagd folgt der Kauz einem Vogelschwarm in kurzen Segelflugstrecken – im Kronenraum sich stets gut gedeckt haltend. Von einem Beobachtungspunkt möglichst oberhalb der erhofften Beute kann er dann rasch herabstoßen. Der Angriff erfolgt rasch und kraftvoll, zum Teil in wendigen Manövern [562, 695, 877].

Sperlingskauz beim Beutetransport. Beute wird meist im Fang getragen, nur bei Beuteübergaben und zur Ablage im Depot auch im Schnabel (Foto HORTIG).

Sperlingskauz-Männchen auf Singwarte. Die größte Reichweite erzielt der Gesang von exponierten Baumspitzen aus (Foto SCHERZINGER).

Dabei sind Kleinvögel im Außenbereich der Baumkronen (wie Goldhähnchen, Kohlmeise) offenbar leichter zu erbeuten als Arten, die sich im inneren Kronenbereich aufhalten (wie Haubenmeise, Weidenmeise [562]).

Sperlingskäuze plündern regelmäßig auch Vogelnester und tragen zur Aufzuchtszeit sowohl Jungvögel aus Offennestern als auch aus Baumhöhlen heran [754]. In einem riskanten Manöver holte ein Sperlingskauz-Weibchen sogar Buntspecht-Nestlinge – der Reihe nach – aus der Höhle, trotz der Verteidigungsbereitschaft des hocherregten Spechtpaares [770].

Die Nahrungsaufnahme erfolgt auf erhöhtem Ast, wobei der Kauz die Beute entweder einbeinig auf der Unterlage festhält oder im Fang frei zum Schnabel führt. Sichere „Fressplätze" in Baumhöhlen, Nistkästen usw. werden bevorzugt. Bei Vogelbeute wird zumindest das Großgefieder gerupft; zur Fütterung der Nestlinge wird auch das Kleingefieder – meist in groben Büscheln – ausgerissen, bei Mäusen sogar das Fell gerupft [962].

Auch ausgewachsene Käuze sind nicht in der Lage, ihre Beute ganz zu verschlingen, vielmehr schneiden sie mit dem Schnabel kleine Bissen heraus, stets am Kopfende beginnend. Da auch die Schädel von Mäusen und Vögeln mehrfach zerteilt werden, erscheinen deren Reste im Gewölle nur als Fragmente. Der Darm wird meist verschmäht. Unverdauliche bzw. unrentable Teile lässt der Kauz fallen, wie z. B. Schnäbel, Fänge und Mägen von Vögeln bzw. Schwänze und größere Füße von Säugetieren.

Beuteüberschuss wird ganzjährig deponiert. Die Eule stopft Beuteobjekte in Astgabeln, in Spalten oder auf Bruchstellen dürrer Baumstämme, auch flicht sie Mäuse in dichte Nadelzweige. Im Winter stapelt der Kauz Mäuse wie Vögel unter stößelndem Festklopfen in Ecken und Kanten von Baumhöhlen oder Nistkästen, wo sie nicht selten hart gefrieren. Solche Teile müssen vor dem Verzehr entsprechend aufgetaut werden, z. B. durch Temperieren unter dem Bauchgefieder [1086].

Gewölle: im Mittel 28 mm lang und 12 mm dick (Variationsbreite: Länge = 16–45 mm, Dicke = 9–16 mm). Sperlingskauz-Gewölle sind meist gut an den stark zerbissenen Knochen der Beutetiere zu erkennen.

FORTPFLANZUNG

Sperlingskäuze erreichen schon im Alter von 4–5 Monaten die Geschlechtsreife; Brutreife jedenfalls noch vor Vollendung des 1. Lebensjahres.

Zur Brut werden typischerweise Höhlen von Bunt- und Dreizehenspecht benutzt, vereinzelt auch von größeren Spechtarten oder gar Naturhöhlen in alten Bäumen. Bei Brutplatzmangel vertreibt das Sperlingskauz-Weibchen sogar den konkurrierenden Buntspecht aus seiner Höhle. Wegen des zunehmenden Höhlenmangels infolge der Großkahlschlagwirtschaft brüten Sperlingskäuze in Norwegen und Finnland vermehrt in Nistkästen [1026].

In Bergwäldern stellen vor allem Nadelbäume den Brutbaum (Fichten, Tannen, Lärchen, Kiefern), darunter häufig abgestorbene bzw. dürre Bäume, bei denen das aus- und einfliegende Weibchen nicht durch Harzfluss behindert wird. In slowakischen Brutgebieten überwogen Laubbäume (wie Buche, Eiche, Espe und Ahorn [761]); im Tiefland-Urwald von Bialowieza waren nur 24 % von 117 Bruthöhlen in Nadelbäumen, der Großteil in Laubbäumen (48,7 % in Espen, 13,7 % in Eichen und 10,3 % in Erlen, 1,7 % in Eschen und 0,9 % in Birken [1184]).

Innerhalb der europäischen Eulen stellt der Sperlingskauz die engsten Ansprüche an die Maße der Bruthöhle, deren Flugloch für Fressfeinde zu eng und deren Tiefe für Fressfeinde zu groß sein muss [962]. Für die Qualität der Bruthöhle sind daher die Größe des Fluglochs von maximal 4,5 cm und eine Höhlentiefe von wenigstens 20 cm entscheidend [1160]. Auch werden Bäume mit mehreren untereinander liegenden Höhlen bevorzugt (sogenannte „Spechtflöten"). Hinsichtlich der Höhe über dem Boden ist diese Eule hingegen flexibel, wurden ja Bruthöhlen sowohl in nur 1,2 m als auch in 13 m Höhe beschrieben (Mittelwert im Schweizer Jura = 9 m, in der Slowakei = 5 m [353, 761]).

Geeignete Höhlen werden mitunter über mehrere Jahre benutzt. In seltenen Fällen besetzten auch Stare, Kleiber und sogar Raufußkäuze Bruthöhlen im selben Baum. Solche Nachbarschaften sind keineswegs konfliktfrei, doch können Unterschiede hinsichtlich Lege-

Sperlingskauz-Paar bei der Beuteübergabe (Foto GIEL).

beginn und Aktivitätsschwerpunkt die Situation entschärfen [1089].

Balz und Paarbildung

Monogame Saisonehe, wobei dieselben Paarpartner wiederholt zusammenkommen können. Aus Norwegen ein Fall von Polygynie vermutet (2. Weibchen brütet in nur 500 m Distanz [1009]).

Sperlingskauz-Paar bei der Kopula. Die Begattung ist durch Kontaktscheu der Paarpartner gekennzeichnet und von entsprechend kurzer Dauer (nach BILLE 1972).

Bei dieser ganzjährig territorialen Eulenart ist die Herbstbalz (September bis Oktober), die der Reviergründung und -abgrenzung dient, besonders ausgeprägt. Zum einen äußern Alt- und Jungvögel die über weite Strecken tragende „Tonleiter“ als Herbstgesang; auch singen revierbesitzende Männchen auf exponierten Warten nahe der Reviergrenze. Sie reagieren in dieser Phase besonders erregt auf Rivalenrufe und erweitern ihre Aktivität auf die ganze Lichtphase. Mitunter wird das Männchen vom Weibchen begleitet, das bereits Bettelrufe äußert – neben gackerndem Reviergesang, Schirkgesang und Alarmlaut-Serien. Auch kann es zu Nestbesuchen mit Höhlenzeigen sowie diversen Lock- und Bettelrufen kommen [761].

Während des Winters bleiben die Käuze unauffällig, doch stimulieren klare Schönwettertage die Männchen zu Gesang. Im Spätwinter bis Vorfrühling setzt die Balz – je nach Witterung und Höhenlage – zwischen Ende Februar und Ende März ein.

Die Frühjahrsbalz wird mit territorialem Singen eingeleitet, doch bleibt die Rufaktivität deutlich verhaltener als im Herbst; nur unverpaarte Männchen singen ausdauernd. Die sexuell motivierte Balz der Paarpartner findet vorwiegend im Bereich der künftigen Bruthöhle statt: Zum „Höhlenzeigen“ lockt das Männchen vom Flugloch aus mit verhaltenem Reviergesang in Kombination mit verschiedenen Lockrufen, vor allem aber mit anhaltenden Trillerstrophen in trockenem Stakkato. Das Locken des Männchens kann auch mit Beuteeintrag verbunden sein und erfolgt dann vom Höhlengrund aus.

Bei Beuteübergaben antwortet das Weibchen auf solches Trillern mit quietschendhohem „Betteln“. Hochgestreckt präsentiert das Männchen seine Beute im Schnabel, bis der Partner diese schließlich – ebenfalls mit dem Schnabel – abnimmt. Die Paarpartner strecken dabei ihren Hals vor, um eine maximale Distanz zu wahren. Während das Männchen zur Konfliktlösung in weiter Schleife abfliegt, schleppt das Weibchen die Beute zum Fressplatz, in die Höhle oder in ein Depot [927].

Kopulationen finden an bestimmten Ästen in Höhlennähe statt: Dazu lockt das ankommende Männchen mit verhaltenem Reviergesang. Das

„bettelnde" Weibchen sucht den Paarungsplatz auf, bei hoher Paarungsbereitschaft nimmt es sogar eine auffordernde Haltung ein – flach vorgebeugt, mit horizontal gehobenem Schwanz und leicht gesenkten Flügeln. Das Männchen fixiert den Partner und beugt sich zum Abflug vor, bei gleichzeitig raschem Trillern. Unter Rufen fliegt das Männchen ab, rüttelt eventuell kurz über dem Weibchen, landet auf dessen Rücken und vollzieht die Paarung unter heftigem Flügelschlagen. Mitunter beißt es sich auch im Nackengefieder des Weibchens fest. Die Kopula wird von zwitschernd-schirkenden Rufen begleitet (Männchen?). Wieder fliegt das Männchen sofort ab, dreht meist eine weite Schleife und landet im Höhlenbereich. Mit Putzen und Schütteln wird die Anspannung abgebaut [962].

Brut und Brutpflege

Bereits bei ersten Höhleninspektionen beginnt das Weibchen, den Brutraum durch Entfernen alten Nistmaterials anderer Vogelarten, durch Abnagen abstehender Späne und durch scharrendes Mulden zu gestalten.

Sperlingskäuze beginnen mit der Eiablage deutlich später als andere Eulenarten im Boreal- oder Bergwald, da sie keine Fettvorräte über die Wintermonate speichern können, die Kondition der Weibchen vielmehr vom Beuteangebot im Vorfrühling abhängt [587]. Legebeginn im Schwarzwald/Deutschland ab Mitte bis Ende März, nach strengen Wintern erst im April [508]; im Borealwald Norwegens Ende März bis Ende April; in südlicheren Breiten noch Mitte Mai [1009]; in der Montanstufe der Slowakei und des Bayerischen Waldes/Deutschland Anfang bis Mitte April; nach extremem Schneewinter aber erst ab 10.–20. Mai [761, 932]; im collinen Laubwald des Steigerwalds/Deutschland erst ab letzter Aprilwoche; im Hochlagen-Fichtenwald des Fichtelgebirges/Deutschland meist erst Mitte bis Ende Mai [571]. Eine Verzögerung des Legebeginns kann sowohl durch anhaltende Winterbedingungen als auch durch innerartliche Konkurrenz bei überdurchschnittlich hoher Siedlungsdichte erfolgen [707]. Dabei haben späte Bruten kleinere Gelege und sind meist auch weniger erfolgreich [707, 1009].

Im Vergleich zur Körpergröße sind Sperlingskauz-Gelege relativ groß: 3–5 Eier (Mittel = 4,5 Eier) in der Slowakei; 4–7 Eier in Schweden, 4–10 Eier in Finnland; in „Mäusejahren" 3–8 Eier im Süden und bis zu 10 Eier im Norden Norwegens; in Mangeljahren hier in der Regel Brutausfall [1009]. Sperlingskauz-Eier aus Thüringen maßen im Mittel 29 × 23,4 mm (maximal 29,5 × 24,9 mm), bei einem Volumen von 84 mm³ [1166]. Während der Legeperiode fällt der plump wirkende „Legebauch" des Weibchens auf. Große Gelege können 60–80 % seines Körpergewichts betragen [348]!

◁ „Auswurf" unter einer Sperlingskauz-Bruthöhle (Foto SCHERZINGER).

◁◁ Sperlingskauz beim Höhlensäubern. Das Weibchen wirft Kot, Gewöll- und Rupfungsmaterial regelmäßig aus dem Flugloch, um eine ausreichende Höhlentiefe sicherzustellen (Foto WIESNER).

Nur das Weibchen brütet; es bleibt bereits 1–2 Tage vor Ablage des letztgelegten Eies in der Höhle und verlässt diese nur zu kurzen Pausen während der Aktivitätsgipfel in der Dämmerung. Infolge der Bebrütung verliert das Weibchen bis zu 34 % seines Gewichtes [1161]. Das Männchen lockt das Weibchen zu Beuteübergaben und Paarungen heraus, nur selten fliegt es zu Inspektionen ans Flugloch oder schlüpft sogar zum Weibchen in die Höhle ein.

Für die Dauer der Bebrütung wird eine gut 1 cm dicke „Filzschicht" aus Rupfungsmaterial angesammelt, die das Gelege vor übermäßiger Wärmeabgabe an den Untergrund schützt [1161].

Entsprechend dem Bebrütungsbeginn mit Vollendung des Geleges schlüpfen die Jungen – nach einer Bebrütungsdauer von 28 (30) Tagen – nahezu synchron. Frühestens ab dem 3. Lebenstag der Nestlinge beginnt das Weibchen mit der Höhlensäuberung, die bis zum Ausfliegen der Jungen anhält. Dabei werden Eischalenreste, Kotballen, Gewölle und Rupfungsmaterial zum Flugloch hinausgeworfen bzw. von einem nahen Ast ausgeschüttelt. Solches „Auswurfmaterial" sammelt sich allmählich am Stammfuß des Brutbaumes auffällig an. Höhlensäuberungen dienen nicht nur der Hygiene, sie sichern vor allem die erforderliche Höhlentiefe – als Schutz vor einer „angelnden" Marderpfote.

In der Höhle füttert nur das Weibchen; es trägt Beute von Beuteübergaben bzw. aus einem Depot ein, rupft in der ersten Nestlingszeit auch das Fell von Mäusen und bietet den Jungeulen sehr kleine Nahrungsbissen – unter ratternd-trillernden Strophen des „Fütterungslautes". (Nach Ausfall der Beuteversorgung durch das Männchen verfütterte ein Weibchen die Nestgeschwister an das stärkste Junge [885]. Umgekehrt kann es dem Männchen gelingen, bei Verlust des Weibchens die Brut ab der 4. Lebenswoche alleine großzuziehen [907].) Das Weibchen hudert bis zum 10. Lebenstag der Nestlinge konstant, später nur noch an kühlen Tagen. Völlig ungewöhnlich, beteiligte sich in Thüringen ein fremdes Weibchen als „Helfer" an der Jungenaufzucht, indem es vom Männchen Beute erbettelte, um diese an die Nestlinge in der Höhle zu verfüttern [1162].

Der Bruterfolg hängt nicht nur von Witterungsverlauf und Beuteangebot ab, sondern wird auch durch innerartliche und zwischenartliche Konkurrenz bestimmt. So zeigten Erhebungen in Finnland, dass eine hohe Dichte an Sperlingskauz-Bruten, aber auch die Nachbarschaft zu Raufußkauz-Bruten den Bruterfolg senken können [707].

Bei kalten Frühjahrsbedingungen wurden in der Slowakei nur 2,0–2,33 Junge je erfolgreicher Brut groß [761]. In „Mäusejahren" kamen im Borealwald Norwegens im Mittel 6,9 Junge pro begonnener Brut zum Ausfliegen, in Zusammenbruchs- und Mangeljahren hingegen keine. Im Mischwald Südnorwegens brüten Sperlingskäuze auch bei geringerem Beuteangebot noch erfolgreich, allerdings mit nur 3,0–3,7 Jungen pro begonnener Brut [1009]. Im 20-jährigen Mittel beträgt der Bruterfolg in Finnland 5,1 Junge (Extreme 3,01–6,07) je begonnener Brut [916]. In Thüringen schwankte die Brutgröße von 3,37 Jungen in Mangeljahren bis 5,54 Jungen in „Mäusejahren" (mit maximal 9 Jungen in einer Brut und Spitzenwerten von 6,0 Jungen pro begonnener Brut [1163]).

Legebeginn: Anfang April bis Anfang Mai.
Gelegegröße: meist 5–7 Eier (maximal 10 Eier).
Ei-Maße: Ø 28,5 × 23,2 mm; Gewicht 8–9 g.
Legeabstand: 2 Tage.
Bebrütungsbeginn: ab vorletztem oder letztem Ei.
Brutdauer: 28–30 Tage.

Entwicklung der Jungeulen

Frisch geschlüpfte Sperlingskäuze wiegen etwa 6 g; sie sind mit einem weißen, flauschigen, jedoch eher kurzen und schütteren Neoptil bedeckt. Die Jungen schmiegen sich bei Kälte flach an den Höhlenboden. Auf heftige Störung am Höhlenbaum reagieren sie mit scharrend-schiebenden Beinbewegungen und können sich da-

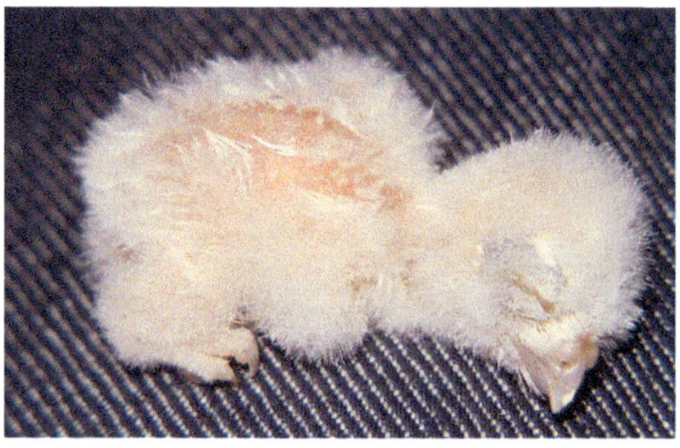

Einen Tag alter Sperlingskauz. Insgesamt nicht viel größer als ein Daumennagel, macht beim Nestling allein der Kopf ein Drittel der Körpermasse aus (Foto SCHERZINGER).

mit im Bodenmulm der Höhle eingraben [927]! Die körperliche Reifung verläuft vergleichsweise langsam: Die Augen öffnen sich zwischen 9. und 10. Tag. Erstes Stehen mit 10 Tagen – die Fersen noch angewinkelt; Stehen auf den „Sohlen" mit 15–16 Tagen. Bei kleinen Nestlingen zunächst Trippeln auf der Ferse, gefolgt von gebücktem Gehen und Flatterklettern, mit dem die Jungen ab dem Alter von 3 Wochen zum Flugloch hochsteigen und interessiert die Umgebung beobachten. Die Jungen suchen ab der 4. Woche nach Beuteresten am Höhlengrund, können ganze Beute aber noch nicht zerteilen.

Im Alter von 21–25 Tagen schauen die Jungkäuze erstmalig aus der Höhle; sie verlassen die Bruthöhle mit einem Monat (28–32 Tage) – durchaus flugfähig, wenn auch die Schwingen noch unvollständig und von den Schwanzfedern nur die Kiele entwickelt sind. Sie fliegen über größere Entfernungen mühelos, landen jedoch noch unsicher bzw. hangeln sich flatternd und kletternd zum gewünschten Sitzast. Zur Fütterung kommen sie dem Weibchen bettelnd entgegen, das die Beute wenigstens noch 1–2 Wochen lang in kleine Portionen zerteilen muss. Frühestens mit dem Ausfliegen der Jungen, in der Regel aber erst 10–14 Tage danach zieht sich das Weibchen in einen oft weit entfernten Revierteil zur Mauser zurück [879]. Ab diesem Zeitpunkt versorgt das Männchen die Familie allein, überbringt dabei nur noch unzerteilte Beute. Die Führungszeit dauert insgesamt 5–7 Wochen, wobei sich die Gruppe zunehmend vom Brutplatz entfernt und zum Teil weite Waldgebiete durchstreift (durchschnittliche Wanderstrecke 280 m/Tag [879, 1159]). Selbstständigen Beutefang beherrschen die Jungeulen frühestens im Alter von 2 Monaten.

Die Überlebensrate der Jungkäuze in der Führungszeit (vom Ausfliegen bis zur Familienauflösung) betrug in Thüringen 73 %; entsprechend kommen 65–70 % Jungkäuze noch vor Erreichen des 1. Lebensjahres um [1165]. Während der Dispersion verunglückten in Norwegen zahlreiche Sperlingskäuze durch Anprall an technischen Strukturen, speziell an Fensterscheiben (54 % [68]). Keine Daten über Mortalität im 1. Winter.

Als kleinste Eulenart der Paläarktis ist der Sperlingskauz einem hohen Prädationsdruck ausgesetzt, sowohl durch größere Eulenarten

Sperlingskauz-Nestlinge in geöffnetem Nistkasten. Aufgrund des Brutbeginns ab dem letzten Ei sind die Geschwister annähernd gleich alt (Foto SCHERZINGER).

als auch – aufgrund seiner Tagaktivität – größere Greifvogelarten. Konkret wurden Attacken durch Raufußkauz, Waldohreule und speziell Waldkauz bestätigt, vereinzelt auch Habichtskauz und Uhu [761]. Zwiespältig ist das Verhältnis zum Raufußkauz, der zwar gelegentlich als Fressfeind auftritt, durch Höhlen- und Beutekonkurrenz auch den Reproduktionserfolg senken, letztlich aber sogar zeitgleich im selben Höhlenbaum brüten kann [707, 1089]. Beobachtungen aus der Slowakei bestätigen, dass Sperlingskäuze ihren Gesang abrupt unterbrechen, sobald ein Waldkauz auftaucht [490, 761]. Gleichzeitig kann eine regionale Dominanz des Uhus über Waldkauz und Waldohreule die Überlebenschancen für Sperlingskäuze erhöhen. Unter den Greifvögeln kann der Sperber zur Gefahr werden, vor allem für die unbedarften Ästlinge; Erbeutung auch durch Wespenbussard und Wanderfalke bestätigt [761].

Wiewohl das enge Flugloch von Buntspechthöhlen größere Prädatoren abhält, kann es zu Störungen durch Spechte und Kleiber kommen, auch Nestplünderung durch Siebenschläfer, Wiesel und Hermelin [1026]; meist unerkannt, können selbst Rossameisen kleine Nestlinge erbeuten [933].

Höchstalter: in freier Natur 7–8 Jahre; in der Voliere 11 Jahre (GRUMMT & STREHLOW 2014) (Ein Weibchen des nahe verwandten Perlkauzes *Glaucidium perlatum* erreichte in Gefangenschaftshaltung ein Alter von rund 18 Jahren [938, 1165].)

Sperlingskauz-Junges im Flugloch der Bruthöhle. Ab der 4. Lebenswoche betrachten die Nestlinge die Umgebung des Geburtsortes regelmäßig; die weißen Abzeichen im „Kindergesicht" sind jetzt auffällig (Foto WIESNER).

ORTSWECHSEL

Sperlingskäuze gelten gemeinhin als Standvögel. Nach Wiederfunden und Telemetriedaten aus Thüringen verbleiben adulte Männchen weitgehend in ihrem Revierbereich (Ortswechsel von Jahr zu Jahr im Mittel 2 km, maximal 4 km); nur 16,1 % der Weibchen übersiedelten in neue Gebiete (maximal 41 km), der überwiegende Teil erwies sich als gebietstreu [1165]. Wiederfänge in Finnland beringter Altvögel bestätigen im Wesentlichen die geschlechtsspezifische Dispersion: Männchen im Mittel 11,5 km, Weibchen im Mittel 31,6 km (Wiederfänge lebend [914]).

Jungvögel beginnen im Alter von rund 10 Wochen zu dispergieren (Ende Juli bis Anfang August im Beispiel aus Thüringen). Hier betrugen die Ansiedlungsentfernungen vom Geburtsort bei Weibchen im Mittel 21,1 km (maximal 103 km), bei Männchen im Mittel 12,2 km (maximal 46 km). Nach finnischen Ringfunden dispergieren Jungkäuze im Mittel 65 km weit (Totfund = maximal 183 km, Wiederfang lebend = maximal 288 km [914]); in Schweden beringte Jungkäuze wurden in maximal 123–247 km Distanz wiedergefunden [808].

Bei Zusammenbruch der Mäusepopulation im Norden Skandinaviens, Finnlands und Russlands kann es nach einem besonders erfolgreichen Reproduktionsjahr zur Evasion zahlreicher Sperlingskäuze kommen: Nach Fängen an schwedischen und finnischen Beringungsstationen wandern vorwiegend Jungvögel ab, darunter bis zu 80 % Weibchen. Der Hauptdurchzug diesjähriger Käuze beginnt schon Anfang September (Höhepunkt Ende September); Altvögel wandern erst nach Abschluss der Mauser aus dem Brutareal ab, weshalb der Schwerpunkt ihres Durchzugs auf Anfang Oktober fällt [588, 808,]. In seltenen Fällen kommt es zur Langsteckenmigration, bei der Sperlingskäuze sogar den Finnischen Meerbusen queren. Diese Wanderungen können sich über mehrere Hundert Kilometer weit erstrecken. Vermutlich stehen Neuansiedlungen in Nord- und Ostdeutschland mit solchen Invasionen in Zusammenhang [1191]. Damit könnte eine Vernetzung nordischer und alpiner Populationen begünstigt werden.

GEFÄHRDUNG UND SCHUTZMASSNAHMEN

Entsprechend der engen Abhängigkeit der kleinsten Eule Europas von geeigneten Specht-

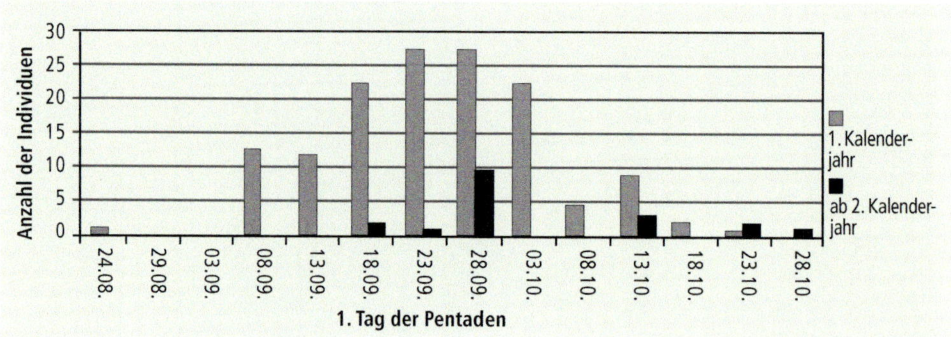

Phänologie des Sperlingskauz-Durchzugs an einer Beringungsstation in Mittelschweden (aus POLAKOWSKI et al. 2008).

höhlen in feindarmen Waldgebieten mit hohem Anteil alter Nadelbäume entscheidet sich ihre Zukunft vor allem am forstlichen Management der großen Waldgebiete. Weiträumige Fragmentierung der Waldlandschaft, Großkahlschlag, Abräumen von Totholz und Senkung der forstlichen Umtriebszeit mindern nicht nur die Lebensraumqualität für Spechte – und damit auch das Höhlenangebot für die Käuze –, sondern begünstigen auch die effektivsten Prädatoren wie Waldkauz und Baummarder.

Heutige Techniken vereinfachen den Einsatz von Klangattrappen zur Stimulation von Eulenrufen. Wenn die Playback-Methode für großräumige Kartierungsprojekte von Sperlingskäuzen auch sehr erfolgversprechend ist, darf nicht übersehen werden, welchem Gefährdungsrisiko die kleinen Käuze dabei ausgesetzt werden. Abgesehen von Störungen des Balzgeschehens werden rivalisierende Männchen angelockt und Waldkauz, Raufußkauz und Greifvögel auf die hocherregt singenden Käuze aufmerksam gemacht. Unter Berücksichtigung gefährdender Effekte sollten derartige Methoden daher auf solide Forschungsprojekte beschränkt bleiben.

Aktuell sind die Sperlingskauz-Bestände im Aufwind; ihr Bestandstief Mitte des 20. Jhs. wird mit dem massiven Einsatz von DDT in der Nachkriegszeit in Zusammenhang gebracht [1191]. Doch könnte mit der Einschleppung des Usutu-Virus eine neuartige Gefährdung auftreten (Todesfall bisher nur in Zoohaltung [1043]). Prognosen zum Klimawandel postulieren eine Gefährdung des Sperlingskauzes ausgerechnet im borealen Hauptverbreitungsgebiet, da die Zunahme sowohl von Regentagen als auch von Harschbildung den Beutefang erschwert, mit direkter Auswirkung auf die Kondition während der Wintermonate [1079].

OFFENE FRAGEN

- Worauf ist der Populationsanstieg begründet, der die gegenwärtige Arealausweitung ermöglichte?
- Wie gelingt die Koexistenz mit Waldkauz, Waldohreule, Raufußkauz in den neu besiedelten Arealen tieferer Lagen?
- Wieweit sind Teilpopulationen verschiedener Breiten und Höhenlagen untereinander vernetzt?
- Lässt sich eine Mindestgröße für isolierte Populationen festlegen?
- Welche Überlebensraten sind im Rahmen von Dispersion und Überwinterung anzusetzen?
- Welche Mortalitätsrisiken sind für die große Diskrepanz zwischen realem und potenziellem Höchstalter maßgeblich?

Sperlingskauz-Ästling. Das Jugendkleid ist an Kopf und Rücken deutlich dunkler als beim nachfolgenden Erstjahres-Kleid und kaum getüpfelt (Foto SCHERZINGER).

STEINKAUZ
Athene noctua

ALLGEMEINES

Der Steinkauz ist unter den Eulenarten Europas die bekannteste und auch häufigste Kleineule. Bei den alten Griechen galt er als Vogel der Weisheit und als Sinnbild der Göttin Athene, was auch in seinem wissenschaftlichen Namen (= nächtliche Athene) zum Ausdruck kommt.

Wiewohl von turkestanisch-mediterranem Faunentyp, konnte diese Eulenart die bäuerliche Kulturlandschaft Mitteleuropas erfolgreich besiedeln, wo sie seit vielen Jahrhunderten in unmittelbarer Nachbarschaft des Menschen lebt. Als „Untermieter" in Scheunen, Kapellen, Viehställen, Weinkellern usw. erhielt sie den Namen „Stein"-Kauz (holländisch: *„Steen"uil*).

Aktuell erleben die Steinkauz-Bestände in Mitteleuropa massive Lebensraumverluste, speziell durch die Intensivierung der Landwirtschaft, die Vergrößerung der Agrarflächen, den Abbau kleinräumig abwechselnder Landnutzungen (wie Beweidung, Brache, Obstwiesen, Kopfbäume und Heckenzeilen). Durch Umbruch von Grünland zu Ackerland, hohen Düngereinsatz und Aufgabe von Beweidung gingen Flächen mit niedriger Vegetation verloren, wie sie der Kauz als Jagdgebiet benötigt. Infolge der Beseitigung von alten und hohlen Bäumen mit geeigneten Versteck- und Brutplätzen fehlen vielerorts essenzielle Habitatelemente [19, 370].

KENNZEICHEN

Der Steinkauz ist kleiner als eine Haustaube, mit kurzem Schwanz, niedriger Stirn und flachem Scheitel, großen gelben Augen und weißen Überaugenstreifen, die wie Augenbrauen wirken.
Größe: 21–24 cm; Männchen und Weibchen sind etwa gleich groß.
Flügellänge (Mittelwerte aus Deutschland): Männchen 15,9–16,6 cm; Weibchen 16,3–17,0 cm.
Flügelspannweite: 54–58 cm.
Schwanzlänge: Männchen Ø 8,2 cm; Weibchen Ø 8,3 cm.
Gewicht: Männchen 140–240 g (Ø 180 g); Weibchen 170–250 g (Ø 200 g).

Steinkauz, Altvogel. Arttypisch sind der flach-breite Kopf mit großen Augen und deutlichen „Augenbrauen" sowie ein glattes Gefieder bei kompaktem Körperbau (Foto BRANDL).

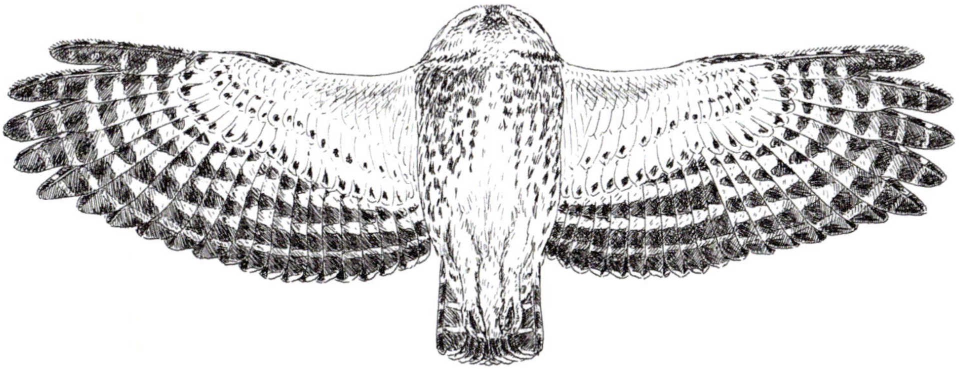

Flugbild des Steinkauzes. Abgerundete Flügel, ein kurzer Schwanz und ein relativ massiger Körper sind auf Kurzstreckenflüge angelegt (nach MÜLLER 1992).

Die Gewichte schwanken im Jahreslauf zwischen Höchstwerten von Oktober bis Januar (aufgrund von Depotfett-Einlagerung) sowie zum Beginn der Eiablage im April und Gewichtsverlusten zur Balzzeit (Februar bis März) sowie zur Jungenaufzucht (Minimalwerte Juni/Juli). Demnach sind Altvögel im Mittwinter um etwa 30 % schwerer als gegen Ende der Brutzeit.

Die Färbung des Schnabels variiert zwischen grünlich grau bis hellgelb, wobei Weibchen mit kräftig gelben Schnäbeln höhere Fitness und entsprechend höhere Reproduktionsleistung signalisieren [32, 33].

Gefieder oberseits erdbraun (Unterarten aus Halbwüsten und Trockengebieten hell sandfarben); auf dem Scheitel Längsreihen kleiner weißer Flecken, im Nacken „falsche Augenbrauen" (Occipitalgesicht). An Schultern und Flügeln große weiße Tropfen und Querflecken. Unterseits gelblich weiß mit breiten braunen, auf der Brust ziemlich dichten Längsflecken. Die Beine sind weißlich befiedert, während die Zehen nur mit borstenartigen Federn besetzt sind.

Das Gefieder von Jungvögeln lässt sich aufgrund dunklerer Grundfärbung, schwächer ausgeprägter Zeichnung im Großgefieder und spitzer zulaufenden Enden der Armschwingen erkennen [638]. Jungvögel machen im 1. Herbst eine Teilmauser durch (Kleingefieder von Kopf und Körper, Erneuerung mehrerer Flügeldecken). In den Folgejahren eine jährliche Vollmauser: Beginn bei den Handschwingen mit HS.1, bei den Armschwingen von 3 Zentren aus; die Schwanzfedern werden nahezu gleichzeitig abgeworfen [144, 221, 740, 1113].

Unterarten

Traditionell werden der Gattung *Athene* 4 Arten zugeordnet (Kanincheneule, Brahmakauz, Blewittkauz und Steinkauz; die Neubeschreibung des Graubach-Kauzes *Athene poikilis* beruht auf einer Fehlbestimmung [1062]), unter Anerkennung von 11–13 Unterarten von *Athene noctua*. Nach der Verwandtschaftsanalyse auf der Basis des Cytochrom-b-Vergleichs scheint aber die Ausgliederung des Blewittkauzes in eine eigene Gattung *Heteroglaux* gerechtfertigt; zum anderen wird die Eingliederung des Augenbrauen-Kauzes aus Madagaskar – bisher *Ninox superciliaris* – in die Gattung *Athene* diskutiert (als *Athene superciliaris*). Zum Dritten wurde die Anhebung von mehreren Unterarten in den Artstatus empfohlen (zumindest *Athene lilith*, *Athene spilogastra*; vermutlich auch *Athene*

Federtypen vom Steinkauz:
1 Handschwinge links,
2 Armschwinge links,
3 Schwanz Mitte/links
(Foto SCHATTER).

Steinkauz im Anflug zur Bruthöhle (Foto Vollmer).

plumipes, *Athene indigena* und *Athene vidalii*). Aufgrund der noch recht unklaren Abgrenzungen schwankt die Zahl der genannten Unterarten aktuell zwischen 7 und 13 [680, 740, 1180].

Auf der Basis genetischer Vergleiche europäischer Steinkäuze konnten deren glaziale Refugialgebiete bestimmt werden. Demnach überdauerte die Art die Vereisungsphasen in 3 (4) Gruppen: auf der Iberischen Halbinsel, auf dem italienischen „Stiefel" und der Insel Sardinien sowie am Balkan [771]. Im Zuge der Wiederbesiedlung Europas konnte eine westliche Gruppe – von der Iberischen Halbinsel ausgehend – ganz Westeuropa über Frankreich bis Holland und Dänemark besiedeln, mit einem Ast bis Tschechien, Ungarn und Rumänien. Die Balkangruppe breitete sich über Griechenland, Bulgarien, Albanien bis Österreich aus und erreichte auch Norditalien, wo sie sich mit der Italien-Gruppe vermischte. Diese kam nur bis zur Südabdachung der Alpen, mit einem Ast nach Südfrankreich über die Schweiz. An allen Kontaktzonen kam es zu massiver Durchmischung der Herkünfte. Dieser Befund stimmt mit dem bisherigen Verbreitungsbild der Unterarten nur bedingt überein, was das Erfordernis einer Neubearbeitung der Steinkauz-Taxonomie unterstreicht.

Verbreitung des Steinkauzes in Europa. Als „Kulturfolger" kann die Eule die anthropogene Offenlandschaft in milder Lage nutzen, doch meidet sie schneereiche Höhenlagen und waldreiche Landschaften.

VERBREITUNG

Das Verbreitungsgebiet erstreckt sich von Westeuropa und den Ländern um das Mittelmeer – einschließlich Nordafrika nördlich der Sahara – quer durch Eurasien bis nach China und Korea mit Schwerpunkten in der mediterranen Steppen- und Wüstenzone. Auch in Nordostafrika (östliches Äthiopien und nördliches Somalia) leben Steinkäuze.

Schwerpunkte der Verbreitung in Europa sind die Länder Portugal und Spanien, Frankreich, Italien, Rumänien, Ukraine und der europäische Teil von Russland.

In Bulgarien ist der Steinkauz in den Tieflandebenen und Mittelgebirgslagen weit verbreitet und sehr häufig. In Rumänien ist der Steinkauz die häufigste Eulenart [740].

Wiewohl Einzeltiere mehrfach in Großbritannien eingewandert sind (Fängling z. B. 1758 in London, 1842 in Yorkshire), konnte sich der Steinkauz hier erst infolge gezielter Freilassung holländischer Vögel erfolgreich etablieren (Freilassungen 1843 und 1874; Erstnachweise in Kent 1874, in Northamptonshire 1888 [359, 631]). Trotz der Einstufung als *non-native* samt Bekämpfung der Steinkäuze als vermeintliche Schädlinge kam es zu großräumiger Ausbreitung mit einem heutigen Bestand von 5700–7000 Paaren [70, 740]. Des Weiteren wurden zwischen 1906 und 1910 wenigstens 220 Steinkäuze aus Deutschland nach Neuseeland verfrachtet. Nach überraschend hoher Vermehrung zahlten die Behörden bereits ab 1938 Abschussprämien zur Bestandsreduktion [628].

Adulter Steinkauz. Die Eule hat sich der Siedlungslandschaft hochgradig angepasst (Foto Hortig).

LEBENSRAUM

Ursprünglich ist der Steinkauz in innerasiatischen und mediterranen Steppen und Halbwüsten beheimatet (= Primärhabitat). Von dort aus konnte er die mitteleuropäische Kulturlandschaft besiedeln, soweit sie offene, kleinräumig gegliederte Landschaften mit niedriger Vegetation bot (= Sekundärhabitat). Hier bevorzugt er klimatisch milde Lagen mit geringer Schneelage im Winter, meist unterhalb 200 m Seehöhe.

Der Steinkauz ist im südöstlichen Polen bis 900 m NN zu finden [142], in Spanien auf dem Zentralplateau ist er in Höhenlagen zwischen 500 und 1100 m noch ein häufiger Brutvogel. Unter günstigen klimatischen Bedingungen siedelt die Unterart *Athene noctua ludlowi* in Tibet/Innerasien sogar noch in Höhenlagen zwischen 4000 und 4700 m [963, 1186].

Als Bodenjäger ist der relativ langbeinige Steinkauz ein typischer Bewohner der Baumsteppe mit spärlicher oder niedriger Bodenvegetation. In Südeuropa lebt er vor allem in den Oliven- und Korkeichenhainen (Dehesas), in baumsteppenartig schütteren Steineichenwäldern, Plantagen von Mandel- und Johannisbrotbäumen sowie völlig baumfreier Agrarsteppe [1098]. Allerdings wird in der Nähe von Waldbeständen sowie stark frequentierten Straßen selbst geeignetes Offenland von den Käuzen gemieden [133, 924]. Das gilt auch für Gebiete mit potenziellem oder realem Waldkauz-Vorkommen [672, 1186].

Die günstigsten Lebensräume in Mitteleuropa sind durch Dauergrünland der Niederungen mit alten Kopfbaumbeständen charakterisiert, durch extensiv genutzte Streuobstwiesen sowie Dorfrandbereiche mit Viehweiden und

Lebensraum des Steinkauzes in der Weidelandschaft. Durch gezielten Schnitt der Kopfbäume können Brutplätze gestaltet und erhalten werden (Foto Limbrunner).

alten Bäumen [432]. Wiesenareale bieten meist ein deutlich höheres Angebot an Regenwürmern, Insekten und Kleinsäugern als Ackerflächen, vorausgesetzt, die Vegetation wird durch Beweidung oder Mahd kurz gehalten. Eine kleinräumige Nachbarschaft von unterschiedlich bewirtschafteten Flächen (Wiese, Weide, Obstbäume, Feldgehölze und Hecken, Ackerland und frei stehende landwirtschaftliche Gebäude) optimiert die Lebensraumqualität [10]. Trotz eintöniger Strukturierung und relativ intensiver Bearbeitung können Weingärten durchaus günstige Lebensbedingungen bieten [198, 1035].

Wenn die Art dichtere Siedlungsbereiche auch meidet, so kann sie innerstädtische Park- und Grünanlagen doch effektiv besiedeln (z. B. Mailand, Rom, Cremona/Italien [133, 643]).

Neben günstigen Jagdgebieten benötigen Steinkäuze geeignete Ansitzwarten (z. B. Zaunpfähle, Lesesteinhaufen, frei stehende Bäume, niedrige Gebäude) sowie Tagesverstecke und Brutplätze in den Höhlungen alter Bäume, in Gemäuer, Steinbrüchen oder Gebäuden; ersatzweise auch in speziellen Niströhren [19, 82].

In Optimalhabitaten kann der jährliche Flächenbedarf erstaunlich klein sein. Am unteren Niederrhein dürften z. B. nur 3–10 ha Dauergrünland als Streif- und Jagdgebiet ausreichen [212]. Qualitätsvolle Reviere werden generationenübergreifend besiedelt (z. B. über 16 Jahre in der Voreifel/Deutschland [1204]).

Tabelle 47. Schätzwerte für Steinkauz-Brutbestände in Verbreitungsschwerpunkten Europas (nach BirdLife International 2015).

LAND	FLÄCHE (TAUSEND KM²)	BRUTPAARE	BEZUGSJAHR
Europäisches Russland	3952,5	50 000–70 000	2010
Serbien	88,3	10 300–15 000	2012
Spanien	505,9	39 433	2002
Kroatien	56,5	4 000–6000	2010
Rumänien	283,3	15 000–40 000	2013
Griechenland	131,9	5000–15 000	2012
Bosnien und Herzegowina	51,1	2000–3500	2014
Zypern	9,2	4000–10 000	2012
Italien	301,3	40 000–70 000	2006
Bulgarien	110,9	10 000–14 000	2012
Portugal	92,2	58 000–137 000	2012
Ukraine	603,8	15 000–22 000	2000
Frankreich	643,8	21 000–50 000	2012
Nordmazedonien	25,7	3000–7000	2012
Montenegro	13,8	1000–2000	2012
Albanien	28,7	4000–8000	2012
Deutschland	357,3	7500–9000	2009
Ungarn	93,0	1500–2500	2012
Belgien	30,6	8000–13 000	2012
Niederlande	41,5	7000–9000	2010
Moldawien	33,8	3200–4200	2010
Gesamt-Europa	**10 180,0**	**618 000–1 170 000**	

Die Zahlen für Gesamt-Europa enthalten auch die Angaben von hier nicht aufgeführten Ländern.

SIEDLUNGSDICHTE UND STREIFGEBIET

Entsprechend sehr variabler Lebensraumqualitäten innerhalb des großen Verbreitungsgebiets weisen lokale Abundanzen sehr große Unterschiede auf, auch variieren die Werte in Abhängigkeit zur Größe der Bezugsflächen: So wurden für Gebiete in Südportugal großflächig mittlere Dichten von 2,5 Brutpaaren je km² erfasst, in kleinräumigen Dichtezentren aber bis zu 18 Brutpaare je km² [1098]. Noch höhere Werte gab es in Deutschland mit bis zu 20 Bp/km² im Rahmen einer Maikäfergradation [1204]. Aus der Po-Ebene Italiens wurde eine extrem hohe Dichte von 9–11 Revieren/km² gemeldet [206].

Am unteren Niederrhein, einem Verbreitungsschwerpunkt des Steinkauzes in Mitteleuropa, schwankte die Siedlungsdichte im Zeitraum 1974–1987 zwischen 1,2 und 2,1 Revieren/km². In Dichtezentren konnten aber 5–6 rufende Männchen je km² festgestellt werden [242]. Die durchschnittliche Abundanz für größere Landschaftseinheiten liegt mit 0,15–0,55 Revieren/km² (n = 30 Kartierungsgebiete) aber deutlich darunter. Im Zuge rasch fortschreitender Industrialisierung der Landwirtschaft kam es vielerorts zu beunruhigenden Bestandseinbrüchen, wo Abundanzen von nur noch 0,01–0,2 singenden Männchen je km² auf stark verminderte Überlebenschancen hinweisen (z. B. Österreich [416], Böhmen [897], Südmähren [811], Slowakei [369], Polen [1213]).

Mithilfe der Telemetrie konnten verlässliche Daten zur Größe des Aktionsraumes sowie zu dessen Nutzung durch den Steinkauz gewonnen werden. Von rund 40 am unteren Niederrhein besenderten Steinkäuzen betrug das Streifgebiet bei „alteingesessenen" Männchen, die ebenda bereits Bruterfahrung hatten, maximal 17,5 ha (Anpaarung und Balz in März bis April), minimal nur 1,6 ha (Nachbrutzeit, Mauser in Juli und August); während der Jungenaufzucht genügten dem Paar 6,1 ha. Bei mit dem Gebiet weniger vertrauten „Neusiedlern" waren die Reviere mit einer Schwankungsbreite von 3,1–37,1 ha dagegen deutlich größer [211, 229]).

Von 139 im Rahmen eines Großprojekts bei Ludwigsburg/Baden-Württemberg telemetrierten Käuzen nutzten die Männchen im Sommer lediglich 7,5 ha (Weibchen 10,1 ha), bejagten im Winter aber 30,4 ha (Weibchen 28,9 ha). Die Größe des benötigten Streifgebiets hing dabei von der strukturellen Vielfalt der Landschaft ab (Differenz rund 6 ha [673]). In Lebensräumen Ostpolens nutzten die Käuze während der Bebrütung nur 18 ha, zur Zeit der Jungenaufzucht aber 27,5 ha (11 besenderte Käuze [302]). In der intensiv bewirtschafteten Agrarlandschaft Dänemarks waren die Streifgebiete mit 27–64 ha (im Mittel 41 ha) merklich größer (27 besenderte Käuze [1063]). Nach dem Nestverlassen umherstreifende Jungeulen nutzten hier 0,56 ha (Führungszeit) bis 3,25 ha (Selbstständigwerden bis Dispersion; 10 besenderte Käuze [768]).

BESTANDSVERHÄLTNISSE

Nach BirdLife International (2021) wird der europäische Bestand des Steinkauzes aktuell auf 618 000 bis 1 170 000 Brutpaare geschätzt. Die absolut und relativ höchste Dichte findet sich in Portugal, mit 58 000–137 000 Brutpaaren (entspricht einer landesweiten Dichte von 1,5 Bp/km²). Neben dem europäischen Anteil Russlands (mit 50 000–70 000 Bp) sind Italien (40 000–70 000 Bp), Frankreich (21 000–50 000 Bp) und Spanien (39 433 Bp) die wichtigsten Verbreitungsgebiete in Europa. Nach einer Modellrechnung zur genetischen Diversität europäischer Steinkauz-Bestände weisen ebendiese großen Vorkommen die besten Überlebenschancen auf [16].

Tabelle 48. Schätzwerte für Steinkauz-Bestände in den Bundesländern Deutschlands.

BUNDESLAND	FLÄCHE (TAUSEND KM²)	BRUTPAARE/ BZW. REVIERE	BEZUGSJAHR	QUELLE
Baden-Württemberg	35,7	600–800	2019	Ch. Stange (pers. Mitt.)
Bayern	70,5	ca. 250	2015	D. Scheffler (pers. Mitt.)
Brandenburg und Berlin	29,8	12–17	2011	Brutvögel Brandenburg und Berlin (2011)
Hessen	21,1	750–1100		Vögel in Hessen (2010)
Mecklenburg-Vorpommern	25,6	0–3	2009	2. Brutvogelatlas (2014)
Niedersachsen und Bremen	47,8	550–800	2008	Atlas der Brutvögel (2014)
Nordrhein-Westfalen	34,0	4800–5000	2019	M. Joebges (pers. Mitt.)
Rheinland-Pfalz	19,8	300–550	2009	Vogelwelt Rheinland-Pfalz (2014)
Saarland	2,6	30–50	2005	Atlas der Brutvögel (2005)
Sachsen	17,7	3–6	2013	Brutvögel in Sachsen (2013)
Sachsen-Anhalt	20,3	12–20	2011	Vogelwelt Sachsen-Anhalt (2014)
Schleswig-Holstein und Hamburg	16,4	140–155		2. Brutvogelatlas (2014)
Thüringen	15,2	7–10	2015	Brutvogelatlas Thüringen (2020)
	insgesamt rund **7500–8500**			BfU (2019)

Aufgrund zum Teil unterschiedlicher Bezugsjahre kann die Summe für Deutschland aus dem ADEBAR-Atlas von der Summierung der Zahlen aus den Bundesländern abweichen.

Wenn der Status für diese Art auch noch mit „ungefährdet“ *(least concern)* angeführt wird, so wurden doch aus den nördlichen und zentralen Ländern Europas zum Teil erhebliche Bestandsrückgänge gemeldet: z. B. aus Holland, Dänemark (> 90 % seit 1970), Polen (50 %), Tschechien (60–70 % seit 1985), Slowakei (90 % seit 1995), Ungarn, Österreich, Schweiz, Slowenien und selbst Italien. Für Deutschland wird der Bestand auf 7500–8500 Reviere geschätzt, mit einem Verbreitungsschwerpunkt in der nordwestdeutschen Tiefebene (70 % des Gesamtbestands am Niederrhein, in der Kölner Bucht und im Münsterland [263]). Die Bestände in Ostdeutschland hingegen sind im Vergleich zu 1980 um > 90 % geschrumpft (allein in Sachsen-Anhalt Rückgang seit 1900 um 97 % [738]). Da sich dieser Trend im Wesentlichen auf die landwirtschaftliche Intensivierung bei gleichzeitiger Modernisierung landwirtschaftlicher Gebäude zurückführen lässt [217, 958], wurden vielerorts intensive Bemühungen zum Lebensraumerhalt initiiert.

VERHALTEN UND STIMME

Ruhe und Körperpflege

Der Steinkauz wählt seinen Einstand an meist ruhigen, ausreichend gedeckten Orten bei guter Übersichtlichkeit, wie Lücken im Mauerwerk, in der Dachabdeckung, zwischen Strohballen oder auf Dachbalken in Scheunen sowie in lockeren Obstbäumen, Heckensträuchern usw. Er übertagt seltener in Baum- oder Erdhöhlen sowie Verstecken an Gebäuden bzw. sucht diese meist nur während der Wintermonate sowie bei Schlechtwetter und Störungen auf. Qualitätsvolle Einstände unterstützen sowohl die Thermoregulation (z. B. dickwandige Baumhöhlen) als auch die Feindvermeidung (z. B. verwinkelte Fluchtwege in Baumhöhlen, Holzstapeln, Mauerlöchern [450, 963, 1098]).

Dösende Käuze sind aber auch voll exponiert anzutreffen, auf Lichtmasten, Schornsteinen, Felsblöcken, Zaunpfählen usw., selbst bei hellem Sonnenschein; meist aber nahe zu einem Versteck, in das der Vogel bei Gefahr blitzschnell abtaucht.

Ruhende Käuze plustern das Gefieder locker zur „Kugelform“, ziehen den flach geformten Kopf an, schließen typischerweise die Augen und dämpfen die Kontrastwirkung der Signalzeichnungen im Gesicht durch Gefiedersträuben; gelegentlich ziehen sie auch ein Bein an. Gerne lehnen sie sich – im Stehen oder Liegen – gegen tarnende Strukturen (wie Baumstämme, Balken, Steine [275, 963]).

Komfortverhalten ist zu jeder Tageszeit beobachtbar, vor allem zu Aktivitätsbeginn, nach der Nahrungsaufnahme, Kopulation sowie in den Brutpausen des Weibchens: Kratzen vorne herum, hauptsächlich an der Ohr-, Augen-, Kinn- und Schnabelregion; Putzen von Gefieder und Zehen durch Bearbeitung mit dem Schnabel. Das Kopfgefieder wird an Flügel bzw. Schulter gerieben. Der Schnabel wird durch Beißen in Holz sowie durch Reiben an harten Unterlagen gereinigt (auch geformt?). Aufgrund der engen Bindung der Paarpartner ist soziale Gefiederpflege regelmäßig zu beobachten.

Steinkäuze baden nicht im Wasser, wohl aber regelmäßig in Staub bzw. Sand, dabei im Kauern oder in Seitenlage das Substrat mit den Flügeln über den Rücken „schaufelnd“. Die Beine sind mitunter zurückgestreckt. In leichtem Regen badet der Kauz mit weit abgespreizten Flügeln und gesträubtem Gefieder, dazu auch langsame Dreh- und Schwenkbewegungen ausführend. Steinkäuze wirken geradezu „sonnenhungrig“ und sonnen sich regelmäßig, oft völlig exponiert. Dazu werden die Flügel schlaff

Steinkauz beim Regenbad. Durch tänzelndes Drehen der offenen Flügel wird eine möglichst große Oberfläche benetzt (Foto Wothe).

geöffnet, das Gefieder rau geplustert und das Gesicht direkt der Sonne zugewandt [740].

Aktivitätsmuster

Vorwiegend dämmerungs- und dunkelaktiv, doch regelmäßig auch tagsüber rege. Unter den Lichtverhältnissen Mitteleuropas verlässt der Kauz seinen Tageseinstand etwa 15–35 Minuten nach Sonnenuntergang (entspricht einer Beleuchtungshelligkeit von 10–200 Lux). In den Wintermonaten setzt die Abendaktivität meist früher ein, zur Brut- bzw. Aufzuchtszeit wird der Beginn zunehmend in den Tag vorverlegt [275]. Das abendliche Aktivitätsmaximum liegt etwa 1 Stunde nach Sonnenuntergang – in voller Dunkelheit bei nur 1 Lux Helligkeit [211, 1063] – und dauert bis zu 2 Stunden. Es ist mit Gesang, Jagdflügen und Balzhandlungen ausgefüllt. Während der Nachtstunden ist der Kauz häufig inaktiv, ein 2. Aktivitätsgipfel tritt erst wieder in der Morgendämmerung auf. Zur Brutzeit kann dieser weit in den Tag hinein verlegt werden.

Abweichend von diesem Grundmuster tritt Reviergesang auch tagsüber auf, speziell bei unverpaarten Männchen. Auch jagen Steinkäuze in mediterranen Populationen, wo Insekten, Reptilien und Singvögel eine größere Rolle im Beutespektrum spielen, deutlich mehr am Tage als die „Mäuse- und Regenwurmjäger" in Mitteleuropa. Schlechtwetter mit Regen und starkem Wind hemmt die Gesangsaktivität; Mondlicht kann sie hingegen begünstigen. Auch singen die Männchen in Populationen

Steinkauz in hochgestreckter Fixierhaltung (Foto STENGEL).

mit hoher Siedlungsdichte deutlich häufiger und intensiver als bei verstreuten Einzelpaaren.

Im Jahreslauf fallen die Höhepunkte der Aktivität und Gesangsaktivität auf das Einsetzen der territorialen Balzphase (ab Januar), auf die sexuell getönte Balz an der Bruthöhle (ab Februar/März), die Aufzuchtsperiode (ab Mai) und die territoriale „Herbstbalz" (ab Sept./Okt., nicht in allen Gebieten [432]). Ruhephasen treten hingegen typischerweise während des Winters (ab Nov./Dez.), zur Mauserzeit (ab Juli) und – in verringertem Maße – auch während der Bebrütung auf (ab April [377, 961]). Während der Jungenaufzucht ist das Männchen deutlich aktiver und fliegt auch weitere Strecken, um die Brut mit Beute versorgen zu können [377].

Auf-ab-Knicksen des Steinkauzes. Durch ruckartigen Positionswechsel wirkt die Bewegung koboldhaft (nach SCHÖNN et al. 1991).

Bewegungsweise und Flug

Bewegungen kraftvoll, zum Teil ruckartig bis „ungestüm"; lassen jede eulentypische Weichheit vermissen. Steinkäuze halten sich vergleichsweise viel auf dem Boden auf: Sie trippeln in kurzen Schritten, laufen auch rasch und langbeinig oder rennen mit eingeschalteten Hoppelsprüngen, z. B. bei Verfolgung von Beute oder bei Flucht ins Versteck. Bei Erregung zeigen sie

Steinkauz im Abfliegen (Foto WOTHE).

auffällige, „übertrieben" ausgeführte Fixierbewegungen des Kopfes, mit ruckartigem Verbeugen oder pendelnd-schlingerndem Kreisen; typischerweise rasches Auf-ab-Knicksen mit dem ganzen Körper, auch seitliches Schwanzrucken und Zucken mit dem Flügel. In der Absprungstellung vor dem Beutefang ist mitunter auch erregtes Beintreteln zu beobachten.

Aufgrund der harten und relativ kurzen Schwungfedern ist der Flug geräuschhaft, mit raschem, kraftvollem Flügelschlag und – im Vergleich zum etwa gleich großen Raufußkauz – nahezu plump. Mitunter Rütteln beobachtet. Flug über kurze Strecken geradlinig, über größere Distanzen wellenförmig, meist niedrig über dem Boden, wobei der Kauz sich steil vom Sitzplatz fallen lässt und am Zielpunkt wieder hochsteilt. In Unterbrechung der Flugbahn kann sich der Kauz auch plötzlich fallen lassen, z. B. um rasch eine Deckung zu erreichen oder mit geschlossenen Flügeln z. B. in eine Höhle zu „schießen". Aufprall bei der Landung kraftvoll-gewichtig und meist hörbar.

Sozialverhalten und Konflikte

Die enge Bindung der einander persönlich bekannten Paarpartner drückt sich in regelmäßiger Kontaktsuche, Aneinanderkuscheln, sozialer Gefiederpflege, vertrautem Schnäbeln und anhaltender stimmlicher Kommunikation aus. Auch gemeinsame Tageseinstände, Höhlenbesuche und Revierflüge, selbst außerhalb der Brutzeit.

Dazu steht in schroffem Gegensatz die hohe innerartliche Aggression gegen Rivalen, unabhängig von Altersstufe und Geschlecht. Neben intensivem Revier- und Aggressivgesang von Männchen und Weibchen und anhaltenden Keckerstrophen kommt es auch zu heftiger Drohgestik, zu Verfolgungsflügen und Angriffen – mit Beißen, Zukrallen und Anrempeln. (Speziell bei der räumlichen Beengtheit von Gehegetieren können die Auseinandersetzungen zu Stress und Tod der paarfremden Käuze führen!) Im Freiland vollführten erregte Steinkäuze auch Angriffsflüge gegen Attrappen von Artgenossen [211].

Zur Reviermarkierung singen die Männchen auf exponierten Warten (Hecken, Einzelbäume, Zaunpfähle, Steinhaufen, niedrige Gebäude; im Beispiel besenderter Männchen in Dänemark im Mittel in 4,1 m Höhe [424]). Obwohl die Singwarten meist nicht an der Reviergrenze, sondern im weiteren Umfeld des Brutplatzes liegen, können mehrere Hektar beschallt werden, weil die Hörweite für Steinkäuze bis zu 4 km beträgt. Die Revierbesitzer kennen sowohl die Stimmen als auch die Singwarten individueller Nachbarmännchen [326, 740]. Ihre Gesangsintensität steigt mit der örtlichen Siedlungsdichte, weshalb – im Umkehrschluss – Männchengesang bei sehr geringer Siedlungsdichte kaum zu hören ist [424].

Neben der akustischen Gebietsmarkierung kontrollieren die Käuze ihr Territorium auch durch Revierflüge. Steinkauz-Reviere sind weitgehend exklusiv, d. h. sie werden spätestens ab Beginn der Frühjahrsbalz gegen benachbarte Paare strikt abgegrenzt [963]. Bei Ausweitung der Streifgebiete im Winter kann es aber sowohl zur Überlappung im Grenzgebiet als auch zu vorübergehender Vergesellschaftung von Nachbarvögeln kommen [1214].

Im Experiment vorgespielter Steinkauz-Alarm stimulierte zur Ansiedlung junger Brutvögel im Umfeld, da eine Nachbarschaft zu etablierten Paaren gegenüber völlig unbesiedelten Gebieten bevorzugt wird [765]. Aus Moldawien wurde sogar ein Dichtezentrum mit 42 Brutpaaren auf nur 50 ha beschrieben, von geradezu „kolonieartigem" Charakter [740]!

Feindverhalten

Wenig scheu, doch stets fluchtbereit, nutzt der Steinkauz die guten Ortskenntnisse in seinem Revier, um bei Feindannäherung blitzartig in einem Versteck zu verschwinden. Er lässt sich vom Tagessitz plötzlich fallen, rennt zu Fuß in Deckung oder schlüpft rasch in Höhlen, Gänge, auch Schneelöcher usw. In tiefgründig ausgemorschten Bäumen schleicht sich das Weibchen bei Störungen am Brutbaum in abgelegene Hohlräume; bei Gebäuden entweicht es über verdeckte Ausgänge.

Steinkäuze bevorzugen exponierte Sitzplätze mit guter Übersicht. Erspähen sie einen potenziellen Fressfeind, so zeigen sie ihre Erregung durch auffälliges Knicksen und lautstarke Alarmrufe an (meist grelle Keckerstrophe und *miau*-Alarm), gleichzeitig werden die weißen Abzeichen am Kopf (wie Augenbrauen, Kehllatz) auffällig präsentiert. (Wieweit das „Occipitalgesicht" mit den kontrastreichen Augenbrauen im Nacken eine feindabwehrende Wirkung hat, ist nicht bekannt [925].) Dieses Verhalten wurde seit der Antike zum Vogelfang benutzt, indem ein gut dressierter „Wichtel" frei sitzend angepflockt wurde, um die „hassenden" Singvögel in die Fangnetze zu locken.

In deckungsfreier Offenlandschaft drücken sich Steinkäuze bei Annäherung eines potenziellen Feindes mitunter flach auf den Boden; durch erdfarbenes Gefieder und Reglosigkeit können sie leicht übersehen werden.

Im gedeckten Tageseinstand reagiert der Kauz auf Feindannäherung mit einer Tarnstellung, indem er den Körper hochstreckt, das Gefieder anlegt, im Extremfall auch Flügelbug bzw. Schulter als Schmalseite vordreht, durch seitliches Anpressen von Kopfgefieder bzw. Schleier den runden Eulenkopf kaschiert und die Augen spaltförmig zukneift. Somatolytische Strukturen am Kopf (wie Federohren) fehlen aber. Die Tarnwirkung kann durch Anlehnen an Stamm, Fels, Balken usw. verstärkt werden. Bei gefährlicher Annäherung flüchtet der Kauz meist, mitunter verfällt er aber in das reglose Kauern eines „Konfliktschlafes", mit geplustertem Gefieder und geschlossenen Augen – wie ein kränklicher Vogel!

Nur in auswegloser Situation demonstrieren Steinkäuze ein spezifisches Abwehrdrohen unter Fauchen und Knappen, mit zur aufrechten

Vogeljagd mit dem „Wichtel". Antike Vase aus Griechenland (attische Amphore; aus Böhr & Böhr 1996).

Singendes Steinkauz-Männchen.Die weiße Kehle ist deutlich gebläht (nach SCHÖNN et al. 1991).

Haltung hochgestreckten Beinen, rau gesträubtem Gefieder und breitem Kopf, angehobenen Flügeln und weit aufgerissenen Augen. In Extremsituationen vergrößert der Kauz seinen Umriss durch Drohen mit seitwärts geöffneten Flügeln, sodass deren Innenseite zum Feind gerichtet ist.

Gefangene Käuze verfallen mitunter in wächserne Reglosigkeit (Akinese), lassen sich sogar ohne Gegenwehr oder Fluchtversuche auf den Rücken drehen [740]. Selbst in der Bruthöhle lassen sich manche Weibchen wehrlos greifen. Typischerweise wehren sie sich aber in ausweglosen Situationen mit kräftigem Beißen und blitzartigem Zukrallen in Rückenlage; gleichzeitig äußern sie Abwehrkreischen, Fauchen und Schnabelknappen [449, 963].

Steinkäuze verteidigen ihre Brut gegen Störer bzw. Feinde, speziell während der Aufzuchtsperiode. Sie attackieren in draufgängerischen Flügen z. B. Greife, Eulen, Katzen oder Marder. Seltener überfliegen sie auch den Kopf von Menschen, verkrallen sich mitunter darin oder beißen gar heftig zu [275, 1110]! Auf den Alarm der Altvögel verstummen Junge umgehend und streben typischerweise blitzartig in Deckung.

Zur Senkung des Prädationsrisikos unerfahrener Jungkäuze wurden in Spanien Trainingsversuche mit Feindattrappen in Kombination mit vorgespielten Alarmrufen unternommen. Im Ergebnis gab es Hinweise, dass das Feinderkennen von den Jungeulen tatsächlich gelernt werden kann – und deren Überlebenschance sich während der gefährlichen Dispersionsphase dadurch verbessert [14].

Stimme

Erstaunlich reich differenziertes Repertoire von wenigstens 18, insgesamt 40 unterscheidbaren Lauten, bei vielfältigen Übergängen und Kombinationen [209]. Einzellaute wohlklingend-flötend bis grell-kreischend und rau-schnarchend. Die Stimmen beider Geschlechter weitgehend identisch (geschlechtsspezifische Laute bei Männchen 3, bei Weibchen 2), doch Unterschiede in Intensität und Häufigkeit einzelner Laute.

Männchen tragen den Reviergesang meist von exponierten Warten vor. Für das menschliche Ohr ist er wenigstens 600 m, für benachbarte Steinkäuze bis zu 4 km weit zu hören [424]. Beim Singen bläht der Kauz die Kehle, sodass ein weißer „Kehllatz" als optisch wirksames Signal zusätzlich eingesetzt wird [925].

Der Reviergesang des Männchens wird aus gedehnten, klangvollen *guhk*-Silben gebildet, die in der Tonhöhe deutlich ansteigen und durch eine Vielzahl von Obertönen okarinaartig flötend klingen. Die melodischen Einzelsilben werden zu mehrminütigen Strophen gereiht, mit etwa 12–20 Silben/min. Neben den einfachen, etwa 0,7–0,8 sec langen Gesangssilben verfügt das Männchen über extrem gedehnte Langsilben (bis 1,0 sec) in schmelzend-flötend hochgezogenem Glissando (*gluui, goojuhüi*; Anstieg der Tonfrequenz von 0,5 auf 1,0 kHz [862]).

Der Reviergesang des Weibchens ist ähnlich, die Einzelsilben jedoch typischerweise kürzer, rauer und tiefer. Auch zählen dessen Strophen selten mehr als 5 *guhk*-Silben. Paarpartner singen zur Balz regelmäßig im Duett. Einfachere *gjuu-*, *ghuu-'* bzw. *gwju*-Silben, die meist klangvoll-weich klingen und in der Tonhöhe ebenfalls leicht ansteigen, werden universell als Lockruf gegenüber Partner und Jungen eingesetzt. Sie ähneln den Gesangssilben, sind aber deutlich kürzer und werden meist verhalten-leise und nicht in Serie vorgetragen.

Zum Höhlenzeigen lockt das Männchen am Flugloch oder aus dem Höhleninneren mit ei-

LAUTÄUSSERUNG	MÄNNCHEN	WEIBCHEN	NESTLING/ÄSTLING
Reviermarkierung Balzzeit	Serie ansteigender *guhk* Glissando-Gesang	Serie *guhk* Aggressivgesang	
Reviermarkierung Herbst	Reviergesang Aggressivgesang		
Alarm intensiver Alarm	*kek, jau, mijau* Keckerstrophe	*kek, mijau* Keckerstrophe	
Nestzeigen	quietschendes Zicken	nasales Zwielen	
Fütterungslaut	dunkles Gackern	trockenes Gackern	
Standortlaut/Betteln	*chsü, schrie*, Quieken	*schrie*, Bettelschnarchen	*tchü*/Bettelschnarchen

Tabelle 49. Typische Laute vom Steinkauz.

ner Serie sich in der Tonhöhe quietschend-überschlagender Zwiellaute mit kurzem, peitschend-schnalzendem Endelement („Zicken").

Der Fütterungslaut des Weibchens klingt wie stakkatoartiges Gackern, entweder trocken-nasal oder hart abgesetzt wie *gek.gök.gök.gök* bzw. *daro.to.to.to* in „stotternd"-unrhythmischer Folge. Mit diesem Laut stimuliert das Weibchen kleine Nestlinge zur Futterabnahme. Das Männchen, das sich etwa ab dem 10. Nestlingstag an der Jungenfütterung beteiligen kann, bringt diesen Laut etwas dunkler. Mit einem matt-tonlosen, säuselnd-dünnen *chü* oder *sjü* kontaktieren die Paarpartner einander zur Stimmfühlung. Diesem Laut ähnlich sind diverse „Bettellaute" der Altvögel, die im einfachsten Fall wie säuselndes *chsü* oder *schrie* klingen, und von fauchend-heiser bis krächzend, zwitschernd oder pfeifend variieren. Die Silben können in heiserem Duett zu schnatternd-fauchenden Serien gereiht werden.

Der „Bettellaut" höherer Intensität klingt quiekend-knautschend und kann zu langen, schnarchend-stotternden Strophen gereiht werden. Während diese Laute beiden Geschlechtern eigen sind, ist letztlich ein kräftiges, rauschend-schleifendes Bettelschnarchen – mit bis zu 2 sec langen Einzelsilben (ähnlich der Schleiereule) – für das Weibchen besonders charakteristisch.

Jungvögel „betteln" in den ersten Lebenstagen mit leisem *szip* oder *psiep* in kurz gestoßenen Silben. Später wird der „Bettellaut" kräftiger, rauer und länger; klingt dann fauchend-zischend wie *tchü* bzw. rau *schwö*. Gegen Ende der Nestlingszeit bringen sie ein lautstarkes Bettelschnarchen, zu minutenlangen, monotonen Serien gereiht, das weithin hörbar ist.

Das Stimmrepertoire ist auffallend reich an Alarm- und Abwehrlauten, die entweder kurz und explosiv hart wie einsilbiges *kek* oder *kau* bzw. zweisilbiges *kju.kau* klingen, mitunter waldkauzartig *kji.witt* [209]. Vergleichbar sind Erregungslaute wie *jau* oder schneidend-schrilles *mijau*, die zu lauten Serien gesteigert werden und mit dem Reviergesang zu einem grell anschwellenden „Aggressivgesang" kombiniert werden. Derartige Crescendo-Strophen setzen sich aus bis zu 60 Silben zusammen und werden vor allem bei territorialen Auseinandersetzungen von beiden Paarpartnern affektvoll vorgetragen. Bei Feindalarm und Rivalenreaktionen äußern beide Geschlechter vor allem harte Keckerstrophen in unterschiedlichster Klangfarbe, wobei die Einzelsilben in hart abgesetztem Stakkato rasch aufeinanderfolgen *(kek.kek.kek)*. Keckern kann mit Abwehrschnarchen und Erregungslauten verknüpft werden.

Ähnlich wie Schleiereulen kreischen Weibchen und größere Junge bei Störungen in der Bruthöhle in reich modulierten, geräuschhaften und bis zu 2 sec langen Strophen [209].

Schirken, Fauchen und Knappen wie bei anderen Eulenarten.

ERNÄHRUNG

Beutetiere

Steinkäuze nutzen ein sehr breites Nahrungsspektrum, das einem Gradienten von mehr Kleinsäugern in gemäßigten Klimaten zu mehr Wirbellosen in mediterranen Arealen folgt.

Dabei entspricht die Artenvielfalt an Insekten, Spinnen und Tausendfüßlern dem jeweils örtlichen Spektrum. Nach ihrer Anzahl dominieren meist Käfer (Mist- und Laufkäfer, bei Gradationen auch Mai- und Kartoffelkäfer), gefolgt von Grillen, Maulwurfsgrillen und Heuschrecken, seltener Nachtschmetterlinge und Ameisen [11, 282, 872, 1099]. Erstaunlich ist, wie die Käuze den Energiebedarf ihrer Brut mit oft sehr kleinen Beutetieren decken können (z. B. Ohrwürmer als Hauptbeute [17, 23]). Regional spielen auch Regenwürmer eine bedeutende Rolle – als bequeme Alternativbeute, speziell im Herbst, in frostfreier Lage sogar bis in die Wintermonate [740]). An französischen Brutplätzen machten Regenwürmer bis zu 85 % der Biomasse aus [444]. Dabei eignen sie sich wegen ihres hohen Wassergehalts nur bedingt zur Jungenaufzucht, denn zum einen ist der Energiegewinn gering, zum anderen können die feuchten Würmer das „Kloakenmilieu" in der Bruthöhle verstärken [709].

Wenn Beutelisten aus unterschiedlichen Regionen Europas auch durchgehend die sehr hohe Anzahl an Wirbellosen herausstreichen, so erscheinen für eine erfolgreiche Nestlingsaufzucht die hinsichtlich Biomasse und Nährwert ergiebigeren Wirbeltiere letztlich entscheidend [709]. Nach dem Biomasseanteil machen dabei Kleinsäuger bis zu 93–98 % aus (z. B. Norditalien [284], Polen [282, 872], Ungarn [320], Rumänien [806]). Während in Deutschland, Ungarn oder Polen die Feldmaus an erster Stelle steht, sind es in Norditalien und Portugal die Waldmaus oder in Rumänien die Zwergmaus – neben Brandmaus und Hausmaus [806]. Nur vereinzelt scheinen in Gewöllen Reste von Spitzmäusen oder Maulwürfen auf [282, 320]. Wenn auch selten, so wurden an weiteren Säugetieren in der Steinkauz-Beute Fledermäuse, Schläfer, Schermaus, Feldhamster und Hermelin sowie Jungtiere von Wanderratte, Feldhase und Hauskatze nachgewiesen [284, 574].

Kleinvögel können bei Mäusemangel eine Alternative sein, spielen insgesamt aber eine eher untergeordnete Rolle. Mit 26 % der Gesamtbiomasse wurde auf den ostgriechischen Inseln ein vergleichsweise hoher Wert ermittelt [17], in Mittelitalien waren es noch 20,4 % [1205], in Portugal 5–6 % [1099], in Polen 3,7 % [872], auf Sizilien aber nur 3,23 % [600]. Misteldrossel als größte Vogelbeute [740].

Vereinzelt erbeuten Steinkäuze auch kleinere Reptilien (z. B. Zauneidechse, Blindschleiche, Schling- und Ringelnatter); als Kuriosum wurde sogar eine kleine Sumpfschildkröte im Beute-

Bildfolge der Regenwurmjagd eines Steinkauzes: horchendes Fixieren, kraftvolles Herausziehen und Abtransport der Beute (nach Müller 1992).

Bodenjagd eines Steinkauzes. Die Eule vermag entkommene Beute rennend einzuholen (nach SCHÖNN et al. 1991).

depot entdeckt [319]. Örtlich können auch Amphibien einen nennenswerten Beuteanteil ausmachen, wie z. B. die Knoblauchkröte in der Kiskunsag-Puszta/Ungarn mit bis zu 46,6 % [319]. Als ungewöhnliche Beute werden auch Mollusken wie z. B. Weinbergschnecken genannt [11, 872].

Jagdweise und Beuteerwerb

Der Steinkauz sucht seine Beute vorwiegend mit dem Auge, das durchaus farbtüchtig ist; er reagiert jedoch auch aufmerksam auf Beutegeräusche. Wiewohl im Embryonalstadium asymmetrisch angelegt, weisen Steinkäuze postnatal symmetrisch gelagerte Ohröffnungen auf; offensichtlich eine Reduktion einer stammesgeschichtlich älteren Spezialisierung, in Anpassung an ein überwiegend licht- und dämmerungsaktives Jagdverhalten [547].

Kraftvoller Ansitz- und Bodenjäger mit breitem Beutespektrum unter Bevorzugung kleiner bis mittelgroßer Bodentiere. Zur pirschenden Bodenjagd bevorzugt der Kauz offene Flächen mit niedrigem bis schütterem Bewuchs wegen der besseren Sichtbarkeit der Beutetiere und leichterer Lokomotion. Zur besseren Übersicht kontrolliert die Eule dabei die Umgebung mit hochgestrecktem Körper, wechselt gehend, laufend oder hüpfend ihren Standort und rennt auf die Beute zu. Regenwürmer werden kraftvoll aus dem Boden gezerrt – eventuell unter Entgegenstemmen des Körpers und Flügelschlagen – und lebend verschlungen bzw. abtransportiert. Bei höherer Vegetation kann die Eule zur Orientierung hochspringen oder kurz über einer möglichen Beute rütteln; häufiger nutzt sie Ansitzwarten in entsprechender Höhe. In einem Beispiel aus Portugal dienten Steinhaufen (mittlere Höhe 0,77 m) oder Zweige weitständiger Eichen als Jagdwarte (mittlere Höhe 2,7 m [1094]). Bei der Ansitzjagd fixiert die Eule die Beute aus erhöhter Position, zeigt mitunter erregungsbedingtes Knicksen, Trippeln oder Ruckbewegungen mit Schwanz oder Schwingen, lehnt sich aufmerksam vor und fliegt – nach kraftvollem Start – die Beute geradlinig an. Beim Aufprall hebt sie die Flügel hoch, schließt die Augen und packt mit Schnabel und/oder Fang zu – je nach Beutegröße. Bei wehrhafter Beute kippt sie in den stabileren Fersensitz und öffnet die Flügel zur „Fangstellung". Gleichzeitig walkt sie die Beute durch Einkrallen, beknabbert sie anschließend tastend zur Orientierung; letztlich wird ein Tötungsbiss in Schnauze, Kopf oder Hals gesetzt. Wirbellose werden typischerweise mit dem Schnabel aufgepickt und mit Kopfbiss getötet bzw. geköpft [18].

Zur Insektenjagd sucht der Kauz auch Bäume ab, wo er die Beute von Ästen oder Blättern abliest (z. B. Maikäfer). Er fängt Fluginsekten sogar im Hochfliegen von einer Warte aus – nach Art der Fliegenschnäpper [275, 1094]. Die Beute wird – je nach Größe bzw. Gewicht – im Schnabel, mit einem oder beiden Fängen getragen, dabei auf dem Boden hüpfend weggeschleppt oder im Flug abtransportiert.

Entsprechend der breiten Palette an Alternativbeute beherrscht der Steinkauz auch das Plündern von Vogelnestern, selbst Bruthöhlen,

Steinkauz am Höhleneingang. Durch Pflege bzw. Erhaltung alter Streuobstwiesen kann das Brutplatzangebot in dörflicher Umgebung gesichert werden (Foto DANEGGER).

wobei er die Jungvögel mit dem Fang durchs Flugloch angelt. Kleinvögel werden meist auf dem Boden, seltener aus der Luft überwältigt [963]. Dabei kommen Ansitzjagd, Bodenpirsch, Such- und Rüttelflug in vielfältiger Kombination vor. Der kräftige Kauz riskiert sogar das Schlagen wehrhafter Säugetiere wie Ratten und Feldhamster!

Zur Nahrungsaufnahme sucht der Kauz meist einen gedeckten Platz oder eine Höhle, nur kleinere Insekten werden gleich verschlungen. Vögel werden grob gerupft, auch harte Chitinteile von Großinsekten bleiben liegen. Mäuse werden – vom Kopf beginnend – in kleine Bissen zerlegt, die Eingeweide meist verschmäht. Nur größere Beutestücke werden deponiert, und zwar ganzjährig in Höhlungen, auf starken Astgabeln, Balkenverschneidungen usw., wo sie durch kräftige Schnabelstöße und pendelnde Schüttelbewegungen festgedrückt werden. Nahrungsdepots in der Bruthöhle sind Teil der Balzhandlung und wichtige Reserve zur Versorgung der Jungen außerhalb der Jagdzeiten [740, 963].

Gewölle: Steinkauz-Gewölle sind ziemlich schlank; charakteristisch ist der hohe Anteil diverser Chitinteile (z. B. Flügel, Brustpanzer oder Beine von Käfern), weshalb sie meist brüchig sind und leicht zerfallen. Gewölle messen im Mittel 33 mm Länge und 13 mm im Querschnitt (Variationsbreite: Länge = 15–52 mm, Dicke = 9–18 mm).

FORTPFLANZUNG

Geschlechts- und Brutreife noch vor Ende des 1. Lebensjahres. Die Partner eines Paares leben häufig in Dauerehe, bei meist hoher Brutplatz- und Gebietstreue.

Für strukturarme Steppenhabitate sind Bruten in Erdbauten diverser Säugetiere typisch. Vergleichbar gibt es auch in Mitteleuropa Steinkauz-Bruten in Kaninchenröhren, z. B. in den steilen Abbruchkanten von Lösswänden bei Nierstein/Rhein, in der Umgebung von Neusiedel/Burgenland oder in Sandgruben Südmährens [811]. In der strukturarmen Agrarsteppe Portugals brüten Steinkäuze in den Klüften großer Lesesteinhaufen [1099]. Bruten in Uferfelsen sind für die Halbinsel Krim belegt [740].

In Europa überwiegen Bruten in Baumhöhlen oder entsprechenden Höhlungen und Nischen in Gebäuden: Typisch sind z. B. Bruten in ausgemorschten „Kopfbäumen" (meist Weiden oder Pappeln) sowie in alten Obst- oder Kastanienbäumen. Nach einer Analyse aus Mittelwestfalen/Deutschland zeichnen sich besonders günstige Baumhöhlen durch ein Einflugloch in wenigstens 2,5 m Höhe und eine Höhlentiefe von etwa 60 cm aus, mit trockenem mulmartigem Höhlengrund und – im Optimum – mehreren Ausgängen als Fluchtmöglichkeit. In Ermangelung solcher Strukturen können auch Höhlungen in Holzstapeln, Strohhaufen oder die Zwischenräume bei Stroh- und Siloballen zur Brut genutzt werden [423, 1045].

Sehr divers sind Löcher und Schlupfwinkel, die in Gebäuden zur Brut genutzt werden: wie tief reichende Zwischenböden, Hohlräume hinter Bretterverkleidungen von Dach- und Deckenbalken, niedrige Bereiche zwischen Dachziegeln oder ausreichend große Ausbrüche bei altem Mauerwerk, eingestürzten Zimmerdecken und unbenutzten Kaminen [1045]. Ungewöhnlich sind Brutplätze ohne schützenden Höhlencharakter, wie auf dem Boden einer Scheune zwischen abgestellten Brettern oder gar zwischen diversen Gegenständen auf einem

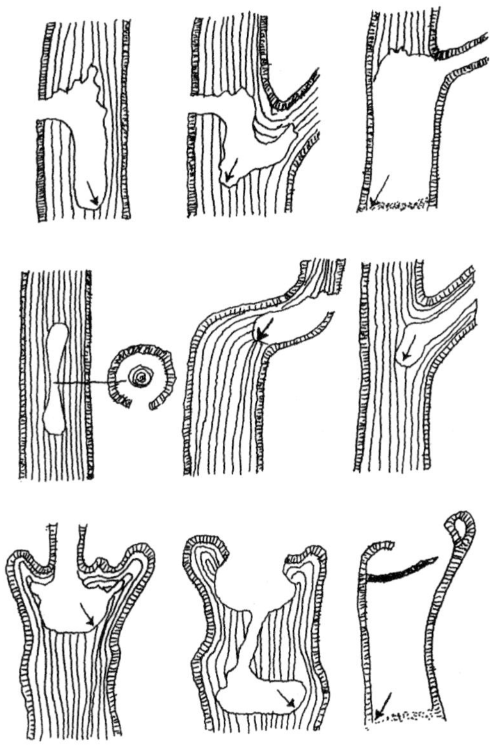

Vom Steinkauz genutzte Höhlentypen in alten Bäumen. Die Eule ist nicht wählerisch, bevorzugt aber trockene, gut belüftete Höhlen (nach SCHÖNN et al. 1991).

offenen Regal [1045]. Außergewöhnlich sind jedenfalls Bruten in Elstern-Nestern, wie aus Moldawien und China berichtet [401, 740].

Bei einer Auflistung von 586 Brutplätzen im dänischen Jütland lagen 36,4 % in Spalten der Dacheindeckung, 19 % in Strohballen, 16 % in Mauerlöchern, aber nur 9,3 % in Baumhöhlen bzw. 3,4 % in Kirchtürmen [423].

Günstige Brutplätze werden oft generationenübergreifend genutzt (z. B. über 40 Jahre in Jütland). In solchen Revieren verbleiben durch Partnerverlust verwitwete Käuze noch bis zu 12 Monate, in Erwartung einer Neuverpaarung (Dänemark [1063]).

Soweit der Rückgang an Steinkauz-Bruten in erster Linie auf Brutplatzmangel zurückzuführen ist, können künstliche Nisthilfen zu Wiederaufbau und Stabilisierung der Brutvorkommen effektiv beitragen (z. B. 79 % von 4068 erfassten Gelegen in Holland in Nistkästen [1049, 1172]). Von den diversen Nistkastenmodellen hat sich für Steinkauz-Bruten eine waagrecht montierte Röhrenform von etwa 1 m Länge besonders bewährt [285].

Balz und Paarbildung

Die Revierabgrenzung ist ganzjährig zu beobachten, doch liegen Schwerpunkte zur Herbstbalz und zum Beginn der Frühjahrsbalz, wobei sich das Weibchen an Grenzstreitigkeiten meist beteiligt. Die territoriale Phase der Balz im Herbst zielt auf das Abdrängen der Jungvögel sowie auf die Sicherung des Beutepotenzials für den kommenden Winter ab. Wenn die Wintermonate im Allgemeinen auch zu einer Unterbrechung der Balzaktivität führen, wurden doch gelegentlich Reviergesang und Höhlenzeigen, vereinzelt auch Kopulationen beobachtet. Typischerweise erfolgt mit der Anpaarung ab Ende Januar/Anfang Februar – als Vorstufe zur Frühlingsbalz – eine Phase voller Konflikte zwischen Kontaktsuche, aggressiver Verfolgung und defensivem Ausweichen.

Singende Männchen präsentieren die geblähte Kehle als weißes Signal; gleichzeitig wird die Kontrastzeichnung der weißen Augenbrauen hervorgehoben. Der Kopf wirkt breit und flach [963]. Balzgesang meist von erhöhter Warte; sehr ausdauernd bei revierbesitzenden Männchen. Der laute Revier- bzw. Glissandogesang wird nur zur Kundgabe auf große Distanz eingesetzt (Revierabgrenzung, Anlocken eines Weibchens). Neben der akustischen Gebietsmarkierung kontrollieren die Käuze ihr Areal auch durch Revierflüge [211].

In Anwesenheit eines Partners bleiben die Laute eher verhalten: Männchen und Weibchen singen ein Duett aus ineinandergreifenden Lock-, Bettel- und Erregungslauten – neben einfachem Reviergesang. Diese „Intimbalz" wird durch soziales Beknabbern und Kraulen verstärkt; auch jagen die Käuze einander im Flug bzw. führen demonstrative Revierflüge aus. Die Paarbindung wird ferner durch Beuteübergaben gefestigt, die vor der Brutzeit auf einem Ast, Stein oder dem Erdboden stattfinden. Dazu lockt das Männchen mit weichem *ghuu*, das Weibchen „bettelt" wie ein Jungvogel mit *schrie* oder heiser-schleifendem Schnarchen. Später übergibt das Männchen die Beute meist in der Bruthöhle. Ein solches Beuteeintragen ist auch für das „Höhlenzeigen" typisch, zu dem das Männchen im Flugloch oder vom Höhleninneren lockt, dazu am Höhepunkt Fütterungslaute bzw. das zwielend-quiekende

Steinkauz-Paar bei der Begattung. Die hohe Erregung spiegelt sich in den weiß-gespreizten „Augenbrauen" wider (Foto NILL).

„Zicken" äußert. Das Weibchen inspiziert den künftigen Brutplatz, äußert typischerweise „Betteln" bzw. ein knautschiges „Zwielen". Solche stimulierenden Nestbesuche werden von den Paarpartnern zunehmend gemeinsam durchgeführt, begleitet von einer abwechslungsreichen Lautkombination aus Säuseln, Locken, *miau*-Rufen, Zwielen oder schleifendem Betteln; auch sind Scharr- und Muldebewegungen aus der Höhle zu hören.

Noch bunter ist die Lautfolge zur Begattung, die stets außerhalb der Höhle – meist auf einem bestimmten Platz (Dachfirst, Felsabsatz, Steinhaufen, Erdboden) – stattfindet: Das Männchen leitet dazu mit Reviergesang ein, das Weibchen fällt zum auf- und abschwellenden Duett ein, in dem beschwichtigendes Säuseln, Betteln und Locken mit Erregungslauten, auch Keckerstrophen abwechseln. Weibchen können ihre Paarungsbereitschaft durch ein aufforderndes Vorbeugen zur flach geduckten Haltung signalisieren. Noch im Singen fliegt das Männchen auf den Rücken des Weibchens. Unter tretelndem Balancieren und Flügelschlagen vollzieht es die Begattung, gleichzeitig steigert sich das Duett zu grellem Schirken und Kreischen. Mitunter packt das Männchen das Kopfgefieder des Partners (Nacken, Stirn, auch Schnabel). Die hohe Anspannung macht sich beim Abfliegen des Männchens in schneidenden Erregungslauten (*miau*, *miji*, Keckern) beider Vögel Luft [209, 862].

Steinkäuze sind streng monogam; entsprechend ergab ein Vaterschaftstest bei 81 Nestlingen aus 29 Bruten nur einen Hinweis auf mögliche Fremdverpaarung (Deutschland [412, 715]). Aus Holland wird ein möglicher Fall von Bigynie gemeldet, wo ein Männchen 2 Weibchen zu versorgen schien [740].

Brut und Brutpflege

Legebeginn frühestens im März (z. B. England [273]), typischerweise in April bis Anfang Mai, ohne nennenswerten Unterschied zwischen

Brütendes Steinkauz-Weibchen (Foto VOLLMER).

Brutgebieten unterschiedlicher Breiten. Bei Beutemangel oder anhaltender Schneedecke Verschiebung auf Mai, seltener Juni. Umgekehrt kann in Gradationsjahren von Feldmäusen (auch Maikäfern) der Beginn der Eiablage um bis zu 4 Wochen vorverlegt werden. Im Extremfall kommt es zu „Winterbruten" – mit Eiablage Mitte Januar (Frankreich), sogar Mitte und Anfang Dezember (Ungarn, Spanien [238, 239]).

Bei Eiablagen in etwa 2-tägigem Intervall beträgt die Gelegegröße 1–6 Eier (Maximalwerte 8 und 9 Eier; in Holland größere Gelege vermutlich von 2 Weibchen [740]). Gelegegrößen korrelieren zwar im Wesentlichen mit dem Angebot profitabler Beute in näherer Brutplatzumgebung [672], scheinen aber gleichzeitig einem Gefälle von Nordost nach Südwest zu folgen. Außerordentlich groß waren Gelege in einem Weinbaugebiet Niederösterreichs mit 6 Eiern im Mittel [1035]; Durchschnittswerte für Tschechien = 4,76 Eier [811], für Deutschland zwischen 4,42 (Bodenseegebiet) und 3,51 Eiern (Jülicher Börde [261]), für Jütland/Dänemark = 4,1 Eier [423], Holland = 3,7 bzw. 3,8 Eier [1049, 1172] und Portugal = 3,3 Eier [1098].

Nachgelege sind etwas kleiner und können bereits in Mai und Juni – oft nur wenige Tage nach Brutverlust – getätigt werden. In Holland betrafen nur 1,7 % aller erfassten Bruten ein Nachgelege [740], auf der Schwäbischen Alb waren es hingegen 10,5 % (n = 171 Bruten [1113]).

Ein Weibchen auf der Schwäbischen Alb/Deutschland produzierte – als Lebensleistung – insgesamt 49 Eier innerhalb von 13 Jahren [997].

Zu Beginn der Eiablage behält das Weibchen zunächst seinen Tageseinstand bei, besucht regelmäßig das Gelege und wendet auch die Eier mehrmals täglich; oder es übertagt in der Bruthöhle neben dem Gelege, jedoch ohne zu brüten. Die tatsächliche Bebrütung setzt individuell verschieden ein, was zur Folge hat, dass in manchen Bruten alle Jungen nahezu gleich alt sind, in anderen die Jungen in etwa 1–2-tägigem Intervall schlüpfen, mit entsprechend breiter Altersstaffelung [210, 740, 1110].

Nur das Weibchen brütet. Die Brutpausen dauern zunächst nur wenige Minuten (1–15 min), gegen Ende der Bebrütung bis zu ½ Stunde [275], und finden vornehmlich zum abendlichen Aktivitätsbeginn und während der Nacht statt, seltener auch am Tage. Wenn das Männchen auch ab dem Zeitpunkt fester Paarbindung, während der Bebrütung sowie der Nestlingsaufzucht den Hauptanteil der Beuteversorgung leistet, jagt das Weibchen während der Brutpausen mitunter selbst; bei unzureichender Nahrungsversorgung entsprechend intensiver [211].

Steinkauz füttert Ästling mit kleinen Bissen (Foto BROSSETTE).

Die Dauer der Bebrütung beträgt im Schnitt 27–33 Tage (minimal 25 Tage – im Extrem 19,5 Tage bei Gefangenschaftshaltung; maximal 35 Tage [740]).

Eischalenreste werden nach dem Schlupf gelegentlich aus der Höhle entfernt, ansonsten unterbleiben Nestreinigungen, sodass sich im Laufe der Jungenaufzucht ein jauchig-verwesender Belag aus Beuteresten, Kot und Gewöllen ansammeln kann. Ein solches „Kloakenmilieu" bildet sich speziell in schlecht belüfteten Höh-

Beuteübergabe bei einem Steinkauz-Paar (nach SCHÖNN et al. 1991 [963]).

Frisch geschlüpfte Steinkäuze wirken rundköpfig und kompakt-gedrungen, ihr Neoptil ist plüschartig dicht (Foto VOLLMER).

len, zu engen Nistkästen und bei ungünstiger Unterlage, wobei die schmierig-feuchte Masse das Wachstum der Jungen erheblich beeinträchtigen kann (Unterkühlung durch feucht-klebriges Gefieder; verschmutzte Nahrung, inklusive Fliegenmaden [967])!

Mithilfe einer automatischen IR-Kamera konnte der Beuteeintrag bei einer Brut im Weingarten registriert werden: Demnach flogen die Altvögel in der Abenddämmerung bis zu 18-mal, um Mitternacht nur einmal und zur Morgendämmerung im Mittel 2,2-mal an [1035].

Wenn das Männchen auch die Beute in die Höhle einträgt, füttert hier in der Regel nur das Weibchen. Zusätzlich holt dieses Beute aus dem Depot, auch außerhalb der Höhle. Es zerteilt die Beutetiere in kleine Bissen und regt die Jungen mit gackernd-trillernden Fütterungslauten oder Lockrufen zur Futterabnahme an [209]. Das Weibchen wird nicht nur durch diverse Bettellaute zur Jungenfütterung veranlasst; nach Experimenten in Spanien stimuliert auch die Farbintensität der Schnäbel zur Futterübergabe: Da kräftige Gelb- und Rottöne körperliche Fitness signalisieren, sollen Junge mit solchen Schnäbeln bevorzugt versorgt werden, was bei großen Nestlingszahlen die Konkurrenz zwischen den Geschwistern deutlich verschärfen kann [32].

Die Nestlinge werden nur an den ersten 10 Tagen intensiv gehudert, dann wacht das Weibchen meist neben den Jungen bzw. besucht sie nur noch nachts. Erst ab dieser Entwicklungsstufe vermag ein Männchen mutterlose Nestlinge alleine großzuziehen, falls das Weibchen ausfällt. Dieses beteiligt sich jetzt verstärkt an der Jagd.

Balzzeit: Ende Februar bis Mitte April.
Legebeginn: Mitte April bis Mitte Mai; Nachgelege bis Mitte Juni. Nur eine Jahresbrut.
Gelegegröße: meist 3–5, seltener 6 oder 7 Eier.
Ei-Maße: Ø 34,4 × 29,6 mm; Gewicht 15,6 g.
Legeabstand: meist 2 Tage.
Bebrütungsbeginn: meist ab zweit- bis drittgelegtem Ei, seltener ab vorletztem oder letztem Ei.
Brutdauer: 27–33 Tage (Extreme = 19,5–35 Tage).

Entwicklung der Jungeulen

Je nach Bebrütungsbeginn schlüpfen die Jungen im 1–2-Tage-Abstand oder nahezu gleichzeitig. Frisch geschlüpfte Steinkäuze wiegen 11–12 g, wirken gedrungen-kompakt und sind mit einem weißen, plüschartig-kurzen Neoptil bedeckt. Sie liegen bei Wärme flach auf dem Bauch, die Beine zurückgestreckt; bei Kälte kauern sie im Fersensitz mit meist schlaff aufgestellten Flügeln. Nestgeschwister halten typischerweise engen Körperkontakt.

Die graubraunen Kielspitzen des späteren Nestlingskleides sind ab dem 5. Lebenstag erkennbar; die Augen öffnen sich am 8.–10. Tag. Spätestens zum Ende der 2. Nestlingswoche fällt der Eizahn ab. Die schweren Kiele des Großgefieders sprießen ab dem 10. Tag. Bereits mit 3 Wochen deckt das dunig-lockere Mesoptil den Körper völlig ab, nur der Bauch bleibt nackt. Das „Kindergesicht“ mit dem breiten weißen Kinn und dem weißen Bartstreif wird deutlich.

Die Fortbewegung ist zunächst auf kurzes Trippeln im Fersensitz beschränkt; auch können sich Nestlinge – mit den Beinen abstoßend – in Bauchlage vorwärtsschieben. Mit 12 Tagen laufen die Jungen bereits kurze Strecken. Im Alter von 2 Wochen gelingt kurzfristiges Stehen – ohne aufliegenden Bauch. Rasches, ausholendes Schreiten ab dem 16. Tag; erstes Stehen auf einem Ast mit 20 Tagen. Steinkäuze zeigen schon früh Ansätze zum Klettern; gegen Ende der 2. Lebenswoche springen sie gezielt an rauen Strukturen hoch, hängen sich mit dem Schnabel ein und ziehen den Körper – unter Zuhilfenahme der Flügel – kraftvoll hoch [949].

Die Nestlinge machen sich früh von den Fütterungen durch die Mutter unabhängig und suchen den Höhlenboden bereits mit 11 Tagen nach Beutestücken ab. Erste Beutefangspiele sind bei 2 Wochen alten Käuzen zu beobachten. Mit 3 Wochen können sie Beutetiere bereits selbstständig anschneiden; auch deponieren sie übrig gelassene Stücke. Je nach Menge und Qualität der Nahrungsversorgung lagern die Ästlinge unterschiedlich viel Unterhautfett ein, was sich markant auf ihre künftige Überlebenschance auswirkt [789]. Bei großen Nestlingszahlen führt die Konkurrenz unter den Geschwistern zu erhöhter Sterblichkeit sowohl bei den Jüngsten als auch bei den empfindlicheren Söhnen, sodass gegen Ende der Nestlingszeit meist Töchter überwiegen [409].

Die Jungen verlassen die Höhle frühestens im Alter von 22–24 Tagen, kehren aber – soweit möglich – über mehrere Tage zum Nistplatz zurück. Somit gilt die Nestlingsperiode erst mit 30–35 Tagen (spätestens 46 Tagen) als abgeschlossen. Jetzt gelingt rasches Laufen in geduckter Haltung, auch ungelenkes Fliegen über kurze Strecken, häufiger klettern die Jungen aber an Baumstämmen in sichere Höhen. In Alarmsituationen flüchten die Käuzchen blitzartig in Deckung. Im Versteck überrascht, wehren sie sich durch Drohen, Fauchen und Knappen, im Extremfall auch durch Zubeißen und Zukrallen in Rückenlage. Erste Beutefangversuche wirken in der 4. Woche noch unkoordiniert, weshalb erfolgreiches Schlagen lebender Beute frühestens im Alter von 5 Wochen gelingt. Eine selbstständige Beuteversorgung ist aber erst gegen Ende der Führungszeit zwischen dem 65. und 70. Lebenstag gegeben [768].

Volle Flugfähigkeit mit rund 42 Tagen [275]. Flügge Junge zeigen zunehmende Tendenz der Distanzierung und greifen ihre Nestgeschwister wiederholt an. Im Alter von 2 Monaten schiebt sich das Erstjahres-Kleid über das Mesoptil, auch verfügen die Jungen jetzt über das Stimmrepertoire der Altvögel. Die Eltern versorgen die Jungen noch bis zu ihrem 70.–80. Lebenstag, doch löst sich der Familienverband spätestens 40–50 Tage nach dem Nestverlassen auf. Die Jungkäuze streifen fortan im elterlichen Revier umher, ehe ihre Dispersion einsetzt.

Kletterverhalten eines jungen Steinkauzes. Bereits im Nestlingsalter zeigen die Jungen Einhaken des Kinns und kraftvolles Hochziehen (Foto BROSSETTE).

Bei ungestörten Bruten und gut versorgten Weibchen erreicht der Schlupferfolg wenigstens 75 % (z. B. Südmähren [811]). Der jährliche Bruterfolg – gemessen an der Zahl an Ästlingen bzw. Flügglingen – steht in Abhängigkeit zum Beuteangebot, dem Witterungsverlauf sowie etwaigen Ausfällen durch Prädation – und schwankt somit erheblich (in einem Beispiel aus Holland konnte bei 50–80 % der Bruten wenigstens 1 Junges groß werden [1172]; 98 % bei Worms/Deutschland, 45 % in der Voreifel [198, 1204]).

Bei 409 erfolgreichen Bruten in der Jülicher Börde/Deutschland gab es innerhalb von 15 Jahren jeweils 1–6 Junge (im Mittel 3,17 Junge) pro Brut. Das jährliche Ergebnis korrelierte mit der Niederschlagsmenge vor der Brutzeit – im März – und dem Ernährungszustand der

Steinkauz-Junge im Ausfliegealter. Das Jugendkleid ist flauschig-locker und ähnelt in seiner Zeichnung bereits dem Alterskleid (Foto VOLLMER).

Weibchen bei der Eiablage. Bei feuchten Bedingungen standen nämlich mehr Regenwürmer zur Verfügung, was sich auf die Kondition der Brutvögel auswirkte. Umgekehrt führen hohe Niederschlagsmengen im Mai/Juni zur Verminderung der Ausflugsrate, da mit dem Eintrag zahlreicher Regenwürmer auch viel Feuchtigkeit in die Bruthöhle kommt, wodurch das Risiko eines wachstumshemmenden „Kloakenmilieus" ansteigt[262, 709].

Mit 3,8–7,0 Jungen pro erfolgreicher Brut wiesen Steinkäuze in der Kiskunsag-Puszta/Ungarn Spitzenwerte im Jahresmittel auf [321]; vergleichbar hohe Werte aus Bad Kreuznach/Deutschland mit 4,32 Jungen und aus dem Weinbaugebiet Rheinland-Pfalz mit 3,58 Jungen in besonders guten Revieren [198]. Der Durchschnittswert aus 31 deutschen Beobachtungsgebieten lag bei 3,06 Ästlingen bzw. Flügglingen je erfolgreicher Brut (Spanne 1,78–4,32 [198]). Ein vergleichbarer Mittelwert von 3,06 Jungen/erfolgreicher Brut ergab sich aus 1448 Bruten in Holland [1172]. Der stete Rückgang von durchschnittlich 3 Jungen pro Brut – um 1970 – auf aktuell höchstens 2 wird in Dänemark auf zunehmenden Nahrungsmangel zur Aufzuchtszeit zurückgeführt [1088]. Noch geringer fiel der jährliche Bruterfolg in den Trockengebieten Portugals mit 0,6–2,3 Jungen pro erfolgreicher Brut aus [1098].

Entsprechend ihrer Herkunft aus trockenwarmen Landschaften leiden Steinkäuze in Mitteleuropa sowohl unter anhaltenden Regenperioden und Frosttagen, besonders aber unter anhaltender Schneebedeckung. Längere Schlechtwetterperioden können dank reichlicher Fetteinlagerung in der Unterhaut überdauert werden; nach strengen Wintern kommt es aber meist zu erheblichen Bestandseinbrüchen (z. B. 90 % in Nordrhein-Westfalen [430]).

Dank mehrjähriger Beringung und Telemetrie liegen fundierte Ergebnisse zur Überlebensrate europäischer Steinkäuze vor: Demnach sind erste Ausfälle noch während der Bebrütung im Ei möglich (z. B. Nordwestengland = 13 % abgestorben [740], Dänemark = 68 % von 119 Eiern abgestorben [1087]). Neben dem Feinddruck und der Qualität der Bruthöhle ist für das Überleben während der Nestlingszeit auch eine ausreichende Nahrungsversorgung ausschlaggebend. Dabei sind Erstgeborene gegenüber jüngeren Nestgeschwistern meist im Vorteil. Die durchschnittliche Mortalitätsrate von 17,6 % der Nestlinge einer systematisch kontrollierten Population bei Ludwigsburg/Deutschland konnte durch experimentelle Zufütterung auf nahezu null gesenkt werden [789, 790].

Nach dem Nestverlassen sind Ästlinge bzw. eben flügge Junge erhöhter Prädation ausgesetzt; doch die größten Verluste erfolgen zur Zeit der Familienauflösung bzw. der Abwanderung eben selbstständig gewordener Jungeulen (54 % in obiger Population). Addiert man alle Verluste vom Ei bis zur Jungendispersion, so überlebten nach einer dänischen Auswertung gerade 8 % [1087]. Bedingt durch Ausfälle während des 1. Winters und bei erster Reviergründung summiert sich die Verlustrate bis zum Ende des 1. Lebensjahres auf 65–85 % [208, 296]. Von da an steigen die jährlichen Überlebenschancen auf 61–85 % [578, 672]. Als Höchstalter wurden 10, 11, 13 und sogar 15 Jahre + 7 Monate ermittelt [740]; die durchschnittliche Lebenserwartung für Steinkäuze liegt allerdings bei nur 2,8–4,0 Jahren [208].

Neben Verhungern und Erfrieren werden die meisten Verluste auf Prädation und Verkehrsunfälle zurückgeführt. Von 377 bei Ludwigsburg besenderten Käuzen wurden 76,2 % Opfer von Prädatoren (an erster Stelle Rotfuchs, gefolgt von Marderartigen, Mäusebussard und Waldkauz [726]). Mehrfach wurden Steinkäuze auch von Schleiereulen erbeutet [672]. Brutverluste gingen in Portugal auf das Konto von Steinmarder, Ginsterkatze, Gartenschläfer und Perleidechse [1097]. Verluste an Gelegen und Nestlingen können durch mardersichere Nistkästen deutlich gesenkt werden (z. B. Kiskunsag/Ungarn [321]). Abschuss und direkte Verfolgung sind heute von untergeordneter Bedeutung [95, 702, 811].

Adulte Steinkäuze sind mitunter zu einem hohen Prozentsatz von Blutparasiten befallen, die über Kriebelmücken übertragen werden (z. B. in Portugal 82,4 % mit *Leucocytozoon ziemanni* infiziert [1100]). Zu etwaigen Auswirkungen fehlen Analysen. Schwermetallbelastungen über die Nahrungskette sind für italienische Agrarflächen nachgewiesen (Cadmium, Chrom und Blei [1187]); in den holländischen

Rheinauen überschreiten die Cadmium-Werte zeitweise den toxischen Schwellenwert [956]. Sterblichkeit: im 1. Lebensjahr im Mittel rund 70 %, in späteren Lebensjahren etwa 30 %. Höchstalter: fast 16 Jahre im Freiland und 18 Jahre in der Voliere.

ORTSWECHSEL

Steinkäuze gelten als ortstreue Standvögel, doch wandern einzelne Jungvögel über zum Teil große Strecken ab, was die Chance auf Austausch und Vernetzung selbst abgelegener Brutvorkommen erhöht. Dabei können sie nicht nur geschlossene Waldgebiete und Mittelgebirgsrücken queren, sondern auch das offene Meer (z. B. Ärmelkanal nach Großbritannien > 52 km, von dort nach Irland > 130 km; oder von Spanien auf die Balearen > 220 km [376, 740]).

Nach den Ergebnissen aus Beringung und Besenderung von über 500 Jungeulen aus der Population bei Ludwigsburg/Deutschland läuft die Dispersion in mehreren Phasen ab: Im Alter von rund 70 Tagen unternehmen die flüggen Käuze zunächst Erkundungsflüge im Umfeld des elterlichen Reviers. Obwohl bereits selbstständig, streifen sie noch gut 6 Wochen weiträumig umher, ehe sie – je nach örtlichem Beuteangebot – endgültig abwandern. September bis Oktober setzt schließlich die Hauptdispersion ein, die im Mittel 3 Wochen dauert [218, 788]. Nach der stationären Überwinterung brechen manche Käuze ein zweites Mal auf, um im Rahmen der Balz- und Anpaarungsphase ein Brutrevier zu gründen [296].

Holländische Wiederfänge belegen die relative Ortstreue junger Steinkauz-Männchen im Vergleich zu den deutlich weiter verstreichenden Weibchen (aus Fuchs & Laar 2008).

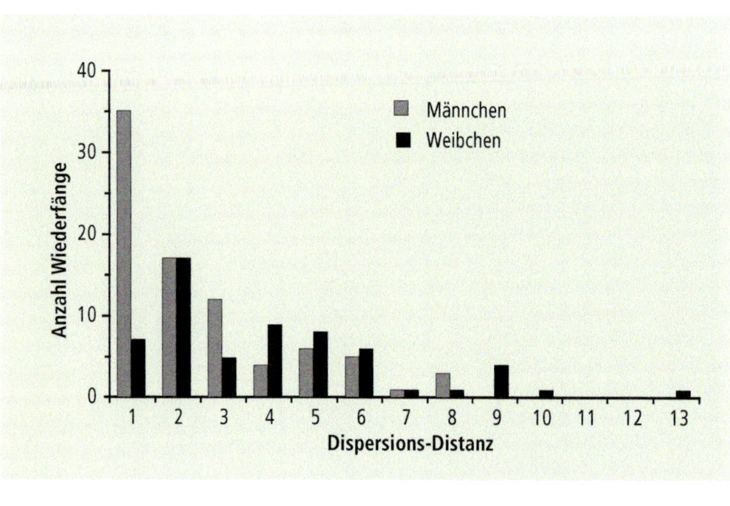

Der größte Teil der Jungvögel siedelt sich in weniger als 10 km Entfernung vom Geburtsort an (z. B. 55–81 % in Deutschland [208, 1204], 95 % in Holland [578]). Dabei legen junge Weibchen deutlich größere Strecken zurück [452]. Nur ein kleiner Anteil der Jungvögel entfernt sich weiter als 100 km vom Geburtsort (z. B. von Südmähren zum Neusiedlersee = 110 km [811], nach Ringfunden aus Deutschland und Holland maximal 200 km [207], von Niederösterreich nach Ludwigsburg = 420 km [228], von Nordwürttemberg nach Westpolen = 600 km, von Bad Kreuznach zur französischen Mittelmeerküste = 758 km [198]).

Einmal angesiedelte Altvögel sind sehr brutorttreu (z. B. Ringfundauswertung aus Deutschland: 62,5 % brüten im selben Revier [208], aus Holland: 76 % brüten am selben Ort bzw. 95 % innerhalb eines 4-km-Radius [578]). Nach Brut- oder Partnerverlust kann es zur Umsiedlung kommen: Im Beispiel aus der Voreifel/Deutschland waren das 0,5–2,5 km bei Männchen und 0,5–8 km bei Weibchen [1204]. Brutortwechsel einzelner Weibchen bis maximal 40 km [452].

GEFÄHRDUNG UND SCHUTZMASSNAHMEN

Auf europäischer Ebene gilt der Steinkauz noch als ungefährdet (BirdLife International 2015). Dessen ungeachtet wird einerseits in zentralen und östlichen Landschaften eine gravierende Ausdünnung der Brutvorkommen beobachtet (z. B. Schweiz, Österreich, Ostdeutschland, Tschechien, Polen), gleichzeitig ein rascher Einbruch der Bestandsgrößen in den nördlichen Gebieten (z. B. Dänemark).

Zentrales Problem für den Steinkauz in Mitteleuropa ist der Schwund von Dauergrünland, großflächige Überdüngung, Wegfall von Brachflächen und die Rodung von Obstwiesen mit hochstämmigen Bäumen. Gleichzeitig hat die starke Veränderung dörflicher Strukturen zur Reduzierung des Brutplatzangebots geführt. Weil Steinkäuze oft in den Randbereichen von Dörfern leben, stellt auch die Ausdehnung städtischer Siedlungsflächen eine zunehmende Gefährdungsursache dar.

Da als wesentliche Ursachen dieser negativen Entwicklung die Intensivierung landwirtschaftlicher Nutzung gesehen wird, mit Vergrößerung der Feldeinheiten bei gleichzeitiger Reduktion struktureller Vielfalt, damit verbunden eine schlechtere Beuteverfügbarkeit, ein gleichzeitig zunehmender Mangel an geeigneten Brutplätzen sowie ein offensichtlich verstärkter Prädationsdruck, müssen Schutzmaßnahmen eben diesen Kriterien entgegenwirken.

Mit dem Angebot spezieller Nistkästen in Form waagrecht angebrachter Röhren konnten bereits kränkelnde Bestände vielerorts relativ kurzfristig stabilisiert, wenn nicht aufgestockt werden. Z. B. konnte bei Ludwigshafen/Baden-Württemberg ein Restbestand von nur noch 8 Paaren 1988 über ein Angebot von rund 700 Nistkästen auf heute 200 Brutpaare angehoben werden [296]; vergleichbar einem Anstieg von 4 auf rund 200 Bp im Bez. Neusiedl (H. Wurm briefl.). Ein wirksamer Marderschutz kann dabei für den Bruterfolg ausschlaggebend sein [285, 609].

Bei Nahrungsmangel zur Brutzeit kann Zufütterung die Überlebensrate und Kondition der Nestlinge erhöhen, doch sind derartige Eingriffe nur kurzfristig in extremer Notlage zu empfehlen [790]. Auf längere Sicht kann nur eine adäquate Lebensraumgestaltung zur Wiederherstellung geeigneter Jagd-, Rast- und Brutgebiete führen. Entsprechende Maßnahmen sind z. B. in dem holländischen Handbuch für den Steinkauz-Schutz aufgeführt [337] (z. B. Sicherung noch vorhandener Steinkauz-Lebensräume, Wiederbegründung von bereits verloren gegangenen Lebensräumen, Wiederherstellung von Streuobstwiesen und Kopfbaum-bestandenem Grünland).

In Anbetracht der meist geringen Dispersions- und Migrationsdistanzen bei dieser Art empfiehlt sich jedenfalls die Entwicklung von Habitat-Trittsteinen, über die eine Vernetzung der Brutvorkommen auch über größere Distanzen begünstigt wird [922].

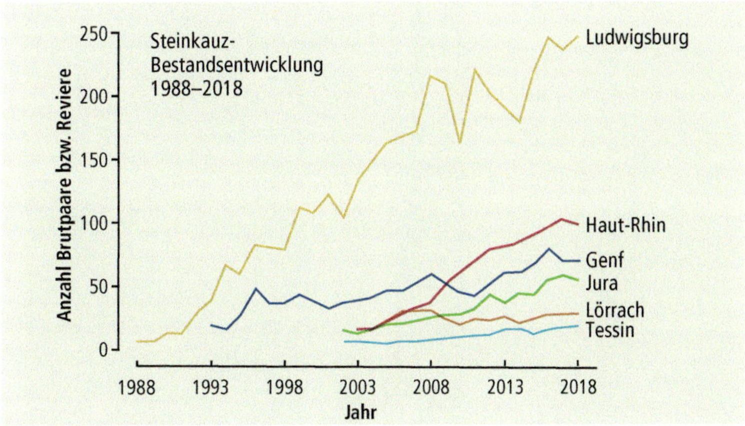

Dank intensiver Artenschutzmaßnahmen durch Nistkastenbetreuung und Biotopsicherung gelang im Raum Ludwigsburg/Baden-Württemberg eine eindrucksvolle Anhebung des Steinkauz-Bestands – bis zur Gebietssättigung. Entsprechende Anstrengungen führten in Schweizer Kantonen hingegen zu keinem vergleichbaren Erfolg, was auf die örtliche Isolation der Vorkommen zurückgeführt wird. (aus Grüebler & Tschumi 2019).

OFFENE FRAGEN

- Wieweit könnte der „Klimawandel" die Bestände am nördlichen Verbreitungsrand begünstigen?
- Über welche Distanzen können lokale Bestände noch effektiven Austausch untereinander haben?
- Können Auswilderungsprogramme zur Anreicherung der genetischen Vielfalt die Probleme durch Inzucht und Gendrift in kleinen, isolierten Populationen abmildern?
- Wie effektiv sind Trainingsmaßnahmen zum Feinderkennen, um die Verlustrate durch Prädation zu senken?
- Wie könnten die zum Teil widersprüchlichen Ergebnisse aus Genetik und Taxonomie zu einer Neugruppierung der Arten und Unterarten innerhalb der Gattung *Athene* zusammengeführt werden?

Nistkastenmodelle für den Steinkauz. In der Praxis unterliegt die äußere Form oftmals eher „modischen" Strömungen als den artgerechten Bedürfnissen (nach Schwarzenberg 1997).

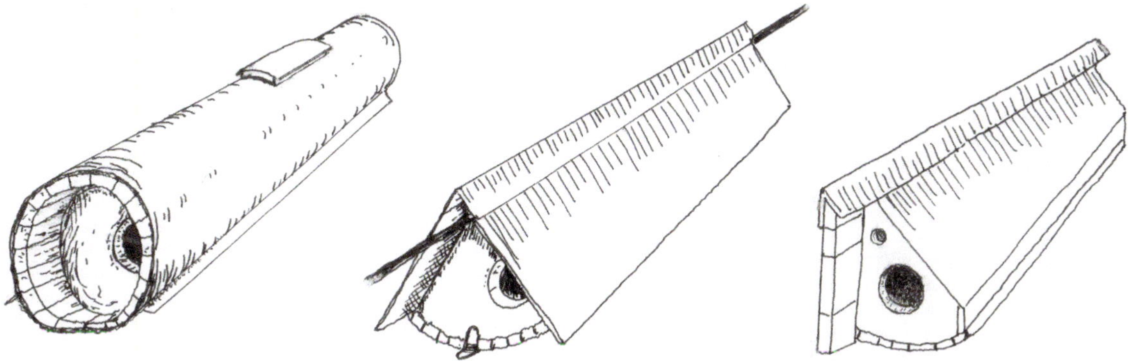

RAUFUSSKAUZ
Aegolius funereus

ALLGEMEINES

Seinen deutschen Namen erhielt der Raufußkauz wegen seiner pelzartig dicht befiederten Füße und Zehen („Rauchfüßiger Kauz" bei BREHM 1820; „Rauch" als altertümliche Bezeichnung für Pelz; vgl. „Pelzpfötchen" bei MÄRZ 1968). Der englische Name *Tengmalm's Owl* wie auch der französische Name *Chouette de Tengmalm* wurde zu Ehren des schwedischen Ornithologen P. G. TENGMALM gewählt.

Zunächst als Charakterart des borealen Nadelwaldgürtels eingestuft, wurde diese Eulenart in ihren mitteleuropäischen Verbreitungsgebieten lange Zeit übersehen oder einfach mit dem bekannteren Steinkauz verwechselt. Wegen der Möglichkeit, diesen waldbewohnenden Höhlenbrüter in großer Zahl über Nistkästen anzusiedeln, liegen heute aber langjährige Datenreihen zu Ernährung, Brutbiologie und Populationsdynamik aus unterschiedlichen Verbreitungsgebieten vor (z. B. Finnland, Norwegen, Schweden, Harz und Thüringer Wald/Deutschland, Erzgebirge/Tschechien, Schweizer Jura). Damit zählt der Raufußkauz zu einer der gegenwärtig besterforschten Eulenarten Europas.

Raufußkauz an der Höhle. Die perlförmigen Tropfenflecken verliehen ihm den schwedischen Namen „Pärluggla"(= Perleule; Foto HEDVALL).

KENNZEICHEN

Der Raufußkauz gleicht in seiner Größe in etwa einem Steinkauz, ist von diesem jedoch durch zartere Konstitution und einen großen, kugelig-runden Kopf mit markant ausgeprägtem Gesichtsschleier unterschieden.
Größe: 24–26 cm; Männchen und Weibchen sind in ihrem Gefieder nicht zu unterscheiden, jedoch geschlechtsspezifisches Verhalten während der Brutzeit.
Flügellänge: (schwedische Käuze am Herbstzug): Männchen 159–185 mm (Ø 172,5 mm); Weibchen 162–187 mm (Ø 176,9 mm [346]).
Flügelspannweite: 53–60 cm.
Gewicht: Durch Fetteinlagerung können Weibchen während der Legeperiode um bis zu 50 % schwerer sein als Männchen [366]. Brutvögel aus der Lüneburger Heide: Männchen 90–113 g (Ø 101 g); Weibchen 126–194 g (Ø 167 g). Bis zum Herbstzug reduziert sich die Differenz auf maximal 4 % [364]. Schwedische Käuze am Herbstzug: Männchen 93–146 g (Ø 120,9 g); Weibchen 100–151 g (Ø 125,9 g [366]).

Der ausgeprägte, helle Gesichtsschleier ist seitlich schwarzbraun umrandet; zwischen den leuchtend gelben Augen befindet sich beiderseits des Schnabels ein schwarzer Längsfleck. Gefieder flauschig locker, oberseits dunkelbraun mit rundlichen weißen Flecken (davon abgeleitet der schwedische Name *Pärluggla* = „Perleule"), unterseits hell mit sehr variabler Zeichnung, von verwaschen-graubrauner Fleckung oder grober Längsstreifung bis zu feiner Querbänderung oder zartem Strichelmuster [953]. Die relativ langen Schwanzfedern mit 5–6 Querbinden. Die Füße tragen eine weiße,

Am Tage überraschter Raufußkauz. Charakteristisch sind der kugeliggroße Kopf mit dem dunkel abgesetzten Schleierrand sowie ein starr vorgerichteter Blick, was dem Kauz ein nahezu „puppenhaftes" Aussehen verleiht (Foto HAUTALA).

Fang des Raufußkauzes. Die dicht an die Krallen reichende („raue") Befiederung der Zehen war namengebend für die Art (Foto GROSS).

Federtypen vom Raufußkauz:
1 Handschwinge links,
2 Handschwinge links,
3 Armschwinge links,
4 Schwanz Mitte
(Foto SCHATTER).

pelzartig-dichte Befiederung, die bis zu den Krallen reicht.

Jungvögel tragen ab der 3. Nestlingswoche ein lockeres, kaum duniges Zwischenkleid (Mesoptil) in nahezu einheitlich dunklem Schokoladenbraun. Dazu kontrastieren im „Kindergesicht" die weißen Augenbrauen und 2 weiße, seitliche Bartstreifen auffällig; außerdem weiße Perlflecken auf Schulterfedern, Flügeln und Schwanz.

Da die Mauser des Großgefieders erst im Alter von einem Jahr einsetzt (mit Abwurf von 2–6 äußeren Handschwingen), lassen sich diesjährige und subadulte Käuze von Altvögeln an dem einheitlichen Flügelbild mit relativ dunklen Hand- und Armschwingen unterscheiden [526, 638]. Die äußeren Armschwingen und mittleren Handschwingen werden erst im

Flugbild des Raufußkauzes. Markant sind die kurzen, gerundeten Flügel, der relativ leichte Körper und der breite Kopf (nach MÜLLER 1982).

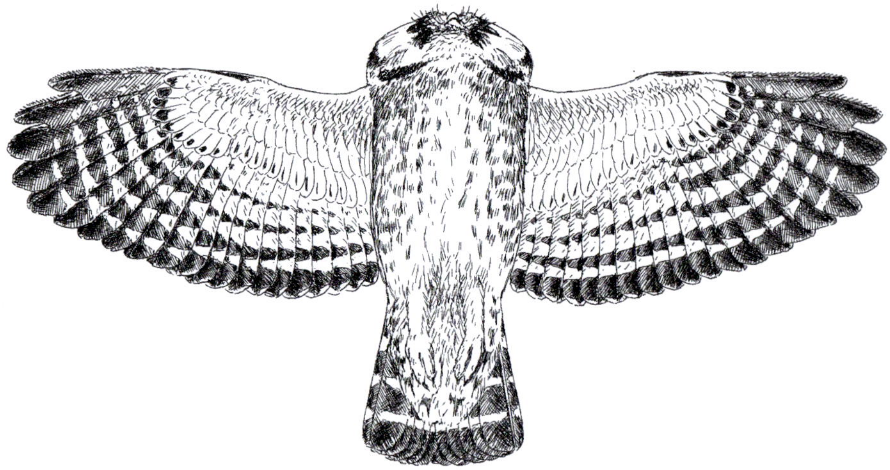

2. Jahr gewechselt; ausgenommen die HS. 1, die bei Weibchen erst im 4. oder 5. Jahr fällt.

Brutvögel beginnen mit der Mauser – je nach Entwicklungsphase der Nestlinge – Ende Mai bis Mitte Juli; ihr Abschluss dauert 5–12 Wochen [394, 525].

Taxonomie und Unterarten

Die Gattung *Aegolius* umfasst 4 Arten, von denen nur der Raufußkauz *Aegolius funereus* in der „Alten Welt" Eurasiens vorkommt. Von diesem wurden historisch bis zu 9 Unterarten beschrieben, wobei aktuell nur noch 4–6 anerkannt sind: Demnach ist die Nominatform *Aegolius funereus funereus* in Europa ostwärts bis zum Ural verbreitet; östlich davon schließt *Aegolius funereus sibiricus* an, sein Areal reicht bis an das Ochotskische Meer. Die asiatischen Unterarten erscheinen gegen Osten heller *(A. funereus pallens)* und zarter *(Aegolius funereus beickianus)*. Abweichend davon ist *Aegolius funereus magnus* aus Kamtschatka dunkler und größer.

Da sich weder an Maßen noch Gefiedermerkmalen klare Unterartengrenzen definieren lassen, gab es seit Langem erhebliche Zweifel an dieser Gliederung. Sowohl extreme Fernfunde beringter Käuze als auch neuere genetische Vergleiche sprechen für eine großräumige Durchmischung der Raufußkauz-Populationen im borealen Nadelwaldgürtel Eurasiens. Lediglich für das weitgehend abgekoppelte Vorkommen im Kaukasus mit den östlichen Waldgebieten scheint eine Abgrenzung von *Aegolius funereus caucasicus* als Unterart derzeit begründet [520].

Traditionell wird die *Boreal Owl* Nordamerikas als Unterart *Aegolius funereus richardsoni* eingestuft. Aufgrund markanter Unterschiede zu den eurasischen Raufußkäuzen hinsichtlich des Strophenaufbaus des Reviergesanges sowie der genetischen Strukturen halten aber neuere Studien einen Artstatus – mit *Aegolius richardsoni* – für gerechtfertigt [520, 1121].

VERBREITUNG

Die Verbreitung der Raufußkäuze, die als typische Bewohner des nördlichen Nadelwaldes gelten, ist zirkumpolar holarktisch: Sie erstreckt sich zum einen von Nordeuropa quer durch das nördliche Eurasien, dem breiten Band des Nadelwaldgürtels folgend bis nach Ostsibirien und Kamtschatka, zum anderen quert sie das nördliche Nordamerika – ebenfalls dem Waldgürtel folgend – von Alaska bis nach Labrador und Neufundland.

Die vom borealen Nadelwaldgürtel weiträumig abgesetzten Brutgebiete in West-, Mittel-

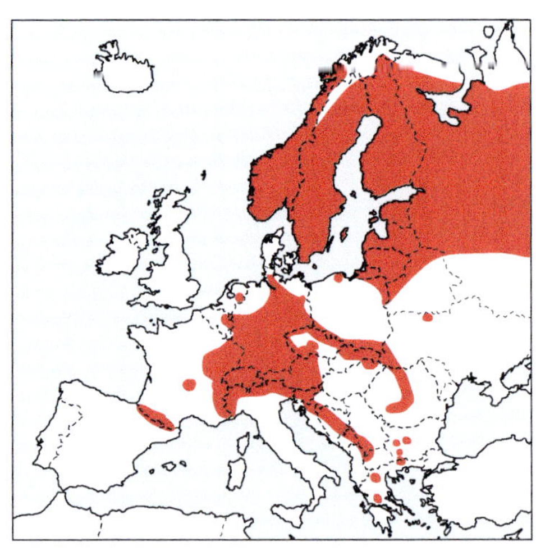

Verbreitung des Raufußkauzes in Europa. Neben dem Schwerpunktgebiet im nordischen Nadelwald haben sich Vorkommen auch in den Mittelgebirgen, Alpen und Pyrenäen gehalten, die als Eiszeitrelikte gelten. Durch Förderung von Nadelwald und durch Nistkastenangebote wurde der Lebensraum in Mitteleuropa deutlich erweitert.

und Südeuropa, im Kaukasus, im Tien-Schan, im westlichen Himalaja und im nördlichen China werden als eiszeitliche Relikte aufgefasst. Gleichwohl korrespondieren selbst räumlich getrennte Vorkommen untereinander, da Jungvögel, speziell Weibchen, über sehr große Strecken migrieren können, mitunter sogar in invasionsartiger Anzahl.

Europäische Brutvorkommen liegen schwerpunktmäßig im europäischen Russland, in Fennoskandien, den großen Waldungen und Mittelgebirgen Weißrusslands, Polens, Tschechiens und der Slowakei bis in die rumänisch-bulgarischen Balkanländer (z. B. Pila und Rila-Gebirge) sowie die Gebirge Mazedoniens und Griechenlands (z. B. Schar-Gebirge, Rhodopen); in den montanen Wäldern der Nordtürkei weiter verbreitet als bisher angenommen. Ferner in den Alpenländern bis zum Westbalkan (z. B. Slowenien, Serbien) sowie in der Schweiz (Jura) und Frankreich (Zentralmassiv, Jura, Vogesen und Laubwälder der Côte d'Or in Burgund). Ein inselartiges Brutvorkommen gibt es in den Pyrenäen, wo der Raufußkauz ein seltener, aber regelmäßiger Brutvogel ist.

Seit dem letzten Drittel des 20. Jhs. wurde eine überraschende Arealausweitung beobachtet, die nicht nur reine Laubwälder der Collin- und Montanstufe erreichte, sondern auch die großflächigen Nadelforste des norddeutschen Tieflandes einbezog; neuerdings sogar die eintönigen Kiefernaufforstungen auf mageren Sandböden Ostdeutschlands. In sehr geringer Dichte brütend in Luxemburg, Belgien (Hunsrück, Schneeeifel), Holland, Schleswig-Holstein/Norddeutschland und Dänemark.

LEBENSRAUM

Als ausgeprägter Höhlenbrüter ist der Raufußkauz im Wesentlichen auf das Vorkommen des Schwarzspechts als Höhlenbauer angewiesen. Daraus ergibt sich eine relativ enge Bindung an Altholzbestände, wobei je nach Landschaft und Höhenlage vor allem Waldkiefern oder Rotbuchen, seltener Tannen, Bergahorn, Espen oder Eichen den Höhlenbaum stellen. Mit ihrem reichen Deckungsangebot bieten alte Wälder aber auch besonderen Schutz vor Prädatoren und Witterung, speziell in sehr strengen Wintern [315]. Auch lassen sich bei geschlossener Schneedecke Singvögel als Alternativbeute am ehesten in Altbeständen erbeuten [315, 536].

Zur Mäusejagd sucht der Kauz offene Flächen (Lichtungen, Waldwiesen, Sturmwurf- oder Kahlschlagflächen, auch Heide- und Moorgebiete) auf, soweit sie nicht zu groß und exponiert sind. Bei entsprechend niedriger Vegetation sind auf offenen Flächen meist wesentlich mehr Mäuse erreichbar. Nach einem Habitatmodell aus Norditalien wären vergraste Freiflächen von wenigstens 10 ha besonders günstig [97]. Finnische Raufußkäuze werden durch die großräumige Kahlschlagwirtschaft benachteiligt, wenn die Freiflächen mehr als 50 % eines individuellen Streifgebiets betragen [313]. Sobald Freiflächen durch Sukzession oder durch Aufforstung überwuchert werden, gehen sie als Jagdgebiet verloren.

Übereinstimmend definieren Modelle aus Italien, Slowenien, Bulgarien oder den Pyrenäen als wesentliche Habitatkriterien:

- deckungsreicher Altbestand (Einstand, Jagd),
- geeignete Spechthöhle (Brut, Beutedepot),
- Lichtungen oder Windwurf (Jagd),
- Fehlen von Waldkauz (geringeres Prädationsrisiko).

Lebensraum des Raufußkauzes im Bergmischwald. Die benötigten Höhlen werden vom Schwarzspecht vor allem in glattstämmigen Buchen oder Kiefern angelegt (Bayerischer Wald; Foto SCHERZINGER).

Raufußkauz am Tagesschlafplatz. Eng an den Stamm gelehnt und mit hochgezogenen Augenlidern verbringt die Eule den Tag in weitgehender Reglosigkeit (Foto NILL).

Für ein slowenisches Waldgebiet konnte gezeigt werden, dass das Brutvorkommen des Raufußkauzes mit dem des Habichtskauzes überlappt, da diese große Eule den offenbar gefährlicheren Waldkauz wirksam verdrängen kann [1135]. Detailliertere Analysen stellen des Weiteren die Bedeutung von verrottendem Lagerholz heraus [741, 1200].

Da die Käuze auch standortfremde Nadelholzplantagen (Fichte, Kiefer) akzeptieren, in den rauchgeschädigten Bergwäldern des Erzgebirges sogar fremdländische Lärchen und Stechfichten, scheint die Naturnähe der Baumbestände nicht vorrangig [1196, 1200]. Wie die aktuelle Ausbreitung aus dem Gebirgswald bis ins Flach- und Tiefland zeigt, dürfte auch die Höhenlage eine eher untergeordnete Rolle spielen, wiewohl in tieferen Lagen der Feinddruck durch den Waldkauz erheblich zunimmt. Entsprechend breit ist die Valenz besiedelter Höhenstufen, von nur 30–70 m (Brandenburg) bis 1750 m (Serbien), 2000 m (bulgarische Rhodopen) oder 2060 m NN (Schweizer Engadin).

Mithilfe zahlreicher Nistkästen konnten Raufußkäuze auch in Wäldern angesiedelt werden, die im Detail nicht den Kriterien arttypischer Habitatwahl entsprechen [666].

SIEDLUNGSDICHTE UND STREIFGEBIET

Aufgrund der engen Abhängigkeit der Brutvorkommen des Raufußkauzes von der Bestandsentwicklung seiner Hauptbeutetiere folgt seine regionale Siedlungsdichte dem 3- bis 4-jährigen Wühlmauszyklus (z. B. Borealwald) oder mehrjährigen Fluktuationen von Wald- oder Rötelmaus (z. B. im Zusammenhang mit den Mastjahren der Waldbäume in der gemäßigten Zone).

Über die Beobachtung singender Männchen lässt sich ein aktuelles Artvorkommen zweifelsfrei nachweisen, doch kann der Gesang nicht automatisch mit Reviergründung oder Brutvorkommen gleichgesetzt werden. Denn zum einen bleiben selbst in „guten“ Jahren bis zu 25 % der Männchen unverpaart, und zum anderen singen gerade diese „Junggesellen“ besonders lang und intensiv [968]. Da Jährlings-Männchen außerdem die Nähe aktiver Brutpaare suchen, kann deren Gesang ein Dichtezentrum vortäuschen. Angaben zur örtlichen Siedlungsdichte, die sich allein aus der Anzahl verhörter Männchen ableiten, sind daher anders zu bewerten als reale Nachweise von Paarbildung oder Brut [352, 974]. (Z. B. Abundanzberechnungen nach singenden Männchen 0,7/10 km^2 [Lettland] bis 4,5/10 km^2 [Bialowieza], 7,7/10 km^2 [Serbien], 6,9/10 km^2 [Bulgarien] oder 16/10 km^2 [Norditalien; 172, 668, 829, 989]).

Die Brutpaardichte hängt stets auch vom Brutplatzangebot ab: Schwarzspechthöhlen sind sehr ungleichmäßig verteilt, typischerweise in „Höhlenzentren“ geklumpt; Nistkästen lassen sich in geeigneten Habitaten unbeschränkt montieren. Raufußkäuze bevorzugen die Nähe aktiver Brutpaare, sodass Brutvorkommen typischerweise inselartig geklumpt sind, mit mehreren Bruten auf engem Raum: beispielsweise 3 Bruten auf nur 1,5 ha Buchenaltholz (Südharz/Sachsen-Anhalt [1141]); 3 Bruten in einem 7–8 ha großen Buchenaltholz (Burgwald/Hessen [1148]); 4 Bruten auf 12 ha Waldfläche (Norditalien [668]). Im Schweizer Jura wurden 12 Bruten auf 80 ha bestätigt [844]. 29 besetzte Nistkästen auf einer 18 km² großen Waldfläche im Ebbegebirge (Nordrhein-Westfalen; entspricht einer Siedlungsdichte von 16 Bruten/10 km² [797]).

Realistischere Werte ergeben sich aus großräumigen und mehrjährigen Kontrollen: So lag das 10-jährige Mittel begonnener Bruten im tschechischen Erzgebirge bei 2,47/10 km², im Vergleich zu nur 0,33/10 km² in Finnland [1202].

Als geringste Distanz zwischen benachbarten Brutplätzen wurden in Norditalien 100 m ermittelt [923], im Kaufunger Wald gar nur 36 m [1148]. Allerdings kann es sich bei enger Brutnachbarschaft sowohl um Fälle von Bigynie handeln, in denen ein Männchen gleichzeitig 2 Weibchen betreut und versorgt, als auch um Schachtelbruten eines Weibchens mit verschiedenen Männchen (serielle Biandrie).

Raufußkauz-Männchen verteidigen nur den engeren Bereich um den Brutplatz gegen Rivalen; ihr Jagd- und Streifgebiet wird nicht als Revier abgegrenzt [968]. Ihr Aktionsgebiet kann über wiederholte Beobachtung individuell gekennzeichneter Vögel abgeschätzt werden. Wie z. B. im Harz, wo ein Männchen noch 1300 m von der Bruthöhle entfernt anhand seiner Beringung identifiziert und später noch beim Führen der Jungen an demselben Ort beobachtet werden konnte [973]. Genauere Werte ermöglicht die Telemetrie: So entfernten sich 2 im tschechischen Isergebirge besenderte Männchen innerhalb einer Nacht maximal 1800–1965 m vom Brutplatz und bejagten dabei eine Fläche von 83,7–109,2 ha [542]. 15 in Finnland besenderte Männchen nutzten zur Brutzeit im Mittel 113,8 ha zur Jagd, wobei Fichtenbestände aufgrund höherer Beutedichte deutlich kleinere Jagdgebiete zuließen als Kiefernbestände (Extremwerte 40,6–295,0 ha [903]). Mit durchschnittlich 187,1 ha (95 % Kernel-Dichteschätzung) waren die brutzeitlichen Jagdgebiete von 20 besenderten Männchen in den Wäldern des rauchgeschädigten Erzgebirges/Tschechien merklich größer [546]. 4 in Norwegen besenderte Männchen jagten in durchschnittlich 440–660 m Entfernung zum Brutplatz (maximal 1708 m), woraus sich ein *homerange* von rund 310 ha errechnen ließ (Extreme 189–419 ha; 95 % Kernel-Dichteschätzung [1030]). Benachbarte Streifgebiete überlappten zu rund 20 % [542].

BESTANDSVERHÄLTNISSE

Unter Einbeziehung der nordamerikanischen Art/Unterart wird der Weltbestand von *Aegolius funereus* von BirdLife International (2021) auf 730 000–1 810 000 Individuen geschätzt. Allein in Europa sollen 94 600–236 000 Brutpaare vorkommen (nach ADEBAR 2014 sogar 110 000–350 000 Paare). Die große Spanne spiegelt die arttypischen Bestandsschwankungen wider bzw. die Unmöglichkeit exakter Bestandsangaben für einzelne Regionen. Nach dieser Liste entfällt der größte Anteil mit 50 000–150 000 Brutpaaren auf das europäische Russland, gefolgt von Schweden (17 000–91 000 Bp) und – mit sehr großem Abstand – Norwegen (2000–20 000 Bp), Finn-

Tabelle 50. Schätzwerte für Raufußkauz-Brutbestände in Verbreitungsschwerpunkten Europas (nach BirdLife International 2021).

LAND	FLÄCHE (TAUSEND KM²)	BRUTPAARE	BEZUGSJAHR
Europäisches Russland	3952,5	50 000–150 000	2010
Schweden	450,2	17 000–91 000	2012
Norwegen	385,2	2000–20 000	2013
Finnland	338,4	1400–8800	2012
Deutschland	357,3	3400–6000	2009
Weißrussland	207,5	2500–5000	2012
Italien	301,3	1500–3500	2006
Schweiz	41,2	2000–3000	2009
Frankreich	643,8	1000–3000	2012
Lettland	64,5	105–2678	2009
Österreich	83,8	2000–2500	2012
Polen	312,6	1200–2400	2012
Tschechien	78,8	1500–2000	2003
Bosnien und Herzegowina	51,1	1000–1500	2014
Slowakei	49,0	800–1500	2012
Rumänien	238,3	600–1000	2013
Gesamt-Europa	**10 180,0**	**94 600–236 000**	2021

Die Zahlen für Gesamt-Europa enthalten auch die Angaben von hier nicht aufgeführten Ländern.

Der mimische Ausdruck des Raufußkauzes ist durch Verformen des äußeren Schleierkranzes sehr variabel. **Linke Reihe:** schmal-tarnend, neugierig-ruhig; **rechte Reihe:** entspannt, hochkonzentriert (nach Voous & Cameron 1988).

land (1400–8800 Bp), Deutschland (3300–6000 Bp), Weißrussland (2500–5000 Bp) oder Italien (1500–3500 Bp).

Diese hohen Werte dürfen nicht darüber hinwegtäuschen, dass die Bestände an Raufußkäuzen in den Verbreitungszentren Fennoskandiens aktuell einen merklichen Rückgang erleben. Demgegenüber dürften die Bestände z. B. im Baltikum, in Polen, Tschechien und Deutschland, in geringerem Maße auch in Belgien, leicht ansteigen, nicht zuletzt aufgrund einer überraschenden Arealausweitung ins

Tabelle 51. Schätzwerte für Raufußkauz-Bestände in den Bundesländern Deutschlands.

BUNDESLAND	FLÄCHE (TAUSEND KM²)	BRUTPAARE/BZW. REVIERE	BEZUGSJAHR	QUELLE
Baden-Württemberg	35,7	350–500	2013	Rote Liste Baden-Württemberg (2016)
Bayern	70,5	1100–1700	2009	Brutvögel in Bayern (2012)
Brandenburg und Berlin	29,8	40–45	2007	Brutvögel Brandenburg und Berlin (2011)
Hessen	21,1	200–700		Vögel in Hessen (2010)
Mecklenburg-Vorpommern	25,6	50–90		2. Brutvogelatlas (2014)
Niedersachsen und Bremen	47,8	550–950	2008	Atlas der Brutvögel (2014)
Nordrhein-Westfalen	34,0	70–200	2009	Brutvögel Nordrhein-Westfalen (2013)
Rheinland-Pfalz	19,8	100–200	2007	Vogelwelt Rheinland-Pfalz (2014)
Saarland	2,6	0–2	2000	Atlas der Brutvögel (2005)
Sachsen	17,7	300–500		Brutvögel in Sachsen (2013)
Sachsen-Anhalt	20,3	100–180	2013	Vogelwelt Sachsen-Anhalt (2014)
Schleswig-Holstein und Hamburg	16,4	20	2008	2. Brutvogelatlas (2014)
Thüringen	15,2	450–650	2009	Brutvogelatlas Thüringen (2020)
		Insgesamt rund **3300–6000**	2009	BfU (2019)

Aufgrund zum Teil unterschiedlicher Bezugsjahre kann die Summe für Deutschland aus dem ADEBAR-Atlas von der Summierung der Zahlen aus den Bundesländern abweichen.

Hügelland, sogar ins Flach- und Tiefland (z. B. Sachsen-Anhalt 140–190 Brutgebiete, Sachsen 300–500 Brutgebiete [506, 701] Tab. 51).

VERHALTEN UND STIMME

Ruhe und Körperpflege

Der Raufußkauz wählt seinen Tageseinstand in guter Deckung, z. B. in dichten Nadelbäumen; ruht im Allgemeinen nicht in Baumhöhlen oder Nischen, jedoch häufig mit Körperkontakt zum Baumstamm, auch mit dem Kopf gegen starke Äste gelehnt. Finnische Käuze wählten ihren Tageseinstand – gut gedeckt – in 1–7,5 m Höhe (Ø 2,5–4,4 m [525]). Ein dösender Kauz plustert locker das Gefieder, das typischerweise sowohl Zehen als auch Flügelbüge überdeckt, zieht den Kopf an den Körper und sträubt das Stirn- und Schleiergefieder, sodass das Gesicht wie horizontal „geknickt" wirkt; Augen geschlossen. Lässt sich auf seinem Ruheplatz auch völlig einschneien. Liegendes Ruhen nicht beobachtet.

Trotz seiner vorwiegend dunkelaktiven Lebensweise sonnt sich der Raufußkauz regelmäßig; besonders an Wintertagen und während der Mauser. Dazu sucht er gezielt bestimmte sonnenexponierte Zweige auf, sträubt das Gefieder plustrig, öffnet mitunter auch die Flügel – schlaff hängend – zur Vergrößerung der besonnten Oberfläche. Dreht gleichzeitig das Gesicht direkt gegen die Sonne. Lässt sich der Kauz zum Regenbad berieseln, sträubt er grob das Gefieder, spreizt plötzlich beide Flügel und den Schwanz auf und vollführt gaukelnd-drehende Rumpfbewegungen; kreist und schaukelt mit Körper und Kopf, schüttelt das Wasser ab und schließt die Flügel wieder.

Baden in Wasser regelmäßig; bei großer Intensität bis zur völligen Durchnässung: Der Kauz taucht zuerst den Kopf ein, schaufelt sodann mit den Flügeln Wasser auf den Rücken – und spritzt flatternd um sich. Vergleichbare Bewegungen beim Baden im Schnee mit Kopfeintauchen, hoppelndem Umherspringen und Flügelschlagen. Sand- bzw. Staubbäder bisher nicht beobachtet.

Komfortverhalten mit Kratzen, Putzen, Strecken und Schütteln tritt vor allem zum Aktivitätsbeginn auf.

Aktivitätsmuster

Rein nachtaktiv, mit einer biphasischen Verteilung der Aktivitätsmaxima jeweils zur späten Dämmerung am Abend und am frühen Morgen – längstens bis zum Sonnenaufgang. Ruhephase um Mitternacht, zumindest unter mitteleuropäischen Lichtverhältnissen, da die Sicht für einen sicheren Ortswechsel bei völliger Dunkelheit offensichtlich nicht ausreicht. Bei den kurzen Sommernächten im nordischen Verbreitungsgebiet ist das Männchen zu Jagdflügen noch weit nach Sonnenaufgang gezwungen. Bei sommerlichem „Dauertag", wie z. B. nördlich des Polarkreises in Lappland, finden Jagdflüge durchwegs in hellen „Nächten" statt, ohne mitternächtliche Pause [469, 1197].

Die Gesangsaktivität nimmt mit fortschreitender Balzzeit zu und ist maximal bei unverpaart gebliebenen Männchen; diese singen oft auch am hellen Tag. Nach automatischer Registrierung sangen einzelne Männchen im Erzgebirge/Tschechien bis zu 4 Stunden pro Nacht. Zum Höhepunkt der Balz fällt die mitternächtliche Pause mitunter aus und der Kauz singt „pausenlos" die ganze Nacht. Allerdings hemmen Niederschläge und Wind die Gesangsintensität, ebenso das Prädationsrisiko durch andere Eulen. Zur Brut- und Aufzuchtszeit wird die Nachtaktivität im Wesentlichen beibehalten; Beuteübergaben, Brutpausen und Paarungen finden nur ausnahmsweise tagsüber statt, doch kann das Weibchen in der Höhle die Nestlinge rund um die Uhr mit Beute aus dem Depot versorgen.

Besenderte Männchen überbrachten in Norwegen 0,72–1,87 Beuteeinheiten pro Stunde zum Brutplatz. Bei großen Nestlingszahlen trägt das Männchen wenigstens 4- bis 5-mal pro Nacht Beute an die Höhle [1030]. Mit automatischen Kameras konnte das Gewicht der überbrachten Beute mit 20,4–31,6 g pro Stunde ermittelt werden (Norwegen [192, 303]). Die Zahl an Beuteübergaben nimmt nicht nur mit Anzahl und Alter der Nestlinge zu, sondern hängt auch von der Qualität des örtlichen Beuteangebots ab. Entsprechend mussten die Männchen in Finnland im Mittel 7,8 Beutestücke pro Nacht überbringen (Wühl- und Spitzmäuse mit relativ geringer Masse und Energie), im Vergleich zum Erzgebirge/Tschechien, wo die Männchen dank der kompakteren

Raufußkauz im Landeanflug (Stroboskopaufnahme; Foto NILL).

Waldmäuse mit 5,6 Beuteübergaben pro Nacht auskamen [1197]. Hier lieferte ein Männchen im Lauf der Brut- und Aufzuchtszeit insgesamt 265 Beutestücke zur Nisthöhle [1000].

Bewegungsweise und Flug

Bewegungen leichtgewichtig, weich und ruhig. Im Vergleich zum annähernd gleich großen Steinkauz fehlen dem Raufußkauz hektisch-ruckartige Elemente, abgesehen von einem kurzen Kopfzucken in Momenten intensiven Fixierens bzw. angespannter Konzentration auf ein Beuteobjekt. Trippeln in kleinen Schritten auf Ast oder Boden, hochbeiniges Schreiten nur über kurze Strecken, auch beidbeiniges Hoppeln; mitunter kraftvolles Springen beim Beuteerwerb.

Der Flug wirkt schwerelos, nahezu „unhörbar" leise und weich bei kleinräumiger Wendigkeit (Flügelbelastung von nur 0,24–0,33 g/cm^2 [434, 503]. Flugbahn geradlinig und stetig (nicht spechtartig bogenförmig wie beim Steinkauz), mit relativ geringer Ausschlagsamplitude und kurzen Segelstrecken.

Der Raufußkauz durchstreift den Wald im unteren Baumkronenniveau oder relativ niedrig über der Bodenvegetation, durchfliegt geschickt auch Dichtstand und Gestrüpp. Quert offene Lichtungen in entsprechender Höhe, auch steiles Abtauchen vom Startpunkt bzw. jähes Aufsteilen zum Landepunkt. Über Freiflächen Kreisen, Segeln, Gleiten – auch Rütteln, unter Ausnutzung von Aufwind und Thermik.

Sozialverhalten und Konflikte

Einzelgänger mit nur saisonaler Paarbindung. Ästlinge und flügge Jungkäuze ruhen oft in knapper Distanz, gelegentlich auch in Körperkontakt zu Geschwister oder Elter, kraulen einander und halten während der Aktivitätsphasen Stimmkontakt. Altvögel suchen meist keine Begegnungen, ruhen – auch zur Brutzeit – in getrennten Einständen und halten weder stimmlich noch taktil einen Kontakt zum Partner. Entsprechend fehlen soziales Beknabbern oder Kraulen.

Bei gutem Beuteangebot können die normalerweise monogamen Männchen auch 2, im seltenen Fall sogar 3 Bruten mit jeweils anderen Weibchen beginnen (Bi- und Trigynie). In solchen Ausnahmejahren balzen die Männchen an einer Zweit- oder auch Dritthöhle, sobald die Ersthöhle von einem Weibchen zur Brut angenommen wurde, um eine maximale Reproduktionsleistung zu erzielen [137, 525]. Weibchen wiederum können Zweitbruten (mit demselben Männchen) oder Schachtelbruten (mit einem zweiten Männchen) produzieren (serielle Polyandrie) – unter Zurücklassung des ersten Männchens mit den noch versorgungsabhängigen Jungen.

Markierung des Brutgebiets durch Gesang, in Jahren mit guter Beuteversorgung bereits im Herbst (Schwerpunkt September bis Oktober, vereinzelt bis in den Dezember). Dabei singt das Männchen an effektvollen Warten, seltener an einer potenziellen Bruthöhle. Zur territorialen Abgrenzung werden neben dem Reviergesang auch Alarmlaute, mitunter sogar Angriffsflüge eingesetzt. In Erwartung eines massiven Anstiegs der Mäusedichte (z. B. Samenmastjahr) treffen Weibchen mitunter bereits im Herbst im Brutgebiet ein [663].

Die Frühjahrsbalz kann schon im Januar einsetzen. Reviergesänge vorwiegend im Umfeld einer geeigneten Höhle, wobei die Männchen mitunter zwischen mehreren Höhlen wechseln. Angelockte Weibchen entscheiden sich nach der Qualität der angebotenen Höhlen und Jagdgebiete, weshalb jüngere Männchen, die eher in Suboptimalbereiche gedrängt werden, meist unverpaart bleiben [663].

Über Playback stimulierte Männchen intensivieren mitunter ihren Gesang; auch lassen sie Schnabelknappen, vereinzelt sogar lautes Flügelklatschen vernehmen. Im Allgemeinen aber wenig aggressiv gegen Artgenossen, zumal nur ein kleiner Teil des Streifgebiets tatsächlich als „Revier" verteidigt wird [510, 1008].

Im Frühjahr hält die territoriale Balzphase meist nur bis zur erfolgten Paarbildung an, doch lassen sich einzelne Männchen noch später zu Gesang provozieren. Typischerweise bleiben diese nämlich ganzjährig im besetzten Brutgebiet, während die Weibchen auf der Suche nach günstigen Nahrungs- bzw. Brutbedingungen über erstaunlich weite Strecken umherstreifen können [525].

Feindverhalten

Der Raufußkauz setzt vor allem auf Feindvermeidung: durch ruhiges, meist unauffälliges Verhalten, durch Ausnutzung von Deckung in Baumkronen bzw. ein weitgehend kryptisches Gefieder und letztlich durch die arttypische Dunkelaktivität. Meidet auffällig Gebiete mit hoher Waldkauz-Dichte bzw. reagiert mit verminderter Gesangsintensität in Gebieten, die vom Waldkauz besiedelt sind [698, 1135]. Auch soll ein regelmäßiger Wechsel der Bruthöhle dem Prädationsdruck durch den Baummarder ausweichen [1023].

Gegenüber Menschen aber ohne jede Scheu, selbst an der Bruthöhle. Weibchen lassen sich meist ohne Gegenwehr greifen, nur selten krallen und beißen sie um sich. Brut und Bruthöhle werden gegen Brutstörer meist nicht verteidigt; doch überfliegen einzelne Altvögel den Feind, können ihn dabei auch mit dem Flügel streifen [525]. In einer experimentellen Präsentation eines lebenden Minks (amerikanischer Nerz) über dem Nistkasten stieg die Verteidigungsbereitschaft des Männchens mit dem Alter der Nestlinge [311]. Auch investieren Männchen in die Brutverteidigung mehr, wenn ein hohes Beuteangebot besonders günstige Überlebenschancen der Nachkommen erwarten lässt [525].

Im Tageseinstand ruht der Kauz meist gut gedeckt. Auf Annäherung eines Störers oder möglichen Fressfeindes nimmt die Eule eine Tarnstellung mit hoch aufgerichtetem Körper, vorgedrehtem Flügelbug und eng anliegendem Gefieder ein. Der äußere Schleier wird zu 2 runden „Ohrzipfeln" hochgezogen, der innere Schleier seitlich schmal zusammengezogen; in Extremstellung sind die Augen spaltförmig verkniffen. Anhaltende Konfrontation kann zu einem merkwürdigen „Konfliktschlaf" führen, wobei der hochgradig gestresste Vogel eine nur scheinbar entspannte Haltung mit geschlossenen Augen einnimmt, dabei schläfrig-kränklich wirkt.

Bei gefährlicher Annäherung wechselt der Kauz zur Drohstellung unterschiedlicher Abstufung – je nach dem Grad der Erregung bzw. dem Vorherrschen von Angst gegenüber dem Fressfeind: zunächst Aufreißen der Augen, raues Plustern des gesamten Gefieders – vor allem am Kopf – bei aufrechter Haltung; gefolgt von breitem Schwanzfächern, Fauchen und Knappen. Schließlich schildförmiges Auffächern eines Flügels (körperparallel oder nach hinten gestreckt). In extremer Angstsituation starrt die Eule den Feind mit hervorquellenden Augen an und sträubt – unter Schirken – das Gefieder maximal, besonders am Kopf [275, 929].

Brütende Weibchen sind in der großen Schwarzspechthöhle weitgehend schutzlos gegenüber Raubtieren, speziell Mardern. Sie reagieren daher sehr empfindlich auf Kratz- und Scharrgeräusche am Stammfuß des Brutbaumes und blicken typischerweise mit weit nach unten abgewinkeltem Kopf zum Flugloch heraus. Diese „Kratzreaktion" wird vielfach zur Brutbestandskontrolle eingesetzt; sie nimmt jedoch mit Fortschreiten der Bebrütung und zur Zeit des Schlupfes ab, weshalb mit dieser Methode aktive Brutvorkommen übersehen werden können [923].

Bei Störungen an der Bruthöhle zeigen die Nestlinge ab der 3. Lebenswoche drohendes Gefiedersträuben unter Fauchen und Knappen; im Alter von 1 Monat beißen und krallen sie z. B. in die genäherte Hand in abwehrender Rückenlage.

Positionen des Raufußkauzes bei Feindbegegnung: hochgestreckte Tarnstellung mit angelegtem Gefieder, den Schleier zu 2 „Ohrzipfeln" hochgezogen; primitives Drohen mit maximal gesträubtem Gefieder; Drohstellung mit einseitig gefächertem Flügelschild (nach SCHERZINGER 1984).

Stimme

Wohlklingend weich-flötend, selten kläffend oder schnalzend scharf. Die Stimmen beider Geschlechter sind in ihrer Grundstruktur gleich, doch hat das Repertoire des Weibchens einen deutlich geringeren Umfang als das des Männchens, das durch eine Fülle stimmungsabhängiger Variationen gekennzeichnet ist.

Die Männchen tragen ihren Gesang von erhöhten Warten vor, bleiben aber meist in Deckung bzw. meiden offen exponierte Stellen. Hocherregte Käuze singen auch zu imponierenden Balzflügen im Höhlenbereich [511, 560, 983]. Die individuelle Charakteristik des Reviergesanges bleibt lebenslang konstant, sodass benachbarte Männchen einander am Gesang erkennen konnen [968]. Unverpaarte Männchen singen deutlich intensiver, im Extrem auch „pausenlos" während der ganzen Nacht – mitunter noch bis in den Frühsommer.

Der Reviergesang des Männchens setzt sich aus einer unterschiedlich langen Serie verhalten-weicher *u*-Elemente zusammen (Frequenz 0,7–1,1 kHZ [862]), die in raschem Stakkato gereiht werden. Typischerweise sind je 5–7 solcher *u*-Elemente zu kurzen Strophen gebündelt, die jeweils etwa 1–2 sec dauern und von 2–3 sec langen Pausen getrennt werden. Diese Einzelstrophen setzen meist matt und leise ein, um allmählich zum vollen Okarina-Ton anzuschwellen.

Ganz allgemein drückt sich die eher aggressive, rivalenbezogene Balz durch kurze Strophen mit deutlich abgesetzten Elementen in

Raufußkauz-Weibchen im Flugloch der Bruthöhle. Wegen des Feindrisikos durch hochkletternde Marder reagiert die Eule augenblicklich auf Kratzgeräusche am Stamm, um nach der Störquelle zu schauen (Foto HAUTALA).

härterem, mitunter sogar bellendem bis hämmerndem Stakkato aus, eine mehr partnerbezogene, sexuell motivierte Balz hingegen durch lange Strophen mit weichen, eher verschliffenen Elementen in gedämpfter Lautstärke.

Sobald ein Weibchen den Sänger aufsucht, fällt das Männchen in einen unrhythmisch-„stotternden" Gesang mit leiser und variabler Silbenabfolge ein („Verlobungsgesang").

Zum Höhlenzeigen singt das Männchen nahe der besetzten Bruthöhle oder im Flugloch. Es reiht weiche *u*-Elemente zu langen Strophen, die in nahtloser Abfolge sich zum mehrminütigen, an- und abschwellenden Gesang („Roller") formieren.

Die Weibchen verfügen durchaus über den „rollernden" Reviergesang, der aber meist nur in der Anpaarungsphase zu hören ist. (Solange die Weibchen noch nicht in voller Brutstimmung sind, können sie – aufgrund ihrer Körpergröße – eine dominante Rolle ausführen, männliches Verhalten – wie Reviergesang, sogar Paarungsversuche – zeigen und Attacken gegen das kleinere Männchen ausführen; dieses antwortet dann mit beschwichtigendem *muid* [275].)

Überwiegen zur Anpaarung zunächst noch aggressiv getönte „Gicker"– und *kjäck*-Laute, die den Alarmsignalen ähneln, so wird mit dem pausenlos vibrierenden Triller von dunklem,

LAUTÄUSSERUNG	MÄNNCHEN	WEIBCHEN	NESTLING/ÄSTLING
Reviermarkierung Balzzeit	okarinaartig-weicher Gesang *uh.uh.uh.uh.*	(Gesangsstrophen kurz)	
Reviermarkierung Herbst	(Reviergesang)		
Alarm intensiver Alarm	schnalzend *pschiu zjuck* oder grell *kjuwick*	*pschiu, ziuck* *kiuwäck*	*tschjü*
Nestzeigen	Zeige-Roller *u.u.u.u.u.*		
Fütterungslaut		wimmerndes Gluckern	
Standortlaut/Betteln		leise *muid*/dünn *sih*	*chsip/tsich, chöch*

Tabelle 52. Typische Laute vom Raufußkauz.

Flugkünstler Raufußkauz. Die Eule ist ungewöhnlich manövrierfähig und kann auch im Dichtstand der Waldvegetation noch erfolgreich jagen (Foto NILL).

lullend-weichem Klang (Frequenz von etwa 0,5–0,8 kHz [862]) ein Höhepunkt der Anpaarungsphase erreicht.

„Beschwichtigend" weich und leise sind auch die volltonig-dunklen *u*-Strophen des „Paarungsrollers", mit dem das Männchen seine Partnerin zur Kopula stimuliert. Zur Beuteübergabe reduzieren Männchen „eingeschliffener" Brutpaare den „Roller" auf Einzelelemente und fliegen die Höhle nur noch mit leisen *uhd*-Silben (weich, ansteigend) an.

Das Weibchen antwortet typischerweise mit einem leisen, kurz ansteigenden *muid* als Stimmfühlungslaut. In der Höhle „bettelt" es mit dünnem und hohem *sih* oder *xieb* („Nestlaut" [511]); übernimmt mit diesem Laut auch die Beute vom Männchen. Der „Fütterungslaut" klingt wie eine „kläglich-wimmernde" Serie unrein-gluckernder Stakkatosilben; er wird vom Weibchen zum Teil schon während der Bebrütung geäußert.

Die Bettellaute der Nestlinge sind an den ersten Tagen leise und heiser wie *chsip* oder *pfich* – vergleichbar dem Betteln des Weibchens. Später werden sie kräftiger, und nach dem Ausfliegen klingen sie kurz gestoßen wie *tsich* oder *chöch*.

Die Alarm- und Warnlaute sind typischerweise kurz, scharf und schnalzend. Arttypisch ist ein „peitschendes" *zjuck* bzw. *pschiu* (ähnlich dem Schrecklaut eines Eichhörnchens), das besonders häufig zur Familienauflösung und während der „Herbstbalz" zu hören ist. Auch heulend-gedehnte Einzelelemente des Gesanges können Warncharakter haben (*uh*, mitunter schleifend wie *jau*). Abweichend davon äußern Raufußkäuze in hoher Erregung – z. B. gegenüber Fressfeinden – ein nasal-schneidendes, zweisilbiges *kjuwick* oder *kiuwäck* (ähnlich dem Lockruf des Waldkauzes). In Serie klingen solche Laute wie „Kläffen".

Vergleichbar den anderen Eulenarten verfügen auch Raufußkäuze über ein Schirken als Unlust- bzw. Angstlaut, über ein zartes Fauchen sowie Schnabelknappen. In Einzelfällen wurde auch Flügelklatschen bestätigt [510].

ERNÄHRUNG

Beutetiere

Wenn auch aus unterschiedlichsten Landschaften Europas Beutelisten vorliegen, so sind sie nicht direkt vergleichbar, da das Artenspektrum sowie Anzahl und Biomasse der Beutetiere mit unterschiedlichen Methoden und zu unterschiedlichen Abschnitten des Brutverlaufs erhoben wurden: deponierte Beute zur Balz- und Legeperiode, Monitoring der Beuteübergaben am Brutplatz über automatische Kameras, Direktbeobachtung beim Beutefang, Analyse der Gewöll- und Beutereste aus dem Nistkasten aus der späteren Nestlingszeit. Da die Männchen Beute häufig ohne Kopf anliefern, kann es auch zu quantitativer Unterschätzung kommen.

Dessen ungeachtet spiegeln die Analysen das örtliche Beuteangebot wirklichkeitsnah wider, das sich im geschlossenen Wald, auf Waldlichtungen oder vergrasten Kahlschlägen markant unterscheidet. Z. B. deutliche Dominanz von Wühlmäusen, Rötelmäusen und Waldspitzmäusen im Borealwald Fennoskandiens; Überwiegen von Rötelmäusen, Spitzmäusen und auch Maulwurf etwa in Weißrussland; Kombination aus „Waldmäusen" (inkl. Gelbhalsmaus), Rötelmaus und Erdmaus im Harz/Sachsen-Anhalt bzw. aus Wald- und Wühlmäusen im tschechischen Erzgebirge. Kontrastierend dazu fanden sich in den Beuteresten aus dem Hochlagenfichtenwald des Böhmerwalds/Tschechien vorwiegend Waldspitzmäuse, gefolgt von Rötel- und Erdmaus. Im Arnsberger Wald/Westfalen wurden überwiegend Waldmäuse erbeutet, gefolgt mit Abstand von Rötelmäusen. Im Schweizer Jura waren Wald- und Wühlmäuse zu etwa gleichen Anteilen vertreten, gefolgt von Spitzmäusen (inkl. Maulwurf); umgekehrt in den italienischen Alpen mit Spitzmäusen, Wühl- und Waldmäusen in absteigender Reihung.

In allen Regionen bilden Kleinsäuger den Schwerpunkt zur Brutzeit (nach Anzahl z. B. 98,3 % Schweizer Jura; nach Biomasse z. B. 82,2 % Norwegen, 86,33 % Serbien). Dabei nimmt die Artenvielfalt von Nord nach Süd im Allgemeinen zu. Vereinzelt auch Fledermäuse erbeutet [807]. Insgesamt 47 Säugetierarten bestätigt. Durchschnittliches Beutegewicht 20,0 g; größte Säugetierbeute: Schermaus, Maulwurf, Wanderratte, Mauswiesel, Flug- und Eichhörnchen, Feldhase (jeweils Jungtier) [525, 528].

Vögel werden zur Brutzeit in meist marginalem Umfang erbeutet (nach Anzahl 1 % Schweizer Jura, 1,7–2,4 % Norditalien, 3,9 % Westfalen, 5,9 % Šumava/Tschechien; nach Biomasse 2,5 % Norwegen, 5,5 % Weißrussland, 10 % Harz/Sachsen-Anhalt, 13,7 % Serbien, bis 22 % Finnland). Eine höhere Bedeutung erhalten Vögel als Ausweichbeute bei Schneelage (z. B. 30 % nach Anzahl, Finnland [525]). Insgesamt 66 Vogelarten bestätigt. Größte Vogelbeute: diverse Drosseln, Bunt- und Grünspecht, Eichelhäher und Haselhuhn (jeweils Jungvogel [532, 842]). Vereinzelt Amphibien, möglicherweise auch Insekten [525].

Die Bestände der Wühl-, Rötel- und Waldmäuse unterliegen großen Schwankungen, sei es im Rahmen von 3- bis 4-jährigen Zyklen oder in Abhängigkeit zu Samenmastjahren der Waldbäume. Entsprechend variieren die Anteile der regionalen Hauptbeutetiere beträchtlich, sodass die Eulen entweder auf weniger profitable Alternativbeute ausweichen müssen oder in günstigere Jagdgebiete abwandern, im Extremfall auch auf die Fortpflanzung verzichten.

Ganzjährig wird Beuteüberschuss auf Zweigen, Baumstümpfen oder in Höhlen deponiert. Hart gefrorene Stücke aus dem Depot müssen vor dem Verzehr aufgetaut werden. Dazu „bebrütet“ die Eule die Beute unter ihrem Bauch- bzw. Brustgefieder (bei Beutetemperaturen von –22 °C dauert das Auftauen rund 22 Minuten [89]).

Beutestücke, die vom Männchen zur Anpaarungsphase in der prospektiven Bruthöhle deponiert werden, verstärken nicht nur das Werben um ein Weibchen, sie demonstrieren auch die jagdliche Qualität des Männchens und seines Jagdgebiets. In einem finnischen Brutgebiet fanden sich 3,7–5,5 Beutestücke je Brutkontrolle (maximal 35 [530]), in Westfalen waren es maximal sogar 112 [451]. Derartige Depots finden sich in der Bruthöhle noch während Eiablage, Bebrütung und früher Nestlingszeit. Z. B. fanden sich in einer Bruthöhle an die 70 Mäuse neben 2 Nestlingen [48].

Jagdweise und Beuteerwerb

Ausgesprochener Wartenjäger mit optischer und/oder akustischer Beutelokalisation. Nutzt Ansitzplätze im Wald in unterschiedlicher Höhe, zum Teil knapp über dem Waldboden (im Beispiel norwegischer Käuze in durchschnittlich 2,9 m Höhe). Bei maximal gespreiztem Schleier aufmerksam um sich horchend, verweilt der Kauz im Mittel nur 2 Minuten auf einem Platz, ehe er die Warte wechselt. Je nach

Raufußkauz würgt Gewölle aus (Foto KUCZKA).

Bildfolge zum Beutefang des Raufußkauzes: aufmerksames Horchpeilen, langsamer Abflug mit Kurskorrektur, beschleunigter Sturzflug und Abbremsen vor dem Beuteschlag; vor dem Aufprall werden die Beine maximal vorgestreckt, die Augen sicherheitshalber geschlossen (nach NORBERG 1970).

Beutedichte 9 bis über 100 Ansitze pro erfolgreichem Beutefang [126, 744]!

Dem Raufußkauz-Auge fehlen UV-sensible Sinneszellen, weshalb z. B. Reflexe von Urin oder Kot von Mäusen im UV-Bereich nicht als Indiz für die aktuelle Mäusedichte genutzt werden können [501]. Ist eine Beute ausgemacht, so fixiert der Kauz diese – zum Absprung vorgeneigt – bei vollrund gespreiztem Schleier und lateralen Kopfbewegungen hochkonzentriert. Seine Erregung lässt sich eventuell an kurzen Trippelschritten und ruckartigem Kopfzucken ablesen. Mit kräftigen Flügelschlägen startet die Eule los und gleitet – bei ausreichender Sicht – geradlinig vorwärts, das Gesicht stets in Stoßrichtung orientiert; die Fänge werden erst in letzter Sekunde vorgestreckt und fassen mit dem Aufprall blitzschnell zu.

Als vorwiegend dunkelaktive Art ist der Raufußkauz auf eine rein akustische Beutelokalisation spezialisiert: Sein außergewöhnlich leistungsstarkes Gehör erlaubt die punktgenaue Ortung einer Maus auf 20–60 m Distanz, selbst bei störenden Umweltgeräuschen. Bei völliger Dunkelheit nähert sich die Eule der Schallquelle unter ausholend-langsamen Flügelschlägen in weitem Bogen, die Richtung durch Horchpeilen fortwährend korrigierend [503, 744]. Kurz vor dem Ziel werden die gespreizten Zehen vorgestreckt und – zur Vermeidung von Verletzungen – die Augen geschlossen sowie der Kopf zurückgezogen. Gleichzeitig mit dem Zupacken breitet der Kauz die gefächerten Flügel- und Schwanzfedern zur „Fangstellung“ aus. Entkommt die Maus, holt er sie in raschem Hoppelsprung ein; auch versucht er, versteckte Beute unter Steinen, Wurzeln usw. hervorzuangeln. Mit Einkrallen und Bissen in den Kopf wird die Beute getötet.

Beutetransport einbeinig im Fang, mit dem Schnabel nur zur Beuteübergabe an der Höhle. Bei strengem Frost wird frisch geschlagene Beute unter dem Bauchgefieder warm gehalten [934]. Nur kleine Beutetiere werden ganz verschlungen; Mäuse meist in grobe Stücke zerteilt, Vögel zuvor gerupft.

Aufgrund ihrer auffälligeren Aktivität werden männliche Wühl- und Rötelmäuse häufiger erbeutet [502]. Bei erfolgreicher Jagd kehren die Käuze immer wieder in dasselbe Jagdgebiet

◁ Beutedepot in der Bruthöhle des Raufußkauzes. Während der gesamten Balz- und Brutperiode wird Beute eingetragen und Überschuss gespeichert (Foto PLUCINSKI).

◁◁ Raufußkauz im Flugloch der Bruthöhle. Zum „Nestzeigen" singt das Männchen anhaltend am besetzten Nistplatz, dabei wird der schwarze Kinnfleck gebläht (Foto SCHERZINGER).

zurück [1030]. Bleibt der Jagderfolg wegen schlechter Witterung, Schneefall etc. aus, so können Raufußkäuze mit entsprechender Fettreserve bis zu 1 Woche lang hungern [366].

Trinken sehr unregelmäßig, vor allem zu Eiablage und Brut.

Gewölle sind im Mittel 32 mm lang und 15 mm dick (Variationsbreite: Länge = 18–35 mm, Dicke = 11–16 mm). Durch ihre bauchige Form und das Fehlen von Insektenteilen unterscheiden sie sich deutlich von den etwa gleich großen, aber schlankeren Gewöllen des Steinkauzes.

FORTPFLANZUNG

Geschlechtsreife im 1. Lebensjahr; Brutreife bei Weibchen ebenfalls zum Ende des 1. Lebensjahres. Jährlings-Männchen bleiben hingegen meist unverpaart, weil Weibchen ältere bzw. erfahrene Männchen mit gutem Jagdrevier bevorzugen. Aufgrund der besseren Beuteversorgung der Weibchen durch ältere Männchen wirkt sich deren Altersklasse sowohl auf Legebeginn als auch Reproduktionserfolg aus [533]. Nur in Gradationsjahren der Beutetiere gelingen auch Jährlings-Paaren erfolgreiche Bruten [316, 567].

Der gesamte Lebens- und Fortpflanzungszyklus der Raufußkäuze ist an die räumlich und zeitlich stark fluktuierende Verfügbarkeit profitabler Kleinsäuger gekoppelt. Die Eulen bewältigen diese jährlich neuen Herausforderungen durch erstaunlich komplexe Strategien, die sowohl Legebeginn, Gelegegröße, Anzahl der Bruten und Verpaarungsmuster, ja sogar das Geschlecht der Nachkommen betreffen, letztlich auch die Entscheidung, zu bleiben oder abzuwandern.

Als wenig flexible Höhlenbrüter nutzen Raufußkäuze typischerweise alte Schwarzspechthöhlen, seltener andere natürliche Baumhöhlen. Ausnahmsweise Bruten in Felsspalten oder Gebäuden; regional sogar in Reisigkobeln von Eichhörnchen, Elstern oder Krähen [275, 525]. Soweit Nistkästen als Ersatz natürlicher Bruthöhlen geboten werden, können deren Ausmaße und Wandstärke sowie die Qualität der Nistunterlage über den Bruterfolg entscheiden [529].

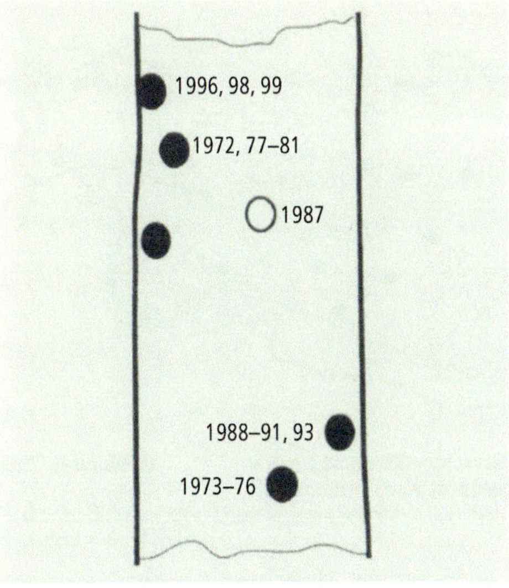

Ein 28 Jahre lang vom Raufußkauz genutzter Höhlenbaum. In diesem Baum (eine Rotbuche) fanden von 1972 bis 1999 insgesamt 21 Bruten statt. Das Schema zeigt die in verschiedenen Jahren genutzten Höhlen (Sächsische Schweiz; aus AUGST 1999).

Raufußkauz. Altvogel im Beuteanflug an die Bruthöhle (Foto VOLLMER).

Der Nestbau beschränkt sich beim Raufußkauz auf das Scharren einer Mulde am Höhlengrund. Selbst alte Vogelnester werden nicht entfernt.

Balz und Paarbildung

In der Regel monogame Saisonehe; keine Partnertreue, vielmehr sind Mehrfachverpaarungen innerhalb einer Brutsaison möglich. Zur bestmöglichen Ausnutzung von „guten Mäusejahren“ können z. B. Männchen 2, seltener auch 3 Bruten mit jeweils anderen Weibchen beginnen (Bigynie bzw. Trigynie); umgekehrt können Weibchen Zweit- bzw. „Schachtelbruten“ mit einem zweiten Männchen zeitigen (serielle Polyandrie) – mitunter in großer Distanz. Als Lebensleistung produzierte ein Weibchen im Harz/Niedersachsen 9 Bruten mit insgesamt 6 verschiedenen Männchen [905].

Männchen und Weibchen verfolgen sehr unterschiedliche Fortpflanzungsstrategien: Sobald ein Männchen eine geeignete Bruthöhle im Anschluss an ein ertragreiches Jagdgebiet besetzen konnte, bleibt es ganzjährig im potenziellen Brutgebiet. Mit Gesang markiert es sein „Revier“, zum Teil bereits während der „Herbstbalz“, jedenfalls zur Frühjahrsbalz. Entsprechend gelten adulte Männchen als mehr oder minder ortstreu, zumal sie nur bei akutem Beutemangel oder besonders harten Winterbedingungen abwandern. Die Weibchen wiederum versuchen, das örtlich jeweils günstigste Mäuseangebot auszunutzen. Sie bleiben deshalb nur so lange im bisherigen Brutgebiet, wie die Beutedichte dort ausreicht. Typischerweise streifen sie weit umher, stets auf der Suche nach Gebieten mit überdurchschnittlich hohen Mäusedichten. Somit können sie in aufeinanderfolgenden Jahren in ganz verschiedenen Gebieten und mit ganz verschiedenen Partnern brüten.

Revierbesitzende Männchen tragen den Reviergesang ab Aktivitätsbeginn in später Abenddämmerung von entsprechenden Warten vor, deren Lage nach der akustischen Flächenwirkung, seltener nach der Lage der Bruthöhle ausgerichtet ist. Gleichzeitig versuchen die Männchen, in Hörweite zu ihren Rivalen zu bleiben, sodass die Reviere nicht regelmäßig, sondern „geklumpt“ verteilt sind [275, 979].

Sich annähernde Weibchen melden sich zunächst mit aggressiv getöntem *uäck* (bzw. *kjäck*) an. Das Männchen sucht sofort die Höhle auf, um das Weibchen mit dem weichen „Zeige-Roller" dorthin zu locken. Ein interessiertes Weibchen folgt unter „Gickern", worauf das Männchen hocherregt sein Höhlenzeigen mit stotterndem „Verlobungsgesang" intensiviert. Diese konfliktbeladene Anpaarungsphase dauert mehrere Tage, bis das Weibchen mit dem weichen Stimmfühlungslaut *muid* seine Paarungsbereitschaft ankündigt und das „ekstatische" Höhlenzeigen des Männchens mit entsprechenden Nestbesuchen beantwortet. Das Männchen festigt die Bindung des Weibchens an seine Höhle durch regelmäßiges Übergeben bzw. Eintragen von Beute.

Mit gemeinsamen Nestbauhandlungen, wie Scharren und Mulden, leitet das Paar zum Brutgeschäft über. Kopulationen finden stets außerhalb der Bruthöhle, in der Regel auf einem ganz bestimmten Ast in Höhlennähe statt: Das Weibchen nimmt eine flach-vorgebeugte Paarungsstellung ein, sobald das Männchen mit weich-verschmelzendem „Roller" stimulierend abfliegt. Die Begattung wird von Schirklauten begleitet und dauert nur wenige Sekunden. Das Männchen fliegt sofort im Gleitflug ab.

Brut und Brutpflege

Ab erfolgter Paarbildung versorgt das Männchen die Familie allein mit Beute, zumindest bis zum Alter der Nestlinge von etwa 3 Wochen. Es übergibt die Beute dem Partner typischerweise am Flugloch der Bruthöhle; seltener schlüpft es zum brütenden bzw. hudernden Weibchen ein. Anzahl und Qualität der Beutestücke (hinsichtlich Biomasse bzw. Energiegehalt), die in den Wochen der Anpaarungsphase eingetragen werden, beeinflussen Legebeginn und Gelegegröße. Darüber hinaus soll das Eulenweibchen bereits bei der Eiproduktion das Geschlecht ihrer Nachkommen festlegen können und bei minderer Ernährungslage eher robuste Töchter, in „guten" Mäusejahren eher Söhne aufziehen (Schweden [365]).

Der Beginn der Eiablage richtet sich weniger nach dem Breitengrad als nach der Beuteverfügbarkeit. Hohe und geschlossene Schneedecke kann die Eiablage um Wochen hinauszögern. Ältere, jagderfahrene Männchen ermöglichen früheren Legebeginn ihrer Weibchen; ältere Weibchen produzieren frühere – und damit auch größere – Gelege [525, 567]. Weibchen, die bei gutem Beuteangebot im Herbst ausreichend Fett einlagern konnten, sind zu früher Eiablage imstande, selbst bei hoher Schneelage und tief winterlichen Temperaturen [366].

Frühester registrierter Legebeginn z. B. 20.02. (Bayern [664]), 26.02. (Westfalen [451]), 27.02. (Schweizer Jura [844]), 04.03. (Erzgebirge [1201]), 07.03. (Sachsen-Anhalt [1141]), 15.03. (Norditalien [668]). Später Brutbeginn z. B. 30.05. (Sachsen-Anhalt [1141]), 29.06. (Erzgebirge [1201]), 23.06. (Schweizer Jura [844]). Die langjährigen Mittelwerte konzentrieren sich aber auf Ende März bis Mitte April.

Frisch gelegte Eier wiegen um die 12 g; Volumen 11,7–12,5 cm^3 (Finnland, n = 268 [312]) bzw. 7,8–14,2 cm^3 (Oberitalien, n = 569 [668]). Intervall der Eiablage rund 2 Tage.

Gelegegrößen 2–9 Eier, selten 10, wobei jüngere Weibchen meist weniger Eier legen und sich die Legeleistung in „guten" von „schlechten" Mäusejahren merklich unterscheidet (z. B. Harz/Niedersachsen = 6,1 gegenüber 3,8 Eier im Mittel [969]). In Summe produzieren Raufußkäuze im Borealwald etwas größere Gelege als in Mitteleuropa (Mittelwerte = 5,8–6,6 Eier [Finnland] gegenüber 3,24 [Norditalien]; 4,7 [Harz/Niedersachsen]; 4,8–5,1 [Erzgebirge]; 5,13 [Schweizer Jura]; 5,4 [Westfalen]; 5,6 [Harz/Sachsen-Anhalt]).

Im Allgemeinen eine Jahresbrut. In besonders mäusereichen Jahren kann bei Verlust des Geleges eine Ersatzbrut stattfinden (häufig mit

Gelege des Raufußkauzes. Gewöll- und Rupfungsmaterial sammelt sich als Unterlage an (Foto HLASEK).

Raufußkauz-Nestlinge im Alter von 4–8 Tagen. Die dunklen Kiele des Mesoptils beginnen, sich an den Schultern zu entwickeln (Foto SCHERZINGER).

Partner- und Höhlenwechsel; z. B. 5 Fälle im Harz/Niedersachsen [970]). In derart günstigen Jahren versuchen erfolgreiche Männchen, ein 2. Weibchen für eine 2. Brut anzuwerben (Legebeginn z. B. mit nur 5–6 Tagen Zeitabstand zur 1. Brut; 3 Fälle im Harz/Niedersachsen [970]). Nach einer schwedischen Studie paarten sich 9–14 % der Männchen mit 2 Weibchen [138]; von 286 finnischen Männchen bildeten 12 % bigyne, 1 % sogar trigyne Verbindungen (Zeitintervall 1–43 Tage zwischen 1. und 2. Brut [535]). Innerhalb von 30 Jahren wurden im Harz/Niedersachsen 36 Fälle von Bigynie und 9 Fälle von Trigynie bestätigt, bei denen ein Männchen jeweils 2–3 Weibchen versorgte [974].

Diesen Aufwand können mehrfach verpaarte Männchen zwar zu Brutbeginn und während der Legeperiode leisten. Sobald aber die Jungen des Erstweibchens schlupfen, konnen Zweit- und Drittweibchen nicht mehr ausreichend mit Beute versorgt werden. Solche Weibchen haben daher höchstens ⅓ des Bruterfolges im Vergleich zu monogam verpaarten [525].

Für Weibchen ist es daher günstiger, Zweitbruten – im seltenen Fall auch Drittbruten – mit einem jeweils neuen Männchen und in neuer Bruthöhle durchzuführen. Das gelingt innerhalb einer Saison, wenn es die Jungen der Erstbrut nach Beendigung der Huderphase verlässt (entspricht einem Alter des erstgeborenen Jungen von rund 21 Tagen) und die weitere Aufzucht allein dem 1. Männchen überlässt. Nur 4–18 Tage danach kann das Weibchen mit einem anderen Männchen eine 2. Brut beginnen. In sehr seltenen Fällen gelingt dem Weibchen noch eine 3. Brut, wenn es die Jungen der Zweitbrut ebenfalls so früh wie möglich verlässt: In 3 Fällen steigerten die Weibchen damit ihre Jahreslegeleistung auf 14, 16 und 20 Eier (Intervall aufeinanderfolgender Gelege ca. 35–60 Tage [540]). Aus Finnland wurde auch simultane Biandrie bestätigt, bei der das Weibchen einer Brut von 2 Männchen gleichzeitig versorgt wurde [525].

Nur das Weibchen brütet; es bleibt bereits kurz vor Legebeginn in der Höhle und brütet ab Ablage des 2. (3.) Eies. In Anbetracht der meist kalten Frühjahrsnächte dauern die Brutpausen, in denen das Weibchen Kot absetzt und Gefiederpflege betreibt, nur wenige Minuten. Die brütende Eule reagiert zunächst noch akut auf Kratzgeräusche am Brutbaum, doch sitzt es mit Fortschreiten der Bebrütung sehr fest. In Einzelfällen wurden brütende Weibchen vom Kleiber oder durch einen rasch wachsenden Holzpilz „eingemauert“ [171, 358]!

Die Bebrütung dauert im Mittel 29,2 Tage, kann sich beim letztgelegten Ei auf 26,6 Tage verkürzen [525]. Die Jungen schlüpfen etwa im Abstand der Eiablage von 1 ½–2 Tagen. Nach dem Schlupf werden die Eischalen durch Wegtragen oder Zertreten entfernt, ansonsten fehlen Nestreinigungshandlungen während der Aufzuchtsperiode, wenn in Einzelfällen auch Entfernen vertrockneter Beutereste durch das Männchen bestätigt wurde.

In der Höhle füttert nur das Weibchen; es stimuliert die Nestlinge anhaltend mit dem trocken-gluckernden „Fütterungslaut“ zur Nahrungsabnahme und reicht kleine, aus den Beutetieren herausgerissene Bissen. Die Fütterungen dauern an den ersten Lebenstagen der Nestlinge nur 5–10 min und folgen in etwa ½-stündigem Intervall.

Die Zahl der nächtlichen Beuteübergaben korreliert mit der Anzahl zu versorgender Nestlinge und variierte – im Falle einer Langzeitregistrierung – von 4,7–13,1 während der Aufzuchtszeit (bei norwegischen Bruten im Mittel 0,72–0,89 Anlieferungen pro Stunde [1030]; bei finnischen Bruten im Mittel 9,8 Anlieferungen pro Nacht [469, 1195]). Die jeweilige

Biomasse betrug im Erzgebirge rund 180 g [1000]. Da überschüssige Beute in der Höhle eingelagert wird, sind Fütterungen zeitlich unabhängig von den Beuteübergaben. Verstorbene Jungvögel werden wie Beutestücke behandelt und an die Geschwister verfüttert [1192]. Das trifft insbesondere bei akutem Beutemangel zu, der das Weibchen zu aktiver „Brutreduktion" der Nestlingszahl veranlasst [1117, 1197].

In Anpassung an das oft raue Klima der Nadelwaldzone dauern die 2–3 nächtlichen Huderpausen meist nur kurz (laut Kameraüberwachung im Erzgebirge: Anstieg mit zunehmendem Alter von 6 auf 65 Minuten [1193]). Erst in der 3. Woche der Nestlingszeit bleibt das Weibchen für mehrere Stunden außerhalb der Höhle. Bei gutem Beuteangebot verlässt der überwiegende Teil der Weibchen die Brut ab der 4. Nestlingswoche gänzlich; bei unzureichender Beuteversorgung beteiligt es sich auch an der Jagd und weiterer Brutpflege [1193].

Nach dem Ausfliegen werden die „Ästlinge" vorwiegend vom Männchen gefüttert, zumal wenn das Weibchen die Familie für eine weitere Brut andernorts verlassen hat. Das Männchen zieht in einem solchen Fall die Jungen alleine bis zur Selbstständigkeit groß. Verunglückt das Männchen, ist auch das Weibchen in der Lage, die Brut selbstständig zu versorgen.

Legebeginn: je nach Nahrungsangebot und Witterung von Mitte März bis Anfang Mai, meist Anfang April.
Gelegegröße: (2) 3–6 Eier, in besonders günstigen Jahren sogar 8–10 Eier.
Ei-Maße: Ø 32,7 × 26,6 mm (Extreme 28,3–35,9 × 22,8–27,6 mm; n = 569 Eier aus Oberitalien [668]); Gewicht 12 g.
Legeabstand: 2 Tage.
Bebrütungsbeginn: ab 2. (3.) Ei.
Brutdauer: 27–30 Tage.

Entwicklung der Jungeulen

Entsprechend dem Bebrütungsbeginn und dem Legeabstand asynchrone Schlupffolge im 1–2-Tage-Abstand (Letztgeborene schlüpfen in kürzeren Abständen; Zeitspanne für gesamte Brut 6–7, maximal 13 Tage [544, 1117]); Schlupfgewicht 7,5–8 g [561].

Zum Schlupf sind Raufußkäuze mit weißem, dichtem, aber kurzem Neoptilflaum bedeckt, durch den die zunächst kräftig lila-rote Haut durchscheint. Der schmale Kopf läuft in einem relativ langen Schnabel aus. Die Augenlider sind verschlossen; die Umgrenzung des Gesichtsschleiers mit dem Ohrspalt ist erkennbar (die arttypische Asymmetrie der Ohröffnungen im Eulenschädel bildet sich erst im Laufe der 1. Nestlingswoche aus [547]).

Die Jungen liegen oder kauern im Fersensitz, den Kopf auf dem Boden oder an der Höhlenwand abgestützt. Mit 6 Tagen gelingt freies Sitzen auf den Fersen, d. h. ohne den Bauch abzustützen; mit 9 Tagen auch Stehen auf dem Boden, mit 12 Tagen sogar richtiges Stehen auf einem Ast mit zygodactyler Umklammerung (je 2 Zehen nach vorne und hinten). Die Augen öffnen sich um den 8.–11. Lebenstag. Die trippelnde Fortbewegung auf den Fersen wird mit etwa 2 Wochen von noch unsicherem Gehen auf den „Sohlen" abgelöst.

Die Nestlinge nehmen ab dem 12. Lebenstag Beutereste vom Höhlenboden auf, können jedoch nur kleine Stücke verschlingen. Ab dem 20. Tag würgen sie kleinere Beutetiere ganz hinunter, bis sie in der Lage sind, Beute selbst anzuschneiden. Dabei können auch schwache

Raufußkauz zum Zeitpunkt des Nestverlassens. Das schokobraune Jugendkleid weicht vom Adultgefieder völlig ab; charakteristisch sind die weißen Abzeichen im „Kindergesicht" (Foto Höfer).

Raufußkauz-Ästlinge, gut flügge (Foto Vollmer).

bzw. zurückgebliebene Nestgeschwister verzehrt werden [561].

In feuchten, engen oder schlecht belüfteten Höhlen können sich im Laufe der Jungenaufzucht faulig stinkende Massen aus Kot, Gewöllen, Beuteresten usw. ansammeln („Kloakenmilieu"), die sogar zur Verschmutzung des flauschig-dunigen Nestlingskleides bzw. zum Verkleben von Zehen und Schnabel der Jungen führen – letztlich im Extremfall auch das Nestlingswachstum hemmen [561, 967].

Das Nestlingskleid ist durch eine nahezu einheitlich sattbraune Färbung gekennzeichnet; charakteristisch die weißen Abzeichen seitlich des Schnabelwinkels („Kindergesicht") und eine weinrote Verfärbung der Augenränder bzw. Lider (wirken wie „entzündet" [923]).

Die tägliche Gewichtszunahme erreicht bei guter Versorgung 4,4–6,5 g, sodass die Jungen zum Zeitpunkt des Nestverlassens – in Abhängigkeit zur Beuteversorgung – 85–152 g wiegen (Weibchen nur geringfügig schwerer [541, 1194]).

Die Nestlingszeit dauert 27–38 Tage (im Mittel 32,4 Tage), wobei jüngere Geschwister die Höhle relativ früher verlassen [544, 561]. Bereits einige Tage vor dem Ausfliegen hocken die Jungkäuze im Flugloch [541]. Als eher wenig flexibler Höhlenbrüter bilden Junge des Raufußkauzes kein so ausgeprägtes Kletterverhalten aus, doch zeigen sie – in Absturzsituationen – ein Festhalten durch Einkrallen und Flügelschlagen. Das Längenwachstum der Flügel ist zum Zeitpunkt des Nestverlassens noch nicht abgeschlossen, doch wird die Flugfähigkeit mit rund 35 Tagen erreicht. Während früh ausfliegende Junge ein kurzes „Ästlingsstadium" durchmachen, sind spät ausfliegende Junge bereits flugtüchtig [561, 929].

Ausgeflogene Jungeulen halten untereinander Stimmkontakt, treffen immer wieder zusammen, schließen sich mitunter sogar fremden Jungvögeln an (*brood-switching* [545]). Sie sind vorwiegend dunkelaktiv und zeigen intensives Erkundungsverhalten: z. B. Fixieren durch ausholend-schlingernde Kopfbewegungen beim Betrachten interessanter Objekte, spielerischer Beutefang mit Ersatzobjekten und „übertrieben“ ausgeführte Bewegungen.

Da der überwiegende Teil der Weibchen die Jungen schon im Nestlingsalter, spätestens aber 2–3 Wochen nach deren Ausfliegen verlässt, leistet das Männchen die alleinige Beuteversorgung. Es führt die Jungen schrittweise vom Brutplatz weg bzw. lockt diese in ergiebige Jagdgebiete [275]. Ab einem Alter von 6–8 Wochen schlagen Jungkäuze erstmals lebende Beute selbst. Sie erreichen jetzt ihr Höchstgewicht. Je nach Beuteverfügbarkeit dauert die Führungszeit 5–9 Wochen; Familienauflösung somit im Alter von 90–100 Tagen [541, 544, 970].

Räumlich und zeitlich schwankt der jährliche Bruterfolg ganz erheblich, je nach Beuteangebot bzw. der Phase des „Mäusezyklus“, nach Alter der Brutvögel bzw. deren Erfahrung und Qualität des Jagdgebiets sowie der Eignung der Bruthöhle, aber auch nach der Anzahl von Mehrfachbruten. Bei polygynen Verbindungen profitiert das Männchen durch insgesamt höhere Jungenzahlen (bis zu 26 Junge, Finnland [525]); die Zweit- und Drittweibchen hingegen erzielen nur unterdurchschnittliche Reproduktionsraten. Bei polyandrischen Verbindungen profitieren die Weibchen durch erfolgreiche Mehrfachbruten (im Beispiel aus Finnland bis zu 79 % mehr Eier, 93 % mehr Nestlinge bzw. 73 % mehr Flügglinge [525]), während die – jeweils zurückgelassenen – Männchen keinen Vorteil haben. Außerdem wird der Fortpflanzungserfolg durch Witterungsverlauf und Prädation beeinflusst.

Entsprechend breit kann die Spanne der Jungenzahl zwischen begonnenen und erfolgreichen Bruten sein: 2,6 : 4,3 Nestlinge (in Schwarzspechthöhlen, Thüringen [662]); 0,7–3,9 : 2,0–5,9 Flügglinge (Erzgebirge [541]); 1,94 : 3,15 Flügglinge (Schweizer Jura [844]); 2,54 : 3,47 Flügglinge (Harz/Sachsen-Anhalt [1141]); 3,0 : 3,9 Flügglinge (Finnland [1195]); 1,3 : 4,5 Flügglinge (Harz/Niedersachsen [970]), 3,7 : 4,6 Flügglinge (Westfalen [451]); 3,0 : 6,0 Flügglinge (Bayern [663]).

Die Differenz flügger Jungeulen betrug in einem Beispiel aus dem Harz/Niedersachsen zwischen „guten“ und „schlechten“ Brutjahren

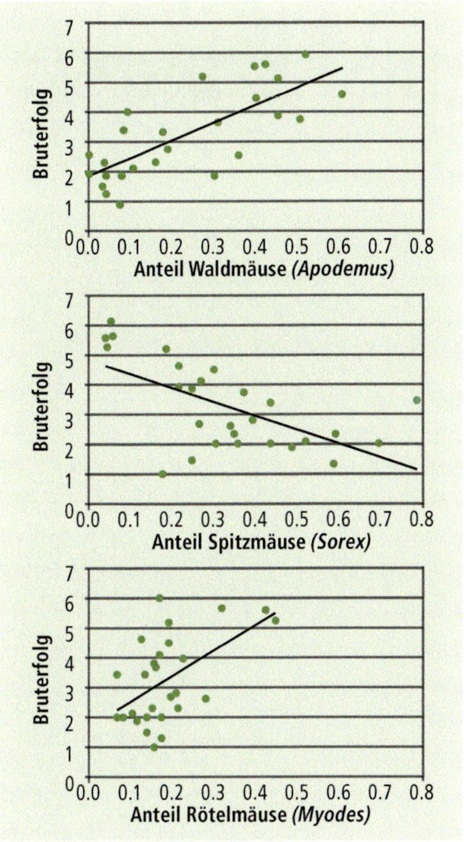

Die Höhe des Bruterfolgs von Raufußkäuzen im Schweizer Jura hängt eng von der Verfügbarkeit von Waldmäusen (Gattung *Apodemus*) und Rötelmäusen (Gattung *Myodes*) ab. Müssen die Käuze zur Brutzeit überwiegend auf Waldspitzmäuse (Gattung *Sorex*) zurückgreifen, so sinkt der Bruterfolg drastisch ab (aus Ravussin et al. 2015).

81 % zu 7 % [969]. In Westfalen kamen 68,5 % der Jungen zum Ausfliegen; wobei 80,8 % aller Flügglinge aus den wenigen „guten Mäusejahren“ stammten [451]. Im Hinblick auf den „Mäusezyklus“ haben Junge aus Anstiegsjahren die besten Überlebenschancen [526, 567].

In einer Studie aus dem tschechischen Erzgebirge betrug der Anteil jährlich nicht geschlüpfter Eier 8,8–17,6 %; der jährliche Gelegeverlust 14,7–21,6 %; der Anteil sonstiger Brutaufgaben 8,1–11,8 %. Von 41,0–45,5 % an Nestlingsverlusten waren 9,0–18,8 % durch Prädation verursacht [1198].

Als effektivste Nesträuber werden häufig Baum- und Steinmarder genannt (nur 2–5 % in Finnland, aber 25–50 % im Erzgebirge [1198]). Mehrjährig besetzte Nistkästen scheinen aufgrund der Lernfähigkeit der Marder häufiger betroffen als neue bzw. neu positionierte (Verhältnis 83 % : 22 %, Norwegen [1023]). Verluste an Eiern, sogar dem brütenden Weibchen konnten aber auch Eichhörnchen und Schwarzspecht zugeordnet werden [352, 662]. Effektivste Beutegreifer Uhu, Habichts- und Waldkauz, tagsüber Habicht und Sperber [30, 525, 698].

Die gravierendsten Verluste gehen aber – in allen Altersstufen – auf das Konto extremer Witterung und akuten Beutemangels, wobei die kleineren Männchen durchwegs sensibler sind. Von adulten Männchen überlebten solche Situationen in Finnland nur 25 % (im Vergleich zu 75 % in guten Jahren). Geschlossene Altwälder bieten den im Revier überwinternden Männchen besseren Schutz als forstlich aufgelockerte Bestände [314, 315].

Raufußkäuze sind oft durch Blutparasiten infiziert. Bei 86 % der Altvögel und 51 % der Nestlinge im Erzgebirge wurde Vogelmalaria festgestellt, die durch Stechmücken übertragen wird [1072]. Sowohl die intrazellulär eingenisteten *Haemoproteus* und *Leucocytozoon* als auch der extrazelluläre Parasit *Trypanosoma* können Brutpflege-Intensität und Gelegegröße negativ beeinflussen [525, 537]. Eulen von guter Kondition sind weniger betroffen als bei Mangelernährung.

An anthropogenen Verlustursachen werden Kollisionen mit Fahrzeugen und Fensterscheiben, Ertrinken in Wassertanks und Prädation durch streunende Hauskatzen genannt [525].

Sterblichkeit: im 1. Lebensjahr – je nach Mäuseangebot – 24–75 % (im Durchschnitt 50 % [314, 525]). In späteren Lebensjahren beträgt sie bei Männchen etwa 30 % und bei Weibchen etwa 36 % (im Durchschnitt 33 % [525, 969, 971]).

Höchstalter in freier Natur: 8–11 Jahre, im Einzelfall 15 Jahre + 9 Monate.

ORTSWECHSEL

In ihrer Abhängigkeit von Beutetieren und geeigneten Bruthöhlen verfolgen Raufußkäuze sehr unterschiedliche Strategien, weshalb sie sowohl als ortstreue Standvögel als auch weit umherstreifende Nomaden gelten: Adulte Männchen, die geeignete Bruthöhlen und ein ertragreiches Jagdgebiet „besitzen", bleiben als Standvögel meist in ihrem Streifgebiet. Sie bilden den Kernbestand lokaler Populationen. Selbst bei Mäusemangel versuchen sie, in ihrem Streifgebiet auszuharren, und wandern nur bei extremen Winterbedingungen und akutem Nahrungsmangel ab. Adulte Weibchen bleiben hingegen nur bei günstigem Nahrungsangebot im bisherigen Brutgebiet. Auf der Suche nach dem profitabelsten Nahrungsangebot wechseln sie den Brutplatz typischerweise regelmäßig, auch innerhalb einer Saison. Dabei legen einzelne Weibchen Entfernungen über 100 km in kürzester Zeit zurück, um lokale bzw. regionale Mäusegradationen bestmöglich ausnutzen zu können [451, 453, 538, 1029].

Bereits zur Zeit der Familienauflösung beginnen Jungkäuze im Umkreis von 0,5–2 km umherzustreifen [193]. Während sich Jährlings-Männchen großteils im Umfeld ihres Geburtsortes ansiedeln, verlassen junge Weibchen diesen abrupt. Von Jungvögeln aus dem Schweizer Jura blieben 74 % im Umkreis von 20 km; wenige wurden aus Entfernungen bis 200 km gemeldet, einzelne aber aus 800 km [844]. Je nach Phase des „Mäusezyklus" blieben in Norwegen beringte Jungkäuze im Umkreis von durchschnittlich 12 km (Spitzenjahr) bzw. wanderten in einem Zusammenbruchsjahr im Mittel 370 km ab [1029].

Durch Fänglinge schwedischer, finnischer und estnischer Beringungsstationen ist belegt, dass ein Großteil diesjähriger Käuze und zahlreiche adulte Weibchen einen regelrechten Herbstzug mitmachen. Von 135 schwedischen Fänglingen waren 64 % Weibchen [364]. Auch in Finnland überwogen die Weibchen, bei einem Verhältnis von Jung- zu Altvögeln von 87,4 % : 21,6 % [526]. In Estland gefangene Käuze kamen aus finnischen Brutgebieten, der überwiegende Teil aber aus Russland [602].

Solche Wanderungen können quer durch ganz Europa gehen: z. B. über 452 km von den belgischen Ardennen ins östliche Thüringen, 482 km vom Harz nach Oberösterreich, 543 km vom westfälischen Sauerland ins polnische Riesengebirge oder 695 km von Thüringen nach Nordfrankreich. Weiteste Fernfunde finnischer Raufußkäuze = 874–1099 km [525, 914], aus dem Harz/Niedersachsen = 1350 km [971].

Als Ergebnis erleben lokale Brutvorkommen eine permanente Umschichtung durch Zu- und Abwanderung. In einem Beispiel aus Westfalen waren 8,3 % der Weibchen und 39 % der Männchen gebietstreu; Zuwanderung erfolgte im Mittel aus 140 km Entfernung (maximal

558 km), Abwanderung im Mittel 206 km weit (maximal 543 km [451]). In einem „Mäusejahr" wanderten Jährlinge aus bis zu 787 km Entfernung in den Schweizer Jura ein [843]. Im Brutbestand aus dem Harz/Niedersachsen waren im langjährigen Mittel 60 % der Männchen und 78,5 % der Weibchen Einwanderer; nur 20 % der jungen Männchen und 14 % der jungen Weibchen blieben als „Rekruten" im Gebiet ihrer Geburt [969].

Diese hohe Mobilität umherstreichender Jungvögel und nomadisierender Weibchen ermöglicht die rasche Aufstockung eines lokalen Brutvorkommens, sobald sich dort ein reiches Nahrungsangebot entwickelt. Da Wanderbewegungen in manchen Jahren invasionsartig verlaufen und über 1000 km weit reichen können, ergibt sich im Effekt eine Vernetzung unterschiedlicher Brutpopulationen über zum Teil sehr große Distanzen – quer durch Europa bzw. Eurasien, was durch die geringen genetischen Unterschiede regionaler „Unterarten" bestätigt ist [243, 520,]. Im Einzelfall soll es sogar einen Austausch von Raufußkäuzen zwischen Sibirien und Alaska geben [520].

GEFÄHRDUNG UND SCHUTZMASSNAHMEN

Durch die Intensivierung der Forstwirtschaft und den verstärkten Umbau strukturreicher Naturwälder in Nadelholz-Monokulturen wird das Angebot an natürlichen Bruthöhlen und geschützten Wintereinständen laufend reduziert. Neben einer Minderung der Habitatqualität resultiert daraus auch eine Zunahme an nicht besiedelbaren Barrieren, was sich auf Dispersion und Migration auswirken kann. Die aus Finnland gemeldete Bestandsabnahme dürfte auf diese Entwicklung zurückzuführen sein [313, 315, 538].

Für die Sicherung vitaler Populationen erscheinen deshalb Erhalt und Entwicklung großräumig zusammenhängender Altholzbestände vorrangig, speziell mit alten Rotbuchen und Waldkiefern, die sich für den Bau von Schwarzspechthöhlen besonders eignen.

Auch wenn der Schutz natürlicher Bruthöhlen langfristig Vorrang haben soll, können Nistkästen überall dort Abhilfe bieten, wo Waldgebiete den Lebensraumansprüchen grundsätzlich

Raufußkauz-Ansiedlung im Nistkasten. Durch Kunsthöhlen-Angebote wurden Brutgebiet und Siedlungsdichte dieser Eule in Europa erheblich erweitert (einfacher Bretterkasten; Foto Gross).

genügen, die Eule aber aufgrund niedriger Altersklassen der Bäume bzw. Höhlenmangel nicht zur Brut schreiten kann. Aus der Erprobung von bisher Hunderten Kunsthöhlen in diversen Langzeitprojekten lässt sich als Empfehlung ableiten: Wandstärke wenigstens 3 cm (Isolation im kalten Frühjahr), Grundfläche etwa 20 × 20 cm (ausreichend Platz für 5–6 Junge, geringeres Risiko eines Kloakenmilieus), 5–10 cm hohe Bodeneinstreu (Kälteschutz, verhindert Verrollen der Eier), Tiefe unter Flugloch 40 cm und Flugloch-Durchmesser 8 cm (für Marder erschwerter Zugriff [525, 529]). Zur Minderung des Prädationsrisikos durch Stein- und Baummarder empfiehlt sich ein regelmäßiger Standortwechsel, im Einzelfall auch gezielter Marderschutz.

OFFENE FRAGEN

- Woran können Weibchen die Entwicklung des künftigen Beuteangebots abschätzen?
- Gibt es neben der Zuwanderung von Raufußkäuzen aus den nordeuropäischen Populationen nach Mitteleuropa auch Individuen-Austausch in umgehrter Richtung?
- Wie sind bei der großräumigen Vernetzung der Teilpopulationen die individuell unterschiedlichen Gefiederzeichnungen zu interpretieren?
- Wieweit lässt sich die taxonomische Unterartengliederung mit den Befunden der Genetik abstimmen?
- Rechtfertigung des Artstatus der amerikanischen *Boreal Owl* als *Aegolius richardsoni*?
- Wie wichtig sind Abwehrmaßnahmen gegen Marder an der Bruthöhle tatsächlich?

Bestimmungsmerkmale der europäischen Eulen

(Arten nach Körpermasse gereiht; Beschreibung adulter, aufmerksam-entspannter Vögel)

ART	GRÖSSE/ GEWICHT	GESTALT	GEFIEDER-EIGENSCHAFT	GEFIEDER-ZEICHNUNG	FEDER-„OHREN"
Sperlingskauz	16–19 cm 59–84 g	gedrungen pummelig	relativ glatt schokobraun	zarte Tüpfel	(horizontal stumpf)
Zwergohreule	20 cm 80–100 g	zierlich hochgestreckt	plustrig zart graubraun	Rindenmuster	vertikal zipfelig
Raufußkauz	24–26 cm 100–160 g	großköpfig gedrungen	plustrig locker mattbraun	weiße Tropfen	
Steinkauz	22 cm 180–200 g	großköpfig kompakt	glatt stumpfbraun grob-betropft	derbe Tropfen	
Waldohreule	36 cm 250–300 g	rundköpfig langgestreckt	locker ocker bis fuchsig	längs- und quergestreift	vertikal, lang Längsstreifen
Sperbereule	36–41 cm 270–320 g	kleinköpfig, relativ schmal	glatt schwarzbraun	quergebändert	
Schleiereule	34 cm 315–340 g	tropfenförmig schlank-elegant	seidig glatt beige-weiß und grau	zarte Tüpfelung	
Sumpfohreule	34–42 cm 350–420 g	rundköpfig	relativ glatt schilfgelb	Längsstreifung	kurz, spitz
Waldkauz	40–42 cm 440–560 g	großköpfig gedrungen	locker graubraun mattbraun oder fuchsig	zarte Quer- und Längszeichnung	
Habichtskauz	54–61 cm 660–420 g	großköpfig gestreckt	locker graubraun bis mattbraun	derbe Längs- streifen	
Bartkauz	62–70 cm 900–1200 g	großköpfig leicht	locker-plustrig rindengrau	schmale Längs- streifung	
Schnee-Eule	58–63 cm 1700–2100 g	großköpfig kompakt	glatt, fest gebändert bis reinweiß	schwarz-weiß	(spitz, klein)
Uhu	61–67 cm 1900–2600 g	sehr groß massig kompakt	locker ocker bis fuchsig	grobe schwarze Streifen und Flecken	groß büschelig

AUGE/IRIS	SCHLEIER	GESICHTS-ABZEICHEN	SCHNABEL	KRALLEN	ZEHEN
klein hellgelb	undeutlich klein	dichte Tüpfel weiße Brauen	kurz, kräftig hell-hornfarben	kurz-zart dunkel-hornfarben	kurz dünn-befiedert
relativ groß gelborgange	undeutlich schmale Rahmung	keine (rindenfarbig)	zart, schmal dunkel-hornfarben	zierlich-schmal hornfarben	zierlich-schmal unbefiedert
relativ groß kräftig gelb	deutlich dunkle Rahmung	Brauen und Vibrissen weiß schwarze Lidschatten	schmal dunkel-hornfarben	schmal dunkel-hornfarben	kurz perlzig-dicht befiedert
groß hellgelb	undeutlich	Brauen und breites Kinn weiß	derb-kurz hell-hornfarben	kräftig-kurz dunkel-hornfarben	kurz-kräftig borstig befiedert
groß gelb bis orangerot	ausgeprägt	schwarze Längs-streifung bis in Federohren	kräftig-lang schwarzbraun	schmal dunkel-hornfarben	schmal-kräftig dünn befiedert
klein kräftig gelb	deutlich dunkle Rahmung	heller Schleier schwarzer Kinnbart	relativ schmal hell-hornfarben	schmal dunkel-hornfarben	kurz-kräftig dicht befiedert
klein schwarzbraun	ausgeprägt kennzeichnend	keine	schmal-lang hell-hornfarben	nadelförmig lang innen gezähnelt	schmal-lang borstig befiedert
groß zitronengelb	deutlich	schwarze „Räubermaske"	kräftig-lang dunkel-hornfarben	schmal dunkel-hornfarben	schmal-kräftig dicht befiedert
kirschgroß schwarzbraun	deutlich schmale Rahmung	dunkle Stirn helle Vibrissen	kräftig-derb hell-hornfarben	kräftig-schmal dunkel-hornfarben	kräftig-derb pelzig befiedert
mandelförmig dunkelbraun	deutlich radiale Strichelung	keine	kräftig-schmal hell-hornfarben (orange)	kräftig-lang dunkel-hornfarben	kräftig-derb pelzig befiedert
relativ klein hellgelb	deutlich konzentrische Ringe	schmaler, schwarzer Kinnbart	kräftig-schmal hell-hornfarben	kräftig-schmal dunkel-hornfarben	kräftig-schmal pelzig-dicht befiedert
groß hellgelb	undeutlich	keine	breit-kurz lackschwarz	kräftig-lang lackschwarz	kräftig-derb buschig-dicht befiedert
sehr groß gelb bis orangerot	deutlich	dunkle Brauen weiße Vibrissen	kräftig-derb schwarzbraun	kräftig-derb dunkel-hornfarben	kräftig-lang dünn befiedert

Adressen

International
BirdLife International;
David Attenborough Building, Pembroke Street, Cambridge CB2 3QZ, UK
BirdLife Europa;
Avenue de la Toison d'Or 67, B-1060 Brüssel
Raptor Research Foundation, Inc.;
Carpenter St. Croix Valley Nat. Center, 12805 St. Croix Trail, Hastings, MN 55033; USA
Weltarbeitsgruppe für Greifvögel und Eulen e.V.;
Wangenheimstraße 32, D-14193 Berlin

Belgien
Societe d'etudes ornithologiques wallone (AVES);
36 rue de la regence, B-4000 Liege
Koninkliijk Belgisch Verbond voor de Bescherming van de Vogels (VZW); Bulscampveld 8, B-8730 Beernem
Koninklijke Belgische Ornithologische Federatie (KBOF);
Pastoor Van Der Auwerastraat 34, B-2640 Morsel
De Wielewaal; Vogelmuseum,
Graatakker 11, B-2300 Turnhout
Kerkuilwerkgroep Vlaanderen;
Rietensplein 2, B-3018 Wijgmaal/Brabant
Ligue Royale Belge por la Protection des Oiseaux
Rue de Veewey de 43-45, B-1070 Anderlecht.
Vogelbescherming Vlaanderen (VZW) Koetshuis-Stadpark; Walburgstraat 37, B-9100 Sint Niklas.

Bulgarien
Bulgarian Society for the Protection of Birds;
P.O.B. 50, BG-1111 Sofia

Dänemark
Dansk Ornitologisk Forening;
Vesterbrogade 138– 140, DK-1620 Kopenhagen

Deutschland
Deutsche Arbeitsgemeinschaft zum Schutz bedrohter Eulen (AG-Eulen);
Röntgenstraße 7, D-64823 Groß-Umstadt (Herausgabe „Eulen-Rundblick")
Arbeitsgemeinschaft Eulenschutz im Landkreis Ludwigsburg (AGE); Tannenweg 19, D-74321 Bietigheim-Bissingen (Herausgabe „Kauzbrief")
Arbeitsgemeinschaft Steinkauzschutz im Landkreis Heilbron (HN); Burgunderweg 2, D-74078 Langenbeutingen
Arbeitsgemeinschaft zum Schutz bedrohter Eulen und Greifvögel im Hohenlohekreis;
Verdistraße 51, D-74243 Heilbronn
Arbeitsgemeinschaft Berlin-Brandenburgischer Ornithologen (ABBO); Lindenstraße 34, D-14467 Potsdam
Beringungszentrale Hiddensee, Landesamt für Umwelt, Naturschutz und Geologie Mecklenburg-Vorpommern;
An der Mühle 4, D-17493 Greifswald
Bundesamt für Naturschutz;
Konstantinstraße 110, D-53179 Bonn
Bund für Umwelt und Naturschutz Deutschland (BUND);
Kaiserin Augusta Allee 5, D-10553 Berlin
Dachverband Deutscher Avifaunisten e.V. (DDA);
An den Speichern 4a, D-48157 Münster
Deutsche Ornithologen-Gesellschaft e.V. (DO-G);
An der Vogelwarte 21, D-26386 Wilhelmshaven
Deutscher Rat für Vogelschutz e.V. (DRV);
Eisvogelweg 1, D-91161 Hilpoltstein
Gesellschaft zur Erhaltung der Eulen e.V. (EGE);
Breitestraße 6, D-53902 Bad Münstereifel
Forschungsgemeinschaft zur Erhaltung einheimischer Eulen e.V. (FOGE); Brunnengasse 3/1, D-71739 Oberriexingen
Gesellschaft für Naturschutz und Ornithologie in Rheinland-Pfalz e.V. (GNOR);
Osteinstraße 7–9, D-55118 Mainz
Hessische Gesellschaft für Ornithologie und Naturschutz e.V. (HGON); Lindenstraße 5, D-61209 Echzell
Institut für Vogelforschung „Vogelwarte Helgoland";
An der Vogelwarte 21, D-26386 Wilhelmshaven
Länderarbeitsgemeinschaft der Vogelschutzwarten (LAG/VSW); Staatliche Vogelschutzwarte; Landesanstalt f. Umwelt Baden-Württemberg, Postfach 100 163, D-76231 Karlsruhe
Landesbund für Vogelschutz in Bayern e.V. (LBV);
Eisvogelweg 1, D-91161 Hilpoltstein
Landesverband Eulen-Schutz in Schleswig-Holstein e.V.;
Fritz Reiter Weg 19a, D-24229 Strande (Herausgeber „EulenWelt")
Max-Planck-Institut für Ornithologie Vogelwarte Radolfzell; Schloßallee 2, D-78315 Radolfzell-Möggingen
Monitoring Greifvögel und Eulen Europas;
Buchenweg 14, D-06132 Halle/ Saale
Naturschutzbund Deutschland e.V. (NABU);
Charitéstraße 3, D-10117 Berlin
Niedersächsische Ornithologische Vereinigung e.V. (NOV); Hagenburger Straße 16, D-31547 Winzlar
Nordrhein-Westfälische Ornithologen-Gesellschaft e.V. (NWO); Leydelstraße 26, D-47802 Krefeld
Ornithologische Arbeitsgemeinschaft für Schleswig-Holstein und Hamburg e.V.;
Lütt Dörp 22, D-25887 Winnert
Ornithologischer Arbeitskreis Mecklenburg-Vorpommern;
Lewitzweg 23, D-19372 Matzlow-Garwitz
Ornithologischer Beobachterring Saar (OBS);
Auf Drei Eichen 3, D-66679 Losheim am See
Ornithologische Gesellschaft Baden-Württemberg e.V. (OGBW); Karlstraße 3, D-88422 Bad Buchau.
Ornithologische Gesellschaft in Bayern e.V. (OGB);
Zoologische Staatssammlung München, Münchhausenstraße 21, D-81247 München
Ornithologenverband Sachsen-Anhalt e.V. (OSA);
Postfach 730107, D-06045 Halle/Saale
Sächsische Vogelschutzwarte Neschwitz;
Park 2, D-02699 Neschwitz
Stiftung Vogelmonitoring Deutschland;
An den Speichern 4a, D-48157 Münster
Verein Sächsischer Ornithologen e.V. (VSO);
Sonnenhof 1, D-09337 Hohenstein-Ernstthal
Verein Thüringer Ornithologen e.V. (VTO);
Naturkundemuseum Erfurt, Große Arche 14, D-99015 Erfurt

Finnland
Bird Life Suomi RY; Annankatu 29A 16,
FI-00100 Helsinki

Frankreich
Ligue pour la Protection des Oiseaux (Bird Life France);
rue Pujas, F-17305 Rocheford Cedex
Societe Ornithologique de France;
55, rue de Buffon F-75231 Paris Cedex
Biologique de la Tour du Valat/Camargue;
Mas Tour Vallat, F-13200 Arles

Griechenland
Hellenic Society for the Protection of Nature (EEPF);
Nikis 20, GR-10557 Athen

Großbritannien, Irland
Bird Life Great Britain;
David Attenborough Building, Pembroke Street, Cambridge CB2 3QZ, UK

Royal Society for the Protection of Birds (RSPB);
The Lodge, Potton Road, Sandy, Bedfordshire, SG19 2DL, UK
British Ornithologists' Union (BUO);
P.O. Box 417, Peterborough PE7 3FX, UK
British Trust for Ornithology (BTO);
The Nunnery, Thetford; Norfolk IP24 2PU
Edward Grey Institute of Field Ornithology;
Department of Zoology, University of Oxford; Wytham, Oxford OX2 8QJ, UK
Scottish Ornithologists' Club (SOC);
Waterstone House, Aberlady; East Lothian EH 32 OPY, UK
Bird Watch Ireland;
Bullford Business Campus, Kilcoole, IE
Irish Wildbird Conservancy (IWC);
Ruttledge House 8, Longford Place, Monkstown, Dublin, IRL

Italien

Lega Italiana Protezione Ucelli (LIPU);
Via Udine 3 / A, I-43100 Parma

Lettland

Latvian Ornithological Society (LOB);
A. k. 105, LV-1046 Riga
Lettische Naturschutzstiftung (LDF);
A. k. 677, LV-1047 Riga

Luxemburg

Luxembourg – Natur & Umwelt (BirdLife Partner);
Kräizhaff, 5 Route de Luxembourg, LU-1899 Kockelscheuer

Niederlande

Vogelbescherming Nederland (Bird Life Netherlands);
Postbus 925, NL-3700 AX Zeist
Dutch Birding Association (DBA);
PO Box 75611, NL-1070 AP Amsterdam
Kerkuilen Werkgroep Nederland;
Noorder dreef 198, NL-2152 AC Niew-Vennep
Nederlandse Ornithologische Unie (NOU);
Royal Netherlands Institute for Sea Research (NIOZ), P.O. Box 59, NL-1790 AB Den Burg, Texel
Vogelonderzoek Nederland (SOVON);
Toernooiveld 1, NL-6525 ED Nijmegen
Steenuilen Overleg Nederland (STONE);
p.a. Scholtenenk 47, NL-7101 SJ Winterswijk

Norwegen

Norsk Ornitologisk Forening (Bird Life Norway);
Sandgata 30 B, N-7012 Trondheim

Österreich

Gesellschaft für Vogelkunde (BirdLife Austria);
Diefenbachgasse 35/1/6; A-1150 Wien (Herausgeber der „Egretta").
Eulen- und Greifvogel-Station Haringsee (Verein EGS);
Untere Hauptstraße 34, A-2286 Haringsee
Greifvogel- und Eulenschutzstation (OAW) des Naturschutzbund Oberösterreich; Knabenseminarstraße 43, A-4040 Linz
Naturschutzzentrum Bruck/Mur;
Stadtwaldstraße 43, A-8600 Bruck an der Mur
Naturhistorisches Museum Wien
Burgring 7, A-1014 Wien
Österreichische Vogelwarte (an der Vet. Med. Univ. Wien);
Hauptstraße 68, A-3484 Seebarn am Wagram
WWF Austria;
Ottakringerstryaße 114–116, A-1160 Wien

Polen

Polish Society for the Protection of Birds (OTOP);
ul. Odrowaza 24, PL-05-270 Marki

Rumänien

Societatea ornitologica Romana;
str. Kogalniceanu nr. 19, Of. Post. 1/Po Box 38, RO-3125 Medias

Russland

Russian Bird Conservation Union Moscow and Saratow;
Shosse Enthusziastov 60, RUS-111123 Moscow
Russian Raptor Research & Conservation Network;
rrrcn.ru@gmail.com

Schweden

Abisko Naturvettenskapliga Station;
Vetenskapens Väg 38, S-98 107 Abisko
Sveriges Ornitologiska Förening (SOF; Bird Life Sweden);
Stenhusa Gard, Lilla Bunneby 106, S-38662 Mörbylanga
Ottenby Fägelstation;
PL 1500, S-38065 Degerhamm
Skanes Ornitologiska Förening (SKOF);
Fyrvagen 35, S 23940 Falsterbo

Schweiz

Schweizer Gesellschaft für Vogelkunde und Vogelschutz (ALA); CH-6204 Sempach
Schweizer Vogelschutz (Bird Life Switzerland);
Wiedingstraße, CH-8036 Zürich
Parus, Schweizer Verband für Vogelschutz und Naturschutz; Obernauerstraße 72, CH-6010 Kriens
Schweizerische Vogelwarte;
CH 6204-Sempach

Slowakische Republik

Slovak Ornithological Society (SOS; BirdLife Slovensko),
Group for the Protection of Birds of Prey and Owls;
Zelinarska 4, SK-82108 Bratislava

Slowenien

Bild Life Slovenia (DOPPS);
Trzaska 2, p.p. 2990, SLO-1001 Ljubljana

Spanien

Sociedad Espanola de Ornitologia (SEO, Bird Life Spain);
seo@seo.org; Facultad de Biologia, PL 9, E-28 040 Madrid

Tschechische Republik

Czech Soziety for Ornithology, Working Group on Protection and Research of Birds of Prey and Owls;
Na Belidle 34, CZ-15000 Praha 5

Ukraine

Ukrainische Ornithologische Gesellschaft;
Grushevski Straße 4; P.O.B. 6648, UKR-79005 Lviv
Ukrainische Gesellschaft für Vogelschutz;
P.O. Box 533, UKR-01103 Kiew

Ungarn

Magyar Madartani es Termeszet-vedelmi Egyesület; mme@mme.hu;
Költö u. 21, H-1536 Budapest

Weißrussland

Society for Bird Protection (APB, BirdLife Belarus);
P. O. Box 306, BY-220050 Minsk

Quellen der Bestandsschätzungen

Europa

BirdLife International (2015) European Red List of Birds. Luxembourg: Office for Official Publications of the European Communities

Deutschland

Gedeon, K., Grüneberg, C., Mitschke, A., Sudfeldt, C., Eikhorst, W., Fischer, S., Flade, M., Frick, S., Geiersberger, I., Koop, B., Kramer, M., Krüger, T., Roth, N., Ryslavy, T., Stübing, S., Sudmann, S-R., Steffens, R., Vökler, F. & Witt, K. (2014): Atlas Deutscher Brutvogelarten (ADEBAR). Stiftung Vogelmonitoring Deutschland und Dachverband Deutscher Avifaunisten/Münster: S. 332–351

Deutsche Bundesländer

Baden-Württemberg

Bauer, H-G., Borchert, M., Förschler, M-I., Hölzinger, J., Kramer, M. & Mahler, U. (2016): Rote Liste und kommentiertes Verzeichnis der Brutvogelarten Baden-Württembergs. 6. Fassung; Stand 31.12.2013. Naturschutz-Praxis Artenschutz; 11: 239 S.

Bayern

Rödl, T., Rudolph, B.-U., Geiersberger, I., Weixler, K. & Görgen, A. (2012): Atlas der Brutvögel in Bayern. Verbreitung 2005 bis 2009. Verlag Eugen Ulmer/Stuttgart: 256 S.

Brandenburg/Berlin

Ryslavy, T., Haupt, H. & Beeschow, R. (2011): Die Brutvögel in Brandenburg und Berlin – Ergebnisse der ADEBAR-Kartierung 2005–2009. Otis Band 19 – Sonderheft: 450 S.

Hessen

Stübing, S., Korn, M., Kreuziger, J. & Werner, M. (2010): Vögel in Hessen. Die Brutvögel Hessens in Raum und Zeit. Brutvogelatlas. Hrsg.: Hessische Gesellschaft für Ornithologie und Naturschutz/Echzell: 527 S.

Mecklenburg-Vorpommern

Vökler, F. (2014): Zweiter Brutvogelatlas des Landes Mecklenburg-Vorpommern. Herausgegeben von der Ornithologischen Arbeitsgemeinschaft Mecklenburg-Vorpommern e.V./Greifswald: 472 S.

Niedersachsen/Bremen

Krüger, Th., Ludwig, L, Pfützke, St. & Zang., H. (2014): Atlas der Brutvögel in Niedersachsen und Bremen 2005–2008. Naturschutz und Landschaftspflege in Niedersachsen; Hannover; 48: 552 S.

Nordrhein-Westfalen

Grüneberg, C., Sudmann, S-R., sowie Weiss, J., Jöbges, M., König, H., Laske, V., Schmitz, M. & Skibbe, A. (2013): Die Brutvögel Nordrhein-Westfalens. NWO und LANUV (Hrsg.), LWL-Museum für Naturkunde/Münster: 480 S.

Rheinland-Pfalz

Dietzen, C., Dolich, T., Grundwald, T., Keller, P., Kunz, A., Niehuis, M., Schäf, M., Schmolz, M. & Wagner, M. (2014): Die Vogelwelt von Rheinland-Pfalz. Gesellschaft für Naturschutz und Ornithologie Rheinland-Pfalz. Band 3: 830 S.

Saarland

Bos, J., Buchheit, M., Austgen, M. & Elle, O. (2005): Atlas der Brutvögel des Saarlandes 1996–2000 (Veröffentlichungen des Ministerium für Umwelt des Saarlandes und Partnern – Atlantenreihe); Verlag Ottweiler: 431 S.

Sachsen

Steffens, R.; Nachtigall, W.; Rau, S.; Trapp, H.; Ulbricht, J. (2013): Brutvögel in Sachsen. Sächsisches Landesamt für Umwelt, Landwirtschaft und Geologie/Dresden: 656 S.

Sachsen-Anhalt

Fischer, St., Nicolai, B. & Tolkmitt, D. (2014): Die Vogelwelt des Landes Sachsen-Anhalt. Ornithologenverband Sachsen-Anhalt (Hrsg.); Stiftung Umwelt, Natur- und Klimaschutz Sachsen-Anhalt (online Ausgabe: vogelwelt-sachsen-anhalt.de).

Fischer, St. & Dornbusch, G. (2015): Bestandssituation ausgewählter Brutvogelarten in Sachsen-Anhalt – Jahresbericht 2014. Berichte des Landesamtes für Umweltschutz Sachsen-Anhalt; Halle, Heft 5/2015: S. 5–41

Schleswig-Holstein

Koop, R. & Berndt, R. (2014): Vogelwelt Schleswig-Holsteins Bd. 7: Zweiter Brutvogelatlas. Verlag Wachholtz: 504 S.

Thüringen

Blank, J., Frick, St., Friedrich, B., Goedecke, A., Grimm, H., Grossmann, M., Höser, N., Hofmann, M., Jaehne, St., Kästner, S., Kurz, A., Klaus, S., Laussmann, H., Meyer, W., Lieder, K., Mey, E., Pfeiffer, Th., Radon, F., Rost, F., Schmidt, E., Schmidt, K. (Barchfeld), Schmidt, K. (Grossfahner), Unger, Ch., Uschmann, I., Weissgerber, R. & Wiesner, J. (2020): Brutvogelatlas Thüringen. Verein Thüringer Ornithologen/Seebach

Literatur

Das Literaturverzeichnis der verwendeten Literatur steht unter **kosmos.de/die-eulen-europas** online als Download zur Verfügung.

Register

Kursive Seitenzahlen verweisen auf Abbildungen und/oder Tabellen.

Register

Bildnachweis

Mit 332 Farbfotos und 6 SW-Fotos von E. Albertini (1), H. Arndt (1), Bachmann & Winzen (1), R. Bender (1), H. D. Brandl (3), B. Brossette (6), E. Bull (1), C. Clemens (7), I. Czimmeck (1), M. Danegger (5), S. Danko (2), J. Diedrich (2), O. Diehl (1), R. Diemer (3), M. Essler (1); H. Fürst (1), O. Giel (7), R. Groß (8), F. Hafner (3), S. Harvančik (2), H. Hautala (13), F. Hecker (5), O. Hedvall (1), J. Hlasek (9), M. Höfer (2), T. Hofmann (2), D. Hopf (5), E. Hortig (5), Z. Kalotás (1), Königsfurth-Urania Verlag (1), M. Krings, (1), M. u. H. Kuczka (1), F. Baer/LBV (1), C. Leditznig (3), A. Limbrunner (15), K. H. Löhr (5), G. Moosrainer (2), NABU Naturschutzbund Deutschland (1), D. Nill (31), S. Paltanavicius (1), H. Partsch (2), A. Plucinski (1), H. Pollin (4), E. Pott (1), J. Nott/Raptors are the Solution (1), Reinhard-Tierfoto (6), Reinhard/Angermayer (1), W. Rummel (4), A. Schatter (15), K. Schendel (3), R. Schmidt (3), W. Scherzinger (69), R. Schmidt (3), S. Schönn (1), H. Schrempp (2), R. Siegel (4), O. Stefansson (1), G. Stengel (4), B. Streit (3), E. Tyll (1), H. Vollmer (8), A. Wellinghoff (1), J. Wiesner (5), K. Wothe (19), P. Zeininger (8)

120 SW-Zeichnungen und 2 farbige Zeichnungen, davon 5 SW-Zeichnungen von Kenneth-Vincent Daunicht (S. 28, 30 u, 109 u, 166 u, 375) und 1 SW-Zeichnung von Stefan Knöpfer (26). Alle übrigen Zeichnungen (ausgenommen die aufgeführten) stammen von Dr. Winfried D. Daunicht.

13 farbige Verbreitungskarten von Melanie Weigand. 1 farbige Verbreitungskarte von Wolfgang Scherzinger

Die Federn wurden von Annerose Schatter aufgenommen. Das Material dafür stellte freundlicherweise Erwin Tyll aus seiner Sammlung zur Verfügung. Das Bild auf S. 109 o entnahmen wir mit freundlicher Genehmigung der Autorin aus „Sybille von Reden, Die Megalith-Kulturen", Verlag DuMont 1989, die Abbildungen auf den Seiten 34, 35, 298 und 315 mit freundlicher Genehmigung des Aula-Verlages aus „Glutz und Bauer, Handbuch der Vögel Mitteleuropas, Band 9" (Akadem. Verlagsges. Wiesbaden 1980) und das Bild auf S. 29 mit freundlicher Genehmigung des Autors aus „Festetics, Der Luchs in Europa", Kilda-Verlag, 1978.

Impressum

Umschlaggestaltung von Walter Typografie und Grafik, Würzburg, unter Verwendung zweier Fotos: Sie zeigen auf der Vorderseite einen adulten, auf der Rückseite einen juvenilen Raufußkauz (beide Fotos von Christof Moning). Die Zeichnungen auf dem Umschlag zeigen eine Bildfolge vom Raufußkauz (Zeichnungen von Dr. Winfried D. Daunicht).

Der Inhalt dieses Buches ist sorgfältig recherchiert und erarbeitet worden. Dennoch können weder Autoren noch Verlag für alle Angaben im Buch eine Haftung übernehmen.

Unser gesamtes Programm finden Sie unter **kosmos.de**
Über Neuigkeiten informieren Sie regelmäßig unsere Newsletter, einfach anmelden unter **kosmos.de/newsletter**

Gedruckt auf chlorfrei gebleichtem Papier

MIX Papier | Fördert gute Waldnutzung FSC® C011862

3. komplett überarbeitete und erweiterte Auflage

Pfizerstraße 5–7, 70184 Stuttgart
kosmos.de/servicecenter

ISBN: 978-3-440-15984-2
Projektleitung der Neuausgabe: Stefanie Tommes
Redaktion und Satz der 3. Auflage: Barbara Kiesewetter
Redaktion der 1. Auflage: Rainer Gerstle, Frauke Bahle
Produktion: Markus Schärtlein
Druck und Bindung: Hubert & Co., Göttingen
Printed in Germany / Imprimé en Allemagne

Sperlingskauz
Zwergohreule
Steinkauz
Raufußkauz
Sperbereule
Uhu
Schnee-Eule